KB216478

한국 원자력발전 사회기술체제

이 도서의 국립중앙도서관 출판예정도서목록(CIP)은 서지정보유통지원시스템 홈페이지(http://seoji.nl.go.kr)와
국가자료공동목록시스템(http://www.nl.go.kr/kolisnet)에서 이용하실 수 있습니다.
(CIP제어번호: 양장 CIP2019006566 반양장 CIP2019006567)

한국 원자력발전 사회기술체제

기술, 제도, 사회운동의 공동구성

The Sociotechnical Regime of Nuclear Power in Korea
The Co-production of Technologies, Institutions, and Social Movements

홍덕화 지음

한울
아카데미

차례

들어가며

2017년 고리 1호기 영구정지 선포식에서의 탈핵선언, 2018년 월성 1호기 조기 폐로는 훗날 탈핵시대의 개막을 알리는 사건으로 기록될 수 있을까? 신고리 5·6호기 공론화의 결과, 그리고 그 이후 지속되고 있는 원자력계의 저항을 생각하면 고개를 갸웃거리게 된다. 그러나 탈핵으로 가는 길은 열렸다. 탈핵시대는 아닐지언정 본격적인 탈핵정치가 시작된 것은 분명하다. 원자력발전에 대한 시각은 지난 몇 년 사이 인지적 해방이라 불러도 좋을 만큼 크게 변했다. 정계와 재계, 관계와 학계를 아우르는 찬핵 진영의 강력한 반발을 고려할 때 탈핵으로 가는 길은 아직 까마득하지만, '핵 없는 세상'은 더 이상 환경운동가들의 몽상이 아니라 앞으로 한국 사회가 나아가야 할 이정표가 되어가고 있다.

진정한 난관은 여기에 있다. 장기적인 방향에 동의한다 해도 탈핵의 범위와 속도, 방법에 대한 생각은 제각각이다. 예컨대 문재인 정부가 제시한 탈핵 구상은 신규 원자력발전소 건설 중단, 노후 원자력발전소 수명연장 중단에 기초한 만큼 2080년이 다 되어서야 원자력발전소의 가동이 중단된다. 이것은 1978년 고리 1호기 이래 원자력발전소를 운영해온 시간보다 더 긴 시간 동안 원자력발전소를 가동해야 한다는 뜻이다. 정말 그래야 할까? 아니라면 대선 공약으로 내걸었던 2060년 정도가 적절할까? 신규 원자력발전소 건설 중단과 노후 원자력발전소 수명연장 중단이 가장 적절한 원전 축소의 방안이라는 보장도 없다. 지진 발생의 가능성이나 사용후핵연료 발생량을 고려할 경우, 폐로의 순서와 속도는 달라질 수밖에 없다. 그렇다면, 정의당이 주장한 2040년, 혹은 녹색당이 내세운 2030년으로 폐로 시기를 앞당겨야 할까? 미세먼지 감축을 위해 석탄화력발전을 줄여야 하는 상황에서 2030~2040년 탈핵은 현실성이 떨어진다고 생각하는 사람도 있을 것이다. 또한 탈핵에너지전환을 위해 전력수요관리를 한층 강화하고 재생에너지를 더 빨리 늘려야 하지만, 이 역시 결코 쉬운 일이 아니다. 누군가는 탈핵 정책과 원전 수출을 동시에 추진하는 것이 합당하냐는 질문을 던질 것이다.

주지하듯이, 탈핵은 단순히 원자력발전소를 줄이는 문제가 아니다. 원자력발전소의 설비용량을 결정하는 것은 전력수요관리와 직결되어 있고, 전력수요관리는 전기요금체계, 나아가 산업구조의 개편과 맞닿아 있다. 원전을 줄이고 재생에너지를 늘리는 방향으로 각종 지원 및 규제 제도를 개편하기 위해 넘어야 할 산도 높다. 더불어 탈핵에너지전환과 관련된 결정을 누가, 어떤 방식으로 할 것이냐 하는 결정적인 문제가 남아 있다. 신고리 5·6호기 공론화 초기, 시민배심원제나 공론조사를 비판하며 전문가나 국회의원에게 의사결정권을 넘겨야 한다고 주장했던 이들은 탈핵 과정에서 시민 참여가 확대되는 것을 계속 비판할 것이다. 시민들이 한목소리가 아닌 만큼 시민 참여가 마냥 탈핵 진영에 유리하지도 않다. 원자력발전소를 삶의 터전으로 삼고 있는 지역주민들이나 노동자들까지 끌어안을 수 있는 '정의로운 전환'에 대한 논의는 아직 첫걸음을 떼지 못했다.

그렇다면 탈핵에너지전환으로 나아가기 위해 어디서부터 어떻게 엉킨 실타래를 풀어야 할까? 미리 밝혀두자면, 이 책은 명쾌한 답을 제시하지 못한다. 다만 원전이 한국 사회에 뿌리를 내린 과정을 추적함으로써 현재 우리가 마주하고 있는 문제들의 배경을 가능한 한 입체적으로 살펴보려 할 따름이다. 탈핵 찬반 논쟁을 공허하게 반복할 것이 아니라면, 탈핵 과정에서 실행을 통한 학습^{learning by doing}의 지혜를 제대로 발휘하려면, 먼저 우리가 밟아온 길부터 알아야 한다.

한국의 원전이 걸어온 길을 뒤좇으며 염두에 둔 것은 크게 세 가지였다.

첫째, 원전의 경제성, 기술 경로, 전력수요 등이 구성되어온 과정을 추적할 것. 원자력계는 현재 시점에서의 화폐적 가치 평가에 기대어 원전의 불가피성을 역설하고 기술낙관주의에 입각해 원전의 위험성을 경시한다. 따라서 이들은 발전단가가 낮은 원전을 늘리는 것을 합리적 선택이라 여기고, 원전의 안전성을 의심하고 방사성폐기물을 걱정하는 것을 지나친 기술 불신이라 비판한다. 반면 탈핵 진영은 불확실성을 강조하며 겸허함의 윤리에 호소한다. 이들은 중대사고의 가능성, 방사성폐기물 처분의 불확실성을 고려할 때, 정확한 비용 추정은 사실상 불가능하다고 본다. 따라서 탈핵 진영은 사고의 위험을 줄이고 미래세대로 책임을 떠넘기지 않기 위해 원전과 방사성폐기물을 줄일 수 있는 방안을 하루빨리 찾아야 한다고 말한다. 이 책은 이와 같은 통상적인 찬반 논쟁에 직접 뛰어들지 않는다. 대신 과거로 시선을 돌려 원전이 상대적으로 낮은 발전단가를 유지할 수 있었던 사회적 조건의 형성 과정을 추적한다. 더불어 가압경수로의 안전성 논쟁을 우회하여 가압경수로가 '안전한' 원자로 노형으로 선택된 배경을 살펴본다. 나아가 원전을 매개로 한 전력수요의 창출 기제를 분석함으로써 값싼 전기소비사회의 형성 과정을 되짚어볼 것이다.

둘째, 이분법적 인식의 틀에서 벗어나 이해관계의 충돌과 정치적 경합을 다각도로 드러내기. 원자력계는 한국 원전의 역사를 성공 신화로 포장한다. 사람도, 돈도, 기술도 없는 상황에서 강대국만이 가진 원전기술을 확보하게 된 성공의 역사, 그 속에서 원자력계 내부의 갈등은 사라진다. 국가 안에서, 국가를 매개로 끊임없이 다퉈온 원자력계 내부의 갈등이 소거되면서, 이들은 '기술 국산화의 주역'이 되거나 '원전 마피아'가 된다. 탈핵운동 또한 한몸이 아니다. 서울의 환경단체와 지역주민조직의 생각이 다르고, 지역주민들의 입장도 제각각이다. 따라서 원전의 미시사를 이해하기 위해서는 발전국가, 민주화와 신자유주의화를 배경으로 전개된 원자력계와 탈핵운동진영의 다층적 경합을 살펴봐야 한다.

셋째, 사회-기술의 공동구성co-production을 고려하기. 원전 기술추격 경로는 한국전력공사로 대표되는 전력공기업이 원전산업을 주도하게 된 과정을 살펴봐야 정확히 이해할 수 있다. 한편 한국의 독특한 원전 산업구조는 규제 제도의 발전 방향을 제약했고, 이것은 다시 원전의 경제성, 나아가 탈핵운동의 담론과 운동 방식에 영향을 미쳤다. 그리고 탈핵운동의 양상은 제도 변화와 기술 경로에 흔적을 남겼다. 따라서 원전의 발전 경로를 이해하기 위해서는 기술추격과 제도 변화, 사회운동을 함께 분석할 필요가 있다.

이와 같은 서술 전략을 토대로 이 책은 사회기술체제 전환의 시각에서 한국의 원자력발전의 역사를 재구성하는 데 초점을 맞췄다. 결론부터 말하자면, 전력공기업집단이 주도하는 독특한 원전 산업구조는 합리적 계획의 산물이 아니라 연구개발, 설비제작, 전력공급 부문 간의 경합으로 인한 국가계획 실패의 산물이다. 하지만 역설적으로 계획 실패로 인해 기술추격의 경로가 확정되고 발전주의적 에너지 공공성이 확립될 수 있었다. 여기에 반핵운동의 지역화가 맞물리면서 원전을 매개로 한 값싼 전기소비사회는 2000년대까지 지속될 수 있었다. 후쿠시마 원전 사고 이후에도, 문재인 정부의 탈핵선언에도 불구하고, 원전 축소에 대한 저항이 거센 이유를 이해하기 위해서는 긴 시간에 걸쳐 형성된 원전 사회기술체제를 세밀하게 해부할 필요가 있다.

이 책은 필자의 박사학위논문인 「한국 원자력산업의 형성과 변형: 원전 사회기술체제의 산업구조와 규제양식을 중심으로, 1967~2010」을 수정·보완한 글이다. 뼈대가 되는 글은 2015년 여름부터 이듬해 여름까지 썼다. 후쿠시마 원전 사고 이후의 상황을 어떻게 다룰 것인지는 논문을 구상할 때부터 고민이었다. 여러 변명이 있을 수 있겠으나 결국 후쿠시마 원전 사고 전까지로 분석의 범위를 좁혔다. 한국이 지속적으로 원전을 추진하게 된 사회기술적 조건을 규명하는 데 초점을 맞춘 탓에 정작 후쿠시마 원전 사고 이후의 변화를 충분히 담지 못했다. 그래서 불가피하게도 이 책에는 현실과의 간극이 적잖이 존재한다. 2016년 경주 지진 이후 현실과의 간극은 더 벌어졌고, 미적거리는 사이 문재인 대통령의 탈핵선언까지 나왔다. 책을 쓰면서 후쿠시마 사고 이후의 변화를 다루는 장을 추가했지만 빈틈이 많다.

그럼에도 불구하고 이 책을 펴내는 이유는 원전체제의 발전 경로를 분석함으로써 탈핵에너지전환 정책을 둘러싼 논란과 향후 제기될 수 있는 문제들을 이해하는 데 작게나마 기여할 수 있지 않을까 하는 기대 때문이다. 탈핵선언을 계기로 첫발을 내딛었을 뿐 탈핵에너지전환을 위해 앞으로 수십 년간 한국 사회가 풀어야 할 숙제가 산더미처럼 쌓여 있다. 한 예로, 원전을 매개로 한 값싼 전기소비사회에 대한 미련은 에너지 가격의 현실화를 제약할 뿐만 아니라 지속가능한 에너지 체계로의 전환을 지연시키고 있다. 원전 수출에 대한 기대가 식지 않는 이유와 원자력 연구 개발 분야가 여전히 사회적 감시의 사각지대로 남아 있는 까닭 역시 조금 더 긴 호흡으로 살펴볼 필요가 있다. 또한 공론화 예찬론에 머물러 있는 신고리 5·6호기 공론화의 경험을 한국의 에너지 민주주의의 역사 속에 위치시켜 더 나은 에너지 민주주의를 탐색하는 계기로 발전시켜야 한다. 탈핵에너지전환의 정치사회적 기반이 강화되어야 탈핵 정책이 신규 원전 건설 중단과 노후 원전 수명연장 중단에 갇히는 것을 막을 수 있기 때문이다. 지속가능한 에너지 체계로의 전환을 위해 에너지 공공성을 재정립하고 정의로운 전환의 방안을 모색하는 것도 빼놓을 수 없다. 어느 하나 쉬운 것이 없지만, 얽히고설킨 현실을 전체적으로 조망하는 데 원전 사회기술체제의 형성과 변형 과정을 되짚어보는 것이 출발점이 될 수 있지 않을까 한다. 그리고 역사적 지평 위에 섰을 때, 탈핵에너지전환 정책의 성과와 한계를 보다 정확히 파악할 수 있을 것이다.

원전 사회기술체제 분석이 제시하는바, 탈핵에너지전환은 결국 우리가 앞으로 어떤 사회-기술을 만들어갈 것인지를 선택하는 문제이다. 소모적인 탈핵 찬반 논쟁에서 벗어나 더 나은 선택지를 논의하는 단계로 나아갔으면 하는 바람을 담아, 부족함이 많은 글이지만, 세상에 내놓는다.

※ 일러두기

이 책은 저자의 박사학위논문인 「한국 원자력산업의 형성과 변형: 원전 사회기술체제의 산업구조와 규제양식을 중심으로, 1967~2010」을 수정·보완한 글이다. 책 내용의 일부는 다음과 같은 지면을 통해 발표되었다.

홍덕화. 2016. 「발전국가와 원전산업의 형성: 한국 전력공사 중심의 원전 산업구조 형성과정을 중심으로」. ≪공간과 사회≫, 26권 1호, 273~308쪽.

홍덕화. 2016. 「사회기술적 조정과 원전체제의 다양성: 원전 산업구조와 규제양식을 중심으로」. ≪서양사 연구≫, 제55집, 153~190쪽.

홍덕화. 2017. 「반핵운동의 분할포섭과 혼종적 위험 거버넌스의 형성: 2003~2005년 방사성폐기물처분장 부지 선정 과정을 중심으로」. ≪경제와 사회≫, 114호, 261~295쪽.

홍덕화. 2017. 「수출주의 축적체제에서의 생태위기에 관한 시론적 연구: 환경적 조정전략을 중심으로」. ≪공간과 사회≫, 27권 2호, 185~225쪽.

홍덕화. 2017. 「에너지 전환 전략의 분화와 에너지 공공성의 재구성: 전력산업 구조개편을 중심으로」. ≪ECO≫, 21권 1호, 147~187쪽.

제1장

서론

1. 원전 의존적 사회의 기원을 찾아서

원자력발전(원전)[1]만큼 사회적·생태적·기술적 측면에서 한국 사회의 과거를 되돌아보며 미래를 이야기하기 좋은 주제도 없다. 잠시 시간을 거슬러 올라가보자. 1960년대 중반까지 제한송전은 예기치 못한 사고가 아니라 일

---

1) 원자력발전 관련 용어는 찬반 입장에 따라 서로 다른 용어를 쓰는 경향이 있다. 찬성 측은 원자력발전, 원자로, 방사성폐기물, 계속운전 등의 용어를 사용하는 반면 반대 측은 핵발전, 핵반응로, 핵폐기물, 수명연장 등의 용어를 선호한다. 정치적 갈등을 떠나 물리적인 측면에서 핵에너지가 원자에너지보다 정확한 표현인 만큼 '핵'이 더 적합한 용어라 할 수 있다. IAEAInternational Atomic Energy Agency(1957년 설립)와 Bulletin of the Atomic Science(1947년 설립)에서 흔적을 찾을 수 있듯이 1950년대까지 'atomic energy'가 사용되기도 했으나 현재는 'nuclear energy'가 공식적 용어로 사용되고 있다. 하지만 글에서 인용하는 자료를 놓고 봤을 때 원자력발전과 방사성폐기물 등으로 표기된 것이 더 많은 만큼 이 책에서는 기본적으로 원자력발전(원전), 방사성폐기물(방폐물), 사용후핵연료 등의 용어를 사용한다. 다만 핵무기 개발이나 사용후핵연료 처리를 포괄하는 의미로 쓰인 경우 핵기술, 핵폐기물 등으로 표기했다. 정부도 초기에는 핵발전, 핵폐기물이라는 표현을 자주 사용했다. 한편 한빛(영광), 한울(울진), 새울(신고리) 등 최근 명칭이 변경된 원전은 그동안 사용된 명칭을 우선적으로 사용했다.

상이었다. 안정적인 전력공급은 공업화의 선결 과제였으나 발전시설은 보잘 것없었다. 에너지 자원은 변변치 않았고, 설상가상으로 남북이 분단되면서 주변국과 전력망이 단절된 상태였다. 깊은 밤 전등으로 어둠을 밝힐 수 있는 집보다 아예 전기가 공급되지 않는 집이 더 많던 시절이었다. 하지만 언젠가 부터 한국은 전기 과소비를 걱정해야 하는 사회가 되었다. 값싼 전기의 안정 적인 공급 덕분에 수출 대기업의 공장은 24시간 돌아갔고 거리에는 에어컨을 튼 채 문을 열고 장사하는 가게들이 즐비했다. 모두가 알고 있듯이, 그 중심 에 원자력발전이 있다. 뒤돌아보면 한국의 원전산업이 이룬 성취는 경이로울 정도다. 단적으로 한국은 후발추격국 중 유일하게 원자력발전 기술추격과 원 전 수출에 성공했다. 하지만 앞을 내다보면 캄캄하다. 예컨대 한국의 원전은 세계적으로 유례를 찾기 힘들 만큼 밀집되어 있다. 혹시라도 중대 원전사고 가 난다면, 사상 최악의 재난으로 기록될 것이 분명하다. 누구도 속 시원한 해법을 제시하지 못하는 사용후핵연료 처분을 생각해도 막막하기는 마찬가 지다.

2011년 후쿠시마 원전 사고(이하 후쿠시마 사고)는 많은 나라에서 원전을 둘 러싼 격렬한 찬반 대립이 사실상 종결되는 계기가 되었다. 하지만 한국은 후 쿠시마 사고 이후에도 공격적인 원전 확대 정책을 고수해왔다. 문재인 정부 의 탈핵선언을 계기로 뒤늦게 원전정책의 방향을 바꾸고 있지만 탈원전 정책 의 철회를 요구하는 저항도 거세다. 탈원전 정책을 비판하는 이들은 한국의 현실을 고려할 때 원전을 절대 포기해서는 안 된다고 주장한다. 당분간 원전 설비용량이 더 늘어나고 수십 년에 걸쳐 원전 축소가 진행되는 더딘 탈원전 정책도 이들에게는 받아들일 수 없는 선택지이다. 원전 없는 나라를 상상하 지 못하는 이들의 말처럼 우리에게 원전은 정말 불가피한 선택일까?

흔히 원전 건설의 이유로 꼽히는 원전의 경제적 비교우위나 전력수요의 지 속적 증가, 에너지 안보 강화의 필요성은 이 질문에 대한 답으로 적절하지 않 다. 단적으로 원전의 경제성은 인·허가 및 건설 기간, 기술의 표준화 수준, 외부 비용의 내부화 방식 등에 의해 좌우되는 정치경제적 제도의 산물이다. 따라서 기술혁신과 규제 제도, 사회적 저항을 고려하지 않고 원전의 경제성을 논하는 것은 논란을 키울 뿐이다. 또한 전력수요의 증가는 원전을 건설하는 이유인 동시에 지속적인 원전 건설의 산물일 수 있다. 다시 말해 원전을 계속 짓기 때문에 전력수요가 특정 방향으로 증가하는 것일 수 있다. '준국산 에너지'를 자처하는 원자력발전은 에너지 안보의 측면에서 탈석유화의 수단을 제공했지만 수요관리와 재생에너지 확대 등 다른 방식으로 에너지 안보가 강화되는 것을 저해했다는 비판의 목소리도 높다.

원전에 우호적인 사회기술적 상상sociotechnical imaginaries(Jasanoff and Kim, 2009)을 원전 건설의 문화적 원동력으로 꼽을 수도 있다. 그러나 사회기술적 상상은 그 자체로 사회적 구성물일뿐더러 사회기술적 상상이 곧 실행 역량을 보장하는 것은 아니다. 이데올로기가 그 자체로 수행성performativity을 발휘할 수 있기는 하나 이데올로기가 장기적으로 재생산되기 위해서는 기술적 기반과 조직적 토대가 구축되어야 한다. 거의 모든 국가가 핵무기 개발과 전력공급, 설비제작산업 육성 등을 이유로 원전기술을 확보하길 희망하지만 이를 실행할 수 있는 국가가 많지 않은 이유 역시 원전기술이 대단히 높은 수준의 실행 역량을 요구하기 때문이다. 첫째, 원자력발전은 거대과학기술로 기술 체계상의 통합성이 확보되어야 장기적으로 안정적인 운영이 가능하다.[2] 다시 말해 요소 기술들이 일련의 기술연쇄로 통합되지 않을 경우 원자력발전을 추진하

---

[2] 원자력발전 기술은 크게 원자로와 핵연료로 분야를 나누고 기초연구와 상용화로 기술 개발 단계를 구분할 수 있다. 이 중 원자로 부문은 기기의 설계, 제작, 건설, 발전, 폐로 등으로 세분할 수 있다. 핵연료 부문은 농축, 설계, 제조, 발전, 처리·처분으로 단계를 나눌 수 있는데, 흔히 농축 단계를 선행 핵연료주기, 처리·처분 단계를 후행 핵연료주기라 부른다. 중요한 점은 원자력발전이 안정적으로 지속되기 위해서는 원자로와 핵연료를 아우르는 통합적인 기술 체계가 구축되어야 한다는 점이다. 다만 폐로와 후행 핵연료주기의 경우 기술적 불확실성이 높더라도 일정 기간 유예가 가능하다. 폐로나 사용후핵연료의 처분이 불투명하다고 해서 당장 원자로를 가동하여 전력을 생산하는 데 문제가 생기는 것은 아니기 때문이다.

기 어렵다. 둘째, 원자력발전 기술은 핵무기 개발로 전용될 수 있는 만큼 국제 사회로부터 강한 규제를 받는다. 특히 핵확산을 우려한 강대국들의 견제와 감시로 인해 후발국이 기술역량을 축적하여 자율적으로 기술을 선택하는 것은 대단히 어렵다. 셋째, 상업용 원전은 네트워크 산업인 전력산업의 일환으로 추진된다. 원전은 다른 발전원에 비해 건설 기간이 길고 고정자본 투자 부담이 커서 사업의 위험성이 높다. 따라서 자본 동원 역량이 갖춰지지 않을 경우 원전 건설은 좌초되기 쉽다. 마지막으로 원전기술의 위험성은 격렬한 갈등과 논쟁을 내포하고 있으며 광범위한 안전 규제를 요구한다. 나아가 안전 규제가 신뢰를 받을 때, 원전을 계속 건설할 수 있는 사회적 조건이 형성된다.

따라서 지속적인 원전 건설의 배경을 이해하기 위해서는 원전의 경제성과 전력수요, 에너지 안보를 규정하는 사회적 조건이 창출되고 실행 역량을 뒷받침하는 기술적 기반과 조직적 토대가 구축된 과정을 살펴볼 필요가 있다. 그리고 그 출발점은 국가와 시장, 시민사회를 아우르는 여러 행위자들 간의 조정을 통해 만들어지는 원자력산업과 관련 제도를 분석하는 것이다. 이때 원자력산업과 관련 제도를 구성하는 조정의 영역은 크게 두 가지로 구분할 수 있다. 첫째, 원전 산업구조는 국가와 시장의 결합 방식을 규정한다. 보다 구체적으로 원전 산업구조는 연구개발, 설비제작, 전력공급 세 부문의 조직 구조와 역학 관계, 역량에 따라 다양한 형태로 발전할 수 있다(Campbell, 1988; Hecht, 2009; Rüdig, 1987; Thomas, 1988). 둘째, 규제양식은 시민사회가 원자력 산업에 영향을 미치는 방식을 규정하는데, 좁게는 정부의 안전 규제 제도, 넓게는 핵기술의 사회적 정당성 확보 방식이 규제양식을 구성한다. 반핵운동이 확산되면서 규제양식은 기술적 차원의 안전에서 사회적 정당성 확보로 조정의 범위가 확대되었다. 이 과정에서 규제양식은 국가기구의 수직적·수평적 통합, 정치제도, 반핵운동의 영향력 등에 따라 각기 다른 형태로 발전했다(Campbell, 1988; Jasper, 1990; Nelkin and Pollak, 1982; 김수진, 2011). 중요한 점은 원전 산업구조와 규제양식에 따라 각국의 원전기술 역시 각기 다른 발전 경로를 밟았다는 점이다. 즉, 원전 산업구조에 따라 원자로 노형과 모델 표준 화의 수준이 달랐고, 이러한 차이는 규제양식과 상호 작용해서 원전의 경제 성을 좌우했다(Bupp and Derian, 1981; Campbell, 1988; Jasper, 1990; Morone and Woodhouse, 1989; Thomas, 1988). 그리고 그 결과가 다시 반핵운동의 전개 와 전력수요의 변동에 영향을 미쳤다.

제도적 조정 장치의 측면에서 볼 때, 한국의 원전산업은 독특한 발전경로 를 밟았다. 단적으로 한국의 원전산업은 최근까지 전력공기업집단의 형태로 수직 계열화되어 있었다. 전력공기업집단은 원전정책을 실행하는 핵심적인 행위자로서 원전산업을 이끌어왔다. 반면 원자력행정은 독특한 형태로 이원 화二元化되었고, 그 여파로 규제 기관의 독립이 지연되었다. 반핵운동은 어느 나라 못지않게 격렬했지만 반핵운동이 정책 결정 및 안전 규제 과정에 개입 할 수 있는 통로는 제한되었다. 이와 같은 상황에서 한국은 후발추격국 중 거 의 유일하게 원전의 국산화·표준화를 이루고 독자모델을 개발하는 데 성공했 다. 일정 수준 이상의 기술역량과 조직적 토대가 갖춰진 상태에서 원자력발 전을 도입했던 선진국들과 달리 한국의 원전산업은 아무런 기반도 없는 상태 에서 기술추격을 이뤄낸 것이다.

멀게는 1987년 민주화 이후, 가깝게는 2017년 문재인 대통령의 탈핵선언 이후 원전을 둘러싼 논쟁과 갈등이 계속되고 있다. 탈원전 정책이 왜 이렇게 논란이 되는지, 앞으로 원전 의존성을 어떻게 줄여갈 것인지, 우리가 답해야 할 질문도 늘고 있다. 하지만 정작 기술과 인력, 자본, 어느 하나 변변치 않은 상황에서 출발해서 사회적 갈등을 무릅쓰고 원전을 지속적으로 건설하여 원 전 수출의 문턱까지 넘을 수 있었던 원전산업의 발전과정은 상당 부분 베일 에 싸여 있다. '성공 신화'와 '부정한 동맹'(김성준, 2012) 사이에서 기술 및 제 도의 발전 경로는 크게 주목받지 못했고 원전산업과 원전정책의 역사는 파편 적으로 서술되어왔다. 그리고 그 결과 한국 사회의 원전 의존성의 기원과 원전 의존성의 사회기술적 토대 역시 온전히 해명되지 않고 있다. 이와 같은 빈틈을 채우기 위해 이 책은 기술과 제도, 사회적 행위자의 결합체, 즉 사회기술체제sociotechnical regime3)의 시각에서 한국 원전산업의 발전 경로를 추적한다. 원전이 한국 사회에 뿌리를 내리게 된 과정을 정확히 이해할 때 탈핵에너지 전환을 위해 넘어야 할 장벽의 실체도 분명해질 것이다.

2. 기존 연구 검토

한국의 원전 사회기술체제를 직접적인 분석 대상으로 삼은 연구는 한손에 꼽힌다(김성준, 2012; 윤순진·오은정, 2006). 이들은 1950~1960년대 핵기술을 도입하는 시기부터 과학기술처와 원자력연구소, 산업자원부와 한국전력으로 대표되는 기초연구와 산업적 활용 세력 간의 대립 속에서 원자력정책이 발전했음을 보여준다.[4] 하지만 원전 도입기에 초점이 맞춰진 탓에 원자력발전이 본격적으로 추진되는 1970년대 말 이후의 상황은 사실상 연구의 범위에서 벗어나 있다. 김성준(2012)의 경우 1970년대 원자력연구소와 한전의 경쟁이 한전

---

3) 기술사학자인 휴스T. Hughes가 미국의 전력산업을 연구하며 사용한 이래 기술 체계technological system는 과학기술학 분야에서 폭넓게 사용되어왔다. 휴스는 기술 체계와 정치, 경제, 사회 체계를 포괄하는 과학기술의 성격을 서술하기 위해 초기에는 사회기술체계sociotechnical system라는 개념을 사용했으나, 기술적 핵심technical core이 없는 사회 체계와의 구분을 명료하게 하기 위해 기술 체계라는 개념을 선호한다고 밝힌 바 있다(Hughes, 1983:6, 1994:10). 그러나 이 책에서는 기술과 사회의 상호보완적 성격과 가변성을 강조하기 위해 기술 체계 대신 사회기술체제라는 용어를 사용한다. 전환이론transition theory을 비롯한 최근 논의에서는 사회기술체제 개념이 더 자주 사용되고 있다. 미시적 사례연구와 대비시켜 기술의 체계적 속성을 강조하기 위해 거대기술체계large technogical system라는 표현도 쓰인다. 기술 체계와 작업장 체계의 상호구성을 통한 공동최적화joint optimization에 관심을 가졌던 트리스트E. Trist와 에머리F. Emery 등도 조직연구의 맥락에서 사회기술체계 논의를 발전시킨 바 있다(Trist, 1981; Fox, 1995). 사회기술체제에 관한 구체적인 논의는 제3절을 참고할 것.
4) 핵기술 도입기에 대한 분석은 고대승(1992), DiMoia(2009, 2010)도 참고할 것.

의 승리로 귀결되면서 한국 특유의 원전체제가 형성된 것으로 보고 있지만 개발기구 내부의 경쟁은 그 이후에도 지속되었다. 또한 그의 논문에서는 원전 건설과 기술추격의 과정을 다루고 있지 않아 한국의 특징으로 강조한 불균등 성장의 구체적인 내용이 분명치 않다. 원전 도입기 연구는 반핵운동의 등장과 전력산업의 변화 속에서 원전체제가 재생산된 과정을 다루지 못하는 한계도 안고 있다. 1980년대 이후의 상황을 포괄한 예외적인 연구가 존재하지만 한국과 일본의 원전체제를 개괄적으로 비교하고 있을 뿐 원전체제의 구조나 변형 과정을 깊이 있게 다루고 있지는 않다(윤순진 외, 2011). 하지만 시야를 원전체제[5]의 구성요소로 넓히면, 기술추격 및 개발기구, 반핵운동, 원전정책 변동에 관한 연구가 포착된다.[6]

1) 기술추격과 개발기구

한국은 1970년대 원전을 건설하기 시작한 국가 중 유일하게 기술추격에 성공하여 독자적인 원전모델을 개발한 국가이다. 따라서 기술 추격·혁신의 측면에서 한국이 성공할 수 있었던 배경이 연구자들의 관심을 끌었다(Choi et al., 2009; Park, 1992; Sung and Hong, 1999; Valentine and Sovacool, 2010). 이들은 정부가 장기적인 전력수급계획과 기술개발계획을 수립하여 원자력발전 정책을 일관되게 추진한 것을 강조한다. 또한 중앙집권적인 국가의 조정 아래 한전의 주도로 기관별 역할 분담을 원활하게 한 덕분에 단기간에 원전기

---

5) 이 책에서 원전체제는 원전 사회기술체제를 뜻한다. 본문에서는 상황에 따라 원전 사회기술체제와 원전체제를 혼용해서 썼다.

6) 후쿠시마 사고 이후 다양한 분야에서 원전 관련 연구가 크게 늘었다. 그러나 이 책의 주된 분석 범위가 후쿠시마 사고 전까지인 만큼 2011년 이후의 상황을 다룬 연구는 기존 연구 검토에 상당수 포함되지 않았다. 대신 제5장과 제7장에서 후쿠시마 사고 이후 원전체제의 변화를 다루면서 최근 연구를 반영했다.

술을 축적하고 지속적인 원전 확대 정책을 펼 수 있었다고 주장한다. 이러한 기술추격 연구는 기술의 추격 과정과 이를 뒷받침한 조직의 중요성을 보여주고 있지만, 국가계획의 합리성을 지나치게 강조하는 경향이 있다. 이들은 계획 합리성을 강조하는 발전국가론적 가정 아래 산업자원 관련 부처나 한국전력 등 유사 선도기구의 역할을 중시한다. 그리고 전력공기업집단이나 이원화된 원자력행정, 나아가 기술추격 경로를 최선의 선택으로 간주하는 경향이 있다. 이로 인해 기술추격과 정책추진 과정에서 발생한 내부 갈등이나 의도하지 않은 효과, 정책 실패가 시야에서 멀어진다. 또한 기술추격 단계를 구분하며 기술이전, 기술자립, 기술개선이 성공적으로 이뤄져 왔음을 강조할 뿐 특정 시점에 기술자립과 같은 기술 전략을 선택한 이유에 대해 묻지 않는다. 나아가 기술추격에 집중하는 연구들은 원자력의 평화적 이용에 집중한 것을 신속한 기술추격의 원동력으로 바라보는 경향이 있어 의도했든 의도하지 않았든 핵무기 개발 추진이 원전산업의 발전에 미친 영향을 경시한다.[7]

반면 원자력발전을 비판적으로 바라보는 시각에서는 개발부처나 한전과 같은 개발기구를 정반대로 평가한다. 여기서 개발기구는 사회적 반발에도 불구하고 원전 건설을 지속적으로 추진하는 문제의 근원으로 손꼽힌다. 이와 같은 시각은 1990년대 말 환경운동진영에 퍼져 있던 한전 독점 구조에 대한 비판(석광훈, 2005, 2006; 이필렬, 2002)부터 후쿠시마 사고 이후 이른바 원전 마피아에 대한 비판(김성환·이승준, 2014; 녹색당 외, 2015; 하승수, 2015)까지 다양한 형태로 존재한다. 문제는 원자력발전을 국가와 전력회사, 재벌, 초국적 기업 간의 중앙 집권화된 에너지 체제(Kim and Byrne, 1990), 또는 정부와 공공기관, 학계, 재벌, 언론의 핵산업복합체(홍성태, 2005)의 산물로 지적하는 연구들조차 공기업 형태의 전력회사가 원전산업을 주도하게 된 과정을 도외시

---

7) 핵무기 개발과 관련된 연구는 민병원(2004), 조철호(2000, 2002), 홍성걸(2005), Kim(2001) 등을 참고할 것.

하고 추진집단 내부의 경쟁과 갈등을 간과한다는 점이다. 비판적 연구는 개발기구의 역할을 정반대로 평가한다는 점에서 기술추격 연구와 의견이 다를 뿐 원전체제를 블랙박스로 남겨두고 있다는 점에서 대동소이하다. 하지만 개발기구는 생각만큼 합리적이지 않았고 같은 의견을 가진 동질적인 집단도 아니었다.

정리하면 기술추격과 개발기구에 관한 연구는 이분법적 시각에서 원전의 역사를 바라보는 경향이 있다. 원전에 대한 입장과 관계없이 대다수의 연구는 제도적 복합체로서 국가기구 안에 내재된 갈등과 균열을 경시한다. 정부 부처 간, 또는 정부 부처와 산하기관 간의 이해관계의 충돌 가능성은 크게 고려되지 않는다. 이로 인해 유사 선도기구의 판단 착오로 인한 정책 실패나 관료조직 내부의 갈등으로 인한 정책의 굴절, 외부 압력에 의한 정책의 좌초 등 실패 사례는 부차화된다. 또한 원전산업의 발전 경로가 '성공 신화'와 '부정한 동맹'이라는 이분법적 구도 속에서 대단히 선별적인 형태로 서술된다. 따라서 원전산업의 발전 경로를 이해하기 위해서는 먼저 발전국가에 관한 지배적인 가정에 의문을 던지며 제도의 기원과 그것의 전개 과정을 추적할 필요가 있다. 정부 부처와 한전, 원자력연구소 등 개발기구 내부의 경쟁과 갈등이 가져온 기술적·제도적 효과를 적극적으로 고려해야 원전 분야에서의 기술추격과 정책표류의 복합적인 과정을 포착할 수 있다.

2) 반핵운동과 입지 정책의 변화

반핵운동은 원전의 사회적 정당성을 약화시킬 뿐만 아니라 원전정책에 제동을 걸고 때로는 사업 추진 자체를 중단시킨다. 따라서 반핵운동의 전개와 내부 동학에 초점을 맞춘 연구는 원전체제가 부딪치는 문제를 간접적으로 보여준다. 한국의 반핵운동 연구는 꾸준히 진행되어왔는데, 2005년 중저준위 방사성폐기물처분장 건설 주민투표를 기점으로 흐름이 바뀌었다고 해도 과언이 아니다.

민주화 이후 2003년 부안 방사성폐기물처분장(방폐장) 건설 반대운동까지 반핵운동은 방폐장 건설 및 원전 부지의 추가 지정을 막아내는 데 성공했다. 이로 인해 반핵운동이 성공하고 정부 정책이 실패한 이유가 많은 연구자들의 관심을 끌었다(김길수, 1997, 2004; 김창민, 2007; 김철규·조성익, 2004; 노진철, 2006; 박재묵, 1995, 1998; 이시재, 2005; 이종열, 1995; 홍성태, 2004). 이들은 정부의 시설 입지 정책이 실패한 이유를 비민주적인 절차와 정부에 대한 불신, 위험 인식의 차이, 경제적 보상 방식의 한계 등으로 설명했다.

하지만 2005년 주민투표를 통해 중저준위 방폐장 건설이 확정되면서 연구 방향은 반핵운동이 약화되고 정부의 입지 정책이 성공할 수 있었던 이유를 해명하는 것으로 바뀌었다. 그리고 사용후핵연료와 중저준위 방사성폐기물의 분리, 경제적 지원의 확대, 주민투표 및 지역 간 경쟁의 도입과 같은 정부 정책의 변화나 찬핵 진영의 홍보 강화와 세련화, 반핵운동의 약화, 그리고 그 결과로서 지역주민들의 위험-이익 인식의 변화가 방폐장 부지 선정을 이끌어 낸 원인으로 지적되었다(김경신·윤순진, 2014; 김혜정, 2011; 윤순진, 2006b, 2011; 정태석, 2012). 이들은 왜 정부의 정책이 바뀌고 어떻게 성공할 수 있었는지보다 주민투표 등의 방식이 지닌 한계를 비판하는 데 초점을 맞췄다. 따라서 정부가 이전처럼 비결정non-decision이나 다른 수단을 선택한 것이 아니라 왜 하필이면 중저준위 방사성폐기물의 분리나 경쟁적 주민투표의 도입과 같은 방식을 선택했는지는 기존 연구를 통해 밝혀지지 않았다. 어느 시점에서 어떠한 이유로 협상, 사회적 공론화, 주민투표 등 특정한 형태의 정책 수단이 도입되었는지 베일에 싸여 있는 것이다. 최종적인 결과인 복수 지역에서의 동시 주민투표가 부지 선정을 이끌어낸 요인으로 사후적으로 도출될 뿐이다.

대다수의 연구가 특정 사례에 집중되다 보니 국가와 반핵운동의 장기적인 경합 속에서 정책과 정책이 실행되는 정치사회적 기반이 변형된 과정에 대한 분석 또한 미흡한 편이다. 지역사회의 변동을 추적함으로써 이 문제를 풀려는 시도는 비교적 최근의 일이다(김영종, 2005, 2006; 이상헌 외, 2014; 정수희, 2011; 한상진, 2012, 2013).[8] 원전 관련 시설이 들어선 이후 장기간에 걸쳐 지역 공동체 내부의 찬반 대립이 격화(김은주, 2011; 황보명·윤순진, 2014)되고 그 과정에서 지역주민운동이 실리주의적 성향을 강화시키게 되었다는 주장도 제기되었다(정수희, 2011).[9] 하지만 지역사회 내부 구조의 변화로 눈을 돌린 연구는 분석의 범위가 지역사회에 제한되어 있어 원전정책 변화의 시공간적 스케일의 다층성을 충분히 보여주지 못한다.[10] 다시 말해 원전시설 입지 정책과 반핵운동의 스케일 재구축이 일어난 배경이나 전개 과정, 나아가 그 효과를 온전히 이해하기 위해서는 국가와 반핵운동, 지역사회의 경합과정을 종합적으로 추적할 필요가 있다.

3) 원전정책의 변동

원전과 관련된 특정법이나 개별 정책에 대한 연구는 후쿠시마 사고 이후 크게 늘었지만 원전정책 전반의 역사적 변동을 다룬 연구는 드물다. 원전정책의 전반적인 변화는 주로 제도의 경로의존성에 초점이 맞춰져 있는데, 경로의 형성 시점이나 고착성에 대해서는 입장이 조금씩 엇갈린다(주성돈, 2011; 진상현, 2009). 하지만 대체로 1960~1970년대를 경로가 형성된 시기로 보고 1980년대 이후 점진적으로 경로의존성이 강화된 것으로 간주한다. 다만 정

---

8) 한상진(2012, 2013)에 따르면, 정부가 신규 원전 부지를 확보할 수 있었던 것은 지방자치단체 장을 정점으로 한 지역의 여론 주도층이 원전 레짐으로 포섭되었기 때문이다.
9) 지역주민들의 원전에 대한 위험 인식은 지역반핵운동과 지역사회 변동에 영향을 미친다. 관련 연구는 양라윤(2016)을 참고.
10) 시론적인 논의에 가까우나 찬핵 진영과 반핵 진영을 성장연합과의 관계 속에서 전국적 차원과 지역적 차원으로 구분하려는 시도는 김현우·이정필(2017)을 볼 것. 이들은 '핵마피아'의 경우 지역보다 전국 차원에서 공고하고, 성장연합은 상대적으로 지역 차원에서 강하다고 진단한다. 전국 차원의 '탈핵동맹'과 지역의 '반성장연합'은 둘 다 느슨한 편이다.

부와 준정부, 민간 부문의 관계 및 영향력의 변화(주성돈, 2011), 또는 정책 조정과 반핵운동(진상현, 2009)을 기준으로 정책 패러다임이나 제도의 경로가 세부적으로 변하는 시기를 다르게 본다.

이상의 연구는 원전정책의 전반적인 흐름을 보여주고 있으나 원전정책의 변화가 일어난 이유를 직접적으로 분석하지 않는다. 반핵운동의 영향력이 확대되었다고 지적하지만 국가의 대응과정이나 반핵운동이 정책에 미친 영향 역시 논외로 한다. 전반적으로 봤을 때, 원전정책의 변동 연구는 정책과 관련 행위자들의 변화를 현상적으로 기술하는 데 머물러 있다. 한편 원병출(2007)은 원전정책 네트워크가 하위정부형(1960년대 원전정책 형성기)에서 정책공동체형(1980년대 기술자립기), 이슈네트워크형(1990년대 산업체제 조정기)으로 변하면서 원전 추진 세력의 결속력이 약화되었다고 본다. 이 연구는 정책 관련 행위자의 수나 연계 방식 등을 기준으로 개발기구 내부의 이질성과 변화를 보여주고 있으나 정책 네트워크가 변형된 이유나 과정, 그리고 이것이 기술과 제도에 미친 영향은 간략하게 언급하는 데 그치고 있다. 이로 인해 한전 중심의 수직계열화나 원자력행정의 이원화와 같은 한국 원전산업의 특징을 몇 가지 지적하고 있음에도 불구하고 이와 같은 원전체제가 형성·변형된 과정은 분석 범위에서 제외되어 있다.

그간 원자력발전과 관련된 다양한 연구에도 불구하고 한국 원전산업의 발전 경로가 파편적으로 서술된 것은 상당 부분 기술과 제도, 사회운동을 개별적으로 분석했기 때문이다. 그러나 조직 변동은 기술추격과 함께 일어났고, 기술은 정책의 조건이자 산물이었으며, 반핵운동은 기술과 제도의 궤적에 영향을 미쳤다. 정책학적 연구에서 경로의존성이 단편적으로 언급되는 데 그친 이유도 기술과 사회를 분절적으로 접근했기 때문이다. 예컨대, 기술적 기반이 존재하지 않는 후발추격국에서 기술 도입과 제도 형성이 거의 동시에 진행되었다는 점이 충분히 고려되지 않았다. 그러나 계획과 정책이 실현되기 위해서는 실행 역량이 수반되어야 했고 기술은 핵심적인 실행 역량 중 하나였다.

이로 인해 정책을 둘러싼 경합은 쉽게 기술정치와 연결되었고, 기술추격은 이해관계의 물질적 기반을 변화시켜 제도의 변화를 촉발하는 계기가 되었다.

3. 기술정치와 사회기술체제의 변형

1) 사회기술체제와 거버넌스

사회기술체제론의 모태가 된 기술체계론에 따르면, 거대과학기술은 기술적인 것과 사회적인 것이 하나로 엮인 기술 체계로 이뤄져 있다. 휴스(Hughes, 1983, 1986, 1987, 1994)가 전력산업을 사례로 정교화한 기술체계론은 기술발전이 과학기술뿐만 아니라 경제적·정치적·조직적·재정적 요소들을 동시에 만들어내는 과정임을 잘 보여준다. 이러한 맥락에서 거대과학기술은 기술과 사회를 아우르는 이음새 없는 연결망seamless web 또는 이질적heteroge-neous 연결망을 구성해야 사회에 안착할 수 있다.

그러나 기술체계론의 관심이 기술 체계의 형성, 모멘텀momentum 창출에 집중되면서 기술 체계의 변이와 변동에 대한 설명은 체계화되지 못했다. 물론 기술체계론이 기술 체계가 시공간적으로 동일하다고 주장한 것은 아니다. 휴스는 경제적, 조직적, 지리적, 법·제도적, 기업가적entrepreneurial 차이에 따라 기술 체계가 다른 것을 기술스타일technological style의 다양성으로 설명한 바 있다(Hughes, 1983: 405~408). 하지만 기술 체계의 하위 체계들이 다양한 형태로 결합되는 방식에 대한 논의는 충분히 이뤄지지 못했다. 특히 휴스는 20세기 후반 조직 형태가 유연해지고 기술 체계에 대한 사회적 저항이 확산되면서 일어난 기술 체계의 변화를 본격적인 분석 대상으로 삼지 못했다(Coutard, 1999; Hughes, 1994, 1996). 하위 체계들 간의 상호보완성이 약화되거나 외부 환경이 변화하면서 또는 기술 체계에 대한 저항이 확산되면서 일어난 기술

체계의 변형, 해체는 제한적으로 다뤄져 왔다.[11]

　기술 체계에 잠재된 변이와 변동의 가능성은 체제regime 개념을 도입함으로써 일정 정도 해소될 수 있다. 일례로 헥트(Hecht, 2001, 2009)는 프랑스에서 핵기술 개발을 둘러싼 원자력위원회와 전력회사의 경쟁을 기술정치체제tech-nopolitical regime의 시각에서 분석하여 기술 체계에 내재된 정치적 역동성을 보여준 바 있다. 즉, 헥트의 기술정치체제 개념은 기술 체계 내부에서 일어나는 권력 투쟁을 포착하고 기술이 통치의 수단으로 활용되는 현상을 설명하는 데 유용하게 쓰였다.[12] 한편 힐스(Geels, 2004)는 사회기술체제를 기술체제, 정책체제, 금융체제 등 상대적 자율성과 상호의존성을 동시에 지닌 상이한 하위 체제들 간의 조정의 산물로 바라본다. 사회기술체제 역시 하나의 체제를 구성하기 위해 이질적 요소들이 물질적, 제도적, 인지적 측면에서 일정 수준 이상 조율되어야 한다는 점에서 체계 개념의 연장선상에 있지만 조정의 영역을 사회정치적 정당성으로 확장시킨다는 점에서 차별적이다. 이와 같은 개념 사용은 역설적으로 사회기술체제의 안정화가 갈수록 어려워진다는 사실을 내포하고 있다. 특히 기술체제의 정당성 문제가 부상하면서 사회세력 간의 정치적 경합이 사회기술체제를 구성하는 중요한 요소가 된다.[13]

---

11) 커다드(Coutard, 1999)에 따르면, 그간의 거대기술체계 연구는 이해관계를 공유한 국가와 기업이 위계적 조직을 통해 거대기술체계를 지배하고 대중은 이를 일방적으로 수용한다고 가정하는 경향이 있다. 이로 인해 국가나 대기업의 독점 구조가 약화되고 유연한 조직 형태가 발전하는 동시에 대중의 참여가 확산되는 현상을 설명하는 데 한계가 있다.

12) 헥트의 기술정치체제는 기술 개발에 연관된 사람들과 그들의 공학적·산업적 행위, 인공물arti-fact, 정치 프로그램, 이데올로기 등을 포괄하는 개념이다. 그는 체제 개념을 도입함으로써 행위자 간의 경합, 그리고 이들 간의 불균등한 권력을 주된 문제로 부각시켰다.

13) 기술사회학이나 기술경제학 등에서 많이 언급되는 기술프레임technological frame(Bijker, 1987), 기술패러다임technological paradigm(Dosi, 1982), 탐색틀search heuristics, 예시exemplars 개념은 기술 체계를 구성하는 인지적 규칙의 중요성을 강조하는 논의라 할 수 있다. 기술의 확산과 산업 조직의 확립에 있어 정당화legitimation를 강조하는 조직이론(Aldrich and Fiol, 1994; van de Ven and Hargrave, 2004)이나 20세기 화석연료 기반 에너지체제energy regime를 예로 들며 사

한편 체제 개념의 도입은 체계구축가$^{system\ builder}$(Hughes, 1983)의 문제, 다시 말해 조정과 경합 속에서 누가 체제 구축을 주도하는가, 또는 어떻게 체제가 형성되는가라는 질문에 대한 새로운 답을 요구한다. 초기 연구에서 체계구축가의 문제는 그리 복잡하지 않았다. 예컨대, 휴스는 혁신적인 기업가를 체계구축가로 봤다(Hughes, 1983, 1987). 챈들러$^{Alfred\ D.\ Chandler}$의 기업사 연구로부터 영향을 받은 휴스는 혁신적 발명가와 기업가에 의한 대기업의 형성 과정을 중심으로 기술 체계의 역사를 서술했다(Hounshell, 1995). 이로 인해 휴스의 연구에서는 체계의 기능이 여러 조직들로 분배되는 방식이 충분히 논의되지 못했고 결과적으로 체계의 기능적 조정이 조직적 조정을 수반하는 과정을 포착하기 어려운 문제가 발생했다(Constant II, 1987: 229~230).[14]

이러한 맥락에서 사회기술체제 분석은 체계구축가를 특정 조직이 아닌 조직들 간의 관계의 문제로 접근한다.[15] 하지만 조직 관계를 분석할 전략은 다소 불분명한데, 거버넌스적 접근이 하나의 해결책이 될 수 있다.[16] 거버넌스

회기술체제는 체제를 확립하고 정당화하는 사회계약을 내포하고 있다고 주장하는 기술철학(Winner, 1982: 272~273)에서도 체제 논의와의 접점을 찾을 수 있다.

14) 휴스도 체계구축가의 문제를 재고할 필요성을 인정한 바 있다(Hughes, 1996: 46). 그는 20세기 후반 기술 체계의 설계 및 운영 과정에 공적·사적 행위자들의 참여가 증가하면서 체계구축가의 성격이 변하고 있다고 지적했다.

15) 조직 관계에 초점을 맞추는 것은 거시적 분석과 미시적 분석에서 흔히 나타나는 기술결정론과 사회구성주의 간의 간극과 행위자의 합리성에 대한 상반된 가정이 야기하는 문제를 해결하는 데도 도움이 된다(Misa, 1994). 미사$^{T.\ J.\ Misa}$에 따르면, 과학기술의 궤적에 대한 거시적인 분석은 행위자의 의도를 합리적이고 기능적인 것으로 바라보는 경향이 있기 때문에 기술결정론적 성격을 갖는다. 반면 미시적 분석은 역사적 우연성을 강조하고 합리적 계획의 가능성을 축소시켜 사회구성적 성격을 강조한다.

16) 거버넌스는 대단히 논쟁적인 개념이다. 거버넌스는 대체로 통치 그 자체를 뜻하기보다는 국가 중심의 위계적·통제적 관리 양식을 대신해서 네트워크적·참여적 관리 양식이 부상한 것을 가리킨다(Pierre and Peters, 2003; Rhodes, 2003; 키에르, 2007). 즉, 수평적 네트워크가 확산되면서 공공 부문과 민간 부문이 협력관계를 기반으로 상호조정적 체계를 구축해가는 과정을 거버넌스라 할 수 있다. 그러나 폭넓게 정치경제적 행위의 조정양식을 통칭해서 거버넌스를 바라볼 수도 있다(Hollingsworth and Boyer, 1997).

의 맥락에서 사회기술체제의 구축은 두 가지 차원으로 구분해볼 수 있다.[17] 첫째, 기술연쇄를 안정화할 수 있는 핵심집단core 간의 조정양식으로 산업구조적 측면이다. 산업 거버넌스에 따라 기술적 통합성이 구축되는 방식이 달라진다. 둘째, 특정 기술을 사회정치적 맥락에서 정당화하는 규제 거버넌스적 측면이다. 기술적 수행에 직접적인 영향을 미치지 않는 경우가 많지만 기술 체계가 안정화되기 위해서는 이해당사자는 물론 대중으로부터 기술적 수행의 필요성과 정당성을 인정받아야 한다. 위험 거버넌스, 즉 정부와 기술관료가 사실상 독점하고 있던 기술적 위험과 관련된 의사결정 구조가 다수의 이해관계자와 시민이 참여하는 개방적 형태로 변하고 있는 것이 단적인 예다.

산업 거버넌스는 행위동기(이기적, 의무감)와 조정양식(수직적, 수평적)에 따라 다양한 형태로 구분할 수 있다(Hollingsworth and Boyer, 1997; 이재열, 2013). 즉, 산업구조를 구성하는 조정 방식은 시장, 위계, 공동체, 국가, 네트워크처럼 다양한 원리에 기초해서 경쟁적 시장, 수직계열기업, 협동조합, 국영화, 기업네트워크 등 여러 가지 형태로 제도화될 수 있다. 눈여겨볼 점은 각각의 조정양식이 장점과 더불어 규칙 집행enforcement, 공공재와 외부성, 효율성, 형평성의 측면에서 저마다의 한계를 내포하고 있다는 점이다(Hollingsworth and Boyer, 1997; 이재열, 2013). 따라서 산업구조의 형성과 변동은 효율성, 기능적 적응의 문제로 환원되지 않는 정치적 경합을 포함하고 있다.

규제양식과 관련해서는 위험 거버넌스risk governance 논의를 참조하는 것이 유용하다.[18] 위험 거버넌스 논의는 정부와 기술관료가 사실상 독점하고 있던

---

17) 커다드(1999)는 거대기술체계의 거버넌스를 기업 내부 조직, 기업 간 관계 및 국가 규제, 사회와의 상호작용으로 구분한 바 있다. 그라노베터와 맥과이어(Granovetter and McGuire, 1998)는 조직 내부 구조, 기업 간 관계, 외부 기구·집단과의 관계, 정부-산업 관계를 산업구조 분석의 기본 축으로 제시했다. 이 책은 기업 내부 조직보다는 기업 간, 정부-산업 간 관계를 중심으로 산업구조를 분석한다.
18) 위험 거버넌스는 위험의 생산, 인식, 분배, 해소 등 위험과 관련된 사안에 대해 다수의 행위자

위험 관련 의사결정 구조가 다수의 이해관계자와 시민이 참여하는 개방적 형태로 변하고 있음을 보여준다. 위험 거버넌스의 개방성이 확대되는 까닭은 기본적으로 위험과 불확실성에 대한 전문지식의 한계를 인정하고 전문가와 시민이 함께 참여하는 숙의과정이 필요하다는 공감대가 확산되고 있기 때문이다(이영희, 2010a). 그러나 시민 참여의 확대를 단선적인 과정으로 보는 것은 경계해야 한다. 참여의 방식과 범위는 세력 관계의 변화에 따라 언제든 뒤바뀔 수 있기 때문이다.[19] 특히 숙의적 방식은 과정을 통제하는 것이 어렵기 때문에 정부나 사회운동단체의 의도와 다른 방향으로 전개될 가능성을 인정해야 한다(Hagendijk and Irwin, 2006). 따라서 참여가 확대될수록 정책 환경의 불확실성이 높아진다.

이러한 맥락에서 위험의 유형 분류에 기초한 위험 거버넌스 전략을 비판하며 위험 거버넌스를 불확실성을 길들이기 위한 사회적 기제로 재해석하는 연구들도 등장하고 있다(de Vries et al., 2011; 조아라·강윤재, 2014). 이처럼 위험 거버넌스의 초점을 위험의 유형에서 불확실성의 축소로 옮기면 결정의 문제가 부각된다. 불확실성을 줄인다는 것은 특정 사안에 대한 판단이나 가치 부여의 차이를 축소한다는 뜻이기 때문이다. 따라서 불확실성을 최종적으로 해소시켜줄 수 있는 방안이 없는 한 합의 또는 차이의 축소는 필연적으로 일정한 배제를 수반하는 결정의 성격을 갖게 된다. 이처럼 결정이 이뤄지는 곳은 "정치적인 것"이 귀환하는 지점이 된다(무페, 2006, 2007).[20]

가 집합적인 의사결정을 하는 (비위계적) 조직 체계이자 그 과정을 말한다(Renn, Klinke and van Asselt, 2011).

19) 어윈(Irwin, 2006)이 지적하듯이, 대중의 참여는 다양한 해석과 변주가 가능하다. 따라서 대중의 참여는 대중이 누구인지, 그들이 무슨 생각을 하는지, 어떤 방식으로 참여할 것인지와 같은 새로운 판단과 결정의 문제를 제기한다.

20) 무페(2006, 2007)는 정치적인 것의 본질이 결정의 차원에 존재하며 적대는 궁극적으로 해소 불가능한 사회적 삶의 존재론적 구성요소라고 주장한다. 이러한 맥락에서 무페는 모든 합의는 필연적으로 배제를 수반할 뿐만 아니라 부분적이고 잠정적이라고 말한다.

정치적인 것의 소환은 권력의 문제를 제기한다. 지배적 시각과 비지배적 시각이 대립하는 상황에서 불확실성은 지배적 시각에 조응하는 형태로 재인식되면서 관리 가능한 위험으로 축소되는 경향이 있다(Stirling, 2008, 2014). 권력의 작동은 정책 환경의 불확실성을 축소하는 상황에서 한층 더 가시화된다. 이에 비춰보면, 위험 거버넌스는 참여자의 구성 및 선별, 토의주제의 선정에 있어서 권력에 의한 선택과 배제가 항시적으로 일어나는 헤게모니 투쟁의 공간이다(정태석, 2016). 따라서 위험 거버넌스가 적대와 권력의 비대칭성에 둘러싸여 있는 이상 위험 거버넌스의 구성·운영은 사회정치적 조건을 배경으로 펼쳐지는 헤게모니 투쟁에 구속될 수밖에 없다.[21] 현실 속의 위험 거버넌스가 끊임없이 유동적인 상황에 놓이게 되는 이유도 여기에 있다. 위험 거버넌스가 한 국가 내에서 다양한 형태로 공존하거나 과학기술 거버넌스가 혼종적인 형태로 존재하는 것도 같은 이치라 할 수 있다.[22]

거버넌스의 시각에서 체계 구축의 문제를 접근할 경우 사회기술체제의 발전 경로를 역동적으로 해석할 수 있다. 기술 체계의 통합성과 이질적 구성요소들의 상호보완성을 지나치게 강조할 경우 사회기술체제의 변화는 외재적 충격의 효과로 귀결된다. 예컨대, 기술 체계의 구축 과정에서 이른바 수익 체증increasing returns 또는 긍정적 피드백positive feedback 효과가 발생하면 기술과 제도, 행위자는 상호의존적인 형태로 결합되고 변화에 저항한다. 이 경우 기술 체

---

21) 거버넌스는 통치의 수단이자 저항의 매개가 될 수 있다. 이와 같은 거버넌스의 이중적인 모습은 다양하게 논의되어왔다(Swyngedouw, 2005). 그러나 전반적으로 봤을 때, 거버넌스는 자기 조정의 이미지가 강하기 때문에 이해 상충과 갈등, 합의 도출 실패 등을 간과하는 경향이 있다. 즉, 위계와 권력, 이해 갈등의 문제가 거버넌스 개념에서는 충분히 다뤄지지 않고 있다(키에르, 2007: 243~252). 이 책은 "거버넌스의 정치학"(김의영, 2014) 또는 "거버넌스의 사회학"(정태석, 2016)의 입장을 수용하여 거버넌스를 둘러싼 대립과 갈등에 주목하고자 한다.
22) 하겐지크와 어윈(Hagendijk and Irwin, 2006)은 유럽 국가를 사례로 과학기술 거버넌스를 자유재량형discretionary, 조합주의적corporatist, 교육적educational, 시장적market, 쟁투적agonostic, 숙의적deliberative 거버넌스로 구분한 바 있다.

계의 변동은 체계의 견고함이 일시적으로 약화되는 결정적 국면critical junctures에서의 단절적인 변화에 초점이 맞춰진다.

하지만 거버넌스적 시각은 체계 구축을 정치적 경합과 조정의 문제로 확장시킨다. 마치 제도가 단일한 실체가 아닌 모순적인 요소들의 결합체인 것처럼 기술 체계도 다양한 요소들로 구성되어 있고 하위 체계들은 상대적 자율성을 가지고 있다(Hirsch and Gillespie, 2001; Mahoney and Thelen, 2010; Pierson, 2000, 2004; 쎌렌, 2011; 하연섭, 2011). 그리고 합리적 계획이 아닌 정치적 경합이 기술 체계의 사회적 기반인 이상 시간이 흐르면서 비정합적인 요소가 누적될 수밖에 없고, 하위 체계의 각기 다른 내부 동학은 기술 체계의 동요fluctuation를 불러일으킨다(Geels, 2004). 권력과 자원의 배분이 비대칭적이고 갈등의 적대적 성격이 해소되지 않는 한 실행상의 거버넌스는 사회정치적 조건과 상황에 구속되어 잠재적으로 불안정한 상태를 유지할 수밖에 없다. 사안과 분야에 따라 각기 다른 형태의 거버넌스가 결합하여 사회기술체제를 이루는 혼종적 거버넌스의 형태를 구성할 수도 있다. 따라서 거버넌스에 기초한 사회기술체제는 체계적 차원의 부정합성과 권력의 비대칭성이 해소되지 않는 한 지속적으로 변화의 압력에 노출된다. 이러한 맥락에서 기술 체계의 고착성은 지속적인 사회정치적 경합 속에서 끊임없이 안정화와 불안정화를 반복하는 역동적인 균형의 상태로 재해석할 수 있다.

4. 사회기반산업과 발전국가의 조정의 정치

1) 후발추격과 발전국가의 공기업

한국의 압축적 경제성장을 설명하는 대표적인 논의는 발전국가론developmental state theory[23]이다. 이에 따르면, 발전국가는 관료적 자율성을 기초로 후발추격의 기틀을 닦았다(Evans, 1995; Haggard, 1994; Johnson, 1982; Wade, 1990; Woo-Cummings, 1999; 김병국, 1994; 위스, 2002; 윤상우, 2005; 이병천, 2003). 달리 말하면, 발전지향적인 국가의 '배태된 자율성embedded autonomy'(Evans, 1995) 또는 '통치된 상호의존성governed interdependence'(위스, 2002)은 다양한 정책 수단을 동원하여 적극적인 산업 정책을 펼칠 수 있는 토대가 되었다. 이른바 발전국가는 한국에서 사회기반시설이 구축되는 과정을 이해하는 데 우회할 수 없는 요소이다. 그러나 사회기반시설의 구축 과정을 정확히 이해하기 위해서는 선도기구, 국가-대기업 사이의 조정에 초점이 맞춰진 발전국가 논의를 재검토할 필요가 있다.

첫째, 선도기구의 조정 기능을 강조하는 발전국가 논의는 제도적 복합체로서 국가기구들 사이에서 일어나는 갈등과 균열을 경시하는 경향이 있다(김윤태, 2012). 하지만 선도기구의 자율성은, 만약 그것이 존재한다면, 주어진 것이 아니라 경합 속에 구성되는 것이다. 존슨이 지적한 바 있듯이, 국가기구의 힘은 관료조직 간의 권력 다툼이 조정된 이후 확립된다(Johnson, 1982).

발전국가의 산업화 전략은 중층적이었기 때문에 실행의 차원에서 선도기구의 역할은 제한되었다. 흔히 이야기되어온 것과 달리 한국의 산업화 전략은 단순하게 수출만 강조하는 전략이 아니라 수출과 수입대체를 병행한 복선형 산업화 전략이었다(기미야 다다시, 2008; 이병천, 2003; 이상철, 2003). 즉, 정

---

23) 'development'는 흔히 발전 또는 개발로 번역된다. 개발은 자연 환경을 인간이 사용할 수 있게끔 변형시키는 데 초점이 맞춰진 데 반해 발전은 상황이 더 나은 방향으로 변해간다는 의미를 내포하고 있다. 'developmentalism' 역시 개발주의 또는 발전주의로 번역되는데, 이 책에서는 발전주의로 번역해서 사용한다. 제2차 세계대전 이후 미국의 헤게모니 아래 서구의 발전 궤적을 따라 비서구 국가들도 산업화를 통해 사회의 발전을 이룰 수 있다는 사고방식을 지칭하기에 '발전주의'가 더 적합하다고 판단했기 때문이다. '개발주의'로 할 경우, 자본주의의 역사적 국면에 따른 개발 전략, 제도적 배치 등의 차이를 변별하기 어렵다. 이러한 맥락에서 'developmental state' 역시 '발전국가'로 번역한다. 발전주의의 부상 및 쇠퇴 과정, 개발 프로젝트의 측면에서 발전주의의 제도적 특성과 관련해서는 맥마이클(2013), 리스트(2013) 등을 참고할 것.

부는 비교우위산업에 대한 수출지원이나 일방적인 시장 보호를 통한 수입대체산업 육성이 아닌 국제 경쟁에 노출된 시장 보호를 추진하는 복선형 산업화 전략을 펼쳤다. 이런 상황에서 사회기반산업infrastructure industry은 중화학공업 제품의 국내 수요를 창출하는 수단인 동시에 국제적인 가격경쟁력 확보를 위한 가격 왜곡의 대상이었다(손정원, 2006; 암스덴, 1990; 오원철, 1996). 예컨대, 국제적인 경쟁력을 확보할 수 있는 수준에서 수출가격이 정해지면 이로부터 역산하여 전기나 공업용수와 같은 사회기반시설의 이용가격이 책정되었다.[24]

한편, 중화학공업화와 방위산업 육성을 떼어놓고 생각할 수 없다는 점에서 한국의 산업화 전략은 냉전적 조건을 전제로 했다(류상영, 2011; 니시노 준야, 2011). 북한의 군사적 위협이 가중되는 상황에서 주한미군의 감축 계획이 수립되자 1960년대 말부터 방위산업 육성은 국가적 과제로 부상했고, 중화학공업과 방위산업의 병행 추진 전략으로 이어졌다. 그리고 병행 추진 전략은 복선형 산업화 전략과 맞물리면서 독특한 실행 방안을 낳았다. 즉, 방위산업을 육성하되 민수 겸용으로 추진하고, 수출을 전제로 한 규모의 경제 실현을 통해 가격의 국제 경쟁력을 확보하는 방안이었다(니시노 준야, 2011; 김형아, 2005; 오원철, 1996). 이러한 방안은 국내 시장 규모에 비해 터무니없이 큰 설비의 도입을 용인해 추후 과잉설비 문제를 야기할 수 있는 위험성을 내포하고 있었다. 그러나 대형 기지화의 위험은 방위산업 육성과 수출 증진의 목표 아래 무마될 수 있었다.

중화학공업화를 추진하면서 기술역량을 배양할 필요성도 높아졌다.[25] 특

---

24) 울산 석유화학단지에는 사회기반시설을 값싸고 안정적으로 이용할 수 있도록 전기와 공업용수, 기계수리 서비스 등을 종합적으로 제공하는 석유화학지원공단이 설립되었다(손정원, 2006: 60~61).

25) 수출 주도 산업화를 추구하는 후발추격국에서 생산성은 기본적으로 선진국에서 수입한 기술을 신속하게 소화하는 수준에 따라 결정된다(부아예, 2013: 143~144). 나아가 비숙련 조립제품을 수출하는 단계를 넘어서서 고부가가치 상품을 수출하기 위해 기술추격이 필요하다.

히 한국의 중화학공업화는 산업의 계열 상승과 계열 하강이 동시에 진행되는 이중의 복선적 공업화 형태로 진행된 만큼 신속한 기술추격과 기술학습이 전제되어야 했다(서익진, 2003). 자본과 조직은 물론 기술까지 부재한 상황이었던 만큼 대응 방안이 필요했다. 정부가 선택한 방안은 과학기술 관련 부처의 역할을 강화하고 정부출연연구기관을 설립하는 것이었다(니시노 준야, 2011; 이상철, 2003; 문만용, 2007).

이와 같은 산업화 전략의 중층적 성격으로 인해 정부 부처 간의 경합 가능성이 상존했다. 단적으로 복선형 산업화 전략을 토대로 중화학공업화를 추진하는 과정에서 경제기획원과 상공부는 치열한 주도권 다툼을 벌였다. 경제기획원은 이른바 4대 핵공장 건설 사업을 이끌며 초기 방위산업 정책을 이끌었지만 사업이 실패하면서 청와대 제2경제수석실로 주도권이 넘어갔다. 이로써 경제안정화에 방점을 찍은 경제기획원의 발언력은 약화된 반면 적극적인 산업 정책을 주창한 상공부의 역할은 강화되었다.[26] 이와 같은 경합의 가능성은 특정 산업이나 사안으로 내려올수록 훨씬 더 높아졌다. 따라서 발전국가의 경제성장과 사회기반산업을 이해하기 위해서는 관료적 조정의 정치를 보다 세밀하게 분석할 필요가 있다.

둘째, 발전국가의 국가역량을 포괄적으로 이해하기 위해서는 공기업을 통한 시장 지배를 분석할 필요가 있다. 주지하다시피 발전국가는 공기업을 통해 철강, 전력, 정유, 화학 등 주요 기간산업을 육성했다(김윤태, 2012: 98~100; 안병영 외, 2007; 임휘철, 1995). 공기업은 민간자본이 부족한 상황에서 경제성장을 촉진하기 위한 수단이자 사회기반시설 구축을 위한 도구로 활용되었다.[27]

---

26) 김형아(2005)는 1970년대 한국의 경제성장을 상공부 중심으로 재해석한다. 그에 따르면, 중화학공업화는 기본적으로 박정희-김정렴-오원철의 3두 정치의 산물인데, 박정희가 오원철의 공업구조 개편론을 지지하면서 무게의 중심축은 경제기획원이 아닌 청와대 제2경제수석실과 상공부로 기울게 되었다.

27) 한국수자원공사(前 산업기지개발공사)가 단적인 사례다. 중화학공업화가 본격적으로 추진되

그동안 국가역량을 국가와 기업의 연계망으로 확장하는 시도가 많았으나 그 과정에서 공기업은 크게 주목받지 못했다(Evans, 1995; 위스, 2002). 공기업은 정부 부처의 실행기관 정도로 인식되었고 독자적인 분석의 대상이 되지 못했다. 이로 인해 공익성과 기업성을 동시에 내포한 채 기업을 지원하고 때로는 기업의 실패를 흡수하는 수단으로 활용된 공기업의 복합적 성격은 충분히 조명받지 못했다.[28] 그러나 공기업에 부과되는 비상업적 책무의 변화가 공기업의 동학을 이해하는 전제(Millward, 2005)라는 점을 감안하면, 발전국가에서 공기업의 역할은 보다 역동적으로 해석될 필요가 있다. 공기업의 책무는 다층적이었고 공기업은 실행 역량을 바탕으로 정부 부처로부터 제한적이지만 자율성을 확보할 수 있었다. 사회기반산업으로 좁혀 보면, 정부는 공기업을 통해 기업의 역할을 대행하며 시설 구축을 주도했다. 이때 실행기관인 공기업은 대체로 주관 부처의 통제 아래 있었지만 자신의 이해관계가 위협받을 경우 실행 역량을 바탕으로 정부 부처와 다른 목소리를 냈다. 따라서 발전국가적 맥락에서 '조정의 정치'의 범위는 선도기구나 국가-대기업의 관계로 국한될 것이 아니라 '계획의 실행'을 담당한 주무 부처와 산하기관까지 확대될 필요가 있다.

　더불어 기업집단^{business group}의 문제의식을 공공 부문에도 적용할 수 있다.

면서 수자원개발공사는 산업기지개발공사로 개편되었고 용수 공급을 넘어 택지, 항만, 도로 등 기반시설을 종합적으로 구축하는 역할을 부여받았다(한국수자원공사, 1994). 실제로 온산, 창원, 여천 등 기존 시설이 전무했던 지역을 대규모 공업단지로 변화시킨 것은 바로 산업기지개발공사였다.

28) 공기업이 설립되거나 사기업이 공기업으로 전환되는 이유는 대단히 다양하다(Millward, 2005, 2011; Toninelli ed. , 2000; 유훈 외, 2010). 경제적인 측면만 봐도, 공기업은 자국의 산업 보호나 부실 사기업 구제의 수단으로 빈번하게 활용된다. 신속한 군사력 배양이나 전략적 자산의 통제와 같은 군사안보적 요인이나 정치 이데올로기, 보편적 서비스 제공의 필요성 등 정치적 요인 역시 중요한 영향을 미친다. 민간자본의 역량이 부족한 후발추격국의 경우 기업국가 entrepreneurial state의 성격이 강화되면서 공기업화가 폭넓게 진행되기도 한다.

그라노베터(Granovetter, 2005)는 법적으로 별개인 기업들이 지속적으로 공식적·비공식적 수단에 의해 연계된 형태로 존재하는 것을 기업집단으로 정의하며 그 역할을 강조한 바 있다. 한국의 대기업은 기업집단을 구성하고 있어 발전국가와 기업의 관계는 사실상 국가와 대기업집단의 관계였다(김은미·장덕진·Granovetter, 2005). 공공 부문 역시 분야에 따라 공기업 간의 기업집단을 이룰 수 있었다. 정치경제적 정책 목표 달성을 위해 공기업화가 진행될 경우 정부는 국책은행과 핵심 공기업을 매개로 공기업집단을 결성하여 지배력을 높일 수 있었다.[29] 주요 사회기반산업이 공기업집단으로 묶일 경우 정부의 가격 통제력이 높아지는 장점도 있었다. 이렇게 공기업집단이 형성될 경우 공기업의 상대적 자율성은 높아졌다.

셋째, 발전국가의 조정의 정치가 후발추격적 조건 속에서 진행되었다는 점도 무시할 수 없다. 자본, 조직, 기술을 동시에 구성해야 하는 후발추격적 조건은 합리적인 장기계획을 수립하는 것만큼 실행 역량을 확보하는 것이 중요했다. 실행되지 못하는 계획은 현실성이 없기 때문이다. 지식 기반$^{knowledge\ base}$과 기술의 측면에 한정해보면, 후발추격국은 제도적인 문제 이전에 역량 자체가 부족한 경우가 대부분이었다. 이러한 맥락에서 암스덴(1990)은 한국의 경제성장을 분석하며 대기업집단의 기술학습을 강조한 바 있다.

또한 후발추격적 조건으로 인해 발전국가의 기술혁신은 선발국과 다른 형태로 전개되었다. 첫째, 불확실한 기술을 안정화하는 형태로 혁신이 진행되는 선발국과 달리 후발추격국은 입증된 기술을 도입한 뒤 기술역량을 확보하

---

29) 기업집단이 출현하는 이유는 다양한 방식으로 설명된다(Fligstein and Freeland, 1995; Granovetter, 2005; Yiu et al., 2007). 예컨대, 기능주의적 설명은 기업집단을 후발추격적 조건에서 시장 실패에 대한 대응물로 바라본다. 그러나 기능주의적 접근은 시장경제가 발전하면 기업집단이 해체된다고 가정하는 경향이 있을 뿐만 아니라 기업집단의 다양한 형태를 설명하는 데 한계가 있다. 이러한 맥락에서 기업집단이 형성되는 정치경제적 맥락이 강조되기도 한다. 즉, 국가별 법적·정치적·규범적 구조에 따라 동형화가 다양한 형태로 전개된다. 이 경우 기업집단의 향방은 사회세력들 간의 정치적 균형에 의해 좌우된다.

여 혁신을 추진한다(송위진, 2006; 이근, 2014). 즉, 후발추격국은 경화기-이행기-유동기로 이어지는 역행적 기술궤적을 밟는다. 이로 인해 후발추격국의 기술변화는 초기 형성 과정에서의 선택이 상대적으로 제한되고, 선택 시점에서 실행 능력을 보유했는지가 중요한 변수로 작용한다(송성수, 2002). 둘째, 정부 주도의 연구 개발을 추진한 한국 정부는 정부출연연구기관을 설립하여 과학기술의 상업화를 이끌었다(박희제 외, 2014; 송성수, 2002; 송위진, 2006; 이근, 2014). 신속한 기술추격을 위해 정부가 적극적으로 개입하면서 선발국과 달리 정부 연구소-기업-대학의 순서로 기술역량이 확충되었다. 이처럼 정부 출연연구기관이 주도하는 응용 개발 중심의 연구 개발 체제는 선발국의 혁신 체제와 대비된다. 셋째, 국가주의적 과학관으로 인해 정부는 물론이거니와 일반 시민도 과학기술을 경제성장과 국가안보를 위한 도구로 인식하는 경향이 강했다(박희제 외, 2014). 그 여파로 과학기술논쟁 또한 국가주의를 벗어나지 못할 때가 많았다.

2) 변화의 압력: 민주화, 신자유주의화, 기술추격

민주화와 신자유주의화, 기술추격의 파고 속에서 발전국가는 해체와 적응의 갈림길에 서게 되었다. 우선 경제적 자유화와 정치적 민주화를 거치며 대기업집단의 정치사회적 영향력이 확대된 반면 국가의 상대적 자율성은 약화되었다(김윤태, 2012; 윤상우, 2005; 지주형, 2011). 정부 정책의 시장지향적 성격은 강해졌고 시장을 통제할 수 있는 정책 수단은 위축되었다. 한편, 권위주의적 통치체제가 약화되면서 관료적 자율성의 확보를 가능하게 했던 정치사회적 조건도 해체되기 시작했다(이병천, 2003). 특히 민주화운동과의 연계 속에서 다양한 사회운동이 성장하면서 저항을 억누르고 일방적으로 정책을 추진하는 것이 어려워졌다. 또한 노동운동이 확산되면서 저임금 노동착취에 기반을 둔 성장 방식이 한계에 봉착했다. 나아가 다양한 사회적 요구가 분출하면서 경제성장에 초점이 맞춰졌던 발전의 지향점이 다원화되었다. 예컨대 환경운동은 민주화 과정에서 빠르게 성장하며 압축적인 경제성장으로 인한 환경오염과 환경피해, 생태적 지속가능성의 문제를 정치적 쟁점으로 부상시켰다(김철규, 2007; 구도완, 2004). 더불어 환경운동은 비인간과 미래세대의 이해를 대변하며 민주주의의 생태적 전환을 주창했다. 민주화운동과의 연계로 인해 민주화운동세력의 집권 여하에 따라 환경운동이 적지 않은 영향을 받기도 했다(Ho, 2011; Lee and So, 1999; 구도완, 1996).[30]

민주화와 신자유주의화의 물결은 공기업에도 밀어닥쳤다. 신자유주의적 경제 정책과 신공공관리론에 입각한 정부 개혁이 추진되면서 공기업 구조 안에 잠재된 공공성과 기업성 간의 갈등이 표면화되었다(안병영 외, 2007; 유훈 외, 2010). 특히 외환위기 이후 공기업 구조조정이 추진되면서 공기업의 소유구조가 개편되고 공기업 경영에 있어 수익성이 한층 더 강조되었다. 반면 정치적 민주화로 인해 시민사회가 활성화되면서 공기업이 담보해야 할 공공성의 영역은 공익성에서 공개성, 공정성, 민주성 등으로 확대되었다.[31] 특히 민주화 이후 한국의 시민운동은 공공 영역의 공개성을 강화하는 데 주력해왔다(신정완, 2007; 신진욱, 2007; 이병천, 2014).[32] 환경운동도 크게 다르지 않았다.

---

30) 권위주의 체제가 약화되는 자유화liberalization 국면에서 동맹관계를 맺고 있던 환경운동과 민주화운동은 민주주의로의 이행기, 공고화 국면에서 다양한 형태로 분기되었다(Lee and So, 1999; Ho, 2011). 이 과정에서 민주화운동세력의 집권 여부는 환경운동의 전략적 선택에 큰 영향을 미쳤다.

31) 공공성은 다차원적인 의미를 내포하고 있어서 간결 명료하게 정의하기 어렵다. 공공성은 단순히 다수의 이익을 뜻하는 것이 아니라 그것을 추구하는 주체와 방법의 문제를 제기한다. 다시 말해 공공성은 공론장에서의 공개적 토론을 통해 다수의 사회구성원에게 영향을 미치는 사안을 민주적으로 결정하고 공동의 관심사를 창출해가는 과정까지 아우른다. 공공성의 실질적 실현을 위해 구성원 간의 자유롭고 평등한 관계가 보장되어야 한다는 주장도 제기된다. 공공성의 복합적 의미에 대해서는 신정완(2007), 신진욱(2007), 이병천(2014), 이승훈(2010), 임의영(2010), 조한상(2009), 홍덕화(2017a)를 참고할 것.

32) 시민운동에서 공공성의 사회경제적 측면은 크게 부각되지 못했고, 노동운동에서도 공공성 논

한국의 환경운동은 기본적으로 환경적 위험과 더불어 대형개발사업을 일방적으로 추진하는 정부의 비민주성을 비판하는 것으로부터 운동의 동력을 이끌어냈다. 그리고 그 과정에서 환경 부정의environmental injustice, 미래세대 및 비인간의 대표representation 등 환경정의와 민주주의의 문제를 지속적으로 소환해냈다. 이처럼 시민운동이 확산되면서 공기업을 통한 공공성의 실현은 갈수록 경합적 성격을 띠게 되었다.[33]

후발추격의 성공 또한 새로운 문제를 야기했다. 우선 후발추격이 진전됨에 따라 정부출연연구소와 기업, 대학 등 혁신체제의 주요 구성원 간의 관계가 재편되기 시작했다. 나아가 추격형 혁신은 이미 검증된 사회-기술적 요소를 활용하는 데 반해 탈추격적 혁신은 불확실한 상황에서 통합적인 체계를 구성할 역량을 요구했다(송위진, 2006). 그러나 모방에 기초한 의존형 기술 개발을 추진한 탓에 개념설계conceptual design 역량은 제한되었다(이정동, 2015).[34] 따라서 기존 기술패러다임이 약화되고 기술적·경제적 불확실성이 높아지는 상황에 적절히 대응하지 못하면 교착 상태가 장기화될 가능성이 높아졌다. 이것은 비단 기술적 측면에 국한된 것이 아니라 사회적 측면에도 적용된다. 즉, 기술 개발과 사용을 둘러싸고 사회적 문제가 대두될 때 이를 해결해나갈 축적된 역량의 부재로 갈등이 격화될 수 있다. 의존적 과학화dependent scientifica-tion의 맥락에서 중심부의 권위에 의존해온 것을 대체할 대응 방안을 찾아야 하는 과제가 제기되는 것이다(서이종, 2005). 그러나 대응은 파편적으로 진행되었다. 특히 과학기술 규제에서는 서구 사회의 제도와 형식적으로 유사하나 실제 작동 방식은 다른 현상이 나타났다(박희제 외, 2014). 그 결과 다양한 정

의는 민영화 반대의 맥락에서 뒤늦게 등장했다(이병천, 2014).

33) 에너지 공공성을 둘러싼 경합과 관련해서는 홍덕화(2017a)를 참고.

34) 개념설계 역량의 부재는 압축적 과학화compressed scientification의 산물이기도 하다(서이종, 2005). 제한된 자원을 선별적으로 활용하는 압축적 과학화로 인해 한국의 과학기술은 경제성장에 종속된 형태로 기초연구와 실용연구가 '불균등unequal'하게 발전했다.

치적 성향의 정책들이 공존하면서 기술관료주의가 여전히 지배적인 힘을 발휘하되 상황에 따라 시민참여제도가 혼용되는 일이 늘어났다.

후발추격이 진전되고 시장과 시민사회의 힘이 강해지면서 발전국가의 제도적 토대는 서서히 침식되었다.[35] 대신 발전국가는 특정 세력에게 유리하게 작용하는 제도를 배경으로 사회적 세력들 간의 경합이 펼쳐지는 장으로서의 성격이 강화되었다. 그 결과 제도적 복합체로서 국가기구의 통일성을 유지하는 것은 점점 더 어려워졌다. 하지만 새로운 대응 전략을 통해 구조적 선택성과 관료적 자율성을 유지할 수 있는 길이 사라진 것은 아니었다. 시민사회와 사회운동 역시 국가 안에서, 그리고 국가를 매개로 한 쟁투에서 체제 개혁의 가능성을 발견하고 개입하기 시작했다. 이로 인해 발전국가의 개입 방식, 공기업의 작동 방식은 분야와 세력 관계에 따라 불균등하게 변형되는 길을 밟게 되었다.[36]

---

35) 발전국가의 지속, 변형, 해체에 대해서는 다양한 견해가 존재한다. 김대환·조희연(2003), 김순양 외(2017), 윤상우(2005, 2009), 지주형(2011, 2015) 등을 참고할 것.

36) 한국의 환경사회학은 발전국가 분석보다는 토건국가 비판에 집중해온 경향이 있다(문순홍 편, 2006; 바람과 물 연구소 편, 2002; 정태석, 2013). 하지만 토건국가와 발전국가 간의 개념적 관계는 분명하지 않고, 토건국가의 기원에 대한 연구도 부족하다(구도완, 2013; 박재묵, 2014). 신자유주의화를 거치며 발전국가가 해체·약화되었다는 주장과 달리 토건국가 논의는 대체로 토건국가가 지속·변형되고 있다고 본다. 하지만 토건국가가 지속될 수 있었던 기제에 대한 설명은 많지 않다. 지역 차원에서 토건사업이 정치적 동원의 수단으로 활용되는 현상에 대한 분석이 이뤄지고 있지만 아직 국가 차원의 연구로 종합된 것은 아니다(강진연, 2015; 박배균, 2009).

5. 원전 사회기술체제 분석 전략

1) 분석 초점

이 책은 국가 차원의 원전 추진 전략을 배경으로 연구개발, 설비제작, 전력 공급 부문 사이에서 일어나는 조정 과정과 국가의 반핵운동 대응을 중심으로 원전체제의 형성과 변형을 분석한다. 원전체제는 조정의 정치의 산물로 행위 자들 간의 조정양식이 확립되고 제도적·기술적 통합성이 구축될 때 안정화 된다.

한국 정부가 원전산업(전력산업 포함)을 추진한 전략은 크게 세 가지로 구 분할 수 있다. 첫째, 사회기반산업으로서 전력산업은 산업보조적 성격을 지 니고 있다. 발전국가는 국제적인 가격경쟁력 확보를 위해 상대가격을 광범위 하게 왜곡했다. 가격 통제를 기반으로 한 산업보조는 사회보조로 확장될 수 도 있었다. 하지만 정반대로 산업·사회 보조적인 가격 통제를 축소하고 수익 성을 우선시하는 전략을 구사하는 것도 가능하다. 둘째, 산업보조적 전략은 안보화 전략을 수반할 수 있다. 수출지향적인 성장 전략은 자원과 원자재의 이동량을 증가시켰고, 이것은 외부 압력으로부터의 취약성을 높였다. 이로 인해 에너지 수급의 안정성을 확보하는 것이 국가적 과제로 부상했다. 기본 적인 대응 전략은 대외적 충격을 상대적으로 덜 받는 에너지원의 비중을 높 이고 기술적 의존으로부터 벗어나는 것이었다. 하지만 안보화 전략이 반드시 원전 확대로 귀결되는 것은 아니다. 에너지 안보를 목적으로 기술의 효율화, 재생에너지원의 확대를 추진할 수도 있기 때문이다. 한편, 냉전적 상황은 주 요 산업을 안보적 측면에서 사고하게 만들었고, 핵기술의 경우 군사적 활용 의 가능성까지 염두에 두고 개발을 추진했다(Kim, 2001; 홍성걸, 2005). 이때 핵무기 개발 전략은 명시적인 개발과 신속핵선택전략[nuclear hedging 37)]으로 구분 할 수 있다. 따라서 핵기술 개발과 관련된 선택지는 핵무기 개발 포기까지 세

가지가 존재한다. 셋째, 원전산업은 그 자체로 산업 육성의 대상이다. 정부는 복선형 산업화 전략에 따라 발전설비산업을 수출산업으로 육성하고자 했다. 외채 상환과 외환수지 적자에 대한 부담은 기자재 국산화를 촉진시켰다. 수출을 전제로 중화학공업과 방위산업을 병행 추진하는 전략은 위험을 무릅쓴 대규모 설비투자를 야기할 가능성이 높았다. 한편, 산업화 전략은 기술추격을 전제로 했다. 그러나 기술도입 방식(독자개발, 합작투자 등), 기술 경로(원자로 노형 및 모델, 핵연료주기 기술 등)가 단일한 것은 아니었다.

원자력발전의 기술연쇄적 특성을 감안할 때, 원전산업을 구성하는 핵심적인 행위자는 연구개발, 설비제작, 전력공급 부문으로 구분할 수 있다(Campbell, 1988; Hecht, 2009; Rüdig, 1987; Thomas, 1988). 각 부문의 기본적인 특성을 살펴보면, 우선 연구개발부문은 핵무기 개발과 밀접하게 연관된 경우가 많으며 기술의 상업성보다는 기술 자체를 우선시하는 경향이 있다. 또한 연구개발부문은 일종의 자산특수성asset specificity을 가지고 있어 다른 부문으로의 전환이 상대적으로 어렵다. 따라서 연구개발부문은 원전 이외의 대안을 놓고 고민하지 않으며 원전의 경제성을 가장 중요한 판단 기준으로 삼지 않는다.

반면 전력회사를 비롯한 전력공급부문은 원전의 경제성에 민감하게 반응할 뿐만 아니라 기회주의적인 선택을 하는 경향이 있다. 전력공급의 측면에서 원전은 다른 발전원에 비해 건설 기간이 길고 투자 비용이 높기 때문에 사업 리스크가 가장 크다. 따라서 원전의 경제성이 의문시되거나 사업 추진이 어려워지면 전력회사가 다른 발전원을 선택할 가능성이 높아진다. 전력회사는 원전기술의 연구 개발에 투자할 유인도 약해서 시장 상황이 불투명하면

---

37) 신속핵선택전략은 평화적 이용을 명분으로 유사시 신속하게 핵무기를 개발할 수 있는 능력을 배양하는 전략을 뜻한다(민병원, 2004). 즉, 자체 기술로 단기간 내에 핵무기를 개발할 수 있는 옵션을 가지려는 전략으로, 핵폭발장치 개발을 지원할 수 있는 과학기술과 핵분열 물질을 생산할 수 있는 핵연료주기시설을 갖추는 것을 말한다. 일본이 신속핵선택전략을 선택한 대표적 국가다.

고속증식로와 같은 불확실한 장기 투자를 꺼린다. 또한 연구개발부문과 달리 기술의 경제성만 보장된다면 자체 기술을 개발할 필요성을 강하게 느끼지 않는다. 따라서 전력공급부문이 원전체제를 구축하는 데 적극적으로 나설 유인은 낮은 편이라 할 수 있다. 그러나 전력회사는 원전체제를 지탱하는 데 있어 결정적인 역할을 한다. 사용자로서 전력회사가 원전체제에 결합하지 않는다면 안정적인 시장 확보가 불가능해지기 때문이다. 이로 인해 전력공급부문이 원전체제를 주도할 유인은 상대적으로 낮지만 이탈하지 않을 경우 원전체제의 지속력은 강해진다.

설비제작부문의 원전 추진력과 경제성에 대한 민감도는 연구개발부문과 전력공급부문의 중간에 위치한다. 설비제작사의 경우 시장 경쟁력을 높이는 차원에서 전략적인 기술 개발 투자에 나설 수 있다. 또한 시장 확보 차원에서 원전 수출에 가장 적극적으로 나선다. 하지만 대부분의 설비제작사가 원전 이외에 화력발전 및 가스터빈 기기 제작을 겸하기 때문에 시장 상황이 악화되면 주력 사업 부문을 조정할 가능성이 커진다. 민간 설비제작사에 의해 발전설비산업이 다원화된 경우 전략적인 선택이 어려워서 기술표준화가 지연되는 문제도 있다.

세 부문은 이해관계가 상충하는 면이 있지만 다른 한편으로 지속적인 원전 건설을 목표로 협력할 수 있다. 연구개발부문은 연구개발비를 안정적으로 확보하기 위해, 설비제작부문은 시장을 확보하고 기술 개발을 촉진하기 위해 협력할 수 있다. 전력공급부문 역시 안정적인 사업관리와 기술의 신뢰성 확보를 위해 다른 부문과 협력할 수 있다. 따라서 원전 산업구조를 이해하기 위해서는 연구개발, 설비제작, 전력공급 부문 사이에서 일어나는 이해 갈등과 협력의 과정, 즉 조정의 정치를 살펴봐야 한다.

---

38) 1967년 원자력원을 모태로 설립된 과학기술처는 1999년 과학기술부로 승격되었다. 이후 과학기술부는 교육과학기술부(2008년), 미래창조과학부(2013년), 과학기술정보통신부(2017년)

표 1-1 원전산업의 주요 행위자와 특징

구분	연구개발	설비제작	전력공급
핵심 주체[38]	• 과학기술처·부 (現 과학기술정보통신부) • 한국원자력연구소 (現 한국원자력연구원)	• 상공부·산업자원부 (現 산업통상자원부) • 한국중공업 (現 두산중공업)	• 동력자원부·산업자원부 (現 산업통상자원부) • 한국전력 (現 한국수력원자력)
핵심 역할	• 기초연구를 통한 지식 생산 • 핵무기 개발 지원 • 산업 초기 기술인력 공급	• 기기 제작	• 최종 수요자로서 시장 창출 및 자금 공급
충돌 지점	• 경제성이 낮은 분야에 대한 연구개발 추진 • 기술자립 중시	• 기술자립보다 합작을 통한 기술도입 선호 가능 • 기술도입선이 다원화될 경우 기술표준화 및 기술학습 지연 가능 • 시장 상황에 따라 수·화력, 가스터빈으로 전환 가능	• 기술의 경제성을 중시 하기 때문에 기초연구, 기술자립의 유인이 약함 • 시장 상황에 따라 다른 발전원을 선택할 가능성 높음
협력 유인	• 안정적인 연구개발비 확보	• 연구기관으로부터의 기술이전의 가능성 • 안정적인 공급처 확보 • 반복 제작·건설을 통한 기술학습	• 안정적인 사업관리를 통한 전력공급의 안정성 확보 • 장기적 협력을 통한 기술 의 경제성 및 신뢰성 향상

국가 차원의 원전 추진 전략은 연구개발, 설비제작, 전력공급 부문 간의 조정이 일어나는 맥락을 형성한다. 원전 추진 전략 자체가 중층적일 뿐만 아니라 계획을 실행에 옮기는 기관이 제도적으로 분리되고 이해관계가 일치하는 것이 아닌 만큼 조정의 정치는 불가피하다. 원전 추진 전략이 상호 연결된 탓

로 개편되었다. 한편, 한국원자력연구소는 원자력원과 함께 1959년 설립되었다. 1980년 한국에너지연구소로 통합되었던 원자력연구소는 1990년 연구소의 명칭을 다시 한국원자력연구소로 변경했고, 2007년 한국원자력연구원으로 개편되었다. 전력정책의 담당 부처는 상공부였으나 1977년 동력자원부가 출범하면서 관련 기능이 이관되었다. 그러나 1993년 동력자원부와 상공부가 통합되면서 상공자원부가 관련 업무를 담당하게 되었고, 이듬해 통상자원부로 개편되었다. 통상자원부는 산업자원부(1999년), 지식경제부(2008년)를 거쳐 현재 산업통상자원부(2013년)로 이어지고 있다. 이 책에서는 시기에 맞게 각 기관의 명칭을 사용했다. 다만 한국원자력연구소는 혼선을 막기 위해 원자력연구소로 통일해서 사용했다.

에 실행과정에서 중첩될 가능성도 상존한다.

기본적으로 전력산업의 산업보조적 역할은 동력자원부·산업자원부와 한전·한수원(한국수력원자력)의 몫이었다. 하지만 안보적 성격이 강화될수록, 특히 핵무기 개발과 관련해서 과학기술처와 원자력연구소, 안보 관련 기구가 개입할 수 있는 여지가 넓어졌다. 발전설비산업의 육성은 기본적으로 상공부·산업자원부와 대기업이 주도했지만 기술 국산화를 이유로 과학기술처와 연구기관이 관여할 수 있었다. 여기에 경제기획원이나 청와대가 총괄적인 조정을 명분으로 개입했다. 원전체제의 향방은 이 중 누가 주도권을 쥐고 내부의 갈등을 조정하여 상호보완적인 관계로 전환시킬 수 있느냐에 달려 있었다. 이것은 갈등과 균열의 가능성만큼 협력과 조정을 이끌어낼 유인이 존재하기 때문에 조정의 정치에 의해 좌우되었다. 즉, 원전체제가 안정화되기 위해서는 서로 충돌할 수 있는 추진 전략이 조정되고 실행기구들 간의 이해관계가 조율되어야 한다. 이때 특정한 기술 프로젝트가 조율의 매개로 작동할 수 있다.

원전산업의 조정 방식은 각 부문의 형태와 부문 간의 관계로 나눠볼 수 있다. 먼저 각 부문의 형태는 국가적 추진 전략과 각 부문의 역량에 따라 시장화(사기업화)와 위계화(공기업화) 사이에서 결정된다. 부문 간의 관계는 다시 자세히 나눌 수 있는데, 전력공급부문과 연구개발부문의 관계는 경쟁, 타협, 제도적 분리로 구분된다.[39] 한편, 전력공급부문과 설비제작부문 간의 관계는 위계, 네트워크, 시장으로 구분할 수 있다.[40] 전력공급부문이 연구개발부문

---

39) 경쟁은 두 부문 사이에 원전산업의 주도권 경합이 일어나는 상황을 가리키는 반면 타협은 특정한 방식으로 역할을 분담하는 것을 의미한다. 제도적 분리는 기초연구와 응용연구가 두 부문으로 분리되어 독립적으로 진행되는 것을 말한다.

40) 위계는 전력회사가 설비제작사를 조직 체계 안으로 편입시켜 통제하는 상황을 뜻하고, 네트워크는 양측이 조직적으로 분리된 상태에서 이해관계를 조정하는 상황을 의미한다. 시장적 관계는 장기적인 협력 없이 필요에 따라 거래를 하는 상황이라 할 수 있다.

과 경쟁하고 설비제작부문과 시장 관계를 형성할수록 원전체제의 안정성은 낮아진다.[41]

한편 국가와 반핵운동의 관계는 정치적 기회 구조와 반핵운동의 역량에 따라 네 가지 형태, 즉 주변화, 저항, 포섭, 갈등적 협력conflictual cooperation으로 구분할 수 있다.[42] 이때 정치적 기회 구조는 정치 제도와 정치적 동맹을 포괄한 것이고, 반핵운동의 역량은 저항의 스케일scale과 강도, 빈도 등을 뜻한다.[43] 정치적 기회 구조가 폐쇄적인 상황에서 분출된 반핵운동은 기본적으로 저항의 성격을 띤다. 그러나 정치적 기회 구조를 변형시키지 못한 채 쇠퇴하면 반핵운동은 주변화된다. 반핵운동이 지속적으로 강하게 전개되면 정치적 기회 구조의 개방성이 증대되는데, 운동의 역량에 따라 갈등적 협력과 포섭의 형태로 제도화된다. 포섭이 진행될 경우 반핵운동은 의제 설정 및 의사결정 과정의 주도권을 상실한다. 반면 갈등적 협력의 상황에서는 반핵운동이 정부를 압박하면서 의제 설정 및 의사결정 과정에 상당한 영향력을 행사할 수 있다. 반핵운동의 역량이 강화되고 정치적 기회 구조가 확대될수록 참여적 위험관

---

41) 한국에서는 전력회사가 연구기관과 설비제작사의 관계를 매개한 만큼 연구개발부문과 설비제작부문의 관계는 별도로 구분할 필요가 없다고 보았다.

42) 네 가지 유형 분류는 사회운동의 제도화 논의를 차용한 것이다(Meyer and Tarrow, 1998; Giuni and Passy, 1998; 구도완·홍덕화, 2013; 신상숙, 2008). 갈등적 협력은 협력관계의 발전을 낙관적으로 바라보거나 국가에 의한 선별적 포섭을 지나치게 강조하지 않기 위해, 다시 말해 권력의 불균형을 전제한 상태에서 제도화 과정의 역동성을 보여주기 위해 제안된 개념이다.

43) 개방성과 폐쇄성으로 조작화되는 정치적 기회 구조 개념은 간명한 대신 의미가 모호해서 분석적인 효용성이 떨어진다는 비판을 받아왔다(Koopmans, 2004; Kriesi, 2004; Goodwin and Jasper, 2004; 신진욱, 2004; 최현·김지영, 2007). 이 같은 문제는 대부분 미시적 또는 중범위 수준에서 정치적 국면의 변화와 거시 제도적 차이를 혼용해서 사용하거나 구조적인 측면과 행위자의 역할을 구분하지 않아서 생긴다. 정치과정론에 기초한 국가 간 비교연구는 구조적 차이를 중심으로 이뤄지는 데 반해 특정 사회 안에서의 변동연구는 정치 동맹과 국면적 상호작용에 초점이 맞춰지는 경향이 있다. 하지만 사회운동이 확산되면서 의사결정 과정에의 참여를 공식적으로 보장하는 기구와 제도가 만들어지기도 하는 만큼 엄격하게 나누는 것은 어렵다.

리 방식으로의 전환이 폭넓게 진행된다.

법·제도와 기술은 조정의 정치의 산물이자 매개로 작동한다. 이 책에서는 원전체제의 작동에 필수적이고 갈등을 빈번하게 유발한 지점을 중심으로 법·제도와 기술을 분석한다. 법·제도의 변화를 살펴보는 출발점은 원전의 경제성과 추진력에 큰 영향을 미치는 규제 제도와 입지 선정 방식이다. 우선 규제 제도의 측면에서 원전체제의 변동과 밀접하게 연결된 것은 규제 기관의 독립성과 다층성이다.[44] 독립성의 정도를 기준으로 규제 제도의 성격을 분류하면, 크게 종속적 규제와 보조적 규제, 독립적 규제로 구분할 수 있다.[45] 규제 제도의 다층화는 인·허가나 운영 과정에서 제도적으로 개입할 수 있는 지점이 확대되는 것을 의미한다. 규제 기관의 독립성이 높고 다층화될수록 원전 건설과 가동 등에 차질이 빚어질 가능성이 높아진다. 하지만 규제 기관이 독립적이고 다원화될수록 규제 제도의 사회적 정당성이 높아진다.

입지 선정 방식은 국가기구와 반핵운동의 대립이 가장 가시화되는 지점으로, 크게 세 가지 방식으로 구분할 수 있다.[46] 첫째, 기술관료가 주도하는 방식은 결핍모델deficit model을 토대로 일반 대중과 반핵운동진영을 의사결정 과정에서 배제한다. 즉, 기술관료적 방식에서의 의사결정에 참여할 수 있는 권한은 전문지식을 가진 소수의 전문가로 한정된다.[47] 두 번째 방식은 제도화된

---

44) 규제 기관의 독립성은 규제 기관의 형식적 독립 여부, 권한 및 자율성, 규제 기관 내부의 다양성 등에 기초하여 평가할 수 있다(MacKerron and Berkhout, 2009).

45) 종속적 규제는 규제 기관의 형식적 독립이 이뤄지지 않은 상태에서 안전 규제가 실시되는 단계라 할 수 있다. 보조적 규제는 규제 기관이 형식적으로 독립했으나 자율성이 낮고 산업진흥을 보조하는 형태를 말한다. 마지막으로 독립적 규제는 규제 기관이 실질적인 독립성을 확보한 상황을 뜻한다.

46) 시민참여제도와 방식은 다양한데, 여기서는 과학기술학에서 자주 사용되는 기준에 따라 숙의적 방식과 비숙의적 방식으로 구분한다.

47) 대중의 반발이 확산될 경우 추진 세력은 계몽과 홍보를 통해 운동 참가자와 대중을 설득하는 전략을 선택한다.

대결로, 숙의적 절차를 거치지 않은 채 주민투표나 의회를 통한 표결 등으로 입지를 결정하는 방식이다. 마지막으로 숙의적 참여는 시민지식[lay knowledge]의 가능성을 인정하고 숙의 민주주의의 원칙에 입각해서 의사결정을 하는 방식이다. 제도화된 대결은 정보와 자원의 비대칭성을 거의 고려하지 않기 때문에 숙의적 참여보다 정당성이 상대적으로 낮다. 물론 기술관료 주도 방식이 정당성 논란에 휘말릴 가능성이 가장 높다. 상황에 따라 각각의 입지 선정 방식이 동시에 활용될 수도 있다.[48]

원전체제의 기술적 측면은 기술 경로와 사용 패턴을 중심으로 분석한다. 이 중 기술 경로는 원자로 노형, 방사성폐기물 처리 전략과 기술 수준을 기준으로 구분할 수 있다. 원자로 노형은 가압경수로(PWR[Pressurized Water Reactor]), 비등경수로(BWR[Boiling Water Reactor]), 가압중수로(PHWR[Pressurized Heavy Water Reactor]), 가스로(AGR[Advanced Gas-cooled Reactor]) 등 다양한데, 노형 선택은 그 자체로 기술정치의 산물이다.[49] 노형에 따라 제기되는 문제도 다소 다르다. 예컨대 중수로는 핵분열 물질 추출이나 기술자립이 상대적으로 수월해서 핵비확산 정책과 충돌하기 쉽다. 방사성폐기물은 크게 고준위 방사성폐기물(사용후핵연료)과 중저준위 방사성폐기물로 나눌 수 있고 처리전략 또한 이에 따라 세분화할 수 있다.[50] 원전 사용패턴은 건설·입지 패턴, 원전이용률을 중심으로 분석한다. 이용률과 입지의 밀집화 수준은 경제성과 안전성 중 어느 곳에 우선순위를

---

48) 경제적 보상 제도의 성격은 피해에 대한 직접적인 보상, 주민수용성을 높이기 위한 회유성 지원, 환경정의의 차원에서 이뤄지는 교정적 지원·보상으로 나눌 수 있다. 경제적 보상 방식과 입지 선정 방식은 밀접하게 연결되어 있으나 1:1로 대응되는 것은 아니고 맥락에 따라 다양하게 조합될 수 있다.

49) 참고로 가스냉각로(GCR[Gas Cooled Reactor]), 흑연감속비등수로(RBMK[Reaktor Bolshoy Monshchnosti Kanalniy])도 상용 원전으로 건설된 바 있다.

50) 핵연료주기 기술 가운데 선행주기인 우라늄 농축과 후행주기에 해당하는 재처리기술 등을 확보하고 있을 경우와 그렇지 않은 경우로 나눠서 핵연료주기 기술의 통합성 여부를 판단할 수 있다.

두는지 확인할 수 있는 지표라 할 수 있다. 이용률과 밀집화 수준이 높을수록 원전의 경제성은 높아지는 대신 안전성 논란은 격화된다. 수요관리 방식도 사용패턴의 성격을 파악하는 데 도움이 된다.

조정의 정치를 통해 산업구조 및 규제양식이 확립되면 그 결과는 기술로 물질화된다. 하지만 안정화되었던 원전체제는 외부 환경이 변하거나 제도와 기술이 발전하면서 새로운 정치적·기능적 문제에 직면한다. 그리고 문제가 해결되지 않으면 체제의 통합성이 약해지고 세력 관계가 변하면서 재조정의 압력이 높아진다. 이 과정에서 역돌출$^{reverse\ salient}$(Hughes, 1983, 1987)이 형성되면 그 지점을 중심으로 원전체제의 재조정이 시작된다. 역돌출을 둘러싼 조정의 정치는 때때로 경로의 분기로 이어진다.

2) 분석 자료

이 책은 장기간에 걸친 전개 과정을 체계적으로 추적하기 위해 과정 추적 processing-tracing(George and Bennett, 2005: 10장) 또는 체계적 과정 분석^{systematic} process analysis(Hall, 2003: 391~395)을 시도한다.[51] 서구 사회를 대상으로 한 원전 연구에서 확인되는 추세와 비교하면서 한국 원전산업의 발전 경로를 추적하는 방식을 택함으로써 단일 사례연구의 장점을 살리는 동시에 한계를 보완할 것이다. 사례연구의 장점을 살리기 위해서는 인과적 복잡성을 해결해야 하고 이를 위해서는 최대한 다양한 출처로부터 자료를 확보하는 것이 중요한데 (Yin, 2003: 34), 이 책은 사례분석의 타당성을 높이기 위해 문헌자료를 최대한 다양하게 수집했다. 여기에 부분적으로 심층면접과 참여관찰의 결과를 반영

---

51) 과정 추적과 체계적 과정 분석은 사건의 결과뿐만 아니라 사례의 전개 과정을 추적하는 데 초점이 맞춰지며 이론적 예측과 자료로부터의 관찰을 지속적으로 비교하는 방식으로 진행된다. 또한 사건의 전개 과정과 함께 행위자들의 동기, 행동, 행동의 순서를 분석에 포함시켜 예측과 자료 사이의 정합성을 따져보고 인과적 추론을 시도한다.

했다.

정부와 개발기구, 반핵운동진영에서 생산된 문헌자료는 이 책에서 사용된 가장 기본적인 자료이다. 앞서 지적한 기존 연구의 한계는 자료의 한계이기도 하다. 자료가 부족한 탓에 상당수의 연구는 정부와 개발기구 내부의 상황 판단과 의견조정 과정을 파헤치지 못하고 최종 결과를 중심으로 제한적인 추론을 할 수밖에 없었다. 이 문제를 풀기 위해 국가기록원에 보관되어 있는 원자력 산업 및 기술 개발 관련 자료, 방사성폐기물 정책 관련 자료를 최대한 다양하게 수집했다. 국가기록원 문서철에는 그간 알려진 최종 결과뿐만 아니라 중간보고자료, 회의록, 동향보고, 각 기관의 의견제출자료 등 진행과정을 파악할 수 있는 자료가 다양하게 존재했다. 특히 이 책의 주요 내용인 핵기술 도입, 발전설비산업 구조조정, 원자력발전 국산화 계획 수립, 원자력사업 조정, 원자력 장기계획 수립, 방사성폐기물 정책 및 방폐장 건설 관련 자료가 상세히 남아 있어 국가기구 내부의 갈등 및 조정과정, 반핵운동과의 상호작용을 살펴볼 수 있었다.[52] 한국전력, 한국원자력연구소, 한국중공업, 한국전력기술, 한전원자력연료, 한국원자력안전기술원 등 주요 기관에서 10년 단위로 발행한 통사는 전반적인 흐름과 각 기관의 시각 차이를 확인할 수 있는 자료였다. 통사 자료는 특히 1970년대부터 1980년대 초반까지의 초기 상황을 이해하는 데 유용했다. 또한 2000년대 중반 발행된 통사에는 원자력 도입 50년을 기념하여 그동안 주요 보직을 맡았던 이들의 회고담이 다수 수록되어 있다. 이 자료는 원전산업계와 정부 부처에 몸담았던 고위급 인사들이 남긴 회고 자료와 함께 사건의 맥락을 이해하는 데 유용한 정보를 제공했다.[53]

---

52) 참고문헌 중 문서의 작성 주체가 명시되어 있지 않거나 정확하게 파악하기 어려운 경우 '미상'으로 처리했다. '미상'으로 분류한 주요 자료는 공식 문서 작성 전 단계의 참고자료, 정보기관 작성 자료(추정) 등이다.

53) 서울대 원자핵공학과에서 주관한 2015년 '원자력고급과정'은 주요 쟁점에 대한 원자력계의 시각을 이해하는 데 도움이 되었다.

표 1-2 심층면접 내역

구분	성명	심층면접일	조사 대상 시기 직책
1	김○○	2014.5.12	前 에너지경제연구원 연구원(1993)
2	이○○	2014.5.14	前 지속가능발전위원회 에너지산업전문위원회(2004)
3	이○○	2015.10.9	반핵국민행동 간사(2004~2005)
4	이○○	2015.10.20	경주지역 반핵운동가(2004~2005)
5	정○○	2015.10.22	산업자원부 에너지 정책 공론화 담당(2004)
6	김○○	2015.10.25	영광지역 반핵운동가
7	김○○	2015.10.25	군산지역 반핵운동가(2004~2005)
8	김○○	2015.10.25	군산지역 반핵운동가(2004~2005)
9	문○○	2015.10.25	군산지역 반핵운동가(2004~2005)
10	구○○	2016.4.7	前 환경부 장관 자문관(1998~2003), 前 지속가능발전위원회 수석위원(2004)

주: 1~2번 심층면접은 한재각(2015)의 조사에 동행하여 실시. 4~9번 심층면접은 3번 면접자와 함께 진행.

반핵운동의 경우 2000년대 이후 전국 단위 연대체나 서울지역 단체의 자료는 비교적 많이 남아 있는 편이다. 특히 환경운동연합과 에너지정의행동이 작성한 문건(성명서, 보도자료, 자료집 등)은 대부분 남아 있어 반핵운동의 흐름을 이해하는 데 유용한 정보를 제공했다. 2000년대 주요 반핵운동 사례인 부안 방폐장 건설 반대운동은 백서 형태로 정리된 자료가 있고, 경주, 군산 등 다른 지역의 활동은 지역조사를 통해 자료를 수집했다. 반핵운동진영의 연대단체인 반핵국민행동의 성명서와 내부 회의 자료는 에너지정의행동의 도움으로 모을 수 있었다. 그러나 1980~1990년대 반핵운동자료는 체계적으로 수집할 수 없었다. 따라서 수집 자료, 민주화운동기념사업회 아카이브 자료, 국가기록원 소장 자료, 2차 문헌을 포괄적으로 활용해서 분석했다. 아울러 반핵운동진영의 인사들을 심층 면접한 자료를 연구에 활용했다.

신문기사는 주로 쟁점사안에 대한 각계의 의견을 확인하는 용도로 사용했다. 특히 고리 1호기 준공, 1980년대 후반과 1990년대 초반 전기요금 및 전력 수요와 관련된 사설과 기사, 원자력 홍보 및 광고 기사를 분석해 관련 담론의 변화를 추적했다. 이 밖에 한국전력과 한국수력원자력에서 발행하는 원자력발전백서와 한국전력통계, 전력거래소에서 발행하는 통계자료를 기초통계자료로 사용했다.

3) 시기 구분

한국의 원자력발전 역사를 시기 구분하는 방식은 제각각이다. 정부 측은 흔히 원전의 건설 방식이나 기술자립 수준에 근거해 10년 단위로 시기를 구분한다(Sung and Hong, 1999; 산업통상자원부·한국수력원자력, 2015; 한국수력원자력, 2008a; 한국원자력연구원, 2009).[54]

그러나 학술적 연구들은 접근 방식에 따라 시기 구분을 달리한다. 일례로 원병출(2007)은 원전정책 형성기(1960~1970년대), 기술자립기(1980년대), 산업체제 조정기(1990년대)로 원전의 역사를 서술하는 반면 주성돈(2011)은 정권 단위로 원전정책의 변화를 추적한다. 진상현(2009)의 경우, 1955~1978년을 경로설정기로, 1978년 이후를 경로강화기로 구분한 뒤 경로강화기를 다시 4시기로 세분한다.[55] 반핵운동의 시기 구분은 완전히 다르다. 예컨대, 구도완(2012)은 반핵운동의 전개 과정을 시작(1985~1989), 발전(1990~2004), 쇠퇴

---

54) 한국수력원자력(2008a)은 도입기(1953~1977), 건설·가동기(1978~1983), 기술자립 추진기(1984~1991), 기술자립기(1992~2000), 한수원 독립기(2001~)로 시기를 구분한다. 반면, 한국원자력연구원(2009)은 태동기(1960년대), 기반조성기(1970년대), 기술자립기(1980년대), 기술자립 성숙기(1990년대), 기술고도화기(2000년대)로 분류한다. 산업통산자원부·한국수력원자력(2015)은 원전건설사를 의존기(원전 1~3호기), 기술축적기(원전 4~9호기), 기술자립기(원전 10~20호기), 기술선진화기(원전 21~26호기), 기술독립기(원전 27호기 이후)로 구분한다.

55) 1기는 1978~1986년으로 원전이 건설·가동된 시기다. 2기는 1986~1994년, 3기는 1994~2008년으로 기술자립과 전력예비율 저하에 따른 원전 확대 정책의 강화가 구분의 기준이다. 4기는 원전이 기후변화대책과 결합하는 2008년 이후의 시기다(진상현, 2009).

(2005~2007), 암흑(2008~2010), 부활(2011~)로 구분한 바 있다. 정태석(2012)은 1990년과 2005년을 방폐장 추진 방식이 변하는 기점으로 삼았다.

이 책의 시간적 분석 범위는 1967년부터 2010년까지이며 사회기술체제의 형성과 안정화 여부를 기준으로 시기를 구분했다. 사실 개념적인 측면에서나 실제 분석의 차원에서 사회기술체제의 안정성을 규정하는 것은 까다로운 문제다. 진화경제학적 접근법은 변이mutation의 생성, 모방imitation과 (시장에서의) 선택selection 과정을 거치며 지배적인 (사회)기술모델이 등장했느냐를 기준으로 안정화 여부를 판단한다. 반면, 사회기술체제의 형성을 사회제도적 과정으로 보는 이들은 일련의 규칙과 조직 체계가 구축되는 것을 강조하는 경향이 있다(Geels, 2004; Geels and Schot, 2007).[56] 이 책에서는 조직 구조의 변동을 중심으로 안정화 여부를 판단했다. 한편, 기술과 제도, 행위자의 범위와 안정화 수준에 따라 틈새niche 단계와 체제 단계로 구분할 수 있다는 점을 감안해서 1967년 이전 시기는 분석에서 제외했다. 1950년대부터 원자력원을 중심으로 원자력발전의 도입이 논의되고 연구용 원자로가 건설되기도 했으나 상업용 원전의 건설이 전원개발계획에 공식적으로 포함된 것은 1967년이었다. 또한 1967~1968년을 거치며 원자력사업이 이원화된 만큼 체제 수준에서의 원전 분석은 이 시기를 출발점으로 삼아도 무리가 없다고 판단했다.

1967년부터 2010년까지의 시기는 크게 4시기로 구분할 수 있다. 1기(1967~1979)는 원전체제가 틈새 수준에서 체제 수준으로 확장되어가는 시기이고, 2기(1980~1986)는 원전체제의 발전 경로가 결정되는 시기이다. 1979년경까지 원전산업은 연구개발부문과 설비제작부문, 전력공급부문 간의 기대가 엇갈린 경합의 장이었다. 그러나 1980년경부터 연구개발부문과 설비제작부문이

---

56) 이때 규칙은 기술기대technological expectation의 공유나 인지적 루틴routine과 같은 인지적 차원, 상호 간의 역할 인식 및 기대와 같은 규범적 차원, 기술표준이나 국가정책과 같은 규제적·공식적 차원을 포괄한다. 기술의 경우 지배적인 기술모델이 등장하면서 기술적 인공물 간의 상호 보완성이 강화되고 기술 경로가 설정되는 것을 기준으로 안정성 여부를 판단한다.

위축되면서 원전산업은 전력공급부문을 중심으로 수직 계열화되었다. 그리고 그 결과 원자력행정, 기술 경로 등이 결정되었다. 3기(1987~1996)는 기술 추격이 진전되고 반핵운동이 부상하면서 원전체제에 균열이 생긴 시기이다. 방사성폐기물 관리 사업, 기술추격에 따른 설계 사업의 이관, 원자력행정 개편 등이 복잡하게 얽혀서 만들어낸 균열이 1996년 전력공기업집단이 공고화되는 형태로 종결된 만큼 이 시기를 원전체제의 변곡점으로 삼을 수 있다고 판단했다. 마지막으로 4기(1997~2010)는 전력산업 구조조정의 여파와 지역반핵운동의 지속으로 인해 원전체제가 이중의 위기에 직면한 시기이다. 그러나 2000년대를 거치며 원전체제는 균열을 해소하거나 봉합하는 전략을 발전시켜 체제를 재안정화하는 데 성공했다. 원전 수출은 원전체제의 재안정화를 상징적으로 보여주는 사건이라 할 수 있다. 2011년 후쿠시마 사고 이후 원전체제는 다시 한 번 도전에 직면했다. 하지만 후쿠시마 사고 이후의 변화는 진행 중인 만큼 체제 차원의 분석은 아직 무리라고 판단하여 2010년으로 분석 범위를 제한했다. 대신에 이 책의 시각에서 후쿠시마 사고 이후의 변화를 간단히 살펴보는 글을 마지막 장에 담았다.

이 책의 제2~5장은 각 시기를 분석한다. 배경적 논의에 해당하는 제2장은 후발추격적 조건에서 원전체제의 기본 구성요소들이 만들어지는 과정을 다룬다. 먼저 제1차 석유위기와 중화학공업화에 따른 전력수요의 증가로 원전 건설의 기회가 확대된 배경을 살펴본다. 원전 건설이 핵무기 개발과 결합되면서 원전산업육성계획이 수립된 것도 눈여겨볼 지점이다. 이어서 산업보조화, 산업화, 안보화 전략이 충돌하면서 발생한 연구개발, 전력공급, 설비제작 부문 간의 원전산업 진출 경쟁을 살펴본다. 마지막으로 조직 간 이해관계가 상충되고 대외적 자율성이 제한되면서 불확정적인 상태에 놓여 있던 원전체제의 조직적·기술적 상황을 되짚어본다.

제3장은 원전 산업구조가 안정화되고 기술 경로 및 규제 제도의 기본 틀이 형성된 과정을 재구성한다. 이를 위해 우선 제2차 석유위기로 말미암아 역설

적으로 원전의 경제성 문제가 부상하게 된 맥락을 살펴본다. 이후 핵기술 병행 개발이 차단되면서 위기에 처한 연구개발부문이 연구-사업 병행 모델을 통해 재기하는 과정을 추적한다. 한전을 중심으로 한 전력공기업집단이 형성되고 원전 국산화·표준화가 가속화된 것이 그다음 순서다. 연구개발, 전력공급, 설비제작 부문 간의 관계가 안정화되면서 기술 경로가 결정되고 규제 제도가 정비될 수 있었다.

제4장은 기술추격과 민주화 이후 원전체제의 균열이 봉합된 과정을 분석한다. 먼저 원전 설비 과잉이 어떻게 값싼 전기소비사회로 이어졌는지 살펴본다. 값싼 전기소비사회로의 전환은 원전체제가 사회적 지지 기반을 확충하는 결정적인 계기였다는 점에서 이후 원전체제의 전개 과정에 큰 영향을 미쳤다. 다음으로 민주화 이후 반핵운동이 급속히 지역화된 배경을 뒤좇는다. 이어서 기술추격과 반핵운동이 연구개발, 전력공급 부문 간의 사업 주도권 다툼과 연결되어 원전체제에 균열이 발생하고 이것이 봉합되는 과정을 원자로 및 핵연료 설계, 방사성폐기물 관리, 방사성폐기물처분장 건설을 중심으로 분석한다. 원전 기술 개발 계획의 방향, 부지 선정의 실패, 안전 규제 및 수요관리의 저발전을 이해하기 위해서는 원전체제의 균열이 봉합되는 과정을 살펴봐야 한다.

제5장에서는 원전체제가 신자유주의의 확산과 반핵운동의 도전을 이겨낸 과정을 되짚어본다. 우선 전력산업 구조조정의 위기 속에서 전력공기업집단이 해체되지 않은 이유와 원전 수출동맹이 부상하게 된 맥락을 살펴본다. 다음으로 지역반핵운동으로 인해 원전 추진에 제동이 걸리면서 정부가 분할포섭 전략을 도입하게 된 과정을 상세히 추적한다. 마지막으로 원전체제의 재안정화의 산물로 형성된 혼종적 거버넌스의 특징과 한계를 정리한다. 더불어 기술추격과 원전 수출로 상징되는 원전체제의 성공의 한계를 따져볼 것이다.

제6장은 비교역사적 시각에서 한국 원전체제의 발전 경로를 분석한다. 이를 위해 원전 산업구조와 규제양식을 유형화한 뒤 미국과 독일, 영국, 프랑스,

일본, 한국의 원전체제를 비교한다. 그리고 원전 산업구조와 규제양식의 상호작용 속에서 각국의 원전체제가 분기된 과정을 살펴본다. 이를 통해 '공적보조'가 한국 원전체제의 통합성을 유지할 수 있는 배경임을 밝히고자 한다.

　마지막으로 제7장에서는 후쿠시마 사고 이후 한국의 원전체제를 진단한다. 먼저 후쿠시마 사고 이후 탈핵운동이 확산되면서 원전 산업구조와 규제양식에 어떤 변화가 있었는지 살펴본다. 이어서 문재인 정부의 탈핵에너지전환 정책과 원자력계의 저항을 개괄하고, 신고리 5·6호기 공론화를 탈핵정치의 시각에서 분석한다. 이를 바탕으로 원전 산업구조와 규제양식의 측면에서 탈핵에너지전환으로 가기 위해 풀어야 할 과제를 짚어본다.

제2장

원자력발전의 도입과 사회기술경로의 미결정,
1967~1979

'평화를 위한 원자력^{Atom for Peace}' 선언 후 10여 년 뒤, 한국에서도 원자력발전소 도입이 본격적으로 논의되기 시작한다. 원자력 기술 도입의 첨병 역할을 한 곳은 1959년 설립된 원자력원과 원자력연구소였다. 이들은 연구용 원자로 트리가 마크-II^{TRIGA Mark-II} 도입을 주도했을 뿐만 아니라 상업용 원자력발전소 건설에도 앞장섰다. 상업용 원전 건설이 수면 위로 떠오른 것 역시 1962년 원자력연구소의 원자력발전대책위원회가 150MW급 원전 건설 계획을 제안하면서부터다.

경제개발계획이 야심차게 추진되고 있던 만큼 전력수요는 빠르게 증가할 것으로 예상되었다. 원전의 앞길은 탄탄대로처럼 보였다. 그러나 석유위기, 안보위기, 중화학공업화가 원전 건설과 중층적으로 결합되면서 정부의 계획은 어그러졌다. 한국전력공사와 대기업이 원전산업에 뛰어들면서 원자력연구소와의 주도권 다툼도 치열해졌다. 대외적 압력과 대내적 경합 속에서 원전 건설 계획은 계속 도전받았고, 좌초의 위기에 내몰렸다. 장기적으로 원전 건설이 필요하다는 공감대는 있었지만 조직적·기술적 경로에 대한 합의는 존재하지 않았다. 이 장은 원전 사회기술경로를 둘러싼 각축이 치열하게 펼

처지던 1960~1970년대로 시간을 거슬러 올라간다. 원전체제의 기원을 이해하려면 이 시기의 계획 실패를 살펴볼 필요가 있기 때문이다.

1. 불안정한 전력수급과 원전 건설 기회의 확대

1) 민간 화력발전의 진입과 퇴출

1964년 4월 제한송전 조치가 마침내 해제되었다. 제1차 전원개발 5개년 계획에 따라 발전소가 차례대로 건설되면서 공업화를 위한 선결 과제처럼 여겨졌던 안정적인 전력공급이 가능해졌다. 막 닻을 올린 경제성장에 순풍이 부는 듯했다.

하지만 전력수요를 정확히 예측할 수 있는 지식은 물론이거니와 신속하게 대응할 수 있는 수단이 없었다. 1965년에서 1968년 사이 국내외 기관들이 내놓은 전력수요 예측 결과는 제각각이었다. 빠르게 증가하는 전력수요에 발맞춰 발전설비를 늘리는 것도 어려웠다. 1967년 가뭄으로 인해 수력발전소 가동이 제한되면서 잠복해 있던 문제가 터졌다. 제한송전 조치를 해제한 지 불과 3년 만에 다시금 제한송전을 해야 하는 상황이 도래한 것이다. 제한송전이 재실시되면서 전력공급 문제가 정책적 쟁점으로 부상했다. 한국전력주식회사의 자료를 기초로 주한미군국제개발처USAID-K와 협의하여 절충하던 수요예측 방식은 소극적인 예측 탓에 전력수급을 악화시키는 요인으로 질타를 받았다(한국전력주식회사, 1981: 229).[1]

---

1) 자본 조달의 어려움으로 인해 설비예비율을 가급적 낮게 책정하던 관행도 제한송전 사태의 배경으로 작용했다. 전원개발자금은 당시 정부의 재정 투·융자 중 규모가 가장 컸기 때문에 예산 당국은 설비를 대폭 확충하는 계획을 수립하는 데 주저했다(김정렴, 2006: 169).

결국 범부처적 성격을 띤 경제과학심의회의가 전력수요 예측에 뛰어들었다. 경제과학심의회의는 전력수요가 연간 33.8%씩 성장할 것으로 예측하고, 이에 맞춰 발전설비를 확충해나갈 것을 권고했다(한국전력주식회사, 1981: 204~231). 연평균 전력수요 증가율을 11.9%로 책정한 토마스전력조사단(Thomas Electric Power Industry Survey Team)의 보고서나 15.4%로 예측한 한전의 계획에 비춰보면 설비 과잉이 우려될 만한 상황이었다(한국전력주식회사, 1967). 그러나 대통령이 참석한 관계 장관회의에서 전력공급 중단으로 인해 경제성장이나 수출증가를 뒷받침하지 못하는 일이 발생하지 않게끔 20~40%의 설비예비율을 유지하자는 의견이 오가면서 적극적인 설비투자 결정이 내려졌다(김정렴, 2006: 169~170).[2]

하지만 정부나 한전은 대규모 설비 증설에 필요한 자금을 안정적으로 조달할 수 없었다. 해결사 역할을 자처한 민간기업들이 틈새를 파고들기 시작했다. 민간기업들은 전력산업 일원화(1원화) 조치의 해지를 요구하며, 석유화력발전소 건설 승인을 요청했다. 정부는 전원개발 소요자금 부족을 이유로 동해전력(쌍용계열)과 호남전력(호남정유계열), 경인에너지(한국화약계열)의 전력산업 진입을 허용했다. 민간 석유화력발전을 확대하는 것에서 당면한 문제의 해결책을 찾은 것이다. 장기간 저유가 상태가 지속되고 있었던 만큼 석유화력발전 위주의 전력공급 대책은 일견 타당해 보였다. 여기에 원유 공급 과잉으로 인해 판로 확보에 고심하고 있던 다국적 기업, 석유화학산업을 전략적으로 육성하고 있던 한국 정부, 그리고 그 속에서 기회를 엿보던 대기업의 이해가 맞물리면서 민간 발전회사 설립이 탄력을 받았다. 경인에너지의 설립이 단적인 예다(오원철, 1996: 74~79). 경인에너지의 출발은 흥미롭게도 한국화약의 나프타 분해공장 건설 사업이다. 한국화약은 1967년 9월 나프타 분해공장

---

2) 당시 김정렴은 상공부 장관으로 재직하고 있었다.

건설을 신청하여 경제기획원의 승인을 받는다. 그러나 한국화약의 제휴선인 걸프Gulf사는 투자에 미온적인 입장을 보였다. 이에 당시 인도네시아에서 추가 원유를 확보하여 판로를 고심하고 있던 유니언오일Union Oil이 투자 의사를 밝혔다. 그러나 걸프사가 나프타 분해공장, BTX 공장 등에 대한 투자를 확정 지으면서 유니언오일은 고배를 마셨다. 그러자 유니언오일은 정유공장 건설로 선회하여 한국화약과 인천에 정유공장을 짓기로 하고, 정부로부터 건설 허가를 받아냈다. 국내 판매 없이 일본 수출(나프타)이나 발전용 연료유만을 생산하는 조건이었다. 이 발전용 연료유의 소비처가 다름 아닌 경인에너지였다.

하지만 민간 화력발전은 더 이상 확대되지 않았다. 오히려 동해전력과 호남전력은 한전으로 흡수 통합되었다. 과도한 수요예측에 기초하여 발전설비를 확충한 결과 1970년에 이르면 설비 과잉을 우려해야 하는 상황이 발생했기 때문이다. 문제가 심각해지자 한전은 우선 전력수요를 끌어올려 '적정' 설비를 유지하기로 한다. 한전은 수요개발본부를 설치하고 심야요금제를 도입하는 등 전기 소비를 촉진시키는 데 앞장섰다(한국전력공사, 2001: 105~106). 하지만 전력수요를 늘리는 것만으로 문제는 해결되지 않았다. 대규모 설비투자와 요금 할인으로 한전의 경영 상태는 계속 악화되고 있었다. 이와 같은 상황에서 민간 발전을 늘리는 것은 단기적으로 건설비를 줄이는 데 도움이 되었지만 장기적으로 전력구매비용을 상승시켜 한전의 부실화를 촉발할 수 있었다(한국전력공사, 2001: 119). 1971년 민간 발전사와 한전 간의 전력수급계약이 체결되었지만 한전 부실화에 대한 우려는 사라지지 않았다. 한전은 민간 발전사의 인수를 지속적으로 건의했고, 결국 정부는 동해전력(1971.10)과 호남전력(1972.9)의 한전 인수를 결정했다. 유니언오일이 투자한 경인에너지는 계속 민간기업의 형태를 유지했으나 시장점유율은 미미했다. 이로써 전력산업에서 한전의 지배력은 다시 공고해졌다. 다만 5년 만에 민간 화력발전의 확대에서 퇴출로 정책의 방향이 급변한 것과 달리 석유 중심의 대응 전략은 크게 변하지 않았다. 단적으로 1973년 10월 수립된 신장기에너지정책에 따르면, 1970년 46% 수준이었던 에너지원 중 석유의 비중은 1980년 54%로 늘어날 예정이었다(박영구, 2012: 416~417).

2) 전력수요의 증가와 제1차 석유위기의 파급효과

1973년 말 발생한 제1차 석유위기를 계기로 전원개발정책의 방향이 변하기 시작했다. 중동국가들이 석유 수출을 통제하면서 국제 유가가 급등했을 뿐만 아니라 안정적인 공급마저 보장받기 어려웠다. 설상가상으로 석유 소비량은 갈수록 늘어났다. 동력자원부(1988: 19~20)에 따르면, 제1~2차 석유위기 사이에 국내 석유 소비량은 1.9배, 수입단가는 6.1배, 수입대금은 11배 증가했다. 이로 인해 국민총생산(GNP$^{Gross National Product}$) 대비 석유 수입금액의 비중은 2.3%에서 6.9%까지 상승했고, 자연스럽게 외환수지 적자의 상당 부분을 차지하게 되었다. 나아가 유가 상승은 국내 물가 상승을 부추겼다. 1973~1974년 도매물가 상승률은 42.1%에 달했는데, 이 중 55% 이상이 국제 유가 상승에서 직접적으로 기인한 것이었다(동력자원부, 1988: 19).

제조업 생산원가에서 에너지 비용이 차지하는 비중도 높아졌다. 에너지 비용의 상승은 국내 제조업의 수출경쟁력을 약화시켰을 뿐만 아니라 야심차게 시작한 중화학공업화의 성공을 위협하는 요인으로 작용했다. 당시 중화학

표 2-1 제1차 석유위기의 영향

구분	1972	1973	1974	1979
원유 수입액(백만 달러)	221.1	305.2	1,104.8	3,330.6
경상수지(백만 달러)	-371.2	-308.8	-2,022.7	-4,151.1
도매물가지수	100	107	152	312
소비자물가지수	100	103	128	277
에너지가격지수	100	108	233	556
석유가격지수	100	115	326	656

자료: 동력자원부(1988: 20).

공업은 시작 단계에 있어 국제적인 경쟁력을 확보하기 어려운 상황이었다. 이에 정부는 지원 방안의 하나로 국제적인 가격경쟁력을 확보할 수 있는 수준에서 수출가격을 책정한 뒤 이 가격으로 생산이 가능하도록 사회기반시설의 가격을 통제하는 정책을 펼쳤다(오원철, 1996: 61~63). 전기요금은 대표적인 가격 통제 항목 중 하나였는데, 유가 상승으로 가격을 통제하는 것이 어려워졌다. 그만큼 석유위기에 대응하면서 가격 통제권을 확보할 수 있는 수단의 필요성이 높아졌다.

전력수요의 증가는 탈석유화의 압력을 가중시켰다. 경제성장이 가속화되고 중화학공업화가 진행되면서 전력수요는 가파르게 상승하고 있었다. **표 2-2**에서 확인할 수 있듯이, 전력수요는 섬유, 화학, 요업은 물론 1차 금속과 기계·장비 산업에서도 빠르게 증가했다. 설상가상으로 전력 다소비 산업에 대한 대규모 설비투자가 이어졌다. 예컨대, 1973년 8월 대규모 전력수요처인 알루미늄, 아연, 동 등의 비철금속 공장 건설과 같은 설비투자계획이 잇따라 발표되었다(한국전력공사, 2001: 439).

전력수요가 급증하면서 불과 2~3년 만에 다시 공급 부족을 걱정해야 하는 상황이 발생했다. 급기야 1974년 11월에는 무려 18회에 걸쳐 제한송전을 하는 사태가 발생했고, 정부는 서둘러 복합화력발전의 긴급 도입과 같은 비상

표 2-2 제조업 업종별 전력수요 변화

(단위: GWh)

구분	1966	1971	1976	1980	1980/1966
1차 금속	187	750	2,426	4,681	25
기계 및 장비	82	167	1,306	2,314	28.2
섬유	335	985	2,887	4,554	13.6
화학	308	1,490	2,601	4,277	13.9
요업	206	853	1,801	2,608	12.7
기타	543	1,255	2,512	3,611	6.7
계	1,661	5,500	13,533	22,045	13.2

자료: 한국전력주식회사(1981: 572).

전력수급 대책을 수립했다(동력자원부, 1988: 300). 하지만 상황은 개선되지 않았다. 1975년 전력예비율은 7.8%로 떨어졌고, 이듬해에는 이보다 더 하락해서 4%를 밑돌았다(한국전력주식회사, 1981: 438). 제한송전 횟수는 1974년 연간 39회에서 1975년 56회로 증가했고, 1977년까지 제한송전은 완전히 해소되지 않았다(동력자원부, 1988: 300). 제한송전으로 인해 공장 가동에 차질이 빚어지면서 안정적인 전력공급에 대한 기업의 요구는 한층 높아졌다.[3]

비단 제조업에서만 전력수요가 빠르게 증가한 것은 아니었다. 표 2-3과 같이 산업용 전력수요는 물론이거니와 주택용과 상업용 전력수요 역시 급격히 늘고 있었다. 특히 주택용 전력수요는 전기가 공급되는 가구수가 증가하면서 산업용보다 더 빠른 속도로 증가했다. 1967~1980년 사이 주택용 전력수요는 해마다 무려 23%가량씩 늘었다.

표 2-3 용도별 전력수요 변화

구분		2차 계획		3차 계획		4차 계획		1966~1980 평균성장률 (%)
		1967	1971	1972	1976	1977	1980	
산업	GWh	2,668	5,996	6,660	14,218	16,549	22,913	19.8
	성장률(%)	25.9		18.9		12.7		
주택	GWh	384	967	1,159	2,390	2,909	5,317	22.8
	성장률(%)	25.5		20.1		22.6		
서비스	GWh	500	1,205	1,442	2,150	2,475	3,334	15.1
	성장률(%)	21.8		12.3		11.6		
공공	GWh	351	716	732	862	901	1,170	10.2
	성장률(%)	17.7		3.9		6.3		
합계	GWh	3,903	8,884	9,992	19,620	22,833	32,734	18.8
	성장률(%)	24.2		17.2		13.7		

자료: 한국전력주식회사(1981: 569).

---

3) 전력수요의 급격한 증가 외에도 일부 발전소의 설비 불량, 미흡한 시설 보수, 송변전시설의 한계, 고리 1호기 등 발전소 건설 지연이 1970년대 중반 전력수급 불안을 촉발하는 데 영향을 미쳤다(한국전력주식회사, 1981: 438).

주택용 전력수요가 급증한 계기는 농어촌 전기화 사업이었다. 정부와 한전은 1960년대 중반부터 농어촌 지역에 산업시설을 유치하고 계절적 유휴노동력을 흡수하여 지역사회를 발전시킨다는 명목으로 농어촌 전기화 사업을 추진했다.[4] 이를 통해 정부는 농어촌 인구의 도시집중화를 억제하고 유휴노동력과 동력을 결합시켜 주민들의 소득을 증대시키고자 했다(한국전력주식회사, 1967). 그러나 1960년대 농어촌 전기화 사업은 도시 주변의 집단 부락을 중심으로 더디게 진행되었다.

농어촌 전기화 사업이 전국적으로 확산될 수 있었던 결정적 계기는 새마을운동이었다(김연희, 2011). 1971년부터 상공부가 농어촌 전기화 사업을 새마을운동에 포함시켜 공사비를 80~90% 지원하면서 농어촌의 전기화가 빠르게 진행되었다. **그림 2-1**은 1960~1970년대 농어촌 전기화 사업으로 새롭게 전기가 공급된 가구수와 전기화율을 나타낸 것이다. 10만 가구 미만이던 신규 전기화 호수는 1971년부터 2배 가까이 증가했고 1975년에는 한 해 60만 가구를 넘겼다. 이로 인해 1970년대 농어촌의 전기화도 빠르게 진행되어 1978년에 이르면 사실상 거의 모든 가구가 전력망에 연결되었다.

농어촌 지역으로의 전기공급 확대는 경제성장을 체화하는 상징적 계기로 작용했다. 농어촌의 전기화는 전동화로 인한 영농기술의 발전, 축산기술의 발전, 노동생산성의 증대, 공장 유치 등의 경제적 변화뿐만 아니라 신속한 정보 전달, 문화적 공유와 같은 사회적 변화를 야기했다(한국전력주식회사, 1981: 799~800). 전기화로 인한 변화는 일상생활에서 곧바로 체감할 수 있는 것이었다. **표 2-4**가 보여주듯이, 전기화와 함께 가전제품의 보급률이 크게 늘었다. 1970~1978년 사이 흑백TV 보급률은 25배 증가하여 대부분의 가구에 보급되었다. 냉장고는 아직 4가구당 1가구꼴로 보급된 수준이었지만 증가율은 흑백

---

4) 농어촌 전기화 사업은 1964년 상공부가 '농어촌전화사업 계획 요강'을 발표하면서 시작되었다. 이듬해 정부는 「농어촌전화 촉진법」을 제정했다.

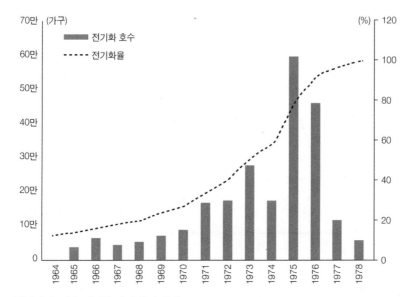

그림 2-1 농어촌 전기화 사업 추진 현황
자료: 한국전력주식회사(1981: 797).

표 2-4 주요 가전제품의 연도별 보급 현황

구분		1970	1971	1972	1973	1974	1975	1976	1977	1978
흑백TV	보급대수(천)	252	376	577	950	1,471	2,277	3,312	4,653	6,492
	보급률(%)	4.3	6.6	9.7	15.7	23.4	33.7	48.3	66.4	89.5
선풍기	보급대수(천)	749	1,032	1,309	1,699	2,118	2,569	3,151	3,804	4,936
	보급률(%)	12.8	18.1	22.0	28.1	33.6	38.0	45.9	54.3	68.0
냉장고	보급대수(천)	65	96	128	176	263	393	589	949	1,865
	보급률(%)	1.1	1.7	2.2	2.9	4.2	5.8	8.6	13.5	25.7
세탁기	보급대수(천)	9	12	16	25	53	105	171	286	553
	보급률(%)	0.2	0.12	0.3	0.4	0.8	1.6	2.5	4.1	7.6

자료: 한국전력주식회사(1981: 570).

TV보다 높았다. 가전제품의 보급으로 가시화된 전기화는 발전설비의 증설을 포함한 전원개발계획을 지지하게 만드는 강력한 체험적 기반을 형성했다.[5]

석유위기로 인해 석유 중심의 전원개발정책이 문제에 봉착하면서 대체에

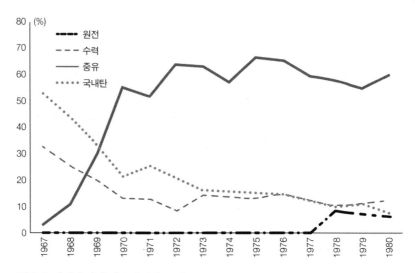

그림 2-2 전원별 설비 비중의 변화: 1967~1980
자료: 국가통계포털(KOSIS).

너지원으로서 원전의 위상이 높아지기 시작했다. **그림 2-2**에서 볼 수 있듯이,
중유발전의 설비 비중은 1970년을 기점으로 50%를 넘어선 상태였다. 이후
중유발전의 설비 비중은 1970년대 내내 50~70%를 유지했고 가동률도 높은
편이었다. 전력수요의 증가가 곧 석유 수입의 증가를 의미했던 만큼 대책이
필요했다.

정부는 1974년 1월 종합에너지정책심의회를 신설하여 석유위기 발생 전에
수립한 신장기에너지정책을 전면 수정하기로 결정한다. 이후 상공부는 안정
되고 저렴한 양질의 에너지 공급 체계 확립, 국내 에너지 자원의 개발 및 활
용, 에너지 이용의 과학화와 소비 절약의 활성화를 기본 목표로 하여 1981년
까지 유류의 비중을 50% 이하로 축소하고 석탄과 원전의 비중을 높이는 방향

---

5) 농촌지역에 흑백TV, 냉장고, 전기밥솥, 전기다리미 등이 보급되면서 가져온 변화에 대해서는
   김연희(2011)를 참고할 것.

으로 정책을 수정한다(박영구, 2012: 416~417). 이처럼 장기에너지정책의 방향이 바뀌면서 발전원으로서 원전의 위상이 높아졌다.

원전 도입이 구체적으로 논의되기 시작한 것은 1962년 11월 원자력원이 원자력발전대책위원회를 설립하면서부터다.[6] 하지만 전체 전력수요가 원전을 도입할 수 있을 만한 수준이 아니었기 때문에 원전 도입은 원자력원의 연구 조사 보고서상의 계획에 불과했다.[7] 원전 도입이 실행계획으로 구체화되기 시작한 것은 1965년경이다. 경제과학심의회의는 에너지 문제를 검토하며 1975년경까지 원전을 건설하는 계획을 수립했고, 대통령은 계획을 1년 앞당길 것을 지시했다(한국원자력연구소, 1979: 70). 이후 원자력원과 한전은 물론 석탄공사, 석유공사, 산림청 등이 참여하는 원자력발전계획 심의위원회가 설립되어 원전 도입을 본격적으로 추진하게 된다. 심의위원회는 이듬해 4월, 1974년까지 200MW급 원전을 건설하는 「장기에너지수급과 원자력발전계획」을 수립했다(한국원자력연구소, 1990: 129). 이와 같은 준비 단계를 거쳐 원전 건설은 1967년 9월 제2차 전원개발 5개년 계획이 재수정될 때부터 정부의 공식계획에 포함되었다(한국전력주식회사, 1981: 311).

앞서 살펴본 대로, 1967년은 제한송전이 이뤄질 만큼 전력수급 사정이 좋지 않았던 터라 원전 도입은 신속하게 결정될 수 있었다. 당시 원자력발전은 에너지원을 다변화하는 차원에서 미래의 에너지로 주목받았다. 한전은 1990년 에너지의 수입 의존도가 90% 이상으로 상승할 것을 우려하며 원전 도입의

---

6) 원자력발전대책위원회의 설립 이후 원전 도입을 위한 연구조사가 지속적으로 이뤄졌다. 일례로 1963년 10월 IAEA 원자력발전예비조사단이 내한하여 150MW 이상의 원전 건설을 제안했다. 이듬해 원자력원은 「원자력발전소 조사자료」를 펴냈고, 1965년 IAEA 기술조사단의 자문을 받아 「원자력발전소 후보부지에 대한 추가보고서」를 발간했다(한국원자력연구소, 1990: 129).

7) 원전을 건설하기 위해서는 발전설비 규모가 대략 원자력발전소 1기 용량의 10배 가까이 되어야 한다. 그래야 원전이 불시의 사고로 전력망에서 이탈해도 안정적으로 전력망을 운영할 수 있다.

필요성을 인정했다(한국전력주식회사, 1967). 특정 에너지원에 지나치게 의존할 경우 에너지 안보가 위협받을 수 있는 만큼 에너지원의 다원화가 필요하다는 논리였다. 원자력발전은 핵연료의 가격이 낮아 외화 지출의 부담을 줄일 수 있을뿐더러 에너지 밀도가 높아 수송과 저장이 용이하다는 점도 고려되었다.

하지만 원전 건설은 시작부터 난관에 부딪쳤다. 무엇보다 막대한 규모의 원전 건설비를 조달하는 것이 문제였다. 국내 자본만으로 원전을 건설하는 것이 불가능했던 만큼 해외 차관에 의존할 수밖에 없었다. 그러나 차관 확보가 쉽지 않았다. 단적으로 야심차게 추진했던 원전 1~2호기 동시 도입이 차관 확보가 어려워지면서 1기 도입으로 축소되었다.[8]

고정자본 투자비 부담으로 인해 원전의 경제성이 비교우위를 확보하지 못한 것도 원전 건설 확대를 제한했다. 고리 1호기를 시작으로 원전 건설의 첫 삽을 뜨기는 했지만 높은 건설비 부담으로 인해 추가 건설을 회의적으로 보는 이들이 적지 않았다. 일례로 1971년 전원개발계획을 검토하는 과정에서 원전 건설비는 계속 쟁점이 되었다. 한전은 600MW 원전을 3기 건설하는 안(양수발전과 결합)과 기력-가스터빈 결합 방안, 양자의 혼합 방안을 놓고 고심했다(한국전력주식회사, 1971a, 1971b, 1971c). 당시 한전이 추정한 건설단가는 원전(256$/kW)이 기력(140~150$/kW), 가스터빈(100$/kW) 등 다른 발전원에 비해 월등히 높았다. 한전은 할인율 연 10%, 예비율 18%, 연료가격 18% 인상을 가정하고 계획안을 검토한 결과 원전 3기를 건설하는 것은 경제성이 떨어진다는 결론을 내렸다. 특히 자금조달의 측면에서 원전 3기 건설은 무리로 보였다. 원전 건설비는 신규 부지가 아닌 기존 부지를 활용해야 한계 건설비(약 300$/kW)를 초과하지 않을 것으로 추정되었고, 결국 건설비를 감안하여 고리

---

8) 한국원자력연구소(1990: 133)에 따르면, 대만전력공사의 적극적인 로비로 인해 미국 수출입은행Export-Import Banks으로부터의 차관이 줄어 2기 동시 도입이 좌절되었다. 당시 대만전력공사는 경영진이 직접 로비에 나서서 미국 수출입은행으로부터 4기 규모의 차관을 도입하는 데 성공했다. 이로 인해 한국이 미국 수출입은행으로부터 들여올 수 있는 차관 규모가 대폭 줄었다.

지구에 원전 2호기를 건설하기로 결정했다. 전력수요의 증가 추세를 감안할 때 원전 건설 계획은 1967년 무렵의 기대를 크게 밑도는 것이었다. 다만 한전의 계획에는 단서가 붙었는데, 유가가 가정(18% 인상)보다 더 높게 인상될 경우 원전의 경제성이 확보될 수도 있다는 것이었다.

단서 조항은 석유위기 이후 희미해지기 시작했다. 석유가격이 급상승하면서 원전의 상대가격이 낮아졌고 원전을 추가 건설할 경제적 유인도 커졌다. 여기에 1981년까지 유류 비중을 50% 이하로 축소하기로 결정하면서 원전은 경제성을 떠나 전략적 투자의 대상이 될 수 있었다. 과학기술처와 원자력연구소가 작성한 「원자력발전 장기추진계획(안)」은 이제 부처 차원의 계획이 아닌 정부 차원의 계획으로 확대되었다(김성준, 2012). 1974년 4월 석유위기에 대응하기 위해 꾸려진 종합에너지정책회의는 원자력발전 장기계획을 수립했고, 6월 22일 대통령은 실행에 착수할 것을 지시했다.[9]

상황 변화에 가장 기민하게 대응한 것은 원자력연구소였다. 원자력연구소는 석유파동 이후 에너지 위기가 장기화될 것을 우려하며 탈석유화를 국가와 민족의 존립이 걸린 문제로 바라봤다(한국원자력연구소, 1979: 150). 원자력연구소는 탈석유화의 기본은 원전과 유연탄으로의 발전원 전환이라고 주장하며 원자력발전에 대한 연구조사를 구체화해나갔다. 첫 결과물은 1974년 발간된 「원자력발전계통 및 원자력발전소 부지조사에 관한 연구」였는데, 이는 원자력발전의 기술적·경제적 타당성을 면밀하게 조사한 최초의 보고서로 이후 원자력 연구 개발의 지침서 역할을 했다(한국원자력연구소, 1979: 151).

하지만 다른 정부기관들이 과학기술처와 원자력연구소처럼 팔을 걷어붙인 것은 아니었다. 특히 상공부와 한전은 원전 확대에 여전히 미온적이었다.

---

9) 1973년 11월 말 원자력위원회에 상정된 「원자력발전 장기추진계획(안)」은 에너지원 다변화의 일환으로 원전을 확대할 것을 제안했다(원자력위원회, 1973a). 장기전원개발계획과 연동하여 1986년까지 원전을 7기 건설해서 원전의 점유율을 30.2%까지 끌어올린다는 계획이었다.

실제로 한전이 발전연료의 다원화 문제를 본격적으로 계획에 반영하기 시작한 것은 1976년 말이었다(한국전력주식회사, 1981: 244). 이러한 온도차의 배경에는 원전 확대의 강력한 추동력이자 동시에 가장 큰 걸림돌인 핵무기 개발문제가 숨어 있었다.

2. 핵기술 병행 개발의 제약과 원전산업 육성으로의 선회

1) 안보위기와 이중적 핵기술 도입 추진

1970년대 초반 안보위기는 원전 도입에 날개를 달아줬다. 주한미군 감축 결정에서 촉발된 안보위기는 핵무기 개발과 연결되어 원전 건설 및 핵기술 개발을 국가 차원의 전략적 과제로 부상시켰다. 나아가 안보위기로 인해 방위산업 육성이 체계화되고 중화학공업화가 탄력을 받으면서 원전 산업구조의 초기 경로 형성에 적지 않은 영향을 미쳤다.

북한의 군사적 위협에 대한 위기의식은 1970년 3월 미국 정부가 주한미군 감축 결정을 공식적으로 통보하면서 한층 높아졌다. 이에 박정희 정부는 독자적인 핵무장을 모색하기 시작했다. 핵무기 개발을 총괄적으로 지휘한 곳은 1971년 11월 신설된 청와대 제2경제수석실이었다(조철호, 2000). 당시 청와대 내부에는 제2경제수석실을 중심으로 비밀위원회 형태의 무기개발위원회가 운영되고 있었다. 무기개발위원회는 핵무기 개발을 추진하기로 결정하고, 과학기술처와 국방부에 각각 핵물질 확보와 미사일 개발을 지시했다. 상공부는 핵무기 개발에 필요한 자금을 지원하는 역할을 맡았다. 군사적 목적이 결부되면서 핵연료주기 관련 기술과 실험용 연구로를 도입하는 계획은 급물살을 탔다.

그동안 핵무기 개발로 전용될 수 있는 이중적 핵기술[10]의 확보는 과학기술처와 과학기술자 집단의 희망 사항에 가까웠다. 핵무기 개발에 대한 암묵적 기대가 존재했지만 국가 차원의 실행계획이 체계적으로 수립된 것은 아니었다. 예컨대, 핵무기 개발과 직결된 핵연료 재처리 시설 도입 계획은 1968년 162차 원자력위원회를 통과한 「원자력의 연구, 개발, 이용을 위한 장기계획(1968~1973)」에 포함되어 있었다. 과학기술자 집단은 사용후핵연료를 재처리 해서 핵연료주기를 완성하기를 원했다. 연장선에서 1971년 1월 원자력연구소는 온산공업단지 인근에 1일 1톤 규모의 재처리 시설을 건설한다는 재처리사업계획서를 원자력청에 제출했다(한국원자력연구소, 1990: 170). 그러나 실행 여부는 불투명했다. 당시 박정희 정부는 독자적인 핵무기 개발에 관심은 있었으나 적극적으로 추진하고 있지는 않았다.

그러나 제2경제수석실이 신설될 즈음부터 이중적 핵기술 개발은 연구개발 부문의 희망 사항에서 정권 차원의 전략적 목표로 전환되었다. 1972년 3월 수립된 「제3차 원자력개발계획(1972~1976)」은 4년 전 원자력위원회가 수립한 장기계획보다 재처리실험 공장 건설 시기를 5년 앞당겼다(조철호, 2000: 195). 이를 토대로 원자력연구소는 1972년부터 핵연료주기 기술 확보를 최우선의 목표로 삼아 핵연료 가공 기술, 재처리기술 연구 개발에 주력했다(한국원자력연구소, 1990: 171). 최형섭 과학기술처 장관은 같은 해 5월 영국과 프랑스를 방문하여 핵연료 재처리 시설, 핵연료 성형가공 시설, 혼합산화물핵연료(MOX Mixed OXide fuel) 가공 시험시설 도입을 논의하기 시작했다. 아울러 정부는 기술 도입과 더불어 해외 전문인력 유치에 적극적으로 나섰다.[11]

---

10) 핵무기 제작에 필요한 핵분열 물질은 우라늄을 농축하거나 플루토늄을 추출하는 방식으로 확보할 수 있다. 플루토늄은 사용후핵연료를 재처리하는 과정에서 추출할 수 있는데, 경수로보다 중수로의 사용후핵연료에서 플루토늄을 추출하기 쉽다. 플루토늄 분리와 연관된 사용후핵연료 처리 기술은 재처리의 전 단계로 봐도 무방할 만큼 재처리기술과 구분하기 어렵다. 이처럼 군사적 이용과 평화적 이용의 경계에 있는 핵기술을 이중적 핵기술로 볼 수 있다.

11) 이 시기 귀국한 대표적인 인사가 원자력연구소의 윤용구 소장, 주재양 부소장이었다. 윤용구

한편, 핵무기 병행 개발은 캐나다의 캔두형(CANDU^{CANada Deuterium Uranium}) 원자
로에 대한 관심을 증대시켰다.[12] 중수로 도입은 1973년 4월 캐나다 원자력공
사 대표가 방한하고, 같은 해 6월 캐나다로 중수로 조사단을 파견하면서 가시
화되었다. 원자력연구소가 중심이 된 중수로 조사단은 중수로가 기술적 신뢰
성이 높을 뿐만 아니라 천연우라늄을 연료로 사용하기 때문에 연료비 지출이
적다고 보고하며 중수로 도입을 건의했다(한국원자력연구소, 1979: 100; 한국전
력주식회사, 1981: 326~327). 동시에 조사단은 중수로형 연구용 원자로(NRX<sup>Natio-
nal Research eXperimental</sup>)와 핵연료 가공 공장을 건설할 것을 제안했다. 이를 바탕으
로 한전은 최신형 중수로인 젠틀리-2형^{Gentilly-2}과 NRX의 건설 계획을 수립하고
중수로 도입을 추진한다.

하지만 이중적 핵기술 개발은 실행 단계에 이르면서 난관에 부딪쳤다. 1972
년 7월, 영남화학은 미국의 스켈리오일^{Skelly Oil}, NFS^{Nuclear Fuel Services}와 합작사를
설립하여 고리 인근에 재처리공장을 건설하는 계획을 정부에 제출했다. 그러
나 미국 정부가 기술 수출을 금지하면서 도입 계획이 무산되었다. 미국으로
부터의 기술 도입이 무산되자 정부는 프랑스와 영국으로 눈길을 돌렸다. 그
러나 1974년 1월 차관 교섭에 실패하면서 영국으로부터의 도입도 물 건너갔
다. 남은 곳은 프랑스. 정부는 프랑스를 통해 핵연료주기 기술을 도입하기 위
해 고위층 인사를 파견하는 등 다각도로 노력했다(한국원자력연구소, 1990: 172).
그리고 마침내 1975년 4월 프랑스의 SGN^{Saint Gobin techniques Nouvelles}과 시험용 재
처리 시설 공급계약을 체결하는 데 성공한다.

소장은 미국 아르곤 연구소에서 핵연료 성형가공을 연구해왔는데, 1973년 원자력연구소가
법인 형태로 전환될 때 초대 소장으로 초빙되었다(최형섭, 1995: 130). 주재양 부소장 역시
해외 학자 유치를 통해 귀국, 재처리기술 도입 분야에서 주도적인 역할을 했다.
12) 중수로는 플루토늄의 확보가 상대적으로 쉬울 뿐만 아니라 천연우라늄을 연료로 사용하기 때
문에 농축우라늄처럼 미국에 전적으로 의존하지 않아도 되는 장점이 있다.

2) 미국의 핵비확산 압력과 원전 추진의 위기

미국 정부는 박정희 정부가 이중적 핵기술을 확보하는 것을 원치 않았다. 미국 정부는 이미 1972년부터 원자력 관련법을 개정하여 우라늄 농축, 재처리, 중수 생산 등과 연관된 기술 및 시설의 수출을 금지했다. 연장선상에서 아르곤 연구소Argonne National Laboratory는 재처리 분야의 기술 훈련조차 거부했다(한국원자력연구소, 1990: 171). 당시 미국 정부는 박정희 정부가 미국과 캐나다 등지에서 활동하고 있는 핵·화학 분야의 한국인 전문가들을 은밀하게 포섭하고 있을 뿐만 아니라 관련 기기 구입을 추진하고 있다는 사실을 알고 있었다(오버도퍼, 2002).[13] 이와 같은 상황에서 1974년 5월 18일 인도가 핵실험에 성공하자 미국의 감시는 한층 강화되었다. 그해 8월 미국 정부는 한국이 야심찬 핵개발 프로그램을 추진하고 있다고 우려하며 10년 이내에 핵무기를 개발할 수 있는 능력을 확보할 것으로 예측했다.[14] 한국의 핵기술 확보는 주변국의 핵무기 개발을 연쇄적으로 추동하여 동아시아의 안보질서를 위협할 수 있는 심각한 사안으로 받아들여졌다.

1974년 10월 재처리기술 등 핵연료주기 기술을 도입하기 위해 한국이 프랑스와 원자력협정을 체결하면서 한국과 미국의 줄다리기가 시작되었다. 당시 미국은 이중적 핵기술의 이전을 전면 금지했지만 프랑스는 생각이 달랐다. 프랑스는 무기 용도로 전용하지 않을 경우 핵연료주기 관련 시설의 판매와 기술이전이 가능하다는 입장이었다. 미국과 프랑스의 틈새에서 한국은 재처리 시설의 평화적 이용을 주장하며 미국의 감시망을 피해 프랑스로부터의

---

13) 미국의 정보기관이 파악한 바에 따르면, 박정희 정권은 비밀리에 '프로젝트 890'을 수행하며 핵무기 개발을 추진하고 있었다(CIA, 1978).

14) 당시 미국 정부는 파키스탄과 브라질, 이란 등을 핵무기 개발 추진국으로 분류하면서 한국과 이스라엘, 대만 등도 주의 깊게 감시할 필요가 있다고 보았다. SNIE(1974)를 참고.

시설 도입을 추진했다.[15] 1975년 5월 박정희 정권은 프랑스와 「핵연료 및 장비 안전조치의 적용에 관한 협약」을 체결했다. 두 달 뒤에는 남덕우 경제기획원장이 프랑스와 원전 2기와 재처리 시설을 패키지로 도입하기 위한 교섭에 나섰다(오원철, 1994; 하영선, 1991: 153). 핵무기급 플루토늄을 추출할 수 있는 시설을 확보하는 것은 시간문제로 보였다.[16]

미국 정부의 움직임도 빨라졌다. 1975년 초부터 미국 정보기관은 한국 정부가 핵무기 개발을 위한 기술 도입을 추진하고 있다는 확증을 갖고 구체적인 조사에 나섰다. 3월 4일 미국 국무장관은 주한 미국 대사관 앞으로 서신을 보내 한국이 핵무기 개발 프로그램의 초기 단계에 진입한 만큼 이를 억제할 방안을 검토하고 있다고 밝혔다(국가기록원, 2008). 또한 민감한 분야의 핵기술 수출을 제한하는 정책을 공동으로 마련하기 위해 미국과 영국, 캐나다, 프랑스, 일본, 소련 간의 비밀 회담을 제안했음을 알렸다. 프랑스 정부에게는 별도로 재처리 시설의 판매 중단을 요청했다. 하지만 박정희 정권은 재처리 기술의 도입을 포기하지 않았고 프랑스 또한 판매 계획을 유지했다.[17] 나아가 1975년 6월 박정희 대통령은 ≪워싱턴포스트≫와의 인터뷰에서 "한국이 미국의 핵우산 보호를 받지 못하면 우리의 안전을 위하여 핵무기의 개발을 포함한 가능한 모든 수단을 동원할 것"이라고 밝혔다(민병원, 2004).[18] 긴장은

---

15) 한 언론매체의 보도에 따르면, 당시 과학기술처 소속으로 협상을 담당했던 이병휘는 프랑스와 교섭 시 재처리 시설의 평화적 이용을 강조했다고 한다. 한편, 당시 원자력연구소 연구실장이었던 김철 박사는 미국의 감시를 피하기 위해 재처리 시설의 중요 코드가 적힌 릴테이프을 은박지로 싸서 다니거나 외교행낭을 이용해서 서류를 이송했다고 한다. 문화방송(1999)의 〈이제는 말할 수 있다: 박정희와 핵개발〉 참고.

16) 오버도퍼(2002: 115)에 따르면, 1974~1975년경 한국은 연간 20kg 상당의 플루토늄을 추출할 수 있는 재처리 시설의 설계도를 완성했던 것으로 보인다. 이와 유사한 증언은 당시 관련자들의 인터뷰에서도 확인된다(문화방송, 1999).

17) 당시 주한 프랑스 대사는 주한 미국 대사를 접견한 자리에서 프랑스가 먼저 핵기술 판매를 중단하는 일은 없을 것이라고 말했다(오버도퍼, 2002: 117).

18) 미국의 반대에도 불구하고 박정희 정권이 핵무기 개발을 추진한 이유에 대해서는 의견이 다

한층 고조되었다.

미국은 핵무기 개발을 차단하기 위한 제재 수단으로 원전 건설을 중단시키는 방안을 꺼내들었다(국가기록원, 2008: 66~68, 103~108). 7월 이후 제재가 본격화되면서 가장 먼저 문제가 된 것은 고리 2호기였다. 사실 고리 2호기는 핵무기 개발 의혹이 제기되면서부터 건설이 지연되고 있었다. 고리 2호기를 계약할 당시 미국 수출입은행은 한국 정부가 원하는 시기에 차관을 제공하기로 약속했다(한국전력주식회사, 1981: 317~325). 하지만 1974년 10월 계약을 체결하고 1년 가까이 지나도록 한전은 미국 수출입은행과 차관계약을 맺지 못했다. 미국 수출입은행의 대규모 신용대출은 미국 상원 금융위원회 내 국제금융소위의 승인을 거쳐야 하는데, 국제금융소위 위원들이 한국이 NPT^{Non-Pro-}liferation Treaty에 가입할 때까지 고리 2호기용 차관 및 차관 보증을 승인하지 않기로 결의했기 때문이다(하영선, 1991: 110~111). 1975년 3월 20일, 한국이 NPT에 가입하면서 미국 수출입은행의 차관 문제도 풀리는 듯했다. 그러나 재처리 시설이 쟁점으로 부상하면서 차관 협상은 원점으로 돌아갔다. 미국 정부는 장기적으로 한국이 재처리 시설을 건설하는 것을 원천적으로 봉쇄하지 못한다 하더라도 원전 건설을 제재할 경우 재처리 시설의 도입을 연기시킬 수 있다는 판단하에 압박의 수위를 높여갔다(국가기록원, 2008).

캐나다와 프랑스 정부를 향한 미국 정부의 설득 작업도 효과가 있었다. 미국의 지속적인 설득 끝에 캐나다 정부는 한국으로의 핵기술 수출이 핵무기 개발로 전용되는 것을 막는 데 미국과 동등하게 책임지겠다고 약속했다. 프랑스 역시 자국 기업에 계약 파기 비용(약 400만 달러)을 변상해준다면 재처리 시설 판매 계약을 취소하는 것을 반대하지 않겠다는 전향적인 태도를 취했

양하다. 지배적인 견해는 주한미군 철수 방침을 철회시키거나 철수 규모를 축소시키기 위한 외교적 카드로 핵무기 개발을 시도했다는 것이다(Kim, 2001; 민병원, 2004; 조철호, 2000, 2002; 홍성걸, 2005). 참고로 핵무기 개발을 둘러싼 줄다리기가 한창 벌어지던 1975년 4월부터 전술핵무기가 배치되었던 미군 미사일 부대가 철수하기 시작했다.

다. 나아가 미국은 한국 정부에 상업적인 이유로 한국이 재처리를 할 일은 당분간 없다는 점을 강조하며 향후 재처리가 필요할 경우 동아시아 지역 내 다국적 재처리 시설 건설에 참여하는 것을 반대하지 않겠다는 제안을 했다(국가기록원, 2008: 103~108).

박정희 정권은 1975년 9월 NRX 도입을 취소하는 것으로 핵무기 개발 의혹을 해소하고자 했다. NRX는 인도가 플루토늄을 추출하여 핵무기를 개발하는데 쓰인 것과 동일한 모델이었기 때문에 1차적인 감시의 표적이 된 상태였다.[19] 하지만 미국은 프랑스로부터의 재처리 시설 도입까지 포기할 것을 요구했다. 결국 박정희 정권은 미국의 압력에 굴복하여 협상장으로 들어왔다. 대신 핵연료 가공 사업 지원, 발전용 원자로 설계 기술 개발 지원, 원자력발전소 운영 및 폐기물 처리 기술 훈련 지원 등 몇 가지 단서 조항을 덧붙였다(김성준, 2012: 251~253). 1975년 12월 미국은 정부 간 협상에서 재처리 시설 도입을 취소하지 않을 경우, 고리 2호기에 대한 수출입은행의 차관 및 수출 허가를 취소하고, 캐나다의 중수로 판매를 저지하며, 무기 판매를 중단하겠다고 강하게 압박하며 양자택일의 결단을 요구했다(오버도퍼, 2002; 하영선, 1991: 154). 한편, 프랑스 정부는 재처리 시설 도입 계약을 최종 승인하는 당일 계약의 연기를 요청했다(문화방송, 1999). 프랑스가 한발 물러서면서 한국의 선택지는 사실상 사라졌다.

미국의 요구에 응하지 않을 경우 월성 1호기 도입도 무산될 것이 확실해졌다. NRX 도입을 포기한 뒤에야 겨우 체결할 수 있었던 월성 1호기 계약은 2차계통의 기기를 공급하는 영국 업체가 재계약을 요구하면서 난항을 겪고 있었다. 여기에 캐나다 의회가 NPT 가입을 선결 조건으로 내걸면서 무산위기에 처한 바 있었다. 한국이 NPT에 가입하면서 재개된 월성 1호기 도입은 재

---

19) 관련 인사들의 증언에 따르면 박정희 정권은 NRX를 통해 순도 높은 플루토늄을 추출할 계획을 세웠다(문화방송, 1999).

처리 시설 문제가 불거지면서 차관 협상이 다시 지연되었다. 결국 계약서상의 차관 협상 마감시한인 1976년 1월 26일이 다가왔지만 해결의 기미는 보이지 않았다. 캐나다가 차관 협정을 거부한 이유는 분명했다. 캐나다는 프랑스로부터의 재처리 시설 도입을 반대하며 한미 간의 협상 진행 결과에 따라 차관 승인 여부를 결정할 것이라는 입장을 밝혔다(외무부, 1976). 한국 측은 캐나다 원자력공사(AECL Atomic Energy of Canada Limited)와 직접 협상을 시도했지만 AECL은 캐나다 정부의 양해 없이 차관 협상 마감시한을 연장하는 것은 불가능하다는 입장을 고수했다. 결국 1월 21일 한국의 외무부 장관과 주한 캐나다 대사가 직접 담판을 벌이는 자리가 마련되었다. 주한 캐나다 대사는 공개적으로 한국 정부가 재처리 시설 도입을 무기한 보류한다고 발표해야 차관 협상이 가능하다고 주장하며, "불란서로부터의 재처리 시설의 도입을 무기한 또는 시간적으로 긴 기간 동안 이 이상 추진하지 않는다"는 보장을 해줄 것을 요청했다(외무부, 1976).

결국 박정희 정권은 미국의 요구대로 재처리 시설 도입 계획을 철회했다. 1월 23일 박동진 외무장관은 "첫째, (한국은) 재처리 시설의 도입을 현금 추진하고 있지 아니하며, 둘째, 동 재처리 시설의 도입 계획은 무기 보류되었는바, 이는 시간적으로 보아 장기간, 적어도 한미 간의 추가적인 원자력 협력에 관한 교섭이 끝날 때까지를 의미"한다는 서한을 주한 캐나다 대사에게 보냈다(외무부, 1976). 이후 캐나다와의 차관 협상이 재개되었다. 한 달 뒤 미국 의회는 미국 수출입은행의 고리 2호기 차관을 승인했고, 4월에는 미국 정부가 고리 2호기의 원자로 수출을 공식적으로 허가했다(한국전력주식회사, 1981: 317~325). 이로써 한전도 원전 2~3호기 건설에 돌입할 수 있게 되었다. 핵무기 개발을 포기하고 나서야 원전 건설 중단의 위기가 해소된 것이다.

이중적 핵기술의 도입이 사실상 차단되면서 비밀리에 핵무기 개발을 추진해온 '프로젝트 890'도 동력을 상실했다. 미국의 정보기관에 따르면, 박정희 대통령은 1976년 12월 '프로젝트 890'을 중단시켰다(CIA, 1978).[20] 그러나 한국이 이중적 핵기술의 개발을 완전히 포기한 것은 아니었다. 그것은 훨씬 더 비밀리에 우회적으로 추진되기 시작했다. 우회적인 핵기술 개발 전략은 앞서 언급한 전력수급의 위기와 맞물리면서 원전산업육성계획으로 탈바꿈했다.

3) 신속핵선택전략으로의 전환과 원전산업육성계획의 수립

박정희 정권은 미국의 안보 보장 약속을 전적으로 신뢰하지 못했다. 카터 대통령은 선거공약으로 주한미군과 핵무기의 감축·철수를 내걸었다. 미국의 핵비확산 압력이 지속되었지만 군사안보적 위기의식은 핵무기 개발을 포기하는 것을 주저하게 만들었다. 그러나 공개적으로 이중적 핵기술이나 의심을 살 만한 기술을 도입하고 연구하는 것은 불가능했다. 우회할 방법이 필요했고, 박정희 정권은 원자력발전의 국산화에서 답을 찾았다.[21] 정부는 원전산업을 육성한다는 명목 아래 원자로 및 원전 설계, 발전설비 제작, 핵연료 제작 등을 추진하고 그 과정에서 이중적 핵기술을 확보하는 길을 선택했다. 원전산업 육성은 장기적으로 전력공급을 안정화할 수 있는 방안이라는 점에서 일거양득이었다. 국가 차원의 전략적 판단인 만큼 청와대가 직접 나서서 추진체제를 정비했다.[22]

---

20) CIA는 한미 동맹이 유지되면서 즉각적인 핵무기 개발의 필요성이 낮아진 것을 '프로젝트 890'이 중단된 배경으로 꼽았다. 국방과학연구소의 미사일 개발도 계획처럼 진행되지 않았다. 관련 사항은 CIA(1978)를 참고.

21) 1970년대 후반까지 국제적인 규약을 따를 경우 재처리실험이 허용되었다. 사용후핵연료의 처분이나 고속증식로 개발 등을 위해 후행 핵연료주기에 대한 연구가 불가피한 측면도 있었다.

22) 오원철(1994)에 따르면, 재처리 시설의 도입이 차단된 뒤 박정희 대통령은 김정렴 비서실장과 자신을 서재로 불러 원자력산업을 종합적으로, 그리고 본격적으로 추진할 것을 강력히 지시했다. 또한 박정희 대통령은 1976년 3월 대덕연구단지 건설 현장을 시찰하면서 과학기술처의 역량으로는 종합적인 연구단지를 조성하는 것이 어렵다며 해당 사업을 오원철 수석에게 이관하라고 지시했다(한국원자력연구소, 1990: 174).

당시 원전산업 정책의 방향은 1976년 9월 수립된 「주요사업계획: 제4차 5개년 계획을 중심으로 원자력산업의 국산화」에 단적으로 드러난다(원자력위원회, 1976a). 우선 정부는 원전산업을 기술집약적인 거대 중화학공업으로 바라보며 국가안보와 직결되어 있으나 선진국이 독점하고 있는 산업으로 규정했다. 그리고 원자력발전소 건설과 핵연료 자급을 국가적인 과제로 설정한 뒤 원자력발전 기술의 국산화와 핵연료 기술의 자립화를 목표로 잡았다. 주요 사업에는 원전 설계 기술의 국산화, 기자재 국산화, 재료시험로 건설, 우라늄 제련·전환·가공 및 혼합연료 가공 시설 건설이 포함되었다. 구체적인 개발 목표를 살펴보면, 우선 원자력발전소의 국산화를 추진하여 1980년대 초까지 설계기술의 국산화를 도모하고 기자재의 30%를 국산화한다는 계획을 세웠다. 나아가 1980년대 말까지 설계기술 용역의 해외 진출을 추진하고 기자재의 65%를 국산화하기로 한다. 원자력발전소의 국산화에는 45MW급 재료시험로와 150MW급 원형로의 독자 건설도 포함되었다. 두 번째 목표는 핵연료의 국산화였다. 단기적으로 독자적인 핵연료주기 기술을 개발하여 핵연료 가공 공장을 운영하는 것을 목표로 삼았다. 장기적인 목표는 핵연료주기 기술을 자립하고 천연우라늄 원료를 자급자족하는 것이었다. 세부적인 개발 전략은 여섯 가지로 구성되었다. 첫째, 원자력산업을 국가사업으로 지정하여 일관성 있게 계획적으로 육성한다. 둘째, 설계기술 용역과 기자재의 국내 발주를 통해 국내 수요를 창출한다. 셋째, 대단위 조선소 또는 종합 기계공장을 중심으로 원자력발전소 건설을 위한 주공장을 육성하고 중소공장을 계열화한다. 넷째, 대덕공학센터를 설립·운영한다. 다섯째, 시험 및 실증 사업을 실시하여 단계적으로 국산화를 추진한다. 여섯째, 유능한 기술요원을 양성하는 데 주력한다.

이와 같은 원전산업육성계획의 이면에는 신속핵선택전략이 숨겨져 있었다. 앞서 언급한 대로, 이 계획에는 45MW급 재료시험로와 150MW급 원형로의 독자 건설이 포함되어 있었다. 핵연료의 국산화 역시 주요 목표였다. 눈여겨볼 지점은 재료시험로 사업이 무산된 NRX 도입을 대체해 자력으로 연구로를 건설하는 계획이었다는 점이다(한국원자력연구소, 1990: 298). 재료시험로는 원자로 국산화를 위해 필요한 예비 단계의 사업이자 국산 핵연료의 성능 시험과 개량을 연구하는 데 쓰일 다목적 시험로였다. 핵연료 국산화의 경우 명시적으로 핵연료주기 기술의 자립과 천연우라늄 연료의 자급자족을 장기 목표로 설정해놓고 있었다. 혼합핵연료 가공 시설, 조사후照射後(사용후) 시험시설 등 재처리기술로 전환될 수 있는 사업도 추진되었다.[23] 원전산업육성계획 곳곳에 민감한 핵기술 개발이 포함되어 있었다.

원전산업 육성의 움직임이 포착되자 미국은 상황을 예의 주시했다. 당시 미국 정부는 핵무기 개발을 주도한 '프로젝트 890'이 잠정 중단된 것으로 보고 있었다. 핵무기 설계, 우라늄 농축, 재처리 능력 구비, 핵분열 물질 확보 등과 관련된 직접적인 증거 역시 발견하지 못했다(CIA, 1978). 핵무기 개발로 전용될 수 있으나 평화적 이용을 명분으로 내건 핵연료주기 연구를 원천적으로 금지하는 것은 불가능했다. 증거가 없는 만큼 의심의 소지가 있는 것을 지속적으로 감시하는 수밖에 없었다.

미국의 감시 레이더에 잡힌 것은 재료시험로, 조사후 핵연료 시험시설, 혼합핵연료 가공 시설 등이었다. 앞서 언급했듯이, 재료시험로 사업은 NRX 도입을 대체하기 위한 것이었다(한국원자력연구소, 1990: 298). 원자력연구소는 1977년부터 열중성자 시험시설(TFTF Thermal Flux Test Facility)이라는 이름으로 40MW급 재료시험로의 상세 설계 사업을 추진했다. 한편, 혼합핵연료 가공 시설은 1973년부터 우라늄 성형가공 시설, 재처리 시설과 함께 건설을 추진해오고 있었다. 이 시설은 재처리 시설 도입이 문제로 불거지면서 사업 추진이 유예되었

---

23) 혼합핵연료 가공 시설은 사용후핵연료에 포함된 플루토늄을 회수해서 혼합연료를 제작하기 위한 것이었다. 이 사업은 벨기에와 개념설계 용역 계약을 체결한 뒤, 1976년 8월 최종 검토 후 벨기에에 차관 신청서를 제출했다. 우라늄 가공 사업에는 조사후 핵연료를 실험하기 위한 시설이 포함되어 있었다(원자력위원회, 1976a).

다가 1977년부터 재개되었다. 조사후 시험시설은 표면적으로 방사성폐기물을 연구하기 위한 시설이었으나 재처리기술 개발을 위한 사전 실험에 활용될 수 있었다. 개별 사업만 보면 크게 문제 될 게 없었지만 종합해보면 재처리기술을 세부적으로 분할한 것에 가까웠다. 연구자들은 부분적으로 분할된 기술을 통합함으로써 재처리기술을 확보할 수 있다고 믿고 있었다(문화방송, 1999).

핵연료주기 연구가 구체화되자 미국은 원자력연구소 등에 대한 감시를 강화했다. 주한 미국 대사관에 상주하는 핵물리학자 출신의 CIA 요원이 불시에 원자력연구소를 방문하여 관련 시설과 연구를 점검하고 감시했다(문화방송, 1999). 1978년 한국이 프랑스와 재처리 시설 도입 협상을 재개하자 카터 대통령이 프랑스 총리와 담판을 지어 철회시키기도 했다(오버도퍼, 2001: 121). 하지만 박정희 정권은 신속핵선택전략을 폐기하지 않았다. 박정희 정권은 원자력연구소 등에 핵무기 관련 연구진을 배치한 뒤 우회적으로 관련 기술 개발을 계속 지원했다(CIA, 1978).

3. 연구개발, 설비제작, 전력공급 부문 간 원전산업 진출 경쟁

1960년대 후반 원전 도입이 가시화되면서 누가 원전 사업을 주관할 것인지가 쟁점으로 부상했다. 그동안 원자력원이 원전 도입을 주도해왔으나 한전이 관여하면서 갈등이 생긴 것이다. 한전은 1966년경부터 원자력발전 전담 부서를 설치하고 원전 사업에 뛰어들었다. 1967년 재수정된 제2차 전원개발 5개년 계획에 원전 건설이 포함되면서 갈등은 표면화되었다. 당시 연구개발 부문은 과학기술처가 신설(1967년)되면서 원자력원에서 원자력청으로 행정 조직이 축소 개편된 상황이었다. 조직적 활로를 모색해야 하는 상황에서 원자력청은 영국 원자력청(AEA^{Atomic Energy Authority})이나 캐나다 원자력공사와 같은 전담 기관을 설립할 것을 주장했다. 핵기술은 군사적으로 활용될 수 있는 만큼 연구·행정·사업을 결합시키는 것이 기술 개발에 유리하다는 논리였다(김성준, 2012: 183~187). 한전은 해외 차관이든 내자 조달이든 원전 건설비를 부담할 수 있는 조직은 사실상 한전뿐이라는 논리로 맞섰다. 여기에 다른 발전원과 통합적으로 운영해야 전력계통의 안정성을 높일 수 있다는 주장을 덧붙였다. 양측의 대립은 동아일보를 통해 보도될 만큼 세간의 이슈가 되기도 했다(박익수, 2002: 230~236).[24]

그러나 연구개발부문과 전력공급부문의 대립은 오래가지 않았다. 1968년 2월 정부 기구로 구성된 원자력발전추진위원회는 한전이 원전 사업을 담당하는 것으로 결정내리고, 두 달 뒤 한전과 원자력청의 역할을 확정지었다. 당시 회의석상에서 원전 전담기구를 설치하자는 의견이 다수 제기되었으나 한전이 담당하는 것으로 결론이 났다(한국원자력연구소, 1979: 71, 1990: 134). 차관 도입과 경영 역량의 측면에서 한전이 원자력청보다 앞섰고, 상공부의 발언력이 과학기술처보다 강했다. 상공부와 한전이 원전의 건설과 운영을 담당하게 되면서 과학기술처와 원자력청의 역할은 기술 개발과 교육 훈련, 안전 규제로 축소되었다. 이와 같은 역할 분담은 원전 1호기에 한정된 조치였으나 이후 2~3호기 추진과정에서 다시 문제가 불거지진 않았다(한국원자력연구소, 1979: 135). 이로써 원자력원으로 일원화되었던 원자력행정은 과학기술처와 상공부로 이원화되었다. 원자력사업 역시 원자력발전(한전)과 다른 분야(원자력연구소)로 실무적인 추진 주체가 분리되었다.

이와 같은 상황에서 정부가 원전산업 육성의 의지를 표명하자 원전산업으로의 진출 경쟁이 펼쳐지기 시작했다. 원자력연구소는 핵연료주기 연구가 제한된 상황에서 원전의 상업적 이용의 기회가 확대되자 원전 설계 분야로의 진

---

24) 원전 사업 관할 부처 선정을 둘러싼 갈등과 이원적 원자력행정의 형성 과정에 대한 자세한 내용은 김성준(2012)을 참고할 것. 1967년 12월 원자력발전조사위원회는 원전 운영과 원자로 개발, 핵연료주기 사업을 포괄하는 신규 전담 기관을 설치할 것을 제안하기도 했다(한국원자력연구소, 1979: 71).

출을 모색했다. 한전은 원전 비중이 높아지는 것을 대비해 사업관리 역량을 강화하고자 했다. 대기업 역시 미래의 유망산업으로 플랜트 설계 제작 분야로 진출할 계획을 세웠다. 원전산업의 주도권을 잡기 위한 경쟁의 열기가 서서히 달아올랐다.

1) 연구개발부문: 원자력연구소의 활로와 장벽

1968년 원전 사업의 이관 이후 연구개발부문의 역할은 축소되었다. 원자력발전 이외에 이공학·의농학 분야의 기초연구를 광범위하게 수행하고 있던 원자력연구소는 명확한 비전을 수립하지 못한 채 표류했다. 국립연구소가 가진 인력 운영과 재정 운영의 경직성이 더해져 원자력연구소는 실용적 연구와 기초연구 사이에서 방황했다(김성준, 2012: 220).

침체된 원자력연구소에 변화의 바람을 일으킨 것은 법인화였다. 원자력연구소는 법인화 이후 기초연구에서 벗어나 원자로 기술 개발, 핵연료 기술 개발 등 실용적인 연구 개발로 방향 전환을 모색했다(한국원자력연구소, 1990: 68). 연구비 제약으로 기초연구의 수준을 벗어나지 못하는 상황을 타개하기 위해 한전 사장을 원자력연구소의 이사장으로 선임하기도 했다.[25]

그러나 연구개발부문의 위상을 실질적으로 강화시켜준 것은 핵무기 개발 추진이었다. 핵기술의 이중적 성격으로 인해 원자력연구소는 정권의 비호를 받으며 핵무기 개발을 핵연료주기 연구로 위장할 수 있었다. 또한 원자력연구소는 사실상 독점하고 있던 기술인력을 바탕으로 새롭게 조직적 활로를 모색했다.[26] 이와 같은 상황에서 원전산업 육성과 신속핵선택전략으로의 전환

---

25) 당시 과학기술처는 한국과학기술원(KIST Korea Institute of Science and Technology)을 모델로 해서 기존의 국립연구소들을 보다 목적지향적인 연구 개발을 추진하는 기관으로 개편하고 있었다.
26) 기술인력을 확보하지 못했던 한전은 1978년 고리연수원을 설립하기 전까지 원자력연구소에

은 이중적 효과를 야기했다. 연구개발부문은 원전 설계 분야로 진출할 수 있는 기회를 얻었지만 동시에 핵기술 개발이 더욱 은밀해지면서 조직적 응집력이 약화되었다.

(1) 원전 설계 분야로의 진출

원전 건설의 가장 큰 걸림돌은 건설비였다. 따라서 정부는 건설비를 절감하기 위한 방안을 다각도로 모색했다. 먼저 일괄발주^{turnkey}에서 분할발주^{non-turn-key}로 발주 방식을 변경하여 건설공기를 주도적으로 관리하는 방안을 검토했다. 또한 기자재를 국산화해서 부품 구매 비용을 줄이고 부품 공급이 지연되는 것을 차단하고자 했다. 부품을 국산화하면 신속한 부품 조달을 통해 발전소의 가동률을 높일 수 있었다(코리아아토믹번즈앤드로, 1975; 한국원자력연구소, 1979: 88~92). 나아가 기자재의 국산화는 기계공업의 국산화를 추진하는 정부의 산업 정책에도 부응했다. 원자력발전소의 부품을 국산화할 경우 중전기, 정밀기기 등의 국내 수요를 창출할 수 있을 뿐만 아니라 부수적으로 건설비를 절감하여 외화 지출을 줄이는 효과를 기대할 수 있었다. 당시 계산에 따르면, 600MW 경수로의 발주 방식을 일괄발주에서 분할발주로 바꿀 경우 3800만 달러 이상 건설비가 절감될 것으로 예측되었다(원자력위원회, 1976a).

발주 방식의 변경과 기자재의 국산화를 위해서는 설계기술이 뒷받침되어야 했다. 따라서 설계기술 확보는 원전산업 육성의 출발점처럼 여겨졌고, 연구개발부문은 원전 설계 분야로 진출하기 위한 방안을 모색했다.[27] 구체적으

기술인력에 대한 교육 훈련을 위탁했다(한국원자력연구소, 1990: 67).

27) 공사 기간, 건설비, 투입물량 등을 고려할 때 원전 부문이 사업관리의 필요성이 가장 컸다. 종합 플랜트 설계 회사인 한국전력기술이 원전 설계에서 출발한 코리아아토믹번즈앤드로, 한국원자력기술을 모태로 한 연유도 여기에 있다(한국전력기술, 2005: 87). 최종 구매자인 전력회사의 입장에서 봤을 때, 일괄발주 방식은 기자재 구매나 건설공기 관리를 할 필요가 없는 대신 건설단가가 높았다. 또한 전력회사가 기기 공급자의 하청업체인 설계 기업에 건설 관리

표 2-5 발주 방식에 따른 건설비 비교

(단위: 백만 달러)

건설 방식	설계비	건설공사비(노임관리비)	계
일괄발주	45	60	105
분할발주	22	45	67
건설비 절감액	23	15	38

주: 600MW 가압경수로 기준(총 건설비 6억 달러 예상). 건설공사비의 약 50%인 국내 하청비는 건설
　방식에 관계없이 일정.
자료: 원자력위원회(1976a).

로 원자력연구소는 1974년부터 설계회사Architect Engineering를 설립하기 위해 팔
을 걷어붙였다. 그해 9~12월 원자력연구소는 미국의 벡텔Bechtel, 에바스코
Ebasco, 번즈앤드로Burns & Roe에 합작회사 설립을 제안했다. 그러나 에바스코는
제안을 받아들이지 않았고 벡텔의 경우 합작 조건이 여의치 않았다(코리아아
토믹번즈앤드로, 1975). 남은 선택지는 번즈앤드로뿐이었다. 결국 이듬해 2월
26일 원자력연구소는 번즈앤드로와 합작사를 설립하기로 합의하고, 같은 해
10월 코리아번즈앤드로(KABARKorea Atomic Burns & Roe)를 설립한다. 당시 원자력연
구소는 번즈앤드로로부터 단계적으로 설계기술을 도입하여 10년 내로 기술
인력의 설계 참여율을 80%까지 끌어올릴 계획을 세웠다(코리아아토믹번즈앤
드로, 1975).

　원자력연구소의 계획은 순조롭게 진행되는 것처럼 보였다. 1976년 제7차
국산화촉진위원회는 코리아아토믹번즈앤드로를 원자력발전소 설계엔지니어
링의 주계약자로 육성하기로 결정했다(한국전력기술, 1995: 79). 같은 해 11월
번즈앤드로가 보유한 주식을 원자력연구소가 인수하면서 코리아아토믹번즈

를 의존하기 때문에 사업의 주도권을 상실할 우려가 있었다. 기기 공급 업체의 경우 전체 수
주 금액의 40% 수준인 기기 판매를 위해 발전소 건설 전체를 책임지는 위험을 떠안아야 했
다. 이로 인해 전력회사가 설계 기업과 직접 계약해서 원전을 건설하는 것이 당시의 추세였
다(코리아아토믹번즈앤드로, 1975).

앤드로는 원자력연구소가 단독 출자한 기업이 되었다. 사명도 한국원자력기술(KNE^{Korea Nuclear Engineering})로 바꿨다. 정부는 해외 기업이 원전 건설 용역 분야에 참여할 경우 국내 용역회사와 공동으로 참여하되 국내 회사는 한국원자력기술로 단일화한다는 방침을 세웠다(한국전력주식회사, 1981: 1428~1429). 이와 같은 결정은 사실상 원자력연구소가 원전 설계를 전담한다는 것을 의미했다. 원전 설계는 원자력연구소의 활로처럼 보였다.

(2) 핵연료개발공단의 분리와 이중적 핵기술 개발의 차단

원전 설계 분야와 달리 핵연료주기와 재료시험로 사업은 원자력연구소의 뜻대로 진행되지 않았다. 정부는 미국의 감시를 피하기 위해 핵연료개발공단을 설립하여 핵연료 관련 연구를 원자력연구소로부터 분리시켰다.[28] 당시 원자력연구소는 원전과 핵연료 분야의 기술은 밀접하게 연결되어 있는 만큼 핵연료 부문을 분리하면 연구인력의 유기적 협력과 연구시설의 효율적 활용이 어려워진다고 주장하며 핵연료개발공단 설립을 반대했다(박익수, 1999: 212; 한국원자력연구소, 1990: 175). 그러나 원자력연구소에 정권 차원의 전략 변화를 되돌릴 만한 힘은 없었다. 청와대 오원철 수석은 원자력연구소에 원자로 설계 기술과 같은 실용적인 기술 개발에 집중할 것을 요구했고, 최형섭 과학기술처 장관도 청와대 제2경제수석실과 협의가 필요한 사안이라며 원자력연구소의 편에 서지 않았다(차종희, 1994: 206~207).

원자력연구소에서 분리된 핵연료개발공단은 1977년부터 프랑스 차관 사업으로 불린, 우라늄 정련·전환 시설, 우라늄 가공 시설, 조사후 시험시설 등의 도입을 추진하며 우회적으로 재처리기술을 연구했다. 하지만 사업은 순조롭게 진행되지 않았다. 부분 기술을 도입해서 결합하다 보니 예상보다 진척

---

28) 핵연료개발공단의 초대 소장은 원자력연구소 부소장으로 핵연료주기 연구를 주도해온 주재양 박사였다.

이 느렸을 뿐만 아니라 미국이 다시금 예의 주시하며 감시했기 때문이다.[29] 프랑스 역시 재처리 시설로의 전용을 막기 위해 기술적 장벽을 높이는 데 부심했다. 예컨대, 조사후 시험시설은 당초 비파괴 시험, 금속 조직 시험, 물리적·기계적 특성 시험 기능 등을 포함하고 있었으나 추진과정에서 비파괴 시험과 일부 금속 조직 시험으로 축소되고 핫셀의 크기도 제한되었다(한국원자력연구소, 1990: 336, 427; 홍성걸, 2005: 284).[30]

혼합핵연료 가공 시설의 도입도 장벽에 부딪쳤다. 1977년 1월 핵연료개발공단은 벨기에 비엔[BN] 사로 시설 도입 관련 공문을 보냈지만 긍정적인 답변을 받지 못했다. 같은 해 8월 핵연료개발공단은 경제기획원 앞으로 공문을 보내 혼합핵연료 가공 시설의 필요성을 역설했다(한국원자력연구소, 1990: 420). 고속증식로에 쓰일 핵연료의 재순환을 위해 플루토늄 가공 기술을 개발해야 하는데, 이를 위해 혼합핵연료 가공 시설이 필요하다는 논리였다. 그러나 혼합핵연료 가공 시설 도입은 국제적 압력으로 인해 결국 11월 11일 도입이 보류되었다.

미국의 집중적인 감시를 받은 곳은 핵연료개발공단이었지만 원자력연구소도 자유롭지 못했다. 가장 문제가 된 사업은 재료시험로 사업이었다. NRX 도입이 무산된 이후 원자력연구소는 자력으로 40MW급 재료시험로를 설계

---

29) 제2연구부장 김철은 "기기들을 따로 구입, 조립해보니 서로 규격이 맞지 않아 난처했던 경우가 많았다"고 이야기한 바 있다(홍성걸, 2005: 284).

30) 조사후 시험시설의 핵심이라 할 수 있는 핫셀(방사능 차폐 시설)은 내부 크기가 제한되어 두께는 100cm에서 85cm로, 너비와 높이는 각각 300, 600cm에서 150, 350cm로 축소되었다(한국원자력연구소, 1990: 336, 427). 조사후 시험시설 도입 사업의 책임자였던 박원구 핵연료개발부장은 다음과 같이 증언한 바 있다. "조사후 시험시설 중에서 제일 중요한 게 핫셀이에요. 강도가 센 콘크리트로 핫셀의 두께를 1m로 하면 고준위 방사능을 차폐시킬 수 있어 재처리 시설로 쓸 수 있어요. 프랑스 회사 상고방이 눈치 채고 핫셀의 두께를 80cm 이하로 해야 한다고 강력히 주장하더군요. 그래서 보통 콘크리트 1m로 설계해달라고 요구했습니다. 실제로 건설할 때는 강도가 센 콘크리트를 쓸 작정이었지요"(홍성걸, 2005: 285).

할 계획을 세웠다. 1973년부터 캐나다와 대만을 통해 관련 자료를 획득한 덕분에 가능한 일이었다(홍성걸, 2005). 재료시험로 설계는 감시의 눈을 피하기 위해 열중성자 시험시설로 위장했다. 1978년 3월 국방과학연구소 출신의 현경호 소장이 취임하면서 원자로개발사업실은 장치개발부로 승격되었고 열중성자 시험시설 사업도 탄력을 받았다. 당시 장치개발부의 책임자였던 김동훈에 따르면, 이 사업은 3단계로 진행될 계획이었다(박익수, 1999: 283~286). 1단계로 1980년까지 상세 설계를 완료하고, 2단계로 1983년까지 임계 장치를 개발한 뒤, 마지막 3단계에서 재료시험로를 건설하기로 했다. 이처럼 단계별 추진 계획을 세운 것은 국제 정세에 따라 추진 여부를 결정하겠다는 뜻이기도 했다. 그러나 계획은 1단계가 채 마무리되기 전부터 어려움을 겪었다. 1978년 12월 최형섭 장관이 퇴임하면서 열중성자 시험시설 사업에 제동이 걸리기 시작했고 연구 방향의 전환을 요구받았다. 압력을 이기지 못한 원자력연구소는 결국 이듬해 상세 설계까지 마친 후 관련 사업을 전면 보류했다(한국원자력연구소, 1990: 233).[31]

핵연료개발공단의 설립으로 인해 연구개발부문의 조직이 분리되고 관련 사업이 은밀하게 추진되면서 연구개발집단의 응집력이 약화되는 문제도 발생했다. 핵연료주기 관련 기술의 확보에는 동의하지만 핵무기 개발에는 비판적인 연구자들이 연구개발부문 안팎에 존재했다(Kim, 2001). 이들은 핵무기 개발로 인해 원자력발전이나 기초연구가 위축되는 것을 우려했다. 반대로 무기 개발에 관여하는 연구집단은 국제적으로 용인되는 영역으로 연구 개발의 중심이 이동하는 것에 불만을 표출했다. 이들은 청와대 오원철 수석과 경제기획원, 한전, 외무부 등 핵무기 개발과 후행 핵연료주기 연구에 소극적인 정부 관료를 내부의 적으로 돌릴 만큼 강경한 입장을 지니고 있었다(CIA, 1978).

---

31) 열중성자 시험시설 사업의 중단 시기에 대해서는 의견이 다소 엇갈린다. 김동훈은 1981년 초에 중단되었다고 밝혔다(박익수, 1999: 283~286).

실제로 경제기획원은 핵연료주기 연구에 대규모 예산이 소요되는 것을 의심스럽게 바라보며 관련 예산을 적극적으로 늘리지 않았다(Kim, 2001).

정부가 공식적으로 지원할 수 없는 상황에서 파편적으로 진행된 이중적 핵기술 개발은 관련 집단의 교류를 방해하고 공감대가 형성되는 것을 가로막았다. 원자력연구소를 중심으로 한 연구개발집단은 원전 설계 분야로의 진출 기회를 잡았지만 이중적 핵기술 관련 연구는 계속 차단되었다. 신속핵선택전략을 유지하는 것은 연구개발부문에 자원을 제공했지만 동시에 내부 응집력을 강화하고 조직적 역량을 배양하는 데 걸림돌이 되기도 했다.

2) 전력공급부문: 한국전력의 공사화와 발주 방식의 변경

원전산업육성계획이 수립되면서 한전 역시 원전산업에 보다 직접적으로 관여하게 된다. 1968년 이후 한전이 원전 건설을 주관하고 있었으나 한전 내에서 원전과 수·화력 부문 간의 통합성은 낮은 편이었다. 원전의 기술적 특수성을 감안해서 한전으로부터 원전 부문을 떼어내 독립적인 원자력발전공사를 설립하자는 의견도 계속 제출되었다. 원자력발전공사 설립안은 1972~1973년경 표면화되었는데, 산업개발연구원이 '한전에 대한 경영진단' 용역을 수행하면서 분리 의견을 제시한 것이 발단이 되었다. 원자력연구소 등은 적극적으로 호응했고, 상공부 역시 호의적인 입장을 취했다. 한전 또한 원전 부문의 분리를 반대하지 않았다.[32] 마침내 1974년 5월 상공부는 원전의 효율적인 건설과 운영을 위해 원자력발전공사를 설립하기로 결정하고 이듬해 한국원자력발전공사법을 제정한다(≪동아일보≫, 1974).

한전의 입장에서 원전 건설비는 여전히 부담스러운 수준이었다. 원전의

---

32) 한전의 기술이사 등을 역임한 김종주는 한전 사장으로부터 원자력발전공사 분리 방안에 반대할 필요가 없다는 지시를 받고 상공부 회의에 참석하기도 했다(박익수, 1999: 170~171).

표 2-6 신규 건설 발전소 발전단가 비교: 1976년 추정치

구분	건설단가($/kW)	연 이용률(%)	발전단가(원/kWh)
내연(가스터빈)	200	10	44.57
중유(300MW)	350	75	13.94
석탄(200MW)	450	75	11.19
경수로(600MW)	1,000	80	13.42
중수로(600MW)	1,300	80	15.74
양수	300	10	36.29

주: BC유 41.41원/리터, 무연탄 5220원/톤 기준.
자료: 한국전력주식회사(1976).

경제적 비교우위는 확인되지 않았고 한전은 에너지원의 다변화를 주목적으로 원전 건설을 추진했다. 이와 같은 상황은 제4차 전원개발 5개년 계획을 준비하던 1976년 초까지 지속되었다. 1975년 12월부터 이듬해 2월까지 진행된 전원개발계획 수립 과정에서 한전은 경수로가 석탄화력발전보다 발전단가가 높은 것으로 추정했다(한국전력주식회사, 1975, 1976). **표 2-6**에서 확인할 수 있듯이, 경수로와 중수로를 막론하고 원자력발전은 석탄화력발전에 비해 발전단가가 높았다. 중수로의 경우 중유발전보다도 발전단가가 높은 것으로 추정되었다. 전기요금 인상이 억제되어 원전 건설비를 내부적으로 조달하는 것은 대단히 어려운 상황이었다. 외채를 도입하는 것도 한계가 있었다. 결국 한전은 당초 계획을 축소하여 1986년까지 완공할 예정이던 원전 7~8호기 건설을 연기했다.

그러나 제한송전이 반복되는 것을 막기 위한 대규모 전원개발계획이 수립되고 원전산업 육성이 전략적 과제로 부상하면서 상황은 변하기 시작했다. 우선 원자력발전공사 설립이 계속 미뤄졌다(≪동아일보≫, 1976a, 1976b). 핵심적인 문제는 차관 담보 능력, 다시 말해 원전 건설에 필요한 자본 조달의 가능성이었다. 제4차 전원개발 5개년 계획은 발전설비와 송변전시설에 대한 야심찬 투자 계획을 포함하고 있었다. **표 2-7**은 1977년부터 1981년까지 한전

표 2-7 제4차 전원개발 5개년 계획 기간 중 설비투자계획

(단위: 억 원)

구분	1977	1978	1979	1980	1981	합계
수력	128	217	213	155	81	794
원자력	1,214	1,533	1,378	1,258	906	6,289
화력	921	920	1,330	1,616	1,632	6,419
송배전	1,624	1,736	1,717	1,611	1,555	8,243
경상	209	215	250	285	290	1,249
합계	4,096	4,621	4,888	4,925	4,464	22,994

자료: 한국전력주식회사(1981: 439).

의 투자 계획인데, 정부는 5년간 약 2조 3000억 원을 투자할 계획을 세웠다. 원자력 부문의 투자 규모는 6289억 원이었고, 여기에 수·화력 부문을 포함시키면 발전부문의 설비투자액은 1조 3502억 원으로 늘었다. 송배전 부문까지 포함하면 2조 원이 훌쩍 넘는 규모였다. 연간 4500억 원 수준의 투자 계획은 제3차 전원개발 5개년 계획 기간 중 총 투자액 4898억 원에 버금가는 규모였다.[33] 송배전설비를 제외하고 원전만 건설한다 해도 신설 기관인 원자력발전공사가 감당하는 것은 사실상 불가능했다.

더구나 산업보조 정책의 일환으로 전기요금은 적정 투자보수율보다 낮게 책정되어 있었다. 제3차 전원개발 5개년 계획 기간 내 전기요금은 적정 투자보수율(9~12%)에 크게 미치지 못하는 수준(0.2~5.9%)이었다(한국전력주식회사, 1981: 439~440). 수출산업의 경쟁력 향상과 기간산업 육성 등 산업 정책적 차원에서 전력수요의 절반 이상을 차지한 산업용 전기요금의 인상을 억제한 결과였다. 하지만 정부는 설비투자비를 확보하기 위해 전기요금을 급격히 인

---

33) 총 투자액 4898억 원 중 원금상환액은 1495억 원에 달했다. 자기 자본조달 금액은 내부 유보 909억 원, 수용가 부담 344억 원, 현금 출자액 494억 원 등 1747억 원에 불과했다(한국전력주식회사, 1981: 438~439).

상할 의사가 없었다.

계획대로 설비투자를 하려면 다른 방안이 필요했고, 정부와 한전이 선택한 전략은 크게 두 가지였다. 첫째, 정부와 한전은 재무구조 개선을 위해 한전을 주식회사에서 공사로 전환시켰다. 당시 한전은 민간주 배당 압력과 단기 고리채의 증가로 경영 상태가 갈수록 악화되고 있었다. 1981년까지 민간주 배당금 예상액만 1473억 원에 달했다. 단기 고리채는 1648억 원(1976년 6월 기준)으로 전체 차입금 5002억 원의 23.8%를 차지했다(한국전력주식회사, 1981: 440~442). 차입금의 44%를 차지하는 외국 차관에 대한 원금상환 압력도 증가하고 있었다. 한전은 민간주 매입과 단기 고리채 비중을 줄이는 것을 골자로 한 재무구조 개선 대책을 수립하여 정부에 건의했다. 한전의 건의는 상당 부분 수용되어 제34차 경제장관협의회에서 '한국전력 장기재무구조 개선 방안'으로 의결되었다(한국전력주식회사, 1981: 443~445). 이후 1976년 12월 31일 정부는 한국전력법을 개정하여 민간주식을 매입하고 포괄증자제도를 폐지할 법적 근거를 마련했다. 국내 자본시장 여건상 주식 발행을 통해 민간자본을 동원하는 것이 불가능한 만큼 민간주를 매입해 배당금 지출을 줄이는 방법을 선택한 것이다(한국전력공사, 2001: 189~192). 이듬해부터 주식 매입이 시작되었고, 민간 보유 주식 비율은 1976년 38%에서 1981년 0.04%로 급격히 하락했다.

둘째, 정부와 한전은 설비투자비 부담을 줄이기 위해 발전소 발주 방식을 바꾸고 기자재 국산화를 추진했다. 한전은 발주 방식을 분할발주로 변경한 뒤 적극적으로 사업을 관리해서 건설공기를 단축하기를 기대했다. 당시 건설 중이던 고리 1호기는 준공이 계속 지연되면서 건설비가 급격하게 증가한 상황이었다.[34] 월성 1호기와 고리 2호기는 상황이 더 심각했다.

---

34) 고리 1호기의 건설이 지연된 이유는 복합적이다(한국전력주식회사, 1981: 343~344). 우선 2차계통 공급자인 영국 업체(EEW The English Electric & George Wimpey)가 현장 건설 감독을 책임졌으나 경수로 건설 경험이 부족하여 공기 관리에 애를 먹었다. 추가로 영국 내 공장에서 파업이 일어나 납기가 지연되었고, 영국과 미국 간의 기자재 규격 및 기준이 달라 조정하는 데 시간

표 2-8 고리 1호기 건설공기 지연

공기 변경		준공 목표	공기
계약		1975.12.31	60개월
1차 변경	1974.7.1	1976.6.30	66개월
2차 변경	1975.1.2	1976.10.31	70개월
3차 변경	1975.4.1	1977.2.28	74개월
4차 변경	1976.5.19	1977.11.30	83개월
실제 준공		1978.4.29	87개월

주: 공기(계약 발효일 기준).
자료: 한국전력주식회사(1981: 342).

표 2-9 발주 방식 변경 후 건설단가 비교 예측

(단위: $/kW)

구분	건설단가	2호기 기준 시점 건설단가	비고
고리 1호기	510	796	설비개선비 미포함
월성 1호기	1,457	1,457	
고리 2호기	1,831	1,951	
고리 3~4호기	1,028	830	
영광 1~2호기	1,287	900	

자료: 한국전력주식회사(1981: 453).

　나아가 분할발주는 기자재의 국산화를 촉진할 수 있었다. 1978년 원전 5~6호기 국산화 대책위원회가 구성되면서 발주 방식의 변경을 통한 기자재의 국산화 계획은 한층 더 구체화되었다(이종훈, 2012). 이처럼 발주 방식을 변경하고 기자재를 국산화할 경우 원전의 건설단가가 하락하여 원전의 경제

이 걸렸다. 현장 공사 중 재시공과 수정 작업이 빈번하게 일어났지만, 일괄발주의 특성상 한 전은 직접 개입할 수 없었고 경험 부족으로 적극적으로 개입하기도 어려웠다. 계약했던 건설비를 초과하여 이윤 보장이 어려워지자 업체 측의 추진 동력도 떨어졌다. 이에 한전은 웨스팅하우스(WH[Westinghouse])와 재협상하여 건설비를 추가 지급하되 공기 보장을 위한 페널티 조항을 넣었다. 이후 한전은 사업관리 권한을 웨스팅하우스로 이전하고 통합관리반(IMT[integrated management team])을 구성하여 건설관리 정보를 공유하기 시작했다. 통합관리반 운영을 통한 건설관리 경험은 분할발주를 추진할 수 있는 실무 경험을 제공했다(이종훈, 2012: 92~97).

성이 향상될 것으로 예측되었다. **표 2-9**에서 알 수 있듯이, 한전은 발주 방식을 변경하면 고리 2호기(1951$/kW)의 절반 수준으로 건설단가(830~900$/kW)를 낮출 수 있다고 추정했다. 원전의 경제성이 불확실한 것은 더 이상 문제가 되지 않았다. 전략적 개입을 통해 원전의 경제적 비교우위를 확보하면 되기 때문이다. 이제 한전의 사업관리 역량을 배양하는 것이 급선무가 되었다. 그 출발점은 설계기술 역량을 확보하는 것이었다. 이로써 한전도 설계분야에 진출할 유인을 갖게 되었다.

한전의 공사화가 진행되면서 「원자력발전공사법」은 폐지 수순을 밟았다. 시행령 제정 과정에서 한전 민충식 사장이 분리안을 반대했고, 미국 수출입은행까지 반대 의견을 냈다(박익수, 1999: 171). 전원개발에 필요한 자본 동원 능력을 확충하기 위해 한전을 공사화하는 마당에 자본 조달이 불투명한 원자력발전공사를 신설할 수는 없었다. 반면 한전은 공사화 이후 국제금융시장에서 신용도가 올라가 한전 자체 신용으로 해외 자본을 조달할 수 있게 되었다(이종훈, 2012: 110).[35]

한편, 중앙정부 차원에서 동력자원부가 신설되었다. 석유위기로 촉발된 에너지 공급 위기는 1970년대 중반까지 해소되지 않았다. 오히려 급속한 경제성장과 맞물려 에너지 수요는 하루가 다르게 늘어났다. 앞서 살펴봤듯이, 전력예비율이 떨어지면서 1974년부터 제한송전이 재개되었지만 문제가 해소되기는커녕 더 심각해졌다. 에너지 공급의 안정성을 확보하고 대규모 전원개발계획을 안정적으로 실행하는 것이 국가적 과제로 부상했다. 이에 정부는

---

35) 한국전력주식회사의 공사로의 전환은 시간이 조금 더 필요했다. 1979년 전원개발에 관한 특례법을 제정할 당시 한국전력공사 설립법도 제정하려 했으나 민간 보유 주식의 매입이 완료되지 않은 탓에 연기되었다. 한국전력의 공사화는 1981년 7월 「전력공사법」 시행령이 공포되면서 완료되었다. 이후 정부는 한전 사업 비용의 일부를 보조하거나 재정자금 융자를 통해 공사 발행 사채를 인수하는 등 한층 적극적으로 한전을 지원할 수 있게 되었다(한국전력공사, 2001: 191).

에너지 문제와 동력 개발을 전담하는 부처를 신설하기로 결정한다. 그리고 1977년 말 관련법이 국회를 통과하면서 상공부로부터 동력자원부가 독립한다(≪동아일보≫, 1977). 동력자원부가 신설되면서 전력공급부문의 정부 부처 내 발언력이 높아졌고, 무엇보다 설비제작부문과 다른 목소리를 낼 수 있는 여지가 커졌다.

3) 설비제작부문: 대기업의 경쟁적 발전설비산업 진출

대기업의 발전설비산업 진출이 가시화된 것 역시 1976년이다. 1976년 초 상공부는 '수입 기계시설 국산화 추진 요강'(상공부공고 76-26호)을 발표, 100만 달러 이상의 기계시설 도입은 정부로부터 사전 승인을 받도록 했다(한국전력주식회사, 1981: 259~260). 수입을 억제하고 국산화를 꾀함으로써 국내 산업을 육성하는 전략은 원전산업에도 적용되었다. 원자력발전소는 중전기, 정밀기기 등을 대량으로 소비하는 만큼 기계산업 육성에 필요한 국내 시장을 제공했다. 기자재의 국산화는 자재 조달을 용이하게 하여 건설공기를 단축하고 신속한 정비보수를 가능케 해 발전소의 가동률을 높이는 효과가 있을 뿐만 아니라 기자재의 수입을 줄여 외환수지를 개선하는 데 도움이 되었다(한국원자력연구소, 1979: 92). 그해 6월 상공부는 기계공업 육성 5개년 계획을 발표하고, 뒤이어 경제기획원은 발전설비 제작 사업을 기계류 국산화 1호 품목으로 지정했다. 한전은 정부 시책에 발맞춰 화력발전소 건설 사업부터 국내 주도형으로 전환했다.

변화에 가장 발 빠르게 대응한 것은 현대양행이었다. 현대양행은 1976년 11월 정부의 보증으로 국제부흥개발은행(IRBD[International Bank for Reconstruction and Development])과 차관 협정을 체결하고 훗날 한국중공업(現 두산중공업)이 되는 창원공장을 착공했다. 당시 국제부흥개발은행은 차관 조건으로 정부 측에 국제 경쟁력 확보를 위한 기계공업 중복투자 방지, 완공 후 5년간 생산설비 최대 가동 보장 및 현대양행의 독점 보장을 요구했다(한국중공업, 1995: 239).

현대양행의 독주는 1977년 10월 '장기경제사회발전계획'(1977~1991)이 발표되면서 흔들리기 시작했다. 중화학공업에서의 성공 여부가 재계 판도를 뒤바꿀 것으로 예상되면서 후발주자들의 진입 경쟁이 치열했다. 제4차 전원개발 5개년 계획에 따른 한전의 대규모 발주는 경쟁을 더욱 부채질했다. 이듬해 2월 주요 대기업들은 신임 상공부 장관에게 기계공업 투자 계획을 보고했는데, 유리한 위치를 차지하기 위해 너 나 할 것 없이 과대 포장된 계획을 내놓았다. 당시 주요 기업들의 발전설비분야 투자 계획을 보면, 연간 생산능력에서 현대양행과 대우중공업은 각각 500MW 4기, 현대중공업은 1200MW 5기(원전)와 600MW 2기(수력, 화력) 수준이었다(한국중공업, 1995: 240~242). 여기에 삼성중공업, 효성중공업 등이 가세했다. 당시 대기업의 투자 계획을 모두 합치면 연간 설비공급 규모가 1만 2700MW에 이르렀다. 1980년대 초반까지 연간 전력수요 증가량이 1000MW 수준에 불과했던 것을 감안하면 투자 계획은 과감하다 못해 무모한 수준이었다.

물론 건설 중인 현대양행의 창원공장과 삼성중공업의 보일러 공장을 제외하면 모두 종이 위의 계획인 상태라 정부가 허가하지 않는다면 크게 문제 될 것은 없었다. 하지만 상공부는 국내 수요만으로는 규모의 경제를 이룰 수 없고 수출산업으로 육성하는 것이 불가피하다면 경쟁체제를 구축하는 것이 낫다는 입장이었다. 정부 고위층에서도 내수 증가와 수출 활성화를 감안하면 과잉설비 문제는 수년 내에 해결될 것이라는 낙관적 견해가 우세했다(김정렴, 2006). 여기에 방위산업적 가치가 추가되었다. 일례로 원자로를 제작하는 현대양행의 창원공장은 안보적 가치가 더해져 국내 수요를 크게 초과하는 초대형 공장으로 추진되었다(오원철, 1994). 통제는 불가능해 보였다. 경제장관협의회가 대단위 기계공업 육성 방안을 발표하자 진입 경쟁은 한층 가열되었다. 한전의 발전소 건설을 분할발주 방식으로 전환하여 세계 유명업체와 기술 제휴한 국내 업체를 주계약자로 선정하는 경쟁 입찰을 추진했기 때문이다

(한국전력주식회사, 1981: 261).

고리 3~4호기 발주를 계기로 현대양행이 독점하던 발전설비산업의 빗장이 풀렸다. 당시 고리 3~4호기 참여 여부는 발전설비산업 진입과 직결된 사안이었던 만큼 재계의 경쟁이 치열했다. 문제는 한전이 미국의 웨스팅하우스, 영국의 제너럴일렉트릭 사(GEC^{General Electric Company})와 계약을 체결하면서 발생했다(한국중공업, 1995: 240~242). 발전설비산업 일원화 원칙에 따르면, 한전은 현대양행의 기술 제휴선인 컴버스천엔지니어링(CE^{Combustion Engineering})과 제너럴일렉트릭(GE^{General Electric})을 주계약자로 선정해야 했다. 하지만 한전은 고리 1~2호기를 건설한 웨스팅하우스와 영국 제너럴일렉트릭 사를 낙점했다. 따라서 이들과 기술 제휴를 맺고 있던 현대중공업이 즉각 발전설비산업 일원화 조치를 문제 삼았다.

고리 1~2호기 건설 당시 웨스팅하우스와 발전설비 제작 사업을 제휴하기로 약속한 현대건설도 가세했다. 스위스 업체(BBC^{Brown, Boveri & Cie})와 기술 제휴한 대우중공업도 비판 대열에 합류했다. 결국 1978년 4월 정부는 현대중공업과 대우중공업의 발전설비산업 진입을 허가했다. 그리고 반년 뒤 삼성중공업의 발전용 보일러 제작까지 허가하면서 발전설비산업은 4원화되었다. 예상 수요 1000MW에 연간 공급능력은 8000MW, 사생결단의 경쟁은 불가피했다. 1979년 3월 보령화력 1~2호기 입찰을 계기로 경쟁의 서막이 올랐고, 발전설비산업의 향방은 안개 속에 휩싸였다.

표 2-10 주요 발전설비 제작사의 기술 제휴선

구분	현대양행	현대중공업	삼성중공업	대우중공업	대우바브콕
보일러	CE(미국)	B&W(미국)	FWC(미국)		Babcock(서독)
터빈·발전기	GE(미국)	WH(미국), GEC(영국)		BBC(스위스)	

자료: 한국전력주식회사(1981: 275).

4) 경쟁과 타협: 설계엔지니어링 사례

설계분야는 원자력연구소와 한전, 대기업의 이해관계가 가장 먼저 충돌한 지점이었다. 앞서 살펴봤듯이, 원자력연구소는 조직적 활로를 모색하는 차원에서 원전·핵연료의 설계분야로 영역을 확장하고자 했다. 한전은 사업관리 역량을 강화하여 원전의 경제성을 향상시키고자 했다. 대기업 역시 미래의 유망산업으로 플랜트 설계·제작 분야로 진출할 계획을 세웠다. 하지만 성장의 기반이 확립되어 있지 않은 탓에 어느 한 기관이 주도권을 장악할 수는 없었다. 원자력연구소는 기술인력을 보유하고 있었으나 자본 조달 능력이 부족했다. 반면 한전은 원자력연구소에 비해 자본 동원 능력이 앞섰으나 기술인력을 확보하지 못했다. 대기업은 공공연구기관이나 공기업보다 기민하게 대응할 수 있는 장점이 있었다. 원전산업의 주도권을 놓고 원자력연구소와 한전, 대기업 간의 경쟁이 일기 시작했고 출발점은 원전 설계 분야였다.

선발주자는 원자력연구소의 코리아아토믹번즈앤드로였다. 원자력연구소는 코리아아토믹번즈앤드로를 설립하는 형태로 원전 설계 분야에 진출했다. 그러나 코리아아토믹번즈앤드로는 이내 난관에 부딪쳤다. 문제는 한전이었다. 한전은 사업관리와 기자재의 국산화를 위해 원전 설계 기술이 필수적임을 인정했다. 하지만 기업순위가 낮은 번즈앤드로와 합작한 코리아아토믹번즈앤드로의 역량을 의심하며 벡텔로 협력선을 바꾸길 원했다(박익수, 1999: 175~176). 기술도입선이 번즈앤드로로 제한되는 것에 대한 우려도 컸다(한국원자력연구소, 1979: 97, 1990: 164; 한국전력기술, 1995: 78). 한전은 기술용역 발주를 꺼렸고, 결국 번즈앤드로는 1년이 채 안 된 상태에서 철수를 결정한다. 그러나 원전 설계 분야에서의 주도권은 여전히 원자력연구소에 있었다. 원자력연구소는 번즈앤드로로부터 주식을 인수하여 한국원자력기술을 설립했다. 나아가 외국 회사가 원전 설계 용역을 수행할 경우 국내 기업이 공동으로 참여하고 국내 기업은 한국원자력기술로 단일화한다는 결정을 이끌어냈다(한국전력주식회사, 1981: 1428~1429).

그러나 1977년 들어서면서 상황은 변하기 시작했다. 그해 1월 한전은 벡텔사와 원전 5~6호기(고리 3~4호기)의 설계용역 계약을 체결하고 정부에 승인을 요청했다. 당시 한전은 발전소의 설계, 건설 관리를 위해 벡텔과 대한전선그룹 산하 대한엔지니어링(주)의 합작회사 설립을 추진하고 있었다. 벡텔과 대한엔지니어링은 자본금을 100만 달러로 하는 대한벡텔주식회사 설립 계약을 체결하고 경제기획원에 인가를 신청했다. 이에 과학기술처와 원자력연구소는 한국원자력기술이 아닌 다른 기업과 기술협약을 체결하는 것은 정부의 방침에 어긋나는 만큼 벡텔의 국내 협력선은 한국원자력기술이 되어야 한다고 주장했다. 경제기획원은 과학기술처와 원자력연구소의 주장을 받아들였으나, 이번에는 상공부가 반발했다. 결국 이 문제는 3월 17일 제129차 외자도입심의위원회에 안건으로 상정되었다. 하지만 관련 부처 간의 합의는 이뤄지지 않았다(한국원자력연구소, 1990: 165~166).[36]

논란이 계속되자 원전 설계 주체 문제는 경제기획원 차관 주재 관계부처 차관 협의회의 안건으로 상정되었다. 회의는 한국원자력기술에 불리한 방향으로 흘러갔다. 연구개발기관인 원자력연구소가 상업적 목적의 사업을 주도하는 것은 적절치 않다는 비판이 쏟아졌다. 결국 한국원자력기술은 원자로 관련 분야만 수행하고 기타 원자력발전소 설계 분야는 민간기업이 수행하는

36) 당시 핵심적인 쟁점은 세 가지였다. 첫 번째 쟁점은 사업 범위에 관한 문제로, 원전을 전담하는 전문기업을 설립할 것인지 아니면 원전을 포함한 종합 엔지니어링 기업을 설립할 것인지였다. 두 번째 쟁점은 기업 형태를 공기업으로 할 것인지 아니면 사기업으로 할 것인지였다. 마지막으로 자본 합작의 형태가 적합한지 아니면 기술 제휴로 할 것인지를 놓고 의견이 대립했다. 과학기술처와 원자력연구소는 원전 설계는 전문성이 요구되는 만큼 전문기업이 전담해야 한다고 주장했다. 기술적 역량이 뒷받침되지 않는 사기업이 주도하면 인력과 비용 문제로 하위 기술에 대한 용역밖에 수행하지 못해 국내 주도 건설이 어려워진다는 논리였다. 또한 코리아아토믹번즈앤드로의 전례를 볼 때 자본 합작이나 기술 제휴 역시 신중을 기해야 한다고 주장했다(한국원자력연구소, 1990: 165~166).

것으로 결론이 났다(한국전력기술, 1995: 73).

원자력연구소가 즉각 반발했다. 원자력연구소는 원자력산업의 판도가 뒤바뀌는 계기가 될 수 있다는 판단 아래 과학기술처와 경제기획원을 설득하는 데 나섰다(박익수, 1999: 219~220). 원자력연구소는 실적이 없는 대한전선이 주도할 경우 인력이 분산되어 기술 축적에 방해가 될 뿐만 아니라 벡텔로 기술도입선이 집중된다는 논리로 정부 요로를 설득했다. 대안으로 원자력연구소는 인력 부족을 감안해 원전 설계 회사는 단일화하되 민간기업을 참여시키는 방안을 제시했다. 4월 19일, 경제기획원이 회의를 재차 소집했다. 상공부는 물론 건설부 장관까지 나서 대한벡텔주식회사 설립안을 지지했다. 국가적 이익을 위해서는 과학기술적 측면만 볼 것이 아니라 대한전선이 국내 실적을 바탕으로 해외 진출을 할 수 있게끔 지원해야 한다는 논리였다(박익수, 1999: 221). 격론 끝에 경제기획원이 중재안을 냈는데, 원자력연구소가 제시한 방안에 가까웠다. 즉, 한국원자력기술로 단일화해서 원전 설계 기술을 개발하되 민간기업의 투자를 허용하기로 한다는 것이다(한국원자력연구소, 1979: 97, 1990: 167). 이와 같은 결정에 의해 한국원자력기술은 원자력연구소 단독출자기업에서 한전과 대기업이 참여한 공동출자기업으로 전환되었다.[37]

하지만 한국원자력기술에 대한 기대는 엇갈렸다. 원자력연구소는 한국원자력기술을 통해 설계기술을 습득하여 1980년대 원전 사업 관리를 책임지는 기관으로 성장한다는 계획을 세웠다(원자력위원회, 1977a). 한국원자력기술은 원자력연구소가 축적한 기술을 산업체로 이전하는 창구 역할을 할 것으로 기대되었다. 구체적으로 원자력연구소는 한전과 공동으로 해외 설계용역 회사

---

37) 당시 한전 이외에 강원산업, 대한중기, 대림건설, 동아건설, 한일개발, 대우중공업, 삼부토건, 현대중공업, 대한전선, 삼성중공업, 효성중공업 등 총 11개 사가 한국원자력기술에 출자했다. 전체 지분구조를 보면 원자력연구소가 51.21%, 한전 4.24%, 기타 11개 기업이 44.55%를 차지하고 있었다(한국전력기술, 2005: 455). 그러나 이후 자본금 증자 과정에서 원자력연구소의 지분은 줄고, 한전의 지분은 계속 증가했다.

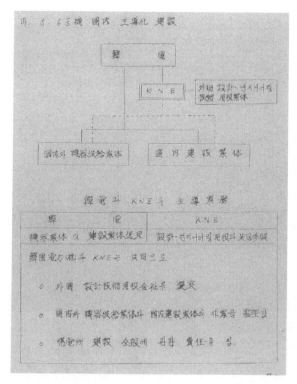

그림 2-3 원자력연구소의 원전산업 진출 구상
자료: 원자력위원회(1977a).

를 선정하는 형태로 원전 5~6호기 입찰과정에 참여할 궁리를 했다. 금액 기준으로 50%에 해당하는 설계 업무를 한국원자력기술을 통해 수행한다는 복안이었다.

그러나 한전은 원자력연구소로 사업관리 기능을 넘겨줄 의사가 없었다. 한전은 한국원자력기술에 설계용역을 발주하지 않았다. 코리아아토믹번즈 앤드로와 유사한 상황이 발생한 것이다. 하지만 기술역량은커녕 장기적인 기술인력 육성 계획조차 없던 탓에 한전도 뾰족한 수를 찾지 못했다.

결국 한전과 원자력연구소는 자본과 경영을 분리하는 형태로 타협했다. 즉, 한국원자력기술이 자체적으로 운영될 수 있을 때까지 한전이 재정을 지원하고 원자력연구소가 운영을 책임지기로 한다(한국원자력연구소, 1990: 169).
한전 출신의 신기조 한국원자력기술 사장은 기술인력 육성을 위한 3개년 계
획을 수립하여 한전 측에 보고했고, 한전 경영진은 수익에 연연하지 않고 기
술인력을 육성할 수 있도록 지원하기로 결정했다. 이와 같은 합의는 곧 정부
방침으로 확정된다. 동력자원부와 과학기술처, 한전과 원자력연구소는 원자
력연구소가 한국원자력기술의 경영을 책임지되 자체수입으로 운영될 때까지
한전이 재정적으로 지원하는 방침을 재확인했다. 또한 한전과 벡텔 간의 계
약에 기술전수 조항을 포함시키고, 기술전수 대상자를 한국원자력기술로 지
정했다(한국원자력연구소, 1990: 169). 이로써 한국원자력기술을 둘러싼 한전과
원자력연구소의 갈등도 일단락되었다. 이후 한전의 자금지원이 이뤄졌고 한
국원자력기술은 원전의 건설·설계, 품질 관리, 부지환경 조사 등의 용역을 수
행하기 시작했다(한국전력기술, 1995: 83). 그러나 이와 같은 협력은 한시적인
타협책에 불과했다. 한전은 재정지원의 시한을 1981년까지로 못박았다(한국
전력주식회사, 1981: 1428). 잠재적 갈등의 소지를 남겨둔 채 설계분야에서의
갈등은 봉합되었다.

4. 제한된 역량과 사회기술경로의 미결정

1) 조직적 불안정성과 기술자립 패러다임의 한계

1970년대를 거치며 농어촌 지역까지 전기가 보급되면서 전기는 일반인들
의 삶 속에 뿌리를 내렸다. 원자력 기술에 대한 기술기대는 한층 높아졌고 사
회적 장벽은 찾아보기 힘들었다. 고리 1호기 준공을 전후로 보도된 신문기사
를 보면 당시의 분위기를 알 수 있다. 예컨대, ≪동아일보≫는 1978년 3월부
터 6월까지 "제3의 불 원자력발전시대를 연다: 인류와 에너지"라는 기획기사

를 11차례 연재했다. 원전은 석유와 석탄을 대체해서 중화학공업화를 이끌어 갈 "제3의 불", "대체에너지"로 명명되었다(≪동아일보≫, 1978a).

원자력발전은 값싸고 공해가 없는 에너지원으로 인식되었을 뿐만 아니라 과학발전의 상징으로 여겨졌다. 고리 1호기의 준공은 "에너지 다원화 계획의 획기적 전기"이자 "핵발전소 확충의 출발"을 뜻했다(≪동아일보≫, 1978b). 이와 같은 인식은 비단 ≪동아일보≫에 국한되지 않았다. 당시 고리 1호기 준공에 대한 청와대의 인식은 "원자력발전소 제1호기 준공 및 5, 6호기 기공식 치사"를 통해 엿볼 수 있는데, 한마디로 고리 1호기 준공 기념탑 휘호인 "민족중흥의 햇불"로 요약할 수 있었다.

참으로 조국 근대화와 민족중흥의 도정에서 이룩한 하나의 기념탑이라 할 것입니다. 저 거대한 건물과 각종 장비들은 우리가 세계 최고 수준의 기술을 동원하고 막대한 자금과 인력을 투입한 땀과 집념의 결정이며, 현대과학의 정수입니다. …… 이제 우리나라는 본격적인 원자력 시대로 접어들었으며, 과학 기술 면에서도 커다란 전환점을 이룩하게 되었습니다. 뿐만 아니라, 세계에서 스물한 번째로, 동아시아에서는 두 번째로 핵 발전국 대열에 참여하게 되어 과학한국의 모습을 자랑하게 되었습니다. 잘 아는 바와 같이, 원자력 발전은 공해가 없고 자원이 절약되며, 값이 싸고 질이 좋다는 등 많은 장점을 가지고 있습니다 (박정희, 1978.7.20).

신문 사설을 통해 드러난 기술기대 역시 크게 다르지 않았다.

이제부터 우리는 검은 연기가 나는 석탄 석유 대신 막대기 모양의 우라늄만 원자로에 넣으면 이것이 핵분열이 되어 나오는 열로 전기를 생산하게 됐다. 이 같은 에너지 혁명은 공업국으로 발돋움한 우리나라에 있어서는 가히 일대 산업 혁명으로 평가되고 있으며 자원고갈시대에 총아로 등장한 원자력이 발전수단의 한 주종이 되고 있다는 점에서 큰 의미를 부여하고 있다(≪경향신문≫, 1978b).

그러나 고리 1호기 준공에는 '대체에너지'로서의 기대만 투영된 것이 아니었다. 원전산업육성계획이 수립된 이후 원전 기술자립 패러다임이 뿌리를 내리기 시작했는데, 고리 1호기 준공을 계기로 대중적으로 확산되었다. 예컨대, ≪경향신문≫(1978a)은 "1호기의 문제점과 앞으로의 대책"으로 기술 국산화를 위한 기술 축적의 필요성을 제기했다. 기술역량이 부족해서 건설비가 증가하고 보수능력조차 없는 상황임에도 "기술을 축적할 그릇"이 없다는 질타였다. 이런 상황에서 기술자립 패러다임은 기자재의 국산화를 촉진시켜 연관 산업을 육성하고 원전의 경제성을 향상시킬 수 있다는 전망을 제시했다.

막대한 자금을 계속 외자에 의존한다는 것은 어려운 일이라고 아니할 수 없다. 그렇기 때문에 80년대 후반과 90년대에 걸쳐서 원자력발전소와 핵연료의 국산화는 하나의 국가적 명제로 등장하게 되리라고 본다. 본래 원자력산업은 특수강, 대형철구조물, 중전기 등 거대산업으로 구성되는 것이며, 시스템과 기자재 생산에 철저한 품질보장이 따라야 하고 핵 수준이라고 일컬어지는 고도의 안전성과 신뢰성이 요구되는 기술 집약 산업인 것이다. 그렇기 때문에 이러한 원자력산업 내지 원자력발전소 건설의 국산화를 시도한다는 것은 선진 한국을 겨냥한 커다란 비약을 다짐하는 것이나 마찬가지라고 할 수 있다. 원자력발전소에 대한 국산화 계획을 추진한다면 그것이 우리나라의 기계공업을 비롯한 관련 산업의 성장과 기술자립을 유도하는 데 엄청난 파급효과를 가져오게 될 것이다(≪경향신문≫, 1978c).

그러나 기술자립 패러다임을 실행하기 위한 추진 전략에 대한 합의 수준은 낮았고, 정부 부처 간 그리고 각 부문 간 협력은 공고하지 않았다. 이중적 핵기술 개발과 전력공급, 발전설비산업 육성 등 원전을 추진하는 목적이 중층적일 뿐만 아니라 이를 구체적으로 실행하는 기관들이 제도적으로 분리된 상태였다. 더구나 이중적 핵기술 개발을 담당하는 조직은 미국의 감시로 인해 대단히 비밀스럽게 운영되었다. 법적으로 원자력정책을 총괄하는 기구로 원자력위원회가 존재했지만 현실의 원자력위원회는 과학기술처 장관을 위원장으로 하는 과학기술자 주도의 기구에 불과했다. 한전 부사장 등이 원자력위원회 회의를 참관할 수 있었지만 의결권은 주어지지 않았다. 과학기술처와 원자력연구소는 한전에 협조를 당부할 뿐 구속력은 없었다(원자력위원회, 1973b, 1974). 물론 국가 차원의 전략적 결정, 특히 안보적 가치가 개입된 결정이 내려진 경우, 청와대 주도로 신속한 조정이 이뤄지기도 했다. 1976년 원전산업 육성계획이 단적인 사례다. 그러나 상공부가 주관하는 기자재 국산화 위원회 등 개별 사안에 대해 논의의 장으로 넘어오면 상황은 달라졌다. 기술자립 패러다임에 대한 공감대가 존재했을 뿐 구체적인 추진 전략에 대한 합의는 좀처럼 이뤄지지 않았다.

이로 인해 실행 역량을 구축하는 과정에서 주도권을 잡기 위한 경쟁이 치열해졌다. 경제기획원이 나서서 원자력연구소와 한전, 대기업 간의 이해관계를 조정하려 했지만 쉽지 않았다. 원전산업 육성의 출발점으로 여겨진 원전설계 분야가 단적인 사례다. 원전정책은 합리적인 장기계획에 기초하여 체계적으로 실행되지 않았다.

주도권 경쟁은 원자력행정기구를 개편하는 것과 연결되어 있었다. 이와 같은 맥락에서 기술 국산화에 가장 적극적인 과학기술처와 원자력연구소는 원자력위원회를 확대 개편하기 위해 노력했다. 원자력연구소는 1975년경부터 자신들이 구상하는 원자력발전계획을 국가적으로 추진하기 위해 원자력위원회를 국무총리 산하기관으로 격상시키고 원자력개발추진위원회를 별도로 구성하여 범정부적인 지원을 제도화하는 방안을 모색했다(원자력위원회, 1975). 연구개발부문의 구상은 점차 구체화되어 1978년 4월 194차 원자력위원회에서 공식적으로 논의되기에 이른다(원자력위원회, 1978). 당시 원자력위원회는 위원장(과학기술처 장관), 부위원장(과학기술처 차관), 원자력연구소 소장(당연직)과 주로 과학기술계에서 선임된 상임위원(2명), 비상임위원(2~4명)으로 구성되어 있었다. 이러한 위원회 구성의 한계로 인해 원자력위원회는 법적으로는 원자력정책을 총괄하게 되어 있으나 부처 간 이견을 조정할 수 없었다. 관련 안건을 심의할 수는 있었으나 관련 부처의 책임자가 참여하지 않아 의결 사항의 실행을 담보할 수 없었던 것이다. 원자력위원회 이외에 원자력정책을 총괄할 수 있는 조직도 없었다. 이러한 상황을 타개하고자 과학기술처와 원자력연구소는 원자력위원회를 국무총리 산하 위원회(위원장 과학기술처 장관)로 개편하여 경제기획원과 외무부, 상공부, 동력자원부 등을 당연직 위원으로 위촉하는 개편안을 마련했다. 그러나 이러한 구상은 문서상의 계획에 그치고 말았다. 과학기술처와 원자력연구소가 원전산업의 주도권을 잡기 위해 원자력위원회의 개편을 추진한 만큼 상공부와 동력자원부, 한전과 대기업 등 핵심적인 이해당사자들의 관심과 지지를 이끌어내지 못했다. 결국 불안정한 조직 체계 속에서 제한적인 협력이 이뤄졌고, 실행 역량은 분산되었다.

다만 시민사회에 대한 권위주의적 국가의 힘의 우위는 확고했다. 원전 도입에 대한 사회적 반대는 사실상 존재하지 않았고, 직접적인 이해당사자인 지역주민들의 저항도 대단히 미미한 수준이었다. 「전원개발에 관한 특례법」은 이와 같은 상황을 반영하는 상징적인 법안이었다. 1979년 1월 1일 부로 시행된 이 법을 통해 한전은 부지를 선정하는 과정에서 법적으로 명시된 인·허가 절차를 생략하거나 간소화할 수 있었다. 특별법의 적용 범위는 「도시계획법」에 의한 시설 결정, 「농지 확대 개발 추진법」 및 「농지의 보전 및 이용에 관한 법률」에 의한 농지의 전용허가, 「소방사업법」에 의한 소방 지정지 해제, 「산림법」에 의한 국유림 대부허가 등 매우 넓었다(한국전력주식회사, 1981: 270). 「전원개발에 관한 특례법」은 1980~1990년대, 나아가 2000년대까지 한전이 법의 이름으로 주민들의 간헐적인 반발을 무마하고 부지 선정 기간을 단축하는 데 큰 역할을 했다.

2) 대외적 압력과 제한된 자율성: 원자로 노형의 다원화

대외적 압력으로 인해 기술 경로를 선택할 수 있는 자율성은 크게 제한되었다. 무엇보다 군사적 목적으로 전용될 수 있는 핵기술의 개발은 미국에 의해 지속적으로 차단되었다. 앞서 살펴봤듯이, 재처리 시설과 NRX 연구로의 도입은 중단되었다. 신속핵선택전략으로 우회한 뒤에도 미국의 감시와 견제는 계속되었다. 이로 인해 재료시험로와 혼합핵연료 가공 시설의 건설이 무산되었고 조사후 시험시설의 건설도 계획대로 추진할 수 없었다. 이중적 핵기술 분야로의 진입장벽은 갈수록 높아졌다.

대외적인 선택의 자율성이 훼손된 것은 비단 이중적 핵기술에 국한된 것이 아니었다. 상업용 원자로의 경우, 해외 기업들 간의 판매 경쟁이 펼쳐지면서 구매자 주도 시장이 열리는 듯했다. 하지만 핵기술 병행 개발을 추진하는 과정에서 기술도입선이 다원화되었고 국내적으로도 노형 전략을 확정짓지 못했다. 그 결과 원전 10호기 계약이 이뤄질 때까지 원전 표준화는 요원한 일이되었다.

원자로 노형 선정을 둘러싼 경쟁은 원전 1호기 도입으로 거슬러 올라간다. 1967년 원자력발전 기술조사단이 두 차례에 걸쳐 미국과 영국, 일본 등으로 파견되어 노형 선정을 위한 기초 조사를 실시했다. 1차 조사단은 영국의 가스냉각로와 미국의 경수로 사이에서 결정을 내리지 못했지만 2차 조사단은 미국의 경수로에 더 높은 점수를 줬다. 원자력발전추진위원회 전문가들 사이에서는 기계구조가 단순할수록 고장률이 낮다는 이유로 비등경수로를 선호하는 인사가 많았다(박익수, 1999: 160). 이듬해 원자력발전 심의위원회는 미국의 가압경수로와 비등경수로, 영국의 가스냉각로, 캐나다의 가압중수로를 도입 가능한 원자로로 제안했다. 이 중 가압중수로는 캐나다 측의 차관 제공 능력 부족을 이유로 먼저 탈락시켰다. 이후 노형 채택과 관련된 경쟁이 치열하게 일어났다. 당시 웨스팅하우스는 화신산업과 협력하여 고위층에 대한 로비를 시도했고, 영국 측은 한국 쪽 고위 인사들과 친분이 있던 아이젠버그 S. Eisenberg를 내세웠다.[38]

1968년 한전이 원전 사업의 주관 기관이 되면서 원자로 노형을 선정하는 역할도 한전으로 넘어왔다. 한전은 사내 평가를 통해 가압경수로를 선택했다. 가스냉각로는 차관 조건이 좋아 가격경쟁력을 인정받았으나 기술적 평가를 낮게 받았다. 반면 비등경수로는 사고 시 2차계통의 터빈이 오염될 가능성이 있어 우선순위에서 밀렸다(박익수, 2002: 160~161). 여기에 화신산업 측의 강력한 로비가 결합되어 원전 1호기는 웨스팅하우스의 가압경수로로 결정되었다.[39]

그러나 원자로 노형이 웨스팅하우스의 가압경수로로 확정된 것은 아니었다. 이중적 핵기술 개발이 추진되면서 후속 사업부터 원전 노형이 다원화되었다. 선발주자가 된 미국과 이중적 핵기술의 이전을 지렛대로 접근한 캐나다와 프랑스 간의 판매 경쟁이 펼쳐졌다. 하지만 판매 경쟁으로 선택권이 확대되는 동시에 핵비확산 정책의 제약을 받는 이중적 상황에 처하게 되었다. 첫 번째 경쟁에서는 캐나다가 승리했다. 핵무기 개발을 추진한 박정희 정권은 핵분열 물질의 추출이 용이한 중수로와 NRX의 패키지 판매를 제안한 캐나다의 손을 들어주었다.[40] 원전 1호기 로비 경쟁에서 졌던 아이젠버그가 적극적으로 로비에 나선 것도 주효했다.

---

38) 원자로 노형 선택을 둘러싼 로비와 관련해서는 김성준(2012: 192~195), 박익수(2002), 이정훈(2013)을 참고할 것.

39) 당시 한전의 원전 기술 평가를 책임지고 있던 사람은 김종주였다. 그는 화신산업 측에 주한 미국 대사를 통해 로비하는 방안을 제안했다고 한다. 주한 미국 대사가 박정희 대통령에게 미국 제품 구매가 양국의 관계 개선에 도움이 될 것이라고 제안하는 형식이었다. 이후 박정희 대통령이 상공부 장관에게 미국 원전 구입을 지시하면서 웨스팅하우스와 계약이 체결될 수 있었다(박익수, 2002: 162).

40) 당시 캐나다 측은 프랑스의 재처리기술 제공에 대응하여 캔두형 중수로 2기를 구입할 경우 NRX를 무상으로 제공하는 방안을 제시했다고 한다(한국수력원자력, 2008a: 52).

그러나 미국이 핵비확산을 명분으로 압력을 가하면서 중수로는 1기를 도입하는 데 그치게 된다. 앞서 살펴본 대로, NRX 도입은 차단되었고 월성 1호기의 계약도 순탄하지 않았다. 미국 정부는 캔두형 중수로가 웨스팅하우스의 원전보다 건설비와 발전단가가 비싼데 굳이 도입하는 것이 의심스럽다며 압박했다(오원철, 1994). 결국 후속기 건설이나 기술이전 조건에 대한 명시적인 결정 없이 월성 1호기만 착공하게 되었다. 이로 인해 월성 원전은 다른 곳과 달리 2기 동시 건설이 이루어지지 않은 채 1990년대 말까지 단일기로 운영되었다.

중수로 도입을 포기한 원전 5~6호기 계약 과정에서는 국제 원전시장의 침체로 인해 대외적 자율성이 확대되는 듯 보였다. 한전은 원전 5~6호기의 우선협상대상자로 웨스팅하우스를 선정했다. 그러나 미국 의회가 한국의 불법 로비와 인권 상황을 문제 삼으며 미국 수출입은행의 차관 승인을 불허할 수 있다고 경고하면서 상황이 복잡해졌다. 이에 동력자원부는 계약 대상자의 교체를 검토하고, 외무부 장관은 유럽 국가(프랑스)로부터 원전을 구입할 수도 있다는 입장을 표명했다(1978년 3월 2일). 일주일 뒤 미국 국무성은 웨스팅하우스의 수출이 중단될 가능성을 우려하며 의회에 차관 승인을 요청했다(하영선, 1991: 113~114). 국제 원전시장이 극도로 침체된 상황이 한국의 선택권을 강화시킨 것이다. 1977년 국제 입찰은 한국의 원전 5~6호기가 유일했고, 국내 수주에 성공한 프랑스의 프라마톰Framatome을 제외하면 1978년의 상황도 크게 다르지 않았다. 더구나 2000년까지 매해 1기 이상 원전 발주 계획을 세운 한국은 유일한 원전 수출 시장이자 유망한 장래 시장이었다. 그 결과 계약 위반 중과금 벌칙으로 1일당 3만 달러 지급, 전기 출력 미달 시 kW당 450달러 지급, 5개월 이상 공기 지연 시 임의 계약 해제 등의 조건이 붙었지만 미국과 프랑스를 중심으로 수주 경쟁이 일어났다(≪서울경제≫, 1978; ≪동아일보≫, 1978c).

하지만 판매 경쟁으로 인해 대외적인 자율성이 확대된 것만은 아니었다.

원전 7~10호기 도입은 국제적인 압력과 기회 속에서 제한된 선택권을 행사할 수밖에 없었던 당시의 현실을 잘 보여준다. 문제의 발단은 프랑스로부터 재처리 시설 도입이 한창 진행되던 1975년 김종필 총리가 프랑스를 방문하여 비공식적으로 원전 2기 도입을 약속한 것이었다(이종훈, 2012: 90). 이후 재처리 시설 도입은 중단되었으나 원자력연구소와 핵연료개발공단의 주요 사업은 프랑스의 지원 없이는 불가능했다. 이른바 프랑스 차관 사업의 첫 번째 사업인 우라늄 정련·전환 시설은 1976년 프랑스 업체CERCA와 계약을 체결, 1978년 1월 프랑스 정부의 수출 허가를 받은 상태였다. 다른 분야의 기술 도입도 이제 막 시작 단계에 오른 상태였다.

이러한 상황에서 프랑스는 한국 정부에 지속적으로 원전 구매를 요청한다. 원전 7~8호기 계약자 선정을 앞둔 1978년 1월 말, 급기야 프랑스 총리가 서신을 보냈다.

> 우리는 핵연료과정 면에 있어서 완전한 서비스공급을 할 수가 있습니다. 이 점에 있어서 본인은 코제마 회사와 그 상대 회사들 간에 이뤄진 최초의 토론에서 적극적인 성격을 확인하는 바입니다. 따라서 본인은 우리의 공업이 전자 핵에 관한 귀국의 계획의 실현을 위해서 고객이 원할 수 있는 모든 보장을 해줄 수 있음을 납득하였습니다(외무부, 1978a).

프랑스는 원전과 더불어 핵연료 분야의 지원을 약속하며 노골적으로 프라마톰과 계약해줄 것을 요청했다. 여기에 외무부가 가세했다. 주 프랑스 대사는 원전 사업이 한·프 관계 개선에 도움이 된다고 주장하며 미국의 핵연료 공급이 불투명해지는 상황에서 안정적인 핵연료 공급을 위해 공급선을 다변화할 필요가 있다고 강조했다(외무부, 1978a).

상황은 미국 상원이 박정희 정권의 인권문제를 원전 차관 승인 문제와 다시 연결시킬 수 있다는 발언이 나오면서 한층 복잡해졌다(외무부, 1978b).[41]

미국 의회의 거부권은 차관 승인뿐만이 아니었다. 당시 한미 양국은 한미 원자력협정에 따라 농축우라늄 공급 상한선을 책정해놓고 있었는데, 한도를 늘리지 않고서는 8호기 운영도 보장하기 어려웠다(외무부, 1978d). 농축우라늄 상한선 개정을 위해서는 신협정을 체결한 후 미국 의회의 승인을 받아야 했으나 의회의 승인 여부는 불투명했다.[42]

　미국과의 계약이 불투명해지자 프랑스는 한층 더 적극적으로 나왔다. 프랑스 대사관은 원전 5~6호기 입찰 내역과 더불어 발주 방식을 변경해줄 것을 요구했다. 프라마톰은 분할발주 형식의 국제 입찰에 참가해본 경험이 부족해 애를 먹고 있는 상황이었다(외무부, 1978b). 프랑스는 계속해서 일괄발주와 분할발주를 병행해줄 것을 요청했고, 불가능할 경우 최소한 입찰 마감일을 연장하는 방안을 제안했다. 프랑스와 동력자원부·한전 사이에 놓인 외무부는 프라마톰이 원전 7~8호기 입찰에 실패하면 한국과 프랑스의 관계가 냉각될 것이라고 경고했다(외무부, 1978c). 원자력 기술 협력과 지원을 약속하며 프랑스는 끈질기게 구애했다. 일례로 1979년 2월 프랑스 원자력위원회 위원장은 프랑스를 방문한 현경호 원자력연구소 소장에게 "경수로 및 증식로의 안전조사 전후 시험, 품질 보증, 핵연료의 장기 공급 보장, 한국 원자력 관계기술 인력의 훈련, 국산화 계획에의 적극 참여 등 유리한 지원을 확약"했다(외무부, 1979a). 3월에는 프랑스에 유리한 결정을 내려줄 것을 요청하는 프랑스 총리의 서한이 다시 한 번 국무총리에게 전해졌다. 한전 사장은 "다른 조건이 유사하면" 프랑스 원전을 구입할 것이라는 발언을 공공연하게 하고 다녔다(외무부, 1979a).

---

41) 인권문제를 이유로 차관 승인이 거부될 수 있다는 스티븐슨Adlai E. Stevenson III 상원의원의 발언은 문서 초안에는 적혀 있으나 발신 전문에서는 삭제되었다.

42) 당시 카터 정부는 "Nuclear non-Proliferation Act of 1978"를 공포하며 핵비확산 정책을 강화하고 있었다. 이러한 맥락에서 미국 정부는 우라늄 농축과 재처리를 억제하기 위해 한미 원자력협정의 개정을 요청했다.

미국의 움직임도 빨라졌다. 1978년 11월 7~8호기가 프랑스에 낙찰될 가능성이 농후하다고 판단한 주한 미국 대사는 한국 외무부 장관 앞으로 서한을 보내 기술이전과 국산화, 차관 조건 등에 대한 의견을 묻는 동시에 프랑스로부터 모종의 재처리 시설을 보장받은 것이 아닌지 질문했다(외무부, 1978c). 암암리에 계약 조건을 묻는 동시에 프랑스로부터의 도입을 견제하는 것이었다. 이듬해 5월에는 미국 하원 외교위원회에서 저농축우라늄 공급 상한선을 10% 늘리는 공동결의안joint resolution을 채택했다. 미국은 자국 공급자의 경쟁력을 높이기 위해 한층 개선된 수출입은행의 차관 조건을 제시하기도 했다(한국전력주식회사, 1981: 339~340).[43]

원전 7~8호기 입찰은 미국과 프랑스의 외교전으로 비화되면서 4차례나 연기되었다. 주한미군 철수, 인권문제 등으로 미국과의 관계가 여의치 않은 상황에서 미국 정부의 원전 구입 요청을 뿌리치기란 쉽지 않았다. 주관 부처인 동력자원부와 한전도 미국의 경수로 도입을 선호했다. 암암리에 이중적 핵기술 개발을 추진하는 상황에서 핵연료주기 기술을 도입할 수 있는 유일한 국가인 프랑스의 요구를 거절하기도 어려웠다. 외무부는 외교적 고려를 강력하게 요청했고 과학기술처와 원자력연구소도 프랑스로부터의 기술이전을 기대했다.

결국 이 문제는 7~10호기를 사실상 동시 발주하는 방식으로 해결되었다. 외무부는 주 프랑스 대사의 요청을 받아들여 7~8호기는 프랑스, 9~10호기는 미국에 배정하고 낙찰 시기를 비슷하게 할 것을 건의했다(외무부, 1979a). 이 안은 대통령에게 보고되었고, 한미 정상회담을 계기로 미국과 프랑스의 낙찰 순서를 변경하는 형태로 채택되었다. 당시 ≪조선일보≫(1979) 보도에 따르

---

43) 당시 한미 간의 핵심 쟁점은 주한미군 철수였는데, 미국 상원 군사위원회에서 주한미군 철수 철회에 앞장섰던 스트래튼S. Stratton 의원이 주미 대사를 통해 7~8호기의 제너럴일렉트릭 낙찰을 요청하는 일도 있었다(외무부, 1979a).

면, 한미 정상회담과 동시에 진행된 한미 경제장관회의에서 미국 재무장관은 미국 업체의 원전을 구입해줄 것을 강력하게 요청했다. 7월 2일에는 원전 7~8호기가 사실상 미국 기업에 낙찰되었다는 외신 보도가 나왔다. 그리고 그 날 오후 동력자원부 장관과 한전 사장은 경제기획원 부총리와 면담하여 원전 7~8호기 입찰자를 선정했다. 원전 7~8호기가 카터 대통령의 방한 선물이 된 것이다. 곧이어 9~10호기 입찰이 진행되었다. 외무부의 요청대로 7~8호기 입찰 결과를 발표하기 전에 프랑스에 사전 통보가 이루어졌다(외무부, 1979b). 동시에 프라마톰과의 수의계약을 위한 조건이 제시되었다. 이후 프랑스 측과의 협의가 순조롭게 진행되었고, 결국 원전 9~10호기는 프라마톰의 품으로 들어갔다.[44]

대외적 자율성은 국제 원전시장의 침체와 핵비확산 정책의 강화 사이에서 흔들렸다. 구매자 주도 시장으로 전환되어가는 상황에서 박정희 정권은 선택의 자율성을 확대할 기회를 발견했지만 신속핵선택전략은 번번이 기회를 제한했다. 결국 원전 10호기 계약이 체결될 때까지 원전모델의 표준화는커녕 원자로 노형 전략조차 수립하지 못했다. 한국의 원전모델은 웨스팅하우스와 프라마톰의 가압경수로, 캐나다 원자력공사의 중수로로 다원화되었다.

국내적으로 원자로 노형 전략에 대한 합의도 확고하지 않았다. 신속핵선택전략의 일환으로 기술자립이 추진되면서 연구개발부문을 중심으로 중수로에 대한 선호가 높아진 것이 발단이었다. 기본적으로 전력공급부문은 고리 1호기 도입 이후 가압경수로를 선호했다. 정부의 강력한 의지로 중수로를 건설하기로 결정한 뒤에도 내부적으로 중수로 1기의 가동 성능을 보고 2호기의 추진 여부를 결정하자는 의견이 오갈 정도였다(한국수력원자력, 2008a: 52, 215).

---

44) 수의계약 조건은 세 가지였다. 첫째, 원전 9~10호기의 가격과 차관 조건을 웨스팅하우스의 7~8호기 수준으로 개선할 것. 둘째, 원전의 수명 기간을 보장하고, 농축 서비스를 제공하며 핵연료yellow cake의 공급을 보장할 것. 마지막으로 한국 측이 필요로 하는 기술을 이양하며 한국이 설정한 국산화율을 이행할 것(외무부, 1979b).

원자력연구소 또한 1975년경까지 경수로를 선호하는 경향이 있었다. 1974~
1976년 원자력연구소는 원전 전반에 대한 조사를 진행하며 가압경수로, 비등
경수로, 중수로, 가스냉각로 등에 대해 기술적 평가, 부지 선정, 국산화 가능
성을 다각적으로 검토했다. 이 중 중수로는 중수를 국산화하는 데 필요한 막
대한 양의 맑은 물 공급이 어려울 뿐만 아니라 중수 누설의 문제가 있어 추천
대상에 포함되지 못했다(한국원자력연구소, 1979: 101). 경제성의 측면에서도
가압경수로가 유리하다고 판단했고, 기술 수준 또한 가압경수로가 낮다고 판
단했다. 다만 농축우라늄의 공급에 차질이 생길 가능성이 있으니 연료 공급
의 다원화가 필요하고 핵연료의 국산화를 고려할 경우 중수로가 유리하다는
단서를 덧붙였다(한국원자력연구소, 1975).

하지만 1977년 미국의 핵비확산 정책이 강화되면서 천연우라늄을 사용하
는 중수로에 대한 관심이 높아졌다. 이와 같은 상황에서 원자력연구소를 중
심으로 중수로의 타당성을 재검토하는 작업이 진행되었다(한국원자력연구소,

표 2-11 원자로 노형의 경제성 비교: 경수로, 중수로

구분		가압경수로		중수로	
		MIT 자료	한국	MIT 자료	한국
시설용량(MW)		1,000	650	1,000	680
건설비($/kW)		1,177	996	1,460	1,302
운전보수비(백만 달러/년)		12.5	· 6.83	12.5	7.64
가동률(%)		65	70	80	75
고정비율(%/년)		11	12.87	11	12.87
가동연도		1985	1982	1985	1982
발전단가 ($/mWh)	고정자본비	22.72	22.46	22.9	25.48
	핵연료비	8.23	9.11	6.67	5.51
	중수			0.5	0.5
	운전보수비	2.2	1.4	1.78	1.71
계($/mWh)		33.15	32.97	31.85	33.2

자료: 한국원자력연구소(1977).

1977). 결과는 이전과 크게 달랐다. **표 2-11**에서 볼 수 있듯이, 중수로와 경수로는 발전단가가 거의 동일하여 경제성에 차이가 없는 것으로 평가되었다. 농축우라늄 공급이 불투명한 상황에서 천연우라늄을 사용하는 중수로의 장점도 강조되었다. 기자재 국산화의 측면에서도 중수로는 매력적이었다.

> CANDU형 중수로는 1) 상용 발전로로서의 경제성은 경수로에 비하여 동일하나, 2) 농축, 재처리, 원광을 비롯한 핵연료주기의 외국의존도가 최소화되고, 3) 발전소 기자재 및 핵연료가공의 국산화가 용이하며, 4) 장래 핵연료 공급의 다변화(우라늄, 플루토늄, 토륨 자원 및 공급국)를 기할 수 있어 경수로형에 비하여 우리나라에 보다 유리한 발전노형이므로, 에너지 자립도 제고에 기여할 것임(한국원자력연구소, 1977: 39).

1978년에는 한국과 캐나다의 원자력연구기관 간의 공동연구가 진행되었다. 그리고 이를 바탕으로 원자력연구소는 캔두형 원자로는 2호기부터 한국 기술진의 책임 아래 건설이 가능하다고 주장하며, 동일 장소 4기 집적 건설 방안 등 구체적인 도입 방안을 제안했다(한국원자력연구소, 1979: 101~102). 연장선상에서 원자력연구소는 중수로도 국제 입찰 경쟁에 포함시켜줄 것을 건의했다.

미국 정부가 중수로 기술(중수로, 중수 생산 시설, 중수형 연구로)의 채택을 핵무기 개발 의사를 가늠하는 중요한 잣대로 보고 있는 상황에서 선뜻 중수로를 추가 도입할 수는 없었다(CIA, 1978). 그러나 이중적 핵기술 개발에 대한 전략적 고려와 중수로 개발 과정에서 자신의 입지를 넓힐 수 있다는 연구개발부문의 기대가 맞물리면서 중수로는 선택지의 하나로 남게 되었다. 이것은 기술자립을 우선시하는 연구개발부문과 경제성을 중시하는 전력공급부문 간의 잠재적 균열이 반영된 결과이기도 했다. 여기에 발전설비산업의 복잡한 기술 제휴선까지 고려하면 원전모델의 미래는 예측 불가였다.

제3장

전력공기업집단의 형성과 원전체제의 안정화, 1980~1986

연구개발, 설비제작, 전력공급 부문 간의 경합으로 인해 원전 산업구조의 향방은 예측하기 어려웠다. 국제적인 핵비확산 정책과 원전시장의 침체는 원전산업을 육성할 수 있는 기회를 제공하는 동시에 장벽을 구축했다. 이와 같은 상황에서 1980년대 초반 원전체제는 갈림길 위에 서게 되었다. 연구개발 부문은 존폐위기에 처했고, 설비제작을 맡은 대기업은 자생력을 상실했다. 실패한 계획 위에서 각 부문 간의 이해관계를 조정하는 문제가 대두되었다. 그리고 그 과정은 의도하지 않게 전력공기업집단이 형성되는 형태로 매듭지어졌다. 하지만 역설적으로 전력공기업집단이 형성되면서 원전 국산화·표준화를 추진할 수 있는 기틀이 마련되었다. 또한 전력공기업집단이 형성되는 과정에서 확립된 연구개발부문의 연구-사업 병행 모델은 이원화된 원자력행정이 고착되는 계기가 되었다. 이 장은 원전체제의 원형이 형성된 이 시기를 집중적으로 분석한다.

1. 제2차 석유위기와 원전 경제성 문제의 부상

1979년 제2차 석유위기는 원전정책에 이중적인 영향을 미쳤다. 탈석유화 정책이 강하게 추진되면서 전원개발계획에서 원전의 위상이 높아졌다. 하지만 석유위기로 인한 경기침체는 전력수요 증가율을 둔화시켜 발전설비 건설 계획을 축소시켰다. 이 과정에서 원전의 경제성 문제가 불거졌고, 원전 건설 계획은 지연되었다.

우선 제2차 석유위기는 탈석유화 정책을 가속화하는 중요한 계기가 되었다. 당시 상황은 "국내 소요 원유의 전부를 미국 메이저한테 의존하고 있었고, 도입선도 사우디아라비아, 쿠웨이트, 이란이 전부였으며, 비축은커녕 유조선 1척만 잘못되어도 당장 정유공장 가동이 어려울 지경"이라고 정부 관료가 실토할 정도였다(이장규, 1991: 61). 유류 비축 정책도 체계화되지 않아 석유 비축량도 일주일 치에 지나지 않았다.

그러나 경공업에서 중화학공업으로 산업의 중심이 이동하면서 에너지·전력 수요는 나날이 늘고 있었다. 중화학공업화가 궤도에 오르면서 1970년대 말에 이르면 중화학공업의 비중이 경공업을 앞지르기 시작했다. 주요 수출상품의 구성도 변했다. 1980년대로 넘어오면서 한국의 수출산업은 철강, 조선, 전자, 반도체, 자동차 산업 등으로 재편되었다. 에너지 다소비 산업으로 산업구조가 바뀌면서 석유 소비량이 급증했고, 석유를 100% 수입에 의존하는 만큼 해외 시장의 변동에 취약했다. 따라서 원유 수입을 안정화하고 석유에 대한 의존성을 낮추는 것이 지속적인 경제성장을 위한 국가적 과제로 부상했다.

이와 같은 상황에서 한전은 제5차 전원개발 5개년 계획의 수립을 준비했다. 한전은 석유 비중 축소, 원전 건설 촉진, 수력자원 개발 등을 기치로 내걸었고, 한전의 구상은 1981년 6월 정부 계획에 반영되었다. 정부와 한전은 원전을 1991년까지 설비 비중 41%, 발전량 비중 51% 수준으로 확대하기로 한다. 그리고 이를 위해 건설 중인 원전 8기를 예정대로 준공하고 신규로 4기의 원전을 조속한 시일 내에 착공하기로 했다(동력자원부, 1988: 302~303; 한국전력공사, 2001: 208~209).

그러나 석유위기 이후 경기침체가 장기화되면서 전원개발계획을 수정하라는 요구가 높아졌다. 전력수요 증가율이 예상치를 밑돌면서 설비 과잉을 우려하는 목소리가 커졌다. 정치권 일각에서는 콕 찍어서 울진 1~2호기(원전 9~10호기)의 건설을 중단하라는 주장이 제기되었다(이종훈, 2012: 302). 투자재원 부족 문제도 재차 불거졌다. 해외 차관이나 내부 조달에 한계가 있는 만큼 신규 설비투자를 축소하는 방안이 검토되기 시작했다. 결국 정부는 고리 3~4호기(원전 5~6호기)를 포함해서 건설 중인 발전소의 준공을 연기하고 신규 설비투자 부담을 줄이기 위해 첨두부하를 억제하는 것과 같은 조치를 취하기로 한다(동력자원부, 1988: 303~304).

하지만 상황은 나아지지 않았고, 정부는 1983년 말 2차 수정 계획을 내놓는다(동력자원부, 1988: 304~306). 기본 방향은 같았다. 즉, 전력수요 예측이 하향 조정됨에 따라 설비투자계획을 축소하는 데 초점이 맞춰졌다. 좋은 조건의 차관을 확보하는 것이 갈수록 어려워지는 상황에서 대규모의 자본 투자를 요구하는 원전은 아무래도 부담스러웠다. 결국 **표 3-1**에서 볼 수 있듯이, 두 차례의 수정을 거치며 원전 건설 계획은 10기에서 7기로 축소되었다. 2차 수

표 3-1 발전소 건설 계획 수정 내역

구분	합계		원자력		유연탄		무연탄		석유		수력	
	용량 (MW)	기	용량 (MW)	기	용량 (MW)	기	용량 (MW)	기	용량 (MW)	기	용량 (MW)	기
원안 (1982~1991)	18,322	36	10,629	10	4,120	8	400	2	710	3	2,463	13
1차 수정 (1982~1991)	13,747	34	7,929	9	2,620	5	400	2	730	5	2,069	13
2차 수정 (1983~1991)	12,612	33	6,350	7	3,620	7	400	2	741	6	1,501	11

자료: 동력자원부(1988: 305).

정 계획에서는 원전을 2기 줄이는 대신 유연탄 화력발전을 2기 늘렸다. 원전 11~12호기의 준공 시기를 1990~1991년에서 3년씩 연기한 것이기는 했지만, 긴 건설 기간을 감안할 때 원전 건설의 불확실성이 높아진 것은 사실이었다.

눈여겨볼 것은 원전 건설이 연기된 것뿐만이 아니다. 두 차례 수정과정을 거치며 원전의 경제성 문제가 도마 위에 올랐다. 한전은 기본적으로 원전과 유연탄 화력발전의 발전단가가 엇비슷하다고 판단하며 금리나 환율 등에 따라 원전의 경제성이 더 낮을 수도 있다고 평가했다(미상, 1984). 원전의 경제성을 둘러싼 논란은 1984년 3월 경제기획원이 가세하면서 격화되었다. 경제기획원은 대통령의 지시를 받아 "전력수요를 재추정하여 종합 검토하고 원자력과 유연탄의 경제성을 비교 검토하여 전원개발정책의 기본 방향을 확립"하기로 한다(한국전력공사, 2001: 210).

원전의 경제성 재검토 과정에서 가장 강하게 반발한 곳은 원자력연구소였다. 원자력연구소는 한전의 경제성 평가 방식의 가정을 문제 삼았다(미상, 1984). 우선 유연탄 화력발전은 2기 동시 건설을 기준으로 한 데 반해 원전은 단일기 건설로 계산한 것을 지적했다. 900MW 유연탄 화력발전은 발주실적이 없으며, 원전 수명을 25년으로 짧게 잡은 것도 문제 삼았다. 덧붙여 핵연료비가 과도하게 책정되었다는 주장도 폈다. 원자력연구소는 조건을 바꾸면 원전의 발전단가가 10%가량 낮다고 주장했다.

그러나 원전의 비교우위는 견고하지 않았다. 예컨대, 동력자원부는 스리마일 사고 이후 안전설비 강화나 건설공기 연장 등으로 미국의 원전 건설비가 상승한 것을 감안할 경우 유연탄 화력발전이 더 경제적일 것으로 추정했다(동력자원부, 1988: 307~308). 한국개발연구원(KDI)은 할인율을 13%로 가정할 경우 원전이용률이 92%를 넘겨야 원전의 경제성이 확보된다고 추산했다(이선, 1986: 21). 그러나 1980년대 초중반 한국의 원전이용률은 70% 안팎이었다. 할인율을 10%로 가정해도 원전이 비교우위를 갖기 위해서는 이용률이 74%를 넘어야 했다.[1]

원전의 경제적 비교우위는 불확실했다. 하지만 한전의 고정자본 투자비 조달 문제는 확실했다. 전기요금이 통제되는 상황에서 대규모 신규 투자는 한전의 재무구조를 악화시킬 것이 명백했다. 결국 정부는 전력수요 예측을 축소 조정하고 투자비 부담을 완화하기 위해 설비예비율과 공급예비율을 축소하는 방안을 선택했다. 설비예비율을 30~35%에서 25%로, 공급예비율을 20%에서 10%로 축소 조정하는 안이었다(동력자원부, 1988: 307~308; 한국전력공사, 2001: 210).[2] 그 여파로 원전 11~12호기의 준공 시기는 1995~1996년으로 다시 한 번 연기되었다.

경기침체로 인해 전력수요 예측이 축소 조정되고 투자자본 조달 압력이 가중되는 상황에서 원전은 경제적 비교우위까지 의심받게 되었다. 이런 상황은 핵기술의 군사적 이용이 차단되면서 더욱 중요한 문제로 부상했다. 1970년대 후반 8기의 원전이 거의 동시에 발주된 데 반해 후속기인 11~12호기의 건설 계획은 계속 늦춰졌다. 원전의 경제성을 높이고 전략적 가치를 입증할 대책이 필요했다.

2. 신속핵선택전략의 차단과 연구개발부문의 대응

1) 원자력연구소의 위기와 연구-사업 병행 모델의 부상

박정희 정권이 붕괴된 뒤 신속핵선택전략도 위기에 처했다. 우선 주한미

---

1) 당시의 정치사회적 조건상, 안전 규제 비용, 방사성폐기물 및 사용후핵연료 처분 비용, 사회적 비용 등은 과소 평가되었음에도 불구하고 주요 쟁점으로 부상하지 못했다.
2) 조정안에 따르면, 한전의 설비투자액(1984~1992)은 14조 2273억 원에서 9조 5012억 원으로 줄었다. 외채의 경우, 108억 1400만 달러에서 57억 6300만 달러로 46% 이상 감축할 수 있는 것으로 추정되었다(한국전력공사, 2001: 210).

군 철수가 철회되고 미국의 핵우산 보장이 확실해진 것이 영향을 미쳤다. 1979년 소련이 아프가니스탄을 점령하면서 미국과 소련 간의 군사적 긴장이 높아졌다. 신냉전이 도래하면서 한미 군사동맹의 전략적 가치가 재조명받았고, 카터 정부는 주한미군 철수 계획을 철회했다. 나아가 핵무기 철수도 중단시켰다. 1976년 4만 6천 명 수준으로 진행된 팀스피리트 훈련의 규모는 1980년 20만 명으로 확대되었고, 미국 정부는 공지입체전투를 통한 핵우산 제공을 약속했다(헤이스 외, 1988: 64~65, 86). 미국의 핵우산 보장은 이중적 핵기술 개발의 유인을 약화시키는 데 일조했다.[3]

그러나 신속핵선택전략의 추진력이 급속하게 약해진 결정적인 계기는 박정희 정권의 몰락과 군사 쿠데타를 통한 신군부의 집권이었다. 미국의 감시와 견제 속에서도 이중적 핵기술의 개발을 지원해준 강력한 후원자가 사라지면서 비밀 프로젝트는 중단될 위기에 처했다. 군사 쿠데타를 통해 정권을 장악한 신군부는 미국으로부터 지지를 얻기 위해 핵무기 개발을 잠정적으로 중단했다(Kim, 2001). 미국 정부가 이중적 핵기술 개발에 대한 의심을 거두지 않자 신군부는 한층 강경한 조치를 취한다. 바로 국방과학연구소와 원자력연구소 등 관련 기관을 대폭 축소하는 것이었다.

원자력연구소의 경우 조직 해체의 지시가 내려지기도 했다. 당시 이정오 과학기술처 장관은 담당 국장을 불러 원자력연구소의 폐쇄를 지시했다(과학기술부, 2007: 12~16; 차종희, 1994: 215~216; 한필순, 2014a). 과학기술처 장관은 원자력연구소가 원자력발전 기술 개발이나 원전의 안전성 확보에 기여하지 못한다고 비판했다. 물론 해체 지시가 실질적인 폐쇄를 명령한 것은 아니었

---

3) 헤이스 외(1988: 142~143)에 따르면, 박정희 정권과 전두환 정권은 1차적으로 공중전력 지원 및 지상군 강화를 중시했지만 추가적으로 핵무기가 더 많이 배치되기를 희망했다. 핵무기 배치가 주는 군사적·심리적 보장 효과가 컸기 때문이다. 주한미군 철수가 핵무기 개발에 영향을 미칠 수 있다는 주장이 제기되면서 미국 행정부 내에서 주한미군 철수를 둘러싸고 상당한 논란이 일기도 했다.

다. 필요한 것은 미국의 압력에 대응하기 위한 일종의 형식적 개편 조치였다 (강박광, 2011; 과학기술부, 2007: 12~16).[4]

원자력연구소는 강하게 반발했다. 조직 개편 과정에서 이학, 의학, 농학 등 기초연구나 핵연료주기 연구의 축소가 불가피하고 원자력발전 분야도 위축될 것으로 예상된 만큼 조직의 명운이 걸린 문제였다. 차종희 원자력연구소 소장은 과학기술처의 지시를 거부하며 4개월가량 대립했다. 과학기술처는 예산 배정을 중단하는 최후의 조치를 취했고 결국 원자력연구소는 정부의 조치를 수용했다. 이후 원자력연구소는 핵연료개발공단, 동력자원부 산하의 태양에너지연구소 등과 통합되었다. 정식 명칭은 '원자력'이 삭제된 한국에너지연구소였다.

조직의 공중분해는 피했지만 원자력연구소의 미래는 불투명했다. 원자력원구소는 비전을 상실한 채 표류하기 시작했다(차종희, 1994: 215~216). 1970년대 이중적 핵기술 개발을 담당하면서 높아졌던 위상은 과거의 영화가 되었다. 단적으로 **표 3-2**에서와 같이 과학기술처 예산 중 원자력연구소가 차지하는 비중이 10% 가까이 하락했다. 설상가상으로 과학기술정책 기조가 바뀌면서 출연연구기관에 대한 지원은 갈수록 줄어들 것으로 예상되었다. 조직의 해체는 면했지만 정체 또는 쇠퇴는 불가피한 것처럼 보였다.

표 3-2 원자력연구소의 과학기술처 예산 점유율 변화

(단위: 억 원)

구분	1969	1971	1973	1975	1977	1979	1981	1983	1985	1987
과학기술처	24	36	44	80	154	321	772	1,084	1,809	2,407
원자력연구소	11	10	7	20	52	89	145	191	214	271
점유율	46	28	16	25	34	28	19	18	12	11

자료: 한국원자력연구소(1991: 642).

---

4) 당시 과학기술처 원자력개발국장이었던 강박광에 따르면, 원자력연구소가 폐쇄되지 않자 미국 극동군 핵사령부 담당 대령이 방문하여 그 이유를 캐묻기도 했다(과학기술부, 2007: 12~16).

그러나 출구는 있었다. 원자력연구소는 대덕공학센터(前 핵연료개발공단)의 전략사업을 통해 재기의 발판을 마련했다. 전략사업을 통해 기술역량과 전략적 가치를 입증한 덕분이었다. 이 과정에서 핵심적인 역할을 한 인물은 1982년 초 대덕공학센터 소장으로 취임한 한필순(前 국방과학연구소 미사일개발단장)이었다.[5] 당시 대덕공학센터는 인원과 예산이 동결되었을 뿐만 아니라 곧 사라질 곳으로 인식되고 있었다(한필순, 2014a).[6]

상황을 타개하기 위한 방책으로 대덕공학센터는 단시일 내에 가시적인 성과를 낼 수 있는 사업을 추진했다(과학기술부, 2007: 19~20; 한필순, 2014c). 핵심적인 사업은 세 가지, 즉 대전차운동에너지탄 개발과 중수로 핵연료 국산화, 탠덤Tandem 핵연료주기 사업이었다(과학기술부, 2007: 19~20; 한필순, 2014c). 이 중 대전차운동에너지탄armor-piercing, fin-stabilized discarded sabot(일명 대전차관통자)은 열화우라늄탄의 일종으로 북한의 최신 장갑차를 파괴할 수 있는 무기였다. 한필순 소장은 국방과학연구소 재직 시 열화우라늄탄 개발을 책임지고 있었는데, 당시의 경험을 활용하여 국방과학연구소 소장과 부소장에게 지원을 요청했다. 한 소장은 한국군 대전차 로켓으로는 불가능했던 북한의 최신형 탱크 장갑판을 관통시킬 수 있는 무기를 개발할 수 있다고 주장했다. 한필순 소장의 설득 끝에 국방과학연구소가 5000만 원을 지원했고, 이 사업 덕분

---

5) 한필순이 대덕공학센터 소장으로 임명된 이유는 정확히 알려지지 않았다. 그러나 정황상 모종의 임무를 부여받았던 것으로 보인다. 한필순 본인의 증언에 따르면, 대덕공학센터로 이직을 요청한 것은 과학기술처 장관이었으나 그 뒤에는 김성진 국방과학연구소 소장이 있었다(과학기술부, 2007: 10). 김성진 소장은 한필순이 이직한 뒤 대전으로 자주 와서 함께 원자력연구소를 살릴 방안을 모색했다. 과학자들의 적극적인 참여로 기술자립을 이루자는 것이 요지였다고 하나 이후 행보를 보면 핵기술의 군사적 활용까지 포함되었던 것으로 추측된다. 한필순 소장이 부임 전부터 중수로 핵연료 국산화와 같은 목표를 가지고 있었던 것으로 보인다(한필순, 2015).

6) 한필순에 따르면, 대덕공학센터는 우라늄 농축과 관련된 실험을 한 것으로 의심받아 공식적인 지원이 끊긴 상태였다(과학기술부, 2007: 19~20). 이로 인해 원자력연구소의 일부 간부는 대덕공학센터를 폐쇄해서 본원까지 피해를 입는 상황은 막아야 한다고 주장하기도 했다(서인석, 2015).

에 대덕공학센터는 우라늄 정련·변환 시설을 가동할 수 있었다.[7]

열화우라늄탄 개발로 시설 가동 중단을 막은 원자력연구소는 중수로 핵연료 국산화 사업으로 자신의 전략적 가치를 입증했다. 사실 중수로 핵연료 국산화는 경제성이 낮다는 이유로 한전과 동력자원부가 공식적인 지원을 거부한 사업이었다. 그러나 원자력연구소와 과학기술처는 독자적으로 기술을 개발하기 쉽다는 이유로 포기하지 않았다. 원자력연구소는 1980년 3월 '중수로 핵연료 기술 개발의 국산화 5개년 계획(안)'을 작성해서 정부에 제출했다. 그러나 처음에는 과학기술처조차 선뜻 사업을 지원해주지 않았다. 이런 상황에서 한필순 소장은 프랑스 차관으로 도입된 핵연료 가공 시험설비를 사장시킬 수 없다고 주장하며 다시 한 번 중수로 핵연료 국산화를 추진한다(한국원자력연구소, 1990: 70).

적극적인 로비 끝에 중수로 핵연료 국산화 사업은 1982년도 과학기술처의 특정 연구개발 과제로 선정될 수 있었다. 단, 시제품 개발로 한정된 지원이었다. 조직의 명운이 걸린 만큼 대덕공학센터는 역량을 집중하여 시제품 제작에 성공한다. 시간과 비용, 인력이 부족한 상황은 역설계reverse engineering 전략을 통해 극복했다. 그러나 한전은 안전성이 검증되지 않았다는 이유로 성능 검증 요청을 거부했다(한필순, 2014c). 결국 캐나다까지 출장을 가서 연소 실험을 한 끝에 가까스로 원자로 내 테스트를 마칠 수 있었다.

그리고 얼마 지나지 않아 기회가 찾아왔다. 1983년 4월 전두환 대통령이 대덕공학센터를 방문했을 때, 독자 개발한 중수로 핵연료와 대전차관통자를 집중 보고하여 전폭적인 지원을 이끌어냈다(한필순, 2014c). 이를 계기로 원자력연구소는 과학기술처와 한전으로부터 연구개발 출연금을 조건 없이 제공받게 되었을 뿐 아니라 (경수로) 핵연료 국산화 사업이 성공할 때까지 지원한다

---

7) 프랑스 차관 사업으로 도입된 우라늄 정련·변환 시설은 질산을 용매로 사용하기 때문에 6개월 이상 가동이 중단될 경우 시설의 폐기 처분이 불가피했다.

는 약속까지 받아냈다(과학기술부, 2007: 21~22; 한국원자력연구소, 1990: 212~214).

중수로 핵연료 국산화 사업은 이후 원자력연구소의 행로를 결정하는 데 큰 영향을 미쳤다. 우선 원자력연구소는 중수로 핵연료 국산화 사업을 계기로 사업에 참여하여 연구개발비를 충당하는 모델을 확립할 수 있게 되었다. 또한 자신의 기술역량을 입증하고 신속한 기술 개발이 무모한 실험이 아닐 수도 있다는 점을 보여줬다. 즉, 원자력연구소는 원전기술의 국산화 가능성을 보여줌으로써 자신의 산업적 가치를 입증할 수 있었다. 이를 통해 원자력연구소는 한전이 선호하는 합작투자를 통한 기술도입계획을 대체하는 방안으로 원자력연구소를 활용한 기술자립 계획을 주창할 수 있게 되었다(한국원자력연구소, 1990: 222~223).[8]

또 하나 간과할 수 없는 점은 중수로 핵연료 국산화가 원전 기술 개발을 지원하는 정부 고위층 인사들 간의 인적 네트워크를 공고히 하는 데 기여했다는 점이다. 사실 대덕공학센터가 열화우라늄탄 개발을 지원받기까지 한필순 소장의 국방과학연구소 인맥이 큰 역할을 했다. 한필순 소장의 동료였던 김성진 국방과학연구소 소장은 육사 11기생으로 전두환, 노태우와 동기였다. 당시 한전 사장이었던 박정기는 전두환 대통령과 대구공고 선후배 사이이자 육사 선후배 사이였다. 대덕공학센터 방문 이후 대통령의 지원 의사가 확실해지면서 이와 같은 인적 네트워크는 느슨한 인맥에서 핵기술 개발을 지원하는 네트워크로 전환된다. 이후 한필순은 원자력연구소 소장에 취임하여 1991년까지 유례없이 긴 기간 동안 원자력연구소를 이끌었을 뿐만 아니라 한동안

---

8) 중수로 핵연료 국산화 사업은 1984년 11월 대통령 주재 기술진흥확대회의에서 대표적인 성공 사례로 언급되어 세간의 주목을 받았다. 이듬해 4월 동력자원부는 국제 가격의 120%까지 인정한다는 단서를 달아 중수로 핵연료 국산화 방침을 승인했다. 시험 장전에 성공한 중수로 핵연료 사업은 이후 공정설계, 제작기기 국산화를 거쳐 양산체제를 확립하기에 이르렀다. 중수로형 핵연료 국산화는 연구-사업 연계 방식으로 성공한 최초의 사업이었다(한국원자력연구소, 1990: 70).

한국핵연료(주)(이하 한국핵연료)의 사장직을 겸직했다. 원자력연구소 소장으로 재직하는 동안 한필순 소장은 수시로 원자력발전 기술의 비전에 대해 대통령에게 직접 보고하며 원자력 연구 개발 분야에서 막강한 영향력을 행사했다(강박광, 2012; 과학기술부, 2007; 한필순, 2015). 김성진 소장은 1985년 과학기술처 장관으로 취임, 원자력연구소의 기술자립 방안을 적극적으로 지원했다. 박정기 사장은 재직 기간 중 '에너토피아^{enertopia}'를 모토로 내걸고 원전 기술 개발을 적극적으로 후원했다(한필순, 2015; 박정기, 2014).[9]

2) 원자력연구소의 재기와 한계: 핵연료 부문 사례

중수로 핵연료 국산화를 계기로 원자력연구소는 경수로 핵연료 설계, 원자로계통 설계 분야의 기술 국산화 과정에서 다시 목소리를 낼 수 있게 되었다(한필순, 2014c). 중수로 핵연료 국산화를 통해 원자력연구소는 자신의 기술역량을 보여줄 수 있었고 신속한 기술 개발이 무모한 실험이 아닐 수도 있음을 입증했다. 그리고 이를 지렛대 삼아 합작투자를 통한 기술도입 방식을 원자력연구소가 주도하는 기술자립 계획으로 전환시키는 데 나섰다. 이 과정에서 연구개발집단은 모험주의적 기술추격의 토대가 된 '공동설계$^{joint\ design}$'를 아이

---

9) 박정기 사장(2014: 182~183)에 따르면, 김성진 장관이 직접 자신에게 한필순 소장을 도와줄 것을 부탁했다고 한다. 이에 박정기 사장은 한필순 소장을 믿고 무모하게 사업을 추진하기도 했다. 실제로 원전 국산화 과정에서 박정기 사장은 한필순 소장이 설계 인력을 추가로 배정해줄 것을 요청하자 실무진의 반대에도 불구하고 지원해줬다(과학기술부, 2007: 47, 52; 한전원자력연료, 2012: 123). 덕분에 원자력연구소는 여유 인력을 확보하여 설계 수행과 검증, 재설계를 동시에 추진하는 압축적인 기술추격을 실행에 옮길 수 있었다. 그러나 고위층 인사들 간의 협력적 관계를 지나치게 과장해서는 안 된다. 특히 원자력연구소와 한전은 사업 관할 영역을 놓고 자주 부딪쳤다. 제4장에서 다시 살펴보겠지만, 방사성폐기물기금 설립을 놓고 한전과 원자력연구소의 입장이 충돌하면서 원자력법 시행령의 개정이 3년 가까이 지연되는 일이 발생하기도 했다. 이 과정에서 박정기 한전 사장은 안기부와 법제처장 등을 통해 원자력연구소와 과학기술처가 원하는 대로 시행령이 개정되지 않도록 적극적으로 로비했다(미상, 1991).

디어에서 실행 프로그램으로 구체화했다.

1980년대 들어서면서 경수로 핵연료 국산화 사업을 주도한 것은 한전이었으나 이 사업은 당초 원자력연구소가 추진하던 것이었다. 이 사업의 기원은 재처리 시설 도입으로 거슬러 올라간다. 재처리 시설의 도입이 중단되면서 원자력연구소의 관련 인력과 시설을 활용할 곳이 사라졌다. 핵연료개발공단이 설립되었지만 상당수의 연구인력은 여전히 원자력연구소에 머물러 있었다. 고리 1호기조차 완공되지 않은 단계인 만큼 핵연료 제작이 시급한 것도 아니었다. 이때 대안으로 떠오른 것이 다름 아닌 핵연료 국산화 사업이었다. 하지만 원자력연구소와 달리 한전은 핵연료 국산화에 소극적이었다. 핵연료의 성형가공 시장이 구매자 주도 시장으로 재편되고 있어 국산화의 필요성이 떨어졌을 뿐만 아니라 국산화할 경우 핵연료의 품질 보증을 장담할 수 없었기 때문이다(한국원자력연구소, 1990: 220). 그러나 원자력연구소는 핵연료 국산화의 필요성을 계속 주장하며 1979년 9월 '경수로 핵연료 국산화 사업 기본 구상안'을 경제장관협의회의 안건으로 제출한다. 회의 결과는 원자력연구소의 기대에 부응했다. 경수로 핵연료 국산화는 타당성을 인정받아 국책사업으로 추진되기 시작했다.

하지만 구체적인 추진 방식을 놓고 원자력연구소와 한전이 다시 충돌한다. 원자력연구소는 국내 기술인력이 주도하여 해외 기술을 도입하는 방안을 제시했다. 한전의 입장은 달랐다. 한전은 국내 투자비를 줄이고 핵연료의 품질을 보증하기 위해서는 합작회사를 설립해서 점진적으로 기술을 이전받아야 한다고 주장했다(한전원자력연료, 2012: 92~93). 앞서 살펴본 한국원자력기술 사례와 유사하게 원자력연구소는 국내 기관이 주도하는 신속한 기술자립을 추구한 반면 한전은 투자 비용과 기술의 신뢰성을 이유로 해외 기업과 합작사를 설립하기를 원했다. 결론도 엇비슷했다. 원자력연구소와 한전, 해외 기업이 공동으로 투자하여 핵연료 제조회사를 설립하되 원자력연구소가 경영을 주도하는 방안이 채택되었다. 그러나 원자력연구소가 해체위기에 내몰릴 만큼 혼란스러운 상황이 되면서 사업은 중단되었다.

사업이 재개된 것은 원자력연구소와 핵연료개발공단이 한국에너지연구소로 통합된 뒤의 일이다(한국핵연료주식회사, 1992: 87). 1981년 4월 경제장관협의회는 원자력연구소와 한전, 해외 기업의 공동출자로 핵연료 제조회사를 설립하고 원자력연구소가 지분의 51% 이상을 보유하는 방안에 합의했다. 다만 원자력연구소와 한전이 직접 경영에 참여하지 않고 독립법인의 형태로 운영하기로 했다(한국핵연료주식회사, 1992: 87; 한전원자력연료, 2002: 102). 그러나 이후 세 차례에 걸쳐 참여지분 비율이 수정되는데, 결과적으로 원자력연구소의 지분 비율이 계속 축소되었다. 원자력연구소는 당초 51% 이상의 지분을 보유하기로 했으나 1982년 2월 지분 비율은 한전 50%, 해외 합작사 49%, 원자력연구소 1%로 조정되었다(한전원자력연료, 2012: 93; 한국원자력연구소, 1990: 221~222). 차츰 한전의 뜻대로 합작사를 설립해서 점진적인 기술이전을 하는 방향에 가까워졌다. 조직역량이 약해지면서 원자력연구소는 제대로 대응하지 못했다. 수정된 계획에 따라 한국핵연료가 설립된 것은 같은 해 11월이었다.

원자력연구소가 국면 전환을 꾀하기 시작한 것은 대통령의 대덕공학센터 시찰 이후의 일이다. 1983년 5월 과학기술처 장관은 핵연료 국산화 및 핵연료주기 기술자립체계 구축 방안에 관한 특별보고를 했고, 이를 바탕으로 원자력연구소는 사업 방식을 전면 재검토했다(한국원자력연구소, 1990: 222~223). 그해 6월, 한필순 소장이 한국핵연료 사장직을 겸임하게 되면서 경수로 핵연료 국산화는 첨예한 쟁점으로 부상한다. 원자력연구소는 해외 기업이 지분의 50%를 차지하고 핵연료의 설계를 담당하기로 한 기존 계획의 백지화를 요구하고 나섰다(한전원자력연료, 2012: 126~127; 한필순, 2014c). 동력자원부와 한전이 즉각 반발했다. 이들은 합작 방식이 핵연료의 품질 신뢰성을 높이고 장기적으로 투자재원을 확보하는 데 유리하다는 입장을 고수했다(한국핵연료주식회사, 1992: 91~92; 한전원자력연료, 2012: 95; 한필순, 2014c). 특히 한전은 국내 과학자의 설계역량을 의심하며 공정한 평가를 위해 기술도입선도 외국 기관을 통해 선정할 것을 요구했다. 나아가 기술 도입의 범위를 조정하면 합작을 통해서도 과학기술처와 원자력연구소가 강조하는 기술 국산화를 조기에 실현할 수 있다고 주장했다.

동력자원부와 한전은 반대 입장을 분명히 했지만 대통령의 지원을 이끌어 내며 재기에 성공한 원자력연구소도 쉽게 물러서지 않았다. 원자력연구소의 반발로 경수로 핵연료 국산화 계획은 확정될 수 없었고, 그 기간 동안 원자력연구소는 정부 요로의 인사들을 설득했다. 그렇게 1년 넘게 지연시킨 끝에 원자력연구소는 자신의 요구를 상당 부분 관철시킨 「핵연료 국산화 사업계획 변경(안)」을 통과시킬 수 있었다(한국핵연료주식회사, 1992: 91~92; 한전원자력연료, 2012: 95). 이로써 합작 방식은 철회되고 국내 기술개발 역량을 최대한 활용해서 기술을 도입하는 전략으로 선회하게 되었다. 경수로 핵연료 설계의 주관 기관은 한국핵연료에서 원자력연구소로 변경되었다. 최초 계획에는 미치지 못하지만 원자력연구소는 한국핵연료의 지분도 10% 가까이 확보했다. 이제 원자력연구소가 영향력을 일정 정도 회복한 것은 분명해 보였다. 적어도 몇몇 분야에서 거부권을 다시 가지게 된 것은 확실했다.

그러나 모든 사업이 원자력연구소의 계획대로 추진된 것은 아니었다. 대덕공학센터의 세 번째 전략사업인 탠덤 핵연료주기 연구가 이를 잘 보여준다. 탠덤 사업의 기원은 신속핵선택전략으로 거슬러 올라간다. 미국의 압력으로 핵연료주기 분야의 연구가 제한되면서 관련 연구는 침체되고 핵연료개발공단의 연구인력은 유출되기 시작했다(서인석, 2015). 대덕공학센터에서 진행하던 방사성폐기물 분야의 연구(고준위폐기물 처리 연구, 전이원소 특성 연구, 화학처리 공정 연구 등)도 1981년 중단되었다(한국원자력연구소, 1990: 247). 소위 프랑스 차관 사업이 핵연료주기 연구의 명맥을 이을 수 있는 토대가 되었으나 한국에너지연구소로 통합된 이후 연구재원을 확보할 수 없었다. 1982년 조사후 시험시설과 우라늄 정련·변환 시설이 완공될 예정이었으나 시설 활용 방안조차 수립되지 못한 상태였다.

이와 같은 상황에서 탠덤 핵연료주기 연구는 침체되었던 핵연료주기 분야의 연구를 되살릴 수 있는 불씨로 인식되었다. 경수로와 중수로를 동시에 운영하는 기술 경로를 밟고 있는 만큼 경수로 사용후핵연료를 중수로 핵연료로 재사용하는 기술인 탠덤 핵연료주기 연구의 명분도 좋았다. 더구나 탠덤 핵주기는 우라늄과 플루토늄을 비분리처리co-processing하는 만큼 핵확산 저항성이 높다고 주장할 수 있었다. 1983년 1월 원자력연구소는 캐나다 측과 공동연구를 시작하며 핵연료주기 분야 연구의 재활성화를 모색했다.

그러나 미국 정부가 다시 막아섰다. 당시 미국 정부는 고리 1호기 계약서에 부록으로 포함되었지만 명목상으로만 존재하고 있던 '추후 필요시 사용후핵연료 재처리 시행' 조항마저 삭제할 만큼 완고했다(전풍일, 2015). 주한 미국대사관의 과학담당관, 미국 상무부 소속 담당관은 수시로 원자력연구소를 방문하여 조사후 시험시설을 시찰했다(노성기, 2015). 미국은 조사후 시험시설에서 핵연료봉을 화학 처리하여 플루토늄을 회수하는 실험을 하는 것은 아닌지 예의 주시했다. 비분리처리라고 주장하지만 탠덤 핵연료주기도 사용후핵연료를 대상으로 한 실험인 만큼 미국이 허용할 리 만무했다. 미국 정부는 탠덤 핵연료주기가 경제성이 없을 뿐만 아니라 북한의 핵개발을 자극할 수 있다며 관련 연구의 중단을 요구했다(박현수, 2015; 한국원자력연구소, 1990: 255~256). 신속핵선택전략의 유인이 약화된 상태에서 섣부른 이중적 핵기술 개발은 원자력연구소의 존립을 다시 위협할 수 있었다. 핵기술 개발에 대한 정부 고위층의 지지가 있었으나 미국과의 대립을 감수할 만큼 강고하지 않았다. 결국 탠덤 핵연료주기 연구는 미국의 뜻대로 중단되었다.[10]

---

10) 헤이스 외(1988: 149~150)는 1984년 미국이 한국과 캐나다의 혼합핵연료 공동연구를 중단시켰다고 하는데, 탠덤 핵연료주기 연구를 의미하는 것으로 보인다. 그에 따르면, 미국 에너지부가 재처리 분야의 기술이전을 철회시키도록 캐나다 정부에 압력을 행사했다.

3. 대기업의 진입 실패와 전력공기업집단의 형성

1) 설비제작사의 자생력 상실과 전력공기업으로의 통합

발전설비산업의 중복투자 문제가 불거지면서 1979년 정부는 이른바 5·25 투자조정계획을 발표한다. 계획의 요지는 현대중공업과 현대양행, 대우중공업과 삼성중공업을 통합하여 발전설비산업을 이원화하는 것이었다. 투자 조정의 이유로 언급된 것은 관련 기업의 부실화, 기술 축적의 부진, 그리고 발전소 건설공기의 지연 등이었다(한국중공업, 1995: 244).

그러나 이원화 조치는 정부 부처 간의 입장이 엇갈리고 해당 기업들이 반발하면서 표류하기 시작했다.[11] 핵심 쟁점은 현대양행 창원공장의 정상화를

표 3-3 원자력 7~8호기 투자비 및 국내 발주 가능분

(단위: 억 원, %)

분야	투자비	비율(%)	국내 발주분	
			국산화율	금액
핵증기 설비	1,164	9.1	30	349
터빈·발전기	609	4.8	39.4	240
보조기기	3,163	24.8	39.3~50	1,243~1,582
주설비 공사	1,200	9.4	100	1,200
기타 건설공사	1,042	8.2	100	1,042
기타(핵연료, 이자, 관리비 등)	5,567	43.7		
합계	12,745	100		4,074~4,413

자료: 경제기획원(1980a).

---

11) 당시 경제기획원과 상공부는 중화학공업의 중복투자에 대한 입장이 달랐다. 경제기획원은 경제안정화를 기치로 중화학공업 투자 축소 등 재정 긴축을 강화해야 한다는 입장인 반면 상공부는 중복투자가 장기적으로 크게 문제가 되지 않는다고 봤다. 5·25 투자조정계획을 조율하기 위한 경제장관협의회가 상공부 장관이 출장 중인 상태에서 개최되는가 하면 발표 이후 시행된 수출 지원 금융 확대 조치는 경제기획원 장관 없이 결정을 내릴 만큼 경제기획원과 상공부 간의 갈등이 가시화되고 있었다(박영구, 2012: 140~142).

위한 사업물량 보장과 이를 위한 발주 방식의 변경 여부였다. **표 3-3**에서 볼 수 있듯이, 원전 2기의 기기 공급 물량은 1800억 원에 달했고, 일괄 발주할 경우 공사금액은 4000억 원이 넘었다. 국산화율을 높인다면 수주 금액은 더 높아졌다. 따라서 설비제작부문은 국내 업체에 일괄 발주하고 국산화율을 높여 사업물량을 최대한 늘려줄 것을 요청했다. 그러나 이와 같은 방침은 분할발주와 점진적인 국산화를 선호한 전력공급부문의 입장과 배치되었다.

1979년 7월 현대중공업은 현대양행의 창원공장을 흡수 통합하는 대신 창원공장의 조기 가동을 위한 물량을 확보해줄 것을 요청했다(상공부, 1979a). 요구 사항에는 원전 7~10호기의 일괄수주(부지 조성, 건설, 기자재 공급 포함) 및 화력발전 2기 일괄수주가 포함되었다. 상공부는 수의계약을 통한 일괄발주로 사업물량을 보장하고 플랜트 수출 기반을 구축해야 한다고 주장하며 현대중공업 편에 섰다(상공부, 1979b). 반면, 동력자원부와 한전은 국제 입찰을 통한 분할발주를 고수했다. 국내 기업의 기술 수준이 낮아 원전의 성능을 담보할 수 없을 뿐만 아니라 한전이 발전소 건설의 적정 가격을 평가할 능력이 없어 수의계약은 안 된다는 이유였다. 이에 대해 상공부는 가격 평가 및 기기 성능 검사는 외국 용역업체를 활용할 수 있으며 분할발주 방식은 공기가 지연되어 건설비가 증가할 가능성이 높다고 맞섰지만 이견은 해소되지 않았다. [12]

정부 부처 간 이견으로 통합이 지연되는 사이 현대양행 창원공장의 차관선인 국제부흥개발은행(IBRD, International Bank for Reconstruction and Development)이 일원화를 요구하며 차관 인출을 보류시켰다. 국제부흥개발은행은 시장 규모를 감안할 때 발전설비산업을 다원화하면 창원공장의 정상적인 운영이 어렵다고 판단했

---

12) 대우와 삼성의 통합 작업은 상대적으로 진척이 느렸다. 기본적으로 터빈·발전기는 대우가 담당하되 삼성이 자본 참여를 하는 방향으로 의견이 좁혀졌다. 그러나 보일러 분야에서 삼성은 대우 밥콕Babcock 인수를 추진한 반면 대우는 합작사 설립을 주장하면서 합의점을 찾지 못했다. 다만 대우와 삼성 공히 공장 가동률 제고를 위해 현대중공업처럼 원전 7~10호기의 일괄 발주를 요청했다(상공부, 1979b).

다. 재무부는 실사 조사를 통해 구조조정의 불가피성을 다시 한 번 확인했다(재무부, 1979). 현대양행과 현대중공업, 대우, 삼성중공업의 발전설비 생산 규모가 연간 5000MW인 데 반해 국내 수요는 1750MW에 그쳐 구조조정이 이뤄지지 않을 경우 공장 가동률이 35% 수준에 머물 것으로 예측되었다. 창원공장을 중심으로 일원화가 이뤄진다고 해도 가동률은 70% 안팎에 머물렀다. 당장 수출을 할 수 없는 만큼 국내 발주량을 늘리는 것이 발전설비산업을 정상화하기 위한 선결 과제처럼 여겨졌다.

첨예하게 부딪치던 양측은 창원공장의 상황이 갈수록 악화되자 결국 타협한다. 1980년 1월 정부는 현대중공업의 요구를 상당 부분 받아들여 원전 7~8호기의 일괄발주를 결정한다(경제기획원, 1980a). 동력자원부와 한전은 7~8호기에 한해 일괄발주를 수용하되 주기기 및 건설공사만 현대그룹에 발주하고 보조기기는 한전이 담당하는 방안을 받아들였다.[13]

하지만 현대그룹이 원전 9~10호기까지 수의계약으로 일괄 발주해줄 것을 요청하면서 정부의 계획은 틀어졌다(현대건설, 1980). 현대 측은 7~8호기에서 제외된 보조기기까지 포함하는 것은 물론 원전 설비·건설 분야의 일원화까지 요구했다. 동력자원부와 한전의 분할발주 방침과 정면으로 충돌하는 방안

---

13) 당시 정부에서 검토한 안은 세 가지였다. 첫째, 주기기 및 보조기기, 주설비 건설공사 및 기타 건설공사 전체를 현대그룹에 일괄 발주하는 방안. 이 경우 3622억~3971억 원의 물량을 보장할 수 있어 창원공장의 정상화에 가장 유리했다. 다만 현대그룹의 일괄발주로 6개 중전기 업체의 부실이 가속화되고 삼성중공업 등 다른 기업들이 타격을 입을 수 있었다. 현대건설 이외의 건설업체가 배제되는 문제도 있었다. 둘째, 주기기·주설비 건설공사 및 기타 건설공사는 현대그룹에 일괄 발주하고 보조기기는 원전 5~6호기에 준해 한전이 결정하는 방안. 이 방안은 대략 2389억 원의 물량을 현대 측에 보장해줄 수 있었다. 원전 5~6호기 보조기기 공급의 70%를 현대그룹이 담당했던 것을 감안하면 보장액은 더 늘어났다. 마지막으로 주기기와 주설비 건설공사만 현대그룹에 일괄 발주하고 보조기기와 기타 건설공사는 지명 경쟁입찰 방식으로 발주하는 방안. 마지막 방안은 보장물량이 1789억 원으로 가장 적을 뿐만 아니라 주설비 공사와 기타 설비 공사가 분리되어 공사 관리가 어렵고 공기가 지연될 우려가 있었다. 정부는 두 번째안을 선택, 주기기 및 건설공사는 현대그룹에 일괄 발주하고 보조기기는 한전이 담당하는 것으로 결정했다.

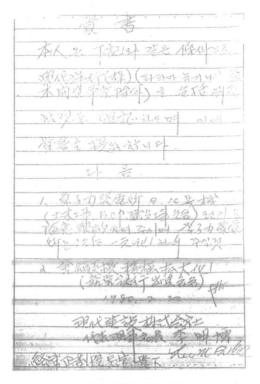

그림 3-1 현대건설 이명박 사장의 경제기획원 제출 각서
자료: 현대건설(1980).

이었다. 설상가상으로 현대양행은 투자비 정산 문제를 이유로 통합에 반발했
다.[14] 여기에 차관을 제공한 국제부흥개발은행이 중복투자를 배제하고 기존
설비를 합리화할 것을 요구하면서 상황은 더욱 복잡해졌다(경제기획원, 1980b;

---

14) 현대양행 정인영 사장은 현대그룹 정주영 회장에게 자본 출자를 요청했으나 정주영 회장이
   정인영 사장의 퇴진을 요구하면서 양측의 관계가 틀어졌다. 여기에 정인영 사장의 현대양행
   투자비가 제대로 정산되지 않자 현대양행은 국가보위비상대책위원회와 정부 부처에 통합 방
   안의 부당성을 주장하며 5·25 투자조정계획의 백지화를 건의했다(≪신동아≫, 1980.12; 현
   대양행, 1980). 대우그룹 회장이었던 김우중에 따르면, 당시 정주영과 정인영 형제 사이의 관
   계가 극도로 악화되어 정인영 사장이 대우그룹에 현대양행의 인수를 요청할 정도였다(신장
   섭, 2014: 71~72).

재무부, 1980).[15] 이해관계가 복잡하게 엇갈리면서 정부 부처 간의 의견 조정도 다시 시험대 위에 올랐다. 그러나 조정은 원활하지 않았고 구조조정은 다시 표류하는 듯했다.

표류하던 구조조정은 5·18 이후 실권을 장악한 국가보위비상대책위원회(국보위)가 개입하면서 급물살을 탔다. 국보위는 현대그룹과 대우그룹을 대상으로 일원화를 추진하되 자동차 산업과 발전설비산업의 교환을 추진했다. 현대그룹이 발전설비와 건설 중장비 분야에 상당한 투자를 한 만큼 국보위는 사업 교환이 수월하게 진행될 것으로 예상했다.[16] 그러나 현대그룹은 대우그룹의 새한자동차는 지엠(GM$^{General Motors}$)이 50%의 지분을 보유하고 있는 만큼 통합이 어렵다고 판단하고 일원화 방안에 반대했다(이명박, 1995; 정주영, 1998). 국보위는 현대그룹에게 발전설비산업을 선택할 것을 강요하며 통합을 밀어붙였다. 이윽고 8월 더 이상 버틸 수 없었던 현대그룹은 정부와 대우의 예상을 깨고 자동차 산업을 선택했다. 발전설비산업은 수요가 부정기적이라 안정성이 낮고 향후 현대중공업을 통해 다시 진출할 수 있다는 판단이었다.[17] 나아가 설비 생산을 못한다 해도 현대건설을 통해 발전소 건설 공사에 참여할

---

15) 경제기획원은 국제부흥개발은행에 창원공장 인수 절차가 완료되는 대로 산업은행 등을 통해 금융지원을 하고 추가물량을 배정하겠다는 의사를 밝혔다(경제기획원, 1980b).

16) 국보위가 자동차 산업과 발전설비산업의 교환을 통한 일원화 방안을 채택한 배경은 정확히 알려지지 않았다. 당시 경제기획원은 산업 독점, 잦은 방침 변경에 따른 해외 금융기관으로부터의 신뢰 하락 등을 이유로 일원화에 적극적이지 않았다. 상공부는 국보위 경제과학위원장이었던 김재익이 비교우위론을 내세워 자동차 산업을 지엠에 넘기자고 주장하자 이에 맞서 일본식으로 정부 지원을 강화하는 방안을 제시했다. 당사자인 현대그룹은 자동차 산업의 통합을 지속적으로 거부했다. 관련 내용은 이장규(1991: 81~86)를 참고할 것. 현대그룹 정주영 회장은 당시 일원화 조치가 대우그룹의 김우중 회장이 권력과 결탁하여 추진한 것이라고 비판한 바 있다(정주영, 1998).

17) 김우중 회장은 정주영 회장이 정부 고위층과 밀약을 통해 지엠의 지분을 모두 넘겨받는다는 보장을 받고 자동차 산업을 선택했다고 회고한 바 있다(신장섭, 2014: 71). 그러나 지엠은 새한자동차 지분이 저평가되었다는 이유로 현대그룹에 주식을 이양하지 않았다. 이후 자동차 산업의 통합도 사실상 무산되었다.

수 있다고 보았다(이명박, 1995: 168; 이장규, 1991: 87; 정주영, 1998). 결국 현대 양행은 대우조선으로 통합되었고, 정부는 향후 발전소 건설을 일괄 발주하여 지원하기로 한다(운영분과위원회 등, 1980).[18]

그러나 대우그룹이 정부의 예상을 뛰어넘는 지원을 요청하면서 상황은 다시 꼬이기 시작했다. 9월 13일, 현대양행의 경영권을 인수한 대우그룹은 물량 확보를 위해 전원개발계획상 확정된 발전소를 조기 발주할 뿐만 아니라 원전 9~14호기를 신속하게 발주해줄 것을 요구했다(현대양행·대우, 1980). 설계, 기기 제작, 건설공사를 모두 포함하여 1980~1984년간 총 1조 8000억 원에 이르는 물량이었다. 또한 대우는 기술 연구 개발을 위해 원자력연구소 및 기계금속연구소를 원자력발전소 기기 제작 및 건설기술 연구 개발을 위한 전문 연구소로 전환해 대우로 이관시켜줄 것을 요청했다. 정부의 추가적인 자금 지원과 더불어 50% 한도 내에서 해외 자본의 참여를 허용해줄 것도 요구했다.

대우그룹의 요청을 수용할 것인지를 놓고 정부 부처 간의 협의가 시작되었다. 핵심 쟁점은 현대양행이 국내 금융기관으로부터 차입한 2560억 원을 지원하는 방안이었다.[19] 실사단이 파견되고 한 달가량 논의되면서 정부 내에는 대우그룹의 요구를 수용할 바에야 정부가 직접 투자하는 것이 낫다는 의견이 부상했다. 대우에 특혜에 가까운 지원을 하면서 정부가 얻는 것이 없다는 부정적인 견해가 지배적이었다.[20]

---

18) 단, 원전 9~10호기 및 공개 입찰이 불가피한 경우는 제외한다는 단서 조항이 있었다. 제2장에서 살펴봤듯이, 프랑스의 요청에 따라 원전 9~10호기는 프라마톰으로의 일괄발주가 예정된 상황이었다.

19) 정부는 자금조달 방안으로 국민투자채권 발행, 국민투자기금 예탁비율 인상, 산업금융채권 추가 발행 등을 검토하고, 자금공급 방안으로 한전을 통한 출자, 산업은행 직접 출자, 한국은행의 특별융자 등을 논의했다.

20) 경제장관협의회를 앞둔 10월 20~21일 실무진 회의가 소집되었다. 당시 회의 자료에 적힌 메모를 보면, 재무부 차관보는 공기업 형태로 가는 게 낫다는 의견을, 경제기획원 차관보는 정부 지원을 위해서는 국민적 합의가 필요하다는 의견을 개진했다. 산업은행은 대우냐 산업은

부처 간 의견이 모아지면서 경제기획원은 현대양행을 공기업으로 전환시키기로 결정한다. 당시 경제기획원은 현대양행의 정상화 방안을 보고하며 두 가지 안을 제시했다(경제기획원, 1980c). 1안은 대우가 1000억 원, 정부가 2280억 원(산업은행 780억 원, 정부 예산 900억 원, 외환은행 600억 원)을 추가로 출자하는 방안이었다. 경제기획원은 1안은 대우 측이 1000억 원을 출자할 수 있는지가 불분명하고 특정 기업에 대한 정부 지원으로 인해 정치적 문제로 비화될 우려가 있다고 보고했다. 2안은 정부 출자(총 2380억 원)를 통해 공기업화하는 방안이었다. 다만 김우중 회장이 전문 경영인으로 경영을 책임지고 추후 민간기업과 외국인의 투자를 허용하기로 했다. 경제기획원은 2안을 정치적 논란을 막으면서 동시에 공기업의 경직성을 해소할 수 있는 방안으로 제시했다.

정부 출자로 방향이 바뀌면서 한국중공업(前 현대양행) 문제는 일단락되는 듯했다. 그러나 상공부가 한전의 발전소 관련 업무를 한국중공업으로 이관하는 계획을 수립하면서 다시 갈등이 빚어졌다. 상공부(1980)는 사업물량 확보를 위해 한국중공업이 설비제작뿐만 아니라 토목건축, 설계엔지니어링, 기계설치 공사, 기자재 구매, 시운전 등 발전소 건설과 관련된 사업을 일괄적으로 수행하는 계획을 세웠다. 이 계획에는 한국중공업이 대우엔지니어링과 한국원자력기술을 흡수하여 자회사로 편입시키는 안이 포함되었다. 한전의 반발이 예상되는 방안이었다. 한전의 역할이 발전소 건설 종합관리에서 기본 계획 수립과 감독으로 크게 축소되었기 때문이다. 당시 김우중 회장 측은 장기적으로 한전이 송배전만 담당하고 여타 부분은 한국중공업이 전담하는 안을 건의했는데, 이 방안에 대해 국보위는 우호적인 입장을 보였다(한국중공업, 1995: 276~278). 한전은 관련 기관을 설득하는 데 나섰다. 한전 김영준 사장은 대우

행이냐 사이의 선택의 문제라고 주장했다(미상, 1980a).

그룹이 부당 이득을 취한다고 동력자원부에 보고했고, 이 내용은 동력자원부 장관을 통해 대통령에게까지 보고되었다(이장규, 1991: 87~88). 해결책으로 한 전이 한국중공업을 인수하는 방안이 제시되었지만 이번에는 한전에서 거부 했다. 당시 김영준 한전 사장은 한전의 자금여건을 감안할 때 한국중공업을 인수하는 것은 불가능하다는 입장을 밝혔다.

하지만 대통령과 청와대가 강력하게 요청함에 따라 결국 한전은 출자를 통해 한국중공업을 인수하기로 한다(한국중공업, 1995: 277~279). 대신 한전은 건설부문 이관 계획을 폐지시켰다. 한전 출자가 확정되면서 한전 사장이 한국중공업 사장직을 겸직하게 되었고, 한국중공업은 사실상 한전의 관리 아래 들어오게 되었다.[21] 김우중 회장도 한국중공업 경영진에서 물러났다.[22]

이로써 발전설비산업의 중복투자는 대기업의 철수로 종결되었다. 대규모의 설비투자로 인해 설비제작산업은 자생력을 상실했다. 재정적 지원 요구는 정부가 감당하기 부담스러운 수준이었다. 상공부와 대기업은 원전 산업구조를 재편해서 사업물량을 확보하는 방식을 모색했으나 한전과 동력자원부가 반발했다. 한전과 동력자원부는 자신의 영향력을 상실하고 발전단가의 상승을 유발할 수 있는 발주 방식의 변경에 강하게 저항했다. 설비제작부문이 자생력을 상실한 상황에서 전력공급부문의 강한 반발을 무마시킬 방안은 없었

---

21) 발전설비기업의 국영화 방안은 5·25 투자조정 과정에서도 거론된 안이었다. 당시 정부는 공기업화 이후 경영능력 미비, 해외 수주 역량 미흡 등을 이유로 공기업화를 부정적으로 봤다. 긴축 기조를 유지하는 상황에서 정부 출자를 늘리는 것은 어려웠고 민간 주도 경제로의 이행 기조와도 배치되어 공기업화는 검토 단계에서 폐기되었다(≪신동아≫, 1980: 263). 발전설비 기업에 한전이 출자하는 방안은 1976년 원전산업육성계획 수립 단계에서도 논의된 것으로 보인다. 당시 한전의 출자는 수출을 추진하는 데 있어 불리하다는 이유로 무산되었다(오원철, 1994).

22) 김우중 회장은 자신이 한국중공업을 경영하는 것이 정치문제로 비화될 것을 우려해서 사퇴했다고 언급한 바 있다. 한전과의 사업이관 갈등이 중요한 정치문제였을 것으로 추정된다. 또한 김우중 회장은 현대그룹이 발전설비산업으로 진출하기 위해 대우그룹의 특혜 의혹을 제기했다고 말한다(신장섭, 2014).

다. 설계분야의 흡수 통합도 자연스럽게 무산되었다. 그러나 한전으로 통합된 한국중공업의 미래는 밝지 않았다.

2) 전력공기업 주도 원전 산업구조의 형성

한전 출자를 통한 한국중공업의 공기업화는 사실 임시방편에 가까웠다. 한국중공업의 공기업화로 인해 자칫 한전까지 부실해질 수 있었다. 따라서 정부와 한전은 한국중공업의 공기업화를 임시적인 조치로 생각하고 해외 기업과의 합작을 통한 자본 조달을 추진했다. 그러나 투자 유치는 쉽지 않았다. 1982년까지 합작투자를 유치하기로 하고 주요 제작사에게 합작 의사를 타진했으나 긍정적인 검토 의사를 밝힌 곳은 웨스팅하우스, 제너럴일렉트릭·컴버스천엔지니어링 컨소시엄 두 곳에 불과했다. 그러나 이들은 창원공장 중 발전설비 주기기 분야(원자로 및 터빈·발전기)만 분리해서 투자하길 원했다. 또한 일정 기간 합작사의 경영권을 보장해줄 것을 요구했다(상공부, 1981). 문제는 종합 기계공장인 창원공장에서 발전설비만 분리할 경우 다른 부문의 정상화가 불가능해진다는 점이었다.[23]

합작이 무산될 기미를 보이자 한국중공업과 상공부를 중심으로 발주 방식을 변경해달라는 요구가 다시 나왔다. 요지는 국내 발전소 건설을 전담하고 수출기업으로 발돋움할 수 있게끔 한국중공업을 설계와 제작, 시공관리를 포괄하는 종합 플랜트 기업으로 육성해달라는 것이었다. 한전과 동력자원부의 반대가 예상되었지만 한국중공업은 경영 정상화를 명목으로 사업 통합을 요구했다. 여기에 현대그룹이 가세하면서 원전산업 통합을 둘러싼 논란이 1982년 말부터 재점화되기 시작했다(이종훈, 2012: 128~130).[24] 경제기획원은 건설

---

23) 창원공장은 발전설비 이외에 제철·제강, 건설 중장비 등을 생산하는 종합 기계공장이었고, 군포공장에서는 주로 공작기계와 제지기계를 생산했다.

부문 예산 사용의 효율성을 점검한다는 명목으로 한전의 전원개발사업에 제동을 걸었다. 한전은 즉각 반발했다. 그러자 경제기획원은 한전의 건설부서에 대한 감사원 감사를 요청했다.[25] 한편, 현대그룹은 현대건설로 전원개발사업을 집중시키면 건설비를 2/3 수준으로 낮출 수 있다고 주장하며 논란에 기름을 부었다.

한국중공업의 경영 상태가 개선될 기미를 보이지 않자 논란이 확산되었다. 쟁점은 크게 변하지 않았다. 즉, 한국중공업의 물량 확보를 위해 발주 방식을 변경하여 한전의 사업관리와 대기업의 건설공사를 한국중공업으로 이관시킬 것인지, 덧붙여 한국전력기술(前 한국원자력기술)의 흡수 통합을 용인할 것인지를 놓고 의견이 충돌했다. 전력공급부문은 다시금 거부 의사를 분명히 했다. 이들은 한국중공업의 기술역량이 낮기 때문에 건설공기가 지연되고 부실공사의 위험이 높다고 주장했다. 또한 납기와 품질, 비용 등을 고려할 때 분할발주가 최선의 방안이라는 입장을 고수했다. 한국중공업은 미국의 인증기술(N-stamp, ASME stamp 등)을 취득한 만큼 품질 보증에는 문제가 없으며 기

---

24) 현대그룹은 1980년 발전설비산업 일원화 당시 추후 현대중공업을 통해 재진출하거나 못해도 현대건설을 통해 발전소 건설 공사에 참여할 수 있다는 복안을 갖고 자동차 산업을 선택했다. 당시 현대 측은 일원화 후속 조치로 기술인력의 이전을 요구받았지만 완강히 거부했다. 현대중공업 소속으로 전환시켰던 현대양행 인력은 복귀 조치를 시켰지만 기존 현대그룹의 기술진(원자력사업본부 163명, 공장인력 168명)은 끝까지 이전시키지 않았다(정주영, 1998: 258~259). 이로써 기술인력을 한국중공업으로 집중시킴으로써 경쟁력을 높이려던 국보위의 계획도 무산되었다. 이후 현대그룹은 건설공사까지 한국중공업으로 통합되는 방안이 제시되자 반대 여론을 조성하는 데 앞장섰고 김우중 회장이 한국중공업 경영에서 물러서자 대우그룹이 건설공사를 독점할 수 없게 되었다고 보고 퇴진 조치를 반겼다(≪신동아≫, 1980: 263; 신장섭, 2014).

25) 한전은 국내 건설업체는 투명하지 않고, 차관 도입 시 한전이 유리하며, 품질 관리를 위해 운영조직이 책임을 지는 것이 낫다는 논리로 건설부문 이관에 반대했다. 감사원의 감사 결과를 봐도 한전 건설부문의 부실 여부는 불분명했다(이종훈, 2012: 128~130). 오히려 한전은 1983년 정부투자기관 경영평가에서 24개 정부기관 중 최우수기업으로 선정된 바 있었다(박정기, 2014: 55).

술 제휴선을 활용하면 건설공기와 건설단가를 적정선에서 유지할 수 있다고 맞섰다. 나아가 일괄수주 경험이 축적되어야 해외 시장 진출을 위한 기술 기반을 마련할 수 있다고 주장했다.

상공부와 한국중공업, 동력자원부와 한전, 현대건설 등의 이해가 엇갈리는 가운데 경제기획원은 한국중공업 쪽의 손을 들어주는 결정을 내렸다(미상, 1982). 즉, 경제기획원은 한국중공업이 주기기 및 주요 보조기기를 제작할 뿐만 아니라 설계 및 사업관리를 도맡는 방안을 지지했다. 건설공사와 기타 보조기기는 당분간 한전과 협의하되 점진적으로 한전의 발전소 건설 요원을 축소하는 계획이었다. 경제기획원은 기술인력의 경험 부족, 숙련도 미숙으로 초기에는 공기 지연이 불가피하고 원가 상승의 소지가 있으나 품질 저하를 크게 우려할 상황은 아니라고 판단했다.

한전과 동력자원부는 거세게 반발했다. 특히 한전은 한전의 사업관리 필요성과 함께 추가적인 지원 방안을 제시하며 경제기획원과 청와대를 설득하는 데 앞장섰다(미상, 1982). 한전은 기자재 국산화 기술 개발비 명목으로 한국중공업에 300억 원을 지원하고, 산업은행과 외환은행이 보유한 한국중공업 주식을 한전이 인수하는 방안을 제시했다. 기발주된 원전 9~10호기의 경우 설치공사까지 한국중공업이 담당하는 양보안도 내놓았다(미상, 1982). 그러나 한국중공업은 설계, 제작, 시공관리 능력을 갖춘 종합 플랜트 산업체로 육성해줄 것을 재차 요청한다(한국중공업, 1995: 333~334). 발주 방식의 변경 없이 해외 시장 진출은 불가능하다는 협박 아닌 협박도 했다. 한국중공업은 원전과 수·화력 부문을 분리한 뒤 원전만 일괄수주에서 제외하는 타협안도 반대했다.

설비제작부문과 전력공급부문의 입장이 팽팽하게 맞서는 가운데 저울의 추는 점차 한전 쪽으로 기울기 시작했다. 한전의 지원 없이는 자생력을 상실한 설비제작부문의 경영 정상화가 요원하다는 현실적인 문제가 크게 작용했다. 경제기획원은 해외 수주를 위해서는 일괄수주 방식으로의 전환이 바람직

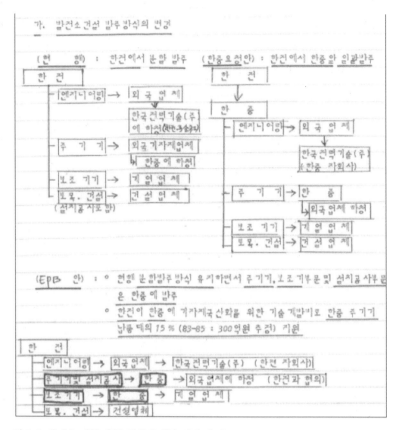

그림 3-2 발전소 건설 발주 방식에 대한 입장 차이
자료: 경제기획원(1983b).

하나 한전과의 마찰이 불가피하기 때문에 현실적으로 어렵다는 판단을 내렸
다(경제기획원, 1983a). 민간 건설업체와 보조기기 제작 업체가 한국중공업으
로의 건설공사 통합 방안을 반대하는 것도 고려되었다. 설계분야의 경우, 전
력회사가 기기 제작 및 건설자에게 구체적인 요구를 할 수 있는 역량을 보유
해야 한다는 한전 측의 의견을 수용했다. 그렇게 경제기획원의 중재로 절충
안이 마련되었다.

그러나 이번에는 상공부와 한국중공업이 절충안을 거부했다. 다시 관계부

처 장관회의에 안건이 상정되었지만 동력자원부와 한전도 완강했다. 결국 양측의 갈등은 한국중공업으로 사업을 통합하는 것이 아닌 한국중공업이 신규 발전소 건설부터 주기기 및 보조기기의 제작 및 설치공사의 주계약자로 참여하는 형태로 매듭지어졌다. 한국전력기술은 한전의 자회사로 남게 되었고, 한국중공업이 주기기 제작을 위한 외국 업체 선정 시 한전과 협의하기로 합의했다. 한국중공업의 인력 확충 또한 한전과 협의를 거치기로 했다. 대신 한전은 기자재 국산화를 위한 기술 개발비로 한국중공업 납품대의 15%(1983~1985년 300억 원)를 지원하기로 했다(경제기획원, 1983b, 1983c). 전반적으로 한전이 주도권을 쥐고 사업관리를 책임지는 방식을 유지하되 한국중공업에 대한 지원을 늘리는 방식이었다. 설비제작부문과 전력공급부문 간의 타협은 1983년 3월 말 한전 사장이 한국중공업 사장으로, 한국중공업 사장이 한전 사장으로 교체 취임하면서 마무리되었다.

이로써 한전과 한국중공업의 역할과 관계는 분명해졌다. 원자력발전으로 좁혀 보면, 한국중공업의 실질적인 사업 범위는 기기 제작으로 한정되었다. 한국중공업은 원전산업을 수직 계열화하는 데 실패했지만 한전으로부터 주계약자의 지위를 보장받고 기술 개발비를 지원받았다. 한전은 원전 사업을 종합적으로 관리하는 역할을 유지하는 대신 한국중공업에 대한 지원을 늘려야 했다. 동시에 한국중공업이 한전의 자회사로 편입되면서 사업물량 확보 압력이 더욱 커졌다. 한전은 안정적인 전력공급과 더불어 원전·전력 산업을 육성해야 하는 이중의 과제를 떠안게 되었다. 설비투자가 축소되는 상황에서 최선의 해법은 기술자립을 통한 원전의 국산화였다. 점진적인 기술 도입을 선호하던 전력공급부문이 원전 국산화에 적극적으로 나설 유인이 생긴 것이다. 그렇게 설비제작부문의 자생력 상실은 전력공급부문에 산업보조의 역할을 넘어 산업 육성의 과제까지 부여하는 방향으로 흘러갔다.[26]

한전과 한국중공업의 관계가 정리되면서 한국전력기술에 대한 한전의 지배력은 공고해졌다. 제2장에서 살펴본 대로, 원자력연구소는 한국원자력기술을 통해 원전산업의 주도권을 확보하려고 했다. 하지만 존폐의 기로에 설 만큼 조직역량이 약화되면서 이것은 이룰 수 없는 희망 사항이 되었다. 원자력연구소는 원자력발전의 전문성을 이유로 원전 전문 설계 회사를 육성하자고 주장했으나 한전은 전력산업 전반을 책임지는 설계엔지니어링 회사를 육성하기로 결정했다(한국전력기술, 1995: 86). 결국 원자력연구소와의 한시적인 합의가 종결되면서 한전은 민간기업이 보유한 한국원자력기술의 주식을 매입(1983년 12월 완료)하고 사명도 한국전력기술로 변경했다. 이로써 한국전력기술은 발전소 설계 및 관련 기술 용역을 수행하는 한전의 기술 창구가 되었다.

원자력발전소 정비보수를 담당하는 한국전력보수도 1984년 4월 한전의 전액 출자회사로 전환되었다. 한국전력보수의 모태는 국내 주요 건설업체들의 합작으로 1974년 설립된 안아공영(주)이었다(한국전력공사, 2001). 하지만 안아공영은 안정적으로 설비보수를 할 만한 기술력이 없었다. 결국 한전이 기술자의 양성과 정비보수 기술의 향상을 위해 안아공영에 투자하고 경영권을 확보했다. 1977년에는 주식을 전량 매입하여 한전보수공단으로 명칭을 변경했다. 이후 한전보수공단은 한국중공업 경영 정상화를 둘러싼 경합과정에서 한국중공업으로 흡수 통합되었다. 그러나 한국중공업이 한전의 자회사로 편입되고 기기 제작으로 역할이 한정되면서 다시 한전의 자회사로 전환되었다.

한국중공업은 물론 한국전력기술, 한국전력보수 등 원전산업의 주요 기업들이 한전의 자회사로 편입되고 발주 방식에 대한 타협이 이뤄지면서 한전주도의 원전 산업구조는 안정화되기 시작했다. 한전을 정점으로 한 전력공기업집단이 형성되면서 정부가 사용할 수 있는 정책 수단의 폭도 확대되었다.

---

26) 웨스팅하우스, 제너럴일렉트릭 등 미국의 설비제작사들은 기기 제작과 더불어 원자로 설계를 겸한다. 미쓰비시, 히타치 등 일본의 설비제작사들은 설계, 제작 이외에 시공관리까지 한다. 이에 반해 한국중공업은 원전 설계는 원자력연구소에 의존하고 시공관리는 한전에게 맡기게 되면서 오로지 기기 제작만 하게 되었다.

3) 기술자립 패러다임의 원전 국산화·표준화 계획으로의 전환

원전 국산화의 필요성은 1970년대부터 제기되었으나 국가적인 추진력은 약한 편이었다(한국원자력연구소, 1990: 242). 원전산업육성계획이 수립되었으나 이를 종합적으로 실행할 추진체제가 갖춰지지 않았기 때문이다. 앞서 살펴봤듯이, 기술자립 패러다임은 형성되었으나 구체적인 추진 주체와 전략, 속도 등에 대해서는 의견이 일치하지 않았다. 야심찬 원전산업육성계획이 발표되고 1년 넘게 지난 시점에서 열린 192차 원자력위원회, 이 자리에 참석한 과학기술처 차관의 발언이 당시 상황을 잘 보여준다. 그는 "국산화추진위원회에서는 관련 안이 올라가면 일반적이고 원칙적인 안이기 때문에 다들 찬성"을 하지만 "구체적인 안이 따르지 않기 때문에 예산이 나오지 않는다"고 말하며, 반드시 구체적인 추진 방안을 마련할 것을 요청했다(원자력위원회, 1977b). 하지만 1980년대에 들어서도 이와 같은 상황은 쉽게 해결되지 않았다. "국산화의 경우 어느 기업에서 할지 분명치 않고, 몇 기를 건설할 것인지도 불분명"하며 "국산화에 대한 수지 타산"을 고려하고 있지도 않다는 한탄이 나올 정도였다(과학기술처, 1980a).

불협화음은 곳곳에 존재했다. 우선 경제기획원처럼 원전 국산화에 미온적인 정부 부처가 존재했다. 상공부와 과학기술처, 공업진흥청 등이 원전 국산화에 적극적인 편이었다면 경제기획원은 내자 조달의 어려움을 이유로 원전 국산화 계획에 제동을 걸었다(원자력위원회, 1979). 기술자립 패러다임을 공유했지만 연구개발부문과 설비제작부문, 전력산업부문 사이에도 불협화음이 일었다. 추진 전략을 비롯한 실행 방안에 대한 이견이 갈등의 원인이었다.

기술추격과 원전 국산화에 가장 적극적인 집단은 원자력연구소였다. 연구개발 인력을 독점하고 있던 원자력연구소는 조직의 활로를 모색하는 차원에서 공격적인 기술추격을 원했다. 그러나 원자력연구소는 계획을 실행하는 데 필요한 자본을 동원할 수 없었다. 즉, 원자력연구소와 과학기술처는 원자력발전 장기계획을 지속적으로 수립했지만 연구 개발 방향을 제시할 뿐 정책적 측면에서 구체적인 실행 방안을 제시하지 못했다(과학기술처, 1980a). 특히 경제성에 대한 고려가 부족해서 실질적인 투자지원을 이끌어내는 데 어려움을 겪었다. 설비제작부문 역시 국산화에 적극적이었지만 이제 막 공장을 건설하는 단계여서 상황을 주도할 형편이 못되었다. 결국 계획의 실행을 위해서는 전력공급부문, 즉 동력자원부와 한전이 적극적으로 참여해야 했다.

하지만 한전은 원전 국산화를 서둘러 추진할 유인이 약했다. 1970년대 중후반까지 한전은 자신들은 상용화된 기술로 전력을 생산하여 공급하면 될 뿐 연구 개발은 전적으로 정부의 몫이라 생각했다(과학기술부, 2007: 37). 한전은 기술 개발 자금을 대거나 직접 기술 개발을 할 의사가 없었다. 국가 차원에서 원전산업 육성이 추진되면서 한전의 입장은 다소 누그러졌지만 신속한 기술 추격을 원했던 연구개발부문과는 여전히 거리가 있었다. 앞서 살펴봤듯이, 한전은 원전 설계와 핵연료 설계 등에서 합작을 통한 점진적인 기술 개발을 선호했다. 투자 부담을 줄일 수 있을뿐더러 기술의 신뢰성이 더 높다고 판단했기 때문이다. 발전소를 운영하는 입장에서 품질 보증이 불확실한 국산 기자재를 선뜻 사용할 수는 없는 노릇이었다.

이와 같은 상황을 타개하고자 과학기술처와 원자력연구소는 원전 국산화를 종합적으로 추진하기 위한 정부 부처 간 협력 체제를 구축할 방안을 모색했다(과학기술처, 1980b). 핵심은 원자력위원회를 과학기술처 산하 기구에서 국무총리 산하 기구로 격상시켜 정부 부처 간 협의 수준을 강화하는 것이었다. 여기에 원자력위원회의 하위 기구로 원자력사업추진위원회를 설립하여 과학기술처와 원자력연구소가 주도하겠다는 구상이었다. 하지만 다른 부처와 기관들의 호응을 얻지 못하면서 과학기술처와 원자력연구소의 구상은 계획서상의 계획에 머무를 수밖에 없었다.

분위기가 바뀐 것은 예기치 못한 일들이 발생하면서부터다. 우선 한국중공업이 한전의 자회사로 편입된 상황에서 한국중공업의 경영 정상화를 위한 방편으로 사업물량을 늘리는 방안이 추진되자 한전도 원전 국산화를 손 놓고 볼 수 없게 되었다. 1차적으로 국산화 비율이 높아질수록 한국중공업의 사업물량이 늘었기 때문이다. 또한 한전은 원전 건설 공사의 공기 관리에 상당히 애를 먹고 있었다.[27] 한전은 이른바 '벡텔 사건'[28]을 겪었는데, 설계용역 과정에서 인력 투입man-hour이 목표치를 대폭 초과하는 일이 발생한 것이다. 하지만 달리 방법이 없었다. 한전은 매번 벡텔에 설계용역비를 지불하는 것에 불만을 가졌지만 기술력과 사업관리 경험이 부족한 탓에 벡텔의 요구를 따를 수밖에 없었다. 웨스팅하우스 역시 정비보수가 필요한 일이 생기면 매번 고가의 비용을 청구했다(과학기술부, 2007: 34). 원전 10호기까지 경수로와 중수로, 웨스팅하우스와 프라마톰, 캐나다 원자력공사로 원전의 노형과 기술도입선이 다원화되면서 서로 다른 기술 기준을 적용하는 데 따른 어려움도 컸다(이종훈, 2012: 305).

여기에 기름을 부은 것이, 제1절에서 살펴본 원전의 경제성 논란이었다. 당시 원전 건설비는 스리마일 사고 이후 안전설비 강화, 건설공기의 연장 등으로 인해 전 세계적으로 증가하는 추세였다. 탈석유화의 수단으로서 원전의 위상이 크게 하락한 것은 아니었으나 유연탄 화력발전과의 경쟁에서 확고한 우위를 점한 것도 아니었다. 이와 같은 상황은 1984~1985년까지 계속되었다. 일례로 제5차 전원개발 5개년 계획의 3차 수정이 한창 이뤄지던 1985년 3월

---

27) 영광 1~2호기(원전 7~8호기)가 대표적인 사례다. 영광 1~2호기는 국산화가 추진된 주기기 분야의 계약자가 건설 도중 한국중공업으로 변경되었을 뿐만 아니라 국내 제작업체의 설계·제작 경험이 부족하여 기자재 공급이 수시로 지연되었다. 여기에 안전 기준이 강화되면서 시공 물량까지 증가했다. 한전은 공기 관리를 위해 다양한 수단을 동원했다. 예컨대, 한전은 제작업체로 공급 독려반을 파견하여 필요할 경우 곧바로 기자재의 검사와 시정 조치를 취했다. 기자재의 적기 조달을 위해 현장 구매반을 운영하기도 했다(한국전력공사, 2001: 309).

28) 1984년 벡텔이 고리 3~4호기의 설계용역 대금을 8천만 달러에서 1억 2천만 달러로 증액해줄 것을 요청한 사건을 말한다. 당시 한전은 인력 투입이 과대 계상된 것을 확인 후 묵인하는 조건으로 상한ceiling 금액을 정할 것을 요청해 최종적으로 관철시켰다(박정기, 2014: 160~167).

6일, 대통령은 에너지 공급 방안을 수립하면서 발전원 간의 경제성을 감안할 것을 지시했다(미상, 1985). 유연탄 화력발전과의 경쟁에서 비교우위를 차지하기 위해서는 원전의 경제성을 높이는 것이 필수적이었다. 경제성의 향상 없이 원전을 확대하는 것은 한계에 직면할 것이 분명해졌기 때문이다.

원전의 경제성이 하락한 이유는 차츰 분명해졌다(동력자원부, 1984c). 우선 설계기술이 부족해 설계용역비를 과다하게 지불할 뿐만 아니라 계약 이후에도 적극적으로 사업관리를 할 수 없었다. 이로 인해 건설공기가 지연되고 이자비 등 금융 비용도 증가했다. 기술역량이 부족해 기자재의 생산단가가 높은 것도 문제였다. 1970년대 중반부터 인식되었으나 그간 해결하지 못한 고질적인 문제들이었다.

해결의 실마리는 동력자원부와 한전이 원전 국산화와 표준화에 적극적으로 관여하면서 찾을 수 있었다.[29] 전력공급부문은 원전의 경제성을 향상시키기 위해 원전모델을 표준화한 뒤 복제해서 반복적으로 건설하는 방안에 관심을 갖기 시작했다(동력자원부, 1984c; 이종훈, 2012: 305~307). 원전을 표준화하면 인·허가 기간과 건설공기를 단축할 수 있어 건설단가를 낮출 수 있었다. 또한 부품의 호환성을 높여 예비 부품의 보유량을 줄일 수 있을 뿐만 아니라 기자재 국산화도 한결 수월해질 것으로 보였다. 신속하게 정비보수 기술을 향상시켜 원전의 이용률을 높일 수 있는 장점도 있었다.

원전 표준화 아이디어는 원전 건설 계획이 축소되고 원전의 경제성이 의심받는 위기의 상황을 기회로 전환시켰다. 한전과 동력자원부는 신규 발주가 지연되는 상황을 기술자립과 노형 전략 수립의 기회로 보고 구체적인 표준화 방안을 모색하기 시작했다(이종훈, 2012: 302). 1982년 11월 한전 원전건설부

---

29) 당시 동력자원부 원자력발전과장이었던 김세종에 따르면, 동력자원부에 표준화 아이디어를 제공한 것은 원자력연구소의 신재인 박사였다. 이후 김세종 과장이 한전 이종훈 건설부장에게 원전 기술자립 계획의 작성을 의뢰하면서 원전 표준화 계획이 구체화되기 시작했다(과학기술부, 2007: 32).

표 3-4 원전과 유연탄 화력발전 간 경제성 비교

구분		용량(MW)	건설단가($/kW)	발전단가(원/kWh)	비고
준공된 발전소	원전(고리2)	650	1,457	35.15	원전 불리
	유연탄 (삼천포 1~2)	560×2	759	32.88	
계획된 발전소	원전	900	1,412	33.41	원전 유리 (1$=768원, 이자율 10% 가정)
	유연탄	500	902	37.43	
	유연탄	900	782	33.80	

자료: 동력자원부(1984b).

는 "원전 건설 확대에 따른 현황과 대책"을 내부 계획으로 확정하고 동력자원부에 보고한다(이종훈, 2012: 305). 후속기는 900MW 가압경수로(중수로는 보완 노형으로 검토)를 주종으로 하고 영광 3~4호기부터 국제 입찰을 통해 원자로계통 설계 기술을 확보하는 방안이었다. 그리고 이를 바탕으로 표준화된 원전모델을 6기 이상 반복 건설하기로 한다. 원전건설부의 계획은 1984년 4월경 한전의 계획으로 확대된다. 한전과 한국중공업 간의 발주 방식을 둘러싼 갈등이 해결되면서 가능해진 조치였다. 곧이어 한전 원전건설부의 보고서에 기초해 동력자원부가 원자력 후속기 추진 방침을 마련한다(동력자원부, 1984b). **표 3-4**에서 볼 수 있듯이, 당시 준공된 발전소를 기준으로 할 경우 원전이 유연탄 화력발전보다 발전단가가 비싼 상태였다. 계획 중인 발전소의 경우 원전의 경제성이 앞선 것으로 추정되었지만, 앞서 봤듯이 의문이 해소된 상황은 아니었다.[30] 장기적으로 원전의 경제적 비교우위를 확고히 할 방안이 필요했고, 원전 국산화·표준화가 그 길을 제시했다.

---

30) 당시 동력자원부와 한전은 원전이 연료 수송이나 입지 이용률, 대기오염의 측면에서는 유리하나 외자 부담과 연료 매장량, 방사성폐기물 등의 측면에서 문제가 있다고 바라봤다. 이들은 사회경제적인 측면에서 원전과 유연탄 화력발전의 효과가 비슷하다고 보고 공급 안정성의 측면에서 발전원을 안배하기로 한다. 이에 따르면, 원전은 기저부하의 45% 수준, 시설용량의 40% 수준을 차지했다.

원전의 경제성을 높이기 위한 기본 전략은 크게 네 가지였다(동력자원부, 1984b). 첫째, 원전은 하한 수요를 기준으로 기저부하용으로 건설한다. 둘째, 신규 원전의 착공을 연기하더라도 준비 작업은 조기에 착수하며 신규 원전은 국내 주도 건설 방식을 지향한다. 셋째, 가격, 차관 조건, 사업관리 등을 종합 평가하여 공급자를 선정한다. 넷째, 기술자립 및 원전의 표준화를 추진하되 한국중공업과 한국전력기술의 참여를 확대한다. 구체적인 추진 방식으로는 한전이 전체 사업을 주관하고 한국중공업과 한국전력기술이 각각 주기기 공급과 설계용역의 주계약자로 참여하는 방식을 선택했다. 여기에 한국중공업과 한국전력기술을 통해 해외 업체로부터 기술을 도입하되 한전의 사전 승인을 받는 조건을 걸었다. 한국중공업이 생산할 수 없는 보조기기는 한전이 구매하고 현장 시공은 국내 단일 건설업체에 맡기기로 결정했다. 원자로 노형 전략도 구체화되었다. 원자로는 900MW 가압경수로나 650MW 중수로를 건설하기로 하고 세 가지 형태로 입찰서를 발송하기로 했다. 즉, 가압경수로 2기, 중수로 3기, 가압경수로 2기와 중수로 1기의 형태로 입찰서를 발송하여 경제성이 가장 높은 안을 선택하기로 했다.[31]

4) 원자력연구소의 설계분야 재진출

동력자원부의 원전 표준화 방침은 기술자립 패러다임을 실행계획으로 한

---

31) 당시 한전의 원전건설부장이었던 이종훈에 따르면, 박정기 사장은 초기에 비등경수로를 선호했다고 한다. 웨스팅하우스가 핵심 기술 이전에 소극적이었던 데 반해 제너럴일렉트릭은 적극적인 기술이전에 우호적인 태도를 보였기 때문이다. 이에 박정기 사장은 실무진에게 수차례에 걸쳐 비등경수로의 도입을 긍정적으로 검토할 것을 지시했다. 실무진은 한국 기술진이 비등경수로 설계 기술을 접한 적이 없다는 이유로 반대 의사를 밝혔다. 또한 박정기 사장이 대만전력을 방문하는 과정에서 방사능물질이 유출되어 2차계통 터빈까지 오염된 사고를 접했는데, 이를 계기로 비등경수로 추진 의사를 접었다고 한다. 이종훈(2012: 312~316), 박정기(2014)를 참고할 것.

단계 끌어올렸다. 하지만 실제 실행까지는 1년 넘는 시간이 더 필요했다. 기관별로 담당할 역할을 놓고 의견이 엇갈렸기 때문이다. 핵심 쟁점은 원자로계통 설계와 핵연료 설계를 누가 맡을 것인가였다. 동력자원부는 "원자력 후속기 추진 방침(안)"에 기초하여 "원자력발전기술자립계획(안)"을 수립했다 (동력자원부, 1984c). 추진 전략은 한층 구체화되었다. 당시 동력자원부가 구상한 방안은 동력자원부 주관으로 정책협의회를 운영하고, 주요 기관별 분업 구조를 정립하여, 한전 책임하에 관련 기관의 협의체를 구성하는 것이었다. 이 중 기관별 분업구조를 살펴보면, 우선 원자로계통(NSSS^{Nuclear Steam Supply System}, 핵증기공급계통)을 포함한 주기기 및 보조기기의 설계와 제작은 한국중공업의 몫이었다. 한국전력기술은 발전소 종합 설계를 담당하면서 원자로계통 설계를 보조하는 역할을 맡았다. 나아가 원자력연구소는 한국전력기술과 함께 한국중공업의 원자로계통 설계를 지원하고, 한국핵연료는 핵연료 설계와 제작을 책임지는 형태였다. 4월 25일 동력자원부는 계획안을 발표하며 11~12호기는 기술전수 위주로 계약하고 후속기부터 표준화를 추진한다는 점을 재차 확인했다.

그러나 한국전력기술과 원자력연구소 등이 기관별 역할 분담 방안에 반대하면서 논란이 일기 시작했다. 먼저 한국전력기술은 자신들이 원자로계통 설계 주관 기관이 되어야 한다고 주장했다. 나아가 건설감리를 책임지고 시운전에 참여시켜줄 것을 요청했다. 장기적으로 방사성폐기물 처리·처분도 한국전력기술이 담당하기를 희망했다(동력자원부, 1984d). 한국중공업은 원자로 설계와 제작을 통합하는 것이 경쟁력 확보에 유리하다고 맞섰지만 경영난으로 현상 유지도 벅찬 상태였다(원병출, 2007: 118~119). 조정의 열쇠는 한전으로 넘어갔다. 한전은 단계적인 표준화를 계획하고 있던 만큼 현실적인 여건을 감안해서 일단 한국전력기술이 원자로계통 설계를 담당하는 절충안을 제시했다. 한국중공업의 기술역량과 경영여건이 개선되면 한국전력기술의 인력을 한국중공업으로 이전하는 방안이었다(과학기술부, 2007: 33; 이종훈, 2012:

306~309).[32]

원자력연구소는 원자로와 핵연료 설계를 내심 자신들의 몫으로 생각하고 있었다(원병출, 2007: 114; 한국에너지연구소, 1984). 원전 설계 분야는 1970년대부터 원자력연구소가 진출하기 위해 심혈을 기울인 영역이었다. 핵연료의 경우 이중적 핵기술 개발 과정을 거치며 사실상 원자력연구소가 독점하고 있던 분야였다. 원자력연구소는 동력자원부 안에 대해 원자로계통 설계와 핵연료 설계는 자신들이 담당해야 한다고 회신했다.[33] 이에 대해 동력자원부와 한전은 원자력연구소가 연구 개발이 아닌 설계 '사업'을 추진하는 것은 적합하지 않다는 이유로 거부했다(이종훈, 2012: 320~321). 하지만 한국중공업, 한국전력기술, 한국핵연료 어디에도 설계기술을 가진 전문인력이 없었기 때문에 대안이 마땅치 않았다.[34] 그렇다고 원자력연구소가 압도적인 우위에 있었던 것은 아니었다. 원자력연구소 역시 원자로계통 설계에 참여하는 것을 주저할 만큼 기술인력이 충분치 않았다.[35]

---

32) 당시 한전은 건설공사 관리, 발전소 종합 설계, 보조기기, 터빈·발전기, 원자로 주요 부품, 원자로계통 설계 순으로 표준화를 추진할 계획이었다(이종훈, 2012: 305).

33) 아울러 원자력연구소는 원전 후속기 추진에 있어 경제성을 고려하되 기술자립과 국산화가 우선되어야 한다고 강조했다. 이러한 맥락에서 기술자립에 유리한 중수로의 비중을 높일 것을 요구했다. 동력자원부와 한전이 중수로의 비율을 명시하지 않은 데 반해 원자력연구소는 경수로와 중수로의 비율을 최소 4:1 이상으로 해야 한다고 주장했다. 동력자원부의 추정과 달리 원전이 유연탄 화력발전보다 경제적인 만큼 원전과 유연탄 화력발전, 기타의 비율을 5:3:2로 상향 조정하는 것이 타당하다는 의견도 제시했다. 여기에 탠덤 핵연료주기 관점에서는 3:1이 최적이라는 의견을 덧붙였다(한국에너지연구소, 1984).

34) 한국핵연료의 인력은 1983~1985년 각각 13, 24, 44명 수준으로 독자적으로 국산화를 추진할 수 있는 역량이 없었다(원병출, 2007: 125~126).

35) 당시 원자력연구소는 중수로 핵연료에 이어 경수로 핵연료 국산화 사업을 추진하면서 원자로계통 설계에 참여할 여유 인력이 없었다. 원자력연구소 간부 워크숍에서 원자력연구소가 원자로계통 설계를 주도할 수 없다는 결론을 내릴 정도였다. 그래서 원자력연구소는 경수로 핵연료 노심 설계와 직접적으로 연관된 분야를 중심으로 부분적으로 참여하는 방안을 모색하기도 했다(과학기술부, 2007: 41; 한국원자력연구소, 1990: 243; 한필순, 2015).

자칫 장기 표류로 이어질 수 있었던 상황은 원자력연구소가 '예산 확보 후 기술인력 확충' 전략을 내세우면서 타협점을 찾게 되었다(과학기술부, 2007: 38~42; 이병령, 1996: 145~146). 원자력연구소는 발상을 전환해서 사업 주체로 선정된 다음 예산을 받아서 인력과 시설을 확충하는 계획을 세웠다.[36) 이후 원자력연구소는 한필순 소장을 중심으로 한전과 동력자원부를 설득하는 데 총력을 기울였다(과학기술부, 2007: 41~42, 44; 박정기, 2014: 178; 이종훈, 2012: 320~321). 원자력연구소는 정부출연금이 지속적으로 줄어드는 상황을 타개하기 위해 연구-사업 병행을 추진하고 있는 만큼 사활을 걸고 나섰다. 원자력연구소는 과학자들이 설계분야를 주도하는 것이 기술학습에 유리하다는 논리를 앞세웠다. 또한 원전 기술자립에 우호적인 박정기 한전 사장과 최동규 동력자원부 장관 등 고위층 설득에 심혈을 기울였다.[37) 한필순 소장은 원자력연구소가 원자력계통 설계를 주도하는 방식이 아니면 원전 표준화를 위한 협의체인 전력그룹협의회에서 탈퇴하겠다고 선언하며 동력자원부 방침이 통과되는 것에 완강히 저항했다. 결국 원자로계통 설계와 핵연료 설계 업무는 원자력연구소로 넘어갔다. 단, 기술추격이 완료된 후 한국전력기술로 이전한다는 단서 조항이 붙었다.

---

36) 흥미롭게도 이 전략은 아무런 기반 없이 설계 사업을 추진해온 한국전력기술이 사용한 방법이었다. 역할 분담이 논의되던 시점부터 한국전력기술과 한국중공업은 원자력연구소에 기술인력을 파견해줄 것을 요청했다. 한필순 소장에 따르면, 역할 분담이 한창 논쟁이 되고 있을 때 정근모 한국전력기술 사장과 대화를 나눌 기회가 있었다고 한다. 이때 한 소장이 한국전력기술에는 전문인력이 없기 때문에 사업 추진이 불가능하다고 주장하자 정근모 사장은 "대한민국 사업은 돈을 먼저 확보하고 그 돈을 가지고 인력과 장비를 구비하는 것이 아니요"라고 답했다고 한다. 한필순 소장은 여기서 영감을 얻어 원자로계통 설계와 핵연료 설계를 원자력연구소가 수행하는 방안을 강하게 밀고 나갈 수 있었다고 한다(과학기술부, 2007: 38~42).
37) 앞서 언급했듯이 한필순 소장은 전두환 대통령의 신임을 얻고 있었을 뿐만 아니라 박정기 사장으로부터 기술자립을 지원받고 있었다. 최동규 동력자원부 장관은 경제기획원 예산국장 출신으로 한전과 벡텔 간의 용역비 갈등이 한창일 때 장관으로 부임했다. 이로 인해 상대적으로 부처의 이해관계에 매몰되지 않고 판단하는 성향을 가지고 있었고, 원전 표준화의 필요성에 공감하고 있던 상황이었다(과학기술부, 2007: 35~36, 44, 46).

표 3-5 기술자립 역할 분담

구분	동력자원부·한전 안	한국전력기술 안	원자력연구소 안	최종 계약
건설사업 관리	• 한전	• 한전 • 한국전력기술	• 한전	• 한전
발전소 종합설계	• 한국전력기술	• 한국전력기술	• 한국전력기술	• 한국전력기술
원자로계통 설계	• 한국중공업	• 한국전력기술	• 원자력연구소	• 원자력연구소
기자재 설계·제작 (원자로계통 설계 제외)	• 한국중공업	• 한국중공업	• 한국중공업	• 한국중공업
핵연료 설계·제조	• 한국핵연료	• 한국핵연료 • 한국전력기술	• 원자력연구소 (설계) • 한국핵연료 (제조)	• 원자력연구소 (경수로 설계, 중수로 설계· 제조) • 한국핵연료 (경수로 제조)
방사성폐기물 처분	• 원자력연구소	• 한국전력기술	• 원자력연구소	• 원자력연구소
안전 규제			• 원자력연구소	

　　원자력연구소의 역할이 조정되면서 기술자립을 위한 분업구조도 안정화되었다(표 3-5 참고). 한전과 한국중공업, 한국전력기술, 원자력연구소, 한국핵연료 등 주요 기관들의 협의체인 전력그룹협의회 역시 활성화되었고, 1985년 6월 제4차 전력그룹협의회에서 공식적으로 역할 분담을 확정지었다. 원자력연구소는 끈질긴 로비 끝에 원자로계통 및 핵연료 설계(중수로의 경우 제조 포함)를 담당하게 되었다. 한국중공업은 원자로를 제외한 주기기 및 보조기기의 설계와 제작을 맡았다. 한국전력기술은 발전소 종합 설계, 한국핵연료는 핵연료 제조를 주관하게 되었다. 정비보수는 한국전력보수의 몫으로 남았다. 원전산업이 한전을 중심으로 수직 계열화된 데 이어 원전 표준화 계획이 수립되고 분업구조까지 확립되면서 원전 건설의 추진력은 한층 강해졌다. 남은 과제는 원전 국산화·표준화를 통해 원전의 경제성에 대한 의심을 불식시키는 것뿐이었다. 기술자립 패러다임이 구체적인 실행 프로그램을 갖춘 공동의 프로젝트로 전환된 것이다.

　　이후 원전 국산화·표준화는 전력그룹협의회가 주도했다. 동력자원부가 제시한 한전 주도 관련 기관 협의체가 다름 아닌 전력그룹협의회였다. 전력그룹협의회는 1985년 4월 원전 기술자립 추진 방향을 주제로 첫 워크숍을 진행한 이래 1996년까지 총 36회에 걸쳐 워크숍을 개최했다(원병출, 2007: 127). 워크숍에서는 원전 표준화의 진도 및 전략, 공기 지연 요인 분석, 건설 기술 개선 방안 등 기술추격과 관련된 사항뿐만 아니라 방사성폐기물의 처리, 안전규제, 반핵운동에 대한 조직적 대응 방안 등 원전과 관련된 거의 모든 사항이 논의되었다(이종훈, 2012: 340~341).[38] 협의기구가 안정적으로 운영되면서 원전 국산화·표준화 계획의 실행은 한층 탄력을 받을 수 있었다.

4. 추격체제의 형성과 이원적 원자력행정의 존속

1) 기술추격 경로의 형성

조직 해체의 위기로 내몰렸던 원자력연구소는 중수로 핵연료 국산화 사업 등을 계기로 자신의 전략적 가치를 다시 입증하고 정부 고위층의 지지를 이끌어냈다. 자본, 조직, 기술, 인력 등 어느 하나 제대로 갖춰지지 않은 상황에서 원전 국산화·표준화가 추진된 만큼 원자력연구소가 보유한 기술인력도 무시하기 어려웠다. 이를 바탕으로 원자력연구소는 다른 기관들의 계획이 실행되는 것을 방해할 수 있는 최소한의 거부권을 확보할 수 있었다. 그러나 원자력연구소는 더 이상 원전산업의 주도권을 놓고 한전과 경쟁할 수 없었다. 원전산업의 주도권은커녕 정부출연금이 지속적으로 줄어드는 상황을 타개할

---

38) 전력그룹협의회의 워크숍은 각 기관이 번갈아가며 주관했다. 원자력연구소와 한국전력기술이 각각 12회 개최했고, 한전과 한국중공업, 한국전력보수도 5회씩 개최했다. 1회당 평균 157명, 총 5638명이 전력그룹협의회 워크숍에 참석했다(원병출, 2007: 127).

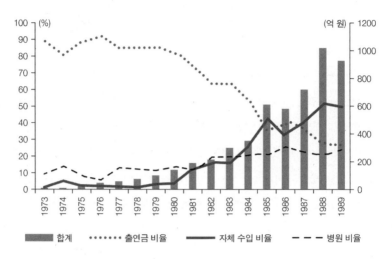

그림 3-3 원자력연구소의 예산 변화
자료: 한국원자력연구소(1990: 638).

방안을 찾는 것이 급선무였다.

원자력연구소가 선택한 전략은 사업을 통해 연구예산을 보충하는 '연구-사업 병행' 모델이었다. 마침 원전 국산화·표준화가 궤도에 오르면서 최대한 '사업'을 확보할 수 있는 기회가 생겼다. 원자력연구소는 조직의 사활이 걸린 만큼 애초의 계획안을 변경시키는 데 총력을 기울였다. 그리고 원자로계통 설계 및 핵연료 설계 '사업'을 통해 연구개발비를 보충할 수 있는 길을 찾았다. **그림 3-3**에서 볼 수 있듯이, 원자력연구소의 사업 수입 비율은 1984년부터 전체 수입의 20%를 상회하기 시작했다. 정부출연금이 급격하게 줄어드는 상황과 맞물려 1980년대 중반부터 사업 수입액이 정부출연금보다 많아졌다. 연구-사업 병행을 통한 원자력연구소의 조직적 성장은 원자력연구소의 인원 변화에서도 확인된다. 1980~1984년 117~174명 선이던 원자력연구소의 신규 채용인원은 1985년부터 크게 증가해서 1987년 495명까지 늘었다(한국원자력연구소, 1991: 633). 이로 인해 원자력연구소의 전체 인력도 1984년 1221명에서 1988년 2372명으로 2배 가까이 증가했다.

원전 국산화·표준화는 미국의 감시로 인해 행보가 제한되었던 원자력연구소에 출구를 제공했다. **그림 3-4**는 당시 원자력연구소를 중심으로 한 연구개발부문이 원전 기술자립에 부여한 의미를 상징적으로 보여준다. 이들은 원자로계통 및 핵연료의 국산화를 통해 핵확산을 금지하는 국제적 감시의 장벽을 넘고자 했다. 그렇게 핵확산금지조약과 국제 감시의 장벽을 뚫고 이루어낸 원전 기술자립은 에너지 자립을 이루고 '경제자립'과 '자

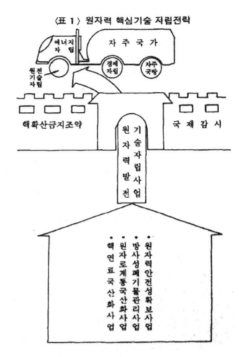

그림 3-4 핵기술 기술자립의 의미
자료: 정문규(1989: 22).

주국방'을 이끄는 원동력으로 사고되었다.

신속한 기술추격의 의지를 가진 연구개발집단이 적극적으로 개입하면서 원전 국산화·표준화 계획의 추진 속도가 빨라졌다. 당초 원자로계통 설계나 제작은 국산화 계획 밖의 일이었다. 한국중공업을 유지하기도 벅찬 상태에서 기술적으로 가장 고난이도인 원자로계통 설계 기술의 국산화를 추진하는 것은 무리수라는 생각이 지배적이었다. 따라서 당초 계획은 반복 건설을 통해 사업관리 역량을 확충하고 공기 지연으로 인한 공사비의 증가를 막는 데 초점이 맞춰져 있었다(과학기술부, 2007: 33). 즉, 원자로와 발전기는 당분간 해외에서 도입하고 발전소 종합 설계부터 단계적으로 추진할 계획이었다. 한전의 경우, 기자재 생산을 기준으로 11~12호기의 국산화율은 원자로계통 50%,

터빈·발전기 56%, 발전소 종합 설계(BOP^{Balance of Plant}) 63%였다(동력자원부, 1984c). 국산화율이 90% 이상에 도달하는 시점은 17~18호기를 건설하는 2003~2004년경을 목표로 했다. 그러나 한국전력기술은 터빈·발전기는 물론 원자로계통 설계까지 신속하게 기술자립을 할 수 있다고 주장했다. 한국전력기술이 내세운 기술자립 목표는 1990년 기준 설계엔지니어링 95%, 기자재 제작 80%(20%는 국산화 불필요), 기타 100%였다(동력자원부, 1984d). 여기에 원자력연구소가 가세했다. 원자력연구소는 명시적인 수치를 제시하진 않았지만 원자로계통 설계까지 단시일 내에 국산화할 수 있다는 입장이었다. 기술자립역할 분담 과정에서 한국전력기술과 원자력연구소 간의 경쟁이 격화되면서 기술자립 목표 시점은 점점 앞당겨졌다. 결국 원자로계통 설계를 기준으로 국산화율 95%를 달성하는 시점은 당초 한전이 제시한 17~18호기에서 14호기로, 그리고 최종적으로 11~12호기로 확정되었다. 이로써 기관별 역할 분담에 이어 추진 속도에 대한 이견까지 해소되었다.

이제 남은 것은 원전 국산화·표준화 계획의 실행이었다. 1985년 7월 29일 제214차 원자력위원회는 합의된 내용에 입각한 원전 후속기 추진 방안을 의결한다. 이때 제시된 기술추격의 기본 전략은 '공동설계'였다. 한필순(한전원자력연료, 2012)에 따르면, "Joint design이란 두 회사가 함께 설계하는 것으로, 우리 회사와 기술 제공사가 공동으로 인력을 투입해 첫해는 기술 제공사 책임으로 설계에 들어가고, 그 대신 우리는 훈련이 필요 없는 박사과정을 마친 인력을 제공하여 그 사이에 기술을 배우도록 하는 것"이었다. 공동설계의 형태로 국산화·표준화를 추진하면 "훈련비와 훈련 기간이 따로 필요하지 않아 금전적으로나 시간적으로나 부담"을 줄일 수 있어 신속한 추격이 가능했다.

공동설계 '구상'은 1970년대 후반 이래 원전 수출 시장이 장기적인 침체 국면에 빠진 덕분에 실행될 수 있었다. 당시 경수로를 제작하는 주요 제작업체들의 연평균 설비 가동률은 20%를 밑돌았다(원자력산업, 1989).[39] 또한 **표 3-6**에 제시된 것처럼 웨스팅하우스와 프라마톰을 제외하면 1980년대 들어 경수

표 3-6 주요 설비제작사의 원전 수출실적

구분	미국			프랑스	독일	스웨덴	캐나다	영국
	WH	GE	CE	Framatome	KWU	ASEA	AECL	GEC
1956~1960	1	2						2
1961~1965	2	6					1	
1966~1970	11	4		1	2		2	
1971~1975	10	11		2	5	2	1	
1976~1980	6			4	1		2	
1981~1987	1		2	2			3	
합계	31	23	2	9	8	2	9	2

주: 가압경수로(WH, CE, Framatome, KWU), 비등경수로(GE, ASEA), 가압중수로(AECL), 가스냉각
로(GEC).
자료: 원자력산업(1989).

로를 수출하는 데 성공한 기업은 단 한 곳도 없었다. 국내 발주도 프랑스와
일본 정도를 제외하면 사실상 중단된 상태였다. 이와 같은 상황에서 한국으
로부터의 발주 소식은 가뭄의 단비와 같았다.

  이제 관심은 입찰 내역서로 모아졌고, 입찰 내역서 초안 작성의 공은 원자
력연구소로 넘어갔다(이종훈, 2012: 322~323). 그리고 원자력연구소는 원천기
술 이전을 위한 공동설계, 설계기술 도입을 위한 소스 코드 이전 등을 입찰
내역서에 포함시켰다.[40] 기술이전 조건을 개선하기 위한 물밑 작업도 이뤄졌

---

39) 연간 8기의 원자로를 생산할 수 있었던 프라마톰은 1985~1987년 단 3기를 수주하는 데 그쳤
   다. 연간 6기의 생산능력을 가진 일본계 3개 기업도 같은 기간 겨우 4기의 원자로를 수주했다.
   미국, 독일, 스웨덴 기업은 1985~1987년 사이 아예 수주 실적이 없었다. 원전시장의 불황으
   로 인해 1985년 10월 웨스팅하우스는 원자력 부문 직원 1만 2000명 중 1000명가량을 일시에
   해고했다. 이미 석 달 전 컴버스천엔지니어링은 1500명을 감원한 바 있었다. 관련 내용은 원
   자력산업(1989)을 참고.
40) 원전 설비 중 핵증기공급시스템은 후발추격국이 독자 개발하기 가장 어려운 분야이다. 상용
   화를 위한 시험 단계에 막대한 비용이 들 뿐만 아니라 사고 시 위험 부담도 높았기 때문이다.
   따라서 설계도와 설계기술 등을 직접 전수받아야 하는데, 공급자들 간에 암묵적으로 금지된
   사항이었다. 그러나 원전 11~12호기 입찰 당시 원전 수출 시장이 극도로 침체되고 수주 경쟁

다. 업체들이 기술이전을 꺼리자 입찰안내서를 보내기 전 컴버스천엔지니어 링을 방문한 것이 단적인 예다(과학기술부, 2007: 45). 당시 담당자들은 은근슬쩍 원자로계통 설계 기술 전수가 핵심이라는 사실을 알렸다. 물론 이것이 컴버 스천엔지니어링으로의 낙찰을 염두에 둔 것은 아니었다. 오히려 웨스팅하우스 의 고압적인 자세를 누그러뜨리기 위한 행동에 가까웠다(과학기술부, 2007: 45).

눈치 싸움이 끝나고 최종적으로 응찰서를 제출한 곳은 네 곳, 즉 웨스팅하 우스, 컴버스천엔지니어링, 프라마톰, 캐나다 원자력공사였다. 응찰서 평가 는 한전이 경제성과 성능 보장, 원자력연구소가 기술성을 평가하는 형태로 진 행되었다. 원전 국산화·표준화 계획에 입각해 진행되는 만큼 1차적으로 기술 성 평가 결과가 중요했다. 기술적으로 세부적인 측면에서의 평가는 다소 엇 갈렸다(미상, 1989a). 프라마톰은 10년 내 원자로계통 설계 기술 개발과 관련 된 사업 추진 분야에서 '우수' 평가를 받았다. 반면 웨스팅하우스는 기술 수준 및 기술전수 실적 측면에서 높은 평가를 받았다. 그러나 원전 국산화·표준화 추진 전략의 핵심인 공동설계와 기술전수계획의 측면에서 앞선 것은 컴버스 천엔지니어링이었다. **표 3-7**에서 확인할 수 있듯이, 컴버스천엔지니어링은 공동설계와 기술전수의 모든 측면에서 웨스팅하우스보다 적극적이었다. 기 술전수의 범위를 원전 11~12호기에 국한하지 않아 향후 표준화를 추진하는 데 유리할 뿐만 아니라 설계과정에의 참여를 확대해 암묵지적 지식을 더 많 이 습득할 수 있었다.

기술적 측면에서의 종합 평가 결과를 바탕으로 원자력연구소는 컴버스천 엔지니어링을 적격 업체로 선정하여 한전에 제출했다. 최종적인 낙찰자는 한 전이 자체적으로 평가한 경제성, 성능 보장 평가 결과와 합산해서 선정했다. 그러나 원전 국산화·표준화에 대한 합의가 공고해진 만큼 컴버스천엔지니어

───────────

이 펼쳐지면서 기술이전을 요구할 수 있게 되었다(강박광, 2012).

표 3-7 응찰서 간 기술자립 가능성 비교

구분		컴버스천엔지니어링	웨스팅하우스
공동 설계	참여도	• 거의 모든 활동에 참여 허용	• 기본 설계basic design에 거의 참여 없음
	참여인력	• 1,921인/월	• 586인/월
	응찰자 참여인력 자질	• 참여인력의 자질qualification을 단계별로 기술	• 미제시
	발전소 종합 설계와의 연계성	• 제시	• 미제시
기술 전수	기술전수 범위	• 당사의 모든 상용 경수로 관련 기술자료(전산코드 특허 포함) • 연구 개발 프로그램 참여	• 원전 11~12호기에 대한 핵증기공급시스템 기술 및 초기 노심 설계 기술 전수
	기술전수 일정	• 기술자료, 계약 후 6개월 이내 • 전산코드, 계약 후 1년 이내	• 기술자료, 계약 후 3년 이내 • 전산코드, 월 10개 비율(전산코드 보유까지 30개월 소요)
	기술전수 자세	• 보유 기술 및 개발 예정 기술 모두 전수	• 원전 11~12호기 기술에 국한 • 기술자료 전수 일정 길고 공동설계업무와의 연계 약함

자료: 미상(1989a).

링을 낙찰자로 선정하는 데 큰 논란은 없었다.[41] 결국 한국 내 건설 실적이 없음에도 불구하고 1987년 4월 컴버스천엔지니어링이 원전 국산화·표준화 사업의 파트너가 되었다. 이로써 원전모델 또한 컴버스천엔지니어링의 시스템80system 80 계열로 확정될 수 있었다.

그러나 기술추격은 비대칭적으로 진행되었다. 원전의 설계, 제작, 건설과 달리 핵연료주기 분야에서의 추격은 차단되거나 제한되었다. 앞서 살펴봤듯이, 탠덤 핵연료주기 연구는 미국의 압력에 의해 중단되었다. 신속핵선택전략이 추진력을 상실하면서 핵연료주기 연구는 대단히 제한적으로 진행될 수밖에 없었다. 그 결과 원자력발전 분야가 신속한 기술추격을 시작한 데 반해 핵

---

41) 한전은 비주류 인사들을 실무 담당자로 배치하여 웨스팅하우스 등 기존 업체의 영향력을 줄이기 위해 노력했다(박정기, 2014: 156~157; 이종훈, 2012: 327).

연료주기 분야는 지연·차단되는 비대칭적인 기술발전 경로가 형성되었다. 이와 같은 비대칭적 발전으로 인해 이후 핵연료주기 분야의 기술 경로는 두 가지 특징을 갖게 되었다. 우선 사용후핵연료 처리 방식을 결정하는 것을 전략적으로 유예하고 유연성을 확보하기 위해 사용후핵연료의 중간저장을 선호하게 되었다. 사용후핵연료 처리 방식을 선택할 수 있는 자율성이 제한되면서 역설적으로 장기적인 시각에서 처리 방식의 유연성을 높이는 길을 선택한 것이다. 또한 경수로와 중수로의 핵연료주기를 연계하되 플루토늄 비분리 기술을 개발하는 방향으로 나아간다. 이 전략은 탠덤 핵연료주기가 실패한 뒤 듀픽(DUPIC^{Direct Use of spent PWR fuel In Candu reactor})으로 부활한다(박현수, 2015). 즉, 듀픽 연구는 탠덤 핵연료주기 연구가 차단된 뒤 원자력연구소가 찾아낸 새로운 출구였다.[42][43]

2) 이원적 원자력행정의 존속과 종속적 규제의 도입

기술자립 패러다임이 원전 국산화·표준화 계획으로 구체화되면서 이원화된 원자력행정도 변화의 압력에 노출되었다. 그러나 연구개발부문과 전력공급부문이 기술자립을 위한 역할 분담에 합의하면서 동력자원부와 과학기술

---

42) 이후 듀픽 연구는 한국과 미국, 캐나다의 공동연구로 확대된다. 그러나 후속 중수로 건설이 중단되면서 듀픽 연구는 사실상 중단되었다. 하지만 듀픽 연구는 이후 파이로프로세싱^{Pyro-processing}의 형태로 재개된다. 박현수(2015)를 참고할 것.

43) 재료시험로 사업은 우연한 기회를 통해 재추진의 발판을 마련했다. 1980년대 초반 연구용 원자로 건설 사업은 상업용 원전 사업에 대한 기술지원 효과가 약하고 제품의 생산과 판매가 불가능할 뿐만 아니라 실험설비 설치를 위한 지속적인 투자가 필요하기 때문에 매력적인 사업이 아니었다(한국원자력연구소, 1990: 236). 그러나 정부가 1983~1984년경 북한의 원자로 건설을 확인하고 30MW급 연구용 원자로를 개발할 것을 명령하면서 분위기가 반전되었다(한필순, 2014c). 재료시험로 사업을 추진하며 확보한 개념설계 자료와 관련 인력이 연구로 개발 사업에 다시 투입되었다(한국원자력연구소, 1990: 236). 1985년부터 본격적으로 추진된 이 사업이 바로 하나로 사업이다.

처로 이원화된 원자력행정은 끝내 통합되지 못했다. 과학기술처가 원자력 연구 개발 정책을 담당하는 상황에서 동력자원부가 원자력발전기술자립계획을 수립하자 양 부처 간의 역할 조정 문제가 대두되었다. 이에 연구개발부문은 과학기술처를 중심으로 원자력행정을 일원화하는 방안을 모색한다. 구체적인 모델은 행정과 연구, 사업을 통합시킨 프랑스 원자력위원회(CEA^{Commissariat à l'énergie atomique})였다(과학기술부, 2007: 57). 이 방안은 사업을 통해 연구비를 자체적으로 충당함으로써 연구의 자율성을 극대화할 수 있었다.

그러나 연구개발부문이 보유한 것은 주도권이 아니라 거부권이었다. 이들에게는 한전을 중심으로 원전산업이 수직 계열화되고 동력자원부의 영향력이 확대되는 상황에서 과학기술처를 중심으로 원자력행정을 일원화하는 방안을 실현시킬 역량과 수단이 없었다. 다만 원자력연구소가 거부권을 쥐고 연구-사업 병행 모델을 정착시키면서 동력자원부 역시 동력자원부를 중심으로 원자력행정을 일원화할 수 없었다. 결국 원전 국산화·표준화를 달성하는 시점까지를 잠정적인 시한으로 하는 타협이 이루어진다.[44] 산하기관의 역할 분담은 원자력행정에도 반영되었다. 다만 원전 국산화·표준화 계획의 실행력을 높이기 위한 조치로 원자력위원회가 개편된다. 즉, 1986년 5월 원자력법 개정과 함께 원자력위원회는 경제부총리를 위원장으로 하는 국무총리 산하 기관으로 격상된다. 원자력위원회 위원은 동력자원부 장관, 과학기술처 장관, 한전 사장을 당연직으로 하고 추가로 3인 이내에서 선정할 수 있게 되었다.

한편, 과학기술처와 원자력연구소가 연구와 사업을 병행하게 되면서 안전

---

44) 앞서 살펴봤듯이, 원자력연구소가 연구-사업을 병행할 수 있었던 것은 전력공기업집단이 기술역량을 축적하지 못한 탓에 원자력연구소와 일정 기간 협력하는 것이 불가피했기 때문이다. 설계와 제작의 이원화로 인한 문제는 기술추격 여하에 따라 언제든 다시 불거질 수 있는 균열 지점이었다. 이와 같은 불안정한 타협은 계약구조에서도 드러난다. 실질적으로 원자력연구소가 원자로계통 및 핵연료 설계 사업을 주관했지만 형식적으로 기술도입계약의 주체는 한국전력기술과 한국핵연료였다. 즉, 원자력연구소는 한전 자회사의 하청 체계 안에 편입되는 형태로 사업을 추진할 수밖에 없었다.

규제는 부차화되었다. 안전 규제가 요식 절차로 전락했다는 지적은 고리 1호기 건설이 한창 진행될 때부터 나왔다.[45] 주관 부처인 과학기술처는 상공부와 한전이 안전의식이 부족해서 기술조사도 미흡하고 인·허가 자료도 충실히 제출하지 않는다고 성토했다(원자력위원회, 1976b). "WH가 짓는데, 우리가 무슨 기술이 있다고 규제를 하느냐?"는 말이 당시 현장의 인식이라 할 수 있었다(박익수, 1999: 292). 그러나 안전 규제를 위한 준비가 부족한 것은 과학기술처나 원자력연구소도 마찬가지였다. 안전 규제와 관련한 기술 기준과 표준 규격이 미비했을 뿐만 아니라 자격을 갖춘 기술요원도 부족했다. 규제 기관의 책임 소재와 견제 기능 역시 확립되어 있지 않았다. 당시 안전 규제는 과학기술처 소관 업무였으나 원자력연구소에 위탁해서 실시하고 있었다. 그러나 원자력연구소 내부에 규제부서가 설립되어 있지 않아 타 부서의 요원이 비상임으로 안전성 시험·검사를 실시하는 수준이었다(원자력위원회, 1976c). 이로 인해 전문성은 축적되지 않았고 책임감 또한 희박했다.

고리 1호기의 준공이 다가오고 신규 발주가 시작되면서 안전 규제는 회피할 수 없는 문제가 되고 있었다. 자연스레 1976년 원전산업육성계획이 논의되는 과정에서 안전 규제의 체계화가 의제로 부상했다. 당시 원자력위원회는 개발·진흥과 감시·규제를 제도적으로 분리하는 방안을 장기 과제로 검토했다. 미국의 원자력규제위원회(NRC^{Nuclear Regulatory Commission})를 모델로 국무총리 산하에 원자력 안전규제위원회를 설치하여 안전 규제를 전담하는 방안이었다(원자력위원회, 1976b). 그러나 기술 개발을 적극적으로 추진하고 있는 과학기술처가 자신의 관할 영역을 벗어난 기구를 신설해서 안전 규제를 강화하는 방안을 추진할 만한 유인이 없었다. 결국 규제 기구 설립 논의는 원자력연구소

---

45) 고리 1호기 추진 당시 안전 규제는 원자력청의 자문기관으로 설치되었던 원자로시설 안전심사위원회에서 담당했다. 이후 원자력청이 해체되면서 관련 업무는 과학기술처 원자력국으로 이관되었다. 함께 이관된 안전심사위원회(위원장 과학기술처 차관)는 산하에 전문 분과위원회를 두고 있었다(한국원자력연구소, 1990: 504).

의 안전공학실이 안전 규제를 담당하는 것으로 종결된다(원자력위원회, 1977b).

규제부서의 신설을 이끌어낸 것은 흥미롭게도 원자력연구소에 대한 폐쇄 압력이었다. 1980년 원자력연구소의 존립이 위협받게 되자 원자력 안전 연구가 필요하다는 주장이 대두되었다(과학기술부, 2007: 12~16; 한필순, 2014c). 단적으로 과학기술처 장관이 원자력연구소의 폐쇄 지시를 내리자 과학기술처 원자력개발국장 등은 안전 규제를 위해 원자력연구소가 필요하다는 논리를 폈다. 그리고 서둘러 원자력안전센터 설립 계획을 수립했다. 이후 원자력안전센터는 원자력연구소가 한국에너지연구소로 통폐합된 뒤 연구소 산하 부서로 첫발을 내딛었다. 역설적이게도 원자력 연구 개발의 명맥을 유지하기 위한 방편의 하나로 규제부서가 창설된 것이다.

그러나 원자력안전센터가 설립된 뒤에도 안전 규제는 부차화되었다. 규제 기관의 독립성 문제는 차치하고 인원 증원이나 예산 증액과 같은 기본적인 지원조차 제대로 이뤄지지 않았다(박익수, 1999: 298).[46] 원자력연구소가 원전 사업에 직접 참여하고 재정적으로 한전에 의존하고 있는 상황에서 산하 기구 인 원자력안전센터가 한전과 원자력연구소를 규제한다는 것은 사실상 불가 능했다. 안전 규제는 조직적으로나 기능적으로나 원전의 이용·개발에 종속 되었다. 월성 1호기 안전검사 당시의 상황이 종속적 규제의 현실을 여실히 보여줬다. 1983년 국제원자력기구(IAEA^International Atomic Energy Agency) 초청으로 캐나다에서 온 안전 규제 요원은, "한전은 안전문제에 앞서 전력생산을 강조하므로 안전요건과 안전 실시 문제를 절충하는 결과를 초래한 경우가 여러 번 있었다. 운전요원들은 운전상의 실수를 마지못해 인정하고 있다. 그 결과가

---

46) 원자력안전센터는 설립 당시 8개 전문위원실과 1개 행정지원실로 구성되어 있었다. 인원은 기술요원 64명, 행정요원 22명이었는데, 이 중 기술요원 16명은 기술 도입을 위해 해외로 파견되었다. 원자력안전센터의 조직이 크게 확대된 것은 1987년 원자력연구소의 부설기관으로 독립하면서부터다. 부설기관으로 독립하면서 원자력안전센터는 한전과 한국전력기술, 과학기술처 등으로부터 경력직을 다수 채용했다(한국원자력안전기술원, 2010a: 42~43).

주조정실 또는 타 부서에 보고되지 않는 경우가 있었다. 이것은 용납될 수 없는 일이다"(박익수, 1999: 298).[47] 그러나 용납될 수 없는 일이 실제로 용납되지 않기까지 아직 시간이 필요했다.

5. 계획 실패의 역설

1970년대 중반까지 전력공급부문은 원전 도입에 미온적인 입장을 보였다. 안정적인 전력공급의 중요성이 높아졌지만 원전의 비교우위는 확고하지 않았다. 원전의 주요 기기를 제작할 수 있는 기업은 아예 존재하지 않았다. 추진력의 공백은 국가의 전략적 판단에 따른 핵무기 개발 추진과 이를 뒷받침해주는 연구개발부문이 메워주었다. 연구개발부문은 기술역량을 바탕으로 핵무기 개발을 지원하면서 동시에 설계분야 등 원전산업으로 확장해나갈 방안을 모색했다. 하지만 역설적으로 핵무기 개발은 연구개발부문의 확장을 제한했다. 미국의 압력으로 이중적 핵기술의 도입은 지속적으로 차단되었고, 비밀주의적 운영으로 인해 연구개발부문의 조직적 응집력 또한 제한되었다.

핵무기 개발이 차단된 정부는 원전산업을 체계적으로 육성함으로써 전략적인 핵기술을 확보할 방법을 모색했다. 여기에 안정적인 전력공급, 발전설비산업 육성 등의 목표가 가미되면서 상황은 역전되었다. 원전산업으로의 진출 경쟁이 일어나게 된 것이다. 전력공급부문은 원전의 경제성을 개선하는

---

47) 또 다른 사례로 1984년 11월 25일 월성 1호기에서 발생한 중수 누출 사고를 들 수 있다. 박정기(2014: 97~103)에 따르면, 사고 당시 기계과장 등이 원자로 격납고에 들어가서 중수 저장탱크 벽에서 이상을 발견했다고 한다. 안전수칙을 위반하고 실시한 조치였다. 더 큰 문제는 이를 한전 사장은 물론 동력자원부와 과학기술처의 현장 조사반에게 비밀로 했다는 점이다. 박정기 사장은 이 사고의 내막을 30년 가까이 지나서야 우연히 당시 직원으로부터 들었다고 한다. 이와 같은 일들이 더 있었다고 추정해도 크게 잘못은 아닐 것이다.

전략으로 선회했고, 대기업은 발전설비산업에 경쟁적으로 진출했다.

그러나 진출 경쟁은 뜻하지 않은 복병을 만났다. 우선 군사 쿠데타를 통해 집권한 전두환 정권은 미국의 핵비확산 압력에 순응하여 연구개발기관을 통폐합시킨다. 조직의 존폐가 위태로울 만큼 조직적 역량이 약화되면서 연구개발부문이 원전산업의 주도권을 확보하는 것은 불가능해졌다. 한편, 설비제작부문은 무모한 설비투자로 인해 파산 직전의 위기에 처했다. 자생력을 상실한 대기업이 기댈 곳은 정부밖에 없었고 정부의 자금줄은 전력공급부문, 즉 한전뿐이었다.

하지만 원전 산업구조가 안정화되기까지 시간이 더 필요했다. 한국중공업이 한전의 자회사로 편입된 뒤에도 설비제작부문을 중심으로 원전산업을 수직 계열화하려는 시도가 이어졌다. 발전설비의 설계와 제작, 건설공사를 통합해야 한국중공업의 경영난을 타개하고 수출기업을 육성할 수 있다는 논리였다. 그러나 전력공급부문이 강하게 반발하면서 설비제작사 중심의 수직계열화는 무산되었다. 대신 전력공급부문은 설비제작사의 경영 상태를 개선해야 하는 과제를 떠안았다. 반면 연구개발부문은 자신들의 전략적 가치를 입증함으로써 재기하는 데 성공했다. 이 과정에서 연구개발부문은 연구-사업 병행 모델을 확립함으로써 원전산업에 재진출할 수 있는 교두보를 마련했다.

원전 국산화·표준화 구상은 원전 산업구조가 자리를 잡아가면서 실행계획으로 한 단계 도약할 수 있었다. 1980년대 초반 원전의 경제성은 의심받았고, 설비계획은 계속 축소되었다. 경영난에 허덕이던 한국중공업은 사업물량을 최대한 확보하는 데 사활을 걸었다. 원자력연구소의 경우 연구-사업 병행 모델에서 조직의 활로를 찾았다. 이와 같은 상황에서 전력공기업집단의 형성은 설비제작부문과 전력공급부문의 조직적 목표를 조율하고 연구개발부문을 하위 주체로 편입시킴으로써 막연하게 존재하던 기술자립 패러다임이 국가적 차원의 국산화·표준화 계획으로 전환되는 결정적 계기가 되었다. 여기에 서구 원전산업의 침체까지 맞물려 공격적 기술추격을 위한 기회의 창이 열렸다. 원전의 경제적 비교우위는 의문의 대상이 아니라 신속한 원전 국산화·표준화를 통해 선취해야 할 과제로 전환되었다.

원전 국산화·표준화가 추진되면서 원자력행정체계와 기술 경로도 확정되었다. 과학기술처 산하에 있던 원자력위원회는 정부 부처 간의 의견을 조율할 수 있는 기구로 격상되었다. 그러나 연구-사업 병행 모델이 정착되면서 원자력행정의 일원화는 무산되었다. 기술역량의 부족으로 인해 전력공급부문은 연구-사업 병행 모델과 원자력행정의 이원화를 수용할 수밖에 없었고, 그 여파로 진흥과 규제의 분리가 지연되었다. 다원화되었던 원자로 모델은 국산화·표준화 계획이 수립되면서 가장 신속한 기술추격이 가능한 모델로 기술경로가 선택되었다. 반면 핵연료주기 연구는 지속적으로 차단되어 원자로 분야와 핵연료 분야의 불균등발전이 심화되었다.

정리하면, 한국에서 원전산업은 좁게는 핵무기 개발과 중화학공업화, 넓게는 석유위기와 안보위기를 배경으로 형성되었다. 복합적인 정치경제적 맥락은 원전에 (수출)산업보조적 역할에 더해 안정적인 전력공급과 군사적 활용이라는 안보적 목적을 가미시켰다. 나아가 원전산업은 그 자체로 산업 육성의 대상이 되었다. 따라서 원전을 둘러싼 중층적인 개발 목표와 상충되는 이해관계를 고려하지 않으면 원전산업의 형성 과정을 제대로 파악할 수 없다. 선도기구를 중심으로 한 좁은 의미의 발전국가는 적어도 원전산업의 형성 과정에서 큰 역할을 하지 못했다. 발전국가의 정부 부처는 산하기관과 대기업 등의 이해관계로부터 자유롭다기보다는 이해관계를 대변하는 기구에 가까웠다. 이와 같은 상황에서 경제기획원과 같은 선도기구의 조정 기능은 제한적이었고 조정은 대체로 절충안을 제시하는 형태로 이루어졌다. 한전을 정점으로 한 전력공기업집단과 원전 산업구조는 계획의 산물이라기보다 계획 실패의 결과물에 가깝다. 따라서 발전국가의 산업 정책을 이해하기 위해서는 동시구성적 상황에서 유래하는 개발 목표의 다층성과 제도적 복합체인 국가기구 안에 내재된 갈등과 균열에 대해 더 큰 관심을 기울일 필요가 있다. 더불어 계획 합리성만큼 계획의 실행과정, 계획 실패의 효과를 눈여겨봐야 한다. 발전국가의 제도적 역량은 때로는 계획 실패 이후의 대응역량, 또는 실행과 정에서의 학습역량에서 기인하는 것일 수 있다.

흥미로운 역설은 한전으로의 수직계열화 이후 원전의 추진력이 한층 강해 졌다는 점이다. 비록 원전의 군사적·안보적 가치는 심각하게 약화되었지만 수직계열화를 통해 산업보조와 산업 육성의 목표가 조직적으로 통합되었다. 이로 인해 한전은 이전보다 적극적으로 원전 국산화·표준화를 추진해야 할 유인이 생겼다. 의도하지 않은 결과였으나 한전으로의 조직적 통합이 기술추 격에 나설 수 있는 발판을 마련해준 것이다. 나아가 전력공기업집단의 형성 은 국가적 차원에서 전기가격을 왜곡하여 산업보조를 강화할 수 있는 토대를 제공했다. 공기업을 통제함으로써 정부는 1980년대 후반 전력설비 과잉의 상황에서 연속적인 전기요금 인하를 추진할 수 있었고, 이것은 한국 사회가 원전에 의존하는 값싼 전기소비사회로 진입하는 계기가 되었다. 이제 이 과 정을 살펴볼 차례다.

제4장

연구–사업의 제도적 분리와 원전체제의 불균등발전, 1987~1996

전력그룹협의회를 중심으로 원전 기술추격을 위한 역할 분담이 이뤄지면서 원전 산업구조는 안정화되는 듯했다. 그렇다면 기술추격에 성공한 다음에는 어떻게 할 것인가? 생각은 저마다 달랐다. 방사성폐기물 관리 사업의 관할권도 갈등의 뇌관으로 작용했다. 설상가상으로 원전체제의 사회적 기반은 아직 불안정했다. 원전 설비는 과잉이었고 원전의 경제적 비교우위 역시 확실하지 않았다. 또한 민주화운동과 더불어 반핵운동이 확산되면서 원전 건설은 사회적 장벽에 부딪치기 시작했다. 사회적 저항이 사실상 부재했던 이전과는 전혀 다른 상황에 직면하게 된 것이다. 제4장은 기술추격이 진전되고 반핵운동이 확산되는 상황에서 원전체제의 내부 균열이 어떻게 봉합되었는지, 나아가 어떤 새로운 문제를 야기했는지 살펴본다.

1. 값싼 전기소비사회의 형성

1) 원전 설비 과잉과 전기요금 인하

1980년대 초반 경기가 침체되면서 전력수요 증가율이 예상치를 밑돌았다. 여기에 1970년대 후반 착공한 원전 5~10호기가 차례로 준공되면서 원전 설비용량과 전력공급 예비율은 급격하게 상승했다. **그림 4-1**에서 확인할 수 있듯이 1983년부터 30%를 넘긴 전력공급 예비율은 1986년 61.2%까지 치솟았다. 최대 전력수요를 기준으로 해도 발전소 설비의 40%만 이용되고 나머지는 유휴 설비가 된 것이다. 설상가상으로 한전의 투자보수율은 정부의 전기요금 통제로 인해 지속적으로 적정 수준보다 낮았다(동력자원부, 1988: 355). 자기자본을 동원한 투자자본 조달이 제한되면서 외채 부담도 증가했다. 이와 같은 상황에서 설비 과잉은 한전의 경영을 부실화할 수 있는 위험요소였다.

이러한 문제의 해결책으로 정부와 한전은 전기요금을 인하해서 전력 판매

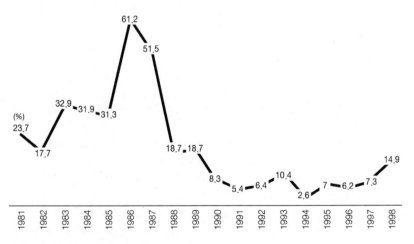

그림 4-1 전력공급 예비율의 변화
자료: 한국전력공사(2001: 820).

를 늘리는 방법을 선택했다. 그간 산업계가 중심이 되어 전기요금의 인하를
요구해왔지만 유가 인하를 부분적으로 반영하는 것 이상의 조치를 취할 수
없었다.[1] 추가적인 요금 인하는 한전의 투자보수율을 낮추고 외채 부담을 늘
릴 소지가 컸기 때문이다. 그러나 심각한 설비 과잉 문제가 제기되면서 정부
와 한전은 방향을 바꿨다. 즉, 전기요금을 인하해서 적극적으로 전력수요를
창출하기 시작했다. 1986년 2월 정부와 한전은 첫 조치로 산업용과 업무용,
주택용 전기요금을 각각 2.8%, 3.3%, 2.1%씩 내린다. 인하 조치를 계기로 사
회 곳곳에서 추가적인 인하 요구가 봇물처럼 터져 나왔다. 적정 투자보수율
을 유지하기 위해 전기요금을 인상해야 한다거나 외채 부담을 덜기 위해 전
기를 절약해야 한다는 목소리는 사라지고 값싼 전기에 대한 환호 소리가 커
졌다.[2]

그 누구보다 산업계가 전기요금 인하를 반겼다. 다른 용도에 비해 산업용
전력요금이 싼 편이었지만 산업계는 한국의 산업용 전기요금이 경쟁국인 대
만보다 비싸다고 불만을 토로해오던 차였다.[3] 특히 철강과 비금속 등 전력
다소비 산업은 국제 경쟁력을 강화한다는 명분으로 요금 인하를 강하게 요청
했다. 실제로 전기요금의 인하는 제조업 전반에 걸쳐 생산비를 인하하는 효
과가 있었다(성태경, 1988). 특히 철강과 비금속, 섬유, 종이 산업 분야에서 인

---

1) 정부는 경기활성화를 목적으로 1982~1983년 두 차례에 걸쳐 유가 인하를 반영하여 전기요금
을 낮춘 바 있었다(동력자원부, 1988: 354~355). 그러나 이것은 전력 판매 촉진을 목적으로 한
조치는 아니었다.

2) 1985년경까지만 해도 전력수요가 증가하는 것에 대한 우려의 목소리가 높았다. 핵심적인 이유
중 하나는 외채 부담이었다. 예컨대 ≪매일경제≫(1985)는 발전원가의 40% 이상이 외채라고
지적하며 국민 대다수가 "전등의 불빛, 에어컨의 찬바람, TV 시청 등이 달러를 태워서 얻은 것
이라는 전력의 귀중함을 깊이 의식하지 못한다"고 비판했다.

3) 1980년 동력자원부 조사에 따르면 한국의 전기요금은 50.59원/kWh(종합단가 기준)인 데 반
해 대만은 34.1원/kWh 수준이었다(≪매일경제≫, 1980). 1984년의 경우 한국은 66.98원/kWh,
대만은 53.5원/kWh이었다(≪매일경제≫, 1984). 1980년대 중반까지 한국의 전기요금은 줄곧
대만보다 비싼 편이었다.

하효과가 컸다. 합금철의 경우 산업합리화 업종으로 지정되면서 원가의 40%
이상을 차지하는 전력요금의 인하 여부가 업계의 최대 관심사로 부상했다(≪동
아일보≫, 1986).

그러나 전기요금 인하 요구가 산업계에 국한된 것은 아니었다. 그동안 전
기수요를 억제하기 위해 상대적으로 높게 책정되었던 상업용 전기를 사용하
는 집단들도 지속적으로 전기요금을 산업용 수준으로 인하해줄 것을 요구했
다. 슈퍼마켓, 제빙 등 냉동·냉장 시설을 사용하는 분야는 물론 전국의 공업
고등학교까지 광범위한 곳에서 전기요금의 인하를 요구하는 목소리가 높아
졌다(≪매일경제≫, 1986a, 1986b, 1986c).

당시 정부와 한전이 전기요금을 낮춰서 전력 판매량을 늘리는 전략을 선택
할 수 있었던 것은 원전 설비가 과잉이었기 때문이다. 제3장에서 살펴봤듯이,
당시 원전의 발전단가는 유연탄 화력발전에 비해 확고한 우위를 점하지 못한
상태였다. 그러나 운영 유지비, 특히 연료비만 놓고 보면 원전은 석유나 유연

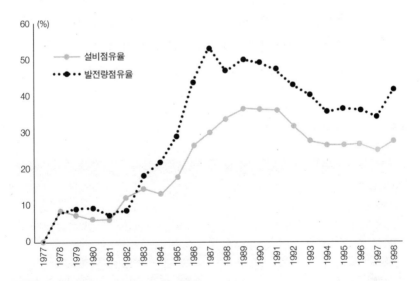

그림 4-2 원전 설비 및 발전량 점유율 변화
자료: 한국수력원자력(2008a), 국가통계포털(KOSIS).

탄 화력발전보다 훨씬 저렴한 편이었다. 1985~1986년을 전후해서 원전이 순차적으로 완공되면서 **그림 4-2**에 나타난 바와 같이 원전의 설비점유율이 크게 상승했다. 기저부하로 사용되는 원전의 특성상 발전량점유율은 더 가파르게 상승해서 1980년대 후반 50% 안팎에 이르렀다. 덕분에 정부와 한전은 적극적인 요금 인하 정책을 펼 수 있었다. 어차피 발전기를 돌리지 않으면 유휴설비에 불과했고 부하추종적 운영이 불가능한 원전의 특성상 유연하게 발전량을 조절하는 것은 불가능했다.

발전단가에서 연료비가 차지하는 비중이 낮은 원전의 발전량이 늘어나자 추가적인 요금 인하에 대한 요구가 높아졌다. 이유도 더 다양해졌다. 산업계는 기존 논리에 더해 1987년 7~9월 노동자대투쟁 이후 임금이 인상된 만큼 전기요금 인하를 통해 제조원가 인상 압력을 줄여야 한다는 주장을 폈다(동력자원부, 1988: 358). 정부 부처 내에서도 물가를 안정시키고 산업경쟁력을 강화하는 차원에서 전기요금을 인하해야 한다는 목소리가 커졌다. 올림픽 개최를 앞두고 거리를 밝혀야 한다는 주장도 제기되었다. 요금 인하로 인한 손실을 전력 판매량 증가로 상쇄해야 하는 입장에서는 반가운 소식이었다. 이에 정부와 한전은 1987~1988년 총 4회에 걸쳐 전기요금을 추가로 인하한다. 전기요금 인하가 새로운 사회적 수요를 창출해내고 이것이 다시 추가적인 요금

표 4-1 전기요금 인하: 1982~1990

(단위: %)

구분	1982	1983	1986	1987	1988	1989	1990
주택용		5.2	2.1	1.3	8.2	5.0	3.6
일반용		6.3	3.3	9.7	17.3	15.8	
산업용	1.3	1.8	2.8	9.3	4.0	5.0	5.0
가로등		8.0	3.0	20.0	20.0	7.0	
교육용		6.3	3.3	9.7	17.3	15.8	
평균	0.7	3.3	2.8	7.6	7.6	7.0	3.7

자료: 한국전력공사(2001: 737).

인하를 추동하는 순환구조가 형성되기 시작한 것이다. 이로 인해 전기요금은 1986~1990년 사이 일곱 차례에 걸쳐 인하된다(한국전력공사, 2001: 737).

다른 한편 정부와 한전은 전력수요를 창출하기 위해 누진제를 지속적으로 완화했다. 1974년 11월 주택용과 업무용 전기요금에 3단계 누진요금이 적용되면서 처음으로 도입된 누진제는 1979년 12단계까지 강화되었다.[4] 1.6배였던 누진율은 19.7배로 높아졌다(한국전력공사, 2001: 737). 그러나 제2차 석유위기가 종결된 뒤부터 누진제에 대한 불만이 확산되었고, 전기요금 인하와 함께 점진적으로 누진제가 완화되었다. 특히 전기요금 인하가 본격화된 1987~1988년에는 누진제를 대폭 완화해서 업무용 누진제를 폐지하고 주택용 누진제를 3단계로 축소했다(동력자원부, 1988: 357~362). 주택용 전기요금의 누진율은 1.5배 수준으로 떨어졌다.

전력수요를 창출하는 동시에 부하율을 높이기 위한 조치도 취해졌다. 단적인 예가 심야요금제도의 신설이다. 심야요금제도는 심야 시간대의 전력수요를 최대한 끌어올려 원전의 운영 이익을 극대화할 수 있는 조치였다. 원전의 부하추종적 운영은 어려웠지만 부하율을 끌어올리는 것은 가능했다.[5] 한전은 1986년 1월 심야전력요금제를 도입한 데 이어 1987~1988년 세 차례에 걸쳐 요금을 인하했다.[6] 그 결과 41.28원/kWh였던 요금 수준은 거의 절반인 24.5원/kWh으로 떨어졌다(동력자원부, 1988: 357~362). 아울러 상설 전시관을 설치하고 기기 설치비를 무료로 하는 등 심야 전력수요를 늘리기 위해 부심

---

4) 1960년대에는 전기 사용량이 많을수록 요금이 낮아지는 체감요금제였다.

5) 냉방기 사용이 증가하면서 연중 최대 부하는 1981년경부터 여름철 낮으로 이동하기 시작했다. 이로 인해 부하율은 1982년 75.8%에서 1984년 66.6%로 하락하고 있었다(한국전력공사, 2001: 725~728). 심야전력은 축열식 기기의 보급을 늘려 최대 부하를 분산시키는 효과를 기대할 수 있었다.

6) 심야전력요금제는 민간 화력발전소가 건설되면서 설비 과잉의 문제가 제기되던 1972년에 전력 판매 촉진책의 일환으로 시행된 바 있었다(한국전력공사, 2001: 724).

했다. 심야전기는 일반 가정용 전기요금의 절반도 안 되는 가격으로 냉난방을 할 수 있는 "미래의 가정연료"로 홍보되었다(《경향신문》, 1988a, 1988b).

전기요금이 연속적으로 인하되면서 1987년에 이르면 산업용 전기요금이 대만보다 낮아진다(《매일경제》, 1987). 일본과 비교하면 절반 이하의 가격으로 산업용 전기를 사용할 수 있게 된 것이다. 주택용과 업무용 전기요금은 여전히 대만보다 비싼 수준이었지만 조만간 대만 수준에 도달할 수 있을 것으로 기대되었다. 전기요금이 인하되었지만 전력 판매량이 증가하면서 한전의 판매 수입은 늘어났다. 그 결과 1985~1989년 사이에 한전의 당기 순이익은 2000억 원대에서 9000억 원 수준으로 3배 이상 증가했다(한국전력공사, 2001: 808).

그러나 전기요금 인하가 한전의 경영 상태만 호전시킨 것은 아니었다. 전기요금 인하와 누진제 완화, 심야전력의 보급은 원전에 대한 사회적 지지 기반을 확대했다. 전기를 값싸게 이용하게 된 직접적인 계기가 '설비 과잉'이라는 점은 중요하지 않았다. 앞서 살펴봤듯이, 원전의 경제적 비교우위는 불투명했지만 이미 건설된 설비를 가동하는 경우는 상황이 달랐다. 사용후핵연료나 방사성폐기물의 처분 비용은 먼 미래의 일이었고, 반핵운동은 이제 막 시작되려는 찰나였다. 반면 당장 회계장부에 잡히는 연료비의 측면에서 원전의 비교우위는 분명해보였다.

그렇게 '원전 = 값싼 전기'라는 기술자립 패러다임을 지탱해주던 반[#] 사실적 기대는 원전의 국산화·표준화가 아닌 설비 과잉을 계기로 실현되었다.[7] 연속적인 전기요금 인하 덕분에 원전의 경제성은 마치 달성된 것처럼 보였고 이것은 다시 원전 국산화·표준화 계획에 대한 지지를 확산시키는 역할을 했

---

7) 정부와 한전은 줄곧 화력발전의 비중이 높고 원전과 수력의 비중이 낮기 때문에 전기요금이 "세계 최고 수준"이라고 설명해왔다(《동아일보》, 1981). 이로 인해 원전의 비중이 늘면 전기요금이 인하될 것이라는 기대가 형성되어 있었다. 실제로 고리 2호기의 준공을 앞두고 값싼 전력의 시대가 열릴 것이라는 담론이 폭넓게 유포되었다(《경향신문》, 1983). 원전 설비 과잉으로 전기요금이 인하되자 원전에 대한 기대는 더욱 커졌다.

다. 이제 원전 기술자립은 "에너지 자급률이 50%가 넘는 나라", "에너지 사용에 불편이 없는 사회"를 기치로 한 에너지 유토피아의 건설을 위해 반드시 달성해야 할 과제가 되었다(≪경향신문≫, 1987a; 박정기, 2014: 152~153).

한전은 에너지 자원의 유한성을 쉽게 극복할 수 있을 뿐만 아니라 공해가 없고 안전성도 보장되어 있는 원자력을 에너토피아 건설의 수단으로 선택, 이에 대한 기술자립을 이룩함으로써 영광스런 미래를 건설하려는 것이다. 원자력 11, 12호기의 건설 과정을 통해 국산화율을 획기적으로 제고, 90% 이상의 기술자립을 이룩하는 한편 나아가 핵연료까지 우리 손으로 자급자족하겠다는 강력한 의지를 담은 것이 이 에너토피아 건설의 주요 계획이다(≪경향신문≫, 1987a).

전기요금 인하와 누진제 축소 등 일상생활에서 체감할 수 있는 조치는 원자력발전 덕분에 값싼 전기를 풍족하게 사용할 수 있게 되었다는 인식을 확산시켰다(≪경향신문≫, 1987b). '에너토피아'는 단순한 비전이 아니라 체감할 수 있는 현실처럼 다가왔다. 그렇게 박정기 한전 사장이 내걸었던 슬로건인

그림 4-3 한전의 에너토피아 광고
자료: ≪경향신문≫(1987b).

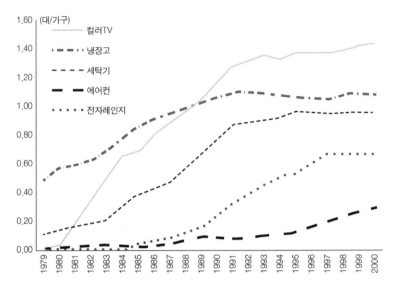

그림 4-4 연도별 가전기기 보급률

자료: 국가통계포털(KOSIS).

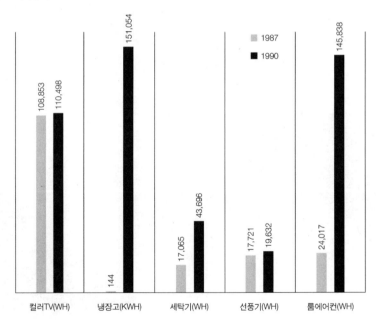

그림 4-5 가전기기별 연간 전략 사용량 변화

자료: 국가통계포털(KOSIS).

에너토피아는 원전산업계를 넘어 대중의 지지를 받는 사회기술적 상상으로 발전해갔다. 주요 가전기기 보급률을 보여주는 **그림 4-4**에서 확인할 수 있듯이, 1980년대 후반 컬러TV와 냉장고, 세탁기 등은 거의 모든 가구에 보급되었다. 냉장고와 세탁기 등 그동안 보유하고 있었지만 마음껏 사용할 수 없었던 가전기기의 실사용량도 크게 늘었다. 예컨대, 냉장고의 경우 1970년대 말 이미 절반 가까이 보급되었지만 전기요금 부담 등으로 인해 제한적으로 사용되고 있었다(함한희, 2005: 68~69). 그러나 전기요금이 하락하면서 가전기기의 실제 사용량은 보급률보다 더 빠르게 증가했다. **그림 4-5**와 같이 1987~1990년 사이 냉장고, 세탁기, 에어컨 등의 실제 전력 사용량이 급격히 증가했다. 1961~1981년 사이 전기요금이 무려 1245% 인상되었던 것을 감안하면 1980년대 이뤄진 전기요금 인하 조치는 획기적인 것이었다(한국전력공사, 2001: 733). 제한송전의 악몽은 과거의 일이 되었다. 대신 원전을 통해 값싼 전기를 풍부하게 사용할 수 있는 에너토피아가 도래한 것처럼 보였다.

2) 전기요금 인상에 대한 저항

연속적인 전기요금 인하와 누진제 완화는 전력수요 창출의 기폭제가 되었다. **그림 4-6**에서 볼 수 있듯이 1980년대 초반 하락했던 전력수요 증가율은 1980년대 말 다시 10%를 넘어섰다. 3저 호황으로 경제성장률이 상승한 것도 전력수요가 증가하는 데 영향을 미쳤다. 설상가상으로 전력수요 증가율은 줄곧 경제성장률을 상회했다.

전력수요가 예상보다 빠르게 증가하면서 전력예비율은 급격하게 하락했다. 1989년 18.7%였던 전력예비율은 이듬해 8.3%까지 떨어졌다. 정부와 한전은 서둘러 대책을 마련했다. 1989년 4월 "89 장기전원개발계획"(연동화 장기전원개발계획)을 수립한 데 이어 8월에는 "단기전력수급대책(1990~1993)"을 세웠다. 전력수요 증가율을 상향 조정하고 설비투자계획을 확대한 것이 수정 계획의

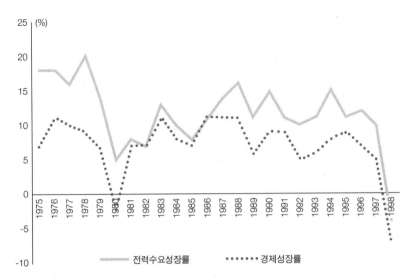

25 (%)

20

15

10

5

0

-5

-10

1975 1976 1977 1978 1979 1980 1981 1982 1983 1984 1985 1986 1987 1988 1989 1990 1991 1992 1993 1994 1995 1996 1997 1998

━━━ 전력수요성장률   ●●●●●● 경제성장률

그림 4-6 경제성장률 및 전력수요 성장률의 변화
자료: 국가통계포털(KOSIS).

요지였다. 그러나 1991년 전력예비율은 5.3%까지 하락했다. 제한송전의 위기가 다시 찾아오는 듯했다. 이에 정부와 한전은 기존 계획을 전면 수정한다. 1987~1990년 기간 중 전력수요의 최대 증가율은 예측치인 8.4%를 크게 상회하는 14.9%에 달했다(한국전력공사, 2001: 232~233). 이와 같은 추세가 지속될 것이라 예측한 정부와 한전은 대규모 설비투자계획을 세웠다. 원전의 경우 4기를 추가해 2001년까지 9기를 건설하여 계획상 원전의 설비 비중을 40% 수준(발전량 비중 50% 이상)까지 높였다. 전원개발계획의 수립 방식도 바꿨다. 5년마다 수립해온 전원개발계획을 폐기하는 대신 장기전력수급계획을 수립하여 2년마다 수정하기로 한다. 계획 기간을 15년으로 늘리되 2년 단위로 수정함으로써 안정성과 유연성을 동시에 확보하기 위한 조치였다.

문제는 대규모 설비투자에 필요한 투자자본을 조달하는 것이었다. 동력자원부의 계획에 따르면, 2006년까지 31조 원이 넘는 예산을 투자해야 계획서상의 설비투자가 가능했다(동력자원부, 1991b). 동력자원부와 한전은 우선적으로 전기요금을 인상함으로써 자본을 조달할 계획을 세웠다. 일례로 동력자원부 전력국장은 장기전력수급계획 공청회에서 발전소 건설 비용을 조달하기 위해 2006년까지 해마다 전기요금을 5% 내외 인상할 방침이라고 밝혔다 (≪한겨레≫, 1991).

그러나 물가 인상을 우려하는 타 부처의 반대로 인해 전기요금 인상은 동력자원부와 한전의 뜻대로 진행되지 않았다. 당시 전기요금은 「전기사업법」, 「물가안정 및 공정거래에 관한 법률」에 의거하여 동력자원부 장관이 인가하게 되어 있었다. 그러나 동력자원부 장관은 전기요금 개정안을 인가하기 전에 경제부처 장관 및 민간인으로 구성된 물가안정위원회와 국무회의의 심의·의결을 거쳐야 했고 최종적으로 대통령의 승인을 받아야 했다(대한전기협회지, 1992).[8] 타 부처는 물가 상승을 부추길 수 있다는 이유로 전기요금 인상을 강하게 반대했다. 대통령이 재가한 전기요금 인상안이 국무회의에서 시행이 유보될 정도였다(≪동아일보≫, 1991a). 당시 정무1장관은 서민 입장을 고려해야 한다는 이유를 들며 전기요금 인상을 반대했고 노동부 장관은 임금 인상 억제를 위해 공공요금을 동결해야 한다고 주장했다. 문화부 장관은 도서실과 문예회관의 냉난방비 부담이 증가한다는 이유를 들었다. 집권 여당인 민주자유당도 전기요금 인상 방침을 철회할 것을 촉구했다(≪매일경제≫, 1991). 1990~1991년에는 상대적으로 물가 상승률도 높았다. 특히 소비자물가 상승률이 10%에 육박하여 물가 불안에 대한 우려가 컸다. 부동산 가격의 상승, 개인 서비스 요금의 자율화(1990년 시행) 등 물가 상승의 유인도 많았다. 물가가 상승할

---

8) 1960년대 이래 전기요금을 비롯한 공공요금은 국가의 강한 통제를 받았다. 특히 1975년 「물가안정 및 공정거래에 관한 법률」이 제정되면서 정부의 공공요금 관리가 강화되었다. 이 법은 1980년 「독점규제 및 공정거래에 관한 법률」, 「물가안정에 관한 법률」로 분리되었지만 법안의 골격은 유지되었다. 물가안정에 관한 법률 시행령에 따르면 전기요금의 물가 가중치는 의료보험과 전화요금 다음으로 높았다. 정부는 물가 행정지도도 광범위하게 실시하여 가격을 통제했다. 1980년대 이후 정부의 가격규제가 점차 약해지기는 했으나 물가안정을 이유로 정부의 개입은 지속되었다. 관련된 내용은 문영세(1998), 이성우(2014), 한승연(2004) 등을 참고할 것.

수록 노동자의 임금이나 산업제품의 원가 상승을 억제하는 것은 더 어려워졌고 결과적으로 수출상품의 가격경쟁력을 약화시킬 가능성이 컸다. 따라서 정부 부처는 물가 상승에 예민하게 대응했고 직접 통제할 수 있는 공공요금은 최대한 인상을 억제했다.

전기요금 인상에 대한 사회적 반발도 거셌다. 신문들은 물가 상승을 이유로 전기요금 인상을 반대했다(≪서울신문≫, 1990; ≪세계일보≫, 1991; ≪동아일보≫, 1991b; ≪경향신문≫, 1991). 동력자원부와 한전은 투자자본의 조달과 원가 보장 등을 이유로 요금 인상의 필요성을 역설했으나 반응은 냉담했다. 오히려 한전은 경영 합리화를 통해 원가를 절감하라는 압박을 받았다. "국민경제의 동맥인 에너지의 가격 조정이 산업구조 조정과 국민경제의 흐름에 어떻게 영향을 줄 것인가를 분석한 후에 그 폭과 시기를 결정"해야 한다는 신중론을 표방한 사실상의 요금 인상 반대가 지배적인 견해였다(≪세계일보≫, 1991). 이와 같은 상황은 설비예비율이 2.6%까지 하락한 1994년에도 바뀌지 않았

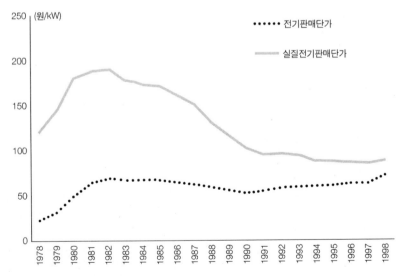

그림 4-7 전기판매단가의 변화: 1978~1998
자료: 한국수력원자력(2008a: 628).

다. 상공자원부(前 동력자원부)가 투자자본 확보와 수요관리를 목적으로 전기요금 인상을 추진했지만 다시 반대에 부딪혔다(≪서울신문≫, 1994).

결국 정부 내 타 부처와 사회적인 저항으로 인해 전기요금 인상은 최소화된다. 대규모 공급 정책이 확립되면서 투자자본의 소요가 늘고 가격 조정을 통한 수요관리의 필요성이 증대되었지만 요금 인상은 좌절되기 일쑤였다. 1990년대 들어서면서 전기요금이 다시 인상되기 시작했으나 물가 상승 등을 감안하면 인상 폭은 거의 최소 수준이었다고 할 수 있다(한국전력공사, 2001: 737). 그 결과 **그림 4-7**에서 확인할 수 있듯이 실질전기판매단가는 1990년대 이후에도 계속 하락했다.

이로써 값싼 전기소비는 일시적인 현상에 그치지 않고 고착화되기 시작했다. 그리고 전력공기업을 통해 값싸게 전기를 공급·소비하는 '발전주의적 에너지 공공성'이 사회에 뿌리를 내렸다. 전기요금 인상을 극도로 자제하며 값싼 전기소비를 유지하는 데 열을 올리고 있던 만큼 외부 비용의 내부화는 관심 밖의 일이었다. 안전성 강화, 방재·방호 비용 등 안전 규제 비용도 최소화되었다. 공개성, 공정성, 민주성 등 다른 공공적 가치들이 제기되기 시작했지만 값싼 공급·소비보다 중요한 의미를 부여받지 못했다.

다만 전기요금 인상이 억제되면서 투자자본 조달이 시급한 과제로 떠올랐다. 1980년대 후반 설비투자 규모를 줄이고 전기판매 수입이 증가하면서 줄어들었던 한전의 투자 부족 자금과 차입금 잔액은 1990년대 들어 다시 증가하기 시작했다. 특히 1990년대 초반의 대규모 설비투자계획이 실행된 1990년대 중후반부터 부족 자금과 차입금 잔액이 급격하게 늘었다(한국전력공사, 2001: 820). 일시적으로 호전되었던 투자보수율도 1990년대 중반 다시 5% 내외로 하락했다(한국전력공사, 2001: 809). 경부고속철도, 영종도 신공항 건설 등 대규모 건설사업으로 인해 공적 자금을 동원해서 전력채권을 매입하는 것은 한계가 있었다(재무부, 1993). 한전은 해외 채권을 발행해서 자본을 직접 조달하기 시작했지만 설비투자 규모를 감안할 때 여전히 부족했다. 결국 정부는 민자발전을 확대하기로 결정한다. 포철, 삼성, 현대, 럭키, 한일 등 상당수의 대기업들이 민자발전에 진출할 의사를 밝힌 상태였다(상공자원부, 1993a). 이로 인해 정부는 1993년부터 민자발전의 도입 방안을 적극적으로 검토했다. 전력산업의 개방을 앞두고 대외 경쟁력을 강화하여 수출산업으로 육성해야 한다는 주장도 힘을 얻기 시작했다.

2. 반핵운동의 지역화

민주화운동이 활성화되면서 반핵운동도 서서히 확산되었다. 1970~1980년대 한국교회여성연합회가 한국인 원폭 피해자를 지원하는 운동을 전개하고 있었으나 환경운동진영이나 지역주민들이 적극적으로 참여한 것은 아니었다.[9] 환경운동진영에서 반핵운동이 조직화되기 시작한 것은 1986년경부터. 한국공해문제연구소가 매년 환경의 날을 전후해 발표한 반공해선언을 보면 1985년만 해도 원전문제는 온산 괴질, 대기오염 등에 우선순위가 밀렸다. 그러나 이듬해 체르노빌 사고가 발생하면서 원전문제가 중대한 사안으로 부상했다. 한국공해문제연구소는 원전 추가 건설 중단을 요구하며 안전대책의 공개를 촉구했다(한국공해문제연구소, 1985, 1986). 지역반핵운동이 움트기 시작한 것도 이즈음이다. 1985년 영광군 홍농읍 주민들이 원전 가동으로 인해 발생한 어업과 관광업에서의 손실 보상을 요청한 것이 효시였다(박재묵, 1998). 핵무기 배치에 반대하는 반전평화운동은 1986년경부터 확산되었다. 다양한 경로로 싹트기 시작한 반핵운동은 민주화 이후 정치적 기회 구조가 확대되는 과정에서 이념과 조직을 발전시켜나갔다.[10]

---

9) 원폭 피해자 관련 운동은 오은정(2013)을 참고할 것.
10) 박재묵(1995, 1998)은 1980년대 후반 반핵운동을 네 가지 유형, 즉 계몽적 반핵운동, 변혁적

지역반핵운동은 주민들의 피해보상운동에서 시작해서 신규 시설의 입지반대운동으로 확산되었다. 영광, 고리, 월성 등 원전이 위치한 지역주민들 간의 연대투쟁도 펼쳐졌다. 피해보상운동은 1987년 영광군 성산리 주민들이 빈방보상 및 이주대책을 요구하면서 시작되었고, 이듬해 고리, 울진 등으로 확산되었다. 1988년 12월 5일에는 영광, 고리, 월성 주민 1천여 명이 피해 보상과 이주대책 수립을 요구하며 동시다발 시위를 벌였고, 일주일 뒤에는 5백여 명의 주민이 상경하여 한전 본사 앞에서 농성을 벌였다(공해추방운동연합, 1989a). 피해보상운동이 울진으로까지 확산되면서 원전이 입지한 모든 지역에서 지역반핵운동이 일기 시작했다.

지역반핵운동의 요구는 피해 보상에서 방사성폐기물 매립 반대, 안전조치 강화, 신규 원전 건설 반대, 방사성폐기물처분장 건설 반대 등으로 빠르게 확대되었다(공해추방운동연합, 1989a; 박재묵, 1995; 정수희, 2011). 고리주민들은 방사성폐기물 불법 매립에 항의하는 시위를 벌였고, 월성주민들은 중수 누출에 항의하는 시위를 조직했다. 영광에서는 '영광핵발전소 추방운동연합'이 결성되어 지역반핵운동을 체계화해나갔다. 이를 바탕으로 영광주민들은 피해보상운동에서 영광 3~4호기 신규 건설 반대로 운동의 요구 사항을 확대했고, 인접 지역인 고창군에서 반핵운동이 조직되는 것을 지원했다. 1989년 3월부터 경북 영덕, 영일, 울진에서는 방사성폐기물처분장 건설에 반대하는 시위가 격렬하게 일어나 지질조사를 중단시켰다.

1986년 학생운동 내 자민투(반미자주화반파쇼민주화투쟁위원회) 계열에서 반

반핵운동, 전문반핵운동, 주민반핵운동으로 구분한다. 이 중 계몽적 반핵운동은 진보적 기독교 단체가 중심이 되어 원폭 피해자를 지원하는 데 집중했다. 변혁적 반핵운동은 주한미군의 핵무기 철수를 주된 운동 이슈로 했는데, 민족해방운동 계열의 사회운동과 학생운동이 중심이 되었다. 주민반핵운동은 지역주민들이 원전 관련 시설의 입지를 반대하거나 피해 보상을 요구하는 형태로 전개되었다. 마지막으로 전문반핵운동은 환경단체를 중심으로 펼쳐졌고 각각의 반핵운동을 연결해주는 역할을 했다.

전반핵운동을 주창한 뒤 확산되고 있던 반전평화운동도 반핵운동의 외연을 넓혔다. 당시 미군은 군산 공군기지를 중심으로 핵폭탄 60개, 8인치 대포용 핵탄두 40개, 155mm 대포용 핵탄두 30개, 핵지뢰 21개 등을 배치해놓은 상태였다(헤이스 외, 1988: 199~203). 이와 같은 상황에서 반전평화운동이 조직되고, 1980년대 초반 서유럽의 반전·반핵 운동이 소개되면서 핵무기반대운동은 반핵운동의 한 흐름을 형성했다. 비록 반미자주화, 주한미군 및 핵무기 철수, 조국통일 등에 초점이 맞춰져 있었지만 핵무기를 매개로 반핵운동과 연대할 수 있는 지점이 존재했다.

이와 같은 상황을 반영하여 환경운동진영의 반핵 논리는 1987년경부터 반전·반핵·평화 운동의 맥락에서 재구성된다.[11] 당시 환경운동을 이끌었던 공해추방운동연합(공추련)은 이념적으로 '자연해방과 민중해방을 위해 사회구조의 변혁'을 모색했던 만큼 민중운동과의 연대는 당연시되었다. 이들은 핵무기와 원전의 통합적 인식을 주창하며 주한미군의 핵무기 배치와 한미 관계를 반핵운동의 영역으로 확장시켰다. 당시 반핵운동진영의 논리를 압축하고 있는 '이 땅의 반핵운동'[12]은 반핵운동을 다음과 같이 정의했다.

이 땅의 반핵평화운동은 자주화, 민주화 그리고 통일운동과 강고히 결합되어 있는 운동이며, 동시에 그러한 결합관계를 끊임없이 현실 속에서 구현해낼

---

11) 참고로 서유럽의 반전·반핵 운동은 1981~1983년에 크게 고양되었다. 1979년 나토(NATO)가 미군의 지상발사 순항미사일과 퍼싱-2$^{Pershing\ II}$ 핵미사일을 유럽에 배치하기로 결정하면서 반전·반핵 운동이 확산되기 시작했다. 이듬해 레이건 정부가 핵군비 확장을 강행하면서 갈등이 고조되었고, 1982년 6월 레이건 방문 반대 시위로 반전·반핵 운동은 정점에 달했다. 당시 한국 사회에 소개된 유럽의 반전·반핵 운동은 톰프슨 외(1985), 공해추방운동연합(1989b)을 통해 확인할 수 있다. 주한미군과 핵군축, 원전 문제를 결합시킨 반전평화운동진영의 논리는 김승국(1991)을 참고할 것.

12) 공추련이 1987년 제작한 '이 땅의 반핵운동'은 다른 단체의 반핵 자료집에 반복적으로 인용된 대표적인 문건이다. 공추련은 1989년 '평화주의와 반전반핵평화운동' 등의 내용을 추가해서 증보판을 발간했는데, 핵심적인 논리는 크게 변하지 않았다.

때만 그 운동에서 성공을 이끌어낼 수 있을 것이다. …… 남북한 상호불가침 선언을 쟁취해내야 할 것이며, 휴전협정을 폐기하고 평화협정을 쟁취해야 할 것이다(공해추방운동연합, 1989b: 8).

공추련이 1988년 제작한 「생존과 평화를 위한 핵발전소 반대운동: 자료집 3」의 표지는 당시 확장된 반핵운동의 프레임을 상징적으로 보여준다. **그림 4-8**에서 확인할 수 있듯이, 반핵운동은 단순한 환경보호운동이 아니라 미국 제국주의로부터의 해방을 내포하는 운동으로 형상화되었다. 공추련 등 반핵운동진영은 "민족 생존을 위협하는 핵발전소 폐기, 핵무기 추방"을 위해 지역주민들의 반대운동을 반전

그림 4-8 반핵운동 프레임의 형상화
자료: 공해추방운동연합(1988).

평화운동과 지속적으로 연결시켰다(공해추방운동연합, 1989c).

반핵운동의 조직적·이념적 기반이 확장되어가는 상황에서 1989년 4월 전국 단위의 연대 조직인 '전국핵발전소추방운동본부'(전핵추본)이 결성된다. 이후 16개 단체가 연합한 전핵추본을 중심으로 조직적인 반핵운동이 전개되었다. 핵심적인 이슈는 원전 11~12호기(영광 3~4호기) 건설 중단이었는데, 당시 정국을 뒤흔들던 5공 청산 문제와 연결되면서 사회적으로 큰 파장을 불러일으켰다. 영광 3~4호기는 원전 국산화·표준화 계획에 따라 처음으로 발주된 원전이었지만 지역주민과 반핵운동진영은 원전의 위험성과 비경제성 등 기존의 반대 논리에 더해 전두환 정권의 뇌물 수수, 축소 설계에 따른 안전성

문제, 과잉설비 문제를 제기하며 원전 11~12호기 건설 반대운동을 대대적으로 펼쳤다(공해추방운동연합, 1989a). 특히 전두환 정권의 뇌물 수수와 축소 설계에 따른 안전성 문제는 건설 계획을 좌초시킬 수 있는 뇌관이었다. 1988년 13대 총선 이후 여소야대 국면에서 5공 청산이 과제로 대두되었는데, 5공 비리가 중요한 쟁점 중 하나였다.[13] 반핵운동진영은 컴버스천엔지니어링과의 계약이 뇌물 수수의 대가가 아닌지 의문을 제기했다. 이미 벡텔로부터의 뇌물 수수 문제가 불거졌을 뿐만 아니라 현대건설과의 수의계약[14]이 비리 의심을 사고 있던 상황이었다(공해추방운동연합, 1989a).

평화민주당이 반핵운동에 동조하여 영광 3~4호기의 건설을 문제 삼기 시작했다. 평화민주당의 지역적 기반인 전남지역 주민들의 반발이 거셌던 것도 영향을 미쳤다. 여기에 1988년 10월 국정감사가 부활하면서 야당이 가세했고, 동력자원부와 한전의 국정감사에서 영광 3~4호기 문제가 집중적으로 거론되었다. 이뿐만이 아니었다. 영광 3~4호기 입찰에서 탈락한 웨스팅하우스가 계속 불만을 표출하며 문제를 제기했다. 웨스팅하우스는 컴버스천엔지니어링과의 영광 3~4호기 계약이 체결된 직후 한전에 항의 공문을 보내고 전두환

---

13) 1988년 4월 26일 치러진 제13대 국회의원 선거에서 여당인 민주정의당은 125석을 얻는 데 그쳤다. 이에 반해 야당은 평화민주당 70석, 통일민주당 59석, 신민주공화당 35석, 한거레민주당 1석, 무소속 9석을 획득해서 여소야대 국면이 만들어졌다. 이후 국회에서는 5공 청산이 핵심 의제로 부상했다. 5공 비리에서 시작된 5공 청산 문제는 광주민주화운동, 언론 통폐합, 삼청교육대 등으로 확대되었다.

14) 1987년 6월 한전은 현대건설에 수의계약의 형태로 영광 3~4호기 기기 설치 및 토목건축공사를 발주했다. 이와 같은 조치는 1983년 수립된 발전설비 제조업의 산업합리화 기준에 위배되는 것이었다. 상공부는 경제기획원과 동력자원부, 한전에 공식적으로 항의하면서 수의계약의 백지화를 요구했다. 이후 경제기획원은 경쟁 원칙을 존중하는 것이 바람직하다며 현대건설과의 수의계약을 백지화한다. 그리고 백지화 사태의 책임을 지고 박정기 한전 사장과 성낙정 한국중공업 사장이 퇴임한다. 이로 인해 현대건설의 수의계약은 뇌물 수수 가능성이 제기되었고 큰 논란을 불러일으켰다. 최종적으로 영광 3~4호기의 기기 설치 및 토목건축공사는 제한입찰을 실시하여 현대건설에 다시 낙찰된다. 관련 내용은 한국중공업(1995: 405~407)을 참고할 것.

대통령에게 탄원서를 제출했다(이종훈, 2012: 329). 이에 감사원이 한전의 입찰과정과 협상 세부사항 등을 감사한 뒤 계약업무 처리 부실을 사유로 비위 통보 조치를 취했다. 한전이 재심을 청구해서 결국 비위 통보는 철회되었지만 논란의 소지가 있다는 점은 분명했다. 원자력계 내에서도 비판의 목소리가 흘러나왔다(박익수, 2002: 332~334). 반핵운동의 전선은 국회까지 확대되었고, 적어도 영광 3~4호기와 관련해서는 다양한 세력과 교점을 형성할 수 있었다.

정치권에서의 쟁점도 반핵운동의 문제제기와 크게 다르지 않았다. 우선 정권 고위층의 비자금 수수와 계약과정의 비리 여부였다. 웨스팅하우스, 벡텔보다 규모가 작고 기업순위가 낮은 컴버스천엔지니어링, S&L^Sargent & Lundy가 영광 3~4호기 계약을 낙찰받을 수 있었던 이유가 뇌물 때문이 아닌지 공방이 오갔다. 특히 경제과학위원회의 유준상, 조희철, 황병태 의원 등이 영광 3~4호기 사업의 비리를 캐내는 데 앞장섰다(한필순, 2014b). 당시 입찰가가 낮았던 웨스팅하우스가 탈락한 것과 관련해 전두환 대통령의 동생인 전경환이 개입했다는 기사가 공공연히 나돌고 있는 상황이었다.[15] 원자력연구소가 기술자립을 명목으로 비용을 20% 높게 책정한 것도 국회로부터 의심을 받았다(강박광, 2012).

두 번째 쟁점은 영광 3~4호기의 안전성 보증 여부로 원전 국산화·표준화 계획의 근간을 흔들 수 있는 문제였다. 제3장에서 살펴본 대로, 원전산업계는 신속한 기술추격을 위해 공동설계를 추진했다. 이를 위해 영광 3~4호기는 기존 모델을 복제하는 것이 아니라 축소 설계하는 형태로 진행되고 있었다. 문

---

15) 1988년 9월 ≪동아일보≫는 ≪월스트리트저널≫의 보도를 인용, 웨스팅하우스가 탈락한 것은 전경환과 친밀한 사이였던 상지상사의 표상기가 적극적으로 개입한 탓이라고 보도했다. 전前 백악관 안보 담당 보좌관 윌리엄 클라크^William Clark, 전 주한미군 참모장 존 싱글러브^John Singlaub도 로비에 적극 가담한 것으로 알려졌다. 공해추방운동연합(1989a), 박익수(2002: 337~338) 참고.

제는 축소 설계되고 있는 영광 3~4호기가 실증 모델이 아니기 때문에 안전성을 보장할 수 없다는 점이었다(공해추방운동연합, 1989a; 박익수, 2002). 여기에 미국의 원자력규제위원회가 인증서를 발급하지 않으면서 논란이 증폭되었다. 사실 축소 설계의 정의와 축소 설계의 안전성, 실증 및 인증 여부 등은 정부 내에서도 온도차가 있을 만큼 까다로운 문제였다.

세부적인 쟁점은 크게 네 가지 정도였다(미상, 1989b). 첫째, 한전의 입찰규정 위반 여부가 논란이 되었다. 한전은 입찰안내서에 "모든 기기와 서비스는 입증된 설계 개념proven design concept에 만족"해야 한다고 명시했다. 더불어 입증된 설계는 실제 운전 경험을 뜻하고 운전 경험이 없을 경우 미국 업체는 원자로안전심의회(ACRSAdvisory Committee on Reactor Safeguards)16)의 설계 개념 인정 서류를 제시해야 한다고 적시했다. 그러나 컴버스천엔지니어링이 제시한 모델은 자사의 팔로버디Palo Verde 원전(1300MW)을 축소 설계한 모델(1000MW)이었다. 따라서 실제 운전 경험은 없었다. 한전은 팔로버디 원전의 운전 경험이 있으므로 문제가 없다는 입장이었으나 논란을 잠재울 수는 없었다. 과학기술처와 원자력안전센터는 다소 유보적인 입장을 취했다. 둘째, 축소 설계된 모델의 안전성 여부였다. 기본적으로 영광 3~4호기는 팔로버디 원전을 참조로 했지만 부분적으로 아칸소-2Arkansas-2 원전의 설계를 결합시켰다. 이로 인해 이른바 '짜깁기' 원전이라는 비판을 받았다(공해추방운동연합, 1989a, 1989b). 한전은 안전성이 입증된 참조 모델과 유사하기 때문에 안전성에 큰 문제가 없다고 주장했지만 축소 설계 과정에서 변경사항이 많은 것 또한 사실이었다. 축소 모델의 안전성이 논란이 되었지만 국내 기관에게는 논란을 잠재울 만한 권위나 전문성이 없었다. 결국 논란은 세 번째 쟁점인 미국의 규제 기관으로부터 안전성 인증을 받은 것인지로 확대되었다. 컴버스천엔지니어링은 미국 원자력규제

16) 원자로안전심의회는 건설·운영 허가를 결정하는 원자력규제위원회의 자문기관이다.

표 4-2 원전 11~12호기 안전성 논쟁의 주요 쟁점

쟁점	한전	원자력안전센터	과학기술처
한전의 입찰규정 위반 • CE 제시 모델은 실제 운전 경험이 없는 신규 모델 • ACRS의 안전확인서 미발급	• CE 제시 모델은 미국 규제당국의 승인하에 건설·운전 중인 원전의 운전 경험을 통해 설계 개념 입증 • 설계 기본 개념을 변경하지 않고 유사 용량의 실증 발전소 기술을 활용한 설계는 입찰 조건인 입증된 설계 개념을 충족. ACRS의 추천 서신 불필요	• 동형동급(복제) 원전에 대한 운전 경험 없음 • 전체적인 설계 개념은 참조. 발전소인 팔로버디를 근거로 축소 설계. 전적으로 신규 모델이라고 할 수는 없음 • 계약서 조항에 따른 ACRS 안전성 확인서는 미취득	• 기본 설계 개념 자체에 안정성을 우려할 만한 문제는 없는 것으로 보임 • 용량 축소에 따른 설계 변경 design change 이 많은 만큼 설계 변경 부문에 대한 안전성 심사나 성능 검사에 보다 면밀한 검토 필요
축소 모델의 안전성 • 팔로버디와 아칸소-2 원전의 혼합 모델. 원자로 압력용기, 증기발생기 등 안전과 직결된 부품은 아칸소-2나 팔로버디 원전과 다르고 미 규제당국으로부터 안정성을 입증받지 못함	• 팔로버디와 아칸소-2 는 이미 안전성 입증됨. 미 NRC는 "CE 사의 영광 3~4호기 모델이 팔로버디 원전과 유사하며 적절히 수행된다면 안전심사 규제요건은 만족시킬 수 있다"는 의견서 발급	• 영광 3~4호기의 원자로 및 증기발생기는 팔로버디의 설계와 유사하나 축소 설계임. 냉각재 순환 펌프는 팔로버디를 축소 변경. 전체적으로 팔로버디를 축소 설계한 것으로 전적으로 신규 모델은 아님	• 원자로계통은 팔로버디의 설계 개념에 아칸소-2의 노심 배열을 참조하여 설계 • 용량 축소에 따른 설계 변경 부분이 많은 만큼 검토 사항이 많음
영광 3~4호기 모델에 대한 NRC 자문 의견의 문제 • CE 사가 NRC로부터 받은 의견서는 안전성 입증 못함	• NRC로부터 "CE 사의 영광 3~4호기 모델이 팔로버디 원전과 유사하며 적절히 수행된다면 안전심사 규제요건은 만족시킬 수 있다"는 서신받아 안전성 규제요건 충족	• NRC로부터 서신받았으나 국내 인·허가에 영향을 줄 만큼 기술적인 내용을 포함하고 있지 않음	• 자문 의견은 설계 승인 가능성을 제시한 것으로 판단
인·허가 요건으로서 실증시험 유무 • 신규 모델의 경우 미국에서는 기계적, 열역학 등의 개념상 실물 크기의 실험 없이 인·허가 불가	• 신규 모델이 아니기 때문에 실물 크기 실험 불필요. 미국에서는 축소 모델에 대한 시험도 하기 때문에 필요하다면 할 계획	• 신규 모델 아니라 주요 설비 및 계통 설계 세부사항이 참조 발전소와 비교하여 상당한 차이가 있으므로 주요 부품에 대한 실증시험이 필요한 것으로 판단됨	• 설계 변경된 주요 부품에 대해서는 실증시험을 실시

자료: 미상(1989b).

위원회로부터 의견서를 받아서 제출했지만 논쟁을 종식시킬 만큼 구체적인 내용을 담고 있지 못했다. 이로 인해 실물 크기의 실증시험을 실시해야 한다는 비판이 제기되었고, 과학기술처와 원자력안전센터 역시 실증시험의 필요성을 인정하면서 한전과 입장이 충돌했다. **표 4-2**는 당시 축소 설계와 관련된 주요 쟁점과 그에 대한 한전과 원자력안전센터, 과학기술처(추정)의 입장을 요약한 것이다.

영광 3~4호기 건설 반대운동은 갈수록 확산되었고 표준화된 국산 원전의 반복 건설 계획에 차질이 빚어지는 듯했다. 1989년 4월 전남대, 조선대, 목포대, 순천대 등 광주·전남 지역 10개 대학 총장이 '우리는 영광핵발전소 11, 12호기 건설을 반대합니다'라는 성명서를 발표했다(전남대 총장 외, 1989). 9월에는 '원전 11~12호기 건설 반대 100만인 서명 운동'이 시작되어 12월까지 15만 명이 넘는 시민들로부터 반대 서명을 받았다(공해추방운동연합 외, 1990). 11월에는 신안, 해남, 고흥, 장흥, 여천 등이 참여하는 '전남지역 핵발전소 30기 건설계획 철폐 공동투쟁위원회'가 결성되었다.

정부가 원전 국산화·표준화를 계획대로 추진하기 위해서는 우선 영광 3~4호기 건설 반대운동이 확산되는 것부터 차단해야 했다. 계약과정에서의 비리 여부는 검찰 수사 결과 무혐의 처분을 받으면서 해결되었다(이종훈, 2012: 332~333). 검찰 특별수사부가 3개월가량 관련자들을 소환 조사했지만 구체적인 범죄 혐의를 입증하지 못했다. 제3장에서 살펴본 대로, 원전 국산화·표준화를 위한 기술이전을 우선 조건으로 한다는 암묵적 함의가 존재했기 때문에 컴버스천엔지니어링과의 계약은 타당성을 인정받을 수 있었다. 반면 고위층의 뇌물 수수 여부는 구체적으로 입증할 수 없었다. 계약과정에서 리베이트를 제공하는 것이 관행처럼 존재하는 상황에서 구체적인 혐의를, 그것도 정권 핵심 인사들을 겨냥한 혐의를 입증하기는 쉽지 않았다.[17]

축소 설계의 안전성을 입증하는 것은 가장 까다로운 문제였다. 국내 기관에 대한 불신으로 인해 논쟁을 종결시키려면 권위 있는 해외 기관으로부터 공식적인 인증을 받을 필요가 있었다. 국회의 요구 사항도 바로 이것이었다. 즉, 국회는 미국 원자력규제위원회로부터 축소 설계 모델의 안전성에 대한 승인을 받을 것을 요구했다. 그러나 미국 원자력규제위원회는 이미 1988년 말 미국 내 사안이 아니라는 이유로 컴버스천엔지니어링이 제출한 보고서를 검토하지 않겠다는 의사를 밝힌 바 있었다(미상, 1989c). 대신 미국 원자력규제위원회는 아이다호국립공학연구소(INEL^Idaho National Engineering Laboratory)를 포함한 4개의 국립연구소를 대행 기관으로 추천했다. 결국 아이다호국립공학연구소가 컴버스천엔지니어링이 제출한 '열수력학적 상대 차이'를 검토했고 특별한 문제가 없다는 결론을 내렸다. 하지만 아이다호국립공학연구소의 보고서를 미국 원자력규제위원회의 보증으로 볼 수 있는지를 둘러싸고 다시 공방이 일었다. 결국 정부는 미국 원자력규제위원회에 의뢰해서 아이다호국립공학연구소의 보고서가 기술적으로 원자력규제위원회와 동등한 수준임을 확인하는 공문을 받는 데 성공한다. 그리고 이를 통해 평화민주당 등 야당 의원들의 공세를 봉쇄했다.

다른 한편으로 원전산업계는 반대 의견을 표출한 국회의원들을 적극적으로 설득했다. 이들은 자원 빈국인 사정을 고려할 때 원전은 불가피한 선택이고 공동설계는 '원자력 기술 식민지'에서 벗어날 수 있는 최선의 길이라고 강조했다(이종훈, 2012: 334~336; 한필순, 2014b). 적극적인 설득 작업이 이뤄지면서 반대편에 섰던 국회의원들이 차츰 원전산업계 쪽으로 기울기 시작했다. 그리고 마침내 암묵적으로 반핵 입장을 가지고 있던 평화민주당까지 원전의 필요성을 인정하게 된다. 1989년 11월 말 목포를 방문한 김대중 평화민주당 총재는 기자 간담회에서 영광 3~4호기 건설을 지지하는 입장을 밝혔는데, 원전산업계는 이를 "김대중 총재의 목포 선언"이라 부르며 환호했다(이종훈, 2012:

---

17) 당시 원전 계약의 통상적인 리베이트 규모는 원자로와 터빈·발전기의 경우 계약금의 3%, 설계용역 5%, 토목건설 10% 수준으로 알려져 있었다(박익수, 2002: 336).

335~336).

반핵운동진영은 미국 원자력규제위원회와 아이다호국립공학연구소의 안전성 보고서를 체계적으로 검토할 만한 전문성을 보유하고 있지 못했다.[18] 따라서 미국 원자력규제위원회의 공문으로 안전성 논쟁이 종결되는 상황에 개입할 수 없었다. 전력설비의 과잉 문제도 전력수요가 급속하게 증가하면서 자연스럽게 해소되었다. 오히려 전력공급 부족을 우려하는 상황이 되었지만 반핵운동은 구체적인 대응 논리를 발전시키지 못했다.[19] 공급 위주의 전력정책에 대한 문제의식은 있었지만 원론적인 수준을 넘어서지 못했다(공해추방운동연합, 1991). 원전산업계가 국회에서의 균열을 봉합하며 영광 3~4호기가 포함된 원전 국산화·표준화 계획에 대한 지지 기반을 다지고 있었던 데 반해 반핵운동진영은 수동적으로 대응하는 데 그쳤다. 결국 정치적으로 5공 청산 국면이 종결되는 것과 거의 동시에 반핵운동진영은 제도권 안의 연대 세력을 잃었다.

1990년대 초 사회변혁운동이 퇴조하고 한반도 비핵화가 추진되면서 반핵운동과 반전평화운동 간의 연계도 급속하게 약화된다(박재묵, 1998: 10). 1990

---

18) 당시 반핵운동의 전문성은 미약해서 관련 신문기사를 스크랩하는 형태로 반핵운동 자료집을 만드는 수준이었다(공해추방운동연합, 1988, 1989a).

19) 당시 유인물이나 자료집을 놓고 보면, 영광 3~4호기 건설이 한창 논란이 되던 1988~1989년경에는 대안적인 전력정책에 대한 논의가 거의 없었던 것으로 보인다. 공추련 기관지에서 전력정책이 본격적으로 다뤄진 것은 1991년 발행된 ≪생존과 평화≫ 15호로 추정된다. 이 글에서는 연성경로soft path로의 전환, 이용효율성의 향상, 분산화, 열병합·대체 에너지 개발, 전력 독점체제 해체 등 환경운동진영의 대안적인 정책 방향이 포괄적으로 언급되고 있다. 그러나 대안적인 정책 방향을 제시하는 수준을 크게 벗어나지 못했다. 이에 앞서 안면도 방사성폐기물처분장 건설 반대운동 과정에서 에너지 정책의 전환이 요구 사항으로 제시되었으나 선언적인 수준이었다(공해추방운동연합 외, 1990). 이와 같은 상황은 1990년대 말까지 크게 해소되지 못했다. 체르노빌 사고 10주년을 기념해 환경단체가 공동으로 제작한 보고서는 장기전력수급계획의 수정, 수요관리 중심의 에너지 정책 수립, 에너지 산업 부문의 분권화 등을 과제로 제시했으나 실행 방안은 여전히 원론적인 내용에 가까웠다(체르노빌 핵참사 10주기 행사위원회, 1996).

년 안면도 방사성폐기물처분장 건설 반대운동 과정에서 주민들의 저항을 해미 공군기지, 대산공단 조성과 연결시켜 반전평화운동의 맥락에서 해석하려는 시도가 있었지만 이전만큼 부각되지 않았다(공해추방운동연합 외, 1990). 이듬해인 1991년 한반도 비핵화 선언과 함께 주한미군의 전술핵무기가 한반도 밖으로 철수되면서 반전평화운동은 사실상 소멸했다. 나아가 '반공해운동'에서 '환경운동'으로의 전환은 환경운동의 이념적 급진성을 약화시켜 민중운동 진영과의 접합점을 축소시켰다(구도완, 1996; 홍덕화·구도완, 2014).[20]

반핵운동의 조직적·이념적 지지 기반이 위축되면서 반핵운동은 점차 지역반핵운동으로 축소되었다. 그러나 지역반핵운동은 더 많은 지역에서 이전보다 격렬하게 전개되었다. 정부가 신규 원전 및 방사성폐기물처분장의 부지 선정을 추진하면서 해당 지역주민들이 강하게 반발했다. 영광, 고리, 울진, 월성 등 원전 입지 지역에 집중되어 있던 지역반핵운동은 전국 곳곳의 후보 예정지로 확산되었다. 이와 같은 상황에서 23개 환경단체 및 지역주민대책위가 참여하는 연대 조직인 '전국 핵발전소·핵폐기장 반대 대책위원회'가 1991년 11월 결성되었다. 하지만 정부가 지역주민들의 반대로 인해 신규 원전 부지 지정을 잠정적으로 유예하면서 전국적인 차원에서 연대운동이 활발하게 이뤄지진 못했다. 이후 반핵운동의 중심은 방사성폐기물처분장 건설 반대운동으로 이동했다. 정부의 추진 계획은 지속적으로 지역주민들의 반대에 부딪쳤다. 하지만 전국적인 차원에서 강력한 반핵운동이 조직된 것은 아니었다. 반핵운동은 지역주민들과 환경단체가 중심이 되어 지역 차원에서 특정 사안에 대응하는 수준을 크게 벗어나지 못했다(김혜정, 1995; 윤순진, 2011: 139).

하지만 지역반핵운동은 정부의 추진 계획에 제동을 걸 만큼 격렬했다. 단

---

20) 운동 레퍼토리의 측면에서 보면, 반공해운동과 환경운동은 차이점보다 유사성이 더 크다. 반공해운동에서 환경운동으로의 전환 과정, 나아가 한국 환경운동의 성격에 대한 평가는 홍덕화·구도완(2014)을 참고할 것.

적으로 1990년 11월 안면도 주민들은 정부의 방사성폐기물처분장 건설 계획에 반대해 대다수의 주민들이 참여하는 대규모의 시위를 조직해낸다.[21] 안면도 주민들은 신문에 건설 계획이 보도된 지 이틀 만에 '핵폐기물처분장 설치 반대 대책위원회'를 결성하고, 이튿날 안면도와 태안을 연결해주는 연육교까지 10km가량 거리시위를 한다. 보도 후 나흘이 지난 11월 7일에는 안면읍사무소를 점거했고, 8일에는 경찰지서까지 불태우는 격렬한 시위를 펼쳤다. 결국 그날 밤 정부는 추진 계획을 철회했다.

지역반핵운동에 밀려 정부의 추진 계획이 무산되는 일은 안면도 이후에도 반복되었다. 단적으로 1990년대 마지막 대규모 지역반핵운동이라 할 수 있는 굴업도 방폐장 건설 반대운동의 초기 전개 과정은 안면도와 유사한 면이 많다.[22] 예컨대 1994년 12월 15일 굴업도가 방폐장 부지로 내정되었다는 방송보도가 나가고 이틀 뒤부터 전국반핵운동본부와 인천환경운동연합 활동가들이 덕적도에서 지역주민들과 운동 방향에 대해 논의했다. 굴업도의 모섬인 덕적도에서 '굴업도 핵폐기장 결사반대 투쟁위원회'(덕적반투위)가 꾸려진 것은 사흘이 더 지난 20일이었다. 덕적반투위를 중심으로 전개되던 반대운동은 한 달 뒤 '인천 앞바다 핵폐기장대책 범시민협의회'(인천핵대협)의 결성으로 이어졌다. 이후 1995년 2월 27일 정부가 굴업도를 부지로 지정 고시하면서 덕적도와 인천에서 농성과 시위가 끊이지 않았다. 반대운동은 지질 부적합 판정으로 지정 고시가 철회될 때까지 계속되었는데, 구속 24명, 불구속 8명, 즉심 25명 등 57명이 사법 처리되고 체포 뒤 훈방인원이 107명에 이를 만큼 격렬하게 전개되었다(방사성폐기물관리사업지원단, 1996).

---

21) 안면도 반대운동에 관한 자세한 내용은 공추련 외(1990), 전재진(1993)을 참고할 것. 1990년대 중반까지의 지역반핵운동에 대해서는 박재묵(1995)의 연구가 유용한 정보를 많이 제공한다. 고리지역의 반핵운동은 정수희(2011)를 참고.

22) 굴업도 반대운동의 전개 과정은 방사성폐기물관리사업기획단(1996)에서 상세하게 확인할 수 있다.

3. 조정 영역의 확장과 추격체제 개편 갈등

반핵운동이 지역화되면서 원전 국산화·표준화를 위협하는 외부 요인은 사라졌다. 하지만 기술추격이 진전되면서 원전체제 내부의 잠재된 갈등이 표면화되었다. 전력공급부문은 연구-사업 병행 모델을 기술추격과 함께 폐기되어야 할 것으로 봤지만 연구개발부문의 생각은 달랐다. 아울러 원전 가동이 본격화되면서 방사성폐기물 관리가 새로운 쟁점으로 부상했다. 방사성폐기물처분장 건설은 지역반핵운동의 저항에 부딪쳐 계속 좌초되었고, 전력공급부문과 연구개발부문 간의 역할 조정으로 이어졌다. 안정화된 것처럼 보였던 원전체제 곳곳에서 갈등의 씨앗이 싹트고 있었다. 그리고 시작은 방사성폐기물 관리 사업의 주도권 다툼이었다.

1) 방사성폐기물 관리 사업 주도권 경쟁

고리 1호기 가동과 함께 방사성폐기물은 원전 부지 내 임시저장고에 차곡차곡 쌓여갔다. 더불어 방사성폐기물 처리가 안정적인 원전 가동을 위해 더 이상 외면할 수 없는 문제로 떠오르기 시작했다. 쟁점은 간단했다. 누가, 어떻게 방사성폐기물 관리 사업을 추진할 것인가? 그러나 상황은 간단하지 않았다. 신속핵선택전략의 추진력은 약해진 데 반해 전력공급부문의 영향력은 강해졌다. 전력공급부문은 자신들이 방사성폐기물 관리 사업의 주체가 되어야 한다고 주장했다. 하지만 연구-사업 병행을 추진하는 연구개발부문은 쉽게 물러서지 않았다.

방사성폐기물 관리가 정책 과제로 부상한 것은 1984년경이다. 206차 원자력위원회가 방사성폐기물 대책 특별 전문분과위원회를 설치하면서 방사성폐기물 관리 정책 논의가 첫발을 내딛었다. 그전까지 방사성폐기물 관리는 핵연료주기 실험의 연장선상에서 다뤄져 오고 있었다. 7개월가량 논의를 거친 끝에 1984년 10월 원자력위원회는 마침내 방사성폐기물 관리 대책을 의결한다(원자력위원회, 1984). 정부 차원에서 결정된 최초의 방사성폐기물 관리 대책이었다. 핵심적인 내용을 살펴보면, 우선 중저준위 방사성폐기물은 육지처분을 원칙(추후 해양처분 검토 가능)으로 하되 원전 부지 외부에 집중식 영구처분장을 건설하기로 한다. 사용후핵연료의 경우, 처리·처분 방식을 확정하지 않고 추후 별도 대책을 수립하기로 한다. 또한 방사성폐기물 관리 사업은 국가 주도 비영리기관을 신설하여 전담하게 하되 소요되는 경비는 방사성폐기물을 발생시킨 자가 부담하기로 했다.

그러나 전력공급부문과 연구개발부문 간의 주도권 다툼이 일어나면서 국가 주도 비영리기관의 신설은 장벽에 부딪쳤다. 213차 원자력위원회는 방사성폐기물 관리 대책의 시행이 시급한 데 반해 비영리기관은 설립 절차가 복잡하다는 이유로 비영리기관 설립을 장기적인 과제로 넘겼다(원자력위원회, 1985). 대신 한국핵연료를 방사성폐기물 관리 사업의 주관 기관으로 지정했다. 당시 한국핵연료는 한전과 원자력연구소가 공동 출자한 기업의 형태로 운영되고 있었으나, 한전의 지분 비율(89%)이 원자력연구소(11%)보다 훨씬 높았다.[23]

문제는 한국핵연료가 주도하는 형태로는 원자력연구소가 충분한 연구비를 보장받을 수 없다는 점이었다. 한전은 기본적으로 방사성폐기물의 처분에 필요한 운영비만 부담한다는 입장이었다(원자력위원회, 1984). 이것은 연구-사업 병행을 통해 운영비를 충당하고, 핵연료주기 연구의 재개를 모색하는 원자력연구소의 입장에서는 난감한 조치였다.[24]

---

23) 한국핵연료가 방사성폐기물 관리 사업을 담당하는 방안은 사업자로부터의 독립성을 약화시키는 단점이 있었으나 상대적으로 쉽게 재원을 확보할 수 있었다.

24) 한전은 발전단가의 0.46%(판매액 기준 0.24%)를 방사성폐기물 관리 비용으로 책정하여 1985~1991년 사이 중저준위 방사성폐기물 처분 비용 327.5억 원, 사용후핵연료 관리 비용 1580억 원을 조성하고자 했다. 사용후핵연료 관리 비용에는 재처리 및 장기 저장비, 폐로 등

원자력연구소는 한필순 소장을 중심으로 원자력연구소가 방사성폐기물 관리 사업을 주관하는 방안을 모색한다. 1970년대에 비해 약해지기는 했지만 여전히 핵기술이 전략적 가치를 가지고 있다는 점이 원자력연구소가 가진 무기였다. 원자력연구소와 과학기술처는 '핵심 기술 연구'를 보호해야 한다는 명분을 내세워 원자력 분야를 에너지·전력의 측면으로만 국한시켜서는 안 된다고 강력히 주장했다(미상, 1990c, 1991). 전력공급부문으로의 이관에 반대하며 '핵심 기술 연구'를 매개로 정권 고위층을 설득한 결과 원자력연구소는 한국핵연료로부터 방사성폐기물 관리 사업을 되찾아올 수 있었다. 한전은 방사성폐기물처분장 부지 선정에 있어 발전소와 송변전시설 부지 확보의 노하우를 가진 한전이 낫다고 주장했지만 결정을 되돌릴 수는 없었다(이종훈, 2012: 389).

그러나 문제는 다시 비용이었다. 원자력연구소는 안정적으로 방사성폐기물 관리 사업을 추진할 비용을 조달할 수 없었다. 한전과의 협력은 불가피했다. 결국 원자력연구소가 방사성폐기물 관리 사업을 추진할 수 있도록 방사성폐기물 관리기금을 신설하되 한전 사장이 원자력위원회 위원으로 참여하는 타협안이 마련되었다(미상, 1990c, 1991).[25] 마침 원전 국산화·표준화의 추진력을 강화하기 위해 원자력위원회의 확대 개편이 진행되고 있는 상황이었다.

타협의 결과, 1986년 5월 12일 원자력법이 개정된다. 원자력위원회의 위상이 국무총리 소속으로 강화되면서 부총리와 동력자원부 장관, 과학기술처 장관, 한전 사장이 당연직 위원으로 임명된다. 아울러 과학기술처가 방사성폐기물 관리 사업을 원자력연구소에 위임할 수 있다는 조항이 신설되었다.

관련 연구 비용이 포함되어 있었으나 원자력연구소의 기대에 비하면 많이 부족했다(원자력위원회, 1984).

25) 한전 사장이 방사성폐기물 관리기금위원회의 위원장을 맡으면 '핵심 기술 연구'와 관련해서 미국과의 마찰을 줄일 수 있다는 판단이 영향을 미친 것으로 보인다(미상, 1991).

방사성폐기물 관리기금이 설치되었고, 방사성폐기물 발생자가 부담금을 내도록 규정했다. 단, 부담금 액수는 대통령령으로 일정 요율을 전력생산량에 곱해서 책정하기로 한다.

그러나 방사성폐기물 관리기금을 과학기술처 장관이 운영하고, 필요시 원자력연구소가 기금을 관리할 수 있다는 조항이 분란을 야기했다. 누구보다 한전 내부의 실무진들이 강하게 반발했다. 이들은 원자력연구소가 연구-사업을 병행하며 비용을 과도하게 책정한다고 생각해오고 있었다. 이와 같은 상황에서 원자력연구소가 진척 상황을 확인할 수 없는 핵심 기술 연구개발비를 방사성폐기물 관리기금에 포함시키는 것도 모자라 기금을 관리할 수 있는 권한까지 갖게 된 것이다. 서석천 한전 전무가 반대의 뜻을 굽히지 않다가 퇴직할 만큼 실무진들이 격렬하게 반발했고, 결국 한전 사장까지 안기부와 법제처를 통해 원자력법 시행령의 개정을 막기 위해 나섰다(미상, 1991). 거부권은 자금줄을 쥐고 있는 한전에게 주어졌다.

한전이 반대하면서 원자력법 시행령의 개정은 표류하기 시작했고, 방사성폐기물 관리기금의 운영은 중단되었다. 1986년부터 방사성폐기물처분장 후보 부지를 찾기 위한 조사[26]가 진행되고, 1988년 7월 "방사성폐기물 관리 사업계획(안): 1985~2000"이 원자력위원회를 통과했지만 원자력법 시행령은 여전히 처리되지 않고 있었다.[27] 방사성폐기물 관리 사업 중 종합관리시설 건설비(2909억 원), 원자력연구소 내 기본 지원시설 건설비(1076.6억 원), 연구개

---

26) 한국전력기술의 용역조사를 통해 89개 지역을 도출한 뒤 동해안 15곳, 서남해안 10곳으로 후보 지역을 좁혔다. 이후 동굴처분이 가능한 7개 지역으로 후보지를 압축하고, 바텔Battelle과의 공동조사를 통해 경북 일원을 최종적인 조사 대상 지역으로 선정했다.

27) 220차 원자력위원회는 "방사성폐기물 관리 사업계획(안): 1985~2000"을 의결했다. 기본 방향은 211차 원자력위원회의 의결사항과 같았다. 다만 중저준위 방사성폐기물 영구처분장을 1995년까지 건설하고, 사용후핵연료는 1997년까지 소외 집중식 중간저장시설을 짓기로 구체화한다(원자력위원회, 1988a).

발비(673.1억 원)를 포함해서 총 7058억 원에 달하는 소요 예산을 조달하는 문제가 맞물려 있었기 때문이다(원자력위원회, 1988b).

전력공급부문과 연구개발부문 간의 원자력법 시행령 개정을 둘러싼 갈등은 과학기술처가 타협안을 제시하면서 출구를 찾았다. 과학기술처가 제시한 방안은 원자력 행정 및 사업의 관할 경계를 전체적으로 재조정하는 방안이었다. 즉, 동력자원부가 원전 사업(핵연료 및 방사성폐기물 관리 사업 포함)을 관장하고 과학기술처는 연구 개발 및 안전 규제를 담당하는 형태로 원자력행정 영역을 조정하기로 한다(과학기술처·동력자원부, 1989). 구체적인 방안을 보면, 우선 핵연료사업을 한국핵연료로 일원화하고, 방사성폐기물 관리 사업은 별도의 기관을 설치하기로 했다. 대신 추후 방사성폐기물 관리기금을 원자력 기금으로 개편해서 과학기술처와 원자력연구소의 연구 개발을 지원하기로 한다. 핵심은 원자력연구소가 핵연료 설계 및 중수로 핵연료 제조 사업을 이관하고 방사성폐기물 관리 사업의 주도권을 넘겨주는 대가로 원자력 연구 개발비를 보장받는 것이었다. 양측이 타협 방안을 찾으면서 원자력법 시행령이 개정·공포되었다.[28]

여세를 몰아 동력자원부는 타협 방안에 기초하여 "원자력발전 사업체제 개편방안"을 마련한다(동력자원부, 1990a). 동력자원부는 원자력연구소가 연구와 사업을 병행하면서 사업의 경제성이 떨어졌을 뿐만 아니라 기초연구도 비효율적으로 진행되고 있다고 판단했다. 단적으로 핵연료 제조가 이원화되면서 국제 가격보다 50% 이상 비싼 국산 핵연료를 구매해야 하는 상황이었다.[29] 동력자원부는 연구와 사업 기능이 혼재된 상황을 개선하기 위해 과학

---

28) 원자력법 시행령은 방사성폐기물 부담금을 2원/kWh 내에서 과학기술처와 동력자원부가 협의한 후 원자력위원회에서 의결하도록 규정했다. 이를 통해 조성되는 방사성폐기물 관리기금은 1990년을 기준으로 667억 원(1.335원/kWh) 수준이었다(원자력위원회, 1989).

29) 당시 중수로 핵연료의 성형·가공비는 국제 시장 가격이 2만 5888원/kg인 데 반해 원자력연구소의 납품 가격은 4만 1211원/kg이었다. 경수로 핵연료 성형·가공비도 국내 가격이 23만

기술처는 기초연구와 안전 규제에 집중하고 동력자원부가 원전 사업 전반을 관할하는 방안을 제시했다. 예컨대, 한전(핵연료 구매), 한국핵연료(경수로형 핵연료 제조), 원자력연구소(핵연료 설계, 중수로형 핵연료 제조, 방사성폐기물 관리)로 분할된 핵연료와 방사성폐기물 관리 분야를 통합해서 원자력사업공단을 설립하는 방식이었다.

그러나 과학기술처가 동력자원부의 개편 방안을 거부하면서 방사성폐기물 관리 사업은 다시 난관에 봉착했다. 과학기술처와 원자력연구소는 핵연료 및 방사성폐기물 관리 사업을 이관할 의사가 없었다. 과학기술처의 입장에서 1989년 4월 양 부처 장관 간의 합의는 사실 원자력법 시행령에 대한 동력자원부의 합의를 얻기 위한 수단에 불과했다(미상, 1990c). 이들은 핵기술의 군사적·과학기술적·외교적 가치를 강조하며 청와대를 설득했고 지지를 이끌어내는 데 성공했다.[30] 나아가 과학기술처와 원자력연구소는 원자력 행정과 산업구조를 자신들이 주도하는 형태로 재편하는 방안을 모색하고 있었다.

동력자원부의 개편 방안이 실행되기 위해서는 원자력법을 개정해야 했는데, 과학기술처가 반대할 것이 분명했다. 새로운 기관을 설립하지 않고 한전이 방사성폐기물 관리 사업을 주관하는 방안을 검토했지만, 이에 대해서는 한전이 미온적인 반응을 보였다. 한전은 기본적으로 원자력연구소의 연구-사업 병행에 반대했지만 한전이 방사성폐기물 관리 사업을 담당하는 것도 원치 않았다. 한전은 전원개발사업을 하는 것만으로 벅찬 상황이고 전력회사가 방사성폐기물 관리 사업을 직접 수행하는 것은 정당성을 확보하기 어렵다고 주장했다(동력자원부, 1990c). 또한 한전이 방사성폐기물처분장 부지 확보에

4358원/kg으로 국제 시장 가격 18만 원/kg보다 높았다(동력자원부, 1991a).
30) 1989년 8월 노태우 대통령은 과학기술처의 특별보고를 받고, 원자력사업은 기술자립이 가장 중요한 만큼 연구 개발 중심으로 원자력행정을 일원화하는 방안을 모색하라고 지시한다(과학기술처, 1990a).

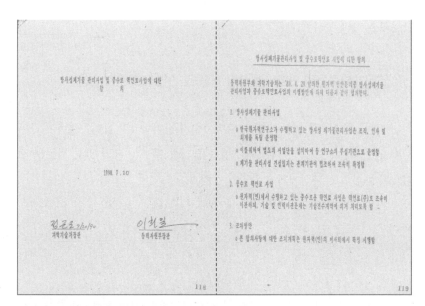

그림 4-9 과학기술처-동력자원부 간 역할 조정 합의문
자료: 과학기술처·동력자원부(1990).

나선다고 해도 부지 선정 여부는 불확실하다고 내다봤다(동력자원부, 1990b). 결국 동력자원부와 한전은 절충안으로 원자력연구소에 부설기관을 설립해서 방사성폐기물 관리 사업을 추진하는 방안을 제안했고, 과학기술처와 원자력 연구소가 수용하면서 동력자원부와 과학기술처 간의 2차 합의가 이뤄졌다. 이로써 원자력법 시행령의 개정을 위해 과학기술처가 제시했던 원자력 행정 및 산업구조의 재편은 시행령 개정 이후 과학기술처와 원자력연구소가 개편 방안을 거부하면서 대폭 축소되었다. 즉, 원전체제가 전체적으로 재조정되는 것이 아니라 원자력연구소 내부에 방사성폐기물 관리 사업을 담당하는 부설 기관을 설치하고 중수로 핵연료 제조 사업을 한국핵연료로 일원화하는 형태 로 축소된다(과학기술처·동력자원부, 1990).[31] 그러나 이것은 재조정을 둘러싼

---

31) 합의 조치에 따라 방사성폐기물 관리 사업 추진 조직은 1990년 8월 방사성폐기물관리사업단

갈등의 서막에 불과했다.

2) 연구개발부문의 저항과 원자력 행정 및 산업구조 개편 갈등

1989년 4월 동력자원부 장관과 과학기술처 장관의 1차 합의는 전력공급부
문과 연구개발부문 간의 역할 재조정을 둘러싼 갈등을 촉발했다. 새로운 쟁
점으로 부상한 방사성폐기물 관리가 계기가 되었지만 그보다 더 큰 갈등요소
가 잠재해 있었다. 바로 기술추격에 따른 연구-사업 병행의 중단 여부였다.
제3장에서 언급했듯이, 원전 국산화·표준화를 위한 역할 분담은 한시적인 것
이었다. 즉, 기술추격이 진전되면 원자력연구소가 담당한 원자로 및 핵연료
설계 분야는 산업체로 이전될 계획이었다.

그러나 기술추격에 대한 인식이 다르고 현실적인 이해관계가 얽히면서 사
업 이관을 둘러싼 갈등의 골이 깊어졌다. 기본적으로 과학기술처와 원자력연
구소는 경제성보다 기술 개발을 우선시하며 주요 기술의 완전 자립을 추구했
다(과학기술처, 1995b). 반면 동력자원부와 한전은 경제성을 중시하며 연구 개
발은 기본적으로 국가 차원에서 별도로 추진되어야 한다고 보았다. 양측의
입장 차이는 정부출연금으로 원자력연구소를 운영할 수 있다면 크게 문제 될
게 아니었다. 하지만 정부출연금은 지속적으로 축소되었고 원자력연구소는
연구-사업의 병행을 통한 사업 이익으로 예산 부족을 충당해왔다. 이와 같은
상황에서 사업을 이관하는 것은 원자력연구소, 나아가 과학기술처의 존립을
위협할 수 있는 문제였다. **표 4-3**에서 확인할 수 있듯이, 이관 대상인 원자로
및 핵연료 설계 분야의 인력은 원자력연구소 본소 인력과 예산의 35%가량을
차지하고 있었다. 인수기관인 한국전력기술과 한국원전연료가 원자력연구

으로 분리된다. 1년 뒤 사업단은 원자력환경관리센터로 개편되었다.

표 4-3 원자력연구소 현황 및 이관 인원

구분		인원	이관 인원	1993년 예산(억 원)			
				정부출연	한전 지원	자체수입	계
본소	연구개발단	875		523	478	143	1,144
	원전사업단	694	544		635		635
부설	환경관리센터	309			723		723
	원자력병원	827				368	368
	계	2,705	544	523	1,836	511	2,870

주1: 이관 인원(원자로계통 설계 394명, 경수로 핵연료 설계 150명).
주2: 원자력사업단 인력 중 중수로 핵연료 제조, 가동 전·중 검사 분야 인력 제외.
자료: 원자력발전과(1994).

소보다 규모가 작아 연구진들이 이직을 꺼리는 것도 문제였다.[32]

그러나 원자력행정과 원전 사업이 이원화되면서 비효율성이 커지고 있던 만큼 사업 이관은 언제든 불거질 수 있는 문제였다.[33] 이로 인해 1989년부터 원전체제를 개편해야 한다는 요구가 각계에서 쏟아져 나왔다. 국회, 청와대, 정부 행정개혁위원회, 국가과학기술자문회의 등 기관마다 제시하는 개편안도 달랐다.

먼저 1989년 2월 국회 동력자원위원회는 원자력법 시행령 개정과 연계해서 한전법을 개정할 경우 원자력행정을 일원화한다는 부대 조건을 의결했다. 이에 대해 경제과학위원회가 부대 조건의 삭제를 요청했지만 받아들여지지 않았다. 같은 해 4월 동력자원부 장관과 과학기술처 장관 간의 합의가 이뤄졌다. 합의안은 곧 222차 원자력위원회에 보고되었으나 청와대가 반대하면서

---

32) 1993년도 한국전력기술과 한국원전연료의 규모는 각각 1818명(예산 1355억 원), 403명(예산 564억 원) 수준이었다(원자력발전과, 1994).

33) 일례로 핵연료 분야의 설계-제조가 이원화되면서 핵연료 연소 중 문제가 생기면 수시로 핵연료 제조가 중단되고, 원자력연구소와 한국핵연료 사이에 상호 책임 전가가 빈번하게 일어났다(한전원자력연료, 2012: 152). 이에 한국핵연료는 자체 기술연구소를 설립해서 설계기술의 자립을 추진했고, 원자력연구소는 이를 비판했다.

원자력발전 관련사업 및 행정기능에 관한 각계 입장

업무 \ 각계입장	사 업			기 초 연구개발	안전규제
	발 전	원전연료	폐기물		
현 행	통산부 (한전등 산업체)			과기처 (원자력연구소, 안전기술원)	
국 회* (89. 3)	통산부			과기처	통산부
양부처합의 (89. 4)	통산부			과기처	
행 개 위 (89. 7)	통산부			통산부	과기처
과기자문회의 (91. 11)	(단기) 통산부			과기처	
	(장기) 일원화 (통산부)				
원자력위원회 (92. 6)	통산부			과기처	
조 정 후 (통산부 입장)	통산부			과기처	

※ 국회는 한전법 개정시 원전 행정체제 조정방안을 부대의견으로
채택(89.3.9 본회의 통과)

그림 4-10 원자력발전 사업 및 행정기능 개편 방안
자료: 통상산업부(1996a).

무산되었다. 대통령이 원자력행정의 일원화를 지시했지만 청와대 산업비서
관과 과학기술비서관의 의견이 충돌하면서 조정은 지연되었다. 이와 같은 상
황에서 행정개혁위원회는 동력자원부가 기초연구 개발까지 총괄하는 일원화
방안을 제시한다. 동력자원부는 '원자력발전 사업체제 개편방안'을 추진했지
만 앞서 살펴본 대로 반발에 부딪쳐 계획대로 실행되지 못했다. 오히려 1990
년 8월 원자력연구소는 개편 방안으로 '원자력부'와 '원자력발전공사'의 설립
을 역제안했다(과학기술처, 1995b).

동력자원부가 적극적으로 나섰지만 과학기술처가 거부하는 한 실행이 불
가능하다는 점은 점차 분명해졌다. 이에 양 부처는 갈등의 소지가 적은 중수
로 핵연료 제조 사업부터 이관하기로 하고, 원자력 행정 및 산업구조 개편은

합동 작업반을 구성해서 논의하기로 합의한다(과학기술처, 1995b). 이와 같은 상황에서 국가과학기술자문회의는 중기적으로 기존의 합의대로 사업 분야를 동력자원부로 이관하되 장기적으로 동력자원부와 과학기술처를 통합해 과학·에너지부를 설치하여 일원화하는 방안을 제시한다(국가과학기술자문회의, 1991). 더불어 원자력연구소가 사업을 병행하면서 연구가 위축되고 사업 관할을 둘러싼 갈등을 초래한다고 비판하며 사업 기능 축소를 권고했다. 원자력 행정의 일원화에 대한 합의는 요원했지만 원자력연구소의 연구-사업 병행을 축소해야 한다는 공감대는 확산되었다. 결국 1년 넘게 협의한 끝에 동력자원부와 과학기술처는 연구개발비를 지원하는 조건으로 원자로 및 핵연료 설계 등 원자력연구소가 수행하는 사업을 모두 산업체로 이관하기로 결정한다(정책조정국, 1992). 이후 원자력위원회는 양 부처의 합의를 공식화한다. 그러나 갈등의 소지는 남아 있었다. 원자로 및 핵연료 설계 분야의 이관 시기 및 방법은 정해지지 않았고 연구개발비의 규모와 형태도 확정되지 않았기 때문이다(원자력위원회, 1992).

원자력위원회의 의결 이후 상공자원부(前 동력자원부) 주도로 구체적인 사업이관 방안이 만들어졌다. 수개월 간의 검토 끝에 상공자원부는 원자로계통 설계는 한국전력기술, 핵연료 설계는 한국핵연료로 이관하는 방안을 마련했다. 1993년 하반기부터 이관을 추진하되 인수기관 주도하에 일정 기간 사업을 공동으로 수행하는 방식이었다. 한국중공업이 곧바로 반대 의사를 밝혔다. 한국중공업은 설계·제작의 통합을 주장하며 원자로계통 설계를 한국중공업으로 이관해줄 것을 요청했다(상공자원부, 1993b). 그러나 상공자원부와 한전은 한국중공업이 원자로계통 설계 인력을 인수할 여력이 없다고 판단하고 한국중공업의 요청을 거부했다. 한국중공업이 민영화될 경우 설계분야를 보호·육성하는 것이 어렵다는 점도 고려되었다. 한국중공업은 설계와 제작을 통합하는 것이 국제 경쟁력을 높이는 데 유리하며 원자로 설계 분야는 민영화에서 제외할 수 있다고 강조했으나 상공자원부와 한전을 설득할 수 없었다. 무엇보다 한전의 자회사인 한국중공업이 독자적인 목소리를 내는 것은 구조적으로 한계가 있었다. 이로써 전력공기업집단 내부의 이견은 어렵지 않게 조정되었다.

그러나 과학기술처와 원자력연구소의 반발은 쉽게 수그러들지 않았다. 표면적인 쟁점은 사업 이관의 시기였다. 원자력연구소는 사업을 섣불리 이관하면 연구인력이 분산되기 때문에 기술자립에 차질이 생긴다는 점을 강조하며 점진적이고 자율적인 이관을 주장했다(한국원자력연구소, 1993b). 과학기술처는 원자력연구소의 의견을 수용해서 경수로 핵연료 설계는 1996년까지 이관하고 원자로계통 설계와 초기 노심 설계는 1998년 정도까지 최소 1기 이상 독자 설계를 한 뒤에 이관하기로 한다(과학기술처, 1993f). 그러나 실질적인 쟁점은 연구개발비의 안정적 보장 여부였다. 원자력연구소는 한전의 출연 방식은 법적 의무가 아니기 때문에 안정적인 연구개발비 확보가 어려울뿐더러 한전이 간섭할 가능성이 높기 때문에 연구의 자율성을 확보할 수 없다고 봤다(한국원자력연구소, 1993b). 원자력연구소의 우려가 기우는 아니었다. 한전은 원자력연구소가 추진한 개량 핵연료(KAFA) 개발을 지원하지 않고 웨스팅하우스의 핵연료 설계 기술을 수입해 사용한 전례가 있었다(원자력연구소 노동조합, 1993; 원자력산업체제조정대책협의회, 1994a).[34] 한전이 1993년 연구개발비 지원을 350억 원에서 280억 원으로 줄이면서 연구개발비를 안정적으로 확보하기 위한 제도적 장치를 마련하는 것이 절실한 상황이었다(과학기술처, 1993e). 따라서 과학기술처는 점진적인 이관의 전제 조건으로 방사성폐기물 관리기금을 원자력기금으로 확대 개편하는 안을 제시했다.

관계기관 간 협의가 지속되었지만 입장 차이는 좁혀지지 않았다. 원자력

---

34) 원자력연구소는 핵연료 성능 향상을 위해 1987년부터 개량 핵연료 개발을 추진했다. 1991년 1단계 사업이 종료된 뒤 원자력연구소는 추가 사업을 위해 5년간 150억 원을 지원해줄 것을 요청했지만 한전은 1992년 6억 8천만 원만 지원했다. 대신 한전은 1990년 웨스팅하우스로부터 핵연료 설계용 전산코드와 설계기술을 수입해서 사용했다.

연구소는 단기적인 연구재원 확보 방안으로 상공자원부가 요청하면 한전이 1개월 내에 의무적으로 출연하는 방안을 제안했다. 나아가 장기적으로 출연금을 제도화해서 전력 판매 수입의 2%를 연구개발기금으로 전환하거나 원전 기술 개발 촉진세를 신설해서 1kWh당 0.115원을 징수할 것을 요구했다(상공자원부, 1993c). 하지만 한전과 상공자원부는 원자력연구소의 요구를 수용하는 것은 현실적으로 곤란하다는 입장을 고수했다. 연구개발비 보장에 대한 합의가 이뤄지지 않으면서 원자력연구소의 연구-사업 기능을 분리하는 조치는 계속 지연되었다. 과학기술처와 원자력연구소는 기술 습득 과정에 있는 만큼 원자로계통 설계(초기 노심 설계 포함) 이관은 1998년 이후에 가능하다는 입장을 유지했다(과학기술처, 1993i).

양측의 입장이 평행선을 달리는 가운데 영광 5~6호기 계약 시점이 다가왔다. 급한 쪽은 전력공급을 책임지고 있는 상공자원부와 한전이었다. 결국 상공자원부와 한전 쪽에서 타협안을 제시한다. 즉, 차세대 원자로 기술 개발을 산업체가 아닌 원자력연구소가 주도할 수 있게끔 변경하고 연구개발보전비를 5%에서 20%로 상향 조정하는 방안을 내놨다(상공자원부, 1994). 여기에 연간 100억 원가량의 부족 자금을 추가로 지원하고 한전이 발주하는 과제의 인건비를 현실화하기로 한다. 대신 영광 5~6호기 계약 시점부터 사업을 이관해 줄 것을 요청한다. 과학기술처는 당면한 문제인 영광 5~6호기에 한해 한국전력기술이 원자력연구소의 하청업체로 참여해서 기술을 전수받는 방안을 수용했다(과학기술처, 1994d).

그러나 원자력연구소가 강하게 반발하면서 영광 5~6호기 계약과 사업 이관은 다시 표류한다. 상공자원부의 타협안에 따르면, 1998년까지 원자력연구소의 인력은 동결되는 대신 인수기관의 인력이 분야별 설계팀에 합류하도록 되어 있었다(상공자원부, 1994). 사실상 원자력연구소의 원자로 및 핵연료 설계 사업 분야를 이관하는 사전 조치인 만큼 원자력연구소 측은 민감하게 대응했다. 특히 원자력연구소의 기술인력들이 한국전력기술로의 이전을 반대했다. 이들은 원자력연구소 노동조합과 원자력산업체제조정대책협의회(원대협)로 결집한 뒤 규모가 작은 한국전력기술로 사업을 이관하면 기술자립에 심각한 차질이 빚어진다고 주장했다(원자력산업체제조정대책협의회, 1994b; 원자력연구소 노동조합, 1994a, 1994b, 1994e). 원자력연구소의 기술인력들은 상공자원부의 방안이 실행되는 것을 막기 위해 시위와 농성에 나섰다. 이들은 100여 명의 집단 보직사퇴서 제출을 이끌어냈고 '원전사업체제 조정 반대 서명'으로 1551명을 조직해냈다(원자력연구소, 1994; 원자력연구소 노동조합, 1994f). 나아가 기술민족주의적 수사를 동원하여 자신들의 반대를 정당화했다. "우리 기술 발목 잡는 사업 이관 절대 반대", "한국전력 패권주의 기술자립 피멍든다", "상공부와 한전의 해외기술 종속 심화하는 매국적 기만행위 투쟁으로 저지하자!" 등 당시 원대협이 원자력연구소에 내건 플래카드가 단적인 예다(원자력연구소 노동조합, 1994b, 1994c).

원자력연구소의 반발이 계속되자 과학기술처는 연구인력의 동요로 기술자립에 차질이 우려된다며 사업 이관을 실용화된 기술전수로 변경할 것을 제안한다(과학기술처, 1994d). 영광 5~6호기의 계약이 이미 계획 시점을 넘기면서 상공자원부와 한전도 과학기술처와 원자력연구소의 절충안을 거부하기 어려웠다. 결국 이들은 영광 5~6호기 계약을 신속하게 추진하되 1300MW 원전을 독자적으로 건설할 때까지 원자력연구소가 원자로 및 핵연료 설계 분야의 주계약자 지위를 유지하는 것에 합의했다(과학기술처·상공자원부, 1994b). 이에 따라 한국전력기술은 원자력연구소의 하청업체로 기술을 전수받기로 한다. 더불어 원자력연구소는 연구사업비가 확정되는 대로 한전으로부터 출연금을 받고, 이를 인건비로 활용할 수 있게 되었다. 원자력연구소는 영광 5~6호기 계약 지연을 지렛대로 자신들의 요구를 상당 부분 관철시켰다.

그러나 영광 5~6호기 계약이 곧바로 체결된 것은 아니다. 이번에는 한국전력기술이 반발했다. 상공자원부와 과학기술처의 합의는 235차 원자력위원회를 통해 공식화되었는데, 1300MW 원전을 건설한 뒤 주계약자 문제는 다시 협의하기로 한다(원자력위원회, 1994). 또한 영광 5~6호기 계약 시 한국전력기술이 하청업체로 참여하지만 범위가 구체적으로 합의된 것이 아니었다. 따라서 설계 사업의 참여 범위를 놓고 원자력연구소와 한국전력기술 간의 다툼이 일어났다. 한국전력기술은 설계분야 계약의 39%(약 238억 원)를 자신들에게 배정해줄 것을 요구했지만 원자력연구소는 2.6%(약 16억 원)를 제안했다(한국전력기술, 1994). 이후 원자력연구소는 배정물량을 3.6%로 늘렸지만 원자로계통 설계와 기술적으로 연계성이 떨어지는 분야에 한정된 것이었다. 한국전력기술은 신문광고를 내는 등 계속 반발했다. 논란은 한국전력기술의 물량을 15% 수준으로 올린 뒤에야 종결되었다(한국전력공사 외, 1994). 실제 영광 5~6호기의 계약은 그로부터 4개월가량이 더 지나서 당초 계획했던 시점을 9개월가량 넘긴 1995년 3월에야 체결되었다.

우여곡절 끝에 영광 5~6호기 계약을 체결할 수 있었지만 그 과정에서 원자력연구소가 강하게 반발하는 이상 사업 이관이 어렵다는 사실이 다시 한 번 확인되었다. 그러나 1980년대 후반부터 방사성폐기물 관리 사업과 원자로 및 핵연료 설계 사업 이관 등을 둘러싼 갈등이 지속되면서 근원적인 해결책을 모색해야 한다는 목소리가 높아졌다. 결국 잠재되어 있던 원자력 행정 및 산업구조의 재조정 문제가 다시 불거졌다. 원자력연구소의 기술인력들이 상공자원부와 한전이 제시한 한국전력기술로의 이전을 거부하면서 갈등의 불씨를 지폈다. 원자력연구소는 향후 자신들이 원전 설계 사업을 계속 주도할 수 있는 방안을 모색했고 구체적인 방안으로 원자력개발원의 설립을 제시했다(한국원자력연구소, 1994a). 그러나 상공자원부는 원자력개발원은 원자력연구소의 출연기관이기 때문에 연구-사업의 분리 원칙에 어긋난다며 반대했다(상공자원부, 1994). 산업체로의 이전이 불가피해지자 원자력연구소의 원자로 설계 분야 기술자들은 한국전력기술이 아닌 한국중공업으로 사업을 이관해줄 것을 요구했다.

원자력연구소 설계 인력들의 행보는 대기업이 원전 산업에 진출할 채비를 하면서 한층 복잡해졌다. 앞서 살펴봤듯이, 설비 확충에 필요한 대규모 자본 조달이 어려워지자 정부는 민자발전을 허용하기로 한다. 아울러 발전설비산 업의 일원화 조치 역시 해제의 압력을 받게 된다. 1994년부터 건설업체들이 기술 축적의 기회를 늘려야 해외 진출이 가능하다며 발전소 기기 설치 공사 를 경쟁체제로 전환해줄 것을 요청했다(이종훈, 2012: 772). 아울러 그해 6월 한전은 상공자원부에게 연내에 보일러 부문의 일원화 조치를 해제하고, 1995 년까지 모든 주기기 분야의 일원화 조치를 해제해줄 것을 건의한다. 이에 대 기업들이 앞다투어 원전 건설과 발전설비산업에 다시 진출할 계획을 세웠다. 원전 건설 사업 수주 경험을 가지고 있던 현대건설과 동아건설은 물론이고 대우건설, 삼성건설, 대림산업 등 신규 주자들까지 북한 경수로 및 신규 원전 건설, 방사성폐기물처분장 건설 등 원전산업에 뛰어들 준비를 했다. 대우건 설은 북한 경수로 사업 수주 경쟁에 뛰어들 채비를 서둘렀고, 삼성건설은 적 극적인 인력 스카우트를 통해 원전 사업팀을 100명 선으로 보강했다(≪매일 경제≫, 1994a; ≪경향신문≫, 1995). 삼성건설의 경우 벡텔과 기술 제공 협약을 체결한 뒤 영광 5~6호기 수주를 준비했을 뿐만 아니라 영국 핵연료공사(BNFL British Nuclear Fuels Limited)로부터 방사성폐기물 수송 관련 기술을 도입할 계획을 수 립했다. 발전설비 제작 분야도 치열했다. 발전설비 일원화 조치의 해제는 한 국중공업의 민영화[35)]와 연계되어 현대중공업과 삼성중공업 등 대기업의 관

---

35) 한국중공업 민영화는 1980년대 말 이미 한차례 추진된 바 있었다. 1987년 상공부는 한국중공 업의 경영 정상화를 위해 한국중공업의 주식 51%를 매각하는 방안을 제시했고, 한전과 산업 은행, 외환은행의 동의를 이끌어냈다. 이후 상공부는 입찰 참가자를 제한하고 일정 기간 사업 물량을 보장하는 형태로 민영화를 추진했다. 민영화 이후에는 발전설비산업을 경쟁체제로 전환한다는 내용이 포함되었다. 그러나 경제기획원 조순 부총리가 재벌로 경제력이 집중된 다는 이유로 반대 의견을 표명하고, 평화민주당과 통일민주당이 같은 이유로 한국중공업 민 영화를 반대하면서 난항에 빠졌다. 물량지원에 한계가 있고 한전 등이 추가적인 출자를 꺼리 면서 정부 또한 뾰족한 수를 찾지 못했다. 결국 1989년 8월, 정부는 한국중공업 주식을 100% 매각하는 민영화 방침을 발표한다. 가장 유력한 후보는 과거 현대양행의 지분을 승계한 현대 중공업이었다. 그러나 한국중공업 경영진과 노동조합이 현대중공업으로의 민영화를 반대하

심을 끌었다(≪매일경제≫, 1994b).

이해관계가 엇갈리는 상황에서 원자력연구소는 대안으로 '한국원자력기술 (주)'를 설립하는 방안을 제시했다(한국원자력연구소, 1995). 한전의 반대로 원자력개발원이 불가능해지자 원자력연구소와 한국중공업의 공동출자로 설립하되 추후 민간기업의 참여까지 고려한 방안을 내놓은 것이다. 그러나 원자력연구소가 지배주주권을 갖고 한국전력기술을 배제하면서 새로운 논란을 야기했다. 한국중공업은 원자로계통 설계 계약금액의 85%를 차지하는 자신이 지배주주가 되어야 한다고 주장했고, 한국전력기술은 자신들이 배제된 설계회사는 성공할 수 없다고 단언했다(과학기술처, 1995g). 한국원자력기술(주)가 설계, 구매, 사업관리까지 도맡아 해외 수출을 추진한다는 점도 논란거리였다. 한전은 원자력연구소가 출연금을 재투자해서 기업을 설립하는 것에 반대하며 소규모 신설 회사가 해외 수출을 하는 것은 불가능하다고 비판했다 (이종훈, 2012: 375~376). 입장 차이가 좁혀지지 않자 통상산업부(前 상공자원부)는 원자력연구소와 한국중공업, 한전과 한국전력기술에게 각각 개선안을 마련할 것을 요구한 뒤 기본 방침이 정해지면 민간업체와 구체적으로 협의하겠다는 의견을 제시했다. 그러나 의견 조율은 이뤄지지 않았다. 원자력연구소와 과학기술처는 원자로 및 핵연료의 설계 사업을 방사성폐기물 관리 사업과 합쳐서 부설기관을 설립하는 방안을 모색했다(과학기술처, 1995g). 통상산업부와 한전은 연구와 사업의 분리 원칙을 다시 한 번 확인하고, 한국전력기술로 이관하는 기존의 방안과 함께 한국중공업 부설기관을 설립하는 방안을 검토했다(이종훈, 2012: 375~376). 사업 이관을 둘러싼 공방은 지루하게 계속되었다.

고, 삼성중공업이 입찰에 불참하면서 입찰 조건이 성립되지 않아 민영화가 중단되었다. 이후 한전의 발주물량이 증가하면서 한국중공업의 경영 상태는 개선되었으나 민영화 요구는 사라지지 않았다. 관련 내용은 한국중공업(1995: 424~446)을 참고할 것.

원자력행정의 개편과 관련된 논의 역시 지지부진했다. 원칙적인 방향에 대한 합의가 이뤄졌던 원자력연구소의 연구-사업 분리조차 난항을 겪고 있는 상황에서 원자력행정을 전반적으로 재조정하는 것은 불가능에 가까웠다. 원자력연구소 노동조합, 원자력산업체제조정대책협의회, 한국전력기술 노동조합 등이 원자력행정의 일원화를 주창했지만 이들은 소수에 불과했다(원자력산업체제조정대책협의회, 1994c; 원자력연구소 노동조합, 1994c, 1994d, 1994e; 한국전력기술 직원, 1994). 일원화를 주창하는 이들은 원자력 연구 개발과 원전 사업을 하나의 정부 부처가 관할하는 방안을 제시했다. 그러나 과학기술처로 원자력행정을 일원화하기 위해서는 한전에서 원전 부문을 분리시켜야 했고 전원개발계획이 이원화되는 문제를 해결해야 했다(과학기술처, 1994f). 반면 통상산업부로 일원화하기 위해선 과학기술처의 원자력실, 원자력연구소, 원자력안전기술원을 이관해야 하는데, 이는 독립 부처로서 과학기술처의 존립을 위협하는 문제였다. 과학기술처가 안전 규제를 전담하고 연구 개발과 사업 부문을 통상산업부로 일원화하는 방안 역시 과학기술처의 3개과, 원자력연구소의 이관을 전제로 하는 만큼 과학기술처로서는 수용하기 어려웠다. 과학기술처의 거부권을 해체할 만한 압력이 존재하지 않는 상황에서 이원화된 원자력행정이 개편될 가능성은 요원했다.

3) 지역반핵운동의 지속과 방사성폐기물처분장 건설 사업의 표류

지역반핵운동이 격렬하게 전개되면서 방사성폐기물처분장의 건설은 정부의 계획대로 진행될 수 없었다. 정부는 추진 계획을 계속 수정해가며 대응했지만 번번이 실패했다. 앞서 살펴봤듯이, 동력자원부와 과학기술처는 방사성폐기물 관리 사업을 추진하기 위한 역할 분담에 잠정적으로 합의했다. 그러나 지역사회 및 반핵운동과의 합의점을 찾는 데 실패했다. 사회적 저항이 지속되면서 방사성폐기물처분장 건설은 총체적 난국에 빠졌다.

1984년 211차 원자력위원회가 의결한 방사성폐기물 관리 대책을 토대로 구체적인 사업계획이 수립된 것은 1988년이다. 정부의 초기 계획은 221차 원자력위원회에 상정된 "방사성폐기물 관리 사업계획(안): 1985~2000"을 통해 확인할 수 있다(원자력위원회, 1988b). 당시 정부는 임해 지역을 선정하여 동굴처분 방식의 중저준위 방사성폐기물 영구처분장, 습식저장 방식의 사용후핵연료 중간저장시설을 건설할 계획을 세웠다. 150만 평 부지에 25만 드럼(1단계) 규모의 중저준위 방사성폐기물 영구처분장과 3000톤 규모의 사용후핵연료 중간저장시설을 짓는 계획이었다. 중저준위 방사성폐기물은 도로 수송(필요시 선박 수송), 사용후핵연료는 선박 수송을 기본 원칙으로 삼았다. 또한 방사성폐기물 관련 연구지원시설은 1차적으로 대전에 위치한 원자력연구소 안에 건설하기로 한다. 사용후핵연료를 중간 저장하기로 한 것은 재처리를 통해 경수로와 고속증식로에서 재사용하기를 원했기 때문이다(원자력위원회, 1988c). 또한 분산관리 방식과 집중식 관리 방식을 비교하여 기술성과 경제성의 측면에서 모두 집중식 관리 방식이 유리하다는 판단을 내렸다. 방사성폐기물처분장이 건설되기 전에는 원전별로 저장고를 증축(중저준위 방사성폐기물)하거나 밀집 저장대를 설치(사용후핵연료)하기로 했다.

정부는 예비조사를 통해 울진, 영덕, 영일을 후보 부지로 선정하고 1988년 12월부터 세부 지질조사에 착수했다. 그러나 방사성폐기물처분장 건설 계획이 알려지면서 지역주민들이 격렬하게 반발했다. 대통령 중간평가 여부가 한창 논의되고 있던 만큼 정치권도 부지 지정을 강행하는 것을 부담스러워했다(한국원자력연구소 원자력환경관리센터, 1994). 결국 정부는 1989년 3월 14일 지질조사를 중단했다. 원자력연구소가 지역 유력인사를 중심으로 579명을 접촉하여 집중 홍보에 나섰지만 부지 선정을 이끌어내기에는 역부족이었다(원자력위원회, 1990).

이후 방사성폐기물처분장을 건설하기 위해서는 지역주민들의 저항을 줄이는 것이 필요하다는 인식이 싹텄다. 당시 방사성폐기물 관리 사업을 주관하고 있던 원자력연구소는 중저준위 방사성폐기물처분장과 사용후핵연료 처리시설을 분리하는 것을 해결책으로 보았다(미상, 1990b). 원자력연구소는 사용후핵연료 중간저장시설이 상대적으로 주민수용성이 높다고 판단하고 지방정부의 협조를 얻으면 수월하게 부지를 확보할 수 있을 것으로 예상했다. '국민 이해'가 어려운 중저준위 방사성폐기물처분장은 중간저장시설 인근의 무인도나 대륙붕 처분을 고려했다.

원자력연구소의 복안은 충청남도 도청과 협력해서 사용후핵연료 중간저장시설을 건설할 수 있는 부지를 선정하는 것이었다. 원자력연구소와 충청남도 도청은 1990년 6월 토지매수 위임협약을 체결하고 부지 매수에 나섰다. 대상 지역은 태안군 안면도였다. 그러나 중저준위 방사성폐기물처분장과 사용후핵연료 중간저장시설을 분리하는 방안이 기존 계획과 상이하기 때문에 원자력위원회의 의결을 거치지 않으면 절차상 문제가 된다는 의견이 제출되었다(미상, 1990d). 분리 방침이 공식화된 것은 226차 원자력위원회였다. 당시 원자력위원회는 '방사성폐기물 국가종합관리시설 부지 선정(안)'을 의결하여 방사성폐기물 관리 대책을 수정한다(원자력위원회, 1990).[36] 선정된 부지는 태안군 안면도(고남면 고남리 및 장곡리 일대)로 이곳에 사용후핵연료 중간저장시설 및 연구시설, 부대시설을 짓기로 했다. 중저준위 방사성폐기물 영구처분장은 인근의 무인도와 대륙붕에 건설하되 구체적인 위치 및 처분 방식은 추후 부지조사 결과를 보고 결정하기로 한다.

하지만 정부 내 소수의 관계자만 이 과정에 참여하면서 문제가 발생했다. 과학기술처와 원자력연구소는 토지 매수가 수월한 지역을 골라서 부지를 선정한 뒤 지역주민의 반발을 무마시키는 전략을 선택했다. 이들은 지방자치제

---

36) 안면도 주민들의 반대운동이 거세지자 정부는 방사성폐기물처분장이 아니라 제2원자력연구소를 포함한 서해과학연구단지라고 발표했다. 이로 인해 문건의 제목은 이후 "제2원자력연구소 시설부지 선정(안)"으로 변경되었다(원자력위원회, 1991a).

도가 실시되어 민선지사가 선출될 경우 토지 매수가 어려울 것이라는 판단 아래 부지 선정을 서둘렀다(과학기술처, 1990d). 이주가 필요한 가구가 60가구에 불과할 만큼 예정 부지가 국공유지로 이뤄진 것도 중요한 영향을 미쳤다(원자력위원회, 1990).

그러나 정부의 예상과 달리 주민들은 사용후핵연료 중간저장시설을 수용할 의사가 없었다. 1990년 11월 3일 언론 보도를 통해 비밀리에 추진되던 방사성폐기물처분장 건설 계획이 노출되면서 안면도와 인근 지역주민들이 거세게 반발했다. 사실상 부지를 확정한 상태였음에도 불구하고 정부는 임시방편으로 제2원자력연구소가 포함된 서해과학연구단지 구상안이라고 발표했다. 정부는 진행 상황을 철저히 은폐하려 했다. 공식적으로 서해과학연구단지로 발표하면서 226차 원자력위원회의 결정사항과 차이가 있다는 이유로 관련 문서의 회수를 요청할 정도였다(과학기술처, 1990d). 당시 226차 원자력위원회에 제출된 문서는 비밀 문서로 분류된 상태였고, 토지 매수 협의가 완료될 때 일반 문서로 재분류될 예정이었다.

지역주민들의 저항은 정부의 기대와 달리 잠잠해지지 않았다. 11월 8일 2차 주민총궐기대회에 1만 5천여 명의 주민들이 참여해서 경찰서를 불태울 만큼 격렬한 시위를 펼쳤고, 그날 밤 과학기술처 장관이 건설 계획의 백지화를 선언했다(전재진, 1993). 정부는 부지를 선정한 뒤 국민이해사업을 적극적으로 추진하고 「발전소 주변지역 지원에 관한 법률」에 준해 지역협력사업을 실시하면 갈등이 해소될 것으로 봤지만 판단 착오였다.

사실 정부 부처 내에서도 과학기술처와 원자력연구소의 계획에 의문이 제기되고 있었다. 동력자원부와 한전은 주관 부처인 과학기술처가 부지 선정과 관련된 거의 모든 문제를 원자력연구소에 위탁한 상황에서 단시일 내에 부지를 선정하고 토지를 매입할 수 있을지 반신반의했다(폐기물관리 실무대책반, 1990). 정부 부처 간의 협력 수준도 낮았다. 동력자원부는 기존의 후보 지역을 백지화하는 것이 향후 원전 및 발전소 부지를 확보하는 데 부정적인 영향을 끼칠 것을 우려했다(동력자원부, 1990e). 그러나 관련 사항은 심도 깊게 논의되지 못한 것으로 보인다. 과학기술처와 원자력연구소는 자신들의 전략과 역량을 과신했고 결국 실패했다.

1989~1990년 연속해서 방사성폐기물처분장 부지 선정에 실패한 정부는 대책을 모색했다. 지역주민들은 자신들이 배제된 채 방사성폐기물처분장 건설이 추진되는 것을 용납하지 않았다.[37] 따라서 대안으로 정부는 '자발적 유치 지역'을 찾기 위해 고심한다. 이를 위해 정부는 '자발적 유치'가 가능한 다수의 대상 지역을 도출하는 연구를 추진했다(원자력위원회, 1991a). 방안은 크게 두 가지였다. 우선 서울대 인구 및 발전문제 연구소 주도로 "방사성폐기물 부지확보 및 지역협력 방안 연구"를 진행했다. 동시에 임해 지역이 불가능할 경우를 대비해서 동력자원연구소가 폐광 20곳, 도서 100여 곳을 조사했다. 정부의 구상은 용역 결과를 바탕으로 복수의 대상 지역을 발표한 뒤 그중에서 자발적인 유치 의사를 밝힌 지역을 방사성폐기물처분장 부지로 선정하는 것이었다. 동력자원연구소의 조사 결과, 폐광과 도서는 기술적으로 상당히 어렵다는 사실이 밝혀지면서 자연스럽게 서울대 인구 및 발전문제 연구소의 연구 결과에 관심이 쏠렸다. 당시 서울대 인구 및 발전문제 연구소는 제척 기준, 수용 기준, 주민 기준, 비용 기준에 따라 단계적으로 가능 지역을 추려냈다(서울대 인구 및 발전문제 연구소, 1991). 제척 기준과 수용 기준의 1순위가 지질조건이었다는 점에서 지질조사를 통해 가능 지역을 뽑아낸 뒤 주민들이 수용할 의사가 있는 지역을 부지로 선정한다는 계획이었다. 다만 지역주민들의 의사를 고려했으나 그것이 우선순위를 차지한 것은 아니었다.

사실 정부는 여전히 적합한 부지를 선정한 뒤 주민들을 설득하면 된다는

---

37) 당시 서울대 인구 및 발전문제 연구소가 주관한 여론조사 결과를 보면, 안면도 주민들은 '주민의사 배제'(안면읍 30.1%, 고남면 24.9%), '정부 불신'(안면읍 24.4%, 고남면 34%) 등을 가장 큰 문제로 꼽았다(서울대 인구 및 발전문제 연구소, 1991: 328). 지역주민의 의사를 배제하는 것에 대한 불만은 다른 지역에서도 비슷했다.

입장이었다. 이미 정부는 자발적 유치 지역이 없을 경우 불가피한 사업임을 국민들에게 인식시킨 후 국가사업으로 강력하게 추진한다는 계획을 수립해놓고 있었다(원자력위원회, 1991a). 후보 부지 주민들의 합의를 이끌어내기 위해 주민설명회, 주민시찰을 시행하고 지역지원사업을 제시하는 노력을 하지만 합의가 불가능할 경우 토지 수용을 강제적으로 진행한다는 계획이었다. 정부는 지역주민들이 저항하는 이유의 근저에 막연한 공포감이 존재한다고 보고 교육과 홍보를 강화하면 충분히 해결할 수 있다고 판단했다.

그러나 1991년 말 서울대 인구 및 발전문제 연구소의 용역조사가 끝날 무렵이 되자 정부의 인식이 잘못되었다는 사실이 다시 한 번 드러났다. 충남 태안, 강원 고성 및 양양, 경북 영일 및 울진, 전남 장흥 등 후보 부지로 물망에 오른 지역주민들이 반대운동에 나섰다. 지역주민들의 반대운동은 과학기술처 장관이 담화를 발표한 12월 30일부터 울진과 영일지역에서 특히 강하게 일어났다(박재묵, 1995: 153~160, 173~183).[38] 정부는 "반핵단체와 연계된 지역주민의 조직적인 방해 활동에 대한 초동 진화(발표 후 10일 전후)가 사업 성공의 최대 관건"이라고 판단했다(과학기술처, 1991b). 이에 정부는 1989년 후보지로 물망에 올랐던 곳의 인근 지역을 내정해두고 있었으나 공식적으로는 "민주적 절차 및 지역개발사업과 연계하여 지역주민들과 협의를 거쳐 추진해 나갈 것"이라고 발표한다(과학기술처, 1991b). 과학기술처 장관은 당시 상황을 "원자력환경관리센터에서 종합 검토, 보고된 지역을 다시 보다 다각적 차원에서 검토"하는 단계로 "최종 협의 대상 지역을 선정, 발표한 후 '충분한' 시간을 갖고 지역주민 및 지방자치단체와 협의를 거쳐 원자력위원회의 의결로 확정"할 계획이라고 밝혔다.

---

38) 영일군 청하면의 경우, 12월 28일 '핵폐기장 설치 반대 대책위원회'를 발족시키고 이듬해 2월 17일 해산할 때까지 총 45회에 걸쳐 연인원 1만 5000명이 참여한 반대 시위를 조직했다(한국원자력연구소 원자력환경관리센터, 1994). 이 과정에서 주민 2명이 구속되고 20여 명이 불구속되었다.

그러나 이면에서 정부는 사전 기반을 조성하기 위한 작업을 준비하고 있었다. 정부는 서울대 인구 및 발전문제 연구소의 발표에 앞서 과학기술처와 내무부, 경찰청, 안기부, 경상북도 도청, 군수 등이 참여하는 실무 협의회를 개최했다(과학기술처, 1991b). 회의의 목적은 발표 이후 대책 방안을 수립하기 위한 것으로, 지역설명회, 지역개발사업 제시, 유치추진위원회 구성 유도, 언론 홍보 대책 등이 논의되었다.

하지만 정부의 기대와 달리 1992년 1월 내내 지역반핵운동은 수그러들지 않았다. 과학기술처는 언론 홍보를 통해 분위기를 반전시키려 했지만 타오르는 불길을 막기 어려웠다. 이에 과학기술처는 단기적으로 주민들의 반대를 막는 것은 불가능하다고 판단하고 장기적인 계획을 모색한다. 즉, 3월까지 주민 시위를 진압하고 4월 이후 대대적인 홍보를 실시해서 찬성 주민을 조직한다는 계획이었다(과학기술처, 1992a, 1992b).[39)]

그러나 청와대, 내무부 등 다른 정부 부처의 생각은 달랐다. 1992년 총선과 대선을 앞둔 상황에서 지역주민들의 반대운동이 수그러들지 않자 방사성폐기물처분장 부지 선정을 미뤄야 한다는 목소리가 힘을 얻었다. 사실 그전부터 내무부와 경찰은 "현지 분위기 미성숙"을 이유로 서울대 인구 및 발전문제 연구소의 발표를 연기할 것을 요청했고, 안기부는 한 발 더 나아가 총선과 대선 일정을 감안할 때 부지 선정이 어렵다는 견해를 피력한 바 있었다(과학기술처, 1991b). 이와 같은 상황에서 울진, 영일 주민들이 격렬하게 반대운동을 펼치자 청와대와 여당(민주자유당)까지 미온적인 입장으로 돌아섰다(과학기술처, 1992a, 1993a). 과학기술처는 행정력을 집중하기 위해 1개 지역을 선정해

---

39) 서울대 인구 및 발전문제 연구소의 발표 이후 과학기술처 장·차관은 울진·장흥·영일군 의회 의장 등을 만나서 방사성폐기물처분장 건설에 협조해줄 것을 요청했다(과학기술처, 1992d). 아울러 신문과 방송 인터뷰를 적극적으로 실시했고, 주요 신문의 사설과 독자 투고란을 통해 여론을 조성하고자 했다. 1월 말부터는 영일군과 포항시 등의 자유총연맹 회원, 교회 신도 등을 대상으로 원자력연구소 견학을 실시하기도 했다.

서 가능한 한 조기에 대상 지역을 발표하자는 입장을 고수했으나 타 부처를 설득할 수 없었다. 결국 발표 시점은 기약 없이 연기된다.

이후 과학기술처는 총선 직후 우선협의대상지역을 발표할 것을 주장했다. 동시에 서울대 인구 및 발전문제 연구소가 제시한 6개 지역이 무산될 경우를 대비해서 도서 지역에 건설하는 방안을 재검토한다. 과학기술처는 1992년 4월부터 2개월간 경기 선갑도, 전북 부안 하왕등도, 전남 신안 옥도 등을 조사했다.[40] 이 중 과학기술처가 가장 염두에 둔 지역은 무인도였던 선갑도였다 (과학기술처, 1992e). 그러나 선갑도 조사 결과 중저준위 방사성폐기물처분장과 사용후핵연료 중간저장시설을 짓기에 부지가 협소하다는 사실이 확인되면서 문제에 봉착했다. 선갑도를 후보 부지로 선정하기 위해서는 절차상 중저준위 방사성폐기물처분장과 사용후핵연료 중간저장시설의 분리 방침부터 확정해야 했기 때문이다. 결국 과학기술처는 6개 후보 지역에 다시 집중한다. 총선 이후인 1992년 7월, 과학기술처는 총리실과 내무부 등이 주민 반발만 의식해서 방사성폐기물처분장 부지 선정에 소극적이라고 비판하며 대선 직후 발표하자는 제안을 한다(과학기술처, 1993a). 하지만 다른 부처에서 호응하지 않았다. 결국 부지 선정은 차기 정부의 몫으로 넘어갔다.

김영삼 정권으로 교체된 뒤 과학기술처는 다시 한 번 방사성폐기물처분장 부지 선정에 나섰다. 과학기술처는 'C 지역 추진 동향'을 보고하며 국회의원과 지역유지들이 반대하고 지방정부와 치안기관도 소극적인 만큼 통치권자가 결단을 내리고 지원해줄 것을 요청한다(과학기술처, 1993b).[41] 그러나 청와

---

40) 하왕등도의 경우 주민 22명이 찬성했고, 268명이 거주하는 옥도의 경우 지역유지와 협의를 진행했다(과학기술처, 1992f).

41) 'C 지역'이 정확히 어느 곳인지는 확인하기 어렵다. 다만 이후의 진행 상황을 보면, 경북 영일로 추정된다. 청와대가 첨단산업기지 지정안을 추진하던 1993년 6월 원자력연구소가 경북 영일지역의 현황을 단독으로 보고한 바 있기 때문이다(한국원자력연구소, 1993a). 고리지역이 중점 추진 지역으로 분류된 것은 1993년 11월경이다(과학기술처, 1993h).

대가 과학산업 연구도시 건설 병행안을 제시하면서 부지 선정은 다시 표류했다. 당시 청와대는 지역주민들의 반발을 무마하기 위한 방안으로 첨단산업기지로 지정한 뒤 원자력단지가 포함된 연구도시를 건설하는 방안을 추진했다(과학기술처, 1993c). 과학기술처와 원자력연구소는 안면도 사례를 놓고 볼 때 첨단산업기지 지정 방식이 성공을 보장하는 것은 아니며 기존의 6개 지역을 백지화하는 것은 반대운동을 부추길 수 있다고 반대했다(과학기술처, 1993d; 한국원자력연구소, 1993a).

하지만 청와대가 강하게 밀어붙이는 만큼 과학기술처의 독자적인 행동은 제약되었다. 과학기술처는 청와대 행정수석이 추진하는 '과학산업 연구도시'와의 연계 추진을 지원하기로 한다. 하지만 과학기술처가 원하는 바는 따로 있었다. 과학기술처는 연말까지 구체적인 방안이 확정되지 않으면 기존 방안대로 추진하겠다는 의사를 밝혔다(과학기술처, 1993g). 과학기술처와 청와대 간의 입장 차이가 해소되지 않으면서 1993년 내내 사업의 추진력이 확보되지 않았다.

표면적으로 방사성폐기물처분장 부지 선정이 중단되어 있는 동안 과학기술처와 원자력연구소는 '중점 추진 지역' 발굴에 나섰다. 그리고 그 결과 1993년 11월경에 이르면 추가로 고리지역(경남 양산)과 경남 고성지역을 '발굴'하는 데 성공한다. 과학기술처는 청하, 고리, 경남 고성을 중점 추진 지역으로 분류하고 유치추진위원회의 구성을 유도하는 등 찬성 주민을 조직하기 위한 계획을 수립했다(과학기술처, 1993h).[42] 덧붙여 「방사성폐기물 관리 사업의 촉진 및 시설 주변지역의 지원에 관한 법률」(방촉법) 제정이 추진되면서 지역 내에서 자생적으로 또는 정부의 비공식적인 지원 아래 유치 추진 조직이 결성되기 시작했다. 고리지역이 대표적인 사례이다. 경남 양산군 장압읍 지역

---

[42] 경북 울진과 충남 태안은 중점 관심 지역, 전남 장흥과 강원 양양 및 고성은 계속 관찰 지역으로 분류되었다.

의 이장단, 새마을협의회, 읍 개발자문위원회, 라이온스 클럽 등이 주축이 되어 유치 찬성세력을 형성하자 과학기술처와 원자력연구소가 적극적으로 지원했다(과학기술처, 1993h). 이후 고리지역의 유치 찬성세력은 장안읍발전추진위원회를 결성한 뒤 과학기술처 및 원자력연구소 등과 협의체를 구성했다. 지역의 유치 찬성세력은 지역 개발을 보장해주는 것을 전제로 한 조건부 유치 의사를 표명했다.[43]

정부는 1994년 1월 방촉법을 제정하고, 4월 13일 '원자력부산물 관리 사업 시설 유치 지역 지원계획 공고'로 화답했다. 과학기술처는 1994년 4월 방사성폐기물 관리기금을 활용해서 매년 30억~100억 원의 지역개발사업비를 지원하고, 특별지원금의 명목으로 300억~500억 원 규모의 지역발전기금을 조성하겠다고 발표한다(과학기술처, 1994b). 지역개발사업비와 특별지원금은 기본적으로 방사성폐기물처분장이 소재한 읍·면·동에서 사용하되 인접 읍·면·동도 30% 내에서 지원받을 수 있었다.

더불어 과학기술처와 원자력연구소는 '한빛사업'으로 명명된 '중점 추진지역' 지원 사업을 진행했다(과학기술처, 1994c). 그 사이 중점 추진 지역은 경남 양산 장안읍과 울진 기성면으로 조정되었다. 과학기술처는 4~5월에 '자발적 유치 서명'을 받은 뒤 이를 근거로 이들 지역을 협의 대상 지역으로 공표하기로 한다. 이어 6월 유치 협의기구를 구성한 뒤 곧바로 방사성폐기물처분장 부지로 지정 공고한다는 계획이었다. 그러나 '한빛사업'이 본격적으로 추진되는 것과 동시에 양산과 울진에서 지역반핵운동이 다시 불붙었다(정수희,

---

43) 한국원자력연구소 원자력환경관리센터(1994)에 따르면, 장안읍 지역유지 35명은 10월 29일 원자력연구소를 방문하여 시설 유치 의사를 밝히며 전제 조건으로 그린벨트 해제를 요구했다. 이후 원자력연구소의 지원 아래 이장과 개발자문위원을 중심으로 108명의 주민이 해외 시찰을 다녀왔다. 국내 시설을 견학한 주민의 수는 이듬해 2월까지 600명을 넘었다. '장안읍 미래발전협의회'라는 주민 유치 조직을 결성한 것은 견학에 참가했던 지역유지들이었다(정수희, 2011: 73~76). 장안읍 지역은 고리 1호기 부지로 지정되는 과정에서 상당수의 지역이 그린벨트로 묶인 상태였다. 관련 내용은 이상헌 외(2014)를 참고할 것.

2011: 74~83; 박재묵, 1995: 163~167).[44] 그리고 지역주민들의 반대운동이 계속되자 정부는 다시 한 번 부지 선정 계획을 철회한다.

'한빛사업'이라는 비밀 프로젝트를 통해 중점 추진 지역까지 발굴했지만 부지 선정은 또다시 실패했다. 이후 정부는 실패 원인을 다각적으로 검토하고 대응책을 마련하는 데 부심한다. 한빛사업 실패 이후 원자력연구소가 분석한 실패 원인은 크게 여섯 가지였다(한국원자력연구소 원자력환경관리센터, 1994). 첫째, 행정적 지원이 미흡했다. 즉, 중앙정부 부처 간의 협력은 물론이거니와 지방정부 및 치안기구와의 협조 체계가 갖춰지지 않았다. 둘째, 지역 정치인이 반핵운동을 세력 확장 수단으로 활용하는 것에 적절히 대응하지 못했다. 셋째, 부지 지정 및 철회를 반복하면서 정책의 신뢰성이 떨어졌다. 넷째, 지역주민들 간의 찬반 의사 표현이 자유롭게 이뤄지지 못했다. 다섯째, 추진과정에서 부지 선정과 관련된 자료가 유출되어 주민들의 반발을 키웠다. 마지막으로 환경단체가 개입하는 것에 적절히 대응하지 못했다.

이와 같은 원인 진단을 바탕으로 과학기술처는 새로운 대응 전략을 구상한다. 우선 국무총리를 위원장으로 하는 '방사성폐기물관리사업 추진위원회'를 설치한다. 더불어 실무 조직으로 총리실 산하에 방사성폐기물 관리 사업 기획단을 신설했다. 추진위원회에는 재정경제원, 내무부, 법무부, 통상산업부, 환경부, 경찰청, 국방부, 건설교통부, 공보처 등 주요 부처 장관과 더불어 경찰청장, 인천시장, 정무1장관까지 참여했다(방사성폐기물관리사업기획단, 1996). 실무 기획단의 단장은 과학기술처 차관이 맡았다. 이로써 과학기술처와 원자력연구소가 추진하던 방사성폐기물처분장 건설은 범정부적인 사업으로 격상되었다. 역설적이게도 과학기술처와 원자력연구소가 연속적으로 실패하면

---

44) 당시 원자력연구소는 '자발적 유치 서명'을 위해 비공식적인 유치 활동을 적극적으로 펼친 것으로 보인다. 원자력연구소는 비공식적으로 주민들과 접촉하여 개발 공약을 하는가 하면 유치 서명에 나설 경우 현금 보상을 하겠다는 약속까지 했다(박재묵, 1995: 163~167; 정수희, 2011: 74~83).

서 정부 부처, 중앙정부와 지방정부를 아우르는 조직 체계가 형성된 것이다.

조직 체계를 정비한 뒤 정부가 선택한 대응 전략은 '회피'였다. 정부는 주민 반발의 가능성을 원천적으로 차단하기 위해 주민이 몇 명 거주하지 않는 작은 섬을 후보지로 골랐다. 이를 통해 지역주민들이 반대하고 환경단체나 지역 정치인이 개입할 수 있는 여지를 최소화하고자 했다. 앞서 살펴본 대로, 1991년 동력자원연구소가 적합한 도서 지역이 없다는 결론을 내린 바 있고 이듬해 과학기술처가 선갑도 등을 조사하면서 다시 한 번 적합 지역이 없다는 사실을 확인한 상태였다. 하지만 정부는 기존의 조사 결과를 깨고 굴업도를 부지로 내정했다. 내부 검토를 통해 굴업도는 부적격 지역이라는 결론을 내린 한전이 이의를 제기했지만 묵살되었다(이종훈, 2012: 384).

비밀리에 추진되고 있던 방사성폐기물처분장 건설 사업이 공개된 것은 이번에도 언론 보도를 통해서였다. 하지만 정부 차원에서 부지 선정을 준비해 오고 있던 만큼 정부는 언론 보도 후 일주일 만에 최종 부지 선정 결과를 발표한다. 원자력위원회를 개최하여 도서 지역에도 방사성폐기물처분장을 건설할 수 있도록 방침을 수정, 절차적인 문제도 해결한다. 그리고 이튿날인 1994년 12월 23일 내무부와 법무부, 상공자원부, 환경처, 과학기술처, 공보처 6부 장관의 공동명의로 담화문을 발표한다. 이전 계획과 비교해볼 때, 입지와 관련된 사항을 제외하고 가장 큰 변화는 특별지원금을 500억 원으로 늘린 것이었다. 아울러 정부는 전담 경비단을 창설하여 치안역량을 강화한다(방사성폐기물관리사업기획단, 1996). 이 중 2개 중대는 덕적도에 상주했고 인천항 인근에도 3개 중대를 배치했다.

그러나 9가구에 불과한 굴업도 주민들의 반대를 피할 수 있었을지는 모르나 인근 덕적도 주민들의 반발까지 막을 수는 없었다. 나아가 덕적도 주민과 환경운동이 연대하고, 반핵운동이 인천지역으로 확산되는 것을 차단하지 못했다. 앞서 살펴봤듯이, 굴업도 반핵운동은 시간이 흐르면서 인천지역으로 확산되었다.

표 4-4 굴업도 관련 홍보 실적

구분		대국민 홍보	지역 홍보
매체 활용	TV광고	933회	70회
	라디오광고	1537회	
	신문광고	48회	93회
	잡지광고	37회	
	TV/라디오캠페인	150회	
정치권 간담회		34회 406명	
언론·학계 간담회		38회 861명	
행정기관 홍보			24회 9451명
사회단체 간담회		16회 219명	
주민 홍보·설명회			150회 1만 8303명
홍보물 배포	리플렛	20만 부	
	VTR 테이프	10만 부	
	반회보	3000부	64만 3000부
	기타	1만 4800부	136만 부

자료: 과학기술처(1995c).

　　다만 행정 체계를 정비하고 치안역량을 강화한 정부 역시 쉽게 물러서지 않았다. 정부는 부지 선정 발표 직후부터 지역주민과 국민을 대상으로 한 대대적인 홍보를 실시했다. 정부는 굴업도를 부지로 발표하기 두 달 전부터 사전 홍보를 실시했다(과학기술처, 1995c). 홍보는 크게 4단계에 걸쳐 진행되었는데, 1~2단계에서는 그해 여름의 전력수급위기를 부각시키며 방사성폐기물처분장 건설의 시급성을 강조했다. 지역 홍보는 3단계인 부지 선정 이후 본격화되었는데, 지역 개발의 효과를 홍보하는 데 초점이 맞춰졌다. 동시에 불법·폭력 시위 시 엄중하게 대응할 것이라는 경고도 이뤄졌다. **표 4-4**에서 볼 수 있듯이, 정부는 이전보다 훨씬 적극적으로 홍보를 실시했다. 불특정 다수를 대상으로 한 홍보뿐만 아니라 국회의원 및 지방의회 의원 등 대상을 특정화한 홍보를 강화했다. 지역주민과 기자, 공무원을 대상으로 한 국내외 원자력시설에 대한 견학도 폭넓게 이뤄졌다(방사성폐기물관리사업기획단, 1996).

또한 정부는 특별지원금 500억 원을 집행할 기관으로 덕적발전복지재단을 설립(5월 22일)하여 주민들을 회유하고자 했다. 인천핵대협이 특별지원금의 출연을 중단하고 덕적도에 배치된 경찰병력의 철수를 요구했지만 정부는 수용하지 않았다(방사성폐기물관리사업기획단, 1995). 오히려 정부는 덕적발전복지재단의 설립을 서둘렀다. 관계부처 협의가 완료되자마자 정부는 곧바로 덕적발전복지재단에 500억 원을 출연했다.

시간은 정부 편인 것처럼 보였다. 덕적반투위 주민들이 명동성당과 인천 가톨릭회관에서 한 달 넘게 농성을 벌이고 인천핵대협이 '핵폐기물 철회 100만인 서명 운동'을 시작하면서 반핵운동이 확산되는 듯했다. 5월까지 네 차례에 걸쳐 연인원 5000여 명(정부 추산)이 참가한 인천시민 궐기대회가 열렸다. 하지만 정부가 부지 선정 철회 요구를 거부하면서 버티자 인천과 덕적도에서의 반핵운동도 시들기 시작했다. 정부 자체 평가에 따르면, 5월 이후 반핵운동은 확산 단계에서 관망 단계로 전환되었다(방사성폐기물관리사업기획단, 1996). 9월에는 굴업도 사업을 성공적인 홍보 사례로 선정하여 내부적으로 연구 발표회를 개최했다(과학기술처, 1995c). 10여 년 가까이 끌어온 방사성폐기물처분장 부지 선정이 드디어 성공하는 듯했다.[45]

그러나 굴업도의 암반은 정부 편이 아니었다. 부지 선정이 거의 완료되었다고 생각할 때 뜻하지 않게 굴업도에서 활성단층의 징후가 발견되었다(과학기술처, 1995d). 사실 굴업도의 지질학적 문제는 예견된 것이었다. 1994년 12월 236차 원자력위원회가 도서 지역으로 부지의 범위를 넓힐 때부터 사용후핵연료 중간저장시설은 충분한 검토가 필요하다는 점이 지적되었다. 이듬해 2월 원자력위원회는 사용후핵연료 중간저장시설을 원칙적으로 굴업도에 건

---

45) 1995년 하반기 굴업도 반핵운동은 동력을 상실한 상태였다. "실제로도 반핵운동 쪽에서도 당시에 보면 그 할머니들, 막 덕적도 할머니들 서울 끝까지 와가지고 집회하는데 지쳐가지고 다 떨어져 나가고 1년 만에 동력을 완전히 상실한 그로기 상태였다"(면접자3, 2015.10.9). 면접자3은 굴업도 부지 선정 취소를 '반핵운동의 승리'가 아니라 '정부의 자살골'로 평가했다.

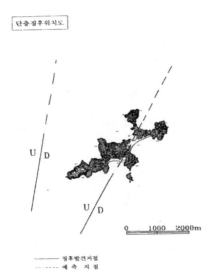

U|D

U|D

0   1000   2000m

——— 징후발견지점
- - - 예측 지점

그림 4-11 굴업도의 단층 현황
자료: 과학기술처(1995d).

설하기로 결정한다. 하지만 저장
방식, 계획 규모 등은 추후 결정하
기로 해 유보적인 입장을 유지했
다(방사성폐기물관리사업기획단,
1996). 연구시험시설은 이미 덕적
도에 설치하기로 한 상태였다. 반
핵운동진영이 1991년 굴업도가 부
적합한 곳으로 판정났다고 경고했
지만 정부는 공학적 보강을 통해
해결할 수 있다고 반박해온 터였
다(과학기술처, 1995a). 그러나 해양
물리조사 도중 활성단층[46) 징후가
발견되면서 정부는 스스로의 주장

을 뒤집어야 하는 상황에 직면했다. 사용후핵연료 중간저장시설은 부지 기준
을 충족시키지 못해 아예 건설이 불가능한 것으로 밝혀졌다(과학기술처,
1995e). 지진 및 단층작용의 규모를 정확히 예측할 수 없기 때문에 공학적 보
강을 통해 중저준위 방사성폐기물처분장을 건설하는 것도 현실적으로 불가
능했다. 정부에게 남은 선택지는 굴업도 부지 지정을 해제하는 것뿐이었다.
지역주민들의 반대는 '회피'할 수 있었지만 '수용성'을 최우선시하다 보니 '안
전성'을 담보할 수 없게 된 것이다. 그렇게 방사성폐기물처분장 건설 사업은
또다시 실패로 끝났다.

---

46) 활성단층은 3만 5천 년 이내에 1회 또는 5만 년 이내에 2회 이상 지층이 변한 곳을 의미한다.

4) 원자력연구개발기금의 설치와 전력공기업집단으로의 사업 이관

실패의 후폭풍은 거셌다. 과학기술처와 원자력연구소가 방사성폐기물처분장의 부지를 선정하는 데 계속 실패하면서 더 이상 방사성폐기물 관리 사업을 연구개발부문에 맡길 수 없다는 주장이 쏟아져 나왔다. 쐐기를 박은 것은 대통령이었다. 1996년 1월 15일 김영삼 대통령은 "방사성폐기물처분장 건설 사업은 업무의 성격상 연구소의 과학자가 담당하기에는 부적절하므로 사업 경험이 풍부한 한국전력이 전담하는 방안을 검토"할 것을 지시한다(미상, 1996a). 부처 간의 이견을 조정하는 책임은 국무총리실에 맡겨졌다. 국무총리실은 방사성폐기물 관리 사업을 과학기술처와 원자력연구소가 주도하는 방안을 부정적으로 평가함으로써 사실상 사업 이관 쪽의 손을 들어주었다(과학기술처, 1996a). 과학기술처가 국무총리실을 설득하는 데 나섰지만 연속적인 사업 실패를 해명할 길이 없었다.

통상산업부는 방사성폐기물 관리 사업의 이관문제를 오랜 논란의 대상인 원자로 및 설계 사업의 이관과 연결시켰다(통상산업부, 1996a). 당시 통상산업부와 한전은 발전소 내 저장시설을 확충한 만큼 방사성폐기물처분장 건설은 서두를 필요가 없다고 보고 있었다. 통상산업부와 한전에게 더 시급한 일은 교착 상태에 빠져 있던 설계 사업의 이관이었다. 통상산업부와 한전은 과학기술처와 원자력연구소가 굴업도 부지 선정에 실패하면서 발언력이 약해진 것을 설계 사업 이관 논란을 종식시킬 수 있는 호기로 봤다. 이에 따라 전력공급부문은 원자로 설계 분야를 연내에 한국전력기술로 이관하는 방침을 굳힌다. 대안으로 논의되던 한국원자력기술(주)나 한국중공업 부설기관 설립을 포기한 것이다. 통상산업부의 경우 장기적으로 한국전력기술의 원자력 부문과 수·화력 부문을 분리한 뒤 한전으로부터 독립시키는 방안까지 염두에 뒀다(통상산업부, 1996a, 1996c). 한국전력기술의 수·화력 부문을 한국중공업과 함께 민간기업에 매각하고, 한국전력기술은 원전 설계 전문기업으로 육성한

표 4-5 사업 이관 관련 입장 차이

구분		과학기술처	통상산업부	총리실
방폐물 관리	주무 부처	과학기술처	통상산업부(사업관리), 과학기술처(안전 규제)	통상산업부와 동일
	수행 기관	한전(중저준위 방사성 폐기물 관리), 원자력 연구소(사용후핵연료 관리 및 연구)	한전(방사성폐기물 관리), 원자력연구소(기초연구)	통상산업부와 동일
	수행 방식	국가 관리(과학기술처 주관, 한전 위탁)	사업자 관리(국가 감독 및 안전 규제)	통상산업부와 동일
	방사성폐기물 관리기금	존치	폐지	폐지
	원자력연구 개발기금	2원/kWh 이상	1원/kWh 이상	양 부처 협의
계통설계		점진적 이관	원전 설계 전문회사 설립	양 부처 협의

자료: 국무총리실(1996a).

다는 계획이었다.

과학기술처는 기존 입장을 고수하는 것으로 맞섰다. 즉, 원자로 및 핵연료 설계 사업은 기술자립을 위해 점진적으로 이관해야 한다고 버텼다. 방사성폐기물 관리 사업의 경우 중저준위 방사성폐기물처분장 부지 선정과 건설 관리는 이관하되 사용후핵연료 중간저장시설 건설과 운영은 과학기술처가 담당하는 안을 제시했다(미상, 1996c; 통상산업부, 1996b).

그러나 사업 이관이 기정사실화되어 가는 상황에서 기존 입장을 고수하는 것은 한계가 있었다. 원자력연구소까지 다시금 원자력행정의 일원화를 주장하며 과학기술처의 원자력실을 통상산업부로 이관하여 에너지청을 신설하는 방안을 제시하고 나선 상황이었다(한국원자력연구소, 1996a). 에너지청을 과학기술처 산하에 두는 일원화 방안이 제안되기도 했으나 실현 가능성을 감안할 때 원자력행정의 일원화는 사실상 통상산업부로의 통합으로 봐야 했다.

위기의 상황에서 과학기술처가 내놓은 해법은 원자력연구개발기금의 설치였다. 원자력연구개발기금의 설치는 1990년대 초반부터 원자력연구소의 연구-사업을 분리하기 위한 방안으로 논의되었지만 이해관계가 엇갈리면서 별다른 진전이 없었다. 전력공급부문이 원자력연구개발비가 법제화되는 것을 반대했을 뿐만 아니라 원자력연구소도 설계 사업을 지속하길 원했기 때문이다. 그러나 설계 사업의 이관이 불가피한 상황이 되자 연구개발부문은 연구개발비를 최대한 안정적으로 확보하는 전략으로 선회했다. 과학기술처가 보기에 연구개발비를 안정적으로 확보하면 원자력연구소의 불만과 함께 원자력행정의 일원화 요구를 잠재울 수 있었다. 전력공급부문도 그동안의 교착 상황을 감안할 때 일정 수준의 연구개발비 지원은 불가피하다고 판단했다. 표면적으로 사업 이관의 타당성이 계속 논란이 되었지만 실질적인 쟁점은 원자력연구개발기금의 규모로 바뀌기 시작했다.

조정의 역할을 맡은 국무총리실은 방사성폐기물 관리기금을 폐지하는 대신 원자력연구개발기금을 설치하고 원자력발전량당 일정 금액을 법정화하는 방안을 제시했다(국무총리실, 1996a). 문제는 '일정 금액'을 얼마로 책정할지였다. 원자력연구소는 원자력연구개발기금으로 3원/kWh를 법제화하고, 이 중 후행 핵연료주기 연구 및 관련 시설 건설·운영에 1원/kWh씩 투자한다는 조항을 명시해줄 것을 요청했다(한국원자력연구소, 1996b). 한전이 즉각 반발했다. 한전은 3원/kWh이면 당시 원자력 발전단가(33.44원/kWh)의 9% 수준으로 이 안이 관철될 경우 원전은 경제성을 상실한다고 주장했다(한국전력공사, 1996). 전기요금을 1.8% 이상 인상해야 하는 요인이 발생하는 만큼 한전으로서는 받아들이기 힘든 안이었다. 대신 한전은 1992~1995년간의 지원실적을 기준으로 0.79원/kWh를 지급하되 상한ceiling을 정해놓고 매년 심의를 거쳐서 확정하는 방안을 제시했다. 이후 한전은 0.99~1.10원/kWh 수준까지 증액할 수 있다는 의사를 밝혔다(미상, 1996d).

원자력연구소와 한전의 입장이 엇갈린 가운데 과학기술처와 통상산업부 간의 협상이 이어졌다. 통상산업부가 1.13원/kWh를 타협안으로 제시하자 2원/kWh를 고수하던 과학기술처는 1.5원/kWh까지 양보할 의사를 내비쳤다

(미상, 1996c, 1996d). 결국 양측의 공방은 1.2원/kWh에서 타협하는 것으로 끝났다(국무총리실, 1996b; 원자력위원회, 1996). 이로써 원자력발전량을 기준으로 1.2원/kWh을 원자력연구개발기금으로 출연하는 것이 법적으로 제도화되었다. 징수 요율은 3년마다 연구개발계획을 재검토해서 조정하기로 한다. 이로써 연구개발부문은 숙원 사업이었던 안정적인 연구개발기금을 확보하는 데 성공했다. 대신 연구개발부문은 원자로 및 핵연료 설계 사업, 방사성폐기물 관리 사업을 전력공급부문에 내주었다. 다만 사용후핵연료 처리는 이관 대상에서 제외시켜 연구개발부문이 기본 정책 및 사업계획을 수립할 수 있게 했다. 사업 이관에 대한 부대 조치로 방촉법과 방사성폐기물 관리기금은 폐지되었다.

이관 대상이 된 당사자들이 반발했지만 결정사항을 되돌릴 수는 없었다. 원자력연구개발기금이 신설되면서 사업 이관은 원자력연구소의 존립 자체를 위협하는 문제가 아닌 연구원 개인의 문제로 축소되었기 때문이다. 핵연료 설계·제조, 방사성폐기물 관리 사업 분야의 직원들은 이관을 강하게 반대하지도 않았다. 문제는 300명가량의 원자로 설계 사업단 인력이었다. 이들은 116명이 보직 사퇴를 결의하고 원자력연구소 안팎에서 시위를 이어갔다(원자력산업체제조정대책협의회, 1996). 그러나 정부 부처 차원의 합의를 무효화할 만큼의 위력은 없었다. 결국 몇몇을 제외한 대다수의 원자로 설계 인력은 한국전력기술로 자리를 옮겼고, 이른바 기술자립을 위한 '임계 인력'은 와해되지 않았다.

4. 기술추격과 사회적 한계

1) 기술추격 범위의 확장과 보조적 규제 정비

원전 국산화·표준화 계획의 실행 조직이었던 전력그룹협의회는 안정적으로 유지되었다. 연구개발, 전력공급, 설비제작 부문 간의 다툼은 기본적으로 원전 국산화·표준화 이후를 겨냥한 것인 만큼 국산화·표준화 계획 자체가 흔들리진 않았다. 반핵운동이 부상하면서 영광 3~4호기의 안전성 논란이 불거졌지만 국산화·표준화 계획을 좌초시킬 수준은 아니었다. 여기에 기술자립 패러다임으로 무장한 과학기술자들과 관료들이 결합하면서 무모해 보였던 기술추격이 가시화되었다. 기준이 다소 모호하지만, 1995년 기준으로 당초 계획했던 국산화율 95% 목표를 달성하게 된 것이다. 원자로 설비 제작 분야의 국산화율이 87%로 상대적으로 낮았을 뿐 다른 분야는 모두 95% 이상을 기록하여 기술자립 수준에 이르게 되었다(한국전력공사, 2001: 330). 기존의 국산화율 40.15%에 비하면 2배 이상 높아진 수치였다. 덕분에 영광 3~4호기의

표 4-6 영광 3~4호기와 울진 3~4호기 비교

구분		영광 3-4호기	울진 3-4호기
노형		CE System 80+ 축소 설계	한국표준형원전
원자로설비	계통설계	CE 총괄책임 (원자력연구소, CE 공동수행)	한국중공업 총괄책임 (원자력연구소 주도, CE 지원)
	기기설계	CE 총괄책임 (한국중공업 일부 수행)	한국중공업 총괄책임 (CE 일부 수행)
	제작	한국중공업 제작 (CE 일부 공급)	한국중공업 제작 (CE 일부 공급)
터빈·발전기	설계	GE 책임	한국중공업 책임
	제작	한국중공업 제작(GE 일부 공급)	한국중공업 책임
플랜트 종합 설계		한국전력기술, S&L 연대책임	한국전력기술 책임
성능 및 안전성 보증		외국 업체와 공동책임	국내 업체 단독책임

자료: 한국전력공사(2001: 318).

외자 부담률은 17%까지 떨어져 선행 호기의 절반 이하가 되었다(영광 1~2호기 52%, 울진 1~2호기 40%).

후속기인 울진 3~4호기는 한걸음 더 나아가 국내 업체 주도로 설계, 제작, 시공이 이뤄졌다. **표 4-6**에서 볼 수 있듯이, 공동설계 경험을 통해 원천기술을 습득한 국내 기술진은 울진 3~4호기부터 원전을 직접 설계, 제작했다. 더불어 표준화가 진행되면서 동일한 설계로 반복 건설할 수 있게 되었다. 덕분에 한국표준형원전(OPR-1000)은 설계비와 기자재비, 시공비를 절감하고 건설 공기를 단축하여 프랑스 수준까지 원전 건설단가를 낮출 수 있었다(한국전력공사, 2001: 331~332).

하지만 추격 이후의 상황에 대해서는 견해가 엇갈렸다. 앞서 살펴본 대로, 설계분야의 사업 이관 여부를 놓고 연구개발부문과 전력공급부문은 오랫동안 대립했다. 갈등 지점은 사업 이관에 국한된 것이 아니었다. 사업의 주도권은 기술 경로의 선택과 직결되어 있었다.

'기술추격 이후'의 기술 경로에 대한 논의는 대략 1988~1989년경부터 논의되기 시작했다.[47] 그리고 논의 결과는 1990년 과학기술처의 '21세기 원자력 선진국 도약을 위한 원자력 장기발전계획(1차 시안), 1990~2020년'으로 구체화된다(과학기술처, 1990c). 원전에 대한 인식은 크게 변하지 않았다. 즉, 기본적으로 원전은 에너지를 값싸고 안정적으로 공급할 수 있는 수단으로 여겨졌다. 더불어 원전 산업은 산업적 파급효과가 높다는 점이 강조되었다. 고리 1호기 건설 과정에서 축적한 용접, 기계 설치, 시운전 기술이 이후 플랜트 건설, 조선, 중전기 분야의 발전에 밑거름이 된 것이 단적인 예였다. 장기 발전을 위한 '3대 지향 목표'는 안전성 향상, 경제성 제고, 안정성 증대로 설정되었

---

47) 과학기술처의 장기발전계획의 토대가 된 것은 1988년 아주대 에너지문제연구소(소장 정근모)가 작성한 「2000년대 원자력 전망 및 대처 방안 수립」, 1989년 원자력연구소가 수행한 "원자력기술의 전략적 개발을 위한 심층조사연구"였다.

다. 눈여겨볼 점은 '3대 거점 목표'다. 첫 번째 거점 목표는 핵심 기술의 조기 자립이었다. 구체적으로 보면, 원전 국산화가 완료된 이후 신속하게 차세대 원자로 기술을 개발하는 것을 목표로 삼았다. 아울러 핵연료주기 기술을 확보하고 방사성폐기물을 독자적으로 관리할 수 있는 역량을 구축하는 데 힘을 쏟기로 한다. 두 번째 거점 목표는 "사회성 향상"으로 국민들에게 원자력에 대한 "올바른 인식과 문화"를 정착시키는 것이었다. 마지막 거점 목표는 "효율적인 안전 규제"였는데, 여기에 원자력안전위원회를 별도로 설치하는 안이 포함되었다. 원자력연구소의 보고서에 기초한 과학기술처의 장기 구상은 1991년 7월 원자력위원회에서 '원자력 장기계획(1991~2010)안: 정책목표와 추진 방안을 중심으로'로 공식화되었다(원자력위원회, 1991b).

역시나 문제는 계획을 실행할 수 있는 방안이었다. 실질적인 기술 습득과 혁신은 차치하고 연구개발비를 확보하는 것부터 난관이었다. 원자력위원회(1991b)에서 의결된 '원자력 장기계획(1991~2010)안'에 따르면, 원자력 기술 분야의 투자비는 1996년까지 9400억 원, 2001년까지 2조 4690억 원이 소요되었다. 2010년까지 필요한 예산은 무려 5조 8200억 원에 달했다. 이 중 정부가 직접 부담하는 예산은 2010년 기준으로 2조 5460억 원이었고, 나머지 예산의 대부분은 한전 몫이었다. 안정적인 투자비의 조달을 위해 원자력위원회는 '원자력기금'을 설치할 것을 권고했다. 과학기술처와 원자력연구소는 추진력을 확보하기 위해 '원자력기금'에 더해 원자력사업공단, 원자력발전공사 등 다양한 조직 개편안도 제시했다(동력자원부, 1990d). 그러나 제3절에서 살펴봤듯이, 조직 개편과 원자력연구개발기금의 설치는 동력자원부와 한전이 동의하지 않는 이상 실행이 불가능했다.

특히 한전은 원자력연구소가 상용화가 어렵고 경제성이 낮은 기술을 연구하는 것을 탐탁지 않게 봤다. 당시 원자력연구소가 계획한 차세대 원자로 연구에는 개량형 경수로(신형 안전로), 고속증식로에 더해 중·소형 원자로인 다목적 연구로, 지역난방로가 포함되어 있었다. 한전과 한국전력기술은 고속증식로는 상용화 가능성이 희박하고 사용후핵연료의 재처리가 불가능하다는 이유로 반대했다(과학기술처, 1990b; 한국전력공사, 1990). 또한 한전은 신형 안전로의 건설공기를 36개월까지 단축할 수 있다는 주장을 과장된 것으로 보았고, 모듈형 해상 원전 연구는 계획 자체가 부적절하다고 비판했다. 경수로 사용후핵연료를 중수로 핵연료로 재활용하는 듀픽 연구도 경제성이 떨어진다고 판단했다. 대신 한전은 이미 기술 개발에 성공해서 상용화가 진행되고 있는 신형 가압경수로 개발이나 설계수명 연장, 표준화, 이용률 향상 등 경제성을 높일 수 있는 분야에 집중하기를 원했다(동력자원부·과학기술처, 1991). 특히 G-7 프로젝트에 선정된 차세대 원자로 기술 개발 사업에 주력하고자 했다. 후일 APR-1400^Advanced Power Reactor-1400로 명명된 이 사업은 한국표준형원전 모델을 토대로 피동형 원전^passive type reactor과 같은 새로운 개념을 적용해서 원전의 경제성과 안전성을 향상시키는 것을 목적으로 하고 있었다(한국전력공사, 2001: 333~338).

그러나 원자력연구소와 원자력학계의 저항이 만만치 않았다. 이들은 고속증식로, 중·소형 원자로, 듀픽 등의 연구를 추진해야 한다는 입장을 강력하게 고수했다. 결국 과학기술처와 연구개발집단의 강한 저항에 밀려서 고속증식로, 중·소형 원자로, 듀픽 등 연구개발부문이 희망하는 과제의 상당수가 정부 주도 연구개발사업으로 장기발전계획에 포함되었다(과학기술처, 1992c).

하지만 연구개발비의 조달은 여전히 불투명했다. 과학기술처와 원자력연구소는 한전의 연구개발비(매출액의 3%)의 50~70%를 원자력 분야에 투자하고, 그중 70% 이상을 자신들이 주관하는 연구과제에 할당해줄 것을 요구했다(과학기술처, 1992c). 그러나 동력자원부와 한전은 추가적인 지원을 거부했다. **표 4-7**에서 확인할 수 있듯이, 한전이 출연하는 방사성폐기물 관리기금과 지원금은 1992~1995년 중 계속 계획에 미치지 못했다. 과학기술처가 정부출연금을 늘렸지만 이미 부처 예산의 약 40%가 원자력 분야에 투자되고 있는 상황이라 추가 증액은 어려웠다(과학기술처, 1996c). 따라서 한전으로부터 안정

표 4-7 연도별 연구개발비 투자 계획 및 실적

(단위: 억 원)

구분		연구개발비 투자 계획 및 실적			
		1992	1993	1994	1995
투자 계획	정부출연금	280	308	339	373
	방사성폐기물 관리기금	209	219	230	266
	한전지원금	150	350	400	474
	소계	639	877	969	1,113
실적	정부출연금	255	350	374	421
	방사성폐기물 관리기금	209	179	187	177
	한전지원금	142	280	370	404
	기타		15	48	50
	소계	606	824	979	1,052

주: 기타에 전년도 집행 잔액, 이자 수입, 협동연구기관의 부담금 등 포함.
자료: 과학기술처(1996b).

적인 지원을 받지 못한다면 고속증식로 및 중·소형 원자로 개발, 듀픽 실증설비 개발 등 장기전략과제는 언제든 중단될 수 있었다.

　이와 같은 상황에서 원자력연구개발기금의 신설은 예산 확보의 불확실성을 크게 줄였다. 애초 기대했던 3원/kWh보다 적긴 했지만 원자력발전을 지속하는 한 안정적으로 연구개발비를 보장받을 수 있는 장점이 있었다. 더 중요한 사실은 원자력연구개발기금은 한전의 간섭 없이 과학기술처와 원자력연구소가 자유롭게 사용할 수 있었다는 점이다. 이를 통해 연구개발부문은 상용화가 어렵고 경제성이 낮은 분야라 해도 지속적으로 투자할 수 있게 되었다. 한전이 지원을 꺼렸던 고속증식로 및 중·소형 원자로 개발, 듀픽 등의 연구를 계속할 수 있는 기반이 마련된 것이다.[48]

---

48) 제3장에서 서술했듯이 듀픽 연구는 탠덤 핵연료주기 연구에서 출발했다. 탠덤 핵연료주기는 우라늄-235를 0.8% 포함하고 있는 경수로의 사용후핵연료를 중간 처리하여 우라늄-235를 0.7% 함유한 중수로 핵연료로 재사용하는 아이디어에 기초하고 있다. 이 과정에서 플루토늄

3대 거점 목표 중 하나인 안전 규제는 기술 개발과 원전산업을 보조하는 형태로 정비되었다. 1981년 말 원자력연구소 안에 설립된 원자력안전센터는 1987년 6월 부설기관으로 개편되었다. 이후 원자력안전센터는 1990년 2월 한국원자력안전기술원(KINS)으로 독립한다. 원자력안전기술원이 원자력연구소로부터 분리된 이유는 크게 두 가지였다(미상, 1990a). 우선 건설·가동 중인 원전이 증가하면서 안전 규제 적용 대상이 늘었다. 더구나 원전 국산화·표준화를 추진하는 만큼 각종 인·허가와 기기 검증 등도 독자적으로 수행할 수 있는 역량을 키워야 했다.[49] 또 다른 이유는 원전 안전성에 대한 국민들의 관심과 우려가 높아졌기 때문이다. 체르노빌 사고 이후 국제원자력기구(IAEA)에서 규제 기관의 독립을 권고한 만큼 규제 기관의 법적 지위를 확립할 필요도 있었다.[50]

당시 국내 정황을 잠시 살펴보자. 영광 3~4호기의 안전성 논란이 한창 일던 1988~1989년, 원전 노동자들의 피폭 피해가 사회적 쟁점으로 부상했다. 이에 원전의 안전성 논란이 확산되는 것을 막기 위해 규제 제도를 재정비해야 한다는 목소리가 높아졌다. 1988년 10월 고리 원전의 방사선 관리자로 근무했던 박신우가 임파선암으로 사망한 데 이어 이듬해 6월에는 같은 원전 일용직 노동자였던 방윤동이 위암으로 죽었다. 이와 같은 사실은 한겨레, 중앙일

과 고준위 방사성폐기물 양이 감소하는 것이 흔히 장점으로 언급된다. 그러나 탠덤 핵연료주기 연구는 재처리로 전환될 수 있는 후행 핵연료주기 분야라 미국에 의해 연구가 차단되었다. 원자력연구소는 탠덤 핵연료주기 연구가 중단된 이후 플루토늄의 비분리처리를 표방하는 듀픽 연구를 시작했다. 그러나 중수로 건설이 중단되면서 듀픽 연구의 정당성도 떨어지게 되었다. 이후 듀픽 연구는 파이로프로세싱 연구로 계승된다. 파이로프로세싱을 거친 핵연료는 소듐냉각고속로에서 사용할 수 있기 때문에 두 분야는 상호보완적이다.

49) 원자력안전기술원 직원들은 안전 규제의 측면에서 영광 3~4호기 인·허가 과정을 '기술자립 문턱을 넘어서는 계기', '독자적인 안전성 검증 단계로의 전환 계기'로 평가한다(한국원자력안전기술원, 2010b: 58, 114~115).

50) 국제원자력기구는 1988년 원자력발전소 기본 안전 원칙, 원자력발전소의 안전 기준 등을 발표하며 규제 기관의 독립성 확보를 요구했다.

보, 한국일보 등 신문을 통해 상세하게 보도되면서 주목을 받았다(공해추방운동연합, 1989a). 방사선 피폭에 대한 우려는 1989년 여름 영광 원전에서 일용직 노동자로 일하던 김익성의 아내가 무뇌아를 사산한 사실이 알려지면서 크게 확산되었다. 며칠 뒤 같은 원전의 일용직 노동자였던 김동필의 아내도 기형아를 출산한 것으로 보도되면서 피폭문제는 전국적인 쟁점이 되었다.

반핵운동을 이끌던 전국핵발전소추방운동본부는 실태 조사단을 파견, 허술한 안전관리 실태를 고발했다(핵발전소 실태 민간조사단, 1989). 당시 한전은 출입기록을 토대로 김익성이 1차 방사선관리구역에서 제한시간을 초과해서 일하지 않았다고 주장했다. 그러나 '핵발전소 실태 민간조사단'의 조사 결과, 작업 인솔자가 청원경찰과 협의하여 출입기록을 하지 않고 1차 방사선관리구역에서 작업한 것으로 밝혀졌다. 김동필의 경우 피폭량이 쟁점이었는데, 같이 일한 동료들의 피폭량이 220~800mrem(2.2~8mSv)에 달한 데 반해 김동필은 70mrem에 불과했다. 그러나 김동필은 작업 후 일주일간 정밀검사를 받았고, 일당으로 다른 일용직 노동자(일당 6500원)보다 10배 이상 많은 10만 원을 지급받았다. 당시 한전은 안전교육을 실시할 경우 작업을 거부할 우려가 있다며 김동필과 동료들에게 사전 안전교육을 실시하지 않았고, 노동자들은 방호마스크를 벗고 일했다. 정부는 정밀한 의학적 조사가 선행되지 않은 상태에서 무뇌아 사산이나 기형아 출산을 방사선 피폭의 결과로 단정하는 것은 문제라고 주장했다(과학기술처, 1989b). 임산부가 직접 피폭된 것이 아닌 만큼 과학적 논란의 여지는 있었다. 그러나 현장의 방사선 관리 체계가 허술하다는 사실은 분명했다. 국무총리가 "국민의 관심사이니 범부처적으로 대처하여 조속히 해결할 것"을 지시했고, 한전은 원자력안전대책반을 구성했다(과학기술처, 1989b). 과학기술처는 원자력안전전문조사단을 구성해서 조사하는 한편 언론 홍보를 강화했다. 안전 규제 기능 강화가 대책에 포함되면서 원자력안전기술원의 설립은 한층 탄력을 받을 수 있었다. 1989년 10월 과학기술처 국정감사의 질의사항 중 90%가 원전의 안전성, 원전 도입 비리와 관련된 것일 만큼 정치권의 관심도 높았다(한국원자력안전기술원, 2010b: 65).

그러나 규제 기관인 원자력안전기술원의 독립성은 낮았다. 원자력연구소와 분리되었으나 여전히 관할 부처는 과학기술처였다. 원자력 진흥을 주관하는 부처의 산하기관인 만큼 독자적인 목소리를 내기 어려웠다. 원자력안전기술원의 설립위원으로 한필순, 정근모 등 대표적인 원자력 진흥론자들이 위촉된 것이 당시 규제 기관의 위상을 상징적으로 보여준다. 이후 동력자원부와 과학기술처 사이에 원자력행정 일원화 문제가 제기되면서 원자력위원회와 독립된 원자력안전위원회의 설립이 논의되기도 했다(정책조정국, 1992). 그러나 앞서 살펴봤듯이, 과학기술처는 원자력 진흥과 안전 규제를 분리하기를 원치 않았다. 규제 기관의 실질적 독립이 과학기술처의 위상을 하락시킬 것으로 예상되었기 때문이다. 결국 원자력행정체계의 조정은 실패했고, 원자력안전위원회의 독립 대신 원자력위원회 산하에 안전분과위원회를 설립하는 선에서 마무리되었다.[51)]

당시 원자력 진흥과 안전 규제의 분리 여부는 반핵운동의 주된 의제가 아니었다. 원전 노동자의 피폭 등 원전 안전 규제와 관련된 정책적 쟁점은 점차 반핵운동의 관심사에서 멀어져갔다(김혜정, 1995). 반핵운동이 지역화되면서 방사성폐기물처분장 건설과 같은 특정 사안을 넘어서는 운동이 미미했던 탓이 컸다.[52)] 한편, 지방자치제도가 실시되면서 지방정부가 개입할 수 있는 여지가 생겼으나 지방정부의 권한은 미약했다. 지방정부가 미약한 인·허가 권

---

51) 1994년 과학기술처는 '원자력안전정책성명'을 발표하며 안전 규제의 5대 원칙으로 규제 기관의 독립성, 원자력 활동의 공개성, 안전 규제의 명확성, 효율성, 신뢰성 등을 제시했다. 그러나 이후 정부 차원의 중장기적 계획이 주기적으로 수립되지는 않았다(한국원자력안전기술원, 2010a: 128).

52) 면접자3은 굴업도 부지 선정 취소 이후 반핵운동진영이 관련 문제에 사실상 손을 놓아버렸다고 평가했다. "아무도 신경 안 썼어. 근데 그게 되게 중요한 포인트거든. 그 시기에 영국은 안 되겠다고 해서 코룸(CoRWM)으로 간 거고 한국은 그냥 이겼다 그리고 와, 하고 몇 년을 손 놔버린 거고"(면접자3, 2015.10.9).

한을 행사할 수 있을 때는 지역반핵운동이 지속적으로 전개되는 예외적인 상황뿐이었다. 그나마 지방정부가 개입할 수 있는 여지를 차단하는 형태로 사업 추진 방식이 변경되면서 지방정부의 역할은 더 축소되었다.[53]

규제 기관의 실질적 독립은 비의제화되었다. 원자력안전기술원 설립을 논의할 당시 반핵운동을 확산시킬 수 있다는 이유로 공청회 제도의 도입조차 주저하는 상황이었던 만큼 정부가 스스로 규제 기관의 실질적 독립을 추진할 이유가 없었다.[54] 반핵운동이 규제 제도 개선을 강하게 요구하는 것도 아니고, 지방정부의 제도적 자율성이 획기적으로 개선된 것도 아니었다. 결국 안전 규제와 규제 기관은 기술 개발과 원전산업을 보조하는 형태로 정비되었다. 이로써 원자력 진흥을 위한 연구 개발을 책임지고 있는 과학기술처가 안전 규제까지 맡는 형태로 규제 제도의 경로가 고착화되었다.

'보조적 규제'가 유지된 덕분에 원전 진흥의 측면에서 '효율적인 안전 규제'가 가능해졌다. 일례로 정부는 부지 종합 승인 제도를 도입함으로써 인·허가

---

53) 제3절에서 살펴본 대로, 1990년대 입지 선정 과정에서 규제 기관으로서 지방정부의 역할은 미미한 편이었다. 오히려 지방정부는 중앙정부의 요청에 따라 부지 선정을 지원하는 경우가 많았다. 거의 유일한 예외는 1995년 영광군수가 영광 5~6호기 건축 허가 승인을 지연·취소시킨 일이다. 당시 김봉렬 영광군수는 영광 5~6호기 건설 반대를 공약으로 내걸고 당선된 상태였다. 이와 같은 상황에서 지역주민들이 영광 5~6호기의 건설을 반대하자 건축 허가 승인을 전격 취소했다. 이미 영광 5~6호기의 건축 허가에 영광 3~4호기 때보다 4배 이상 긴 72일이 소요된 상태였다. 정부는 건축 허가 취소와 관련해 감사원에 심사를 청구하는 한편 영광군의 회와 건축 허가 승인을 위한 협의에 들어갔다. 이 과정에서 정부는 민간 감시기구의 법제화, 온배수 피해 보상의 현실화 등 지역주민들의 요구를 수용했다. 이후 영광군이 건축 허가 취소 결정을 철회하면서 사업이 추진될 수 있었다. 관련 내용은 이성로(2001), 한국수력원자력(2008a: 335~336)을 참고할 것. 후속기인 울진 5~6호기는 지방정부의 반대를 원천적으로 봉쇄하기 위해 울진 1~2호기의 실시 계획을 변경해서 지방자치단체의 인·허가를 우회하는 방식으로 진행되었다(한국수력원자력, 2008a: 340~341).

54) 1988년 '제1차 방사성폐기물관리 자문위원회'에서 원자력환경센터와 강창순 서울대 교수 등이 공청회 제도의 도입을 주장한 바 있었다(과학기술처, 1988). 그러나 과학기술처는 반전평화운동과 연계된 반핵운동이 공청회를 반정부 정치 투쟁의 기회로 활용할 가능성이 있다고 주장하며 공청회 제도의 도입을 유보시켰다(과학기술처, 1989a).

기간을 크게 단축시키는 방안을 모색했다(과학기술처, 1994a). 기존에는 동일 부지 내에 원전을 다수기 건설한다고 해도 호기별로 인·허가를 받아야 했다. 이로 인해 인·허가 기간이 늘어났는데, 부지 승인과 건설 허가를 분리하면서 이를 단축시킬 수 있게 된 것이다. 또한 보조적 규제 덕분에 위험을 무릅쓰고 원전을 가동하는 관행이 지속될 수 있었다. 1990년대 초반 전력예비율이 하락하면서 한전은 원전가동률을 높이기 위해 부심한다. 한전 본사는 일률적으로 원전 정기 보수 시기를 조정하고 점검 기간의 단축을 지시했다(과학기술처, 1991a). 이처럼 전력수급 위주로 원전을 운영하다 보니 현장의 안전의식은 약화되었고, 무리하게 보수공사를 하면서 방사선 피폭이 증가하는 문제가 발생했다. 그러나 이와 같은 문제는 원전이용률 향상의 이름 아래 가려졌다. 현장에서 방사성폐기물 관리 사고 등 각종 사고를 은폐하는 관행도 사라지지 않았다. 1995년 7월 언론 보도를 통해 알려진 고리 원전에서의 방사능 누출 사고는 최소 1년간 방사성폐기물 관리에 문제가 있었던 것으로 밝혀졌다(환경운동연합, 1995).[55] 현장에서의 안전관리 절차는 준수되지 않았고 감독 또한 허술했다.

원전 국산화·표준화가 큰 차질 없이 진행되고 보조적 규제가 이뤄지면서 원전의 경제성이 개선될 수 있는 사회기술적 기반이 조성되었다. 먼저 건설 공기 관리에 성공했다. 당초 영광 3~4호기는 반핵운동의 확산으로 착공이 2년 지연되면서 계획대로 건설하기 어려울 것으로 예상되었다. 그러나 관련 기업이 모두 참여하는 사업 추진 관계 회의를 200여 회 개최하는 등 한전이 사

---

55) 이 사고는 1992~1993년 고리 2호기의 핵연료가 손상되면서 냉각재를 오염시킨 것이 발단이 되었다. 당시 한전은 오염된 냉각재를 폐수지에 여과한 뒤 드럼화했는데, 이후 제염 및 운반 과정에서 문제가 생기면서 사고가 발생했다. 드럼에서 방사능이 유출되었지만 표면 오염도 검사가 제대로 이뤄지지 않았고 결국 운반과정에서 차량과 아스팔트, 토양 등이 방사능에 오염되었다. 그러나 한전은 이와 같은 사실을 발견한 뒤 현장 직원들에게 알리지 않고 비밀리에 제염을 실시했고, 관계기관으로의 보고도 미루었다. 안전심사관은 한 달 뒤에야 현장 점검을 실시했다. 관련 내용은 환경운동연합(1995)을 참고할 것.

표 4-8 국내 원전의 호기별 공사 기간

(공기: 최초 콘크리트 타설~ 준공)

구분	영광3	영광4	울진3	울진4	영광5	영광6	울진5	울진6
공사 기간(개월)	63	67	61	74	59	61	58	55

자료: 한국수력원자력(2008a: 470).

업관리 역량을 총동원한 덕분에 공정이 크게 지연되지 않았다(한국수력원자력, 2008a: 211~212). 최초의 표준화 모델인 울진 3~4호기는 인·허가에 많은 시간이 소요되고 혹한·혹서로 인해 건설공정이 계속 지연되었다. 이를 만회하고자 한전은 '지연 공정 만회 100일 작전'을 추진하고 월별 추진 목표를 설정해 공사비 지불과 연동시키는 등의 조치를 취했다(한국수력원자력, 2008a: 311, 326~327). 효과는 기대 이상이었다. 울진 3~4호기는 지연된 공정을 만회하는 것을 넘어서 계획보다 한 달 빠르게 원자로 설치 공사를 시행했다. 나아가 울진 3~4호기를 기점으로 원전모델이 표준화되면서 설계비와 기자재비, 시공비 등이 크게 줄었다. 이후 한전은 동일 모델을 반복 건설하는 방식을 택해 사업관리의 편의성을 높이고 건설 기간을 단축시켰다. 그 결과 **표 4-8**에서 보는 바와 같이 영광 5~6호기를 거치며 원전 공사 기간(최초 콘크리트 타설~ 준공)은 60개월 이내로 관리되기 시작했다.

원전이용률 또한 1990년대 들어 크게 향상되었다. 1991년부터 원전의 평균 이용률은 80%대에 진입했는데, 세계 평균보다 10% 이상 높은 수치였다. 1994년의 경우 87.2%를 기록해 세계 평균보다 18%가량 높았는데, 이는 1000MW급 원전 2기를 추가 건설한 것과 같은 효과였다. 원전이용률 향상은 정비·운전 기술의 개선과 장주기 핵연료 사용 등이 복합적으로 작용한 결과였다(한국수력원자력, 2008a: 375).[56] 그러나 원전이용률 향상은 전력수급이 불

---

56) 핵연료 장전 주기가 증가할수록 예방 정비 기간이 단축되는 효과가 있기 때문에 원전이용률이 상승한다. 원전의 연료주기는 당초 12개월이었다. 그러나 핵연료 기술이 발전하면서 1987

안해지면서 팽배해진 "불시 정지에 대한 강박 관념"이 보조적 규제와 결합해서 만들어낸 산물이기도 했다(과학기술처, 1991a). 당시 현장 직원들의 증언을 보면, 한전은 다른 국가에서는 사용하지 않는 독특한 용어인 "OCTF One Cycle Trouble Free(한주기 무고장)" 개념까지 만들어가며 이용률을 높이기 위해 노력했다(한국수력원자력, 2008a: 377~378). 한주기 무고장 운전 경쟁이 일어나면서 1998년에 이르면 6개의 원전에서 한주기 무고장 운전을 달성했다(한국수력원자력, 2008a: 379). 이것은 운전·정비 기술의 향상을 보여주는 지표였으나 동시에 설비 가동을 최우선시하는 안전문화의 산물이기도 했다.

원전 건설단가의 인하, 원전이용률의 향상은 원전의 경제성을 확립하는 기초가 되었다. 여기에 연구개발부문의 과도한 요구를 적절히 차단하면서 원전의 상대적 비교우위가 유지되었다. 반핵운동이 지역화되면서 원전의 사회적 비용의 내부화가 최소화된 것도 영향을 미쳤다. 방사성폐기물 처리 비용 역시 쟁점으로 부상하지 않았다. 표 4-9에서 볼 수 있듯이, 탈황·탈질 시설을 갖춘 이용률 80% 수준의 유연탄 화력발전보다 원전의 경제성이 높으려면 원전이용률이 90%를 넘어야 했다. 원자력연구개발기금이 더 오르거나 방사성폐기물 관리 비용, 방재·방호 비용, 보상 비용 등이 증가해도 원전의 경제성이 위협받을 수 있었다. 그러나 원전의 경제성을 위협할 수 있는 사회적 조건

표 4-9 원자력연구개발기금으로 인한 원전의 경제성 변화

이용률(%)	원자력(1000MW)		석탄(500MW)	
	1원/kWh	3원/kWh	탈황+탈질	탈황
75	36.45	38.45	35.55	34.15
80	34.44	36.44	34.08	32.77
90	31.08	33.08	31.64	30.46

자료: 한국전력공사(1996).

년 고리 2호기부터 연료주기를 15개월로 늘렸고 다시 1993년부터 18개월 연료주기로 전환했다(한국수력원자력, 2008a: 378).

은 창출되지 않았고 '값싼 전기'의 신화도 계속될 수 있었다.

나아가 값싼 전기의 신화를 지속시킬 수 있는 기술적 토대가 다져지고 있었다. 설비용량의 격상, 설계수명의 연장, 표준설계의 단순화와 건설공기의 단축 등 원전의 경제성을 높일 수 있는 APR-1400 개발 계획이 순조롭게 진행되고 있었기 때문이다. 한전의 예상대로라면, APR-1400의 발전원가는 유연탄 화력발전 대비 22%, 한국표준형원전 대비 19%가량 낮았다(한국전력공사, 2001: 335).

2) 입지 정책의 실패와 전력수요관리의 저발전

국민들에게 원자력에 대한 "올바른 인식과 문화"를 정착시킨다는 "사회성 향상" 목표는 계속 도전받았다(과학기술처, 1990c). 반핵운동이 지역화되면서 원전에 대한 사회적 기대는 크게 위협받지 않았지만 적어도 관련 시설의 후보 부지로 거론되는 곳에서는 거센 저항에 직면했다. 이로 인해 방사성폐기물처분장과 신규 원전 부지 선정은 지속적으로 갈등에 휩싸였다. 먼저 방사성폐기물처분장의 경우 입지 조건, 후보 부지, 후보 부지 선정 방식 등이 계속 변경되었다. 중저준위 방사성폐기물은 영구처분장을 건설하기로 했으나 임해 지역과 도서 지역 사이에서 결정을 내리지 못했다. 사용후핵연료의 경우 우선 중간저장시설을 건설하기로 했으나 역시 부지를 선정하지 못했다. 영일, 울진 등 몇몇 지역이 자주 후보 부지에 이름을 올렸지만 지역반핵운동의 상황에 따라 후보 부지가 수시로 변했다. 후보 부지를 도출하는 과정 또한 일관성이 없었다. 다만 부지 선정이 연속적으로 실패하면서 지역주민에 대한 경제적 보상은 제도화되었고 보상 규모도 점차 확대되었다. 정부는 기본적으로 부지 선정 후 집중적인 홍보와 설득을 통해 지역주민들의 반발을 무마시킬 수 있다고 판단했다. 한편, 공식 발표 전에 계획을 철회하는 일이 반복되면서 지역 내에서 찬성 주민을 조직하려는 시도가 등장했다. 하지만 이 역시 실패하면서 아예 지역주민들의 저항을 회피하는 방법을 택하기도 했다. 종합적으로 봤을 때, 정부의 방사성폐기물처분장 건설 정책은 총체적 난국에 가까웠다. 정부는 지역주민들의 반발을 잠재울 방안을 찾지 못했고 방사성폐기물처분장 건설은 10년 넘게 표류했다.

신규 원전 부지 선정도 난관에 부딪쳤다. 그동안 부지 선정을 둘러싸고 갈등이 없었던 것은 아니지만 그것은 거의 전적으로 정부 부처 내부의 이견이었다. 군사적 이유를 내건 경우가 많았기 때문에 조정도 상대적으로 수월했다. 예컨대, 원전 3~4호기(월성 1~2호기)의 위치는 당초 경주지역이 아니었다. 첫 번째 후보지는 충남 아산만 지역이었다(한국수력원자력, 2008a: 52). 그러나 국토종합개발계획이 변경되면서 후보지는 경남 창원지역으로 변경되었다. 이번에는 해군기지 인근이라는 이유로 해군참모총장이 반대했다. "나리"(내포)를 대체하는 후보지를 물색하던 중 다시 "부처별 특수 제약"으로 인해 대안을 찾아야 하는 상황이 된 것이다(원자력위원회, 1975). 이로 인해 지질조사 결과 지질이 복잡하고 단층까지 존재하는 것으로 확인되었음에도 불구하고 정부는 월성지역을 원전 3~4호기 부지로 선정했다.[57][58] 이처럼 원전 입지가 수차례 변경되었지만 적어도 지역주민들의 반발로 좌초된 경우는 없었다. 오히려 원전 건설이 시작되는 시기에는 상당수의 지역주민들이 개발에 대한 기대를 품고 있었다(이상헌 외, 2014). 이로 인해 정부는 별다른 저항 없이 1981

---

57) 월성지역의 지반문제는 신문에 공공연히 보도될 정도였다. "월성지역은 이른바 양산단층이라고 해서 포항에서 마산에 이르는 단층이 지나가는 곳이다. 외국에서는 이러한 단층지역은 지진의 위험이 커서 원자력발전소를 건설치 않는 것이 원칙. 그러나 한전 측은 이 지역을 건설 후보지로 잡고 내진 설계 기준도 낮게 잡았었다"(≪경향신문≫, 1979).

58) 1970년대 중반 원전 후보 부지 선정과 관련된 내용은 원자력위원회(1975)를 참조. 당시 물망에 올랐던 다른 후보지는 강원 삼척군 근덕면, 경남 울산군 서생면, 경북 영일군 지행·척행면, 경북 영일군 청하면, 충남 서천군 서면 등이었다. 원전 7~8호기(영광 1~2호기)의 경우 전남 신안군 청계면 복길리가 당초 후보지였다(이종훈, 2012: 123). 그러나 이후 지역균형개발을 이유로 영광군 홍농면으로 변경되었다(한국수력원자력, 2008a: 127).

년 1곳(여천), 이듬해 8곳(신안, 고흥, 보성, 해남, 장흥, 울진 2곳, 삼척)을 신규 원전 후보지로 예비 지정할 수 있었다.

그러나 정치적 민주화가 진전되고 지역반핵운동이 조직되면서 지역주민들의 의견을 무시한 채 정부가 일방적으로 부지를 선정하는 것은 불가능해졌다. 정부와 한전은 1990년대 초반 강원 고성과 삼척, 전남 신안 등을 신규 원전 부지로 지정하기 위해 노력했지만 주민들이 반대하면서 부지 선정 계획은 계속 무산되었다(김종원, 1995). 결국 한전은 기존 부지를 확장하는 방안을 모색하며 고리 원전에 인접한 울주군 효암·비학리 주민들을 공략한다. 이 지역에서는 주민 일부가 1993년 11월부터 신규 원전 유치를 추진하고 있었다(한국전력공사, 2001: 385). 이듬해 장안읍을 중심으로 방사성폐기물처분장 건설 반대운동이 일어나면서 신규 부지 지정은 어려워지는 듯했다. 하지만 방폐장 건설 반대운동 과정에서 찬반 주민들 간의 갈등의 골이 깊어지면서 인근 지역에서의 신규 부지 지정 반대운동이 급속하게 약화된다(정수희, 2011: 93~96). 이로 인해 한전은 효암·비학리 주민과 신규 원전 건설 기본 합의서를 체결할 수 있었다. 그러나 다른 지역에서는 지역주민들의 반발로 인해 1990년대 말까지 신규 부지를 선정할 수 없었다.

한편, 국민을 대상으로 '올바른 인식과 문화'를 정착시키기 위한 원자력 홍보가 체계화되었다.[59] 원자력 홍보는 1980년대 후반 반핵운동이 부상하는 것과 동시에 시작되었지만 산발적으로 진행되고 있었다. 체계적으로 원자력 홍보를 담당하는 기관도 존재하지 않았다. 당시 방사성폐기물 관리 사업을 책임지고 있던 과학기술처와 원자력연구소의 홍보 사업 실적은 초라한 수준이었다. 1989~1991년 과학기술처와 원자력연구소는 해외 취재 지원, 언론사

---

59) 주재원(2018)에 따르면, 원자력 담론과 대항 담론의 원형은 1980년대 말에서 1990년대 초에 확립되었다. 찬핵 진영은 반핵운동을 지역이기주의로 몰아세우며 반핵운동이 제기하는 위험 담론에 폐쇄적인 전문가 집단이 주도하는 '기술자립-안전성-경제성' 담론으로 맞섰다.

간담회 개최, 홍보물 제작 등 여러 가지 형태로 원자력 홍보 사업을 추진했으나 보잘것없는 수준이었다(한국원자력연구소 원자력환경관리센터, 1992). 한국원자력산업회의 또한 1985년부터 홍보위원회를 운영했으나 간간히 신문광고를 내는 데 그쳤다고 해도 과언이 아니었다.

그러나 방사성폐기물처분장 부지 선정이 연속적으로 실패하면서, 특히 안면도 주민들의 반대로 부지 선정이 좌초되면서 원자력 홍보가 체계화되기 시작했다. 우선 정부는 공무원부터 단속했다. 공무원이 적극적으로 나서야 주민을 설득할 수 있다고 보았기 때문이다. 당시 원자력계의 인식은 한국원자력산업회의가 제출한 "자치단체공무원에 대한 원자력교육실시 건의서"에 잘 드러나 있다.

> 현재 한국의 원자력계는 방사성폐기물 입지문제 및 원자력발전소 건설 등의 사업을 추진함에 있어 국민의 이해부족 등으로 관련 사업의 추진에 어려운 난관에 봉착하여 있습니다. …… 과거 공무원은 만년 여당이라는 선입관과 정부 시책에 수직관계라는 입장에서 이들에 대한 정보 제공 및 교육에는 큰 비중을 두지 아니하였으나 최근의 방사성폐기물 입지문제 등을 통해 분석해볼 때 지방자치단체의 공무원 및 관련 기관 관계자의 원자력에 대한 이해부족으로 인해 지역주민에게 선도적인 역할이 부족하였다고 파악됩니다. 이를 해소하기 위해 우선 지방자치단체 공무원을 위한 원자력의 이해가 선행되어야 할 필요성이 있다고 생각합니다. 원자력개발이 국가 에너지 문제를 좌우하는 애국 시책이라는 신념은 원자력계는 물론 지방공무원 사회까지 뿌리내리지 않고는 현안의 어려움을 극복할 수가 없습니다(한국원자력산업회의, 1992).

이제 '이해가 부족한' 공무원을 위해 각종 공무원 연수 및 교육 시간에 원자력연구소 직원들이 찾아갔다. 그 범위는 거의 모든 공무원 조직을 포괄했던 것으로 보인다. 단적으로 과학기술처가 1992년 7월 발송한 "원자력 및 방사

1. 교육실시현황

교육일시	교육인원	교육장소	교육대상	강사	비고
합 계	704				
4. 16	25	고리원자력발전소	영어교육반	고리원자력발전소 홍보부장	현장견학병행
4. 23	56	당원 제3강의실	수산종합건설무자반 1기	시 정 각 (미래에너지의 선택) "21세기로 가는길"	
4. 24	56	고리원자력발전소	"	고리원자력발전소 홍보부장	현장견학병행
4. 25	100	당원 제1강의실	자원보호관리반	원자력연구소 부설 원자력환경관리센터 핵임연구원 신영준	
4. 30	90	속초시 선박노동조합회의실	해양오염방지관리반 2기	원자력연구소 부설 원자력환경관리센터 핵임연구원 신영준	
5. 7	108	당원 제1강의실	수산시책반 2기 51명 수산신규실무자반 1기 57명	"	
5. 22	29	당원 제2강의실	WORD-PROCESSOR반	"	
5. 29	59	고리원자력발전소	수산경영반	고리원자력발전소 홍보부장	현장견학병행
6. 9	34	당원 제2강의실	전업어가반 1기	시청각교육 (미래에너지의 선택) "21세기로 가는길"	
6. 12	44	고리원자력발전소	통합실무반	고리원자력발전소 홍보부장	현장견학병행
6. 16	32	당원 제2강의실	전업어가반 2기	시청각교육 (미래에너지의 선택) "21세기로 가는길"	
6. 17	47	"	해양오염방지관리반 3기	원자력연구소 부설 원자력환경관리센터 핵임연구원 신영준	
6. 25	80	당원 제1강의실	신규어민후계자반 1기	시청각교육 (미래에너지의 선택) "21세기로 가는길"	

0155

그림 4-12 수산공무원 원자력 교육 현황: 1992년 1/4분기
자료: 수산공무원교육원(1992b).

성폐기물 관련 교육 협조" 공문의 수신처에는 농업협동조합, 농지개량조합, 산림조합, 수산업협동조합, 축산업협동조합, 중앙공무원 및 지방공무원 교육원, 지방행정연수원, 민방위학교장, 건설기술교육원, 국립보건원장, 국립보훈원장, 각 시·도 과학교육원장이 포함되어 있었다(과학기술처, 1992g). 실제로 관련 교육은 폭넓게 이뤄져 수산공무원교육원의 경우 1992년 1/4분기에 173명, 2/4분기에 704명을 대상으로 원전 및 방사성폐기물 관련 교육을 실시했다(수산공무원교육원, 1992a).

일반 국민을 대상으로 한 원자력 홍보도 한층 강화되었다. 정부는 안면도 반핵운동을 계기로 원자력 홍보의 중요성을 확인하고 홍보 전략을 "Come and See"에서 "Go and See"로 변경했다(한국원자력연구소 원자력환경관리센터,

1992: 81). 즉, 소극적인 형태에서 벗어나 적극적으로 원자력을 홍보하여 원자력에 대한 인식을 관리하고자 했다. 언론 보도와 언론인 대상 홍보가 한층 강화되었을 뿐만 아니라 "원자력 바로 알기 하게 캠페인"과 같은 캠페인이 실시되었다(과학기술처, 1992h). 원자력 홍보를 전문으로 하는 원자력문화재단이 설립된 것도 비슷한 시기인 1992년 3월이었다. 이후 원자력문화재단은 원자력 홍보의 거점 역할을 했다. 특히 1995년부터 발전소 주변 지역 지원금의 지원을 받아 원자력 홍보를 대폭 늘렸다. 화력발전, 재생에너지 등 다른 에너지원에서는 찾아볼 수 없는 특혜였다.

원자력 홍보를 위한 외곽 지원 조직들도 이 시기에 등장했다. 먼저 1992년 7월 영광을 시작으로 원전 소재지마다 원자력문화진흥회가 만들어졌다[월성, 울진(1998년), 고리(1999년)]. 원자력문화진흥회는 지역주민이 주도하는 친원전 단체로 주민 초청 홍보 행사, 사생대회 및 백일장, 체육대회 지원 등의 사업을 진행했다(한국전력공사, 2001: 418). 원자력을 이해하는 여성 모임은 원자력문화재단의 지원 아래 1995년 결성되었다.[60] 원자력을 이해하는 여성 모임은 "원자력에 대한 긍정적인 여론 형성을 위한 여성들의 조직체 결성 유도"와 "국내외 원자력 PA 활동을 적극 전개하여 원자력에 대한 국민적 이해 증진 도모"를 기본 목표로 했다(원자력을 이해하는 여성 모임, 1995). 15개 시·도 협의회로 시작한 원자력을 이해하는 여성 모임은 1999년 울산시와 울주군 협의회가 추가되면서 회원 9000명 수준의 단체로 성장했다(한국전력공사, 2001: 418).

한편, 전력공기업집단이 주도하는 값싼 전기소비사회로의 전환은 전력수요관리의 저발전을 가져온다. 1990년대 초반 전력수급이 다시 불안정한 국면으로 접어들면서 에너지·전력 수요 관리에 대한 관심이 높아졌다. 당시 주요

---

60) 원자력을 이해하는 여성 모임은 1994년 서울, 부산 등지의 여성 지도자들이 고리 발전소를 견학한 것을 계기로 결성되었다. 이 과정에 원자력문화재단의 ○○○ 부장이 적극적으로 관여해서 조직 결성을 도왔다. 원자력연구소는 원자력을 이해하는 여성 모임 회원들의 시찰, 연수를 적극 지원했다. 관련 내용은 과학기술처(1995f, 1996d)를 참고.

신문들의 사설을 보면, 수요관리의 체계화를 촉구하는 경우가 적지 않았다.

나라의 에너지 문제는 문자 그대로 국력의 문제다. 그렇기 때문에 정부는 물가안정시책에 부응한다는 안목에서 비롯된 고급 에너지의 요금인하라는 국소적 사고에서도 벗어나야 한다고 본다. 국내 각 분야에 걸친 에너지 수요 공급의 성격적·구조적 판도를 적절한 절제 차원에서 재조정하고 해외 에너지원의 가격 동향 및 공급 상황까지 감안한 차원 높은 에너지 전략이 그래서 시급히 요구된다(≪한국일보≫, 1990a).

한국의 산업구조가 에너지 다소비형으로 고착화되는 것에 대한 문제제기도 심심치 않게 등장했다.

업계가 호경기로 떼돈을 벌어 부동산투기에 열을 올렸을 때도 정부는 제때에 제동을 걸어 그 여력을 에너지절약형 산업구조 조정이나 기술향상으로 유도했어야 했다. 그런 것이 바로 정부의 역할이다. 수출의 반짝 호황으로 한때 외화가 쌓이자 그 소비를 정부가 앞장서 조장이라도 한 듯 해외여행을 부추겼고 에너지과소비형 자동차, 가전제품 등의 생산러시와 소비풍조 확산을 마냥 방치해왔다(≪한국일보≫, 1990b).

가장 중요한 것은 총에너지 사용의 50%를 차지하는 산업계의 에너지 사용 효율화이다. 제품 생산 시의 에너지 사용량을 말하는 원단위를 일본 등 경쟁국들 수준으로 대폭 낮추기 위해서는 에너지절약형 설비로 바꾸는 등 산업구조 재편이 일관성 있게 추진돼야 한다. 이와 함께 기업들은 에너지절약형 제품의 개발 및 판매에도 힘써야 한다(≪경향신문≫, 1992).

유가와 전기료도 물가안정을 해치지 않는 범위 내에서 인상키로 했으면 단행되어야 한다. 장기적으로는 산업구조를 에너지절약형으로 서둘러 전환해나가야 국제 경쟁력의 상실을 방지할 수 있다(≪세계일보≫, 1992).

국민여론도 나쁘지 않았다. 전력소비가 증가하는 상황에서 전력소비를 더 '늘려야 한다'(51.9%)는 입장과 '줄여야 한다'(48%)는 입장은 엇비슷한 수준이었다(서울대 인구 및 발전문제 연구소, 1991: 125).

그러나 전기요금 인상에 대한 저항이 거센 상황에서 수요관리의 1차적 책임이 한전에 부여되자 수요관리는 부하관리 중심으로 발전하게 된다(홍장표, 2007). 즉, 전력소비를 줄이거나 기기의 이용효율성을 높이는 방향이 아니라 최대 전력수요를 분산시켜서 부하율을 높이는 형태로 수요관리가 체계화된다. 가격 정책이 수요관리의 기초라는 점은 정부도 인정하고 있었다(동력자원부, 1993b). 그러나 정부 안팎의 반대로 전기요금의 인상은 최소화되었다. 전기요금이 통제되면서 한전의 투자보수율은 계속 적정 수준을 밑돌았다. 여기에 투자자본 조달의 부담까지 증가한 상황이었다. 한전의 입장에서는 전력 판매수입의 감소를 초래할 전력소비 절감이나 이용효율성 향상을 적극적으로 추진할 이유가 없었다. 이로 인해 1993년경부터 수요관리가 본격적으로 시행되었지만 편향된 형태로 발전하게 된다. 1993년 장기전력수급계획을 수립하는 과정에서 정부는 신규 투자 소요를 최대한 억제하기 위해 발전소 설계 표준화, 수명연장 등과 함께 수요관리를 추진하기로 결정한다(재무부, 1993; 동력자원부, 1993a). 그 결과 수요관리 목표량은 2년 전에 비해 2배 이상 증가했다. 그러나 **표 4-10**에서 확인할 수 있듯이 가격 조정을 통한 수요관리는 오히려 후퇴했다. 기기효율 개선을 통한 절감량이 3배 가까이 증가했지만 이것은 잠재적인 추정치보다 낮은 수준이었다. 당시 에너지경제연구원은 기기효율 개선을 통해 11~15%가량 전력소비를 절감할 수 있을 것으로 추정했으나 한전은 목표를 8%로 하향 조정했다(에너지경제연구원, 1993). 대신 한전은 부하관리형 수요관리를 강화했다. 다시 말해 전기요금의 인상이나 고효율 기기의

표 4-10 전력수요관리 목표의 변화

(단위: MW)

구분	1991년 계획	1993년 계획(안)	증감
요금구조 개선	878	584	-294
빙축열·가스냉방	1,014	2,004	990
기기효율 개선	1,027	3,246	2,219
하계휴가 요금	247	843	596
계	3,166	6,677	3,511

주: 2006년 기준.
자료: 동력자원부(1993a).

보급보다 부하 이전 요금 할인이나 축냉식 냉방설비 보급을 더 적극적으로 추진했다(한국전력공사, 2001: 724~728). 수요관리를 강화할 수 있는 기회가 주어졌지만 전력공급부문은 수요 감축보다 부하관리를 강화하는 길을 택했다.[61]

5. 발전주의적 에너지 공공성과 원전 의존성의 강화

원전 설비 과잉을 계기로 전기요금이 대폭 인하되면서 원전의 국산화·표준화 이후 도래할 것으로 기대되었던 '에너토피아'가 예기치 않게 빨리 찾아왔다. 원전의 경제적 비교우위가 아닌 설비 과잉의 산물이라는 점은 중요하지 않았다. 이유야 어찌 되었든 원전 확대를 계기로 값싼 전기소비가 가능해

---

61) 당시 에너지경제연구원의 기기효율 개선 관련 보고서는 면접자1이 작성했다. 면접자1에 따르면, 그가 1991년 에너지경제연구원에 들어갔을 당시 에너지 수요 관리를 주장하는 연구원은 찾아보기 힘들었다고 한다. 한전과 정부 부처 인사들은 수요관리보다는 부하관리라는 용어를 더 자주 사용했다. 덕분에 면접자1이 연구한 수요관리, 에너지 효율화, 지역에너지 계획 수립 등은 연구원 안팎에서 주목을 받았다. 그러나 한전 측은 효율적인 기기 사용을 통한 수요관리를 적극적으로 추진하지 않았다. 당시 면접자1은 종합적인 수요관리 정책의 필요성을 주장했으나 수용되지 않았다고 한다. 그는 2000년대 이후까지 수요관리가 정착되지 못했다고 평가했다.

진 것처럼 보였다. 정부는 한전을 통제함으로써 전기요금의 고삐를 쥘 수 있었고, 한전은 가격 통제에 따른 재정적 압박을 적극적인 수요 창출을 통해 돌파하고자 했다. 이로 인해 산업보조를 목적으로 제한적으로 실시되던 값싼 전기 공급은 이제 전 부문으로 확산되었다. 1970년대 농어촌의 전기화와 제한송전의 중단이 '1차 전기화'를 이끌며 전원개발계획의 정당성을 높였다면 1980년대 후반 전기요금 인하에 따른 '2차 전기화'(값싼 전기소비의 보편화)는 원전체제의 정당성을 높이는 지렛대가 되었다.

공격적인 수요 창출 덕분에 설비 과잉 문제는 순식간에 해결되었다. 추가적인 설비투자와 수요관리를 위해 전기요금의 인상이 필요했지만 광범위한 저항에 부딪쳐 요금 인상은 최소화되었다. 에너지 다소비 사회로의 전환점 앞에 섰지만 우려와 비판의 목소리는 작았다. 반면 기술추격이 가시화되면서 원전을 국산화·표준화하면 값싼 전기를 마음껏 쓸 수 있다는 기대는 더 커졌다. 민주화운동과 함께 성장한 반핵운동도 이 장벽을 넘지 못했다. 국회로까지 확장되었던 정치적 대립은 이내 봉합되었고 반핵운동은 급속하게 지역화되었다. 지역반핵운동은 부지 선정을 좌초시킬 만큼 거세게 일어났지만 단발적인 사건에 머물렀다. 반핵운동은 에너지의 공급과 소비를 총체적으로 문제 삼고 대안을 제시할 만한 역량이 없었다.

반핵운동이 지역화·사건화되면서 원전체제의 내부 균열은 관료적 협상의 문제로 축소되었다. 당초 연구개발부문의 연구-사업 병행은 원자로 분야의 기술추격까지로 한정된 것이었다. 따라서 기술추격 이후의 산업구조와 기술경로, 그리고 방사성폐기물 관리 등 곳곳에 논란거리가 숨어 있었다. 잠재된 갈등은 기술추격이 가시화되고 방사성폐기물 관리 문제가 대두되면서 서서히 수면 위로 떠올랐다. 원전 산업구조와 원자력행정을 개편해야 한다는 요구가 분출했지만 연구개발부문과 전력공급부문은 한 치의 양보도 없었다. 특히 연구개발부문이 기술인력을 매개로 일종의 거부권을 행사하면서 원전체제 개편은 장기간 교착 상태에 빠졌다.

흥미롭게도 교착 상태는 반핵운동에 의해 깨졌다. 원전 산업구조나 원자력행정은 반핵운동의 사각지대에 가까웠다. 그러나 반핵운동은 방폐장 부지 선정을 계속 좌초시킴으로써 연구개발부문의 거부권이 약화되는 데 결정적인 역할을 한다. 결정타는 굴업도 반핵운동이었다. 굴업도 부지 선정마저 실패로 끝나면서 연구개발부문의 목소리는 급격히 위축되었고 교착 상태에 놓여 있던 원전 산업구조 개편이 급물살을 탔다. 그 여파로 원자로 및 핵연료 설계, 중수로 핵연료 제조, 방사성폐기물 관리 사업이 연구개발부문에서 전력공급부문으로 이관되었다. 이와 함께 연구-사업 병행 모델이 폐지되었다. 대신 연구개발부문은 비상업적인 연구를 안정적으로 추진할 수 있는 연구개발비를 제도적으로 보장받았다.

이 과정에서 반핵운동은 개편의 촉매제 역할을 했을 뿐 개입 지점을 찾지 못했다. 원자력행정과 직결된 규제 제도의 개편은 반핵운동의 시야 밖에 있었다. 이로 인해 원자력행정의 개편은 연구-사업 병행 모델의 폐기와 원자력 연구개발기금의 신설이 교환되는 선에서 매듭지어졌다. 원자력 진흥과 안전 규제의 분리가 비의제화되면서 원자력안전기술원의 설립은 규제 기관의 실질적 독립으로 이어지지 못했다. 즉, 원자력 연구 개발을 주관하는 과학기술처가 안전 규제까지 담당하는 구조적 한계는 지속되었다. 따라서 안전 규제는 원자력 진흥을 위한 보조적 규제 이상의 역할을 거의 하지 못했다.

원전의 국산화·표준화, 반핵운동의 지역화, 보조적 규제 등이 맞물리면서 원전의 경제적 비교우위가 공고해지기 시작했다. 전력공기업집단이 원전의 국산화·표준화가 안정적으로 추진될 수 있는 버팀목이 되고 연구개발부문이 기술추격의 첨병 역할을 했지만 지역화된 반핵운동은 기술추격 네트워크를 흔들지 못했다. 나아가 보조적 규제가 확립되면서 모험주의적 운영 관행을 유지하고 인·허가 및 건설의 지연을 미연에 방지할 수 있게 되었다. 표준화된 국산 원전을 단기간 내에 건설해서 이용률을 최대로 끌어올리고 외부 비용의 내부화를 최소화한 만큼 원전의 경제성은 향상될 수밖에 없었다. '값싼 원전'에 대한 기대는 그렇게 현실이 되었다. 그리고 경제성이 높기 때문에 더 많이 투자하고, 더 많은 연구 개발을 통해 경제성을 높일 수 있는 기회를 더 갖게 되는 순환구조가 만들어졌다. '값싼 원전'은 더 이상 기대가 아니라 사회기술적 기반을 가진 실체가 되었다.

그러나 걸림돌이 모두 해소된 것은 아니었다. 지역적으로 고립되었으나 반핵운동은 여전히 휘발성을 지니고 있었다. 특히 반핵운동으로 인한 방사성폐기물처분장의 건설 지연은 원전 기술 체계의 통합성을 약화시켰다. 신규 부지 선정 또한 해법을 찾지 못했다. 정부는 부지를 선정한 뒤 정확한 정보를 바탕으로 주민들을 설득하면 된다는 기술관료적 시각에서 크게 벗어나지 못했다. 경제적 보상, 주민 유치 신청 등 다양한 시도들을 했으나 부지 선정은 미완의 과제로 남았다. 시장의 힘이 강해지면서 전력공기업집단을 해체해야 한다는 목소리도 커지기 시작했다. 값싼 전기소비사회를 지탱하는 데 따른 경제적·생태적 부담 또한 점점 누적되었다. 모험주의적 기술추격과 원전 운영에 수반된 위험의 증폭은 잠재된 문제였다.

원전 의존적 사회로 가는 길목에서 발전주의적 에너지 공공성이 꽃피었다. 전력공기업집단은 원전 국산화·표준화를 이끌며 '에너토피아'라는 사회기술적 기대를 실현시키는 데 앞장섰다. 전력공기업을 매개로 한 가격 통제가 가능했기에 예기치 않은 원전 설비 과잉은 값싼 전기소비사회로 진입하는 계기가 될 수 있었다. 전력공기업집단을 통해 값싼 전기를 안정적으로 공급함으로써 보편적인 전기 소비가 가능한 사회, 누군가는 이 사회를 에너지 공공성이 실현된 사회라 부를지 모른다. 다만 공론장과 시민성, 생태적 지속가능성 등 공공성에 함축된 다른 요소들이 누락된 만큼 '발전주의적' 에너지 공공성이라는 단서를 달아야 한다. 공공기관을 통한 보편적 전기 소비는 실현되었지만 정책 결정 과정은 폐쇄적이었고 값싼 전기소비의 지속가능성에 대한 숙고는 없었다. 원전을 매개로 에너지 공공성은 발전주의의 문턱을 넘었지만 민주주의와 생태주의 앞에서 멈춰 섰다. 따라서 발전주의적 에너지 공공성에서 배제되었던 민주적 절차, 공개적 의사소통, 시민 참여 및 시민성 계발, 생태적 지속성은 언제든 에너지 공공성의 재구조화를 압박할 수 있었다. 또한 발전주의의 시대가 저물고 신자유주의가 확산되면서 공적 소유를 사적 소유로 전환하고 정부의 역할을 축소하라는 요구가 빗발쳤다. 외환위기를 전후로, 정권 교체를 계기로 발전주의적 에너지 공공성이 도마 위에 오른 것은 우연이 아니었다. 원전체제 역시 에너지 공공성 변동의 파고를 피해갈 수 없었다.

제5장

반핵운동 포섭과 혼종적 거버넌스로의 변형,
1997~2010

신자유주의의 파도가 밀려왔다. 전력공기업집단을 해체하라는 주문이 이어졌다. 외환위기까지 겹치면서 전력산업 구조조정은 피할 수 없는 것처럼 보였다. 민주화의 물결도 원전체제를 흔들었다. 반핵운동이 정책 결정에 개입할 수 있는 통로가 넓어지면서 원전 추진에 제동을 걸 수 있는 길이 늘었다. 격렬하게 전개된 방폐장 건설 반대운동을 지렛대 삼아 반핵운동은 원전 정책의 전면적 변화를 꾀했다. 안정적으로 원전을 추진하기 위해 원전 산업 구조와 규제양식의 재정비가 필요했다. 제5장은 신자유주의화와 민주화의 압력 속에서 원전체제가 변형된 과정을 추적한다.

1. 전력공기업집단의 존속과 원전 수출협력의 강화

1) 전력산업 구조조정의 확산과 한전 분할매각 계획의 수립

1990년대 들어서면서 전력산업 구조조정이 전 지구적으로 확산되었다. 구조조정의 모델은 크게 두 가지였다(Williams and Dubash, 2004). 즉, 전력산업의 효율성과 경쟁력을 향상시키는 것을 목적으로 한 영국의 사유화privatization 모델과 매각을 통한 외채 상환에 초점이 맞춰진 칠레 모델을 두 축으로 전력산업 구조조정이 추진되었다. 서구 국가들은 전력산업에 경쟁원리를 도입하기 위해 자유화liberalization 및 규제완화 조치를 폭넓게 실시했다. '규모의 경제'가 제공하는 경제적 이점이 점차 줄어들어 진입장벽이 낮아진 것도 전력산업의 자유화를 촉진했다. 신규 사업자의 진입이 늘면서 전력시장에서의 경쟁이 치열해졌고, 금융화의 물결 속에서 주요 기업들 간의 인수합병이 활발하게 일어났다. 나아가 금융자본을 매개로 한 대규모 인수합병과 초국적 에너지 기업의 해외 시장 진출은 비서구권 국가의 전력산업 구조조정을 추동했다. 1990년대 초반부터 국제통화기금(IMFInternational Monetary Fund)과 국제부흥개발은행 등 국제금융기구들은 금융지원을 매개로 전력산업 구조조정을 압박하기 시작했다. 국내에서도 효율 향상을 통한 가격 인하, 소비자 선택권, 해외자본 유치 등을 명분으로 전력산업 구조조정을 요구하는 세력이 형성되었다. 그 결과 1990년대 전력산업 구조조정은 세계 곳곳으로 확산되었다.

전력산업 구조조정은 자연독점natural monopoly의 대명사였던 전력산업에 지각변동을 초래할 만한 사건이었다. 서구에서는 20세기 초반만 해도 전력산업의 소유구조가 공기업, 사기업, 지방정부 소유 기업 등 다양한 형태를 이루고 있었다. 전력망의 범위도 제한되어 있었다. 그러나 1920~1930년대 송전기술이 발전하면서 장거리 송전망을 구축할 수 있게 되었다. 이로 인해 수력발전과 석탄화력발전을 결합시켜서 부하율을 관리하는 것이 가능해졌고, 도시 외곽 지역으로 전기를 공급하여 신규 소비지를 확보할 수 있게 되었다. 송전망을 확대함으로써 규모의 경제를 달성하는 것은 효율성을 높이는 지름길이었다.[1] 이로 인해 기업 간의 인수, 합병, 제휴가 활발하게 진행되었고 사기업이 주도하는 지역독점 구조가 형성되었다. 이처럼 독점시장적 성격이 강화되면서 정부의 가격규제도 체계화되었다. 제2차 세계대전 이후 에너지 산업의 전략적 가치가 높아지면서 영국과 프랑스에서는 전력산업이 국유화되었다.[2] 반면 미국과 독일에서는 사기업의 지역독점 구조가 유지되었다. 그러나 소유 형태와 관계없이 정부는 전력회사의 지분 확보, 가격규제 등의 정책 수단을 통해 전력산업에 폭넓게 개입했다.

전력산업의 수직적·수평적 통합은 후발추격국도 예외가 아니었다. 단적으로 제2차 세계대전 이후 아시아의 신생 독립국들은 대부분 발전-송전-배전을 아우르는 국영기업을 설립하여 전력산업을 정부의 통제 아래 두었다(Williams and Dubash, 2004). 누구나 안정적으로 전기를 사용하는 것이 사회발전과 등치되는 시대였다. 일본과 홍콩, 필리핀 마닐라 등 몇몇 예외 지역도 사기업이 전력산업을 주도한다는 점만 다를 뿐 수직 통합된 독점 구조를 이루고 있는 점은 크게 다르지 않았다.

전 세계적인 전력산업 구조조정의 흐름 속에서 각국의 전력산업은 제도적 맥락에 따라 다양한 형태로 적응했다.[3] 가장 급진적인 변화를 추구한 곳은 전력산업을 분할 매각한 영국이었다. 반면 프랑스는 국영전력회사인 EDF$^{Élec-tricité\ de\ France}$의 시장 지배력을 유지하며 해외 시장 진출을 모색하는 점진적인 적응 전략을 선택했다. 독일의 경우 전력시장의 자유화와 함께 소규모 발전 사업자가 크게 증가했지만 동시에 기업 간 인수합병으로 사기업의 지배력이

---

1) 20세기 전력산업의 소유구조 변화와 관련된 기본적인 내용은 밀워드(Millward, 2005, 2011)를 참고. 밀워드는 전력·에너지 산업과 더불어 여러 네트워크 산업의 소유구조 변화를 분석한다. 1920~1930년대 장거리 송전망의 구축 및 전기화와 관련된 내용은 휴스(Hughes, 1983), 나이 (Nye, 1990)에서 확인할 수 있다. 주요 산업의 공기업화와 관련된 내용은 토니넬리(Toninelli ed., 2000)를 참고할 것.

2) 제2차 세계대전 이후 영국과 프랑스 정부는 전력산업의 수직통합을 주도하며 전력회사를 국영화했다. 전력산업의 국영화를 추동한 요인으로는 전시계획경제의 유산, 전략적 통제의 필요성, 신속한 전후 복구의 필요성과 국영기업의 효율성, 노동계급의 성장과 보편적 서비스에 대한 요구를 들 수 있다(Millward, 2005).

3) 1990년대 전력산업 구조조정의 전반적인 흐름은 김상곤 외(2004)를 참고.

강화되었다. 미국 캘리포니아 주는 영국과 유사하게 급진적 규제 완화와 사유화를 추진한 반면 동부의 PJM(펜실베이니아-뉴저지-메릴랜드 기반 전력회사)은 송전망 독립을 통해 경쟁을 도입하는 점진적 적응의 길을 택했다.

전력산업 구조조정은 2000년대 이후 다시 한 번 재조정 국면에 들어간다. 특히 2000년 캘리포니아 정전 사태 이후 신자유주의적 구조개편은 추진력이 약해졌다. 경쟁 강화로 인한 효율성 향상은 기대에 미치지 못한 반면 수직적·수평적 재통합으로 인해 사기업의 시장 지배력이 높아졌기 때문이다. 전기요금은 인상되었지만 설비투자가 줄면서 전력계통 운영의 불안정성이 높아지는 문제가 발생하기도 했다. 이로 인해 2000년대 이후 분할·사유화 방식의 전력산업 구조조정은 줄어들었다. 그러나 재생에너지 산업의 성장과 맞물려 전력산업의 자유화 기조는 유지되었다. 다만 전력산업의 자유화는 기존의 제도적 맥락과 결합하여 다양한 형태로 전개되었다.

한국의 전력산업 역시 전 지구적인 전력산업 구조조정의 흐름에서 자유로울 수 없었다.[4] 1994년 민자발전을 허용한 것과 동시에 정부는 한전의 분할을 염두에 둔 전력산업 구조개편을 모색했다. 그해 7월 정부는 한전 경영진단을 실시하기로 결정하면서 구조개편의 신호탄을 쏘아 올렸다. 그러나 2년간의 검토 끝에 정부는 한전의 분할매각이 시급하지 않다는 결론을 내린다(한국전력공사, 2001: 1115). 저렴한 요금 수준을 유지하면서 전력수요가 급격

---

[4] 1920년대까지 한국의 전력산업은 수십 개의 소규모 화력발전소에 기반을 둔 지역별 분할체제였다. 그러나 1930년대 배전망 통폐합이 진행되면서 지역별 독점체제가 형성되기 시작했고 대규모 수력발전소와 고압송전망이 전력망에 통합되었다(오선실, 2008). 해방 이후 남북으로 분단되면서 남한지역에는 조선전업, 경성전기, 남선전기 3사만 남았다. 전력 3사는 사기업이었으나 적산처리 과정에서 주식의 상당수가 국가 소유로 전환되었다. 하지만 미 군정이 국유화에 반대하면서 기업 지배구조를 둘러싼 갈등이 일어났고 전력 3사의 통합은 미뤄졌다. 전력 3사가 한국전력주식회사로 통합된 것은 박정희 정권이 수립된 이후인 1961년의 일이다. 이후 한국전력주식회사는 1981년 공사로 전환된다. 1988~1989년부터 국민주 방식으로 한국전력의 주식이 매각되기 시작했으나 정부의 경영권을 위협할 수준은 아니었다.

하게 증가하는 상황에 효율적으로 대처한 것이 높은 평가를 받았다. 정부는 한전의 수직·수평 분할을 통한 경쟁체제의 구축을 배제하진 않았지만 장기 과제로 넘겼다.

그러나 외환위기 이후 공기업 민영화가 추진되면서 한전의 분할매각에 기초한 전력산업 구조조정이 급물살을 탔다. 1998년 8월 정부는 '제1차 공기업 민영화 계획'을 발표함으로써 한전의 분할매각을 공식화한다(한국전력공사, 2001: 1118~1119). 즉, 화력발전부문을 분할 매각하고 향후 발전소 건설을 외주화하기로 한다. 더불어 한국전력기술과 한전기공(前 한국전력보수)의 경영권을 매각하기로 한다. 한전의 분할매각 방안이 공식화되자 각계에서 반대 여론이 일었다. 노동운동진영을 주축으로 '전력산업 해외분할매각 반대 범국민 대책위원회'가 구성되어 반대운동을 이끌었고, 논란은 국회로 확대되었다. 당시 야당이었던 한나라당은 반대 입장을 표명했고, 집권 여당인 민주당 내에서도 전력산업 구조조정을 연기해야 한다는 목소리가 커졌다. 정부는 한전이 재무구조가 부실하고 방만한 경영을 일삼아왔다고 비판하며 세계적인 추세에 따라 전력산업을 민간경쟁체제로 전환해야 한다고 주장했다(한국전력공사, 2001: 1118~1119). 이를 통해 전력산업의 경영 효율성을 높이면 장기적으로 전기요금을 인하할 수 있다고 역설했다. 그러나 한전의 분할매각을 반대하는 진영에서는 한전의 생산성이 세계 최고 수준임을 강조하며 부채비율이 다른 공기업보다 낮다고 주장했다. 또한 사유화 이후 안정적인 설비투자를 보장할 수 없으며 초국적 기업에 한전을 헐값으로 매각하면 국부가 유출된다는 논리를 폈다. 전기요금이 급격하게 인상될 가능성이 높다는 점도 주된 비판 지점 중 하나였다.[5]

찬반 진영의 공방이 오가는 상황에서 산업자원부는 '전력산업 구조개편 기

---

5) 당시 주요 찬반 논리는 한국전력공사(2001: 1124~1126)를 참고할 것.

본계획'을 확정했다(한국전력공사, 2001: 1127~1135). 정부는 한전의 발전부문을 먼저 분리하여 경쟁시키고 이후 단계적으로 송·배전 부문을 분리하기로한다. 덧붙여 정부가 민간업체의 설비투자계획을 조정하여 설비투자의 안정성을 확보하고 독립적인 규제 기관을 설치하여 전기요금을 규제하는 방안이제시되었다. 구체적인 실행계획이 마련된 것은 1999년 여름이었다. 정부와 한전은 분할된 기업의 매출을 안정적으로 보장하기 위해 기저부하를 담당하면서 이용률이 높은 화력발전소를 기준으로 분할하는 방안을 제시했다(산업자원부, 2001b, 2001c; 전력산업구조개혁단, 2001; 한국전력공사, 1999a). 핵심 쟁점은한전의 화력 부문을 몇 개로 분할할지였다. 4개로 나눌 경우 발전소의 배분이 수월했지만 기업 간 불균형으로 인해 특정 기업이 시장을 지배할 가능성이 있었다. 반면, 6개로 분할할 경우 규모가 작아져서 매각은 수월하지만 핵심 발전소를 보유하지 못한 기업이 경쟁에서 도태될 우려가 있었다. 결국 정부와 한전은 삼천포, 보령, 태안, 하동, 당진 화력발전소를 기준으로 한전의화력 부문을 5개로 분할하기로 한다. 5개 사 분할안은 여전히 규모가 커서 매각이 쉽지 않고 각 기업의 발전소가 전국 각지로 흩어지는 문제가 있었지만시장 지배력을 분산시키는 데 유리하다는 이유로 채택되었다. 더불어 정부가한국전력기술, 한전기공 등 설계 및 정비보수 부문의 자회사를 2001년까지매각하기로 결정하면서 전력공기업집단의 해체는 시간문제로 보였다.[6]

그러나 사회적 저항으로 인해 계획의 실행은 지연되었다. '전력산업 해외분할매각 반대 범국민 대책위원회'(1999)의 비판 논리, 즉 한전을 분할 매각하면 전기요금이 급등하고 설비투자에 차질이 생겨 에너지 안보가 위협받을 것

---

6) 한국전력기술의 경우, 1996년경부터 한전의 지분을 매각하기 위한 시도가 있었다. 원자력연구
   소로부터 원자로 설계 분야를 이전받은 후 원전 설계 전문기업으로의 육성을 위한 조치였다.
   다만 민간기업의 지분 한도를 49%로 설정하여 원전 설계 분야 일원화는 유지하기로 했다. 그
   러나 한전이 매각 이전에 경영구조 및 노사관계를 재편할 것을 요구하면서 매각이 지연되었
   다. 한국전력기술(2005: 223~224)을 참고.

이라는 주장은 광범위한 호응을 얻었다. 값싼 전기소비사회에 대한 사회적 지지는 공고했다. 국회 산업자원위원회 소속 국회의원들 역시 여야를 막론하고 전기요금 인상, 전력공급 차질, 담합 및 독점 등을 이유로 분할매각에 부정적인 의견을 표출했다(산업자원부, 2000). 실질전기판매단가는 1990년 이후 거의 변동이 없었다(한국수력원자력, 2008a: 628). 상당수의 사람들은 전력공기업 독점 구조가 전기요금을 낮게 유지할 수 있는 원동력이라고 생각했다. 그리고 그 밑바탕에 원자력발전이 존재한다고 보았다. 당시 원자력계의 광고는 원자력발전을 국가의 경제적 안보 문제와 연결시켰는데, 대다수 국민들의 인식도 크게 다르지 않았다(≪매일경제≫, 1997a; ≪한겨레≫, 1998).[7]

하지만 전력산업 구조조정에 대한 정부의 의지 역시 강고했다. 결국 노동조합이 정부의 안을 수용하면서 빗장이 풀렸다. 파업을 예고하며 반대하던 전국전력노동조합은 고용 승계와 전적 직원에 대한 보상을 조건으로 정부의 구조개편안을 받아들였다(한국전력공사·전국전력노동조합, 2000). 곧바로 관련 법이 국회를 통과했고 한전의 분할이 공식화되었다. 그러나 해외 매각 여부 등 매각 방식을 둘러싼 갈등까지 해소된 것은 아니었다.

---

7) 환경운동진영의 일각에서는 배전분할과 원전의 민영화를 주장하는 목소리가 나왔다. 이들은 발전-송전-배점 독점 구조가 공급 위주의 정책을 야기한다고 비판하며 배전 부문을 지방공사로 전환할 것을 주장했다. 이들은 독일 사례를 근거로 배전 부문을 지자체에서 운영할 경우 시민 참여, 소비자 선택권, 재생에너지 보급이 확대될 것으로 봤다. 원전의 경우 영국 사례가 근거가 되었다. 즉, 원전이 민영화되어 시장 경쟁에 노출되면 숨겨진 외부 비용이 가시화되면서 가스발전과의 경쟁에서 패배할 것으로 예상했다. 그러나 배전분할, 원전 민영화가 환경운동진영의 통일된 입장은 아니었다. 전반적으로 보면, 환경운동진영의 입장은 분할매각 방식이 아닌 전력시장의 자유화에 더 가까웠다. 환경운동진영의 배전분할, 원전 민영화 주장은 이필렬(1999, 2002)을 참고할 것.

2) 한국수력원자력의 설립과 전력공기업집단의 존속

한전 분할매각이 확정되면서 원전 부문과 수·화력 부문 간의 분리는 기정 사실이 되었다. 원전 부문의 경우, 정부는 별도의 한전 자회사를 설립하여 점진적으로 지분을 매각하기로 한다(한국전력공사, 2001: 1118~1119).[8] 하지만 자회사로의 분리와 점진적 매각은 계획대로 진행되지 않았다. 먼저 화력 부문의 분할로 인해 한전이 디폴트(채무불이행) 위기에 처할 수 있는 만큼 원전 부문을 한전에 잔류시켜야 한다는 주장이 제기되었다(≪서울경제≫, 1999). 그동안 한전이 독점 공기업의 지위를 이용해 2~3%대의 낮은 이자율로 해외 자본을 도입해온 것이 역설적으로 문제가 되었다. 막대한 규모의 부채를 감안할 때 한전의 분할매각 과정에서 부채의 일시상환 압력이 높아질 경우 한전이 재정적 위기에 직면할 가능성이 있었다. 이와 같은 맥락에서 원전 부문을 잔류시켜 한전의 기업 규모를 유지해야 대외 신인도를 유지할 수 있다는 주장이 나왔다. 나아가 한전 분할로 대외 신인도가 하락할 경우 원전 건설 자금을 조달하는 것이 어려워질 수 있었다(한국전력공사, 1999a). 여기에 원전은 기저부하를 담당하는 특성상 계통한계가격(SMP^{System Marginal Price}) 이하에서 가동되기 때문에 경쟁 도입의 효과가 적다는 이유가 추가되었다. 이와 같은 이유로 원전 부문은 화력 부문보다 분할 '매각'의 압력을 적게 받았다.

원전 부문과 수력 부문의 결합은 당초 계획에 없던 내용이었다. 사건의 발단은 수력발전용 댐과 다목적 댐의 관할 기관이 다른 데 있었다. 용수 공급과 홍수 조절을 1차적인 목적으로 한 다목적 댐은 건설교통부와 수자원공사가

---

8) 한전의 분할매각에서 원전 부문은 보호받았지만 정부가 계속해서 원전 부문을 보호할 것인지는 불투명했다. 1990년대 중반 대기업들이 원전산업으로의 진출을 모색할 때 원전 부문 일원화 조치가 해제될 것이라는 예측이 많았다(≪한겨레≫, 1996). 신규 부지 확보와 투자자본 조달의 어려움을 해소하고자 통상산업부가 원전산업을 민간기업에 개방할 것이라는 소문도 무성했다(≪매일경제≫, 1997b; 한겨레, 1997).

관할한 반면 전력생산에 초점이 맞춰진 수력발전용 댐은 산업자원부와 한전이 운영하고 있었다. 이 중 한강 수계의 댐, 특히 팔당댐은 이관 여부를 놓고 15년 넘게 논란이 되고 있었다(한국전력공사, 1999b). 1998년 팔당댐과 화천댐을 수자원공사로 이관하는 계획이 좌초되면서 논란에 종지부를 찍는 듯했다. 하지만 전력산업 구조조정이 진행되면서 건설교통부와 수자원공사는 다시 한 번 수력발전용 댐의 이관을 시도, 수자원공사를 우선매입협상대상자로 지정해줄 것을 요청한다(미상, 1999; 전력산업구조개혁단, 2001; 한국전력공사, 1999b). 건설교통부와 수자원공사가 내세운 논리는 수자원관리의 효율성 향상이었다. 이들은 수력발전용 댐이 민간기업으로 매각될 경우 수익 위주의 발전을 하게 되어 수계 운영의 안정성이 저하된다고 주장했다. 수자원관리의 효율성을 높이기 위해 수자원공사로 댐 운영을 일원화해야 한다는 논리였다. 산업자원부와 한전은 수력발전용 댐도 용수 공급과 홍수 조절에 우선 사용된 뒤 여력이 있을 때 전력을 생산한다고 맞섰다. 나아가 수자원공사로 일원화하면 첨두발전설비가 수자원공사로 집중되어 전력시장이 교란된다고 반박했다. 신속한 가동이 가능한 수력발전소를 이용하여 수자원공사가 전력시장에서 한계가격을 결정할 수 있는 권한을 갖게 된다는 비판이었다. 건설교통부와 수자원공사의 문제제기가 계속되자 산업자원부와 한전은 수력발전을 화력 부문으로 배정하려던 계획을 수정해서 원전 부문과 결합시키기로 한다. 원전 부문은 분할 이후 매각계획이 없는 만큼 수계 운영의 효율성이 저하될 것이라는 비판을 피할 수 있었기 때문이다. 다만 수계 운영과 거리가 먼 양수발전은 계획대로 화력 부문으로 분할 배정되었다.

한편 원전 부문의 분할 방안을 놓고 자문기관들 간의 의견이 엇갈렸다(산업자원부, 2001b, 2001c; 전력산업구조개혁단, 2001). 전력산업 구조개편 기본계획 수립 자문회사였던 로스차일드Rothchild는 원전 부문을 단일 회사로 분리할 것을 제안했다. 원전 수요가 제한된 만큼 규모의 경제를 유지하고 반복 건설을 통한 비용 절감 효과를 누리기 위해서는 단일 회사로의 분리가 불가피하다는 이유였다. 원전 부문이 단일 회사로 분리되면서 생길 수 있는 시장 지배력은 규제 제도를 통해 해소하는 방안을 제시했다. 발전부문 분할계획 수립 자문회사인 앤더슨컨설팅Anderson Consulting은 2개 사 분할 또는 단일 회사로 분리 시 20% 이내로 시장 입찰을 제한하는 방안을 제시했다. 에너지경제연구원은 2개 사 분할안을 제안하면서 분할은 민영화를 전제로 하는 만큼 심층적 검토가 필요하다는 단서를 달았다.

원전 부문의 분할안에 대한 결정권은 결국 산업자원부와 한전으로 넘어갔다. 한전은 원전 부문의 한전 잔류에 반대 입장을 표명하며 단일 회사로의 분리안을 지지했다(전력산업구조개혁단, 2001). 원전 부문만 분리를 유보하는 것은 화력 부문의 민영화에 불리하고 노조의 반발이 우려된다는 이유였다. 원전 부문 단일 회사의 시장 지배력은 배전 판매 경쟁이 도입될 때 문제가 되는 만큼 그전까지 보완 방안을 강구할 수 있다는 의견도 덧붙였다. 논란 끝에 정부는 당초 안대로 원전 부문을 단일 회사로 분리하기로 결정한다. 다만 배전 분할이 시행되기 전까지 원전 부문의 시장 지배력을 줄일 수 있는 보완 조치를 마련한다는 단서 조항을 달았다. 이로써 한전의 원전 부문은 한국수력원자력으로 분리된다.

그러나 한전 분할 이후 화력 부문 발전자회사의 매각이 중단되면서 전력산업 구조조정은 추진력을 상실한다. 2002년 화력 부문 발전자회사 노동자들로 구성된 발전노조는 40여 일 가까이 파업을 벌이며 매각 저지에 나섰다. 정부는 발전노조의 파업을 종결시킨 뒤 '발전자회사 민영화 기본계획'을 확정했지만 경영권 매각이나 증시 상장 모두 여의치 않았다. 정부의 전력산업 구조조정 계획에 대한 비판도 수그러들지 않았다. 결국 2003년 3월 참여정부는 배전분할을 유예하기로 한다. 2000년대 들어서면서 사유화 형태의 전력산업 구조조정이 줄어들었던 만큼 해외 사례를 면밀히 검토하고 이해관계자와 협의한 뒤 추진하기로 결정한 것이다. 남동발전의 경영권 매각이 낮은 공모가격으로 인해 무산되면서 다른 선택지도 없었다. 당시 유력했던 매각 대상자

중 포스코는 외국인 주주가 반대해서 적극적으로 나서지 못했고, SK그룹은 회장이 구속되면서 자금 사정이 악화된 상태였다(산업자원부, 2004l). 한국종합에너지 역시 외국인 주주가 반대했고, 일본계 J-Power는 한국 기업과 컨소시엄을 구성하지 못해서 참여하지 못했다. 발전자회사의 매각이 쉽지 않다는 사실이 확인되면서 공은 노사정위원회로 넘어갔다.[9] 그리고 1년 가까이 논의한 끝에 노사정위원회는 배전분할을 중단하기로 한다(산업자원부, 2004g; 노사정위원회, 2004). 기존의 평가와 달리 공기업 한전에 심각한 문제가 있는 것은 아니라는 결론이 내려졌다. 즉, 전력공기업은 저렴한 가격으로 전력을 안정적으로 공급할 수 있는 원동력으로 재평가받았다. 배전분할이 중단되면서 발전자회사의 매각계획도 철회되었다. 대신 발전자회사들 간의 내부 경쟁을 유도하는 형태로 경영 효율성을 높이기로 한다. 이후 화력 부문 5개 발전자회사와 한수원 간의 내부 경쟁이 강화되었다. 하지만 발전자회사와 송배전을 담당하는 한전은 하나의 기업집단을 유지할 수 있었다.

한전의 분할매각이 지연·중단되면서 한국전력기술과 한전기공의 매각에도 차질이 빚어졌다. 당초 정부는 2001년까지 한국전력기술과 한전기공을 매각할 계획이었으나 무산되었다(한국전력공사, 2001: 1233~1234).[10] 전력산업 구조조정의 핵심인 한전의 발전·배전 부문이 정리되지 않으면서 설계와 정

---

9) 2003년 3월 당시 산업자원부는 2004년 4월을 목표로 배전분할을 추진하고 있었다. 그러나 한국노총의 요청으로 배전분할 여부가 노사정위원회 안건으로 채택되고 남동발전의 경영권 매각이 무산되면서 정부는 배전분할을 유예하기로 결정했다. 이후 노사정위원회는 공동연구단을 구성하기로 합의하고 2004년 5월까지 해외 9개국에 대한 조사를 실시했다. 노사정위원회(2004)를 참고.

10) 한국전력기술은 1998년 구조조정의 일환으로 직원을 2294명에서 1812명으로 줄였다. 이후 2000년 2월 수·화력 부문의 매각을 시도했으나 조건 미충족으로 매각에 실패한다. 1년 뒤 다시 한 번 공개입찰에 나섰지만 두산중공업만 입찰에 참여해 조건 미충족으로 다시 유찰되었다. 같은 해 12월 2차 공개입찰 역시 인수기업이 나서지 않아 무산되었다. 2002년에는 기업공개를 통해 상장을 추진했지만 정부와 한전에서 민영화 이후 독점 가능성을 이유로 보류시켰다. 이후 한국전력기술의 매각은 무기한 연기되었다. 한국전력기술(2005: 230~231) 참고.

비보수 부문을 먼저 인수하겠다는 기업을 찾기 어려웠다. 한전과 발전자회사가 공기업 형태를 유지하는 상황하에 기존 자회사의 매각마저 중단되면서 전력공기업집단의 토대는 해체되지 않았다. 다만 대기업들이 지속적으로 진출하길 원했던 설비제작부문은 한국중공업이 두산그룹에 매각되면서 분리되었다. 한국중공업은 1998년 '1차 공기업 민영화 계획'에 포함되면서 매각계획이 구체화되었다. 이후 2000년 9월 공기업민영화추진위는 국내 지배주주 36%, 전략적 제휴 25%, 기업공개 24% 등으로 지분구조를 결정한 뒤 단계적인 매각을 추진했다(한국전력공사, 2001: 1235~1236). 그리고 그해 12월 두산그룹 컨소시엄이 지배주주 권한을 확보함으로써 20년 만에 민간기업으로 되돌아갔다. 두산중공업으로 사명을 변경한 것은 이듬해 4월이었다.

3) 민자발전의 확대와 원전 수출협력의 강화

한전의 분할매각이 중단되었지만 전력산업에 변화가 없지 않았다. 무엇보다 민자발전이 확대되면서 민간자본이 적극적으로 발전산업에 뛰어들기 시작했다. 1990년대 중후반 민자발전이 허용되면서 현대(현대에너지), LG(LG에너지), SK(대구전력) 등 대기업이 발전산업에 진출했으나 소규모 열병합발전소나 500MW LNG 복합화력발전소 1~2기 수준으로 참여 범위가 제한되었다(한국전력공사, 2001: 288~292). 그나마 외환위기 이후 구조조정을 겪으며 다수의 기업이 매각되었다. 2000년대 들어서면서 발전산업에 적극적으로 뛰어든 기업은 포스코와 GS, SK, 그리고 중국계 자본인 MPC^{Meiya Power Company}였다. 포스코는 2005~2006년 해외로 매각되었던 한화에너지(前 경인에너지)의 지분을 인수하여 포스코 파워를 설립했다. MPC는 2002년 현대에너지를 인수하여 MPC 율촌, MPC 대산 등을 운영했다. GS는 LG에너지와 안양·부천 열병합발전소를 모태로 했고, SK의 대구전력(現 K-Power)은 가스 직도입 혜택을 받으며 성장했다. 발전자회사의 매각이 중단된 뒤 정부는 민자발전소 건설을 확대하는 방안을 모색했고 포스코, SK 등 대기업들이 적극적으로 호응했다. 2008년 제4차 전력수급기본계획 당시 LNG 복합화력발전으로 제한되었던 민자발전의 범위는 2010년 제5차 전력수급기본계획을 거치며 유연탄 화력발전으로 확대되었다. 이를 계기로 동부, STX까지 뛰어들어 1000MW급 유연탄 화력발전소를 건설하기 시작했다.[11]

한전이 분할되고 민자발전이 확대되면서 전력 거래 시장은 한층 복잡해졌다.[12] 초기 전력 거래 시장(2001~2006년)에서는 기저발전(원전, 유연탄 화력)과 첨두발전(LNG 복합, 양수 등)을 구분한 뒤 각기 다르게 책정된 용량요금(설비 비용)을 보장했다. 그리고 여기에 입찰 여부에 따라 변동비(가동 비용)를 반영하는 형태(기저한계가격)로 전력 거래 시장이 운영되었다. 그러나 유연탄 가격 상승으로 유연탄 화력발전소의 수익성이 악화되면서 전력거래소는 기저상한가격제도(2007.1~2008.4)를 도입했다. 기저발전의 변동비 보상 수준을 높이는 대신 용량요금을 첨두발전 수준으로 일원화한 것이다. 하지만 발전자회사 간의 재무 불균형이 해소되지 않으면서 정부는 계통한계가격 보정계수 제도를 추가로 도입했다. 핵심은 전원별 보정계수를 통해 전력시장에서의 거래 이후 사후적으로 발전자회사 간의 수익을 재조정하는 것이었다. 즉, 발전원별로 각기 다른 보정계수를 적용하여 사후적으로 한수원과 발전자회사 간의 수익성을 조정했다.[13]

---

11) 제6차 전력수급기본계획(2012)에서는 민자 유연탄 화력발전이 더욱 확대되어 SK, 삼성, 동양, 동부가 각각 2000MW씩 허가받았다. 반면 5대 발전자회사의 합계물량은 2740MW에 그쳤다. LNG 복합화력발전의 경우 발전자회사가 1300MW, 민간자본이 3760MW씩 허가받았다. 민자발전 확대와 관련된 내용은 사회공공연구소(2012, 2013a)를 참고할 것.

12) 전력거래제도의 변천은 전력거래소(2011)를 참고할 것.

13) 계통한계가격제도는 연료단가가 높은 발전소가 전력공급을 회피하는 것을 막기 위해 (발전 연료가 동일할 경우) 최종 입찰 시점의 가격을 보장하는 것을 말한다. 발전설비가 부족할 경우 계통한계가격이 높아지기 때문에 첨두발전소를 보유한 기업의 수익성이 좋아진다. 2013년 전후로 계통한계가격제도로 인해 민자발전의 수익성이 지나치게 높다는 논란이 제기된

한전의 분할매각이 추진되고 민자발전이 확대되는 과정에서 원전 부문은 화력 부문보다 전략적으로 보호받았다. 하지만 다른 선택의 여지가 없었던 것도 결과적으로 원전 부문이 보호되는 데 영향을 미쳤다. 무엇보다 단일 회사로 원전 부문을 분리할 경우 매각 규모가 크기 때문에 적절한 매각 대상자를 찾기 어려웠다. 규모가 절반 이하인 화력 부문 발전자회사의 매각조차 불투명한 상황이었다. 1990년대 원전산업에 관심을 보이던 국내 대기업들은 화력 부문으로 몰렸다. 세계적으로 원전의 경제성이 하락하고 안전 규제는 강화되는 상황에서 선뜻 나설 해외 기업도 없었다. 원전 사유화는 이미 영국에서 한차례 실패한 바 있었다. 매각의 불투명성만큼 중요했던 것은 원전이 전력 거래 시장을 안정화하고 가격관리를 위한 기본 수단을 제공했다는 점이다. 핵연료 가격은 화석연료 가격에 비해 안정적이었고 원전의 표면적 발전단가는 상대적으로 낮았다. 따라서 원전은 전력수급의 안정성을 확보하기 위한 최소한의 수단으로 활용될 수 있었다.

전략적인 보호 덕분에 원전 부문은 매각 논란을 피할 수 있었고 민간자본의 진입이 제한되었다. 그러나 인원 감축과 정비 등의 분야에서 하청이 확산되는 것까지 막을 수는 없었다. 2004년 이후 유예·중단되었던 전력산업 구조조정은 2008년 '공공기관 선진화'의 형태로 재추진된다. 그러나 구조조정은 매각이 아닌 인원 감축에 초점이 맞춰졌다. 정부는 10% 이상의 인원 감축을 추진했고, 한전과 한수원, 한국전력기술, 한전KPS는 10~13%가량의 인원을 감축했다(사회공공연구소, 2013b: 325). 이로 인해 발전소 현장에서 일하는 인원의 수가 줄어들었다. **표 5-1**에서 볼 수 있듯이, 원자력발전소의 운영 및 정

바 있다. 한편 전기요금의 인상은 억제되고 발전연료의 단가가 상승하면서 한전의 적자가 누적되었다. 한전은 보정계수를 통해 발전자회사와 한수원 간의 수익성을 조정하고 주식 배당을 통해 발전자회사의 이익을 회수하는 형태로 적자를 메웠다. 일례로 한전은 2012~2013년 50~70% 이상을 주식 배당으로 책정해서 발전자회사로부터 이윤을 회수했다. 관련 내용은 사회공공연구소(2012, 2013a)를 참고할 것.

표 5-1 원전 분야 인원 감축 현황

구분		인원 변동 현황(현원 기준)			비고
		감축 전	감축 후	증감(%)	
○○ 1호기	운영	125	113	12(10%)	운영 인원 958 → 892명(7%) 정비 인원 849 → 699명(18%)
	정비	234	181	53(23%)	
○○ 2호기	운영	199	185	14(7%)	
	정비	159	118	41(%)	
△△ 2호기	운영	236	217	16(6%)	
	정비	155	138	7(5%)	
□□ 1호기	운영	201	192	9(5%)	
	정비	161	141	20(13%)	
◇◇ 3호기	운영	197	185	12(6%)	
	정비	140	121	19(14%)	

자료: 사회공공연구소(2013b: 328).

비 인력이 5~26% 감축되었다. 대신 정비분야에서 하청이 늘어났다. 2차계통 정비분야의 개방이 확대되고 비용 절감이 우선시되면서 민간 정비업체로의 하청이 확대된 것이다. 이로 인해 퇴직자나 이해관계자들이 정비용역을 수행하기 위해 정비업체를 설립하는 일이 잦아졌다.

정리하자면, 전력산업 구조조정은 전력공기업집단의 조직적 응집력을 약화시키는 힘으로 작용했다. 먼저 발전부문이 분리·분할되었고, 민간자본의 발전산업 진출이 확대되었다. 지분 매각과 경쟁 도입, 인원 감축, 하청 확대는 전력공기업집단의 결속력을 약화시켰다.

그러나 원전 수출 네트워크가 구축되면서 원전산업계는 조직적 응집력을 재강화할 수 있는 기회를 잡았다. 전 세계적으로 원전산업은 장기 침체를 겪고 있었다. 반면 한국은 지속적인 원전 건설을 통해 원전의 경제성을 향상시킬 수 있었다. 더구나 2000년경에 이르면 한국표준형원전 모델을 확립하고 차세대 원자로(APR-1400) 건설에 박차를 가했다. 기술추격에 성공하면서 서구와의 기술격차도 줄어들었다. 틈새시장이 열리는 듯했다.

기회를 놓치지 않으려 국내 원전산업계는 원전산업을 수출산업으로 육성할 방안을 모색했다. 단적으로 2000년대 초반 국내 업체와 정부를 아우르는 수출협력 네트워크가 자리를 잡기 시작했다.[14] 촉매제 역할을 한 것은 중국의 신규 원전 발주였다. 2001년 산업자원부는 중국 시장 진출을 위해 '해외원전시장진출 추진위원회'를 설립한 데 이어 한전, 한국전력기술, 두산중공업 등이 포함된 '대중국 원자력산업협력단'을 파견한다(산업자원부, 2001a, 2001d). 타 부처의 반발로 무산되었으나 과학기술부는 2003년 「원자력해외진출기반 조성에 관한 법률(안)」의 제정을 추진하기도 했다(과학기술부, 2003b). 정부와 기업 간의 협력은 2003~2004년 중국 정부가 링둥橫東과 싼먼三門 원전 발주 계획을 발표하면서 한층 구체화되었다. 당시 중국 정부는 미국과의 관계 개선을 위해 웨스팅하우스의 최신형 모델인 AP-1000을 염두에 두고 있었으나 AP-1000의 설계 인증서 발급이 지연되면서 돌발변수가 생긴 상황이었다(미상, 2004f, 2004g). 나아가 중국 실무진 중 일부는 AP-1000의 안전성이 검증되지 않았다는 이유로 반대 의사를 밝혔다. 영국 핵연료공사는 AP-1000이 무산될 경우를 대비하고 있었는데, 자회사 중 하나인 컴버스천엔지니어링이 한국표준형원전(OPR-1000$^{Optimized Power Reactor-1000}$)을 대안으로 제시했다.[15] 정부와 국내 업체들은 중국이 원전 국산화를 적극적으로 추진하고 있는 만큼 한국표준형원전이 경쟁력이 있다고 판단했다.

정부와 전력공기업집단은 2003년 말부터 본격적인 수주 경쟁에 뛰어들었다. 한수원 사장이 중국 핵공업집단공사 사장을 방문한 데 이어 국무총리와 영국 핵연료공사 사장의 면담이 성사되었다(산업자원부, 2004c). 2004년 2월에는 산업자원부 차관과 국내 업체 사장단이 중국 상무부 부부장, 핵공업집단공사 사장을 방문하여 한국도 입찰에 포함시켜줄 것을 요청했다. 정부와

---

14) 1990년대 해외 수출 시도는 한국전력공사(2001: 991~998)를 참고.
15) 1999~2000년 영국 핵연료공사는 웨스팅하우스, ABB-CE를 차례로 인수 합병했다.

국내 업체들 사이에서는 수출협력 방안이 구체적으로 논의되었다. 한수원과 한국전력기술, 두산중공업, 현대건설과 대우건설, 나아가 수출입은행으로 컨소시엄을 구성해서 수주 경쟁에 참여하는 방안이었다(미상, 2004f). 여기에 정부 기구로 중국원전수출종합지원단을 설치하여 국제수출통제제도, 국제핵비확산제도에 대응할 방안까지 모색했다.[16]

링둥과 싼먼 원전이 각각 프라마톰의 CNP-1000, 웨스팅하우스의 AP-1000으로 낙찰되면서 중국 수출 계획은 무위에 그쳤다. 하지만 이를 계기로 해외 수출을 위한 협력 체계는 한층 공고해졌다. 국내 업체들의 해외 시장 진출도 한층 구체화되었다. 2006년 한수원이 원자력 해외사업 운영체제를 중국, 동남아시아, 구미 등 지역별 조직으로 전환하고 해외사업 자문위원단을 발족시킨 것이 단적인 예다(한국수력원자력, 2008a: 596). 운영정비, 기술용역, 일부 기자재 등으로 제한되기는 했으나 국내 업체들의 해외 사업 수주도 점차 증가하고 있었다(한국수력원자력, 2008a: 609).

한편 2000년대 이후 정부가 공식적으로 핵무장 의사를 표명한 적은 없다. 아울러 미국 등 국제 사회와 충돌할 만큼 직접적으로 민감한 핵기술 개발에 나서지도 않았다. 그러나 핵기술의 전략적 활용 가능성을 완전히 배제한 것은 아니었다. 일례로 2004년 원자력연구소가 우라늄 농축 실험을 한 것이 4년 만에 국제원자력기구에 발각되었다. 당시 우라늄 농축 실험에 사용한 기술은 레이저 분리 방법인데, 이 방법은 원심분리 방법보다 비효율적·비경제적인 것으로 평가받기 때문에 더욱 의심을 받았다(환경운동연합, 2004).[17] 한

---

16) 이미 한수원과 한국전력기술, 두산중공업 등 주요 업체들은 해외 원전시장 공동개발협력 양해각서를 체결한 상황이었다(한국수력원자력, 2008a: 596).

17) 서울대 원자핵공학과 서균렬 교수는 한국의 레이저 농축 기술이 선진국에 비해 뒤처지지 않는다고 말하며 6개월 내에 핵무장이 가능하다고 주장한 바 있다(≪뉴데일리≫, 2011). 정확히 공개된 적은 없지만 한국의 핵기술 개발 수준은 단시일 내에 핵무기 제작이 가능한 수준에 근접한 것으로 보인다. 특히 핵분열 물질 확보는 곧바로 추진할 수 있는 수준이다. 미국 과학

편 해군은 2003년 핵잠수함 개발을 위해 '362 사업단'을 설치했지만 주변국의 반대로 1년 만에 사업단을 해체했다(SBS, 2016). 하지만 전반적인 정황을 놓고 볼 때, 핵기술의 군사적 활용 여부가 원전 추진을 좌우할 만큼 큰 영향을 미친 것은 아니었다. 연구와 사업이 제도적으로 분리된 뒤 연구개발부문이 자신들의 영역을 구축해갈 수 있었던 토대는 원자력연구개발기금이었다. 핵무장을 포함한 군사적 활용의 가능성이 다양한 핵기술의 개발을 지지해주는 이데올로기로 기능했으나 원전정책의 실질적인 추동력은 아니었다.[18]

2. 환경운동의 제도화와 지역반핵운동의 지속

1) 환경운동의 성장과 정치적 기회의 확대

1990년대 중후반 환경운동은 급속히 성장했다. 단적으로 환경운동연합의 회원 수는 1995년 1000명 수준에서 2002년 8200명 수준으로 8배가량 증가했고, 한 해 예산도 2배 이상 증가해 20억 원을 넘겼다(구도완·홍덕화, 2013: 88~91). 1993년 출범 당시 8개였던 환경운동연합의 지역조직 수는 2004년 49개까지 늘었다. 급속한 성장은 환경운동연합에 국한되지 않았다. 녹색연합, 환

자협회가 펴낸 보고서에 따르면, 한국은 월성 원전의 사용후핵연료에서 준무기급 플루토늄을 추출해서 수년 내에 핵무기를 제작할 능력을 보유하고 있다(연합뉴스, 2015). 이 보고서에 따르면, 파이로프로세싱도 플루토늄 추출에 전용될 수 있다.

18) 공식적으로 입장을 밝히는 일은 드물었지만 암묵적으로 핵무기 개발을 지지하는 이들이 정부와 국회 안팎에 상당수 존재했던 것으로 보인다. 일례로 면접자6(2015.10.25)에 따르면, 2002년 12월 방폐장 부지 선정과 관련해서 여야 대표를 면담할 당시 박희태 한나라당 대표는 핵무장의 필요성을 제기하며 공론화를 거부했다. 핵무기 개발에 대한 대중적 지지도 낮지 않았다. 박정희 정부의 핵무기 개발을 소재로 한 김진명의 『무궁화꽃이 피었습니다』가 1993년 출간된 뒤 베스트셀러에 오른 것이 대표적인 사례다.

경정의 등 다른 환경운동조직도 1990년대 후반 빠르게 성장했다. 조직적 자원을 바탕으로 환경운동단체들은 대형 국책개발사업 반대운동에 적극적으로 뛰어들었다. 이로 인해 1998~1999년 이후 환경운동의 저항 사건protest event은 2배 가까이 증가했다(홍덕화·구도완, 2014).

환경운동은 강화된 정치적 영향력을 바탕으로 입법과정에 적극적으로 개입하기 시작했고 때때로 자신들의 요구를 관철시켰다. 「습지보전법」(1999년), 「4대강수계특별법」(한강 1999년, 낙동강·금강·영산강 2001년), 「수도권대기환경개선특별법」(2003년) 등이 대표적인 사례였다(구도완·홍덕화, 2013). 동강댐 건설, 새만금 간척사업, 북한산관통도로 건설, 한탄강댐 건설 등 대규모 개발사업이 일시 중단되거나 철회되기도 했다.

환경운동진영은 한 발 더 나아가 환경부의 역할 확대, 국가 차원의 지속가능한 발전 비전 제시 및 관련 기관 설치 등 제도적 개선을 요구했다. 국민의 정부를 표방한 김대중 정권, 참여정부를 슬로건으로 내건 노무현 정권은 환경운동진영의 제도화 요구를 일정 정도 수용했다. 단적으로 지속가능발전위원회(지속위)는 동강댐 건설 백지화를 계기로 설립되었다고 해도 과언이 아니었다. 김대중 대통령은 2000년 6월 5일 동강댐 건설 백지화를 발표하면서 '새천년 국가환경비전'을 제시했다. 그리고 '새천년 국가환경비전'을 실현하기 위한 구체적인 방안의 하나로 대통령 자문기구인 지속가능발전위원회의 신설을 약속했다.[19] 경우에 따라선 환경운동과 정부 부처 사이에 비공식적 소통 채널이 만들어졌다.[20] 이처럼 지속위가 설치되고 환경부의 상대적 자율성이 높아지면서 경제·산업 부처와의 갈등 가능성도 커졌다.

---

19) 지속위와 관련된 내용은 지속가능발전위위원회(2005: 29~44)를 참고할 것.
20) 당시 환경부 장관 자문관을 지냈던 면접자10(2016.4.7)은 환경부의 위상이 강화되는 것을 체감할 수 있었다고 회고했다. 또한 그는 지속위 수석위원으로 재직할 때 환경운동가들을 자주 만나서 의견을 교환했다고 한다.

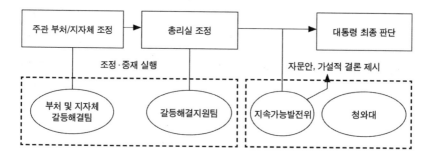

그림 5-1 참여정부의 갈등관리시스템 구상과 지속가능발전위원회의 역할
자료: 지속가능발전위원회(2005c: 43).

 참여정부 출범 이후 지속위의 역할이 강화되었다. 당시 참여정부는 참여형 국정운영을 실현하기 위해 중장기 국가전략과제를 기획·관리하는 국정과제위원회를 운영했는데, 3기 지속위는 12개 국정과제위원회의 하나로 2003년 12월 출범했다. 지속위의 위상은 참여정부가 심혈을 기울이고 있던 갈등관리시스템의 자문 및 기획을 지속위가 담당하게 되면서 한층 높아졌다.[21] 특히 새만금 간척사업, 북한산관통도로 건설사업, 방사성폐기물처분장 건설사업, 천성산 터널공사 등 이해관계가 첨예하게 대립하는 환경 갈등이 빈번히 일어나면서 지속위가 자기 목소리를 낼 수 있는 여지가 커졌다. 비록 정책집행 권한은 없었지만 지속위는 정책 조정을 위한 자문 의견을 제시함으로써 의사결정 과정에 일정 정도 개입할 수 있었다(**그림 5-1** 참고). 따라서 대통령이 참석하는 국정과제위원회에서 지속위가 발표한 사안에 대해서는 산업자원부 등 관련 부처에서 관심을 집중하고 의견을 청취했다(면접자10, 2016.4.7).

---

21) 지속위에서 일했던 면접자2(2014.5.12)는 이정우 前 경북대 교수가 정책기획위원장을 맡았을 때 지속위의 위상이 상대적으로 더 높았다고 회고했다. 당시 쟁점사안은 지속위의 자문을 거친 후 대통령에게 보고하는 절차를 밟았다. 그러나 2005년 7월 정책기획위원장이 교체(김병준 취임)되면서 관련 부처와 협의된 것만 보고할 것을 요구했고, 관련 부처가 협조하지 않으면서 지속위의 위상이 하락했다.

정부 기구의 신설 이외에 일시적인 민관 합동기구의 활동이 증가하여 환경운동가들이 참여할 수 있는 제도적 공간이 확대되었다(구도완·홍덕화, 2013). 지속위의 전문위원회는 물론이거니와 각종 정부 위원회에서 주요 환경단체 활동가들이 목소리를 낼 수 있는 기회가 늘어난 것이다. 나아가 환경운동진영은 공동조사단 구성, 개발사업 중단 소송 등 제도적 자원을 적극적으로 활용하는 운동을 전개했다. 실제로 동강댐 건설사업, 새만금 간척사업, 천성산 터널공사, 한탄강댐 건설사업 등 주요 환경 이슈의 경우 민관 합동조사단이 구성되어 공동의 조사 활동을 펼쳤다. 이러한 과정에서 주류 환경운동조직은 정부와의 협상 채널을 적극적으로 활용했다.

한편, 시민들의 권리의식이 증진되고 지방자치제도가 정착되면서 국책사업이라도 중앙정부가 일방적으로 추진하는 것이 불가능해졌다. 지역주민들은 지방정부가 사업을 지연·중단시킬 수 있는 제도적 권한을 사용하게끔 압박했다. 이로 인해 운동과정에서 환경영향평가와 같은 공식화된 절차를 활용하는 일이 늘어났다. 지역 간 이해관계가 얽힐 경우 공식적인 절차를 밟는 것은 한층 복잡해졌다. 신고리 1~2호기와 신월성 1~2호기의 실시 계획 승인, 건설 허가 과정이 변화된 상황을 잘 보여주는 사례다.[22] 신고리 1~2호기의 건설 계획이 원자력위원회를 통과한 것은 2001년 7월이었다. 이듬해 8월 전력수급계획이 확정되면서 종합 설계와 주기기 공급계약까지 체결되었다. 여기까지는 순조로웠다. 그러나 통상 10개월가량 소요되던 실시 계획 승인이 지역주민들과 환경단체의 반대로 3년 가까이 걸렸다. 먼저 공유수면매립 기본계획이 지역어민들의 반발로 지연되면서 2003년 11월에서야 의결되었다. **표 5-2**에서 볼 수 있듯이, 환경영향평가서 작성을 앞두고 개최되는 주민공청회는 다섯 차례에 걸쳐 무산되었다. 부산시, 울산시, 기장군, 울주군 등 4개

---

22) 신고리 1~2호기의 건설 인·허가 과정에 관한 내용은 한국수력원자력(2008a: 476~479, 481~483)을 참고할 것.

표 5-2 신고리 1~2호기 환경영향평가 진행 과정

절차		일시	내용
	주민공청회		
환경영향평가서 초안 작성	1차	2001.12.16	주민 반발로 무산
	2차	2002.3.12	
	3차	2002.4.30	
	4차	2002.8.15	
	5차	2002.12.27	
환경영향평가서 2차 보완		2003.8.9	환경부, 심층배수로 인한 환경 영향 조사 보완 요구
환경영향평가서 3차 보완		2003.11.11	환경부, 심층배수로 인한 환경 영향 최소화 방안 추가 검토 지시, 온배수 영향 저감 방안 수립 지시
		2004.1.20	환경부, 사업 승인

자료: 정수희(2011: 107).

지자체와 협의해야 하는 것도 상황을 복잡하게 만들었다. 환경단체의 반발이 확산되면서 환경부와의 협의 역시 순탄하지 않았다.

환경영향평가가 끝난 뒤에는 농지 전용 문제가 쟁점으로 떠올랐다. 2004년 1월과 4월 전원개발사업 추진위원회가 두 차례 연기되면서 농지 전용 승인이 지연되었다. 그 뒤에는 신고리 1~2호기 예정 부지에서 희귀종인 고리도롱뇽이 발견된 것을 이유로 환경운동진영에서 사업 중단을 요구하고 나서서 실시 계획 승인이 다시 연기되었다. 결국 2005년 1월이 되어서야 실시 계획이 최종적으로 승인되었다.

신월성 1~2호기 역시 비슷한 과정을 밟았다. 신고리 1~2호기와 같은 시기에 건설 계획이 확정되었지만 공유수면매립 기본계획과 환경영향평가에서 장벽에 부딪쳤다. 2002년 4월 한수원은 경상북도에 공유수면매립 기본계획을 제출했는데, 경상북도는 경주시에 의견 제출을 요구했고, 경주시의회는 계획을 반려시켰다. 지역어민들이 어업 피해 등을 주장하며 반대한 것이 결정적인 이유였다. 결국 지역주민들의 피해 보상 및 지원 요청을 받아들인 뒤 공유수면매립 기본계획이 승인되었다. 그러나 활성단층 여부 및 지진 발생

가능성, 삼중수소 저감 방안 등이 논란이 되면서 환경영향평가 주민공청회가 세 차례 실시되었다. 협의가 완료된 뒤에는 방사성폐기물처분장 건설 반대운 동과 결부되어 다시금 실시 계획 승인이 미뤄졌다. 이후 기초굴착공사 과정 에서 부지 안전성 문제가 제기되어 다시 허가가 지연되었고 최종적으로 4년 5개월 만에 건설 허가가 났다. 이처럼 민주화 이후 환경운동이 성장하면서 환경단체와 지역주민들이 제도적 공간을 활용해서 반대운동을 펼쳐나갈 수 있는 기회가 이전보다 늘어났다.

2) 방사성폐기물처분장 부지 선정의 연속적 실패

반핵운동이 전부였다고 해도 과언이 아니었던 에너지 부문의 환경운동은 2000년대 들어서면서 다양한 흐름으로 분화된다(홍덕화·이영희, 2014). 먼저 에너지대안운동이 새롭게 등장했다. 2000년 환경운동연합에서 에너지대안 센터가 독립하면서 에너지대안운동이 발을 내딛었다. 에너지대안센터(2006년 에너지전환으로 개칭)는 재생에너지 확산을 위한 제도 개선을 주도하며 반대 운동에 국한되어 있던 에너지운동의 지평을 넓혔다. 에너지대안센터는 발전 차액지원제도 등 재생에너지 확산을 지원하는 법 제정에 관여하며 시민발전 소 건설을 적극적으로 추진했다. 한편 2000년대 들어서면서 에너지절약운동 이 확산되었다. 에너지절약운동의 주축은 에너지시민연대였는데, 2000년 산 업자원부가 환경단체와 소비자 단체에게 민관 공동의 에너지절약운동을 제 안하면서 만들어진 단체였다. 이후 에너지시민연대는 주요 환경단체를 비롯 해서 200여 단체가 참여하는 연대체로 성장했다. 거버넌스 기구인 에너지시 민연대는 에너지절약100만가구운동, 냉난방 적정온도 지키기, 수송에너지절 약운동 등을 적극적으로 펼쳤다. 환경단체 활동가나 관련 전문가들이 에너지 정책 수립 과정에 직접 참여하게 된 것도 2000년대 이후에 나타난 변화였다.

새로운 에너지운동이 등장했으나 여전히 중심은 반핵운동이었다. 에너지

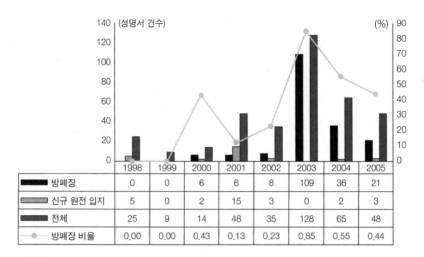

	1998	1999	2000	2001	2002	2003	2004	2005
■ 방폐장	0	0	6	6	8	109	36	21
■ 신규 원전 입지	5	0	2	15	3	0	2	3
■ 전체	25	9	14	48	35	128	65	48
─●─ 방폐장 비율	0.00	0.00	0.43	0.13	0.23	0.85	0.55	0.44

그림 5-2 에너지운동 분야 성명서 건수 변화
자료: 환경운동연합 성명서를 토대로 계산.

대안운동은 반핵운동의 연장선상에서 출발했다고 해도 과언이 아니었다. 에
너지 정책 전반을 다루는 최초의 민관 거버넌스라 할 수 있는 에너지 정책 민
관 합동포럼은 방사성폐기물처분장 건설 반대운동 과정에서 만들어졌다. 에
너지운동의 실질적인 영향력은 여전히 지역반핵운동, 특히 방사성폐기물처
분장 건설 반대운동에 의존하고 있었다. 에너지운동 분야의 성명서 건수 변
화를 나타낸 **그림 5-2**에서 알 수 있듯이, 잠잠하던 에너지운동은 2003~2005
년 방사성폐기물처분장 건설 반대운동을 계기로 활성화되었다.[23] 특히 부안
방사성폐기물처분장 건설 반대운동이 일어난 2003년에는 전체 성명서의 85%
가량이 방사성폐기물처분장과 관련된 것이었다. 주민들과 환경단체는 시위
를 조직하고 때때로 물리적인 충돌까지 감행하며 강하게 부지 선정에 반대했

---

23) 환경운동연합 홈페이지에 게시된 성명서, 보도자료, 기자회견문 등을 종합한 개수다. 환경운
동연합에서 발표한 자료 이외에 반핵국민행동 등 연대체의 명의로 올라온 것도 포함시켰다.
에너지운동의 이슈는 방사성폐기물처분장, 신규 원전, 안전 규제, 기후변화, 재생에너지, 전
력 정책 등으로 세분화했다.

다. 특정 사안을 중심으로 운동이 전개되기 때문에 사안이 종료되면 운동이 급속도로 약화되는 문제는 해결되지 않았지만 지역반핵운동은 여전히 격렬했고 에너지운동의 주축이었다.

지역반핵운동은 방사성폐기물처분장 건설 반대운동을 중심으로 전개되었다. 신규 원전 부지 선정이 기존 부지를 확장하는 형태로 진행되면서 신규 원전 건설 반대운동은 지지부진했다. 특히 1998년 말 기존의 9개 원전 건설 후보 지역을 지정 해제하고 고리와 울진 원전 인근 지역을 신규 부지로 지정하면서 원전 신규 부지 선정의 폭발력이 크게 약화되었다. 당시 정부와 한전은 삼척 덕산, 해남 외립, 울진 산포지역을 유력한 신규 원전 부지로 검토하고 있었다(환경운동연합, 1998c). 정부와 한전은 「국토이용관리법」에 따라 9개 지역의 후보지 지정 효력이 만료되기 전에 위의 3개 지역을 재지정하려 했지만 지역주민들이 반대하면서 장벽에 부딪쳤다. 일례로 해남·진도 지역 주민들은 하루 200명씩 일주일간 서울 상경 투쟁을 펼치며 신규 부지 지정에 반대했다(환경운동연합, 1998e). 결국 정부와 한전은 주민들이 유치 의사를 밝힌 바 있는 고리 원전 인근의 효암·비학리를 신규 부지로 낙점한 뒤 울주군수의 동의를 이끌어냈다(한국전력공사, 2001: 385). 이후 울주군 서생면 주민들이 반대운동을 조직했지만 지역사회에서 주도권을 쥐지 못했다.[24] 울진의 경우 후보지였던 근남면 산포리와 평해읍 직산리를 해제하는 대신 울진 원전 인근의 덕천리를 신규 부지로 선정했다. 울진군 주민들은 14개의 선결 조건에 합의하는 것을 전제로 북면 덕천리에 원전 4기를 추가 건설하는 방안을 수용했다. 당시 한전은 2030년까지 신규 부지는 2곳만 확보하면 된다고 판단했고, 울주와 울진 2곳에서 출구를 찾았다(한국전력공사, 2001: 386~387).

원전 인근 지역의 경우, 정부와 한전이 공략하기 수월한 사회적 조건을 갖

---

24) 신고리 1~2호기 건설 반대운동은 한상진(2012)을 참고할 것.

추고 있었다(이상헌 외, 2014).[25] 첫째, 원전 건설·가동으로 인해 지역경제의 원전 의존성이 심화되었다. 원전 건설 공사는 공사비만 수조 원에 이르는 대규모 건설사업이다. 따라서 원전 착공과 함께 지역의 건설경기는 호황을 누리고 건설인력을 상대로 한 상업과 임대업으로 이익을 얻는 이들이 생긴다. 그러나 공사가 끝나면 와자지껄하던 그곳에 적막이 흘렀다. 원전 예방 정비가 이뤄지기 때문에 근근이 일거리가 생기지만 공사가 진행 중일 때와 비할 바는 아니었다. 또한 원전이 가동되면 지방세가 늘고 지원금이 들어오기 때문에 재정 자립도가 낮은 지방자치단체는 더욱더 원전에 의존하게 되었다. 이렇게 원전 건설이 한두 차례 반복되면 원전 건설에 따른 경기순환을 몸소 체험한 이들 중 '화려했던 그 시절'을 떠올리며 새로운 원전 건설에 동조하는 세력이 형성된다. 울진만 해도 14개 선결 조건으로 울진 5~6호기 조기 착공, 지역노동력 최대 고용, 지역업체 최대 참여 보장 등이 제시되었다(이상헌 외, 2014: 98~99). 이 밖에 특수대학 설립, 종합병원 건설, 골프장 설치 등 지역개발사업이 다수 포함되었다. 둘째, 원전 인근 지역은 원전으로 인해 지역사회가 분열되면서 반대운동을 조직하는 것이 더 힘들어진다. 건설업과 농·어업의 차이에서 단적으로 드러나듯 원전이 지역경제에 미치는 영향은 차별적이기 때문에 원전 건설은 기본적으로 지역사회의 내부 균열을 확대시킬 가능성을 내포하고 있다. 하지만 이것이 끝이 아니다. 발주법상의 지원 기준인 5km는 지원금의 사용 대상과 범위를 둘러싸고 주민들이 다투는 경계로 작동했다. 지원금이 지역사회 발전을 위해 효과적으로 사용되지 않고 정부 사업을 대체하는 용도로 쓰이면서 생긴 허탈감에 자치단체장 당선 등을 위해 지원금의 사용 범위를 확대하려는 정략적 이해관계가 더해지면서 지원금이 갈등을 유발하는 요인이 되었다. 나아가 원전 건설로 인한 이주문제와 이주지에서의

---

25) 이 단락은 홍덕화(2014)의 일부 내용을 수정한 것이다.

원주민과의 갈등, 한수원 직원과 주민 사이의 공간적·계층적 분할 등 분열의 소지는 곳곳에 존재했다. 이렇게 원전 건설·가동이 계속되면서 지역사회의 내부 분열은 확대되었다. 그리고 그 결과 반대운동을 조직하는 것은 더 어려워졌다.[26]

신규 원전 부지가 확정되면서 정부와 한전의 입장에서는 방사성폐기물처분장 부지 선정이 최후의 과제처럼 남게 되었다. 1996년 방사성폐기물 관리사업이 이관될 때만 해도 소내 임시저장시설에 여유가 있었다. 하지만 부지를 선정하지 못한 채 다시 시간이 흘렀다. **표 5-3**과 **표 5-4**에서 볼 수 있듯이,

표 5-3 중저준위 방사성폐기물 포화 시점 추정

구분	1994	1995	1996	1999~2002	2003
고리 본부	2001	2014	2014	2008~2014	2008
영광 본부	1999	2018	2014		
울진 본부	1995	2014	2010		
월성 본부	2021	2010	2018		

주1: 원자력백서(1994~1996, 1999~2002), 252차 원자력위원회(2003)에서 추정한 포화 시점임.
주2: 변경 사유는 임시저장고 증설, 신규 발전소로 이송, 초고압 압축 기술 적용 등임.
자료: 미상(2003i).

표 5-4 사용후핵연료 포화 시점 추정

구분	1994	1998	2001	2003
고리	1999	2006	2008	2016
영광	1998	2006	2008	
울진	2000	2007	2007	
월성	1997	2006	2006	

주1: 원자력백서(1994, 1998, 2001), 252차 원자력위원회(2003)에서 추정한 포화 시점임.
주2: 변경 사유는 조밀 저장대 추가, 신규 발전소로 이송 등임.
자료: 미상(2003i).

---

26) 물론 지역별 편차가 존재한다. 영광지역의 경우 어촌계와 농민회를 통해 다수의 주민들이 피해보상운동에 참여해왔고 원불교 등 종교계가 가세하면서 지역반핵운동의 기반이 비교적 탄탄하게 갖춰져 있었다.

저장시설의 포화 시점은 시설 증설, 이송, 신기술 적용 여부에 따라 가변적이었으나 한계가 있다는 사실은 분명했다. 방사성폐기물처분장의 건설 기간을 감안해서 역으로 추산할 때, 소내 저장시설의 증설 여부를 결정해야 할 시점이 다가오고 있었다.

1998년 9월 249차 원자력위원회는 2008년까지 중저준위 방폐장, 2016년까지 사용후핵연료 처리장을 건설하기로 결정한다. 그러나 방폐장 부지 선정 사업이 본격적으로 추진된 것은 2000년 6월 '방사성폐기물관리시설 부지 유치 공모'를 실시하면서부터다. 당시 산업자원부와 한전은 기초지자체장이 지방의회의 동의를 얻어 부지 유치를 신청하는 방식으로 사업을 추진했다. 기존에 없던 지자체장과 지방의회 동의 절차가 추가된, 새로운 방법이었다.

그러나 지역주민들이 반대하는 상황에서 선뜻 나서는 지자체는 없었다. 2000년 8월 환경운동연합이 46개 임해 지역 기초지자체를 대상으로 조사한 결과 25개 지역에서 명시적인 거부 의사를 밝혔다(환경운동연합, 2000). 여기에는 영광, 함평, 고흥, 보령, 옹진, 삼척, 강원 고성 등 주요 지역들이 상당수 포함되어 있었다. 결국 산업자원부와 한전이 제시했던 마감기한까지 단 1곳도 유치 신청을 하지 않았다. 이에 산업자원부와 한전은 신청 기간을 연장하고 지역 내 유치 찬성세력을 적극적으로 지원하기 시작했다. 유치 찬성세력을 동원하여 지자체의 동의를 이끌어낸다는 계산이었다. 당시 산업자원부와 한전은 영광과 고창을 중점 지역으로 선정하고 유치지원사무소까지 개설했던 것으로 보인다(한국반핵운동연대, 2001). 영광에서는 지역 내 유치 찬성세력이 1인당 3천 원씩 주며 유치 서명을 추진했고, 경우에 따라 대리서명, 서명날조를 통해 서명인원을 부풀렸다(한국반핵운동연대, 2002; 환경운동연합, 2001). 진도에서는 유치 서명 100명당 100만 원을 지급한다는 의혹이 일었다. 정황상 의혹은 사실에 가까워 보인다. 2000~2002년 당시 한전은 광주, 전주, 고창, 영광, 진도, 울진, 하동 등 12개 지역에서 2045명을 지역홍보위원으로 위촉해서 유치 활동을 벌이고 있었다(한국수력원자력, 2004). 홍보비를 제외하고 지역홍보위원에게 지급한 비용만 13억 원이 넘었다. 이렇듯 지역 내 유치 찬성세력을 지원함으로써 산업자원부와 한전은 영광, 고창, 강진, 진도, 완도, 보령, 울진 등 7곳에서 주민을 통한 유치 청원을 이끌어냈다. 하지만 유치 청원 과정에서의 잡음 때문에 완도는 유치 청원을 철회했고 다른 지역의 지자체와 지방의회도 유치 청원을 기각시켰다. 지역주민들의 반발이 거세다는 사실이 다시 한 번 확인되었다.

이후 산업자원부와 한수원(2001년 4월 한전에서 분리)은 사업자 주도 방식으로 추진 방식을 변경했다. 다시 말해 사업자인 한수원이 부지를 도출한 후 방폐장 건설 사업을 추진하는 방식을 도입했다. 사업 주체가 바뀌었으나 실상은 1990년대 과학기술처와 원자력연구소가 후보지를 도출해서 부지 선정을 시도했던 것과 동일한 방식이라 할 수 있었다. 한수원으로부터 용역을 받은 동명기술공단(주)이 2001년 12월부터 1년간 후보 지역을 조사했다. 그리고 그 결과가 발표될 즈음 영광, 진도, 울진 등지에서 한수원의 지원을 받는 유치위원회가 활동을 재개했다(한국반핵운동연대, 2003; 반핵국민행동, 2003a).

새로운 방사성폐기물처분장 추진 방침은 2003년 2월 3일 252차 원자력위원회에서 확정되었다. 원자력위원회는 운송거리를 줄여 안전관리에 유리할 뿐만 아니라 사업의 수용성을 높일 수 있다는 이유로 동해안과 서해안에 각각 1곳씩 방폐장을 건설하기로 한다(원자력위원회, 2003). 후보 부지는 동해안 지역 2곳(영덕, 울진)과 서해안 지역 2곳(영광, 고창)으로 원전이 입지한 지역과 인근 지역이 섞여 있었다. 다만 원자력위원회는 후보지 4곳을 우선적으로 추진하되 이외 지역에서 유치 신청을 할 경우 반영한다는 단서 조항을 달았다. 또한 각 부처의 지역사업을 연계하기 위해 '방사성폐기물대책 추진위원회'(위원장 산업자원부 장관)를 구성하는 한편 신고리 1~2호기, 신월성 1~2호기 시공자로 선정되는 컨소시엄을 각각 동서지역 부지 확보에 활용하기로 한다. 홍보 및 주민 설득에 기여한 컨소시엄과 방폐장 건설을 수의 계약한다는 복안이었다.[27]

후보 부지를 선정했으나 지역사회의 반응은 정부나 한수원의 기대와 달리 미지근했다. 오히려 주민들의 반발이 재연될 조짐을 보였다. 후보 지역으로 선정된 4개 지역과 환경단체들은 2월 6일 반핵국민행동을 출범시키고 본격적인 반대운동에 돌입했다. 영광, 고창, 영덕, 울진 4개 지역 대책위는 공동성명을 발표하고, 각 지역에서 시위를 이끌었다(반핵국민행동, 2003b). 지역주민들의 반발은 점차 확산되어 4월 민주당 전남·전북 도지부와 한나라당 경북 도지부를 점거하기에 이르렀다(반핵국민행동, 2003c). 지역주민들은 서울에서도 산업자원부 장관은 물론 각 당의 대표와 국회의원들을 지속적으로 면담하면서 반대 의견을 전달했다.

지역사회의 반대가 수그러들지 않자 주무 부처인 산업자원부는 과학기술부의 반대를 무릅쓰고 양성자가속기사업을 연계하는 방안을 꺼내들었다(경제조정관실, 2003a; 과학기술부, 2003a).[28] 산업자원부는 과학기술부에 양성자가속기사업 추진 일정을 연기해줄 것을 요청했다. 방폐장 부지 선정과 양성자가속기사업을 패키지화하면 방폐장사업에 대한 반발을 무마시킬 수 있다는 계산이었다. 두 사업이 겹치는 영광지역을 염두에 둔 방안이기도 했다. 과학기술부가 반대했지만 국무회의를 거쳐 양성자가속기사업과 방폐장 부지 선정사업의 연계가 결정되었다. 다만 선정 기간을 3개월 연장하고 7월 말까지 자율 신청 지역이 없을 경우 다시 양성자가속기사업과 방폐장사업을 분리한다는 단서가 붙었다(산업자원부, 2003a). 그 외 추가적인 지원 방안이 국무

---

27) 민간 컨소시엄이 방폐장 부지 유치 활동에 어떻게 관여했는지는 정확히 알려지지 않았다. 현대건설 직원이 부안군 주산면 덕림리 주민들의 도장을 도용하여 형사 입건되는 일이 생기기도 했으나 한수원이나 산업자원부의 역할에 비하면 미미했던 것으로 보인다(부안대책위, 2003b).

28) 양성자기반공학기술개발사업(약칭 양성자가속기사업)은 2001년 11월 '21세기 프론티어 연구개발사업'으로 선정되면서 본격적으로 추진되었다. 2003년 2월 말까지 강원도 철원군, 춘천시, 경북대, 전남 영광군, 전라북도 등 5곳이 유치 신청을 한 상태였다(과학기술부, 2003a). 당시 과학기술부는 이미 추진되고 있는 사업을 연기·변경하는 것은 곤란하며 양성자가속기의 입지와 방폐장의 입지요건이 다르다는 점을 강조했다.

회의에서 논의되었고, 그중 하나로 지역 지원금 3000억 원의 용도를 주민이 선택할 수 있도록 발주법을 개정하기로 한다.

4월 21일 10개 부처 장관과 한수원 사장은 공동담화문을 통해 방폐장 부지 선정을 공식화한다. 공동담화문에는 양성자가속기사업 외에 한수원 본사 이전까지 포함되었다. 절차를 살펴보면, 정부는 부지 선정을 위해 7월까지 자율유치를 추진하되 우선 4개 후보 지역에 집중하기로 한다. 다만 후보 지역에서 자율유치가 무산될 가능성을 고려해 민간사업자 주도로 다른 지역에서도 자율유치를 병행하기로 한다. 그리고 10월까지 유치 신청 지역이 나타나지 않을 경우 한수원 주도로 4개 후보지 중 최적 부지를 선정하기로 한다(산업자원부, 2003a).

그러나 정부의 계획은 두 달을 넘기지 못하고 변경된다. 산업자원부와 한수원은 2003년 1~7월 사이 지역홍보위원 활동비로만 26억 원 이상을 사용하면서 부지 선정에 매달렸지만 4개 후보 지역에서 반핵운동을 잠재우는 데 실패했다(한국수력원자력, 2004). 양성자가속기사업을 2곳에서 동시에 추진할 수도 없었다. 반면 양성자가속기사업과 방폐장사업의 연계를 반대하던 전북 등 지방정부는 정부 방침이 확고해지자 재빨리 유치 경쟁으로 돌아섰다.[29] 특히 군산, 부안, 장흥, 보령 등 서해안 지역의 지자체들이 적극적으로 유치 의사를 밝혔다. 당시 정부가 파악한 바에 따르면, 군산, 부안, 보령, 영광은 후보 부지 5km 내 주민들의 70~80%가 방폐장 유치에 찬성했다(산업자원부, 2003b). 국회의원, 지방자치단체장, 의회 의장 등 여론 주도층의 지역별 편차도 무시할 수 없었다. 군산은 전북지사, 국회의원, 시장, 의회 의장 모두 유치 찬성 입장을 보인 반면 영광, 고창, 부안 등의 지자체장은 공개적인 입장 표명을 피하고 있었다. 반면 동해안에 위치한 울진과 영덕에서는 반대 여론이 우세했

---

29) 연계 방안이 확정된 직후 전라북도의회, 대구광역시의회 등은 연계 철회를 촉구하는 성명서를 발표하며 반발했다(전라북도의회, 2003; 대구광역시의회, 2003).

다. 현실은 계획의 수정을 요구했다.

산업자원부와 한수원은 도지사가 적극적인 관심을 보인 전북에 집중하기 시작했다. 5월 3일 부안 위도 주민들이 유치추진위원회를 결성한 데 이어 16일에는 군산 비안도 주민들이 유치성명을 발표했다. 고창 해리면 주민 일부도 유치 의사를 밝혔다. 6월 들어서면서 위도 주민들은 부안군청 앞에서 유치 신청을 요구하는 농성을 벌였고, 군산 신시도와 비안도 주민들도 적극적으로 움직였다. 반대 측 주민들의 발걸음도 빨라졌다. 부안군과 군산시에서 '핵폐기장 백지화 범부안군민대책 준비위원회'와 '군산 핵폐기장 유치반대 범시민대책위원회'가 결성되어 반대운동을 조직해나갔다.[30] 당초 계획했던 4개 후보 지역을 대신해 다른 지역들이 물망에 오르면서 정부는 4개 후보 지역의 우선권을 폐지한다. 즉, 복수의 지역에서 신청할 경우 용역 결과의 순위를 기준으로 부지를 선정하기로 한 방안을 지질조사 결과와 주민수용성 등을 감안하여 부지선정위원회에서 결정하는 형태로 변경했다(산업자원부, 2003b).[31]

가장 발 빠르게 대응한 곳은 군산시였다. 군산시는 7월 초부터 시장이 적극적으로 나서서 통장과 이장, 주민자치위원 등을 대상으로 주민설명회를 개최하고, 시의회 의원, 군산지역 언론인 등의 해외 시찰을 지원했다(≪군산신문≫, 2003a). 또한 7월 3일부터 '방폐장, 양성자가속기, 한수원 본사 유치 군산시민 서명운동'에 돌입했다(≪군산신문≫, 2003b). 그러나 사전 지질조사 결과 신시도와 비안도에서 활성단층이 발견되면서 군산시의 유치 시도는 물거품이 되었다.

이제 남은 곳은 부안 위도뿐이었다. 부안군에서는 7월초 범군민대책위가 발대식을 갖고 산업자원부의 지역순회설명회, 주민공청회 등에 맞서 반대 시

---

30) 당시 반대운동의 경과는 반핵국민행동(2003d)에 일지 형태로 상세하게 정리되어 있다.
31) 여기에 지자체장이 주민들의 자율유치 신청을 기각할 가능성을 감안하여 주민투표 추진을 추가했다(산업자원부, 2003b). 변경안은 국무총리 보고를 거쳐 6월 27일 공고되었다.

위를 벌이고 있었다. 부안군수가 유치 신청 의사가 없다고 밝힌 바 있어 산업자원부와 한수원의 부지 선정 계획은 다시 한 번 무산될 것으로 보였다. 그러나 군산시 신시도, 비안도가 부적합 판정이 난 다음 날 부안군수가 전격적으로 유치성명을 발표하면서 상황이 급반전되었다.[32]

곧바로 부안지역에서 반핵운동이 불붙었다. 7월 22일 부안주민 1만여 명이 모여 유치 신청 철회를 요구했다. 이튿날 노무현 대통령은 반대 시위에 아랑곳하지 않고 부안군수에게 격려 전화를 했다. 그리고 하루가 더 지난 24일, 부지선정위원회는 위도를 방폐장 부지로 최종 확정했다. 반대운동은 한층 격렬해졌다. 부안대책위는 촛불시위, 차량시위, 서해안 고속도로 점거 및 저속 운행 시위, 해상 시위 등 다양한 운동 레퍼토리를 동원하여 여름 내내 반대운동을 이끌었다.[33] 반대운동의 열기 속에 이장단이 사퇴하고 부안군청 공무원 직장협의회가 방폐장 관련 업무를 거부하는 등 행정적 보이콧도 확산되었다. 당시 상황을 잘 보여주는 지표 중 하나가 초·중·고 학생들의 등교 거부이다. **그림 5-3**에서 확인할 수 있듯이, 8월 말 개학 이후 확산되기 시작한 등교 거부는 줄곧 50% 이상을 유지하며 9월 말까지 지속되었다(교육인적자원부, 2003). 사상 초유의 대규모 유급 사태가 발생할 수 있었지만 주민들은 뜻을 굽히지 않았다. 지역주민들의 전폭적인 지지를 바탕으로 반대운동은 이듬해까지 이어졌다. 매일 저녁 개최된 촛불시위는 200회를 넘겼고, 그 사이 구속 45명, 불구속 126명, 즉심 95명, 불입건 126명 등 400명 가까이 사법처리를 받았다(부안군, 2010a).

---

32) 당시 부안군수가 유치 찬성으로 입장을 바꾼 이유와 과정에 대해서는 의견이 분분하다(부안군, 2010a, 2010b).

33) 부안 반핵운동에 대해서는 기존 연구들을 참고할 것. 부안에서 반핵운동이 조직되기 시작한 것은 위도 주민들의 유치 활동이 가시화된 2003년 5월경부터다. 초기에 영광지역의 반핵운동가들이 부안군 농민회, 종교단체 등을 지원하며 주민들을 조직하는 데 많은 도움을 주었다. 위도에서 반대 주민들을 조직해낸 것도 영광지역 활동가였다(면접자6, 2015.10.25).

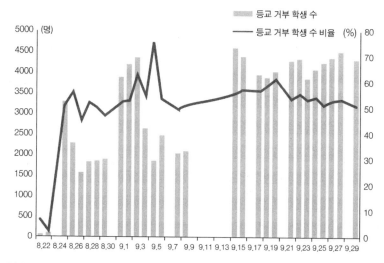

그림 5-3 등교 거부 학생 수 변화
자료: 교육인적자원부(2003).

표 5-5 방사성폐기물처분장 유치 여부 결정 방식에 대한 여론: 지역별 비교

(단위: %)

구분		군산	영광	부안	장흥	고창	영덕	울진	보령
5km 이내	주민투표	79.5	71.3	77.0	73.9	71.9	65.4	74.5	78.3
	지자체장	7.8	13.5	9.5	8.8	11.2	3.7	5.2	7.0
	지방의회	9.3	4.5	6.7	5.2	5.3	7.7	2.4	7.3
5km 이외	주민투표		80.2	79.3	83.3	76.1	78.0	81.0	83.7
	지자체장		6.2	9.3	6.5	11.5	5.0	5.1	3.7
	지방의회		6.1	7.0	3.6	5.0	5.2	7.1	8.6
여론 주도층	주민투표	68.6	78.0	76.2	82.0	82.0	83.2	80.2	82.0
	지자체장	5.9	5.0	10.9	9.0	7.0	3.0	4.0	4.0
	지방의회	16.7	7.0	8.9	6.0	6.0	8.9	7.9	4.0

자료: 경제조정관실(2003b).

　　격렬하고 끈질기게 전개된 부안 반핵운동은 민주적 절차를 거치지 않고 부
지를 선정하는 것은 불가능하다는 사실을 사회적으로 각인시켰다. 주민들은
방폐장 유치 여부를 직접 결정하기를 원했다. **표 5-5**에서 볼 수 있듯이, 방폐

장 부지로 거론된 모든 지역에서 지자체장이나 지방의회가 아닌 주민투표를 통해 유치 여부를 결정해야 한다는 의견이 압도적으로 많았다. 지자체장이나 지방의회 의원을 넘어 지역주민들에게 결정권을 넘기지 않고 방폐장 부지 선정이라는 난제를 푸는 것은 불가능해 보였다.

원자력계의 입장에서 유일한 위안거리라면 반핵 여론이 전국적으로 확산되지 않았다는 점이었다. 여전히 80% 이상의 국민들이 원전이 필요하다는 주장에 동의하고 있었다(제2차 에너지기본계획 원전 WG 수용성 sub-WG, 2013). 부안 반핵운동도 공고한 찬핵 여론에 큰 균열을 내지 못했고, 결국 지역화의 벽을 넘지 못했다.

이처럼 찬핵 여론이 공고하게 유지된 데에는 지속적인 원자력 홍보가 한몫했다. 1990년대 초중반부터 체계화되기 시작한 원자력 홍보는 2000년대 들어서면서 한층 정교해졌다. 특히 원자력문화재단이 '대중매체 장악 전략' 아래 '찬핵 문화정치'에 앞장섰다(홍성태, 2007). 원자력문화재단은 2002년부터 전력산업기반기금의 지원을 받았고, 매년 홍보사업으로 25억 원 가량을 사용했다(한국원자력문화재단, 2013). 화력발전이나 재생에너지 분야에서는 찾아보기 힘든 일이었다. 또한 홍보사업은 대단히 다양한 형태로 진행되었다. 기존의 언론 광고에 더해 견학, 공모전, 행사지원과 같은 체험형 홍보가 강화되었다. "보고 듣는 정적인 활동에서 탈피해 쓰고 그리고 만들고 움직이는 체험형 홍보"로 확대된 것이다(≪에너지경제≫, 2012). 원자력문화재단이 실시한 '원자력공모전'과 '원자력탐구올림피아드'가 대표적인 사례였다.

현장참여형 프로그램 가운데 인기가 있는 것은 수상의 기쁨을 덤으로 제공하는 각종 공모전이다. 전통적인 공모전으로 설립 당시부터 지금까지 계속되고 있는 원자력공모전과 최근 시작한 원자력탐구올림피아드. 초·중·고교 전 학생을 대상으로 '생활 속 원자력'을 주제로 작문과 포스터를 공모받아 시상, 이미 웬만한 아이들은 공모시기에 맞춰 단계적으로 준비를 하고 있고 원자력탐구올림피아드는 폭발적인 관심으로 이미 기존 공모전을 뛰어넘는 인기 프로그램으로 자리를 잡았다. 이들 공모전이나 대회에서 특별한 성적을 거둔 학생들에게는 일본 원자력시설 시찰 등의 특전을 주는 것도 프로그램을 성공으로 이끈 질 좋은 촉매제가 돼 부모들이 먼저 챙길 정도라는 게 주위의 전언이다(≪에너지경제≫, 2012).

원자력 홍보의 차원에서 교과서 내용에 대한 수정도 체계적으로 진행되었다. 원전에 유리한 내용으로 초·중·고 교과서를 수정하는 것은 자발적인 참여자를 대상으로 한 행사나 불특정 다수를 겨냥한 언론 광고보다 효과가 컸다. 교과서 수정 사업의 기원은 1996년으로 거슬러 올라간다. '각급 학교 원자력 관련 수정 반영을 위한 교과과정 개편 추진 기본계획'을 수립하고 교육

가. 고려출판

(1) 사회

출판사	(주)고려출판	과목명	사회	대상학년	중3
단원명	대단원: V. 자원 개발과 공업 발달 중단원: 2. 자원의 이용과 자원문제 소단원: 자원 문제는 왜 발생할까?				
페이지	122P	수정사항분류	탐구활동		

◆ 원문 내용

탐구활동. 자원문제의 해결책은?

주요자원	특징	자원개발과 이용방안
석유, 석탄, 천연가스		
철, 구리, 알루미늄	고갈되는 자원이지만 재생하여 다시 쓸 수 있음.	기술개발, 제도적 장치 등을 확립하여 한 번 사용한 자원을 폐기하지 말고 부넘 수거를 통해 다시 사용하여 자원의 고갈 시기를 늦춘다.
태양열, 지열, 풍력		
토지, 삼림, 어류	과도하게 사용하면 고갈될 염려가 있는 자원	

1. 표에 분류된 자원의 특징을 관해 빈칸을 채워보자.
2. 바람직한 자원 개발과 이용방안에 관해 표의 빈칸을 채워보고 토의해 보자.

◆ 수정 요청 내용

주요자원	특징	자원개발과 이용방안
석유, 석탄, 천연가스		
철, 구리, 알루미늄	고갈되는 자원이지만 재생하여 다시 쓸 수 있음.	기술개발, 제도적 장치 등을 확립하여 한 번 사용한 자원을 폐기하지 말고 부넘 수거를 통해 다시 사용하여 자원의 고갈 시기를 늦춘다.
원자력	적은 양의 연료로 많은 양의 에너지를 생산. 가동 중 이산화탄소의 배출이 없음.	
토지, 삼림, 어류	과도하게 사용하면 고갈될 염려가 있는 자원	
태양열, 지열, 풍력		

◆ 수정 요청 이유

우리나라는 전력 생산의 40%를 원자력이 담당하고 있음에도 불구하고 표의 주요 자원에는 원자력에 대한 언급이 없음.

그림 5-4 원자력문화재단의 교과서 수정 요청

자료: 한국원자력문화재단(2008: 68).

과정 편수관을 대상으로 한 원전 시찰 사업을 진행한 것이 직접적인 계기가 되었다(한국원자력문화재단, 2008: 4~5). 이후 원자력문화재단은 교과서 전문가를 대상으로 한 원자력 이해 사업을 본격화해서 1997년 18과목 129건에 대해 수정 요청 사항을 제출했다. 수정 요청 사항은 2000년 34과목 610건까지 증가했지만 통계 오류나 지극히 부정적인 내용에 대한 의견 제시가 주를 이루었다. 그러나 2000년대 중반 들어서면서 수정 요청 사항은 한층 정교해졌다. 단적으로 원자력문화재단은 2007년 한 출판사가 펴낸 중학교 사회 교과서의 자원문제 해결 부문에서 원자력 관련 내용이 없는 사실을 확인하고 수정 요청을 했다. 그리고 그 결과 이듬해 해당 부문에는 원자력이 추가되어 "적은 양의 원료로 많은 양의 에너지를 생산, 가동 중 이산화탄소의 배출이 없다"는 내용이 추가되었다(한국원자력문화재단, 2008: 16). 이처럼 원자력 홍보가 체계적으로 확산되면서 반핵운동은 원전 갈등을 전국적 차원으로 확대시키는 데 지속적으로 어려움을 겪었다.

3. 분할포섭과 중저준위 방사성폐기물처분장 부지 선정

1) 분할포섭 전략과 지역 간/내 경쟁적 주민투표 방안의 등장

(1) 지원-홍보 전략의 실패와 정부 내 균열 형성

정부의 초기 대응 전략은 경제적 지원 확대와 홍보 강화였다. 정부는 부안군수가 유치 신청을 한 만큼 경제적 지원을 확실히 하면 주민들의 반발을 누그러뜨리고 사업 추진에 쐐기를 박을 수 있다고 보았다(산업자원부, 2003c). 부안군은 전북대 부안 분교 및 에너지 전문대학원 설립(교육인적자원부), 안전체험관 조성사업, 소도읍 육성시범사업, 군청사 건립(행정자치부), 변산 관광자원 개발사업, 변산 해양 종합레저타운 조성(문화체육관광부), 변산반도 국립공원 제척(환경부), 새만금철도 신설(건설교통부) 등을 요구하고 나섰다. 정부는 7월 말까지 국무총리실 주관으로 요구 사항을 검토하여 부안군 지원 기본계획을 수립하기로 결정한다. 필요할 경우 위도 특별법까지 제정하기로 했다. 이와 같은 조치는 정부 부처 장관들이 부안지역을 방문하면서 공론화되었다. 기자회견 자리에서 산업자원부 장관은 지원금을 6000억으로 상향 조정하기 위한 법을 제정하고 직접 보상이 가능하도록 법 개정을 추진하겠다고 발언했다(산업자원부, 2003e).

또한 정부는 주민들이 막연한 불안감에 휩싸여 방폐장 시설의 안전성을 오해하고 있기 때문에 시위가 과격화되고 있다고 판단했다. 이에 부안 현지에 산업자원부 사무소를 개설하고 부안군과 공동으로 종합홍보대책반을 가동해서 주민을 설득하기로 한다(산업자원부, 2003d). 반대 주민들의 위협으로 찬성 주민들이 자유롭게 의견을 펴지 못하고 있다고 판단해 경찰력도 증강했다. 7월 11일 경찰기동대 15개 중대를 배치한 것을 시작으로 21일 전라북도 내 수사정보 보안요원 62명을 부안서로 발령했다. 이어 22일에는 서울의 정예기동대 10개 중대를 포함해 40개 중대를 추가로 배치했다(경찰청, 2003). 시위 진압에 '유능한 진압지휘관'(1기동대장)도 파견했다. '자유롭고 활발한 토론'이 보장된 상태에서 주민 동의를 얻어 추진하라는 노무현 대통령의 지시는 치안 유지를 위해 반대 주민들의 반발은 억제하고 찬성 주민들의 활동 공간을 확보하는 것으로 전환되었다. 위도면 이외 지역주민들의 60~90%가 철회를 요구하고, 지역 국회의원과 지역 내 여야 정치권 모두가 반대하는 상황에서 나온 조치였다(경찰청, 2003). 동시에 '치안 유지'는 주민들의 반발을 무마시키면서 반대운동이 전국적으로 확산되는 것을 막기 위한 조치였다. 정부는 환경단체를 비롯한 시민단체와 부안대책위에 '외부 세력'이 참여해 주민들을 선동하고 있다고 판단했다. 그리고 외부 세력을 지역주민과 분리시키면 적극적인 홍보를 통해 주민들의 설득할 수 있다고 보았다.

경제적 지원을 확대하고 홍보를 통해 주민들을 설득하는 전략은 8월까지 이어졌다. 유치 신청 초기만 해도 청와대와 정부, 집권 여당은 부안 유치가 정부와 지방정부 모두에게 이익이 된다고 생각했다. 즉, 부안군의 방폐장 유치 신청을 통해 집권 여당 지도부(정동영, 정세균, 강봉균, 이강래 의원 등)의 지역 기반인 전라북도를 지원하면서 동시에 장기간 표류하던 문제를 풀 수 있는 돌파구를 마련했다고 봤다(문재인, 2011: 252; 부안군, 2010b).[34] 그러나 상황은 정부의 뜻대로 흘러가지 않았고, 부안 상황에 대한 내부 인식은 서서히 엇갈렸다. 강금실 법무장관이 국무회의에서 절차적으로 민주정부에 부합하는 모습이 아니라고 비판하는가 하면 산업자원부 보고에 의존하던 청와대가 현황 파악을 위해 직접 조사에 나섰다(문재인, 2011: 252; 부안군, 2010: 196). 산업자원부는 찬성 여론을 조직하면 반대 분위기를 제압할 수 있다고 본 반면, 행정자치부나 여당은 반대 시위가 격화되고 있는 만큼 사업 강행이 힘들지 않겠냐는 의견을 내비쳤다(미상, 2003e). 정부 내 컨트롤 타워는 존재하지 않았다. 전북지사는 산업자원부와 전북도, 부안군만 부안 상황에 관심을 갖는다며 불만을 표출했고, 유치추진위는 행정자치부와 산업자원부의 현지 활동이 미흡하다며 지원을 요청했다(미상, 2003b, 2003c). 급기야 정보 보고 채널을 재조정하는 방안까지 나왔다(행정자치부, 2003a). 정보 보고 채널이 나눠져 있어 상황 판단에 혼선이 빚어지고 있다는 판단이었다. 방폐장 부지 선정에 앞서 정부 내 강경파와 온건파 간 균열을 해소할 방안이 필요했다.

바로 이 시점부터 정부는 환경단체를 제도권으로 포섭하는 방안을 모색하기 시작한다. 8월 21일, 대통령이 수석보좌관 회의를 주재하며 반대운동이 전국화·과격화되는 것을 막기 위해 전 부처가 대응할 필요가 있다고 지시한 이후에 나온 방안이었다(산업자원부, 2003f). 산업자원부는 국무조정실의 국가에너지절약 추진위원회, 전력정책심의회 등에 환경단체 추천 인사를 위촉

---

34) 지역에서도 열린우리당 지도층이 방폐장 유치를 적극적으로 찬성한다는 사실이 널리 알려졌었다(면접자7, 2015.10.25).

하기로 한다. 아울러 "반핵환경운동을 제도권으로 흡수하고 정부의 친환경 에너지 정책에 대한 대국민 이해도를 제고"하는 것을 목적으로 한 에너지정 책협의회를 구성하는 방안을 검토했다(산업자원부, 2003f). 최열, 이필렬, 윤순 진, 김재옥 등 환경운동진영의 주요 인사들을 위원 후보로 거론하며 9월 중 1 차 회의를 개최할 계획까지 수립했다(산업자원부, 2003g).

(2) 분할포섭 전략과 대화기구 구성 갈등

부안지역에서 반핵운동이 지속되고 정부 내부의 입장이 엇갈리면서 사업 강행과 대화를 병행하는 방안이 도입되었다. 강경파는 한발 물러섰다. 산업 자원부는 "정부의 강력한 추진 의지를 견지하면서 장기적인 관점에서 대화와 지역개발사업 발표 등의 공세를 병행"하는 방안을 제시했다(산업자원부, 2003g). 물론 대화가 사업의 백지화를 전제로 해서는 안 된다고 선을 그었다. 더불어 산업자원부와 한수원이 중심이 되고 부안군이 협력하는 방식으로 찬성 측의 활동 공간을 확보하기로 한다. 중소상인을 동원하여 경제 살리기 모임 등 자 생적인 찬성세력을 육성한다는 복안이었다. 강경파는 중앙의 시민·환경 단 체와 지역주민을 분리시키는 분할포섭, 산업자원부 표현에 따르면 "divide and rule"을 구상했다(산업자원부, 2003g). "환경단체 등 시민단체는 중앙에서 의 대화를 통해 반대 측과 분리"하고 지역주민은 찬성세력으로 포섭하는 전 략이었다.

10월 정부의 계획은 구체화되었다. 10월 1일 국정현안정책조정회의는 대 화 없이 부안문제를 해결할 수 없다는 공감대 속에 전술적 후퇴를 결정한다 (미상, 2003f). 회의 참석자들은 농번기라 시위동력이 약화되고 있고 2004년 총선 일정 등을 감안할 때 대화 시작 시기로 유리하다고 판단했다. 당시 회의 에서 고건 국무총리는 사업 추진 의지는 변함이 없는 만큼 대화를 통한 해결 방안을 모색하되 사업 추진에 필요한 행정적 준비는 계속할 것을 지시했다. 대화를 추진하면서 내부적으로 추진할 일로는 부안군 종합개발계획 수립, 부안군 내 찬성 측 인사 및 단체의 지속적 관리 등이 꼽혔다.[35] 나아가 유치 움직임이 있는 여타 지역의 동향을 점검하고 관리하는 방안이 논의되었다. 사실상 '대화'를 명분으로 시간을 확보하여 찬성진영을 강화하고 반대 주민들을 집중적으로 공략하여 전세를 뒤집을 계획을 세운 것이다.

반핵운동진영과의 '대화'는 그렇게 시작되었다. 10월 6일, 국무총리는 "조건 없이, 모든 사안에 대하여, 진지하게" 대화할 것을 제의했다(미상, 2003h). 하지만 내부적으로 대화의 전제 조건을 명확히 했다. 우선 사업 추진 백지화나 원점 재검토는 수용하기 어려우며 내부적으로 계속 준비한다는 입장을 확고히 했다. 또한 부안 현지 사무실 철수는 물론 홍보 활동 중단도 수용할 수 없으며 찬반 활동을 보장하는 방향으로 협상할 것을 내부 방침으로 확정했다. 실무적인 협상 준비도 마쳤다. 산업자원부가 정부안을 마련한 뒤 대화지원단에서 정부 입장을 확정하되 논쟁적인 사안인 경우 국정현안정책조정회의에서 결정하기로 했다. 반대진영의 요구 사항을 사전에 검토하여 대응 방침을 조율하는 조치까지 이뤄졌다(미상, 2003i). 쟁점으로 부상한 홍보 활동 중단은 거부하고 정부 입장이 확립되지 않은 것은 양보하는 모양새를 취했다. 즉, 반대진영이 요구한 홍보 활동 중단은 주민의 알 권리를 보장한다는 논리로 반박하며 공청회나 찬반 토론회를 보장하는 방안을 제시하기로 한다. 다만 중단 요구가 지속될 경우 주민 견학이나 해외 시찰, 방송광고 등은 탄력적으로 대응하기로 한다. 원전 내 임시저장고의 포화 시점이 불분명하다거나 사용후핵연료 중간저장 시한이 불명확하다는 비판에 대해서는 공동조사단을 구성해서 장기적인 종합계획을 수립하는 방안을 제시하기로 했다.[36]

---

35) 부안군수는 대화 추진이 백지화 수순이 아니라는 점을 강조하며 자유로운 찬반 토론이 이뤄질 수 있는 계기가 되어야 한다고 주장했다(부안군수, 2003).

36) 포화 시점에 대해서는 정부조차 정보가 충분하지 않았던 것으로 보인다. 회의 자료에 메모된 내용을 보면, 산업자원부 담당 과장조차 "나도 2008년 자신은 없지만 언젠가는 2009년이든 2010년이든 필요한 것 아니냐'고 발언했다(미상, 2003i).

그러나 '대화' 추진이 정부에 의해 일방적으로 추진된 것은 아니었다. 반핵
운동진영 또한 대화를 원했다. 물론 대화의 목표는 달랐다. 반핵운동진영은
대화를 통해 부지 선정을 철회시키고 나아가 원전정책에 개입하기를 바랐다.
당시 반핵운동진영의 요구와 전략은 10월 3일 정익래 민정수석과의 간담회
내용을 통해 엿볼 수 있다. 이 자리에서 반핵운동진영은 부안문제의 배경에
장기에너지정책에 대한 비전 부재가 자리 잡고 있다고 주장하며 해결 방안으
로 원전정책의 전환과 국가 장기에너지정책 수립을 요구했다(환경운동연합,
2003). 구체적인 방안으로는 민관 공동기구를 구성하여 국가 장기에너지정책
을 수립하고, 이를 위해 원전 확대 정책과 방폐장 추진을 일시적으로 중단할
것을 제안했다. 1~3년 내에 국가 장기에너지정책 수립의 방향과 함께 방사성
폐기물 처분 방식을 결정하는 방안이었다. 반핵운동진영은 폐로 후 동시 처
분을 할 것인지, 별도 부지를 선정할 것인지 등 구체적인 방사성폐기물 처분
방식은 공동기구에 위임할 것을 요구했다. 그리고 민관 공동기구 결성을 에
너지 정책의 전환점으로 삼는다면 환경단체는 정부의 에너지 정책에 협력할
의사가 있다는 뜻을 분명히 밝혔다.

기본 목표가 달랐지만 교착 상태에 빠진 부안문제를 해결하기 위한 방안으
로 '대화'가 부상하면서 강경파와 온건파, 찬반 양측의 이해관계가 봉합될 수
있는 공간이 열렸다(김철규·조성익, 2004; 노진철, 2004). 양측은 10월 8일과 11
일, 14일 '부안지역 현안 해결을 위한 공동협의회' 실무준비회의를 잇달아 개
최하면서 본격적인 대화·협상을 준비했다. "주민들 간의 자유로운 찬반 토론
을 유도"하여 "분위기 반전에 필요한 충분한 대화 기간을 확보"하고자 한 정
부(경제조정관실, 2003c)와 대화를 계기로 민관 공동기구를 구성하여 에너지
정책을 전환시키고자 한 반핵운동이 협상 테이블에 마주 앉게 된 것이다. 이
로써 평행선을 달릴 것이 예상되는 대화의 막이 올랐다.

10월 24일부터 일주일 간격으로 정부와 부안대책위가 대화를 위해 마주
앉았다. 예상대로 협상 의제마다 충돌했다. 1차 회의는 대화기구에서 논의할

의제를 협의하는 자리였다. 앞서 정부 측에서 예상했던 대로 부안대책위는 부안 현지에서 산업자원부와 한수원 직원을 철수시키고 홍보 활동을 중단할 것을 요청했다. 아울러 사업 백지화와 국민적 합의기구 구성을 의제로 꺼냈다(부안대책위, 2003a). 정부의 대응 역시 크게 다르지 않았다. 백지화와 설득 사이의 간극은 단시일 내에 좁히기 어려운 것으로 예측되었다(경제조정관실, 2003d). 그러나 대화의 기본 목표가 시간 확보였던 만큼 정부는 섣불리 중단하지 않았다. 10월 31일 열린 2차 회의는 문제의 원인과 해결책을 논의했다. 정부는 막연한 불안감과 시설에 대한 오해가 문제의 근본 원인이라고 지적했다. 다만 비용과 편익 사이에 괴리가 존재하고 의견 수렴이 부족했다는 점은 인정했다. 따라서 지역개발사업 지원과 함께 설명회나 공청회를 개최하여 주민의견을 수렴하는 것을 해결책으로 내놨다(경제조정관실, 2003e). 부안대책위(2003b)는 부지 선정 과정에서 사회적 합의가 생략된 점을 비판하며 부안군수가 주민의견을 무시한 채 독단적으로 유치 신청한 것을 사태의 배경으로 꼽았다. 현금보상 약속, 사업계획 축소·은폐, 위도 주민의 찬성 유도 등 산업자원부와 한수원의 현지 활동도 도마 위에 올랐다. 해결책으로는 우선 부지 선정을 유보 또는 중단한 뒤 사회적 합의에 나설 것을 제안했다. 나아가 부안대책위는 국가 장기에너지정책 수립을 위한 민관 공동위원회를 대통령 직속 기구로 신설할 것을 요구했다. 11월 7일, 부안문제 해결 방안을 중심으로 한차례 더 대화의 자리가 마련되었다. 그러나 백지화·유보·중단 이후 국가 장기에너지정책 수립을 위한 민관 공동위원회를 구성하자는 입장과 자유로운 찬반 토론 이후 주민의사를 확인하자는 입장 사이에 교집합은 없었다(미상, 2003k). 결국 합의는 무산되었다.

(3) 주민투표 방안의 등장과 투표 시기 논쟁

아무런 성과 없이 대화를 중단하는 것은 양측 모두 원하지 않았다. 결국 정부와 부안대책위는 의견 조율을 위한 소위원회 개최에 합의한다. 그리고 이 과정에서 주민투표가 중재안으로 부상했다. 주민투표가 대화 테이블에 오른 것은 11월 14일 회의에서였다(미상, 2003l). 중재 역할을 맡은 최병모 민주화를 위한 변호사 모임 회장은 연내 주민투표를 실시하여 부지 선정 여부를 확정하는 방안을 제시했다. 부안 사무소의 대외 활동은 중단하되 투표 전 토론회와 설명회를 개최하는 중재안이었다. 부안대책위는 중재안에 찬성 입장을 표명하며 정부도 17일까지 연내 주민투표 실시에 대한 입장을 내놓을 것을 요구했다. 그러나 정부는 부처 간 이견으로 입장을 확정짓지 못했다.

사실 주민투표는 6월 27일 공고안을 발표하면서 정부가 먼저 제시한 방안이었다. 당시 정부는 7월 15일까지 자율유치 신청이 이뤄지지 않을 경우 7월 말까지 주민투표를 실시한다는 계획을 세웠다. 유권자의 5% 이상이 유치 청원에 나설 것으로 예상되는 부안과 영광, 지자체장이 주민투표를 희망하는 군산, 지방의회가 결의할 수 있는 장흥을 염두에 둔 방안이었다(산업자원부,

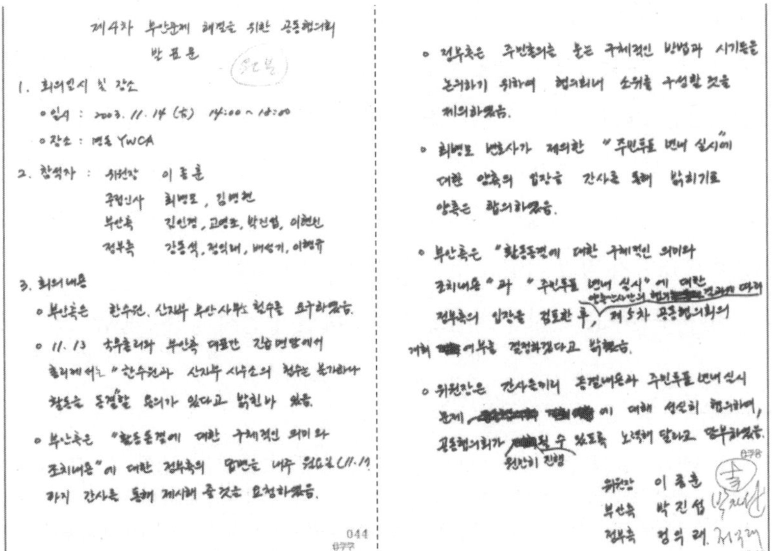

그림 5-5 제4차 부안 공동협의회 발표문
자료: 미상(2003l).

2003b). 나아가 복수 지역이 신청할 경우 찬성률이 가장 높은 지역에 우선권을 주기로 한다.

부안군수가 유치 신청을 하면서 주민투표는 시행되지 않았지만 반대운동이 지속되면서 다시 필요성이 제기되었다. 역설적으로 주민투표 시행을 다시 제안한 것은 부안군수였다. 7월 31일 MBC 100분 토론에서 부안군수는 "찬반 주장이 공평하게 주장될 수 있는 분위기가 조성되면 주민투표를 실시, 부결되면 신청을 철회"하겠다는 입장을 밝혔다. 이에 행정자치부는 "올 가을이나 연말쯤 주민투표를 실시할 수 있고, 어떤 결과가 나오든 양측 모두 수용해야 한다"고 수용 의사를 밝힌 반면, 산업자원부는 부지선정위에서 부지를 확정한 만큼 주민투표 실시 여부에 관계없이 공사를 추진하겠다는 입장을 고수했다(미상, 2003d). 부안유치추진위는 객관성을 담보할 수 없다는 이유로 유보적인 입장을 취한 반면, 부안대책위는 주민투표 제안을 거부하며 사업의 원점 재검토를 요구했다. 결국 주민투표는 호응을 얻지 못하고 수면 아래로 가라앉았다. 그러나 교착 상태가 지속되면서 주민투표는 유일한 해결책으로 부상하기 시작했다. 주민은 물론 국민여론도 주민투표를 통한 해결을 선호했다(산업자원부, 2003i). 정부와 반핵운동, 어느 한쪽이 힘의 우위를 확고히 하지 못한 상황에서 주민투표는 양측 모두 거부하기 힘든 정당성을 가지고 있었다. 결국 주민투표는 논란을 종식시킬 수 있는 유일한 방안으로 부상하여 대통령과 총리까지 직접 검토하기에 이르렀다(산업자원부, 2003i).[37]

그러나 주민투표 실시가 쟁점으로 부상하면서 일시적으로 봉합되었던 정

---

37) 11월 3일 노무현 대통령은 회의석상에서 주민투표나 공론조사 같은 방법이 국책사업 추진 방법으로 부적절하다는 의견에 대해 "주민투표 방식을 부적절하다고 보는 이유가 무엇인가? 주민투표나 공론조사 같은 방법들이 국책사업 추진 방법으로 부적절한가?"라며 반문했다. 또한 노무현 대통령은 반대운동의 "폭력"에 정부가 굴복해서는 안 된다고 말하며 질서가 회복된 후 자유로운 의견 수렴을 거쳐서 결정을 내리는 방안을 제시했다(미상, 2003j). 이후 정부는 주민투표 수용으로 입장을 바꿨다.

부 내부의 균열이 다시 불거졌다. 산업자원부를 중심으로 한 정부 내 강경파와 한수원, 전북도, 부안군은 주민투표 시기를 최대한 늦추기를 원했다. 이들은 시간을 최대한 확보한 뒤 지역 내 찬성세력을 결집시켜 반대 주민을 설득하면 상황을 되돌릴 수 있다고 판단했다. 특히 한수원은 부안지역 내에서 활동하며 찬성 조직의 결성에 적극적으로 개입하고 있었다(한국수력원자력, 2003a). 한수원 부안 사무소는 지역별·직능별 담당 조직(15개 팀 60여 명, 2003년 10월 21일), 홍보 전략 전담팀을 구성해서 활동했다. 또한 "새 부안 건설을 위한 범군민협의회"(부건협)의 결성을 지원했다. 부건협은 "부안문제는 부안사람이!"라는 기치 아래 지역 내 찬반 구도를 만들기 위해 부심했다. 강경파가 한수원과 산업자원부의 현지 사무소 철수에 강하게 반발한 것은 예견된 일이었다. 산업자원부와 한수원은 물론 부안군수와 전라북도까지 현지 사무소 철수는 사업 백지화를 의미하기 때문에 절대로 받아들일 수 없으며 주민 해외 시찰 역시 중단할 수 없다고 목소리를 높였다(경제조정관실, 2003e; 한국수력원자력, 2003b). 이들은 현지 사무소를 철수할 경우 주민 홍보나 위도 지역 관리 등이 어려워져 지지 기반이 급격히 붕괴될 수 있다는 이유를 들었다. 설령 피치 못해 현지 사무소를 철수하더라도 사무소만 부안 외곽으로 옮기고 부지 정밀조사와 주민 홍보·관리 활동은 지속해야 한다고 주장했다. 정부 내 강경파에게 주민투표는 시간을 확보한 뒤 부안에서의 전세를 뒤집기 위한 수단에 불과했다.

반면 온건파는 주민투표를 부안문제를 조속하게 해결할 수 있는 수단으로 바라봤다. 이들은 정부가 반핵운동에 밀려 마지못해 사업을 철회하는 상황을 연출하면 안 된다고 생각했다. 따라서 적절한 시기에 주민투표를 실시하여 부안문제를 원만하게 종결짓기를 희망했다. 현실을 고려할 때 부안이 아닌 다른 지역에 짓는 것이 낫다는 판단이었다. 마침 삼척시장이 정부가 부안에서 철수하고 양성자가속기와 한수원 본사 이전을 사전에 약속할 경우 연내 시의회 의결을 거쳐서 유치 신청을 하겠다는 입장을 전해왔다(산업자원부, 2003i).

다만 부안군과 전라북도가 강하게 반발했던 만큼 퇴로를 열 수 있는 적절한 절차가 필요했다.

정부 내부의 균열은 반핵운동진영 내부의 상황 인식 차이로 이어졌다. 당초 부안지역 내 강경파는 주민투표 논의가 시간 끌기라고 판단해 호응하지 않았다(노진철, 2004). 주민투표를 제안했던 최병모 민주화를 위한 변호사 모임 회장에 따르면, 강경한 입장을 가진 주민들은 주민투표 제안을 미심쩍어 했다. 이들은 정부와 싸워서 이길 수 있다고 보고 처음에는 최병모 회장을 만나주지도 않았다(부안군, 2010b: 289). 그러나 장기적인 저항에도 불구하고 정부가 물러서지 않고 있었던 만큼 정부와의 합의를 통해 주민투표를 실시하는 것이 현실적인 해법이라고 생각하는 이들도 존재했다. 그리고 점차 출구 전략으로서 주민투표를 지지하는 이들이 늘어났다.

> 부안 내부는 어떤 거냐 하면 우리는 반핵운동 하는 사람이 아니다, 이 부분이 부안으로 들어왔기 때문에 부안에서 빨리 끝내고 싶은 부분이다, 우리도 뭔가 복귀를, 일상 복귀를 해야 할 거 아니냐, 언제까지 우리가 이 부분을 가지고 있어야 되는 건 아니지 않냐, 이런 부분들이 있었던 거죠, 그러면서 그 사람들이 강력하게 주민투표를 했던 거고(면접자6, 2015.10.25).

하지만 영광 등 다른 지역의 반핵운동가들은 주민투표 실시를 크게 우려했다. 이들은 주민투표를 실시하면 부안은 승리할 수 있지만 다른 지역에서 갈등이 반복될 수 있다고 주장했다. 주민투표를 비판하던 이들은 공론화 기구를 구성하여 에너지 정책을 재검토하는 것을 대안으로 제시했다. 그러나 지역 분위기는 이미 주민투표 실시로 넘어가고 있었다.[38]

---

38) "좌우지간에 굉장히 많은 사람들이 반대를 했죠. 그러다가 이게 살살 넘어가기 시작하는 거지, 부안이, 몇몇 사람들, 오히려 내가 끝까지 반대를 하니까 조금 나하고 인제 뭐라고 그래야

공론화를 해서 우리나라의 제일 안전한 곳이 어딘지를 하고, 그다음에 정부가 핵드라이브 정책을 계속 갈 건지 말 건지, 이런 전반적인 부분들에 대한 공론화가 필요한 거 아니냐, 그래서 그 공론화를 하기 위해서 지금 이렇게 반대들도 하고 그다음에 핵폐기장을 못 하게도 하는 이런 부분들에 대한 일을 하고 있는데 실질적으로 주민투표를 해버리면, 자, 그러면 주민투표를 해가지고 여기는 막았다고 치자, 그러면 실질적으로 영광, 고창, 영덕, 울진 하면, 영광은 네 개 지역, 네 개 사이트에서 영광은 어떻게 하든지 간에 반대가 제일 많을 거다, 그럼 영광은 안 된다, 그러나 문제는 어느 지역인가는 정해지는 거 아니냐, 그렇게 됐을 때 그 부분에 대한 책임을 누가 질 거냐, 그러면 그 부분에 대해서 절대 안 된다고 완강하게 버텼던 거고……(면접자6, 2015.10.25).

쟁점은 빠르게 주민투표 실시 시기로 이동했다. 주민투표 실시 시기가 주민투표의 성격과 의도를 가늠하는 잣대로 인식되었기 때문이다. 정부 부처 간의 의견은 조율되지 않았다(경제조정관실, 2003f; 미상, 2003m, 2003n; 행정자치부, 2003b). 가장 강경한 입장을 취했던 곳은 부안군과 전라북도로 이들은 최소한 이듬해 5월 이후에 주민투표를 실시할 것을 요구했다. 부안군과 전라북도는 주민투표 방안을 지지하는 이들을 잠재적 지지층으로 파악했다. 이를 근거로 찬반 토론 분위기를 조성한 후 3개월 이상의 시간이 주어지면 잠재적 지지층을 찬성 측으로 돌릴 수 있다고 주장했다. 한수원은 정밀 지질조사 후인 2004년 5월을 주민투표가 가능한 시기로 봤다. 산업자원부는 주민투표법 제정 전에는 투표를 할 수 없다는 입장을 고수해 사실상 5월 이후 실시안의 손을 들어주었다. 반면 행정자치부는 주민투표법 제정 전이라도 주민투표를

될까, 좀 험악한 상황까지도 연출이 되는 뭐 이런, 그렇게까지 반대했어요. 영광에서는. 김ㅇㅇ 교무님이랑 나랑, 근데 이제 대세처럼 굳어져 가버리니까, 그때는 워낙 많은 사람들이 와 버렸고, 이러다 보니까 이제 그 부분이 주민투표가 되게 된, 그랬었죠"(면접자6, 2015.10.25).

실시할 수 있으며, 총선 일정을 감안할 때 2004년 2월 15일 이전에 실시하는 것이 낫다는 의견을 피력했다. 정동영, 정세균, 강봉균, 이강래 의원 등 전북 출신의 열린우리당 의원들은 총선 전 주민투표 실시를 요구했다. 11월 18일 국무회의에서 대통령은 주민투표법 제정 후에 실시하는 게 낫다는 의견을 제시했다. 하지만 이튿날 국무총리는 기자회견 자리에서 찬반 양측이 주민투표 규칙과 절차에 합의한다면 연내 실시가 불가능한 것은 아니라고 발언했다. 주민투표 시기를 놓고 정부가 표류하는 사이 지역주민들의 불만은 다시 고조 되었다. 결국 투쟁으로 종결지어야 한다는 목소리가 힘을 얻으며 다시 대규 모 시위가 일어났다.

11월 23일 열린 관계부처 장관회의에서는 언제가 되었든 주민투표 결과는 부정적일 것이라는 의견이 지배적인 가운데, 부안에서 삼척으로 이동할 기회 를 놓쳤다는 의견까지 나왔다(미상, 2003n). 정부는 갈팡질팡하며 출구를 찾 지 못했다. 정부가 일관된 입장을 수립하지 못하는 사이 부안대책위 쪽에서 공동협의회 재개를 요구하며 1개월 냉각기 이후 주민투표를 실시하는 안을 제안했다(부안대책위, 2003c). 정부는 제안을 수용했다. 정부 내 온건파와 반 핵운동진영은 냉각 기간이 지난 후 자유로운 토론을 거쳐 주민투표를 실시하 는 방안에 대해 합의했다(민정수석실, 2003b; 산업심의관실, 2003). 다만 물밑 작 업은 부안대책위의 요청으로 외부로 알려지지 않았다. 회의 개최 및 그 내용 은 소수의 관계자만 알고 있었다. 12월 9일과 12일, 비공식 실무회의가 진행 되었고 주민투표는 조만간 실시될 것처럼 보였다. 그러나 물밑 작업은 다른 곳에서도 진행되고 있었다.

(4) 지역 간/내 경쟁적 주민투표 방안의 등장

반핵운동과의 협의 속에 주민투표 시기를 정하는 것은 사실상 반핵운동의 승리를 의미했다. 정부 내 강경파인 산업자원부와 한수원의 입장에서는 과거 방폐장사업이 그랬듯이, 실패를 인정하고 다시 원점에서 시작해야 한다는 뜻이었다. 사업 유치를 진두지휘해온 부안군수와 전라북도 도지사에게는 정치적 패배를 시인함으로써 찬성 조직으로 결집해 있는 지지세력의 해체를 야기할 수 있는 사안이었다. 이들에게는 상황을 반전시킬 방안이 필요했다.

12월 1일, (국무총리실) 민정수석실은 부안군수 자문 그룹이 제출한 의견을 토대로 새로운 전략을 제시한다(민정수석실, 2003a). 민정수석실은 정부가 주민투표 프레임에 갇혀 있다고 비판하며 주민투표는 승패와 상관없이 참여정부에 불리하게 작용할 것이라고 단정했다. 주민투표가 실시되면 정부 책임 논란을 피할 수 없고, 설사 주민투표를 이겨도 총선에 도움이 되지 않을 것이기 때문이다. 이미 주도권을 상실한 만큼 정부가 '절차적 민주주의의 수호자'라는 명분을 얻기도 어려웠다. 따라서 무엇보다 주민투표 시기 논란에서 벗어날 필요가 있다고 제안했다. 문건에 따르면, 부안 현지 상황이 안정되고 있는 만큼 정부가 주민투표를 서두를 이유가 없었다. 대신 민정수석실은 '반대운동 대 정부'의 대립 구도를 '부안군민 내부의 찬반' 대립 구도로 전환할 것을 대안으로 제시했다. 이후 민정수석실의 안은 주민투표를 공식적으로 수용하되 부안에 국한시키지 않는 것으로 구체화되었다. 이 안은 정부가 반핵운동에 굴복하는 모습을 보여서는 안 된다는 청와대의 입장과도 충돌하지 않았다.

12월 10일 산업자원부는 주민투표를 공식 절차에 포함시킨 새로운 추진 방침을 발표한다(산업자원부, 2003k). 새 방침에 따르면, 부안은 유치 신청을 한 것으로 간주되었기에 주민투표를 거쳐 본 신청만 하면 되었다. 다른 지역은 주민투표에 앞서 지자체장이 예비 신청하는 절차를 밟도록 했다. 그리고 복수의 지자체가 신청할 경우 심사에 의해 최종 부지를 선정하기로 한다.

다음 수순은 반핵운동과의 대화 중단이었다. 12일 노무현 대통령은 정부와 부안대책위 간의 대화를 중단하고 신규 신청지 발굴에 주력할 것을 지시한다(미상, 2003p). 이튿날 국무총리도 유치 신청지 발굴을 위해 범정부적 노력을 기울일 것을 촉구했다. 대통령과 국무총리 모두 신규 신청지를 발굴하여 가급적 동시에 주민투표를 실시하는 방안을 모색하라고 지시하면서 정부

내 균열은 다시 봉합되었다.

정부 내 입장이 정리되면서 추진 계획이 구체화되기 시작했다. 산업자원부는 부안에서 실패한 이유를 세 가지로 정리했다(산업자원부, 2003l). 첫째, 지역주민에 대한 사전 홍보와 설명이 부족했고 지방의회를 설득하려는 노력도 미흡했다. 이로 인해 주민 중심의 찬반 토론이 이뤄지지 못했다. 둘째, 환경단체의 개입에 효과적으로 대응하지 못했다. 셋째, 지역 간 경쟁 구도를 만들어내지 못했다. 이로 인해 환경단체의 힘을 분산시키지 못했고, 지역주민들의 경쟁 심리를 자극하는 데 실패했다. 향후 대응 방안은 크게 세 가지였다. 우선 정부는 주민투표를 통해 최종적인 유치 신청을 결정하되 그전에 지역 내에서 찬반 토론이 이뤄질 수 있는 시간을 확보하기로 한다. 이를 위해 환경단체와 지역주민 간의 연대는 분할포섭을 정교화해서 차단하기로 한다. 환경단체를 제도권으로 포섭하는 방안으로는 에너지협의회나 지속가능위원회 등 협의기구를 적극적으로 활용하는 방안이 제시되었다. 마지막으로 지역 간 경쟁 구도를 창출하기 위해 유치 신청 시한을 신중하게 검토하여 부안에서 주민투표가 실시되는 시점까지 다른 지역을 '발굴'하여 경쟁 분위기를 조성하기로 한다.

부안대책위가 12월 29일 주민투표를 제안했지만 정부는 개입하지 않겠다는 입장을 밝혔다. 그리고 부안주민들이 자율적으로 주민투표를 준비하는 사이 정부는 신규 추진 계획을 다듬어나갔다. 주도권을 상실할 수 없다는 절박한 분위기 속에서 국무총리가 주재하는 워크숍이 개최되었다. 이 자리에서 정부 각료들은 추진 일정, 지원 규모는 물론이거니와 대상 시설의 용도, 방사성폐기물의 저장 방식, 부지 개수 등을 전반적으로 재검토했다(경제조정관실, 2004a). 그러나 기본 방향은 12월 발표된 것에서 크게 바뀌지 않았다(산업자원부, 2004a). 우선 본 신청 전 주민투표 실시를 의무화했다. 여기에 경쟁 구도를 창출하기 위해 신청 절차를 다원화하는 방안이 추가되었다. 즉, 지자체장이 직접 신청하는 것 외에 지방의회가 부지조사를 요청하거나 주민들이 유치 청원을 할 수 있게끔 신청 방법을 늘렸다. 또한 정부의 지원 내역을 공고문에 명시하기로 했다. 지원 내역에 양성자가속기사업과 한수원 본사 이전이 포함되면서 부지는 1곳으로 확정되었다. 더불어 사용후핵연료 영구처분 논란을 차단하기 위해 부지 용도는 중저준위 폐기물 영구처분장과 사용후핵연료 중간저장시설로 한정했다.

2월 4일, 변경된 계획이 공식적으로 발표되었다. 정부는 부안주민들이 주민투표를 실시하기 전에 발표함으로써 관리해오던 지역들의 이탈을 막고자 했다. 따라서 신규 공모절차 발표 후 각 지역의 동향부터 파악했다(산업자원부, 2004b). 부안군은 부안에 우선권을 줄 것을 요청했고, 전라북도 14개 지자체장은 부안원전센터 유치 지지 결의문을 발표했다. 한편 전북지사는 군산시장에게 재추진을 권유했고, 군산에서는 옥도면 방축도 주민들과 한수원 관계자 간의 면담이 진행되었다. 정부가 관심을 기울였던 삼척은 시장이 시민 여론에 따라 결정하겠다며 한발 물러섰다. 유치 찬성세력이 지속적으로 활동하고 있던 영광은 기한 내에 유치 청원이 유력한 지역으로 분류되었다. 이와 같은 상황에서 정부는 국무총리실과 산업자원부, 행정자치부, 과학기술부, 경찰청, 한수원이 포함된 신규 유치 발굴 범정부지원단을 구성했다. 그리고 총선 이후 다수의 지역이 유치 청원을 할 수 있게끔 하고 홍보 전문기관을 선정하여 지역 홍보를 강화하기로 한다. 목표 달성을 위해 2~3개 지역은 특별 관리에 나섰다. 또한 초기에 지역에서 갈등이 불거지는 것을 막기 위해 환경단체와 협력적 관계를 구축하기로 한다. 논란을 피하기 위해 부지선정위원회에서 관료와 산업계 인사는 제외했다. 총선을 앞두고 방폐장 사안이 수면 아래로 가라앉았지만 물밑 작업은 활발하게 일어나고 있었다.

2) 참여를 둘러싼 갈등과 반핵운동의 분열

(1) 사회적 합의기구의 부상

2004년 4월, 총선이 끝나자마자 산업자원부는 '유치 청원 액션 프로그램'을 본격적으로 추진한다. 목표는 강원, 경북, 전남, 전북 등 특정 권역에 치중되지 않게 최소 3곳 이상에서 주민 유치 청원을 유도하는 것이었다. 각 지역별로 유치 조직이 결성되고 있었으나 자생하기 힘든 단체들이 대부분이었다(산업자원부, 2004e). 이에 산업자원부와 한수원은 각 지역 유치추진단체의 사무실 임대료를 지원했을 뿐만 아니라 한수원 환경기술원과 지역 본부가 공동으로 책임지고 유치 찬성세력을 대상으로 한 교육까지 실시했다(산업자원부, 2004d). 덕분에 유치 조직의 활동이 차츰 늘어났다. 부안지역에서도 유치 찬성세력의 활동이 다시금 증가했다. **그림 5-6**은 부안군 주민을 대상으로 한 국내 원전시

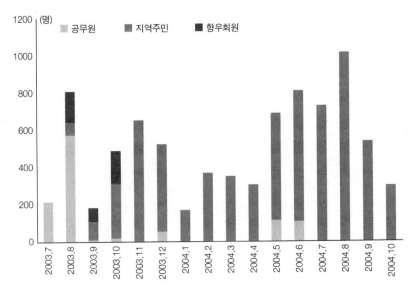

그림 5-6 부안주민의 국내 원전시설 견학 현황
자료: 미상(2004h).

설 견학 실적인데, 2004년 5월 이후 유치 신청을 위한 활동이 크게 증가했음을 알 수 있다.[39)]

5월 초에는 산업자원부 원전사업단장이 삼척, 울진, 영광, 고창 등 주요 관심 지역을 돌며 지자체장을 면담했다(산업자원부, 2004e). 이 자리에서 지자체장들은 지역 내에서 찬반 갈등이 고조될 가능성이 높은 만큼 신중히 접근해줄 것을 요청했다. 또한 특별법 제정을 촉구했다. 이미 국정현안정책조정회의에서 '원전수거물 관리시설 유치지역 지원 등에 관한 특별법'을 제정하기로 합의한 만큼 검토 작업은 신속하게 진행되었다. 핵심은 지원 대상이 되는 유치 지역을 거리 개념(반경 5km에 걸쳐 있는 읍·면·동)에서 행정구역으로 변경하고 수거물 반입수수료 규정을 신설하는 것이었다. 추가로 지자체가 특별지원금을 자율적으로 사용하는 방안을 도입했다.

환경단체를 제도 안으로 끌어들이는 작업도 속도를 냈다. 정부는 환경단체가 참여하는 에너지 정책 민관 합동포럼과 시민단체 원로인사들로 구성된 에너지원탁회의를 결성했다.[40)] 하지만 환경단체를 제도권으로 포섭하여 중앙과 지역을 분리시킨다는 계획은 뜻대로 되지 않았다. 지역의 반핵운동단체들은 방폐장 부지 선정 일정을 먼저 중단하고 사회적 합의기구를 구성할 것을 요구하면서 포럼에 참여하지 않았다. 이들은 환경단체 활동가들이 포럼을 탈퇴하고 반대 투쟁에 나서야 한다고 주장했다(산업자원부, 2004f). 영광·장흥·완도 지역이 연대하는 서·남해안 대책위가 구성되는 등 지역반핵운동이

---

39) 연도별 변화를 보면, 2003년(2003.7~12) 3257명(국내 견학 103회 2841명, 국외 견학 24회 416명)에서 2004년(2004.1~10) 5512명(국내 견학 111회 5198명, 국외 견학 15회 314명)으로 늘었다(미상, 2004h). 한수원 자료에 따르면, 2003~2004년 간담회, 식사를 명목으로 한수원 직원들이 부안주민들을 만난 것은 5000회 이상이며 관련 예산으로 11억 6000만 원가량을 사용했다(한국수력원자력, 2004).

40) 당시 에너지 정책 민관 합동포럼의 시민사회단체 위원으로는 환경운동연합, 녹색연합, 환경정의, 에너지시민연대 등 주요 환경단체들의 사무처장들이 포함되어 있었다(부안군, 2010a: 171).

확산되고 있었다. 이와 같은 상황에서 환경단체들이 에너지 정책 민관 합동 포럼에서 자유롭게 논의한다는 것은 사실상 불가능했다. 지역단체의 불참으로 출발부터 불안했던 에너지 정책 민관 합동포럼은 결국 새로운 대치 전선이 되었다.

제도화를 통해 환경단체의 힘을 약화시키는 것과 제도적 틀을 통해 사회적 합의를 추진하고 에너지 정책을 전환시키는 것 사이의 교집합은 넓지 않았다. 핵심적인 쟁점은 두 가지였다(산업심의관실, 2004; 환경운동연합, 2004). 첫째, 원전수거물 태스크포스(TF^{Task Force})의 논의 범위로, 정부는 원전수거물에 한정시키기를 원한 반면 환경단체는 원전정책 전반을 다뤄야 한다고 주장했다. 둘째, 방폐장 추진 일정 중단과 관련된 문제로, 정부는 원전수거물 태스크포스 구성 협의 과정에서 추진 일정을 논의할 것을 제안했다. 하지만 환경단체는 우선 일정을 중단한 뒤 최소 6개월 이상의 시간을 갖고 협의할 것을 요구했다. 양측의 입장은 팽팽히 맞섰다. 정부 측에 따르면, 에너지 정책 민관 합동포럼 민간위원 중 일부는 원전수거물 태스크포스 구성에 긍정적인 입장을 보이기도 했으나 환경단체가 지역단체의 반발을 무시하고 추진할 수는 없었다(산업자원부, 2004h).[41] 결국 환경단체 측 위원들은 6월 22일 에너지 정책 민관 합동포럼을 공식적으로 탈퇴했다.

그러나 정부와 환경단체 간의 협상 공간이 사라진 것은 아니었다. 열린우리당 국민통합실천위원회(위원장: 이미경 의원)가 적극적으로 개입하면서 다시 틈새가 만들어졌다. 당시 열린우리당은 4월 총선 승리로 정부에 대한 발언력이 높아진 상태였다. 특히 이부영, 이미경, 이철우 의원이 적극적으로 나

---

41) 반대로 정부 측에도 원전정책 재검토에 동의하는 인사가 존재했지만 정부 내 강경파를 설득하지는 못했다(양이원영, 2014). 에너지 정책 민관 합동포럼이 일종의 '트릭'이었다는 평가도 있다. "대화의 채널을 이렇게 해놓고 그 사람들 통해서 정부가 이렇게 투명하게 대화를 통해서 문제를 풀려고 하니, 좀 많이 협조해 주십쇼라는 그런 이미지가 더 크지 않았나라는 생각이 들어요"(면접자5, 2015.10.22).

섰다(부안군, 2010b: 165). 다만 국민통합실천위원회가 정부와 대립각을 세우고 있었던 것은 아니었다. 반대로 정부는 에너지 정책 민관 합동포럼이 무산될 경우 열린우리당을 통해 환경단체와 다시 접촉한다는 계획을 가지고 있었다(산업자원부, 2004f). 포럼의 민간위원들이 탈퇴하면서 이를 대신할 제도화 방안이 필요했고 국민통합실천위원회가 그 역할을 맡았다. 국민통합실천위원회는 방폐장 문제를 해결하기 위해서는 사회적 합의를 추진해야 한다는 입장을 가지고 있어 반핵운동진영과의 소통 창구가 될 수 있었다.

여기에 대통령 직속 자문기구인 지속가능발전위원회(위원장: 고철환)가 가세했다. 지속위는 2월부터 에너지정책공론화방안팀을 운영하고 있었고, 6월 24일 48차 국정과제 보고회의에서 지속가능한 에너지 정책을 보고하면서 정부 내에서 역할을 인정받고 있었다.[42] 국정과제 보고회 자리에서 지속위는 원전 비중을 축소 조정하는 방안(발전량 기준 40%)과 함께 에너지 정책을 공론화할 시스템의 구축을 제안했다(지속가능발전위원회, 2005a). 대통령은 지속위의 제안을 긍정적으로 받아들여 원전 비중을 재검토하고 '사회적 협의'[43]를 통해 에너지 정책을 공론화할 방안을 찾아볼 것을 지시했다(산업자원부, 2004h; 지속가능발전위원회, 2005a).

산업자원부 등 강경파 역시 달리 대안이 없었던 만큼 사회적 합의기구 구성을 거부할 수 없었다. 당시 10개 지역에서 주민 유치 청원이 이뤄졌지만 청원지역의 지자체장이 반대하거나 소극적인 입장이라 부지 지정 전망은 불투

---

42) 지속위는 33차 국정과제 보고회의(2003.12.24)에서 에너지 믹스, 수요관리 등 에너지 정책의 방향에 대해 한차례 보고한 바 있었다. 48차 국정과제 보고회의는 '전력 정책'을 중심으로 논의가 진행되었다. 보고 이후 지속위 내부에 에너지수요관리정책연구팀, 에너지정책공론화방안연구팀, 장기전원구성정책연구팀, 기후변화대응정책연구팀이 만들어져 활동했다(지속가능발전위원회, 2005a).

43) 환경운동단체들은 '사회적 합의'를, 정부는 '사회적 협의'를 주장했다. 다소 의미상 차이가 있으나 이 글에서는 '사회적 합의'를 기본 표현으로 사용한다.

명했다(산업자원부, 2004f, 2004h). '관심 지역'마저 부안 백지화와 특별법 제정 등을 선결 조건으로 제시하며 미온적인 태도를 보였다. 산업자원부는 지자체장이 적극적으로 나서지 않을 경우 부지 선정이 소모전에 그칠 가능성이 높다고 봤다. 설상가상으로 청와대와 열린우리당은 물리적 충돌은 절대 안 된다고 산업자원부를 압박했다.

당시에는 청와대라든지 그쪽에서 굉장히 압박이 심했어요. 절대 물리적 충돌이 벌어지면 안 된다, 그랬기 때문에 제가 느끼기에, 지역에서도 많이 올라왔어요, 산자부로, 조○ 국장님한테. 굉장히 국장이 괴로워했어요. 그러니까 오는 사람들이 누구예요, 반대가 아니라 유치를 하려는 사람이잖아요. 그러면 보통 예전 같으면 어, 고맙습니다, 우리 으쌰으쌰 잘해봅시다, 이게 맞잖아요. 근데 그러진 않았어요. 내부적으로 굉장히 힘들어했어요(면접자5, 2015.10.22).

산업자원부는 주무 부처였지만 상황을 주도할 수 없었다. 산업자원부는 사회적 합의의 가능성을 열어두었지만 부지 선정 절차를 중단시키지는 못했다. 산업자원부 입장에서는 '투 트랙' 전략이 불가피했다.

부안에서 그랬기 때문에 청와대며 국회며, 이미 여기에 대한 온갖 포커스가 돼 있고, 그래서 의사결정이라든지, 의지를 갖고 끌고 갈 수 있는, 산자부가, 끌고 갈 수 있는 입장이 아니었어요. 여기저기 얘기를 들을 수밖에 없어요. 청와대며, 국회며, 총리실이며, 어디며, 그러니까 산자부 입장에서는 어찌 됐든 주무 부처잖아요. 주무 부처기 때문에 가긴 가야 되는데, 항상 그래서, 어떤 쪽으로 갈지 모르잖아요. 그러니까, 그거를 다 내부에서는 준비를 해놓은 거죠, 그러니까 하려고 했죠. 공론화가 됐든 협의를 하면, 그러면 새로운 프로세스로 가야 될지에 대한 모든 경우의 수를 놓고 할 수밖에 없었어요. 그렇잖아요. 예전 같으면 그냥 밀어붙였죠. 응, 그런데 그 당시 상황은 산자부가 이렇게 밀어붙일 수 있는 환경이 아니었다니까요(면접자5, 2015.10.22).

이처럼 청와대, 열린우리당, 산업자원부, 지속위 등 주요 집단이 사회적 합의의 필요성을 인정하면서 정부는 환경단체에 논의기구 구성을 다시 제안했다. 하지만 **표 5-6**에서 볼 수 있듯이, 정부 내부에서조차 논의기구에 대한 입장이 달랐다. 사회적 '합의'와 사회적 '협의'의 차이는 논의 방식과 범위 등에 대한 입장 차이를 반영하고 있었다. 출발부터 갈등을 내포하고 있었던 것이다.

반핵운동진영의 상황도 복잡했다. 지역단체들이 에너지 정책 민관 합동포럼 참여를 반대하면서 운동진영 내에서 이미 한차례 의견 충돌이 있었다. 이후 포럼을 탈퇴한 상황에서 곧바로 사회적 합의기구를 추진할 수는 없었다. 결국 환경운동연합과 정부 측은 비공식적인 물밑 협상을 시작한다. 6월 30일, 청와대와 산업자원부, 지속위 간의 실무 간담회가 진행된 데 이어 산업자원부 차관이 환경운동연합 사무총장과 면담했다. 7월 3일에도 정부와 환경운동연합 실무자 사이에 비공식적인 논의가 오갔다(지속가능발전위원회, 2005b;

표 5-6 공론화에 대한 입장 차이: 산업자원부의 시각

쟁점	열린우리당	지속위	환경단체	산업자원부
공론화 기구 구성	국민통합실천 위원회	제3섹터 방식	사회적 합의기구	에너지포럼(대표성 있는 공론화 기구)
공론화 기간	6개월 이상	2년 이상	6개월 이상	3~6개월
원전정책 연계 여부	연계	연계	연계	분리
전제 조건	추진 일정 중단	추진 일정 중단	추진 일정 중단 부안 백지화	대표성 있는 합의기구 구성 시 추진 일정 중단 가능
포화 시점	확인조사	확인조사	확인조사	확인조사 가능
저장 방식			소내 분산*	소외 집중(사회적 공론화 기구 합의 시 수용)
부안문제			백지화	예비신청 유효(공론화 기구 논의 수용)

주: 산업자원부의 판단과 달리 당시 반핵운동진영 내부에서 저장 방식에 대한 입장은 통일되지 않았음.
자료: 산업자원부(2004f).

반핵국민행동, 2004b). 이 자리에서 박진섭 환경운동연합 정책실장은 청와대와 산업자원부가 제안한 논의 테이블 재구성은 더 이야기할 사안이 아니라는 입장을 밝혔다.

상황이 여의치 않자 국민통합실천위원회가 나섰다. 이철우 의원이 논의 테이블 재구성을 재차 제안하면서 7월 14일부터 8월 10일까지 환경운동연합 활동가와 정부 측 담당자 간에 사회적 합의기구 구성을 위한 예비회의가 5차례에 걸쳐 개최되었다(지속가능발전위원회, 2005b; 반핵국민행동, 2004b). 핵심 쟁점은 신고리 1~2호기 건설 중단 여부와 회의에 참석하고 있는 환경운동연합의 대표성이었다. 7월 23일 3차 예비회의에서 환경운동연합 측은 사회적 합의기구 구성의 전제 조건으로 부안 백지화와 신고리 1~2호기 건설 중단을 요구했다. 반면 27일 4차 회의에서 정부 측은 환경운동연합의 대표성 문제를 제기했다. 당시 회의에 참여한 박진섭(반핵국민행동, 2004b)에 따르면, 정부 측은 3차 모임에서 부안 백지화는 수용할 수 있으나 신고리 1~2호기 건설 중단은 불가능하다는 입장을 밝혔다. 그러나 4차 회의에서는 신고리 1~2호기 건설도 중단할 수 있다고 말했고, 5차 회의에서 이를 번복했다.

(2) 사회적 합의기구의 무산과 반핵운동의 분열

예비신청 마감일이 다가오면서 사회적 합의기구 구성 여부를 결정해야 했다. 8월 17~19일 열린우리당과 산업자원부, 지속위 등이 공동으로 원전 지역에 대한 현지 조사에 나서는 등 의견 조율을 위한 시도가 이뤄졌지만 합의를 이끌어내지 못했다. 결국 9월 4일, 사회적 합의와 관련된 고위 당·정·청 회의가 열렸다(미상, 2004b). 회의석상에서 청와대와 산업자원부, 국무총리실, 열린우리당 등의 입장 차이가 다시 한 번 확인되었다. 열린우리당 이미경, 이철우 의원은 신고리 1~2호기를 중단하고 사회적 합의기구를 출범시키는 것이 원전 및 방폐장을 더 빨리 짓는 방안이라고 주장했다. 반면 청와대 문재인 수석과 이희범 산업자원부 장관은 사회적 합의기구 출범을 위해 신고리 1~2호기를 중단하는 것은 안 된다고 선을 그었다. 특히 이희범 장관은 신고리 1~2호기 중단 이후에는 비핵화를 요구할 것이라며 절대 수용할 수 없다고 나왔다. 이에 이미경 의원은 신고리 1~2호기의 건설 중단이 안 된다고 보는 환경단체 사람들도 있다며 신뢰 확보를 위한 조치로 바라볼 것을 요구했다. 남영주 수석은 환경운동연합은 대표성이 없다고 비판하며 예비신청이 이뤄지면 갈등이 재연될 가능성이 높다고 주장했다. 결국 이미경 의원과 산업자원부 장관이 각각 국무총리에게 보고한 뒤 관계부처 장관회의에서 다시 논의하기로 결정하고 회의를 마쳤다.

산업자원부와 청와대, 총리실은 신고리 1~2호기 중단을 전제 조건으로 받아들일 수 없다는 입장이 확고했다. 이미경 의원이 신월성 1~2호기 중단이나 신고리 1~2호기 6개월 시한부 중단을 절충안으로 제시하면서 환경단체와 총리실, 청와대 설득에 나섰다. 이와 같은 상황에서 산업자원부는 세 가지 시나리오를 검토했다(산업자원부, 2004i). 세 가지 시나리오는 사회적 합의기구를 구성하는 방안, 현행 추진 일정대로 진행해서 예비신청이 이뤄지는 상황과 예비신청이 무산되는 상황이었다. 그리고 이 중 사회적 합의기구 구성을 가장 우려했고 예비신청이 무산되는 상황을 가장 나은 안으로 봤다. 다만 첫 번째 시나리오인 사회적 합의기구 구성은 실현 가능성이 높지 않다고 판단했다. 우선 신고리 1~2호기 중단에 대해 산업자원부는 물론 청와대나 총리실이 강하게 반대했다. 그뿐 아니라 반핵운동진영 내에서도 영광, 울산 등 지역단체들이 사회적 합의기구 구성에 반대할 가능성이 높다고 보았다. 나아가 사회적 합의기구를 구성한다고 해도 합의에 이르기 어려운 만큼 에너지 공급의 안정성만 해칠 것이라고 판단했다. 산업자원부는 열린우리당의 중재안인 신월성 1~2호기 건설 중단 역시 연기 시 연간 1400억 원 이상 손실을 감수해야 한다며 반대했다. 전라북도와 부안군 등 유치 청원 지역 내 찬성세력이 반발할 수 있다는 점도 첫 번째 시나리오를 비판적으로 보는 근거가 되었다. 두 번째 시나리오는 현행 일정대로 추진해서 예비신청이 이뤄지는 상황이었다.

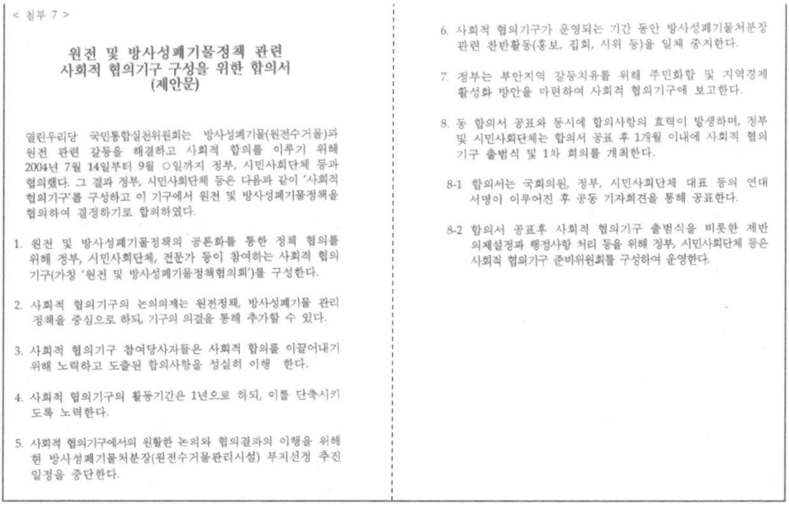

< 첨부 7 >

원전 및 방사성폐기물정책 관련 사회적 협의기구 구성을 위한 합의서 (제안문)

열린우리당 국민통합실천위원회는 방사성폐기물(원전수거물)과 원전 관련 갈등을 해결하고 사회적 합의를 이루기 위해 2004년 7월 14일부터 9월 ○일까지 정부, 시민사회단체 등과 협의했다. 그 결과 정부, 시민사회단체 등은 다음과 같이 '사회적 협의기구'를 구성하고 이 기구에서 원전 및 방사성폐기물정책을 협의하여 결정하기로 합의하였다.

1. 원전 및 방사성폐기물정책의 공론화를 통한 정책 협의를 위해 정부, 시민사회단체, 전문가 등이 참여하는 사회적 협의기구(가칭 '원전 및 방사성폐기물정책협의회')를 구성한다.

2. 사회적 협의기구의 논의의제는 원전정책, 방사성폐기물 관리정책을 중심으로 하되, 기구의 의결을 통해 추가할 수 있다.

3. 사회적 협의기구 참여당사자들은 사회적 합의를 이끌어내기 위해 노력하고 도출된 합의사항을 성실히 이행 한다.

4. 사회적 협의기구의 활동기간은 1년으로 하되, 이를 단축시키도록 노력한다.

5. 사회적 협의기구에서의 원활한 논의와 협의결과의 이행을 위해 현 방사성폐기물처분장(원전수거물관리시설) 부지선정 추진 일정을 중단한다.

6. 사회적 협의기구가 운영되는 기간 동안 방사성폐기물처분장 관련 찬반활동(홍보, 집회, 시위 등)을 일체 중지한다.

7. 정부는 부안지역 갈등치유를 위해 주민화합 및 지역경제 활성화 방안을 마련하여 사회적 협의기구에 보고한다.

8. 동 합의서 공표와 동시에 합의사항의 효력이 발생하며, 정부 및 시민사회단체는 합의서 공표 후 1개월 이내에 사회적 협의기구 출범식 및 1차 회의를 개최한다.

8-1 합의서는 국회의원, 정부, 시민사회단체 대표 등의 연대 서명이 이루어진 후 공동 기자회견을 통해 공표한다.

8-2 합의서 공표후 사회적 협의기구 출범식을 비롯한 제반 의제설정과 행정사항 처리 등을 위해 정부, 시민사회단체 등은 사회적 협의기구 준비위원회를 구성하여 운영한다.

그림 5-7 사회적 합의기구 구성 합의서: 제안문
주: 합의서 서명인은 국민통합실천위원회(이미경, 이철우 의원), 산업자원부(이희범 장관), 지속가능발전위원회(고철환 위원장), 시민사회단체대표(미정)임.
자료: 산업자원부(2004j).

군산과 삼척이 유치 신청을 할 가능성이 있다고 봤는데, 이들이 유치 신청을 할 경우 부안과의 공정경쟁을 요구할 것으로 예상했다.[44] 그러나 정부가 부안군에 주민투표를 요청하면 곧바로 지역 내에서 격렬한 갈등이 재연될 가능성이 있었다. 마지막 시나리오는 예비신청이 없는 상황이었는데, 역설적으로 산업자원부가 가장 선호하는 안이었다. 우선 예비신청이 없을 경우 부안만 유치 신청이 인정되어 다른 지역으로 갈등이 확산되지 않을 것으로 보았다. 또한 정부가 시민단체에 굴복했다는 비판을 피할 수 있었다. 나아가 추후 중저준위 방사성폐기물처분장 우선 확보 방안 등 여러 가지 대안을 종합적으로

---

44) 당시 산업자원부가 파악한 바에 따르면 군산과 삼척은 지자체장(유보)과 국회의원(중립)이 반대 입장을 취하지 않은 곳이었다. 울진, 고창, 영광 등 다른 지역은 지자체장과 국회의원 모두 반대 입장이라 사실상 부지 지정이 불가능하다고 보았다. 부안은 지자체장이 찬성하나 국회의원은 반대하고 있었다(산업자원부, 2004j).

검토하여 로드맵을 수립할 수 있는 시간을 확보할 수 있다고 판단했다.

9월 12일 국민통합실천위원회가 지속위와 협의하고 환경운동연합의 의견을 반영하여 절충안을 제시했다. 반핵국민행동은 논란 끝에 절충안을 수용했다(반핵국민행동, 2004d). 비공개를 전제로 신고리 1~2호기를 6개월 유보하고, 신월성 1~2호기와 신고리 3~4호기의 건설 문제를 원전정책 논의에 포함시키는 방안이었다(산업자원부, 2004j). 반핵운동진영이 타협안을 받아들이고 열린우리당과 지속위가 적극적으로 나서면서 산업자원부도 한발 물러섰다. 산업자원부 장관까지 사회적 합의기구 구성에 동의했다. 그러나 국무총리실에서 제동을 걸었다.[45] 결국 사회적 합의기구 구성은 무산되고, 예비신청도 이뤄지지 않은 채 마감일을 넘겼다.

이로써 정부는 다시 원점으로 돌아갔다. 하지만 반핵운동진영은 사회적 합의기구 논란 이전으로 돌아가기 힘들 만큼 깊은 내상을 입었다. 환경운동연합은 국민통합실천위원회와의 논의를 공식적 참여가 아닌 비공식적 자문 정도로 생각했다(반핵국민행동, 2004b). 공식기구가 아닌 만큼 자율적으로 결정하고 판단할 수 있는 상황으로 본 것이다. 그러나 다른 단체들은 이와 같은 상황을 환경운동연합의 패권적 행동으로 바라봤다. 에너지 정책 민관 합동포럼부터 잠재되어 있던 내부 균열은 환경운동연합과 정부 사이의 비공개 협의가 알려지면서 갈등으로 폭발했다. 그리고 이를 계기로 반핵국민행동은 8월 20일 17차 전국집행위원회에서 조직 개편을 결정한다(반핵국민행동, 2004b). 환경운동연합이 반핵국민행동을 대표해서 정부와 협상하는 것에 대해 지역

---

45) 최종 단계에서 사회적 합의기구 구성이 무산된 이유는 다소 불분명하다. 그러나 전후 정황과 심층면접자(면접자2, 면접자5, 면접자10)의 진술에 비춰볼 때, 이해찬 국무총리가 합의안을 거부한 것이 결정적인 역할을 한 것으로 보인다. 건설 단계에 돌입한 원전을 중단시킬 수 없다는 것 이외에 중저준위 방사성폐기물의 경우 공론화가 필요 없다는 국무총리의 지론이 영향을 미쳤을 것으로 추정된다. 중저준위 방사성폐기물처분장 분리안에 대해서는 다음 절의 내용을 참고할 것.

단체들이 반발하면서 이뤄진 조치였다. 당시 반핵국민행동은 사무국을 두고 사무국이 반핵국민행동을 대표하는 형태로 운영되고 있었다. 환경운동연합이 사무국을 맡고 있었던 만큼 형식적으로는 문제가 없었으나 내부적인 의견 조율에 적극적으로 나서지 않으면서 문제가 발생했다. 결국 반핵국민행동은 사무국을 해체하고 집행위원장과 간사단체의 형태로 조직 체계를 개편했다. 이로 인해 환경운동연합이 사무국으로 파견했던 활동가는 복귀 조치되고, 녹색연합의 김제남 사무처장이 집행위원장을 맡았다. 간사단체로는 청년환경센터(現 에너지정의행동)가 선임되었다.[46]

갈등의 배경에는 사회적 합의기구, 나아가 운동 전략에 대한 입장 차이가 존재했다. 다시 말해 열린우리당 등을 매개로 정부와 협상을 추진하자는 쪽과 정부가 방폐장사업을 중단하지 않는 상황에서 사회적 합의기구에 참여하는 것은 들러리 서기에 불과하다는 입장이 대립했다. 이것은 환경운동연합을 중심으로 한 협상파와 영광 등 지역단체를 중심으로 한 강경파 사이의 갈등으로 표면화되었다.[47][48] 지역단체들은 "지역의 의사와는 무관하게 서울 단체만 협의하고, 지역과는 별개로 정부에서는 환경단체와 수없이 논의했다고 할 때는 중간에서 입장 취하기 어렵"고, 그 사이 "지역은 쑥대밭"이 된다며 사회적 합의기구 구성에 비판적인 의견을 밝혔다(반핵국민행동, 2004b). 이들이 원론적인 차원에서 합의기구 구성 자체를 반대하는 것은 아니었다. 문제는

---

46) 당시 조직 재편 방안에 대해서는 의견이 분분했다. 서울의 간사단체와 원전 지역, 방폐장 지역으로 조직을 삼원화하는 방안, 집행위원장 선출을 통해 조직을 강화하는 방안과 개별 단체의 자율성을 강화하는 방안, 집행위원장과 사무국장을 동일 단체가 수행하는 방안과 분리하는 방안 등 다양한 의견이 제출되었다(반핵국민행동, 2004b). 그만큼 사안, 지역, 단체별로 연대체에 대한 시각이 상이했던 것으로 볼 수 있다.

47) 정부 측과의 비공식 협의가 환경운동연합의 조직적 결정이었던 것은 아니다. 환경운동연합 내에도 협상을 비판하는 활동가와 협상을 통해 해결을 모색하는 활동가들이 공존하고 있었다.

48) 앞서 언급했듯이, 영광 등 몇몇 지역의 반핵운동가들은 주민투표 실시를 우려했다. 부안에서는 승리할 수 있을지 모르나 다른 지역에서는 패배할 가능성이 높다고 보았기 때문이다.

국면에 대한 판단이 서로 엇갈렸고, 이를 충분히 내부적으로 논의하지 못했다는 데 있었다. 사회적 합의기구 참여 여부를 결정해야 하는 시점까지 반핵국민행동은 각 지역과 단체별로 충분한 토론을 거친 뒤에 다시 논의하자는 어정쩡한 결론을 내리기를 반복했다(반핵국민행동, 2004c).

9월 12일, 국민통합실천위원회의 중재안을 논의하기 위해 소집된 대표자-집행위원 연석회의는 그동안 봉합시켜온 갈등이 한꺼번에 분출되는 계기가 되었다(반핵국민행동, 2004d). 중재안의 골자는 신고리 1~2호기 건설 6개월 유보를 이면 합의하고 신월성 1~2호기와 신고리 3~4호기 건설을 사회적 합의기구에서 논의하는 것이었다. 다만 사회적 합의기구의 위상은 협의기구로 하고 구체적인 사항은 준비위원회에서 결정하기로 한다. 환경운동연합과 부안대책위를 중심으로 찬성 의견이 제시되고 영광 등 지역단체에서 주로 반대 또는 우려 의견을 피력했다. 찬성 측은 정부의 일정 중단과 사회적 합의기구 구성 제안이 반핵운동의 성과라고 주장하며 사회적 합의기구 구성을 반대할 명분이 약하다는 점을 강조했다. 반대 측은 주로 사회적 합의기구를 구성하는 시기가 적절치 않고 지역별 상황이 다르기 때문에 사회적 합의기구 구성으로 상황이 더 어려워지는 지역이 나올 수 있다고 반박했다. 반대 측은 15일 예비신청 마감일을 앞두고 기구 구성에 합의하는 것은 정부의 전략적 후퇴에 힘을 실어줄 뿐이라고 주장했다. 합의점을 찾기는 어려웠다. 결국 다수결로 결정, 중재안에 동의하기로 한다. 그러나 합의서 서명은 개별 단체 명의로 하고, 반핵국민행동은 별도의 성명서를 발표하지 않기로 결정했다. 단체별로 충분히 논의하지 못한 상황에서 반핵국민행동 차원의 견고한 합의도 이끌어내지 못한 채 중재안이 통과된 것이다.

그러나 반핵국민행동이 내부 갈등을 무릅쓰고 중재안을 수용한 데 반해 정부 내 강경파는 이를 거부했다. 그리고 그 여파는 반핵운동진영의 응집력 약화로 이어졌다. 영광, 진도, 완도 핵폐기장 반대 대책위 등이 곧바로 중재안 수용을 비판하고 나섰다(≪영광21≫, 2004; 전략상황실, 2004). 이들은 일부 환경단체와 부안대책위가 정부와 밀실협상을 하면서 다른 지역과 충분한 협의 없이 사회적 '합의'도 아닌 '협의' 기구를 추진해왔다고 성토했다. 환경운동연합이 반핵국민행동 사무국에서 사실상 축출된 가운데 밀실협상이라는 비판까지 받아가며 추진한 사회적 합의기구 구성마저 무산되면서 반핵운동은 심한 내홍을 겪게 되었다. 방폐장 부지 예비신청은 무산되었지만 반핵운동진영에게는 상처뿐인 승리였다.

3) 중저준위 방사성폐기물처분장 분리 방안의 도입

사회적 합의기구 구성과 예비신청이 동시에 무산되면서 정부는 다시 한 번 추진 계획을 재검토한다(산업자원부, 2004h; 정태석, 2012). 하지만 연이은 부지 선정 실패로 인해 산업자원부의 발언력이 약해졌다. 대신 국무총리실에서 적극적으로 개입하기 시작했다. 새롭게 부임한 이해찬 국무총리는 전임 고건 총리와 달리 방폐장 문제를 본인 손으로 매듭짓겠다는 의지가 강했다(미상, 2004c; 부안군, 2010b: 322~330).

국무총리실로 주도권이 넘어가면서 사용후핵연료 처리·처분 시설과 중저준위 방사성폐기물처분장을 분리시키는 방안이 대안으로 급부상했다. 사실 분리 방안이 새로운 것은 아니었다. 가깝게는 2002년 한수원이 사용후핵연료처분장을 분리하는 방안을 검토한 바 있었다(미상, 2003g). 당시 유치 희망 지역에서 사용후핵연료를 중저준위 방사성폐기물과 분리할 경우 부지를 제공할 수 있다는 제안을 했었다. 당시 한수원은 사용후핵연료를 제외할 경우 처분장에 대한 주민수용성은 높아질 수 있으나 사용후핵연료 중간저장시설을 별도로 건설하는 것이 용이하지 않다고 보고 분리 방안을 포기했다. 그러나 2003~2004년 연속적으로 방폐장 부지 선정에 실패하면서 분리 방안이 다시 대안으로 부상했다.

분리 방안이 유력한 선택지로 떠오른 것은 2004년 9월경이었다. 그전까지 분리 방안은 아이디어 차원에서 단편적으로 논의되었을 따름이다.[49] 기본적으로 산업자원부는 분리 방안이 주민수용성을 높이는 데 도움이 될지 모르지만 문제점이 더 많다고 보았다(산업자원부, 2004i). 우선 경제적으로 처분 비용이 증가했다. 충당금 적립 기준을 적용할 때, 중저준위 방사성폐기물의 처분 비용은 사용후핵연료의 1/60에 불과하나 유치 지역에 대한 경제적 지원을 축소하는 것은 현실적으로 불가능했다. 또한 사용후핵연료 관리 정책이 장기 표류할 가능성이 있었다. 산업자원부의 입장에서 분리 방안은 최후의 카드였다.

그러나 국무총리실이 가세하면서 이야기가 달라졌다. 방사성폐기물 처분 문제에 관심이 많았던 이해찬 총리는 1995년경부터 중저준위 방사성폐기물과 고준위 방사성폐기물을 분리해야 한다고 주장해온 터였다(면접자5, 2015. 10.22; 면접자6, 2015.10.25; 부안군, 2010b: 322~330). 이해찬 총리는 고준위 방사성폐기물은 가치-편익 간의 선택의 문제인 반면 중저준위 방사성폐기물은 기술적으로 해결 가능한 문제로 인식했던 듯하다. 따라서 고준위 방사성폐기물은 환경단체와 전문가가 참여해서 사회적 논의를 거쳐야 하지만 중저준위 방사성폐기물은 그럴 필요가 없다고 판단했다.

이해찬이가 여기를 오면서 뭔 이야기를 하냐 하면, 96년도인 거 같다, 어떤 이야기를 하냐 하면, 야, 사용후핵연료하고 중저준위하고 왜 같이 하려고 그러냐, 따로 분리를 해서 하지, 이 이야기를 한다고, 이해찬이가, 그때 당시에, 그러면서, 그거 찾아보면 나올 거야, 국회 기록에 보면 나올 거야, 그러면서 이 사람

---

49) 당시 산업자원부에서 에너지 정책 공론화를 담당했던 면접자5에 따르면, 2004년 상반기에 분리 방안이 "톡톡" 튀어나오기는 했어도 구체적인 논의 의제로 다뤄지진 않았다고 한다. "정부의 논의 틀 속에서는 그런 게 없었지만 개인적으론 톡톡 튀어 나왔었어요. …… 한수원에서도 아니고, 같이 못 한다, 이런 의견도 개인적으로 톡톡 튀어나왔고, 중간 중간에, 그게 어떤 논의의 의제로 들어온 적은 없었어요. 내 기억에"(면접자5, 2015.10.22). 실제로 분리 방안이 정부의 공식 문서에 등장하기 시작한 것도 2004년 9월부터다.

이 총리를 하는 거잖아. 총리를 하면서 분리를 시킨 거라고. 총리를 하면서 분리를 해가지고 중저준위 갖고 자연스럽게 이쪽 부안이 이렇게 되면서 저기로 간 거지"(면접자6, 2015.10.22).

이와 같은 분리 방안에 대해 산업자원부와 한수원, 원자력계는 반대 의사를 밝혔다. 중저준위 방사성폐기물처분장만 건설할 것이면 왜 짓느냐는 말까지 나왔다. 그러나 연속적인 실패로 인해 이들의 발언력이 낮아진 상태였다. 국무총리는 "한수원 말만 듣지 말고, 원전수거물이 얼마나 쌓여 있는지, 2008년도에 포화가 되는지" 등 사실 여부부터 확인할 것을 지시했다(미상, 2004c). 국무총리실이 강하게 밀어붙이면서 분리 방안은 추진력을 얻게 되었다.

분리 방침을 사실상 확정한 뒤 정부는 처분 방식을 재검토했다. 가장 집중적으로 검토된 안은 소내 분산저장 방식이었다(과학기술부, 2004; 원전사업지원단, 2004). 중저준위 방사성폐기물의 분산저장은 산업자원부나 한수원이 선호하는 방안은 아니었다. 방사성폐기물 수송 과정에서 사고가 발생할 가능성을 줄이고 수송 과정에서의 사회적 저항을 줄일 수 있으나 처분장을 여러 곳에 지어야 하는 만큼 건설비 부담이 커졌다. 그러나 부지 확보 자체가 불투명한 상태에서 경제성을 따지는 것은 무의미했다. 임해 지역에서 거듭 실패하면서 부지조사 실적이 없는 내륙 지역까지 검토되고 있는 상황이었다(미상, 2004d). 조사 결과, 내륙 지역은 경제성과 수용성 모두 임해 지역보다 떨어지는 것으로 나왔다. 이로써 내륙 지역은 선택지에서 제외되었다. 이후 정부는 소내 분산저장 방식의 실현 가능성을 따져보기 위해 주요 지역을 돌며 동향을 파악했다. 기간은 11월 11, 12, 16일, 대상 지역은 원전 소재지인 고리, 영광, 월성, 울진과 더불어 유치 여부를 놓고 정부와 줄다리기를 하던 삼척, 군산이었다(산업자원부, 2004m; 총리비서실, 2004). 방문 결과, 원전 소재지에 분산 건설하는 방안은 현실성이 떨어지는 것으로 확인되었다. 고리와 월성은 대도시 인근 지역으로 유치 움직임이 없을 뿐만 아니라 지자체장이나 주민이 반대하여 사실상 불가능한 것으로 파악되었다. 유치 조직이 활동하고 있던 영광이나 울진도 낙관하기 어려운 상황으로 분석되었다. 오히려 지자체장이나 지방의회가 유치 의사를 표명한 삼척과 군산이 유력한 지역으로 떠올랐다. 결국 분산저장을 공식화하는 것은 실익이 없는 것으로 결론이 났다. 이로써 건설 방식은 1곳 집중저장 방식으로 확정되었다.

추진 방식은 유치 신청 방식의 근간을 유지했다. 문제는 주민투표 후보 지역을 확보하는 것이었다. 정부는 최대한 복수의 후보지를 확보하기 위해 유치 신청과 지정 방식을 병행하는 방안을 추진했다(산업자원부, 2004k). 이를 위해 소내 분산저장은 어려울 것으로 판단했음에도 불구하고 복수의 경쟁 지역을 확보하는 차원에서 원전 소재 지역을 후보지에서 제외시키지 않았다.[50] 부지 확보 자체가 불확실한 상황인 만큼 지원금도 축소할 수 없었다. 양성자 가속기사업이 분리되기를 기대했던 과학기술부의 바람도 희망 사항으로 끝났다. 산업자원부가 지역의 수용성을 높이기 위해서는 연계 방안을 유지해야 한다고 강력하게 주장하면서 양성자가속기사업 부지 선정은 2005년 12월로 다시 연기되었다(산업자원부, 2004k).

새로운 추진 계획의 윤곽이 잡히면서 정부는 각계의 의견을 확인하기 시작했다. 당초 분리 방안에 부정적인 입장을 취했던 원자력학계나 원자력연구소, 유관기관은 찬성 입장으로 돌아섰다(미상, 2004e). 문제는 환경단체와 지역주민단체였다. 원자력계는 부안문제를 우선 해결한 뒤 시간을 갖고 설득할 것을 제안했다. 그러나 정부는 더 이상 환경단체와의 협의에 미련을 두지 않았다. 10월 9일, 열린우리당과 지속위 위원, 반핵국민행동 대표단과 부안 주민대표가 참여하는 간담회가 개최되었다(지속가능발전위원회, 2005b). 이 자리

---

50) 산업자원부(2004m)의 추진 방안에 따르면, 주요 관심 지역은 군산, 장흥, 삼척이었다. 여기에 울진, 영광, 완도, 고창이 추가되었다. 영덕, 포항, 양양, 고흥, 진도, 울주, 보령은 여론조사를 통해 후보지로 지정할 수 있는 지역으로 분류되었다.

에서 이미경 의원은 정부의 분리 방침에 대해 설명했고 국민통합실천위에서 담당하기로 한 합의기구에서 구체적인 절차 및 방식에 대해 논의할 것을 제안했다. 그리고 사용후핵연료와 원전·에너지 정책은 향후 구성될 국가에너지위원회로 넘길 것을 권했다. 반핵운동진영은 분리 방안에 반대 의견을 피력하며 원전정책을 검토한 뒤 방사성폐기물 문제를 논의하는 것이 순서라는 입장을 고수했다. 하지만 정부는 개의치 않았다. 이미 정부는 분리 방침을 확정한 뒤, 환경단체와 협의를 추진하되 협의가 여의치 않으면 바로 신규 절차에 따라 사업을 추진하기로 결정한 상태였다(산업자원부, 2004m).

나아가 정부는 재추진을 위해 조직 체계를 정비했다(산업자원부, 2004m). 국무총리실 주도로 각 부처를 아우르는 정책조정회의가 장관급과 실무진급에서 수시로 개최되었다. 여당과의 입장 차이는 고위 당·정·청 회의를 거쳐 줄여나갔다. 청와대 수석을 통해 청와대와 국무총리실 간의 의견 조정도 활발하게 이뤄졌다.[51] 실무적인 논의 및 사업 추진은 국무총리실에서 주재하는 상황점검반 회의가 맡았다. 상황점검반 회의는 2004년 말 원전센터 상황점검반이 구성되면서 개최되기 시작했는데, 관련 부처의 1급·국장급 인사가 참석했다. 이를 통해 부처 간 의견 충돌로 혼선이 빚어지는 일은 상당 부분 사전에 방지할 수 있게 되었다. 나아가 범정부적 조직 체계를 구축함으로써 정책의 집행력을 끌어올릴 수 있었다.[52] 일례로 방폐장 부지 선정 이후 훈·포

---

51) 산업자원부 백서 초안에 따르면, 청와대 이강철 시민사회수석과 문재인 민정수석이 수시로 지역 동향을 대통령에게 보고하고 지침을 받아 내각에 전달했다. 이 부분의 내용은 공개 시 논란을 야기할 수 있다는 이유로 백서에서 삭제할 것을 요청받았다. 하지만 이후 백서 자체가 공개되지 않고 정부 부처 안에서만 소수 배포된 것으로 보인다. 산업자원부(2006a) 참고.

52) 상황점검반 회의에서 논의된 사항 중 정책적 결정이 필요한 사항은 국정현안정책조정회의에 상정되었다. 그러면 관련 부처 장관, 청와대 및 총리실 관계 수석 간의 의견 조정이 이뤄졌다. 산업자원부 백서(2006a)에 따르면, 국정현안정책조정회의는 7회, 고위 당·정·청 간담회 및 당정 협의, 산업자원위 보고는 10여 차례 개최되었다. 상황점검반 회의(2005년 9월 이후 관계기관 대책회의)는 30회가량 열렸다. 2004년 말 신설된 원전센터 상황점검반 회의는 국무조

표 5-7 방사성폐기물처분장 부지 선정 관련 공고안의 변화

구분	2003년 6월	2004년 2월	2005년 3월
시설 범위	중저준위 처분장과 사용후핵연료 중간저장시설 통합 추진(사용후핵연료 영구 처분 논란 야기)	중저준위 영구처분장, 사용후핵연료 중간저장 시설로 공고문에 명시	특별법에 사용후핵연료 관련 시설 배제 명시
절차	지자체장 신청(부재 시, 주민 유치 신청 지역에서 주민투표 추진)	• 신청 방법 다원화(주민 유치 청원, 지방의회 요청, 지자체장 신청) • 주민투표 이후 본 신청	의회 동의 및 주민투표 필수
지역 경쟁	단수로 절차 진행 가능	• 단수 지역 가능 • 복수 지역 유치 유도	3개 이상 지역 경합 구도 (실패 시 여론조사 자료를 통해 지정 방식 병행)
부지적합성 조사	후보 부지 지정 후 조사 실시	유치 청원 접수 후 또는 필요시 지자체장의 협조를 얻어 조사 착수	주민투표 신청 지역에 한해 사전 부지적합성 조사 실시
지역 지원	공고 이전 담화문에 포함 (지역 지원금, 양성자가속기, 한수원 본사 이전, 간접지원 협의)	공고문에 지원 내역 명시	특별법에 의해 특별지원금, 한수원 이전, 반입수수료 등 보장(중저준위 방폐장 분리로 지원금 인상 효과/ 지원 범위 확대)
관계부처 의견 조율	산업자원부·한수원 주도	산업자원부·한수원 주도	• 국무총리실 총괄 • 상황점검반, 당·정·청 회의 등을 통해 사업 추진 전반에 걸친 의견 조율 정례화

자료: 산업자원부(2003b, 2004a, 2005d).

장을 받은 이들의 명단을 보면 당시 추진 조직이 상당히 포괄적으로 구성되어 있음을 알 수 있다(미상, 2005a). 즉, 범정부적 조직 체계 안에는 청와대와 국무총리실, 산업자원부 등 정부 관련 부처, 지방정부, 한수원, 원자력문화재단 등 여러 기관이 포함되어 있었다. 국정원과 경찰청 등 정보기관도 중요한 역할을 했던 것으로 보인다.

정실 경제조정관이 주재했고, 관련 부처 1급·국장급 관료와 한수원 방사성폐기물사업본부장 등이 참석했다.

방폐장 건설 방식이 확정되면서 「중저준위 방사성폐기물 처분시설의 유치 지역지원에 관한 특별법」(이하 특별법) 제정이 추진되었다. 특별법에는 사용 후핵연료 관련 시설을 건설할 수 없다는 규정이 포함되었다. 공고문의 형태로 발표되었던 경제적 지원 사항은 법으로 명문화되었다. 한수원 본사 이전 또한 법제화되었고, 5km 내 타 시군 지역에 대한 지원 근거가 신설되었다. 특별법은 2005년 3월 2일, 큰 반발 없이 국회 본회의를 통과했다.

4) 지역 간/내 경쟁 구도 창출과 유치 경쟁으로의 전환

(1) 경쟁 도입을 위한 지역관리

특별법 제정이 완료되면서 정부의 새로운 추진 전략 수립은 종료되었다. 그러나 여전히 부지 선정 여부는 불확실했다. 당시 정부가 유력 지역으로 분류했던 삼척은 시장이 구속되면서 유치위원회의 활동이 위축된 상태였다(경찰청, 2005a; 산업자원부, 2005a). 군산시 역시 시장이 구속되었지만 삼척과 달리 광역지자체가 강력하게 지원하고 있었다. 전라북도와 군산시, 군산대 등을 아우르는 협력 체제도 견고했다. 다른 지역에서 '군산 들러리' 의혹을 제기할 정도였다. 자발적인 주민투표 신청은 군산만 가능할 것처럼 보였다(산업자원부, 2005b). 그러나 군산 한 곳에 집중하는 것은 위험 부담이 컸다. 정부의 예상대로라면, 복수 지역에서의 동시 주민투표가 가장 승산이 높았다. 따라서 정부는 지역 간/내 경쟁 구도를 창출하는 데 자원을 쏟아붓기 시작했다.[53]

우선 신청 지역을 확보하기 위해 지역 내 찬성 조직의 활동을 적극적으로 지원했다(산업자원부, 2005d). 2003년 부안에서는 한수원 직원 90명(산업자원부 직원 8명 별도)이 부안 사무소에서 활동하면서 논란이 된 바 있었다. 2004

---

53) 당시 정부 내에는 부지 선정이 단일 구도로 진행되어서 실패했다는 인식이 상당히 강했다(면접자5, 2015.10.22).

년에는 한수원 건설사무소를 발족시켜 총 98명이 4개 지역에서 활동했다(산업자원부, 2005b). 당시 한수원은 대전 사무소와 동해안 추진실, 서해안 추진실을 설치해 각각 군산, 울진과 삼척, 영광과 고창지역을 대상으로 주민 접촉 홍보를 실시하고 찬성 조직의 활동을 지원했다. 부안 사무소 역시 유지되고 있었다. 그러나 지역 내 찬성 조직을 강화하기로 하면서 한수원은 주민 접촉 활동을 자제하는 대신 지역 내 찬성 단체를 전면에 내세웠다. 즉, 한수원은 지역 내 상주 인력을 배치하지 않고 인근 원전 본부에서 파견하는 형태로 지역을 관리했다. 물론 한수원의 철수는 전략적 보류일 뿐이었다. 한수원은 찬성 조직의 역량이 부족하여 지역 홍보에 애를 먹자 다시 적극적으로 개입했다. 한수원 주도로 지자체와 협력하여 대중교통이나 지역미디어, 문화체육행사를 활용한 홍보를 실시한 것이 단적이 예다. 한수원은 지자체가 주도하는 주민 견학, 찬성 지지성명 릴레이, 통반장·이장·부녀회 순회 간담회에도 적극적으로 관여했다(산업자원부, 2005h).[54]

또한 정부는 지역 내 찬성 조직을 강화하기 위한 조치로 지자체장과 지자체의 개입을 유도했다. 6월 16일 부지 선정 공고부터 9월 15일 주민투표 실시 요구까지 3개월간 지자체가 자체 예산으로 집행한 유치경비를 사전주민투표운동의 명목으로 지원하는 조치가 대표적인 사례였다. 주민투표법에 따라 주민투표 발의일부터 주민투표 전일까지 소요된 경비는 국가가 부담하기로 되어 있었다. 문제는 주민투표 발의일 전까지의 경비였다. 지자체는 국비 지원이 되지 않는 사전주민투표운동까지 지원을 요구했다. 산업자원부는 기획예산처가 재정지원을 거부할 경우 사업자(한수원) 예산으로 지원하기로 결정하는 등 적극적인 지원을 약속했다(산업자원부, 2005i).[55] 그리고 **표 5-8**처럼 사

---

54) 당시 한수원이 활용한 대중교통은 택시(군산 택시 150대, 경주 택시 200대, 포항 택시 50대)와 버스(군산 버스 70대)였다. 한수원의 홍보는 지역에서 유통되는 소주병에 관련 광고를 내보낼 만큼 광범위하게 전개되었다(산업자원부, 2005h).

표 5-8 사전주민투표운동 유치경비 정산 내역

(단위: 백만 원, 재원: 원전사후처리충당금)

구분		경주	군산	포항	영덕	소계	비고
유치찬반단체 보조금	요청액	1,200	1,690	801	2,300	5,991	
	보전액	1,200	600	801	500	3,101	
정보 제공 비용	요청액		699	109		778	홍보물 제작, 견학 비용
	보전액		206	108		314	
지자체 유치 전담 기관 운영비	요청액		27	4		31	비품비, 출장비
	보전액		10	4		14	
합계	요청액	1,200	2,386	914	2,300	6,800	
	보전액	1,200	816	913	500	3,429	

주1: 군산 제외 금액 내역ㅡ보전 기간 외 경비(1억 3500만 원), 유치찬반단체 자체 조달금(6억 1000만 원), 새만금사업 관련 보조금(4억 8000만 원), 증빙서류 부재(3억 4500만 원).
주2: 영덕은 유치경비 정산 문제로 군수가 소송에 휘말림.
자료: 산업자원부(2006c).

전주민투표운동 비용을 원전사후처리충당금으로 지원해줬다. 산업자원부의 지원 금액은 경주 12억 원, 군산 8억 1600만 원 등 4개 지역을 합쳐 34억 원을 넘는 규모였다.

지역별 전담 조직을 강화하는 조치도 취해졌다. 산업자원부는 사무관·서기관급 실무자들이 지자체 및 지방의회의 의사결정 계층과 접촉하는 데 한계가 노출되자 주요 지역별로 고위급 지역담당관을 배치한다(산업자원부, 2005i). 산업자원부 내 고위급 관료와 실무과장, 한수원 본부장을 결합하여 각 지역을 전담하는 조직 체계를 구성한 것이다. 나아가 유치 신청이 불확실한 동해안 지역을 집중적으로 방문하여 찬성 조직의 활동을 독려했다(산업자원부, 2005h). 주요 인사가 참여하는 순회 간담회를 개최하여 지자체장과 지방의회 간의 네

---

55) 2004년 공고 당시 정부는 주민의견 수렴비 등의 명목으로 소요 경비를 지원한다는 점을 명시했다. 따라서 2005년 공고문에 경비 지원이 공식적으로 포함되지 않았음에도 불구하고 지자체들은 관련 경비를 지원해줄 것으로 기대했다(산업자원부, 2006a).

트워크 구축을 뒷받침하는 한편 특별교부세 교부 등 경제적 지원책을 추가로 제시했다.[56] 부지 선정 기준 또한 경쟁을 최대한 자극하는 형태로 확정지었다. 즉, 찬성률이 가장 높은 지역을 부지로 선정하기로 결정했다(산업자원부, 2005g).[57]

다음으로 정부는 각 지역에서 찬성세력이 결집할 수 있는 시간을 확보하기 위해 사전 부지조사를 실시했다(산업자원부, 2005d; 정주용, 2008: 172). 3월 말 경주시의회가 유치 신청 의사를 밝힌 이후 공개적으로 유치 신청 결정을 내린 지자체가 없어서 자칫 정부의 계획과 어긋날 수 있는 상황이었다. 마침 부지선정위원회가 부지적합성 논란을 줄이기 위한 방안으로 주민투표 실시 시기를 늦추고 사전 부지조사를 실시할 것을 제안했다(산업자원부, 2006c: 78~79). 굴업도 사례를 놓고 볼 때 유치 신청 전에 부지적합성을 확인한다고 해서 나쁠 것은 없었다.[58] 이에 정부는 개별 접촉으로 인한 논란을 피하기 위해 모든 지자체에 안내문을 발송한 뒤 군산, 경주, 울진, 영덕, 포항, 삼척 순으로 사전 부지조사에 착수했다(산업자원부, 2006c: 79).

나아가 정부는 자율유치 신청만으로 경쟁 구도가 만들어지지 않을 가능성에 대비했다. 정부는 여론조사를 지속적으로 실시하여 동향을 파악한 뒤 찬성률이 높은 지역을 대상으로 주민투표 실시를 요구하는 방안을 최후의 카드

---

56) 정부는 유치 활동 촉진을 위해 경주시와 경주시의회에서 요청한 신월성 1~2호기 실시 계획을 승인했다(산업자원부, 2005i). 이로 인해 특별지원금 697억 원, 기본지원금 연간 45억 원이 경주시로 배부되었다.

57) 이와 같은 선정 기준은 2003년 부안과 비교해보면 크게 변한 것을 알 수 있다. 2003년의 경우, 당초 한수원이 제시한 방안은 부지 환경과 사업효율성, 주민수용성에 각각 60점, 30점, 10점을 배정해 선정 기준에서 주민수용성의 비중이 그리 높지 않았다. 물론 이와 같은 방안은 주민 반대가 확산되면서 안전성 평가와 사업효율성 부분으로 분리하여 각각 100점씩 부여하는 방식으로 변경된 바 있었다(미상, 2003a).

58) 이 과정에서 경주시 양남면 상라리 부지는 암반이 불량한 것으로 확인되어 경주시는 신월성 원전 부지를 방폐장 후보 부지로 변경하게 되었다(산업자원부, 2005f).

로 남겨뒀다(산업자원부, 2005e). 여론조사를 통한 지정 방식을 병행할 것인지의 여부는 신청 마감 15일 전에 최종 결정한다는 방침을 세워놓고 대비했다.

(2) 반핵운동의 답보

정부와 달리 반핵운동진영은 전략 수립 및 조직 정비에 실패한다. 사회적 합의기구 구성에 대한 입장을 정해야 한다는 주장이 계속 제기되었지만 진전은 없었다(반핵국민행동, 2004e, 2004f, 2005a). 직접적 이해당사자인 지역주민이 참여하지 않은 상황에서 소수의 활동가를 중심으로 정부와의 비공식적 협의를 통해 합의기구 구성이 논의된 탓에 이견을 해소하기가 쉽지 않았다.

사회적 합의기구 구성에 대한 입장이 합의되지 않은 상태에서 중저준위 방폐장 분리 방안이 제시되자 혼란은 가중되었다. 분리 방안이 처음으로 제시되었을 때 이를 반핵운동의 성과로 볼 수 있는 것이 아니냐는 의견이 제시될 정도였다(반핵국민행동, 2004f). 분리 방안을 반대하기로 결정한 이후 소내 저장 방식의 '전략적 수용' 여부가 논란이 되기도 했다. 반핵운동의 운동 전략에 대한 토론이 이어졌지만 명확하게 결론을 내리지 못했다. 운동 전략에 대한 평가와 판단이 지연되는 상황은 해를 넘겨 2005년까지 이어졌다.

> 각 단체와 지역들 간의 향후 투쟁 방향 설정을 위한 논의가 수차례 열렸으나, 의견 조율을 이루지 못한 채 넘어가게 되었다. 특히 '사회적 협의기구'를 둘러싼 반핵진영의 논란, 발전소 내 핵폐기물 저장을 둘러싼 논쟁, 핵폐기물 처리를 둘러싼 대안을 둘러싼 논쟁 등 반핵진영 내부 논쟁은 결론을 맺지 못한 채 2005년을 맞게 되었다(반핵국민행동, 2005f).[59]

---

59) 반핵국민행동(2005f)의 평가서는 사무국장의 개인 평가이다. 당시 반핵국민행동 차원의 평가 문서는 존재하지 않는다.

답보 상태가 지속되면서 반핵운동진영의 조직적 역량은 복구되지 않았다. 합의기구 구성을 놓고 불거진 환경운동연합과 서·남해안 대책위 간의 앙금은 해소되지 않았고, 방폐장 지역과 원전 지역 간의 연대도 원활하지 못했다(반핵국민행동, 2004f, 2005a, 2005b). 이견이 지속되면서 반핵국민행동의 '협의기구'적 성격은 강화되었다. 즉, 개별 지역과 단체의 자율성을 보장하자는 의견은 강화되고 혼란 상태를 해결하기 위한 내부 전략 수립은 지연되었다. 내부 전략 토론의 필요성이 계속 제기되었으나 진전은 없었고 결국 단체나 조직 전체가 아닌 개별 인사 중심으로 논의를 진행했다. 정부는 지역 간/내 경쟁 구도를 창출하기 위해 찬성 조직을 보강하고 있었지만 반핵운동은 이에 대응할 만한 조직적 역량을 키우지 못했다. 결국 반핵국민행동은 2005년 여름이 다 되어서야 본격적인 활동에 들어갈 수 있었다. 반핵운동진영의 지지 부진한 상황에 대한 정보는 정부 측으로 흘러들어 갔다.[60]

현 반핵국민행동 집행부가 활동을 시작한 2004년 중순의 상황만 놓고 보아도, 2002년부터 계속 이어져 온 핵폐기장 문제로 인한 피로감, 2004년에 있었던 반핵진영의 내부 논란 등으로 반핵진영 자체가 상당히 흐트러진 상황이었고, 이로 인해 많은 지역에서 집행부가 새로 구성되고 이들 집행부가 현안을 파악하고 지역투쟁을 이끌어가는 데 상당히 많은 시간이 필요하게 되었다. 정부의 기본 계획과 방침이 확정된 것은 2005년 초였지만, 핵폐기장 논란이 시작된 6개 지역이 본격적인 활동에 들어간 것은 2005년 중순이었을 정도로 조직력의 한계는 분명했다. 이는 서울에서도 마찬가지여서 '느슨한 네트워크' 조직을 사

---

60) "확실히 알고 있었지. 확실히. 왜냐하면 당시에 회의를 하면 바로 이렇게 회의를 진행하셨다면서요 하고 전화가 왔으니까. 확실히. 내부에 프락치가 확실히 있는데, 막기도 힘들었고, 어, 이리저리 결국 새어 나간 거는 시간문제였으니까. 우리, 정부의 비대칭성은 그렇게도 드러나는 거거든. 우리는 정부가 어떻게 하고 있는지 모르는데 정부는 우리가 하고 있는 걸 다 알고 있었던 거지"(면접자3, 2015.10.9).

무국 중심의 중앙집중적인 체계로 전환한 것은 2005년 8월에 와서였다. 이러한 한계는 정부의 대규모 (물적, 인적) 물량공세와 지역개발 논리를 앞세운 핵폐기장 추진 논리 앞에 충분한 대응 시간과 면밀한 활동을 추진할 수 있는 실무력의 부족으로 나타났다. 6개 지역(이후에는 4개 지역)으로 분산되어 나타나는 각종 사건에 대해 종합적인 대응은 엄두조차 내지 못했고, 지역의 단편적 요청에 대한 지원을 중심으로 반핵국민행동의 업무가 집중되었다(반핵국민행동, 2005f).

조직적 역량이 약화되면서 반핵운동진영의 현안에 대한 대응력이 떨어졌다. 특히 주민투표 도입, 지역 간/내 경쟁, 중저준위 방폐장 분리 방안 등 상황 변화를 반영하는 운동 담론과 운동 레퍼토리를 개발하는 데 어려움을 겪었다. 주민투표에 대해서는 주로 시행 과정상의 문제를 제기하는 데 그쳤다.[61] 주민투표가 "금권-관건 선거"로 변질되고 있고 지역주민 간 갈등을 부추길 수 있는 만큼 부지 선정 일정을 중단해야 한다는 주장이었다(경주환경운동연합, 2005; 반핵국민행동, 2005c).[62]

주민들에게 의논을 구한다는 절차상의 민주주의를 해버리게 되니까, 주민투표를 보이콧 내지는 주민투표를 반대, 이런 표현을 쓰는 것이 되게 힘들었거든. 그래서 성명서를 쓸 때 주민투표를 반대한다는 표현을 써본 적이 없어. 항상 얘기는 사회적 공론화나 주민투표에 대해서 우리가 요구했으나 현재 진행되고 있

---

[61] 2005년 중반까지 지역별로 주민투표에 대한 견해가 달랐다. "군산은 우리 주민투표 하면 이 긴다고 그랬고 포항은 반대, 보이콧 하자고 그랬고, 나머지는 그런가 보다, 이러고 있는 상태에서 끝까지 조율 안 되잖아. 조율이 안 되니까 가던 대로 가자, 그게 회의의 결론 사항이었다고, 언제나"(면접자3, 2015.10.9).

[62] 주민투표 관련 제도가 정비되지 않은 상황에서 지자체 공무원이나 한수원이 불법적으로 개입해도 이를 처벌할 근거가 없다는 비판, 부지선정위원회의 설치 근거가 사후적으로 마련되어 절차적으로 문제가 있다는 비판, 인근 지역과의 갈등을 초래할 수 있다는 비판이 추가로 제기되었다(반핵국민행동, 2005c).

는 방식에 대해서는 문제가 있다. 이렇게 갔던 거지. 주민투표라는 절차상의 방식에 대해서 사실은 문제제기를 할 수 있긴 있었고, 몇 번 문제제기를 한 적도 있었는데 예를 들면 그런 거지(면접자3, 2015.10.9).

제한된 역량으로 인해 반핵운동은 여러 지역에서 동시에 대응하는 데 어려움을 겪었다. 주민투표 시행 단계에서 환경운동연합이 영덕에 집중하고 영광 지역 활동가가 장기간 경주로 파견되는 등 지역 간 지원이 있었지만 역부족이었다. 지역 간 경쟁 구도가 형성되면서 반핵운동진영은 역량을 집중하기 어려웠고 그 결과 지역 내에서 찬성 측의 활동이 반대 측을 압도하게 된 것을 정부는 잘 알고 있었다(경찰청, 2005b).

우리는 역부족이었어요. 우리가 안 되게 되어 있었어요. 내가 그래서 중앙 운동가에게 불만이, 여기 네 군데를 다 커버하려면 되나, 안 되지. 영덕 가서도 반대해라, 경주 가서도 해라, 군산 가서도 해라, 뭐 포항 가서도 해라, 그러면 어찌하란 말이고. 우리한테 집중해줬으면 우리가 이겼을지도 모르지만. 경주 입장에서는(면접자4, 2015.10.20).

중저준위 방폐장만 건설하기 때문에 사용후핵연료처분장과는 다르다거나 지역경제 활성화의 중요한 계기가 될 수 있다는 지역 내 유치 조직과 정부 측의 주장에 맞서 지역주민들을 설득할 수 있는 대응 논리는 빈약했다(반핵국민행동, 2005f). 오히려 '핵은 죽음이다'라는 선언적 주장과 기형아 사진으로 대표되는 체르노빌 사례 활용은 찬성 측의 역공에 시달렸다.[63] 그러나 기존 방식이 한계가 있다는 지적은 사후적으로 강조되었을 뿐 주민투표 유치 신청이

---

63) 방사성폐기물 임시저장고의 2008년 포화설이 도마 위에 올랐으나 '언젠가는 필요한 것 아니냐'는 논리를 넘어서지 못했다.

한창 진행되는 시기에는 별다른 변화를 이끌어내지 못했다(녹색연합, 2005; 반핵국민행동, 2005f). 지역환경운동의 기반이 취약한 상태에서 대항 논리의 개발마저 지체되면서 지역 내에서의 이데올로기적 스펙트럼은 한층 더 협소해졌고 반핵운동이 비집고 들어설 자리는 좁아졌다. 더 이상 반핵운동은 상황을 주도하지 못했다.

(3) 유치 찬성으로의 쏠림 가속화

정부가 환경단체와의 협상을 포기하면서 합의기구 구성을 통해 부지 선정을 중단시키는 것은 불가능해졌다.[64] 반핵국민행동의 조직적 통합력이 약화되면서 지역반핵운동이 동원할 수 있는 자원도 축소되었다. 지역 내의 찬반세력 균형이 서서히 무너지기 시작했다. 사실 2005년 초반만 해도 지역 상황은 불확실했다. 정부는 군산, 삼척, 영광, 울진 등을 주요 지역으로 분류하고 적극적으로 관리하고 있었지만 군산 이외에는 유치 신청을 장담할 수 없다고 판단했다(산업자원부, 2005a). 표 5-9에서 확인할 수 있듯이, 지자체장, 국회의원이 모두 유치를 찬성하고 기초의회에서 찬성세력이 우세한 곳은 군산밖에 없었다. 산업자원부가 군산 다음으로 유력한 지역으로 꼽고 있던 삼척도 유치 신청을 확신할 수 없는 상황이었다.[65]

유일한 예외였던 군산은 2003년부터 방폐장 유치를 추진해오면서 군산시를 중심으로 유치 찬성세력이 결집해 있는 상태였다. 강현욱 전북지사, 강근

---

64) 지속위는 정부의 방폐장 부지 선정이 실패할 것으로 예측하고 2004년 9월부터 공론화 방안을 연구했다. 2005년 4월경 보고서를 완성했지만 부지 선정 사업이 진행되면서 공개하지 않았다. 2004년 9월 사회적 합의기구 구성이 무산되면서 지속위의 발언력은 크게 약화된 상태였다(면접자5, 2015.10.22).

65) 산업자원부(2005b)는 기초의회의 찬반 구성을 다소 다르게 판단했다. 군산은 찬성 의원의 수가 한수원의 추정보다 2명 더 많고, 삼척도 찬성 측(9명)이 반대 측(3명)보다 우세하다고 봤다. 엇갈린 판단 자체가 상황이 불확실함을 보여준다고 할 수 있다.

표 5-9 주요 지역 정치인의 동향

지역	지자체장	국회의원	시군구 의원				비고
			찬성	반대	중립	계	
군산	찬성	찬성	18	8	0	26	시장 권한대행(찬성)
삼척	찬성	찬성	3	3	6	12	시장 권한대행(반대)
울진	반대	유보	0	5	5	10	
포항	찬성	유보	0	5	30	35	의장 중립
영광	반대	반대	4	6	1	11	
영덕	중립	중립	1	0	7	8	군수 권한대행(중립)
경주	반대	반대	0	0	24	24	시의원 23명 불확실

자료: 한국수력원자력(2005).

호 군산시장, 강봉균 국회의원이 반대진영으로부터 지속적으로 비판받을 만큼 지역의 유력 정치인들이 적극적으로 방폐장 유치를 추진하고 있었다(군산핵폐기장유치반대범시민대책위원회, 2011). 예컨대, 2004년부터 전라북도 행정부지사는 군산시 해병전우회, 의용소방대장단, 기독교 대표 등과 간담회를 실시해왔다(전라북도, 2005). 군산시는 한층 더 적극적이어서 국책사업추진단을 구성해서 예산과 인원을 지원했다. 국책사업추진단은 '3대 국책사업'을 "지역 발전의 절호의 기회이자, 마지막 기회라는 각오로 추진"했다(군산시청 국책사업추진단, 2005).[66] 그러나 군산을 제외한 다른 지역의 정치인들은 정치적인 부담 때문에 유치 신청에 나서기를 주저했다. '군산 들러리' 설이 나돌 만큼 군산과의 격차가 커 보였다. 따라서 정부는 지역 내 찬성 여론이 우위를 점할 수 있다고 판단한 영광과 울진, 삼척 등을 적극적으로 공략했다.

---

66) 국책사업추진단은 '3대 국책사업'(중저준위 방사성폐기물처분장, 양성자가속기사업, 한수원 본사 이전)을 유치하기 위해 만든 조직이다. 군산시는 국책사업추진비 명목으로 시 예산을 투입했다. 또한 군산시는 공무원의 원전 견학은 물론 "원자력을 바로 알고 사랑하는 공무원 모임" 결성을 지원했다. "원자력을 바로 알고 사랑하는 공무원 모임"에는 군산시 공무원 1300명 중 669명이 가입했다(군산대책위, 2005).

그 결과 군산 이외의 지역에서도 지역 내 찬반 세력 균형이 무너졌다. 당초 정부의 관심 밖에 있던 경주시가 변화의 촉매제가 되었다. 경주의 경우, 태권 도공원 사업 유치 등 지역개발사업이 지속적으로 실패하면서 지역주민들의 불만이 높아진 상태였다(면접자4, 2015.10.20; 정주용, 2008). 이와 같은 상황에서 경주핵대책시민연대가 결성되는데, 이들은 중저준위 방폐장을 건설하면 지역경제가 활성화될 뿐만 아니라 월성 원전의 사용후핵연료까지 반출시킬 수 있다고 주장했다. 경주YMCA, 경주경실련 등 경주지역 내 시민단체 인사들이 경주핵대책시민연대에 참여하면서 지역 내 반핵운동의 조직적 기반이 약해지는 효과도 있었다. 지역 내 불교, 가톨릭, 기독교 지도자까지 공동대표로 이름을 올렸다. 이로 인해 지역 정치인들의 유치 신청에 따른 정치적 부담이 줄었다. 결국 경주시의회는 표결을 통해 유치 신청을 추진하기로 결정한다. 지역사회 내에서 입지가 위축될 것을 우려한 단체들이 서서히 찬성 쪽으로 기울기 시작했다. 단적으로 4월 1일, 경주시의회의 표결에 대한 대응책 마련을 위한 시민단체 토론회가 열렸는데 문화예술단체들이 입장을 유보하는 일이 발생했다(정주용, 2008: 168~169). 사용후핵연료의 이동이 전제되면서 경주환경운동연합마저 적극적으로 문제제기를 하는 데 어려움을 겪었다. 그러나 아직 방폐장 유치를 확신할 수는 없었다. 당시 경주시장이 개인적인 친분이 있던 경주환경운동연합 사무국장에게 주민투표를 할 경우 경주는 패배한다고 말할 정도였다.

이 국장 절대로 걱정하지 마라. 우리가 인구가 얼마고. 우리는 26만이고 거기는 8만~9만밖에 안 되는데. 그러니까 찬성률로 하면 선거할 것도 없어. 거기가 당연히 울진 가져가. 암반이라든지 여러 가지 사전 조사해보면은 거기가 제일 적지인지는 아는 사람 다 아는데, 그러면서 하는 말이 경주 우리가 유치운동해도 절대로 못 들어온다, 투표하면 우리 못 이긴다, 분명히 그랬다고(면접자4, 2015.10.20).

그러나 지역 내 세력 균형이 무너지고 다른 지역과의 경쟁이 가시화되면서 분위기가 반전되었다. 그리고 지역여론이 찬성 쪽으로 기울면서 지방선거를 앞둔 정치인들이 더 적극적으로 개입하는 순환 사이클이 형성되었다. 예컨대 경주의 경우 재선을 노리던 백상승 시장과 시의회 의장이 앞장서서 조직을 가동하기 시작했다. 지역 내 관변단체와 일부 시민단체, 종교계, 공무원 조직 등을 포괄하는 추진 세력이 방폐장 유치를 위해 사활을 걸고 활동하게 된 것이다. 정부는 복수 지역에서의 동시 주민투표 방안을 확정함으로써 분위기 반전에 쐐기를 박았다.

> 방폐장은 정말 조직적으로 만들었거든. 왜냐하면 이거는 시장이나 시의회 의장이 주도적으로 했던 거니까. 두 사람이 거의 주도적으로 하니까. 관이 움직이니 체계적으로 관변단체 관리하고, 조직을 만들어낼 수 있었지(면접자4, 2015. 10.20).

결국 복수 지역 동시 주민투표 방안을 발표하기에 앞서 정부가 예상했던 지역 중 한 곳을 제외하고 총 4곳이 지방의회의 표결을 거쳐 유치 신청을 했다. 정부는 군산, 울진, 영덕, 경주를 유력한 후보지로 보고 있었는데, 이 중 울진을 제외한 3곳이 무난히 유치 신청을 한 것이다(산업자원부, 2006c). 대신 크게 기대하지 않았던 포항이 유치 신청 대열에 합류했다. 이로써 정부의 구상대로 복수 지역에서 주민투표로 경쟁하는 구도가 만들어졌다. 더불어 지방의회의 표결로 유치 신청까지 이뤄지면서 반핵운동진영이 대응할 수 있는 여지는 더 좁아졌다(윤순진, 2006a).[67]

---

67) 5월 말 산업자원부의 예상시나리오에 따르면, 찬성률을 기준으로 할 경우 군산, 울진, 영덕이 유력했다. 찬성률과 사업여건을 종합하면 울진과 영덕이 2강, 군산과 경주가 2약을 이룰 것으로 보였다. 찬성률을 우선 기준으로 한 뒤 사업여건을 고려하면 울진, 영덕이 2강, 군산이 1약이었다. 산업자원부(2005f)를 참고.

표 5-10 주요 지역의 여론 동향

(단위: %)

구분	군산		경주		포항		영덕		영광		울진		삼척	
	찬	반	찬	반	찬	반	찬	반	찬	반	찬	반	찬	반
2004.8	42.2	29.5							48.8	47.8	55.7	40.0	39.3	35.8
2005.4	52.3	33.3	39.3	42.3	34.2	48.7	48.3	30.5	48.9	40.5	54.7	26.7	51.3	37.3
2005.5	47.4	35.8	44.6	34.8	39.9	43.5	51.3	30.9	46.0	37.6	54.0	26.8	51.0	31.6
2005.8	52.0	26.7	43.1	31.9	35.0	35.3	50.8	23.8			51.2	23.9	46.3	30.6

자료: 산업자원부(2005b, 2005g), 미상(2005b).

찬성 측의 승리는 점차 기정사실이 되었다. 이제 관건은 어느 지역이 더 높은 찬성률을 기록하느냐였다. 부지 선정의 기준이 찬성률인 만큼 단 0.1%라도 경쟁 지역보다 높아야 방폐장을 유치할 수 있었다. **표 5-10**에서 확인할 수 있듯이, 지역 내에는 여전히 반대 의견을 가진 주민들이 적지 않았다. 부동층도 상당수 존재했다. 따라서 부동층과 반대 주민을 한 명이라도 더 찬성 측으로 끌어들이기 위한 경쟁이 펼쳐지기 시작했다.

정치적 생명을 걸고 뛰어든 만큼 자치단체장과 기초의원들은 총력전을 펼쳤다. 군산은 시청 주도로 3대 국책사업 유치 시민 캠페인을 벌였다. 범시민 결의대회, 유치 찬성 성명서 발표 조직, 공무원의 연고지 홍보, 가가호호 방문 홍보, 대학생 시내 지역 도보 홍보, 아파트 바른 정보 제공 홍보단 및 농어촌 마을 단위 홍보단 결성 등 가능한 모든 수단을 동원했다고 해도 과언이 아니었다(군산대책위, 2005).

경주시 역시 온힘을 쏟았다. 시장과 시의회 의장을 포함해 지역 내 주요 기관장 110명이 가두 캠페인을 벌이고, 문화예술단체 500명 지지결의대회(9월 7일), 양북면 국책사업 추진위원회 결성(9월 10일) 등 찬성세력의 결집을 위한 노력을 이어갔다(방폐장사업종합상황실, 2005).

지역 간 경쟁이 일어나면서 지역감정에 호소하는 일이 빈번해졌다. **그림 5-9**는 군산시에 내걸린 현수막을 경주시에서 촬영하여 유인물로 만든 것이

국책사업홍보 연고지 출장결과보고

(2005. 9. 10. 토)

연번	소속	직급	성명	동명	담당지역	결과 제출 9.10	홍보 인원	성명 연서 9.11	출성 연번
	총 계						2,...		
	청소년회관관리과	행정5급	이란식	나운3동	전지역	이	18	어	25
1	나운3동	행정5급	정흥석	나운3동	전지역	이	18	어	14
2	나운3동	행정5급	채형석	나운동	동신생	이	15	어	18
3	나운3동	행정7급	남귀우	나운동	동신생	이	23	어	15
4	나운3동	행정7급	김연섭	나운동	동신생	어	160	어	63
5	나운3동	행정7급	임종구	나운동	세경생	어	86	어	9
6	나운3동	행정7급	강선화	나운동	세경생	어	"65"	어	8
7	나운3동	행정7급	정동위	나운동	세경생	이	83	어	9
8	나운3동	행정7급	김소영	나운동	세경생	이	60	어	40
9	나운3동	행정7급	강효재	나운동	우신동생	이	70	어	50
10	나운3동	복지7급	최윤미	나운동	우신동생	이	85	어	55
11	나운3동	복지9급	김상수	나운동	우신동생	이	81	어	6
12	나운3동	행정9급	강광희	나운동	우신동생	이	82	어	61
13	나운3동	행정9급	강현진	나운동	우성생	이	61	어	61
14	보건사업과	보건7급	위미숙	나운동	우성생	이	21	어	9
15	보건사업과	간호8급	김세광	나운동	우성생	이	15	어	17
16	보건사업과	간호8급	채원실	나운동	롯데43아	이	3	어	
17	보건사업과	간호7급	이정화	나운동	대우생	이	22	어	14
18	보건사업과	의기8급	박민록	나운동	대우생	이	25	어	20
19	복지과	행정7급	김선홀	나운동	대우생	이	50	어	11
20	하수과	전기7급	김희림	나운동		이		어	
21	하수과	토목7급	김진현	나운동	부창하나로생	어		어	
22	인허봉사과	지적9급	진미영	나운동	나운동 비사벌생	이	21	어	
23	나운3동	복지9급	유재혁	나운동	나운동 비사벌생	이	55	어	
24	산업안전과	기능10급	이철용	나운동	나운동 비사벌생	이	35	어	2
25	수도과	토목6급	이광천	나운동	서호생			어	
26	수도과	기능8급	홍형의	나운동	서호생			어	
27	해양수산과	수산6급	김귀안	나운동	롯데43아	이	16	어	
28	해양수산과	수산7급	박옥래	나운동	롯산생	이	100	어	
29	해양수산과	수산7급	고광근	나운동	앨창생	이	10	어	46
30	해양수산과	수산8급	손정성	나운동	이롱주공2차생	어		어	

8. 기관·기업체·단체의 유치찬성 성명 지속 추진

1 지금까지

O 105개 기관·단체·기업체 등에서 35,000여명의 인원이
  유치찬성 성명서 발표

※ 특히 2005. 9. 14일에 사단법인 한국농업경영인연합회와,
  2005. 9. 13일 20개 농업인학술단체, 2005. 9. 6일 생활개
  선회·4-H연합회, 2005. 9. 12일 (주)패서리나눔이 찬성
  성명을 발표 했다는 것은 반대 단체의 농업피폐·관광태
  손 주장에 대해 허구성을 여실히 증명하는 것임

2 앞으로

O 3개 사단법인 주관으로 적극적 유치찬성 성명 단체 파보

O 투표운동 기간중 유치찬성 성명 발표단체의 차별적인 회원
  결속 홍보이벤트 개최 유도

- 8 -

중8

그림 5-8 군산시청의 주민투표 관여 자료
자료: 좌–면접자7 제공(2015.10.25), 우–군산대책위(2005).

그림 5-9 지역감정을 조장하는 현수막과 유인물
자료: 면접자4 제공(2015.10.20).

다. 군산시는 노골적으로 지역감정을 자극했고, 이 점에 있어서는 경주시도 별반 다르지 않았다. 반핵운동진영은 '금권-관권' 주민투표를 비판하며 반대 세력을 조직하려 했지만 유치 찬성으로 기운 지역여론을 되돌리기에는 역부족이었다.

오히려 정부의 유인책에 반핵운동진영에 묶여 있던 단체들이 찬성 입장으로 돌아서는 일이 발생했다. 단적으로 각 지역의 한농연은 독자적으로 행동하면서 정부와 협상을 시도했고, 군산의 경우 찬성 입장으로 돌아섰다(경찰청, 2005b, 2005c; 산업자원부, 2005j).[68] 경주에서는 민주노총 경주시협의회 택시노조 등 일부 단체가 지역경제 회생을 이유로 들며 유치 지지로 선회했다.

정부의 묵인 아래 치열한 지역 간 경쟁이 펼쳐지면서 지자체 공무원들이 암암리에 개입했다. 그리고 그 결과는 유례없이 높은 부재자 투표 신고로 이어졌다. 부재자 투표 신고율은 군산 39.4%, 영덕 27.5%, 포항 22%, 경주 38.1%를 기록했다. 각 지역별로 부재자 투표 신고율이 가장 높은 곳을 보면, 영덕 강구면 34.93%, 군산 서수면 60.89%, 포항 남구 제철동 46.8%, 경주 성동동 53% 등 상식을 뛰어넘었다(반핵국민행동, 2005e). 40%에 육박하는 부재자 투표 신고율로 인해 주민투표 막판에 금권-관권 선거 논란이 일었으나 상황을 되돌리기에는 너무 늦은 상태였다.[69]

---

68) 한농연 군산시연합회의 경우 농산물 전량 수매 등의 요구 사항을 수용하면 유치 찬성으로 돌아서겠다는 의사를 밝혔고, 결국 15일 유치 지지로 입장을 바꿨다. 포항에서도 한농연 포항시연합회가 반대대책위와 거리를 두고 활동했다. 경북지역 농민단체들이 지원 대책을 제시하면 입장을 바꾸겠다는 의사를 밝혀와 산업자원부가 농림부에 관심을 갖고 대응해줄 것을 요청하기도 했다.

69) 반핵국민행동과 영덕군 핵폐기장 설치 반대 대책위원회가 부재자 신고를 한 영덕군 주민 430명을 조사한 결과를 보면, 직접 부재자 신고를 한 주민은 7.4%에 불과했다. 그리고 본인이 부재자 신고를 한 사실이 없는 주민이 26.3%, 신고 사실을 모르는 주민이 15.1%나 되었다(반핵국민행동 외, 2005). 참고로 중앙선관위가 1500명(신고자의 0.6%)을 대상으로 조사한 결과 본인 의사와 무관하게 부재자 신고가 이뤄진 사람은 185명이었다.

주민투표일이 다가오면서 찬성표가 반대표를 압도할 것이라는 사실은 분명해졌다. 그러나 어느 지역의 찬성률이 가장 높을지는 불투명했다. 관건은 반대 주민의 표를 최대한 줄이는 것이었다. 그리고 승부수를 던진 것은 경주시였다. 경주시장은 월성 원전으로 인해 상대적으로 반대하는 주민이 많았던 동경주(양북·양남·감포) 지역으로 한수원 본사를 이전하겠다는 공약을 내걸었다. 더불어 동경주 출신 공무원들을 집중적으로 투입해서 주민 홍보에 나섰다. 그렇게

그림 5-10 동경주 지역 공약 유인물
자료: 면접자4 제공(2015.10.20).

경주환경운동연합, 민주노총·민주노동당 지부와 함께 경주지역 반핵운동의 한 축을 이루던 동경주 지역이 무너졌다.

(반대진영은) 양남·양북·감포에다가 마지막에는 화력을 집중했고. 경주시도 양남·양북·감포에 집중했고, 막판에. 그래가 지금 저기 저거 한수원 본사가 기형적 위치에 오게 된 겁니다. 마지막에 급하니까, 찬성률 싸움이니까. 시장이나 의장이 양북 가서 면민들한테 가가지고 한수원 본사 줄게. 이래 된 거야. 그리고 에너지 박물관 줄게. 이래 된 거야. 옵션 중에 가장 큰 것을 거기 던져준 거야. 결국 이겼어요. 그런데 양북·양남·감포에서 우리가 이겼거든요, 초기에는. 마지막에 가면요, 별 차이 없이 져버렸어요. 마지막에 시장은 분석을 다 끝낸 거야. 거기 가가지고 마지막에 그 카드 던진 거야. 승부 봤는데 그게 유효했다고(면접자4, 2015.10.20).

표 5-11 중저준위 방사성폐기물처분장 유치 주민투표 결과

구분	경주	군산	영덕	포항
총 선거인 수	208,607	196,980	37,536	374,697
투표인 수	147,636	138,192	30,107	178,586
부재자 투표 (신고자)	70,521 (79,599)	65,336 (77,581)	9,523 (10,319)	63,851 (82,637)
부재자 투표 신청률(%)	38.1	39.4	27.5	22.0
기표소 투표	77,115	72,856	20,584	114,735
투표율(%)	70.8	70.2	80.2	47.7
찬성률(%)	89.5	84.4	79.3	67.5

자료: 산업자원부(2006c: 131).

반면 군산은 시장이 구속되면서 마지막 승부수를 던질 수 있는 상황이 아니었다. 2003년부터 방폐장 건설 반대운동을 해오며 다져진 반핵운동의 지역 기반도 비교적 탄탄했다. 농민회와 시민단체가 적극적으로 활동했던 지역에서 1/3가량의 주민들이 끝까지 반대운동의 편에 섰다(면접자7, 면접자8, 면접자9, 2015.10.25). 그렇게 2005년 11월 2일 주민투표일이 찾아왔고, 불과 몇 달 전만 해도 누구도 예상하지 못했던 경주가 중저준위 방사성폐기물처분장 부지로 선정되었다. 주민투표 결과를 보여주는 **표 5-11**에서 확인할 수 있듯이, 유치 찬성 분위기가 반대운동을 압도했다. 부지로 선정된 경주의 경우, 유치 찬성률이 90%에 육박했다. 지역반핵운동의 완벽한 패배였다.

저는 그때 투표 결과가 90%에 육박하리라고 상상을 못했어요. 심지어 10, 20%, 아무리 반대운동을 못했다 하더라도 상식적으로 어떻게 10, 20%가 반대하고, 나머지가 찬성할까, 이거를 나는 상상을 안 했거든요. 되더라도 아마 6:4이지 않을까. 그런데 딱 투표 결과를 보고 경주든 여기든 저는 경악을 해버렸습니다(면접자7, 2015.10.25).

4. 원전체제의 재안정화와 성공의 한계

1) 위험거래의 안착과 혼종적 원전 거버넌스의 형성

2005년 방폐장 부지 선정을 계기로 위험거래 전략이 지역사회에 뿌리를 내렸다. 원전시설의 유치를 경제적 보상과 맞바꾸는 방식은 1990년대 후반 신규 원전 부지 선정에서부터 활용되고 있었다. 그러나 이것은 엄밀히 말해 신규 부지 선정이라기보다는 부지 확장에 가까웠다. 방폐장 부지 선정은 경제적 보상을 늘리는 것만으로는 이뤄질 수 없었다. 위험이 거래되기 위해서는 당사자의 선택에 따라 최종적인 결정이 이뤄졌다는 정당화가 필요했다. **표 5-12**에서 확인할 수 있듯이, 2003~2005년 정부는 지역주민의 의사를 반영하는 절차를 강화했다. 그리고 그 종착점은 주민투표를 의무화하여 경제적 보상과 방폐장 시설 유치를 거래할 것인지의 여부를 주민들이 직접 선택할 수 있게 한 것이었다.

하지만 이것은 어디까지나 주민들의 선호를 '원전 찬성' 쪽으로 견인한다는 전제 아래 이뤄진 선택권 이양이었다. 따라서 주민들의 참여 통로가 확대되는 것과 함께 '원전 찬성'으로 견인하기 위한 경제적 보상과 지역개발 정책이 한층 더 강화되고 체계화되었다. 2005년 방폐장 부지 선정의 경우, 우선 특별법의 형태로 경제적 보상을 법제화했다. 여기에는 특별지원금 이외에 양성자가속기사업과 한수원 본사 이전과 같은 지원 방안이 포함되었다. 방사성폐기물 반입수수료의 도입도 빼놓을 수 없다. 또한 정부는 발주법을 개정하여 지원 금액과 지원 범위를 확대했다. **표 5-13**과 같이 발주법은 1989년 도입된 이래 지속적으로 개정되면서 지역주민에 대한 경제적 지원을 확대해왔다. 또한 1997년부터 특별지원사업의 형태로 기존 부지 확장을 지원할 수 있게 되었는데, 규모는 부지 구입비를 제외한 건설비의 1.5% 수준이었다. 여기에 다수 호기를 유치한 지역이나 자율유치를 신청한 곳에는 0.5%를 가산했

표 5-12 방사성폐기물처분장 정책의 변화: 1984~2005

구분	1984	1986~1989	1990	1991~1992	1993~1994	1994~1995	2000~2001	2003	2004	2005
중저준위 방폐물 연구처분장	육지(해양 고려)	임해, 동굴처분	무인도, 대규모 검토	임해, 동굴처분 (도서 검토)	임해, 동굴처분	도서, 동굴처분	임해	임해, 도서 병행	임해, 도서 병행	임해
사용후핵연료 처분	추후 논의	통합 (중간저장)	분리 (중간저장)	통합 (중간저장)	통합(중간저장)	추후 결정	통합	통합	중간저장·병시	추후 결정
후보지		영덕, 영일, 울진	태안 (안면도)	태안, 강원 고성, 양양, 영일, 울진, 장흥	전략 지역 (양산, 영일, 울진 등)	울진 (굴업도)	영광, 고창, 강진, 진도, 완도, 보령, 울진 등	영광, 고창, → 울진, 영덕 → 군산, 부안 등	울진, 교항, 영광·군산 등 10개 지역	군산, 경주, 영덕, 포항
입지 도출 방식		사전 조사	중남도와 협의	후보지 선정 후 유치 경쟁 (자원 지역 부채 시 강행)	중점 추진 지역 선정(과학산업 연구도시 검토)	사전 결정	유치 공모	용역기관 도출 → 유치 공모	유치 공모	유치 경쟁
주민의사 반영		발표 후 설득	발표 후 설득	설득, 일부 주민 유치 서명	유치조직 지원, 일부 주민 유치 서명	회피, 발표 후 설득	유지조직 동원, 지자체장 신청	유치조직 동원, 지자체장 신청	유치 신청 다원화(주민, 지방의회, 지자체장), 주민투표로 이후 본 신청	지방의회 동의 및 주민투표 필수
경제적 보상			제2원자력 연구소 건설	법주법 적용	방촉법 적용, 특별지원금 (300억~500억 원)	방촉법 적용, 특별지원금 (500억 원) 재단 설립	법주법 적용 (2127억 원)	담화문 발표(특별지원금 3000억 원, 양성자가속기, 한수원 이전)	공고문 포함(특별지원금 3000억 원, 양성자가속기, 한수원 이전)	특별법 제정(특별지원금 3000억 원, 양성자가속기, 한수원 이전, 반입수수료)

표 5-13 발전소 주변 지역 지원 관련 법률 개정 내역

연도	주요 내용
1989	• 전기판매 수입금 0.3% 이내(한전 관리) • 소득 증대, 공공시설, 육영사업, 홍보사업
1992	• 전기판매 수입금 0.5% 이내 • 신규 부지 지원금 증액
1995	• 전기판매 수입금 0.8% 이내 • 전기요금 보조, 주민 복지, 특별지원사업, 기업유치지원사업 추가
1997	• 전기판매 수입금 1.12% 이내 • 방사성폐기물 관리기금 흡수 • 장기계획 수립 시 지자체장과 협의 • 원전 주변 민간환경감시기구 경비 지원 • 기존 부지 추가 건설도 신규 부지로 취급하여 특별지원사업 시행
2000	• 전력산업기반기금으로 통합 • 지원사업계획 수립(한전, 산업자원부 장관) • 장기계획 수립(한전, 시장·군수·구청장) • 지자체장이 원전, 방폐장 건설 요청 시 0.5% 가산금 지원
2005	• 발전량 근거로 지원금 산정 • 기금사업 통합 및 신설 • 사업자지원사업 신설(0.25원/kWh)

자료: 산업통상자원부·한국수력원자력(2015: 624).

다. 또한 2000년부터 장기계획을 수립하는 과정에 기초지자체장이 참여할 수 있게 되었다.

주민투표를 앞둔 2005년에는 원전 건설이 종료되고 가동 기간이 오래되면 지원금이 축소되는 것을 막기 위한 조치로 기금 산정 방식을 발전량 기준으로 변경해서 그 규모를 2.5배 늘렸다(한국수력원자력, 2008b: 36~37). 그리고 지역 지원금의 30% 범위 내에서 원전 반경 5km 밖의 읍·면·동 지역까지 지원할 수 있도록 규정을 바꿨다. 아울러 0.25원/kWh 규모로 사업자지원사업 기금을 신설하여 사업자인 한수원이 사용할 수 있도록 했다.[70] 이를 통해 한

---

70) 한장희·고영희(2012)에 따르면, 부안에서의 실패를 계기로 한수원 내부에 지역주민들의 동의를 확보하지 못하면 원전 사업의 존폐가 위협받을 수 있다는 인식이 확산되었다. 이에

수원은 2006년부터 연 400억 원가량을 사업자지원사업의 명목으로 지역사회를 관리하는 데 사용할 수 있게 되었다(한국수력원자력, 2008a: 576, 2008b: 37). 한수원은 원전 소재지의 부시장이나 부군수를 위원장으로 하는 지역위원회를 구성하여 사업자지원사업을 시행하는 등 지역사회와의 접촉 면을 늘리기 위해 노력했다. 이러한 맥락에서 한수원은 2006년 "지역이 살아야 한수원이 살고, 한수원이 성장해야 지역이 성장한다"는 기치 아래 지역공동체 경영 전략을 수립했다(한국수력원자력, 2008a: 582~583).

원전 지역개발세는 2005년 말 신설되었다. 0.5원/kWh 규모로 광역시·도에서 징수하여 기초지자체(65%)와 광역시·도(35%)가 배분해서 사용하는 방식이었다(한국수력원자력, 2008a: 576~577).[71] 원전 지역개발세 신설은 1999년부터 지자체들이 꾸준히 요구해온 사항이었으나 산업자원부는 한수원의 부담이 증가하고 기존 지원 제도와 중복된다는 이유로 반대했다(행정자치부, 2005). 그러나 청와대와 행정자치부가 기피시설 과세를 추진하면서 2005년 8월 입법 예고되었고, 그해 12월 법안이 통과되었다. 이로써 2007년 기준으로 고리 119억 원, 영광 238억 원, 월성 113억 원, 울진 244억 원 등 총 714억 원이 지자체 예산으로 편입되었다(한국수력원자력, 2008a: 576~577).

위험거래에 기반을 둔 지역관리가 체계화되면서 지역주민들 사이에서는 위험거래를 통해 경제적 보상을 추구하는 실리주의가 확산되었다. 그리고 주민 참여가 위협이 되지 않는 만큼 참여의 통로는 일정 정도 보장되었다. 고리

2004년 새로 취임한 이중재 사장이 지역공동체 경영 태스크포스를 구성해서 지역협력사업을 체계화해나갔다. 한수원은 전력산업기반기금 이외에 지역협력사업을 추진할 별도의 자금을 마련하기 위해 정부와 국회를 설득하여 발주법 개정을 이끌어냈다.

71) 당초 행정자치부가 제시한 원전 지역개발세의 수준은 4원/kWh로 2004년 기준 연 5228억 원이었다(행정자치부, 2005). 이는 2004년 5월 원전 소재 5개 지역 자치단체가 공동 건의한 것과 동일한 수준이었다. 다만 5개 지자체는 기초지자체와 광역시·도의 배분 비율을 7:3으로 제시했었다.

1호기 수명연장이 사회적인 논쟁의 대상으로 부상하지 못하고 한수원과 지역주민들 간 협상의 형태로 진행된 것이 상징적인 사례이다(정수희, 2011). 당시 주민단체들은 한수원과 협의체를 구성하는 과정에서 한수원이 부산지역 시민단체를 제외시키는 것을 묵과했다. 그리고 주민들은 수명연장에 합의하는 조건으로 이주 비용을 포함해 1600억 원을 지원받기로 한다. 단, 2차 수명연장을 할 경우 지역주민이 참여하는 공동조사를 실시하기로 했다. 1차 수명연장을 통해 경제적 이익을 확보하고 2차 수명연장은 안전성 평가 단계부터 참여하는 전략이었다(양이원영, 2014).

위험거래를 가능하게 하는 사회적 조건은 반핵운동의 분할포섭을 통해 창출되었다. 달리 말하자면, 제도적 공간의 개방을 매개로 반핵운동을 분할함으로써 사회적 세력 관계를 재편하는 데 성공했기 때문에 위험거래가 가능해졌다. 정부는 방폐장 부지 선정을 전후로 지역 내 세력 관계를 재편하는 데 성공했고, 그 덕분에 부지 선정 이후 찬핵 진영은 지역 내에서 확고한 우위를 점하게 되었다. 동경주 지역 반핵운동의 핵심 인사들이 반핵운동과 거리를 두거나 서생면 반대대책위(신고리 원전 지역) 사무국장이 찬핵인사로 돌아선 것이 단적인 예다.

> 양남·양북·감포 중에도 그때 당시에 신○○ 씨나 김○○ 씨나. 반대 열심히 했던 사람들이 조금 바뀌어집니다. 현실화되는 거죠. (찬성까지는 아니지만) 아니죠, 지금도 찬성은 아니지만은 (그래도 우호적으로) 우호적으로 바뀌면서. 우호적으로 바뀐다는 게 뭐냐면 지역에 이익에 부합하게 가는 것이에요. 어쩔 수 없는 거예요. 지역을 어떻게, 자기 지역에 어떻게 조금이라도 더 경제적 효과를 가져올 수 있을까, 바뀌는 거예요. 지금도 그렇게 바뀌었어요. 이번에 대표적인 게 월성 1호기 수명연장과 관련되는 보상 문제잖아요. 그 사람들이 핵심이에요. 신○○ 씨나 배○○ 씨나 핵심이에요. 그때 당시에 반대운동할 때 가장 핵심들이었거든(면접자4, 2015.10.20).

표 5-14 방사성폐기물처분장 부지선정위원회 구성의 변화

구분		2003년	2004년	2005년
구분		관료 3인, 산업계 2인, 학계 8인, 언론 1인	관료 3인, 산업계 3인, 학계 7인, 언론 1인	학계 9인, 언론 4인, 시민사회 3인, 기타 1인
관료		•행정자치부 자치행정국장 •산업자원부 에너지산업심의관 •과학기술부 원자력국장	•행정자치부 자치행정국장 •산업자원부 에너지산업국장 •과학기술부 원자력국장	
산업계		•한국수력원자력 사업본부장 •원자력문화재단 전무	•한국수력원자력 사업본부장 •한국기술표준위원회 회장 •원자력문화재단 전무	
학계	과학 기술	•한국원자력연구소 소장 •前 원자력위원회 위원 •경희대 교수(원자력공학) •한국지질자원연구원 원장 •서울대 교수 2인(지질, 토목) •한양대 교수(지질) •한국해양연구원 원장	•한국원자력연구소 소장 •한국해양연구원 원장 •한국지질자원연구원 원장 •한양대 교수(지질) •서울대 교수 2인(지질, 토목) •경희대 교수(원자력공학)	•산업경제연구원장 •서울대 교수(지질) •경희대 교수(원자력공학) •우주대 교수(건설) •KAIST(원자력공학)
학계	인문 사회			•서울대 교수 3인 (행정학, 사회학, 경영학) •한양대 교수(정치외교학)
언론계		•논설위원(서울경제)	•논설위원(서울경제)	•논설위원(한국경제, 매일경제, KBS, SBS)
시민사회				•대한주부클럽연합회 회장 •녹색교통운동 •한국소비자연맹
기타				•변호사

자료: 산업자원부(2006c: 35, 77).

2003년, 2004년이 지나면서 이 사람들이 영광을 바라보고 우리도 이제는 어차피 들어서는 것이니 우리도 보상을 이제 요구를 해보자, 이런 식으로 방향을 약간씩 틀거든. 그게 2006년도, 2007년도가 지나면서 확 틀려버리는 거지. 2009년도, 2010년도가 되면, 나중에 가면 그 동네가 옛날에 우리 다 들어가서 환활[72]도 했고 이런 동네들인데, 환활 들어온 대학생들 쫓아내고 막 그런다고.

---

72) 대학생 환경현장활동의 약칭. 1990년 중반부터 2000년대 중반까지 대학생들이 농활을 대신해서 원전 주변 지역, 골프장 건설예정지, 새만금 인근 지역 등을 방문하며 지역주민들과 연

보상받는 데 문제 생긴다고(면접자3, 2015.10.9).

분할포섭의 안착을 위해서는 지역을 넘어선 전국적 차원에서의 전략도 필요했다. 정부의 전략은 제도적 공간을 부분적으로 개방하여 정당성을 높이는 것이었다. 우선 시민사회단체 인사 중 원전 확대에 우호적인 인사들을 정책 결정 과정에 참여시켰다. **표 5-14**에 제시된 2003~2005년 사이 부지선정위원회의 인적 구성 변화를 살펴보면, 관료와 산업계 인사를 대신해서 언론·시민사회 쪽 인사들이 다수 참여한 것을 알 수 있다. 다만 부지선정위원회에 반핵운동에 가까운 인사는 없었다.

그러나 찬핵에 가까운 인사들을 중심으로 한 제한적인 개방은 정당성 논란에 휩싸일 수밖에 없었다. 따라서 환경단체에 대한 제도적 포섭은 계속되었다. 덕분에 방폐장 주민투표 이후 환경운동가를 비롯한 비판적 인사들이 국가에너지위원회나 그 산하의 사용후핵연료 공론화 태스크포스 등에 참여할 수 있었다.[73]

방폐장 부지 선정 이후 정부가 제도적 포섭 전략을 활용하는 방식은 사용후핵연료 공론화 태스크포스 활동을 통해 엿볼 수 있다. 정부는 2004년 중저준위 방사성폐기물처분장과 사용후핵연료처분장 건설을 분리하면서 사용후핵연료 공론화를 염두에 두고 있었다. 이에 산업자원부는 국가에너지위원회

대 활동을 펼치던 것을 말한다.

73) 2006년 3월 「에너지기본법」 제정과 함께 국가에너지위원회가 구성되었다. 참여를 통한 갈등 완화를 모색한 정부와 참여를 통한 에너지 정책의 전환을 구상한 환경단체가 국가에너지위원회에 마주 앉게 된 것이다. 당시 국가에너지위원회에는 전체 25명의 위원 중 5명이 시민단체 추천 인사였다. 4개 전문위원회(에너지정책전문위원회, 갈등관리전문위원회, 기반기술전문위원회, 자원개발전문위원회) 중 자원개발전문위원회를 제외한 3개 전문위원회에도 15명 안팎의 위원 중 시민단체 추천 인사가 2~3명씩 참여했다. 사용후핵연료 공론화 태스크포스는 원전 적정 비중 태스크포스와 함께 갈등관리전문위원회 산하의 태스크포스로 시민단체 추천 전문가가 4명가량 참여했다.

가 구성된 이후 사용후핵연료 공론화 방안을 검토했고, 국가에너지위원회 갈등관리전문위원회 산하 기구로 사용후핵연료 공론화 태스크포스를 만들었다. 사용후핵연료 공론화 태스크포스는 1년가량 활동하면서 해외 사례를 검토하고 공론화의 원칙 등을 정해 권고 보고서를 제출했다(사용후핵연료공론화 TF, 2008). 시민단체 추천 활동가, 전문가들이 적극적으로 참여한 만큼 향후 사용후핵연료의 처분과 관련된 공론화의 방향이 포괄적으로 제시되었다. 참여적 위험관리 패러다임으로의 전환의 징후가 보이는 듯했다(이영희, 2010).

그러나 사용후핵연료 공론화 태스크포스의 권고 내용은 정부 내부의 반발에 부딪쳐 결국 실행되지 못했다. 과학기술부가 사용후핵연료 공론화를 수용할 수 없다고 어깃장을 놨기 때문이다. 당시 과학기술부는 '핵확산 저항성 사용후핵연료의 처리 공정 확립', '제4세대 원자력 노형 개발' 등의 명목 아래 파이로프로세싱과 고속증식로가 포함된 장기연구개발계획의 수립을 추진하고 있었다.[74] 반면 산업자원부는 파이로프로세싱과 고속증식로의 경우 기술 개발의 가능성과 경제성, 수용성이 낮고 원전산업계가 요구하는 것도 아닌 만큼 방사성폐기물 관리 방침으로 추진할 수 없다는 입장이었다(산업자원부, 2007, 2008). 산업자원부는 사용후핵연료의 중간저장시설 건설은 공론화를 추진해서 그 결과를 수용하는 것이 낫다고 봤다. 그러나 사용후핵연료 공론화가 파이로프로세싱과 고속증식로 개발에 걸림돌이 될 가능성을 우려한 과학기술부는 공론화를 반대하며 정부가 직접 결정해야 한다는 주장을 꺾지 않았다(산업자원부, 2007, 2008). 2008년 촛불시위 이후 시민 참여에 대한 회의론이 보수적 정권 내에서 확산된 것도 공론화의 추진력이 약화되는 데 영향을 미쳤다(이영희, 2010b). 반핵운동이 거의 소멸 수준으로 약화된 상황에서 정부 내부의 강한 반발을 무릅쓰고 공론화를 요구하는 세력은 없었다. 결국

---

74) 과학기술부는 2007년 12월 미래원자력종합로드맵을 발표했는데, 파이로프로세싱과 소듐냉각고속로가 포함되어 있었다.

2009년 8월 사용후핵연료 공론화위원회의 구성은 무기한 연기된다. 이미 공론화 지침까지 공표된 상황이었으나 지식경제부(前 산업자원부)는 기술관료 주도 방식으로 되돌아가는 길을 선택했다.[75]

정리하면, 방폐장 부지 선정 이후 제도적 공간의 개방은 어디까지나 기술관료적 접근법의 정당성을 높이는 수단으로 활용되었다. 혹여 제도적 개방으로 인해 원자력계의 이해관계가 위협받을 가능성이 구체화되면 의사결정 과정은 다시 폐쇄되었다. 즉, 신규 원전 건설 등 원전 축소가 쟁점화될 가능성이 있거나 원전 분야 연구 개발이 위협받을 것으로 예상될 경우, 반핵운동의 참여는 다시 차단되었다. 정부는 구체적인 정책 방향이 결정되지 않았거나 원전 추진을 위협하지 않는 상황에서 정당성을 확보하기 위한 방편으로 환경단체의 참여를 허용한 것일 뿐 의사결정권을 공유할 의사는 없었다. 하지만 반핵운동이 현저하게 약화된 상황에서 소수의 전문가가 거버넌스에 참여하는 것의 한계가 분명했음에도 불구하고 반핵운동진영이 참여를 거부할 명분은 마땅치 않았다. 이로 인해 소수의 활동가와 전문가들이 참여의 딜레마를 안고 거버넌스 기구에 참여하여 미시적인 전문성 경합을 벌이다 논란 끝에 탈퇴하는 일이 반복되었다. 정부가 참여적 절차를 활용하고 찬반 대결이 미시적인 전문성 경합으로 치환되는 일이 잦아지면서 대중적인 반핵운동을 조직하는 것은 한층 더 어려워졌다. 이처럼 기술관료적 접근과 참여적 접근을 상황에 따라 유연하게 결합시킴으로써 정부는 저항의 강도를 낮추고 원전 추진의 정당성을 높일 수 있게 되었다. 다시 말해 정부는 반핵운동을 약화시키

---

75) 이후 정부는 사용후핵연료 관리 대안 및 로드맵 연구 용역을 발주한다. 연구 결과는 2011년 8월 발표되었는데, 사용후핵연료 정책포럼을 구성하는 것이 주요 대책 중 하나였다. 정책포럼은 시민사회단체가 보이콧을 하는 상황에서 2012년 8월 대정부 권고서를 제출했다. 이후 '사용후핵연료 관리대책 추진계획(안)'이 의결되면서 사용후핵연료 공론화위원회가 결성되어 2015년 6월까지 활동했다. 사용후핵연료 공론화의 전개 과정은 이영희(2010a, 2010b)를 참고할 것.

면서 동시에 원전 추진력을 강화할 수 있는 유연한 통치 전략으로서 혼종적 위험 거버넌스의 활용법을 찾았다.

2) 보조적 안전 규제의 지속

1990년대 말에서 2000년대 초반 미확인 용접부 논란, 냉각수·중수 누출, 노동자 피폭 등 원전 안전사고가 빈발했다. 이를 계기로 안전 규제 제도가 일부 개선되었지만 규제 기관의 실질적 독립으로 연결되지는 않았다. 안전보다 건설·가동을 우선시하는 관행은 지속되었고, 원자력안전기술원은 이러한 관행을 뿌리 뽑을 의지도 역량도 없었다.

미확인 용접부 사건이 단적인 사례다. 1998~1999년 논란이 되었던 울진 1~2호기의 미확인 용접부, 이른바 도둑용접은 공기 단축을 명목으로 건설 현장에서 안전 규제가 적절히 이뤄지지 못했다는 사실을 보여준다. 논란은 원자력안전기술원 직원의 내부 고발에서 시작되었다. 1998년 7월 천주교 정의구현전국사제단은 원자력안전기술원 전복현 연구원의 내부 고발을 토대로 울진 1~2호기에서 미확인 용접부가 발견되었으나 시정 조치 없이 가동되고 있다고 폭로했다(천주교 정의구현전국사제단, 1998). 전복현은 5월경부터 원자력안전기술원 내부에서 울진 1~2호기의 미확인 용접부 문제를 제기해오고 있었다. 미확인 용접부는 1994년 영광 3~4호기에서 먼저 발견되어 시정 조치가 취해진 바 있었는데, 전복현은 울진 1~2호기에서도 미확인 용접부가 확인된 만큼 다시 현장 검증을 해야 한다고 주장했다(전복현, 1998a, 1998b).[76]

---

76) 영광 3~4호기는 원전 국산화를 시도한 이후 처음 건설된 원전으로 설계 오류가 많아 시공 중 현장에서 설계를 변경하는 일이 많았다. 특히 배관 시공에 링 플레이트^{ring plate} 공법을 처음으로 도입한 탓에 이음부가 불일치하는 경우가 많았다. 이로 인해 현장 작업자가 정식으로 설계 변경을 요청하지 않고 단관 처리(배관 축소 또는 용접 추가)해서 미확인 용접부가 다수 발생했다. 미확인 용접부는 1994년 가동 전 검사 과정에서 발견되었고, 이후 관련 부위를 제거

그러나 원자력안전기술원은 울진 1~2호기는 프라마톰이 현장 설계 변경을 인정하지 않았고 용접도와 준공 도면을 비교 검토한 바 있기 때문에 불필요한 조치라고 맞섰다(한국원자력안전기술원, 1998b). 전복현은 "문제의 검토, 처리 과정에서 KINS의 일부 간부들은 마치 사업자의 주장을 옹호하는 편에 서서 담당 검사자를 압박하고 의견을 무시하며 직원의 정당하고 합리적인 의견도 왜곡하면서 일부 과학기술처 간부와 협력하여 사업자 측의 발전소 운전 일정을 맞추어주는 데만 골몰"한다고 비판했다(전복현, 1998a). 그리고 자신의 주장이 수용되지 않자 천주교 정의구현전국사제단을 통해 내부 고발을 한 것이다.

유야무야 잊혀 가던 울진 1~2호기의 미확인 용접부는 이듬해 10월 국정감사에서 다시 한 번 이슈로 부상했다. 과학기술부와 한전은 도면을 통해 미확인 용접부를 다시 확인했다는 기존의 주장을 되풀이했다. 그러자 이튿날 원자력안전기술원 김상택 연구원이 양심선언을 하며 부실 용접으로 인한 균열이 장기화될 경우 배관이 파손되어 냉각재가 유실될 가능성이 있다고 경고했다(한국반핵운동연대, 1999a). 김상택은 1994년 영광 3호기에서 미확인 용접부를 발견한 당사자였다.

증기발생기의 세관이 파손되어 냉각수가 누출되는 사고도 자주 발생했다. 1998년 11월 울진 1호기에서 증기발생기의 세관이 파손되어 냉각수가 누출된 데 이어 1999년 3월 23~26일에는 영광 2호기가 유사한 문제로 네 차례 운전이 정지되었다(환경운동연합, 1998d, 1999a). 같은 해 10월에는 월성과 울진에서 냉각수가 유출되는 사고가 발생했다. 월성 원전에서는 냉각수 누출로 노동자 22명이 피폭되었으나 현장 소장과 한전 사장은 제때 보고받지 못했

한 후 설계 변경을 거쳐 재시공되었다. 전복현은 울진 1호기에서도 미확인 용접부가 발견된 바 있지만 적절한 조치가 취해지지 않았다며 설계 도면과 실제 용접부를 비교하는 현장 검증이 필요하다고 주장했다. 관련 내용은 한국원자력안전기술원(1998a), 전복현(1998a, 1998b)을 참고.

다. 과학기술부에 보고된 것은 17시간 넘게 지난 뒤였다(환경운동연합, 1999b).
한편, 고리 원전에서는 1998년 방사성폐기물 임시저장고의 옹벽이 무너져 노
동자가 사망하는 일이 벌어지기도 했는데, 건축법을 피하기 위해 편법 시공
을 한 것이 사고의 원인이었다(환경운동연합, 1998b).

안전보다 건설·가동을 우선시하는 관행으로 인해 연달아 사고가 발생하면
서 정부는 대책을 마련할 수밖에 없는 처지로 몰렸다. 과학기술부는 김상택
연구원의 양심선언 뒤 "원전안전 종합점검 계획(안)"을 수립하고 대책 마련에
부심했다. 과학기술부는 환경단체와 주민대표가 포함된 조사단을 구성해서
현장 점검을 추진하자고 제안했지만 반핵운동연대는 단기간의 조사로 끝낼
것이 아니라 규제 제도를 전반적으로 손질해야 한다고 맞섰다(한국반핵운동연
대, 1999b, 1999c, 1999d). 구체적으로 반핵운동연대는 원자력안전위원회, 원
자력안전기술원의 독립성 및 규제 권한을 강화하고 주기적 안전성 평가 제도
를 도입할 것을 요구했다. 당시 원자력안전위원회는 비상설기구로 규제 권한
이 없었을뿐더러 진흥 기관인 과학기술부의 관할 아래 있었다. 주기적 안전
성 평가 제도의 경우 국제원자력기구의 "국제원자력안전협약"(1996년 10월 발
효)에 따라 도입이 결정된 바 있었지만 한전이 원전가동률이 저하된다는 이
유로 입법화를 반대하고 있는 상황이었다. 과학기술부와 원자력안전기술원
은 반핵운동진영의 문제제기를 지렛대 삼아 주기적 안전성 평가 제도의 신속
한 도입을 추진했다(한국원자력안전기술원, 1999). 자신들의 관할 영역이 늘어
나는 것인 만큼 반대할 이유가 없었다. 그러나 규제 기관의 독립성을 강화하
라는 요구는 원전 진흥 정책을 추진하는 데 방해가 될 수 있는 만큼 수용하지
않았다. 1999년 과학기술부는 원자력안전위원회의 위원을 교체했지만 전문
가 중심의 위원 구성은 유지했다(과학기술부, 1999). 즉, 원자력공학, 핵의학,
지질, 법학 분야의 교수·전문가들로만 위원회를 구성했다. 과학기술부로부
터 독립하지 못한 것은 물론이다.

사실 반핵운동진영은 규제 기관의 독립을 이끌어낼 만한 힘이 없었다. 앞

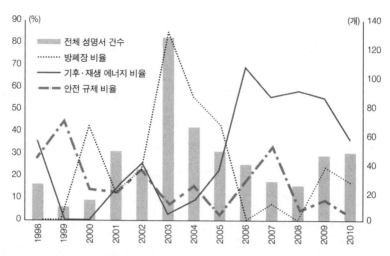

그림 5-11 에너지운동 분야의 이슈 변화
자료: 환경운동연합 성명서를 토대로 계산.

서 살펴본 대로, 미확인 용접부나 안전사고 등을 이슈화하는 데는 성공했으나 제도 변화를 이끌어내기에는 역부족이었다. 1999년 10월 과학기술부가 현장 점검에 참여할 것을 제안했지만 적합한 전문가를 단시일 내에 찾지 못해서 현장 점검에 응할 수 없을 만큼 반핵운동의 안전 규제 분야 역량은 제한되어 있었다(한국반핵운동연대, 1999b). 환경운동연합의 에너지 분야 성명서를 토대로 만든 **그림 5-11**은 안전 규제가 지속적으로 반핵운동에서 부차적인 의제였다는 점을 보여준다. 1998~1999년 반핵운동이 전반적으로 침체되면서 상대적으로 증가했던 안전 규제 이슈는 이후 방사성폐기물처분장 부지 선정이나 기후변화·재생에너지에 밀려 한 번도 반핵운동의 주된 의제로 부상하지 못했다. 2004년 한국표준형원전으로 건설된 영광 5~6호기와 울진 5~6호기에서 잇달아 열전달 완충판이 분리되는 사고가 발생하면서 설계 결함 여부가 논란이 되었을 때도 마찬가지였다(반핵국민행동, 2004a; 핵폐기장반대 영광 범군민비상대책위원회, 2004).

안전 규제와 관련된 반핵운동진영의 활동은 사고가 발생했을 때 산발적으로 대응하는 수준을 넘어서지 못했다. 규제 기관의 독립성 강화는 간간히 언급되었을 뿐 반핵운동의 주요 의제는 아니었다. 2004년 반핵국민행동의 내부 논의 과정에서 정부와의 협상을 통해 중저준위 방사선폐기물의 소내 저장을 수용하는 대신 원자력위원회를 해체하고 규제 제도를 개혁하자는 제안이 이뤄지기도 했으나 호응을 얻지 못했다(반핵국민행동, 2004f). 당시 지배적인 견해는 원자력위원회와 싸울 겨를이 없고 원전정책의 방향을 바꾼 뒤에 대응해도 늦지 않는다는 것이었다. 안전 규제와 관련된 반핵운동이 활성화되지 못하면서 규제 기관의 독립성이 강화될 계기는 사라졌다. 규제 기관의 독립성이 강화된 것은 후쿠시마 사고 이후 대통령 직속 기관으로 원자력안전위원회가 신설된 뒤의 일이다.[77]

따라서 규제 제도의 정비는 국제 사회의 압력과 원전 진흥을 위한 필요에 따라 제한적으로 이뤄졌다. 단적인 예로 2004년 원자력연구소의 우라늄 농축 실험이 국제원자력기구에게 적발되면서 한국원자력통제기술원(KAINAC)이 설립된 사건을 들 수 있다. 당시 이 사건은 유엔 안전보장이사회 회부가 논의될 만큼 중대한 사항이었다. 결국 국가안전보장회의 상임위는 통일부, 외교통상부, 과학기술부 합동 기자회견을 개최하여 '핵의 평화적 이용에 관한 4원칙'을 발표한다(한국원자력안전기술원, 2010a: 250). 발표 내용을 보면, 첫째 한국은 핵무기를 개발하거나 보유할 의사가 전혀 없고, 둘째 핵투명성 원칙을 확고히 유지하고 국제적으로 협력할 것을 약속했다. 나아가 핵비확산에 관한 국제 규범을 준수하고, 마지막으로 국제 신뢰를 바탕으로 핵의 평화적 이용 범위를 확대해나갈 것을 천명했다. 이후 정부는 핵비확산에 대한 국제 규범 준수 및 국제 협력 강화를 전담할 기관으로 2006년 한국원자력통제기술원을 설립했다. 원자력 안전 정책이 정비된 또 다른 계기는 녹색성장 정

---

77) 원자력안전위원회는 2013년 국무총리 소속 위원회로 위상이 낮아졌다.

책과 원전 수출이다. 녹색성장의 일환으로 원전 확대 정책이 추진되면서 부수적으로 방사선안전 종합계획, 원자력안전 종합계획, 방사능방재 종합계획이 2009년 수립되었다(한국원자력안전기술원, 2010a). 안전 규제 관련법의 개정이 국회 차원에서 논의된 것은 아랍에미레이트(UAE)로 원전을 수출하고 난 뒤의 일이다. 원전 수출을 위해 국제원자력기구의 기본 안전 원칙 권고대로 원자력 진흥 기구와 원자력 안전 규제 기구를 분리해야 한다는 것이 법률 개정안이 제출된 가장 큰 이유였다(사회공공연구소, 2013b). 당시 정두언, 정태근, 김춘진, 권영길 의원이 경쟁적으로 원자력법 개정안을 제출하면서 관련 논의가 활발해지는 듯했다. 그러나 논의는 이내 중단되었다.

수동적인 규제 정비는 안전 규제의 상대적 저발전을 가져왔다. **표 5-15**는 국가별 원자력 안전 규제 인력의 규모를 비교한 표이다. 여기서 알 수 있듯이, 한국의 안전 규제 인력은 정부와 기술지원기관의 인력을 합쳐서 호기당 인력이 19명 수준으로 40명 가까운 미국과 프랑스, 캐나다의 절반 수준에 불과하다. 원자력발전소에 상주하는 현장 주재관 또한 호기당 1.4명으로 2명 이상인 다른 국가에 비해 적다.

한편, 지역반핵운동의 산물로 1990년대 말부터 민간환경감시기구가 만들어졌다. 그러나 실질적인 규제 권한은 없었다. 1993년경부터 언급되기 시작한

표 5-15 국가별 원자력 안전 규제 인력: 2012년 기준

(단위: 명)

구분		미국	프랑스	일본	캐나다	한국
원전 수(가동/건설·계획)		104/1	58/1	50/2	18/2	23/5
정부기관		3,961	443	485	886	105
기술지원기관			1,800	423		434
현장 주재관		218	230	110	41	39
호기당 인력	정부기관	37.7	7.5	9.3	44.3	3.8
	정부 및 기술지원기관		38.0	17.5		19.3
	현장 주재관	2.0	3.9	2.1	2.1	1.4

자료: 이선우 외(2013: 69~70)에서 재인용.

주민상설감시기구는 1996년 영광군이 법제화를 요구하면서 구체화되었다(한국전력공사, 2001: 394~395). 그러나 정부는 민간환경감시기구를 법제화할 경우 이중 규제가 된다는 이유로 반대했다. 이후 반핵운동진영은 주민대표와 환경단체의 참여를 보장하고 문제가 발생할 경우 시정 조치를 요구할 수 있는 조례안을 준비했다. 하지만 조례 제정 과정에서 주민단체와 환경단체가 배제되면서 민간환경감시기구는 지자체 산하 기구로 전락했다(환경운동연합, 1998a). 결국 지방정부 차원에서 구속력이 있는 조치를 취할 수 있는 규제 기구는 만들어지지 못했다. 이외에 지방정부가 건설 인·허가 과정에 개입할 수 있는 권한이 부분적으로 존재했다. 그리고 앞서 살펴본 대로, 지역반핵운동이 활성화될 경우 지방정부가 일시적으로 사업 추진을 지연시키기도 했다. 그러나 위험거래가 자리 잡으면서 지방정부의 제한적인 권한마저 유명무실해졌다.

보조적 안전 규제 덕분에 원전 안전보다 원전 가동을 중시하는 운영 방식이 2000년대까지 지속될 수 있었다. 단적으로 설비 노후화가 진행되고 있음에도 불구하고 계획예방정비공사 기간은 1995년 68일에서 2010년 28일로 줄어들었다(사회공공연구소, 2013b: 334). 가동 중 정비기술이 발전하고 핵연료 교체 주기가 연장된 탓도 있지만 정비 인원이 줄고 하청이 확산된 것을 감안할 때 안전을 우선시했다고 말하기는 어렵다. 계획예방정비공사 기간이 다시 50일 수준으로 늘어난 것은 후쿠시마 사고 이후의 일이다.[78]

3) 녹색성장과 해외 수출로의 확대

전력공기업집단은 전력산업 구조조정의 거센 파고 속에 휘청거렸지만 해

---

[78] 한국수력원자력(2013)은 후쿠시마 사고 이전에는 효율성과 안전성을 지표로 원전을 운영해오다 사고 이후에는 안전성을 최우선으로 한다고 밝힌 바 있다. 후쿠시마 사고 이후 정비 기간이 늘어난 이유로는 '정비 품질 향상 및 안전성 확보'를 꼽았다.

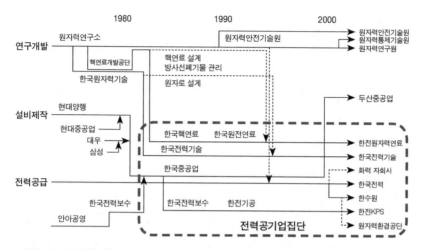

그림 5-12 원전 산업구조의 변화

체위기는 모면했다. **그림 5-12**는 1970년대 이후 한국의 원전 산업구조의 변화를 나타낸 것이다. 1980년대 초반 형성된 전력공기업집단은 1990년대 중반 연구개발부문의 사업이 이관되면서 더 비대해졌다. 전력산업 구조조정은 설계에서 제작, 발전, 폐기물 관리까지 통합된 전력공기업집단의 해체를 시도했지만 실패했다. 한전과 화력 부문 발전자회사, 한수원이 분리되었지만 분할매각이 중단되면서 공기업집단을 유지했다. 위계적인 형태에서 다소 느슨한 네트워크로 조직 구조가 바뀌었지만 한전의 통제력은 유지되었다. 한국중공업이 두산으로 매각된 것을 제외하면 설계, 핵연료, 정비·보수 기업에 대한 한전의 영향력도 크게 훼손되지 않았다. 그 결과 전력공기업집단은 2000년대 이후에도 한국의 원전산업을 주도할 수 있었다. 전력시장의 상황도 크게 다르지 않았다. 민자발전이 확대되었지만 원전을 운영하는 기업은 한수원이 유일했고 유연탄 화력발전 역시 발전자회사가 시장을 지배했다. 전력공기업집단이 기저부하 전력시장을 지배할 수 있게 되면서 값싼 전기 패러다임을 유지할 수 있는 기반이 유지되었다.

한편 전력산업 구조조정이나 반핵운동은 기술추격 이후 야심차게 추진된 차세대 원자로 개발에 거의 영향을 미치지 못했다. APR-1400 개발은 전력공기업집단을 중심으로 안정적으로 진행되어 2000년대 후반 상용화할 수 있게 되었다. APR-1400이 적용된 첫 원전은 25~26호기에 해당하는 신고리 3~4호기이다. APR-1400은 설비용량과 설계수명을 늘린 만큼 표준화된 설계를 통해 반복 건설할 경우 경제성을 향상시킬 수 있을 것으로 기대되었다. 즉, 기존의 한국표준형원전에 비해 APR-1400의 건설단가가 20% 가까이 낮을 것으로 예상되었다(한국수력원자력, 2008a: 485).

나아가 원전 국산화·표준화의 성공, 전력공기업집단의 존속, 보조적 안전규제가 맞물리면서 2000년대 들어서면서 한국의 원전은 국제적인 경쟁력을 확보해가기 시작했다. 국가별 원자력발전비용을 비교한 **표 5-16**을 보면, 한국의 원전은 건설비, 운전유지비, 연료비 모든 측면에서 비교우위를 확보하게 되었다. 특히 원전 건설단가가 다른 국가의 절반 이하로 관리되었다. 비결은 표준화된 원전모델의 반복 건설이었다. 또한 한 부지에 6기 이상 건설하면서 기존 시설을 활용한 것도 건설비를 낮추는 데 도움이 되었다. 더불어 전력공기업을 통한 안정적인 전력 판매, 원활한 자본 조달이 원전의 경제성 향

표 5-16 원자력발전비용 국제 비교

구분	총발전비용		건설비		운전유지비 (cent/kWh)	연료비 (cent/kWh)
	단가 (cent/kWh)	한국 대비 (%)	단가 (cent/kWh)	한국 대비 (%)		
프랑스	5.64	182	3.11	232	1.60	0.93
독일	5.00	161	3.18	237	0.88	0.93
일본	4.97	160	2.39	178	1.65	0.93
미국	4.87	157	2.65	198	1.29	0.93
한국	3.10		1.34		0.97	0.79

주1: 건설비는 건설투자비와 관련 금융 비용을 모두 포함함.
주2: 운전유지비는 원자력발전의 운전 및 관리 비용과 방사성폐기물 처리 비용을 포함함.
주3: 연료비는 전체 연료주기의 비용으로 사용후핵연료의 처리 비용까지 포함함.
자료: 허가형(2014)에서 재인용.

상에 한몫했다. 산업체 간 협력은 제작·유지·보수 비용을 절감하는 데 기여했다.[79]

반핵운동에 의해 때때로 제동이 걸렸던 원전 및 방폐장 건설과 달리 연구개발 분야는 반핵운동의 시야에서 사실상 벗어나 있었다. 원자력연구개발기금은 성역에 가까웠다. 연구개발부문은 더 이상 산업자원부나 한전 등과 협상할 필요 없이 안정적으로 연구개발비를 확보할 수 있었다. 1996년 원자로 및 핵연료 설계 사업을 이관하면서 위축되었던 원자력연구소는 안정적인 연구개발비를 바탕으로 다시 한 번 재기할 기회를 얻었다. 과학기술부와 원자력연구소, 원자력학계가 찾은 활로는 중·소형 원자로(SMART), 파이로프로세싱, 고속증식로, 핵융합로 등 경제성이나 상용화 가능성이 입증되지 않은 기술 개발이었다. 제도화된 연구개발비를 바탕으로 연구개발부문은 자신들의 영역을 재구축할 수 있었고, 이것은 원자력계의 전체 영역을 확장시키는 데 기여했다. ≪뉴스타파≫(2014b) 보도에 따르면, 2003년부터 2014년까지 미래부의 원자력 분야 연구 개발 예산은 연간 1500억~1700억 원 수준을 유지했다. 이 기간 동안 발주된 연구개발사업은 총 3527건에 달했고, 원자력연구소와 대학을 주축으로 다양한 연구가 진행되었다.[80]

반핵운동은 기술 경로에 직접적인 영향을 거의 미치지 못했다. 유일한 예외라면 중저준위 방사성폐기물처분장의 처분 방식이었다. 부지 선정이 계속 난항에 부딪치면서 지역주민을 배제시키고 일방적으로 정책을 추진할 수 없다는 점이 분명해졌다. 주민투표를 통한 부지 선정 이후에도 시설 운영 등과 관련해서 주민들의 참여를, 최소한 형식적으로라도 보장해야 했다. 이와 같

---

79) 국내 건설·제조업의 인건비가 낮은 것도 원전의 경제성을 높이는 데 기여했다. 원전의 경제성과 관련된 내용은 제2차 에너지기본계획 원전 워킹그룹(2013)을 참고.

80) 3527건의 연구개발사업을 수주한 기관은 대학(71.5.%), 원자력연구소(15.48%), 기타 연구기관(5.04%), 원자력 관련 단체(3.34%) 순이었다. 수주 액수를 기준으로 할 경우 원자력연구소(64.9%)가 대학(11%)을 크게 앞섰다.

은 맥락에서 방폐장 부지 선정 이후 구성된 처분방식선정위원회에 지역 인사들이 대거 포함되었다. 처분방식선정위원회는 기술분과와 지역사회환경분과로 나눠졌고, 이 중 지역사회환경분과는 경주지역 시민단체와 지방의회 인사들을 중심으로 구성되었다(산업자원부, 2006c: 139). 그리고 이들에 의해 처분 방식이 동굴처분 방식으로 결정되었다. 기술분과위원, 나아가 산업자원부와 한수원은 비용 등을 이유로 천층처분을 더 선호하는 상황이었다. 80만 드럼을 기준으로 동굴처분은 천층처분보다 3000억 원가량 비싼 것으로 추정되었다(한국수력원자력, 2006). 산업자원부와 한수원은 방사선 준위가 낮은 폐기물까지 동굴 방식으로 처분할 필요는 없다고 보았다(산업자원부, 2006c). 하지만 지역 인사들이 동굴처분을 주장하면서 처분 방식은 동굴처분으로 결정되었다. 유치 신청 단계부터 주민수용성을 높인다는 이유로 동굴처분을 암시하는 선전을 해온 탓도 컸다.[81]

기술적 역량이 확대되고 있는 상황에서 방폐장 부지 선정을 계기로 반핵운동이 쇠퇴하자 공격적인 원전 확대 정책을 펼 수 있는 사회적 조건이 형성되었다. 여기에 이명박 정부가 '저탄소 녹색성장'을 국가적 비전으로 제시하면서 원전 확대를 위한 '정책적 기회의 창'까지 확대되었다. 원전은 '저탄소 녹색성장'을 이끄는 견인차로 인식되었고 2008년을 전후로 에너지·전력 정책에서 원전이 차지하는 위상이 한층 높아졌다. 단적으로 신규 원전 건설 계획은 2기 2800MW(2006년 제3차 전력수급기본계획)에서 6기 8400MW(2008년 제4차 전력수급기본계획) 수준으로 크게 확대되었다(이강준, 2014: 84).[82]

---

81) 2005년 9월 8일 한갑수 부지선정위원회 위원장은 영덕군의회 의원과의 간담회 자리에서 동굴처분은 영덕만 가능하다고 발언했다. 즉, "포항과 경주, 군산 등은 지질 여건상 천층 방식(땅을 얕게 판 다음 콘크리트 구조물 설치)밖에 할 수 없으나 영덕은 암질이 좋아 동굴, 천층 둘 다 문제없는 것으로 보고받았고, 이날 축산 현지에서 이를 확인"했다고 발언했다(군산 핵폐기장유치반대 범시민대책위원회, 2011). 그러나 그전부터 군산 등 여러 지역에서 동굴처분을 암시하는 유인물과 발언이 광범위하게 유포되어 있었다.

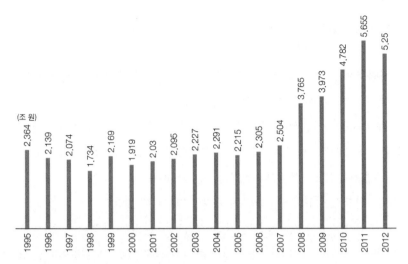

그림 5-13 원자력 공급 사업체의 매출액 변화
자료: 이강준(2014: 66).

원자력 공급 사업체의 매출도 2000년대 후반 크게 늘었다. **그림 5-13**에서
볼 수 있듯이, 2000년대 초중반 원자력 공급 사업체(원자력발전업체 제외)의
매출액은 반핵운동의 공세에 밀려 일시적으로 위축되었다. 그러나 원전산업
계는 일시적인 위기를 극복한 뒤 빠르게 성장하여 원자력 공급 사업체의 매
출 규모는 2007년 2.5조 원 수준에서 2011년 5.6조 원 수준으로 2배 이상 증
가했다. 다음 단계는 원전 수출이었다. 2000년대 후반 원전산업계는 APR-1400,
연구용 원자로 등의 해외 수출에 적극적으로 나섰다. 그리고 2009년 12월 마
침내 아랍에미레이트와 APR-1400 수출 계약을 체결했다.

---

82) 1차 에너지기본계획은 2030년까지 원전을 40기로 늘려 원전 비중을 59%까지 올리기로 한다.

4) 위험과 불확실성의 증가

원전체제는 재안정화되었지만 성공은 역설적으로 위험과 불확실성을 높였다. 원전에 의존한 값싼 전기 공급은 에너지원의 전기화를 유도하여 에너지 체계의 지속가능성을 약화시켰다. 한편, 분할포섭에 기초한 위험거래는 위험을 증폭시킬 가능성을 내포하고 있을뿐더러 사회적 합의의 기반이 견고하지 않았다. 또한 안전보다 전력공급을 중시하는 보조적 안전 규제로 인해 원전의 안전성이 위협받고 논란에 휩싸일 가능성이 높았다.

우선 원전체제의 재안정화는 '값싼 전기' 패러다임이 지속될 수 있는 물질적 기반이 되었다. 그러나 '값싼 전기'는 2000년대 이후 '에너지원의 전기화'를 촉발했다. 반핵운동진영을 중심으로 전기화를 경고하는 목소리가 나왔지만 상황을 개선할 만한 힘이 없었다. 전기화가 일어난 배경은 크게 두 가지였다(녹색전력연구회, 2003; 지속가능발전위원회, 2006). 우선 1990년대부터 지속된 문제로 수요관리가 부하관리 위주로 실시되었다. 대표적으로 부하관리를 명분으로 심야전기용 축냉설비에 대한 지원이 계속 확대되었다. 효율 개선은 지연되었고 수요 감축의 유인은 형성되지 않았다. 수요관리의 저발전보다 더 큰 문제는 에너지원의 상대가격 왜곡이었다. '값싼 전기'를 유지하기 위해 정부는 원유 가격이 상승해도 전기요금의 인상을 최소화했다. 이로 인해 석유, 천연가스, 전기 등 에너지원의 가격 상승률 격차는 갈수록 벌어졌다. **그림 5-14**에서 확인할 수 있듯이, 1990년 이후 20여 년간 실내등유(가정 난방용) 가격이 7배 이상, 도시가스(가정) 가격이 3배가량 인상되는 사이 전기요금은 2배가 채 안 되게 인상되었다. 소비자물가보다 상승률이 낮은 에너지원은 전기가 유일했다.

급기야 2001년경부터 열량당 가격을 기준으로 할 때 유류 가격이 전기요금을 초과하기 시작했다(녹색당, 2012). 발전·송배전 과정에서의 손실에도 불구하고 전기가 유류보다 더 싼 비정상적인 가격 구조가 형성된 것이다. 열량

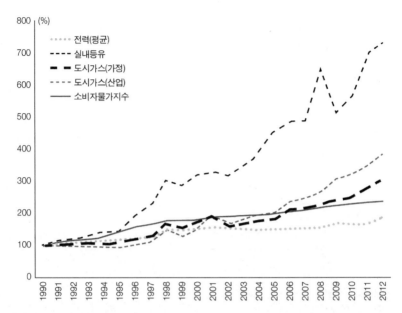

그림 5-14 에너지 가격의 상대적 변동
자료: 국가통계포털(KOSIS).

당 가격이 역전되면서 난방용 에너지가 빠르게 전기로 대체되었다. 제조업에
서의 가열·건조용 전기 소비량도 급격히 증가했다. 1970년대 농어촌의 전기
화, 1980년대 후반 값싼 전기소비의 보편화에 이은 3차 전기화였다. 열·난방
에너지의 전기화가 진행되면서 2000년대 초반부터 여름과 겨울 동시에 전력
수요 피크가 발생하기 시작했다. 그러나 난방 수요는 줄기는커녕 점점 더 늘
어났다. 2006년 겨울철 피크 부하에서 난방 부하가 차지하는 비중은 20% 안
팎이었으나 2010년에는 25%를 넘겼다(전력거래소, 2011: 116). 난방 부하의 증
가율 또한 높아서 2007년에는 무려 22.2%에 달했다. 그 결과 2009년부터 연
중 최대 부하까지 여름에서 겨울로 이동했다.

에너지원의 전기화가 일어나면서 2000년대 후반 한국의 1인당 전기 소비
량은 주요 선진국을 추월했다. **그림 5-15**는 주요 국가의 1인당 전기 소비량
변화를 나타낸 그림이다. 한국은 1980년대 중반부터 1인당 전기 소비량이 빠

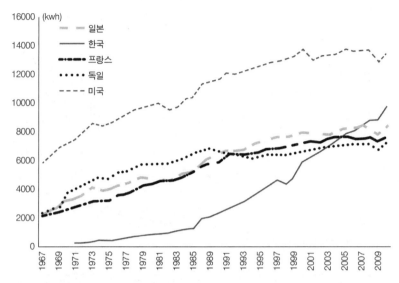

그림 5-15 국가별 1인당 전기 소비량 변화
자료: 세계은행(http://ppi.worldbank.org).

르게 증가하기 시작해서 2000년대 중반 독일, 프랑스, 일본을 차례로 따라 잡았다. 일본과 독일, 프랑스보다 1인당 전기 소비량이 더 많은 한국은 더 이상 '자원 빈국'이라는 표현이 무색한 '자원 낭비국'이 되었다. 전력 과잉 소비로 인해 장기적인 에너지 수급 체계의 지속가능성 또한 낮아졌다.

'값싼 전기'에 대한 도전이 없었던 것은 아니다. 2000년대 후반부터 석유를 비롯한 에너지 자원의 가격이 상승하고 민자발전이 늘면서 값싼 전기요금체계를 유지하는 것이 갈수록 어려워졌다. 정부는 공공요금을 안정화하고 산업계의 경쟁력을 확보하는 차원에서 전기요금의 인상을 자제했다. 하지만 그 대가는 고스란히 한전의 적자로 이어졌다. 한전은 발전자회사와의 정산 과정에서 보정계수를 적용하고 발전자회사로부터 배당금을 늘려 적자를 부분적으로 보전했다. 그러나 전력공기업집단 내부의 조치로 연료 가격 인상 효과를 상쇄시키는 것은 한계가 있었다. 설상가상으로 한전의 지분 매각과 민자발전의 비중 확대로 인해 전기요금 인상을 막는 것이 더욱 어려워졌다. 한전

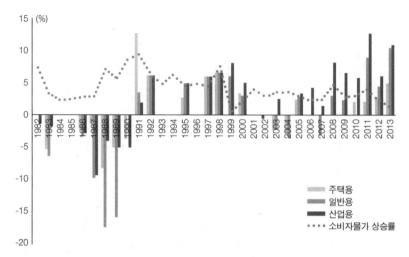

그림 5-16 소비자물가 상승률 대비 전기요금 인상률의 변화
자료: 한국전력공사(http://cyber.kepco.co.kr/).

의 민간주주들은 한전의 적자 누적을 이유로 전기요금의 인상을 강하게 요구했다.[83] 제4~5차 전력수급기본계획을 거치며 발전산업에 진출한 민간기업들은 전기요금 인상을 반대할 이유가 없었다. 결국 **그림 5-16**에서 보는 바와 같이 정부는 2008년 이후 전기요금을 지속적으로 인상하는 조치를 취했다. 그동안 값싼 전기의 혜택이 집중되었던 산업용 및 일반용 전기요금이 상대적으로 더 많이 인상된 점도 주목할 만하다.

결과적으로 전기요금은 여전히 다른 국가에 비해 낮은 수준을 유지했지만

---

83) 한전의 소액주주들은 2012년 9월 한전 사장을 상대로 2조 8천억 원 상당의 손해배상 소송을 제기했다. 이에 한전 사장은 전기요금의 인상을 억제한 정부의 책임이 크다며 반발했다. 한전 사장은 한전이 10% 이상의 전기요금 인상안을 제출하면 지식경제부가 절반 수준으로 인상 폭을 깎아내렸다고 주장했다. 정부와 한전의 갈등은 결국 한전 사장의 교체로 이어졌다. 이는 정부가 여전히 한전에 대한 지배력을 유지하고 있음을 보여주는 동시에 전기요금 인상의 압력을 억누르기가 쉽지 않아졌음을 보여주는 사례라 할 수 있다. 관련 내용은 석조은 (2013) 참고. 제2장에서 살펴봤듯이, 1970년대 중반 정부는 민간 배당 압력을 줄이는 방편으로 한전의 공사화를 추진했었다.

산업보조적 정책을 펼 수 있는 역량은 축소되었다. 다만 산업보조적 지원은 축소된 것이지 사라진 것이 아니었다. 또한 전기요금의 인상은 불균등했다. 이로 인해 산업보조적 지원을 받는 수혜자들 간의 형평성 문제가 불거지기 시작했다. 특히 산업용 전기에 대한 교차 보조 및 요금 할인을 통해 수출 대기업들에게만 혜택이 집중된다는 비판이 확산되었다.[84]

그러나 이와 같은 상황이 원전체제를 위협한 것은 아니었다. 오히려 원전은 전기요금의 인상을 억제하기 위한 최후의 보루처럼 여겨졌다. 원전의 경제성이 타격받지 않으면서 원전의 발전단가가 계속 상대적으로 낮은 수준을 유지할 수 있었기 때문이다. 반면 값싼 전기 패러다임이 지속되면서 에너지 사용에 대해 사회생태적으로 정당한 대가를 치러야 한다는 주장은 힘을 발휘하기 어려웠다. 오히려 가격 인상의 필요성을 역설한 것은 새로운 에너지 산업을 육성하여 관련 시장을 창출하기를 기대하는 쪽이었다. 이로 인해 발전주의적 에너지 공공성을 고수하면 에너지 산업의 시장화를 억제할 수 있으나 원전 확대로 위험이 증폭되는 것에는 무감각해지는 딜레마적 상황이 발생했다. 공정성, 민주성, 지속가능성을 강화한 '전환적' 에너지 공공성으로 발전주의적 에너지 공공성을 대체하기에는 반핵운동을 비롯한 시민사회의 역량이 부족했다. 결국 정부의 전력 정책은 원전을 기반으로 발전주의적 에너지 공공성을 일정 정도 유지하면서 부분적으로 시장 기능을 활성화하는 방향으로 전개되었다. 한전과 한수원을 비롯한 에너지 공기업은 에너지 산업 육성과 시장 창출의 역할까지 떠안게 되었다. 산업화 전략과 산업보조화 전략 간의 긴장도 서서히 고조되었다.

---

84) 산업용 전기의 원가회수율은 2012년 89.5%에서 2014년 101.9%로 상승했다. 그러나 2012~2014년 상위 20개 대기업이 한전으로부터 받은 할인 혜택은 3조 5418억 원에 달했다. 정부는 수출경쟁력을 높인다는 명목으로 대기업의 전기요금을 할인했는데, 삼성전자(4291억 원), 포스코(4157억 원), 현대제철(4061억 원), 삼성디스플레이(3716억 원), SK하이닉스(2361억 원), LG디스플레이(2360억 원) 등이 주요 수혜자였다. 관련 내용은 ≪경향신문≫(2016b)을 참고.

한편 재안정화된 원전체제의 정당성은 잠재적인 균열을 내포하고 있었다. 첫째, 위험거래는 지역사회의 수용성을 우선시함으로써 결과적으로 원전 관련 시설의 안전성을 약화시킬 수 있다. 경주 중저준위 방사성폐기물처분장의 안전성 논란이 대표적인 사례다. 경주 중저준위 방사성폐기물처분장은 사전 부지조사를 통해 신청 부지였던 양라리의 지반이 불량한 것이 확인되어 신월성 원전 부지로 대체된 상태였다. 앞서 살펴봤듯이, 정부는 공학적 방벽을 강화하면 문제가 없다고 판단했고 처분방식선정위원회는 동굴처분 방식을 선택했다. 당시 반대 측 인사들은 주민투표 이후 방폐장에 관심을 끊었고 추진 측으로부터 참여 제안을 받지도 못했다(면접자4, 2015.10.20). 그렇게 방폐장 공사는 사회적 감시로부터 멀어졌다.

> 지금도 그 사람들 보고 후회하고, 중앙에 있는 환경단체들에 문제제기를 하는 게, 저거, 그냥 폐씸하니까 던져놓을 게 아니라, 정말 그때라도 누가 전문가들이 개입해서 정말 죽어도 여는 안 됩니다. 여는 동굴처분 하면 안 됩니다. 암반에 문제가 있어서 그나마 하려면 그나마 천층처분을 하십시오, 하든지 뭘 해야 되는데 그걸 안 했잖아(면접자4, 2015.10.20).

그러나 방폐장 준공이 연기되면서 안전성 논란이 일기 시작했다.[85] 논쟁을 촉발시킨 것은 4년 만에 공개된 부지조사 보고서였다. 2009년 7월 반핵운동진영은 단열대, 파쇄대가 발달한 방폐장 부지가 부지 제척 기준인 "기반암 또는 지층에 균열이 많고 광범위한 연약대 및 석회암이 존재하는 곳인지 여부"에 해당된다고 주장했다. 부지조사 당시 4개월간 4개 지점에서 시추한 결과만으로 지질 안전성을 판단한 것도 도마 위에 올랐다. 정부는 지반 상태가

---

85) 관련 논쟁은 경주핵폐기장반대공동운동본부·경주환경운동연합(2009)을 참고.

좋지 않지만 공학적으로 보강하면 문제가 없다고 반박했다. 또한 정부는 쟁점이 된 사일로 지역으로의 지하수 유입을 기준치 이하로 관리할 수 있다고 주장했다. 그러나 암반, 지하수를 둘러싼 논쟁은 쉽게 종결되지 않았다. 방폐장 완공 시기도 두 차례 연기되었다. 최종적으로 1단계 방폐장 공사가 끝난 것은 2015년 8월이었다. 그러나 동굴처분의 안전성 논란은 계속 되고 있고, 결국 2단계 공사는 천층처분의 형태로 추진될 예정이다.

둘째, 원전시설의 밀집화로 인해 정당성 확보의 범위가 확대되었다. 먼저 원전 신규 부지를 확보하지 못하면서 정부는 기존 부지의 인접 지역을 중심으로 원전을 건설해왔다. 그리고 그 결과 대규모 원전단지가 조성되었다. 잘 알려진 대로 한국의 원전은 밀집된 형태로 건설되어 있다. 2016년 5월을 기준으로 전 세계적으로 188개 지역에서 444기의 원전이 운영 중인데, 이 중 6기 이상의 원전이 입지한 곳은 11곳에 불과하다(≪부산일보≫, 2016). 그런데 한국의 4개 원전단지가 모두 여기에 속한다. 고리지역의 경우 신고리 5·6호기가 완공되면 10기(고리 1호기 폐로 시 9기)가 한 지역에 위치하게 된다. 특히 고리지역은 반경 30km 이내에 300만 명 이상이 거주하고 있는데, 이와 같은 원전 밀집화는 다른 곳에서 유례를 찾기 힘들다. 울진지역도 신한울 3~4호기까지 건설되면 한 곳에 10기의 원전이 밀집하게 된다.[86] 이처럼 원전단지가 대규모화되면 건설단가를 낮출 수 있지만 사고 발생 시 피해의 규모와 범위가 확대될 가능성은 한층 커진다. 이로 인해 방재·방호 체계를 구축하는 것도 어려워지는데, 특히 고리 원전의 경우 부산시와 울산시가 인접한 인구 밀집 지역이라 방재·방호 계획을 수립하는 데 애를 먹고 있다.

아울러 원전의 밀집화로 인해 송전망을 새롭게 건설해야 하는 문제가 제기되었다. 주지하다시피 발전설비는 최종적인 소비처까지 송배전망으로 연결

---

86) 한빛 원전(영광 원전)은 온배수 등의 문제로 추가 건설 계획이 없다. 월성 원전은 신월성 부지 일부를 방폐장 부지로 사용하여 추가 건설이 어렵다.

되어야 한다. 문제는 원전을 비롯한 발전설비가 위치한 지역과 수도권, 산업단지 등 전력소비처를 연결해줄 송전망이 한계에 부딪쳤다는 점이다.[87] 따라서 신규 발전설비를 가동하기 위해서는 추가적인 송전망이 필요하다. 정부는 신고리-북경남, 신울진-강원-신경기 765kV 송전망을 구축할 계획이지만 계획대로 진행될 수 있을지 미지수이다. 밀양 765kV 송전탑 건설 반대운동 이후 고압송전탑 건설이 곳곳에서 저항에 부딪치고 있기 때문이다. 따라서 원전의 밀집화는 단순히 원전을 1~2기 추가 건설하는 문제가 아니다. 신규 원전 건설은 대규모 단지화로 인해 새롭게 발생하는 문제들까지 사회적인 승인을 받아야 정당성을 확보할 수 있게 되었다.

셋째, 위험거래 전략은 1차적으로 지역주민을 대상으로 경제적 보상을 통해 원전체제의 정당성을 확보하려고 하는 만큼 정당성의 기반이 상대적으로 취약하다. 즉, 위험을 거래 불가능한 것으로 인식하기 시작할 경우 정당성의 기반이 쉽게 허물어질 수 있다. 이 경우 위험거래에 수반된 주민·시민 참여는 원전체제의 안정성을 위협할 수 있다. 고리 1호기 수명연장, 폐로가 하나의 사례라 할 수 있다. 2007년 1차 수명연장 당시 한수원은 부산지역의 시민단체를 제외한 채 지역주민들과 수명연장에 합의했다. 당시 지역주민들은 이주 비용 등 경제적 보상을 받고 2차 수명연장은 초기 단계부터 사업자와 주민이 공동조사를 실시하는 것을 조건으로 수명연장에 합의했다(양이원영, 2014). 한수원은 지역관리를 통해 2차 수명연장이 가능하다고 판단했지만 후쿠시마 사고를 계기로 인접 지역 주민과 부산시민들은 수명연장 대신 폐로를 이야기하기 시작했다. 후쿠시마 사고 이후 반핵운동이 재활성화되면서 위험을 '거래'할 수 있는 사회적 토대가 침식된 것이다.

정부가 국민의 안전을 먼저 생각하고 주민투표에 대해서 부의를 해야 하는

---

87) 기존 송전망의 한계 및 신규 송전망 건설의 문제는 허가형(2015)을 참고할 것.

데 이거는 일을 거꾸로 한 거예요. 오히려 정부가 이런 경제적인 보상, 당근에 너무 많이 치중했지 않았느냐, 안전은 두 번째로 치고. 그러다 보니까 각 지자체별로 막 경쟁을 일으키잖아요. 이게 뭐 좋은 기라고. 아니 솔직한 말로, 이 정책이 뭐 좋은 걸 유치할 거라고. 방폐장을 갖다가 서로 유치하게 만드는, 아주 정부로 봐서는 교묘하게, 나는 이거는, 이 정책은 좀 잘못되었다, 국민들의 안전을 먼저 생각하고 정부가 후속조치를 마련해야 되는데 국민들의 안전은 뒤로 치고 경제적인 보상 원리에 너무 치중하는 아주 잘못된 정책이라고 아주 감히 말할 수 있습니다(면접자4, 2015.10.20).

시민단체가 참여하는 거버넌스는 사회적 합의의 기반을 넓히는 것이 아니라 미시적 정치의 장으로 작동했다. 그러나 소수의 전문가·활동가에 국한되었던 미시적 정치의 장은 반핵운동이 확산되면서 다시 사회세력 간의 대결의 장으로 변형되었다. 단적으로, 제2차 에너지기본계획 수립, 노후 원전 스트레스테스트, 사용후핵연료 공론화위원회 등 후쿠시마 사고 이후 거버넌스 기구는 사회적 합의를 구축하는 데 실패하고 오히려 사회적 논란을 확산시키는 계기가 되었다. 사회적 합의의 기반이 취약했던 만큼 원전체제의 정당성은 견고하지 않았다.

마지막으로 보조적 안전 규제는 잠재적으로 원전체제의 안정성을 약화시킬 수 있는 약한 고리였다. 안전을 소홀히 하는 운영 관행은 쉽게 근절되지 않았다. 일례로 사회공공연구소(2013b: 177~178)의 설문조사에 따르면, 20% 이상의 원전 노동자들이 안전을 위협할 만한 상황과 문제에 대해 부서 동료들이나 회사 직원들이 적극적으로 보고하지 않는다고 응답했다.[88] 더 큰 문제는 규제 완화의 일환으로 기기 검증 관련 평가 기관이 신고제로 전환되고

---

88) 구체적인 사례로 울진 2호기에서 수년간 작업 시간 단축을 위해 감압 장치를 사용하지 않고 수소를 충전하는 작업이 진행된 것을 들 수 있다(≪뉴스타파≫, 2014a).

정비·보수 등의 분야에서 하청이 확산되는 등 원전 산업구조가 변하는 상황에 규제 제도가 적절히 대처하지 못했다는 점이다. 안전 규제가 산업 진흥을 보조하는 수단을 넘어서지 못하면서 기기 품질 검증 부실화 등 잠재적인 문제들이 쌓여갔다. 2011~2013년 사회적으로 크게 논란이 된 원전 케이블 등의 시험 성적서, 품질 보증서의 위조 비리는 사실 그전부터 징후가 감지되던 것이었다. 단적으로 한국기계연구원 원자력사업단장이 2007년 원자력 산업 기기 품질 검증의 문제를 제기했으나 유야무야된 바 있었다.

시험결과를 판정할 수 있는 기관(KINS)은 시험평가 보고서나 시험 성적서만으로 평가를 하고 있고, 현실적으로 그럴 수밖에 없는 실정입니다. 따라서 외국의 현지에서 시험평가가 제대로 되어 있는지 아니면 자기들이 편리한 대로 쓴 내용의 결과물인지, 즉 그 결과 보고서가 사실인지 아닌지조차 평가할 수 있는 방법이 현실적으로는 없습니다. …… 현지에 나가서 확인할 방법도 없고 법적인 규제도 없으며 그럴 만한 상황도 되지 못합니다. …… 국내에서는 문제가 생길 경우 KINS에서 직접적으로 확인이 가능하지만 외국의 업체에서 시험한 결과물에 대해서는 규제 기관인 KINS에서조차 정확한 확인을 할 수 없고 오로지 서류상의 결과물만을 가지고 판정하고 있기 때문에 이걸 맹점으로 이용하여 관련업체는 물론 관련된 여러 기관에서 부적절한 담합도 있는 것 같아 보입니다 (송치성, 2015).

결국 누적된 문제는 후쿠시마 사고 이후 터져 나왔다. 안전 규제의 허술함은 고리 1호기 정전 은폐 사고가 보여주듯이 대부분 외부 제보의 형태로 이슈화되면서 한층 더 적나라하게 드러났다(사회공공연구소, 2013b: 255~256). 원자력안전기술원 주재관 부족, 품질 검수 인력 부족, 부품 이력 관리 시스템 미비 등 규제 제도를 개선할 여지는 많았다. 그러나 보조적 안전 규제가 이뤄지는 상황에서 규제의 공백을 찾아내 적극적으로 개선할 의지를 가진 집단은 없었다.

5. 원전체제의 경로의존성과 불확실성

외환위기 이후 전력산업 구조조정이 본격화되면서 전력공기업집단의 존속 여부가 불투명해졌다. 정부는 한전을 분할 매각하고 자회사를 사유화하는 방식으로 전력공기업집단의 해체를 추진했다. 그러나 발전주의적 에너지 공공성, 다시 말해 공기업을 통한 값싼 전기 공급에 대한 기대는 여전히 높았다. 사회적 저항이 지속되면서 한전의 분할매각은 화력과 원자력·수력 부문이 한전의 발전자회사로 분할되는 선에서 종결되었다. 대신 민자발전이 확대되면서 대기업들이 속속 발전산업으로 뛰어들었다. 더불어 설비제작사가 사유화되고 발전자회사 간 경쟁이 확대되면서 전력공기업집단의 조직적 응집력이 약해졌다. 하지만 기술추격을 토대로 독자 모델을 개발하는 데 성공하면서 원전 수출협력 네트워크가 형성되었고 전력공기업집단의 조직적 응집력 약화를 일정 부분 상쇄시켰다.

한편, 환경운동이 성장하면서 정부 부처와의 협의 채널이 늘어났다. 제한적이지만 지자체를 통한 개입도 확대되었다. 더 이상 기술관료적 접근에 입각한 방폐장 부지 선정 방식으로는 지역반핵운동을 잠재울 수 없었다. 오히려 지역반핵운동은 정치적 기회가 확대된 것을 활용해서 원전 추진 정책을 위협하기 시작했다. 정부와 전력공급부문이 새롭게 꺼내든 카드는 '분할포섭' 전략이었다. 분할포섭은 부안에서 대중적 저항을 무마시키기 위해 반핵운동을 중앙과 지역으로 분리시키는 방안을 모색하면서 구체화되었다. 정부는 중앙의 환경단체를 제도적으로 포섭하여 체제 내에서 관리하고 지역의 유치 찬성세력을 강화하여 지역 내 세력 관계를 재편하기 위해 분할포섭을 시도했다. 그러나 지역반핵운동이 거세게 진행되면서 제도적 포섭은 역설적으로 정부가 온전히 통제할 수 없는 공간을 일시적으로 창출했다. 반핵운동은 거버넌스의 공간을 통해 지역 사안을 국가의 에너지 정책으로, 대결을 숙의로 확장시킬 가능성을 모색했다. 여기에 정부 내 균열이 확대되면서 일시적으로 반핵운동이 힘을 발휘할 수 있는 제도적 틈새가 형성되었다.

그러나 주도권을 쥔 것은 거버넌스를 시간을 확보하고 주도권을 장악하기 위한 방편으로 활용하고자 한 정부 내 강경파였다. 정부 내부의 균열은 반핵운동진영이 기대한 것만큼 크지 않았다. 정부 내부의 원심력은 원전 의존적인 에너지·산업 정책에 의해 지속적으로 상쇄되었다. 무엇보다 값싼 전기소비사회를 실현하는 핵심적인 수단으로서 원전의 위상이 흔들리지 않고 있었다. 재생에너지 산업이 부상하고 있었지만 대다수의 기업들은 낮은 산업용 전기요금에 만족할 뿐 근본적인 변화를 요구하지 않았다. 원자력 연구개발부문 및 원전산업계와 연계된 원전 추진 세력이 정부 내부에 공고하게 조직되어 있었던 데 반해 정부 내 비판 세력은 조직화되어 있지도, 안정적이지도 않았다. 해체의 원심력은 거의 전적으로 반핵운동에 의해 좌우되었다.

하지만 제도적 공간이 개방될 기미를 보이자 오히려 반핵운동의 원심력이 강해져서 내부 균열이 확대되었다. 사회적 합의에 대한 기대와 분할포섭의 현실 사이의 간극은 예상보다 컸고, 기대와 현실에 대한 시각차로 인해 반핵운동은 내홍을 겪었다. 그리고 반핵운동이 내파되면서 분할 통치가 실현될 수 있는 조건이 창출되었다. 즉, 반핵운동은 정부의 제도적 포섭 전략에 대해 조직적인 판단과 결정을 유보했고 그 과정에서 조직적 역량을 상실해갔다. 반핵운동은 거버넌스 기구를 에너지 정책을 재검토하는 전환의 장으로 만들기를 희망했지만 정부를 강제할 힘이 없었다. 반면 정부는 제도적 공간의 개방을 매개로 자신에게 불리한 상황을 최대한 회피하며 유리한 국면을 조성할 수 있는 힘이 있었다. 반핵운동이 거버넌스 기구를 통해 확인한 것은 전환의 장으로서의 가능성이 아니라 권력의 격차였다. 그리고 분할포섭이 성공하면서 지역사회에서 위험거래가 실행될 수 있는 사회적 조건이 창출되었다.

권력관계를 재편하기 위한 수단으로 도입된 만큼 혼종적 원전 거버넌스 아래에서 시민사회의 참여는 정부의 원전·에너지 정책을 위협하지 않는 선으로 제한되었다. 행여 제도적 공간이 개방되면서 통치의 불확실성이 높아져 주도권을 상실한 우려가 있으면 정부는 이를 거부할 수 있는 권한을 가지고 있었다. 다시 말해 저항의 수준 또는 통치의 수월성에 따라 가변적으로 대응할 수 있는 권력을 정부는 보유하고 있었다. 2003~2005년 위험거래가 안착되는 과정에서 정부는 분할포섭을 통한 권력의 활용법, 즉 반핵운동에 대한 대응 방법을 정립했다. 혼종적 원전 거버넌스가 반핵운동을 유연하게 관리하고 원전 추진력을 높이는 수단으로 활용되기 시작한 것이다.

전력공기업집단이 원전 산업을 주도하면서 기술추격의 제도적 토대는 크게 흔들리지 않았다. 혼종적 원전 거버넌스가 형성되면서 반핵운동의 힘은 급속하게 쇠퇴했다. 그나마 반핵운동의 영역은 제한되었다. 반핵운동은 원전 산업구조 개편이나 연구개발분야에 거의 영향을 미치지 못했다. 안전 규제에 대한 문제제기 역시 산발적으로 이뤄졌고, 규제 제도는 원전산업의 진흥을 위해 수동적으로 개편되는 데 머물렀다. 그 덕분에 2000년대 후반 한국은 독자적인 원전모델을 건설할 수 있는 수준에 이르렀고, 원전의 경제적 비교우위 또한 유지될 수 있었다. 전력공기업 주도의 원전 산업구조가 안정적으로 유지되는 상황에서 반핵운동을 관리할 수 있게 되면서 공격적인 원전 확대 정책을 펼 수 있는 사회기술적 기반이 마련되었다. 그리고 그 정점에서 원전 수출을 성사시켰다.

그러나 발전주의적 원전체제의 성공은 역설적으로 체제적 불확실성을 높였다. 모방할 수 있는 사회기술적 모델은 사라진 반면 새로운 모델은 아직 불투명했다. 기술적 측면에서 한국은 원천 기술은 의존하지만 원전 건설과 설비 제작을 독자적으로 진행할 수 있는 수준에 이르렀다. 그리고 이를 바탕으로 원전을 수출하는 데 성공했다. 하지만 한국형 원전이 세계 시장에서 경쟁력이 있는지는 검증되지 않았다. 사용후핵연료 처리 등 핵연료주기 문제를 파이로프로세싱 기술을 통해 해결하는 전략도 검증되지 않은, 혹은 선발국이 이미 폐기한 전략이었다. 한마디로 한국의 원전체제는 탈추격적 불확실성을 해소하지 못했다. 전력공기업집단이 주도하는 원전산업은 원전 수출, 나아가 전력산업을 한층 더 복잡하게 만들고 있다. 전력공기업집단은 국내에서 원전을 반복 건설하는 데 있어 유리했지만 해외 사업 추진을 위한 금융지원이나 사업 리스크 관리 역량은 확인되지 않았다. 전력산업의 측면에서 보면, 민간 자본과의 경쟁은 불가피하고 발전원 간의 경쟁도 한층 치열해졌다. 전력공기업집단의 전력시장 지배력은 유지되고 있지만 에너지 신산업 육성을 위한 시장화의 압력은 다시 증대되고 있다. 원전체제가 직면한 사회생태적 문제 역시 새로운 해결책을 요구하고 있다. 원전시설의 밀집화가 심화되어 안전 규제, 방재·방호 등의 측면에서 전례를 찾기 힘들어졌다. 에너지원의 전기화는 유사 사례를 찾기 어려울 만큼 심각한 상황이다. 기술관료적 방식과 참여적 방식이 혼합된 포섭적 규제 양식은 언제든 갈등을 촉발할 수 있는 불안정성을 내포하고 있다. 따라서 한국의 원전체제가 직면한 문제를 해결하기 위해 해외의 사례를 한국의 상황에 맞게 변용하고 나아가 새로운 사회-기술 모델을 창출해내는 것이 불가피해졌다. 하지만 한국의 원전체제는 아직 그 답을 찾지 못했다.

정리하면, 원전체제의 변형은 발전주의 이후 발전주의의 단면을 보여준다. 발전주의적 원전체제는 전력공기업집단을 기반으로 신속한 기술추격에 성공하고 발전주의적 에너지 공공성을 실현함으로써 공고화되었다. 발전주의적 에너지 공공성에 대한 기대를 토대로 전력공기업집단은 신자유주의화와 민주화의 파고를 버텨냈다. 발전주의적 에너지 공공성은 전력공기업집단의 버팀목이자 반핵운동이 끝내 넘지 못한 장벽으로 작용했다. 이후 원전체제는 해체의 압력에 대응하여 자신을 변형시켰다. 다소 느슨한 네트워크로 전환된 전력공기업집단은 우회적 시장화에 노출된 동시에 에너지 신산업 육성의 첨병 역할을 부여받기 시작했다. 기술관료적 대응 방식에 기초하여 참여적 접근법을 활용하는 혼종적 거버넌스는 반핵운동을 포섭하는 도구가 되었다. 발전주의적 원전체제의 제도적 토대는 부분적으로 약화되었지만 유연하게 대응할 수 있는 장치를 도입함으로써 원전체제는 재안정화될 수 있었다. 하지만 원전체제의 재안정화가 위험과 불확실성의 증가를 근원적으로 막은 것은 아니다. 오히려 원전체제의 기술적·산업적·사회적 모델을 한국의 독특한 상황에 맞게 구축해야 할 필요성은 더 높아졌다. 원전 수출의 환호에 가려졌을 뿐 후기 발전주의적 불확실성이 원전체제를 침식해가고 있었다.

제6장

비교역사적 시각에서 본 한국의 원전체제

2011년 후쿠시마 사고 이후 원자력발전의 운명은 커다란 갈림길 위에 서 있다. 한때 미래의 에너지로 각광받았던 원전, 그러나 핵무기와의 연관성으로 인해 처음부터 사회적 논란을 피할 수 없었던 기술, 20세기 가장 논쟁적인 기술 중 하나인 원전의 운명은 어떻게 될 것인가? 기술의 운명이 결정된 것이 아니라면 이 질문에 대한 답은 원전의 발전 경로를 되짚어보는 것에서 출발할 것이다. 정치, 군사, 경제적 조건에 따라 핵기술의 경로 및 핵기술을 개발하는 방식이 달랐을 뿐만 아니라 반핵운동이 부상한 뒤에 국가별로 원전을 추진하는 방식이 한층 더 다양해졌기 때문이다. 그렇다면 원전의 발전 경로는 왜 수렴한 것이 아니라 분기된 것일까? 이 질문에 대한 답을 찾기 위해서는 우선 다른 어느 기술보다 높은 수준의 실행 역량을 요구하는 원전의 사회기술적 특성에 주목할 필요가 있다. 기술적·정치적·경제적·사회적 실행 역량이 뒷받침되지 않으면 원전을 안정적으로 추진할 수 없기 때문이다. 문제는 국가별로 실행 역량을 구축하는 방식이 다르다는 점이다. **표 6-1**에서 확인할 수 있듯이, 상업용 원전을 추진하는 방식은 나라마다 달랐다. 예컨대, 영국과 프랑스는 상업용 원전 건설 및 핵무기 개발의 병행 여부를 놓고 미국

표 6-1 원전 관련 제도 및 기술의 차이

구분	미국	독일	영국	프랑스	일본	한국
핵기술 병행 개발	완료 후 분리	상업용 집중	병행	병행	상업용 집중	실패 후 상업용 집중
상업용 원전 개발 주도권	제작사	제작사	원자력청	원자력위원회→전력회사	제작사	경쟁→전력회사
설비제작산업 (주요 기업 수)	경쟁(4개)	경쟁(2개)→협력	분산	통합	경쟁(3개)	부재→경쟁(4개)→전력회사 편입
전력산업의 지배적 기업 형태	사기업	사기업	공기업	공기업	사기업	공기업
전력회사 결합 방식	시장 경쟁	협력	협력→시장 경쟁	전력회사 주도	협력	전력회사 주도
규제 기관 독립성	높음(다층화)	높음(다층화)	중간	낮음	낮음	낮음
반핵운동	전국화	전국화	전국화	지역화	지역화	지역화
주요 원자로 노형	PWR, BWR	PWR, BWR	GCR(AGR)	GCR→PWR	PWR, BWR	PWR, PHWR
1980년대 이후 원전 건설	침체	탈핵	침체	확대 후 정체	확대 후 정체	지속 확대

주: Campbell(1988), Jasper(1990), Joppke(1993); Rüdig(1987), Thomas(1988) 등 기존 연구를 종합하여 작성.

과 다른 길을 걸었다. 이로 인해 상업용 원전 개발을 주도하는 방식이 달랐고, 그 결과 각기 다른 원자로 노형을 선택하게 되었다. 한편, 제2차 세계대전 패전국인 독일과 일본은 둘 다 핵무기 개발이 제한되었고 설비 제작 및 전력산업의 구조도 유사했지만 반핵운동의 전개 과정과 규제 제도의 차이로 인해 1980년대 이후 원전 추진력이 현격히 달라졌다.

제6장에서는 1970년대 이후 상업용 원전의 발전 경로 및 그 특성을 사회기술체제의 시각에서 재조명한다. 핵무기 개발과 밀접하게 연결된 원전 건설은 초기부터 국가별로 다양한 모습을 보이기 시작했는데, 상업용 발전이 본격화되면서 원전체제의 분화는 한층 가속화되었다.[1) 여기서는 기존 연구들을 종

합적으로 검토하여 상업용 원전 건설이 확산되면서 원전체제가 분화된 양상을 개략적으로 살펴볼 것이다. 그리고 이를 통해 비교역사적 시각에서 한국 원전체제의 특성을 규명해보고자 한다.

1. 원전 산업구조의 다양성

원전 산업구조의 차이를 야기하는 핵심적인 요인은 핵무기 개발 전략, 설비제작사 및 전력회사의 기업 구조이다. 핵무기 개발 전략에 따라 연구개발 부문의 위상이 달라지고, 기업 구조는 설비제작 및 전력공급 부문의 관계에 영향을 미친다. 다시 말해 연구개발, 설비제작, 전력공급 부문 간의 조정 방식은 원전 건설에 필요한 실행 역량을 구축하는 데 중요한 변수로 작용한다. 나아가 연구개발, 설비제작, 전력공급 부문 간의 경쟁과 타협을 통해 원자로 노형, 원전 표준화 등 기술 경로와 기술 경제성이 결정된다. 원전산업이 조직되는 방식은 상당히 다양한데, 자본주의 국가의 경우 기업 구조와 핵무기 개발 방식을 기준으로 원전 산업구조를 나눠볼 수 있다.[2]

우선 기업 구조의 핵심은 설비제작사와 전력회사의 소유 형태와 기업 간 관계라 할 수 있다. 이를 염두에 두고 원전산업의 기업 구조를 분류하면, 우선 자유시장경제와 조정된 시장경제 형태로 구분할 수 있고, 조정된 시장경

---

1) 원전체제의 초기 형성 과정에 대해서는 이관수 외(2016), 박진희 외(2016)를 참고.

2) 자유시장경제와 조정된 시장경제로 자본주의 국가의 제도적 편제를 구분한 것은 홀과 소스키스(Hall and Soskice, 2001)가 대표적이다. 이들은 기업에 초점을 맞춰 금융, 기업 지배구조, 기업 간 관계, 노사관계 등 하위 제도들 간의 상호보완성을 입증하고 자본주의의 제도적 다양성을 주창했다. 여기에 키첼트H. Kitschelt, 슈미트V. Schmidt, 아마블B. Amable 등이 가세하면서 자본주의 다양성론은 한층 다양해졌다(윤상우, 2010). 여기서는 이상의 논의 중 기업 간 관계, 정부 역할 등을 비교하는 방식을 차용해서 원전 설비제작과 설비이용이 조직되는 방식을 구분했다.

표 6-2 원전 산업구조의 분류: 상업용 원전 건설 단계

구분		자유시장경제	조정된 시장경제	
			민간기업 주도	공공기관 주도
핵무기 개발	분리	시장형 (미국)	민간산업형 (독일, 일본)	공기업집단형 (한국, 후기 프랑스)
	병행	×	×	원자력기구형 (초기 프랑스, 영국)

자료: Campbell(1988), Hecht(2009), Thomas(1988) 등을 참고하여 분류.

제 형태는 다시 민간기업 주도형과 공공기관 주도형으로 나눌 수 있다. 핵기술 개발 방식은 핵무기 개발과 상업용 원전 개발을 병행하는 방식과 이를 분리하는 방식으로 구분되고, 연구개발부문이 원전산업에 결합되는 방식을 결정한다. 민간기업은 상업용 원전을 추진하면서 핵무기 개발을 병행할 수 없다는 점을 감안해서 원전 산업구조를 분류하면 크게 네 가지 유형이 존재한다.[3] 예상할 수 있듯이, 원전 산업구조에 따라 원전의 경제성과 추진력에 영향을 미치는 개발 주도권, 기업 형태 및 기업 수, 기업의 수평적·수직적 통합 수준이 다르고, 표준화와 기술 전략에서도 차이가 있다(Campbell, 1988; Thomas, 1988).

첫 번째 유형인 '시장형' 산업 구조는 상업용 원전과 핵무기 개발이 분리된 상태에서 다수의 민간 설비제작사와 민간 전력회사가 경쟁하는 구조로 이뤄져 있다. 설비제작사가 원전산업을 주도하나 설계와 제작이 분리되는 등 수직적 통합의 수준은 높지 않다. 또한 기업 간 경쟁으로 인해 원전모델의 표준화가 지연되는 경향이 있다. 민간 전력회사가 전력시장을 지배하는 만큼 정부의 가격 통제는 제한적이고, 원전의 경제성이 하락할 경우 다른 발전원을

---

3) 민간기업이 원전산업을 주도하는 국가가 핵무기 개발을 추진하지 않는다는 뜻은 아니다. 역사적으로 핵무기 개발은 모든 국가에서 정부 주도로 진행되었다. 다만 상업용 원전을 건설하는 단계에 이르면 핵무기 개발과 원전 건설이 분리되는 경향이 있고, 민간기업이 독자적으로 병행 개발을 추진하는 사례는 없다.

선택할 유인이 상대적으로 강하다.

시장형 산업 구조의 대표적인 사례는 미국이다(Campbell, 1988; Thomas, 1988). 미국의 설비제작사들은 원전을 추진할 수 있는 기술 역량과 자본 동원력을 갖추고 있었던 만큼 초기 개발 단계부터 적극적으로 결합했다. 민간 전력회사들 또한 대규모 프로젝트를 실행할 수 있는 역량을 확보하고 있었다. 따라서 미국의 원전산업은 설비제작산업과 전력산업 모두 사기업이 경쟁하는 형태로 발전했다. 예컨대, 미국의 설비제작사는 주요 기업만 네 곳이었고, 전력산업 역시 다수의 민간기업이 경쟁하는 형태를 유지했다.

두 번째 유형은 핵무기 병행 개발을 추진하며 정부 기구가 전략적으로 개입하는 '원자력기구형'이다. 이 경우 핵무장을 위한 독자기술 개발을 추진하는 만큼 정부 차원의 전담 기관이 원전산업을 전반적으로 조정하며 건설을 주도한다.[4] 즉, 핵무기 개발 과정에서 주도권을 쥐게 된 원자력위원회·원자력청이 상업용 원전의 개발과 건설 과정에 적극적으로 개입한다. 이로 인해 연구개발집단의 위상이 높은 반면 전력회사나 민간 설비제작사의 영향력은 상대적으로 제한적이다.

원자력기구형의 사례는 1950~1960년대 프랑스와 영국이다. 당시 프랑스와 영국은 각각 원자력위원회(CEA^commissariat a l'energie atomique)와 원자력청(AEA^Atomic Energy Authority)을 중심으로 핵분열 물질의 확보를 위해 천연우라늄을 연료로 사용하는 가스냉각로를 개발했다(Cowan, 1990; Hecht, 2009; 박진희, 2012; 박진희 외, 2016; 이관수 외, 2016). 1960년대 들어서면서 경수로를 앞세운 미국계 기업들의 적극적인 시장 공략으로 인해 가스로의 가격경쟁력이 떨어지고 있었지만 연구개발부문은 기존의 기술 경로를 고수했다. 전력회사 등이 앞장서서

---

4) 미국은 핵무기 패권을 유지하기 위해 동맹국에게도 관련 기술을 전수하지 않았다. 따라서 핵무기를 개발하기 위해서는 군사적·외교안보적 고려 속에 국가가 전략적으로 개입하여 독자적으로 관련 기술을 확보해야 했다.

원자로 노형을 경수로로 전환할 것을 요구했지만 군사적 가치를 염두에 두고 독자적인 기술의 필요성을 강조하는 연구개발부문의 영향력을 차단하기에는 역부족이었다.

'민간산업형' 원전 산업구조는 민간 설비제작사와 민간 전력회사가 원전산업을 이끌지만 조정 기제가 작동해서 '시장형'과 달리 경쟁이 제한된다. 이로 인해 설계·제작이 통합되고 기업 간 협력을 통해 수직통합과 유사한 효과가 발생하면서 표준화가 촉진될 수 있다. 하지만 수평적 통합이 제한되기 때문에 기술 경로가 다원화되는 경향이 있다. 한편 전력산업의 사유화로 인해 정부의 가격 통제는 제한적이지만 조정 기제를 통해 전력회사가 기회주의적으로 원전을 기피할 유인을 줄일 수 있다. 한 가지 유의할 점은 원전 산업구조가 민간산업형인 국가도 핵무기 개발을 추진할 수 있다는 점이다. 다만 '원자력기구형'과 달리 공식적으로 핵무기 병행 개발을 추진하는 것이 아니므로 원전산업에서 연구개발부문의 영향력은 크게 제한된다. 유사시 신속하게 핵무기를 개발할 수 있는 능력을 배양하는 신속핵선택전략을 채택하지만 상업용 원전 건설을 실행 수단으로 삼지는 않는다.

원전산업이 '민간산업형'인 국가는 독일과 일본을 들 수 있다. 제2차 세계대전 패전국인 독일과 일본은 독자적인 핵무장이 차단되었기 때문에 프랑스, 영국과 같은 길을 걸을 수 없었다. 대신 독일과 일본의 민간 설비제작사는 기존의 제휴 관계를 이용해서 웨스팅하우스와 제너럴일렉트릭의 경수로 기술을 수입·개량하는 길을 선택했다.[5] 예컨대 독일에서는 지멘스Simens와 AEG가 원전 도입에 앞장섰다. 일본의 경우 히타치Hitachi, 도시바Toshiba, 미쓰비시Mitsubishi가 설비제작산업에서 경쟁했다. 이처럼 독일과 일본은 설비제작산업과 전력산업이 다수의 사기업으로 분할되어 있어 원자로 노형도 미국과 같이

---

5) 지멘스와 미쓰비시는 웨스팅하우스를 통해 가압경수로 기술을 도입한 반면 AEG와 히타치, 도시바는 주력 모델로 제너럴일렉트릭의 비등경수로를 선택했다.

가압경수로와 비등경수로로 양분되었다. 하지만 독일과 일본의 설비제작사와 전력회사는 미국 기업들보다 협력적인 관계를 유지하면서 경쟁을 줄일 수 있었다(Campbell, 1988: 138~140; Thomas, 1988: 132~136). 한편 독일과 일본의 경우 핵무기 병행 개발이 차단되면서 연구개발부문의 영향력이 제한되었다. 그러나 일본의 사례에서 알 수 있듯이, 신속핵선택전략을 채택할 경우 연구개발부문이 원전산업으로부터 제도적으로 분리된 형태로 존립 기반을 구축할 수 있었다.

마지막으로 '공기업집단형'은 정부가 공기업을 통해 원전산업을 주도한다. 정부는 전력산업을 독점한 공기업을 통해 자본을 동원하고 독점화된 설비제작산업을 통제한다. 공기업집단형 원전 산업구조에서는 전력공기업이 시장을 지배하는 만큼 정부의 가격 통제가 한층 수월하다. 또한 설비제작사와 전력회사가 결합된 기업 집단이 형성되기 때문에 원전의 표준화를 추진하는 데 가장 유리하다. 그러나 반대로 정부 지원으로 인해 효율성이 저하되고 환경 변화에 유연하게 대처하지 못할 수 있다.

공기업집단형으로 분류할 수 있는 국가는 프랑스와 한국이다. 프랑스의 경우, 1960년대 말 이후 원자력위원회의 영향력이 약화되면서 '공기업집단형'의 성격이 강화되었다. 프랑스는 상대적으로 설비제작사의 역량이 떨어졌지만 석유위기 이후 정부가 전략적으로 개입하면서 설비제조업체의 통합이 이루어졌다. 이후 국영전력회사(EDF^{Électricité de France})가 설비제작사의 지분을 인수하여 경영에 관여하는 구조가 확립되었다(DeLeon, 1980; Finon and Staropoli, 2001). 아울러 전력회사가 주도권을 장악하면서 전력회사가 선호한 가압경수로로 기술 경로가 전환되기 시작했다. 한편, 한국의 원전산업은 형성기인 1970년대 후반 원자력기구형과 민간산업형, 공기업집단형의 성격이 혼재된 모습을 보였다. 원자로 노형에 대한 합의 수준이 낮았고, 기술도입선에 대한 입장도 엇갈렸다. 그러나 핵무기 개발이 차단되고 한국중공업이 한국전력의 자회사로 편입되면서 공기업집단형 원전 산업구조가 확립되었다. 그리고 그 결과

가압경수로 모델을 신속하게 국산화·표준화하는 기술 전략이 채택될 수 있었다. 이후 한국전력의 분할매각, 한국중공업과 한국전력기술 등의 민영화가 추진되면서 민간산업형 또는 시장형으로 원전 산업구조가 변할 기회가 있었다. 하지만 한국전력의 분할매각이 무산되고 민영화 역시 한국중공업으로 제한되면서 공기업집단형 원전 산업구조의 근간이 유지되었다.

2. 반핵운동과 원전 규제양식의 변화

원전 규제양식은 반핵운동과 국가기구 간의 경합과 타협 속에서 발전했다. 반핵운동이 확산될수록 경합의 범위는 원전체제 수준으로 확장되었고 그만큼 원전체제의 안정성도 위협받았다. 그리고 규제 기관의 독립성이나 반핵운동의 의사결정 참여 방식에 따라 원전의 경제성과 추진력이 영향을 받았다. 단적으로 인·허가나 운영 과정에 제도적으로 개입할 수 있는 지점이 늘어날수록 신규 원전과 방사성폐기물처분장 등 관련 시설의 건설은 지연되고 가동 중단도 빈번해졌다.

원전 규제양식은 산업구조만큼 국가별 차이가 분명하지 않지만 국가기구의 대응 방식과 반핵운동의 역량에 따라 크게 네 가지 형태로 분류할 수 있다.[6] 반핵운동이 조직화되지 않았을 때, 원전 규제는 전적으로 관료와 과학기술자들의 손에 맡겨졌다. 그러나 반핵운동이 확산되면서 시민들은 기술관료적 사고방식에 도전하며 의사결정 과정에의 참여를 요구했다. 규제양식의

---

6) 국가기구의 대응 방식은 위험 거버넌스나 과학기술 거버넌스를 '기술관료적', '참여적·민주적' 형태로 구분하는 것을 참고했다. 기술관료주의는 전문가주의에 기초하여 시민의 참여를 제한하는 데 반해 참여적 접근은 전문성의 한계를 인정하고 다양한 가치와 이해관계를 반영할 수 있도록 의사결정 과정을 개방한다. 관련 논의는 광범위한데, 원전과 관련된 내용은 강윤재(2011), 이영희(2010a, 2010b) 등을 볼 것.

표 6-3 원전 규제양식의 분류

구분		국가기구의 대응 방식	
		기술관료적	참여적
반핵운동 역량	강함	쟁투적	독립적(전환적)
	약함	배제적	포섭적

자료: 이영희(2010a), 구도완·홍덕화(2013) 등을 참고하여 분류.

쟁투적 성격이 강해지면서 점차 기술관료적 접근의 한계는 분명해졌다.

규제양식의 변화를 잘 보여주는 사례는 방사성폐기물 정책이다. 1980년대 이후 미국, 독일, 영국 등 서구 사회에서 신규 원전 건설이 사실상 중단되면서 반핵운동의 중심은 방사성폐기물 처분 문제로 이동했다(Berkhout, 1991; Kemp, 1992). 아울러 정부의 의사결정 방식은 결정, 통보, 방어decision, announce, defend에서 기준 확립, 협의, 선별, 결정establish criteria, consult, filter, decide으로 서서히 방향을 바꿨다. 정당성을 되찾기 위해서는 기술적 합리성과 정치사회적 합리성을 통합할 수 있는 새로운 전략이 필요했고, 흔들리는 사실의 타당성을 (숙의적) 절차를 통해 보완하는 방안이 대안으로 부상했다(Durant, 2009; Mackerron and Berkhout, 2009).

그러나 참여적 방식으로의 전환은 정치·행정 제도, 정치적 세력 관계, 반핵운동의 전개 방식 등에 따라 불균등하게 전개되었다. 즉, 국가기구의 수직적·수평적 통합, 정치적 균열, 반핵운동의 조직 구조 등에 따라 시민 참여가 제도화되는 방식이 달랐다(Campbell, 1988; Jasper, 1990; Joppke, 1993; Kitschelt, 1986; Nelkin and Pollak, 1982).

첫째, 국가기구가 분권화·분절화되고 반핵운동의 영향력이 유지되어 지속적으로 정치적 대립 구도가 형성될 경우 '독립적' 규제 양식으로 전환되었다. 이 경우 원전 추진은 곳곳에서 장벽에 부딪쳤고, 규제 과정에서 탈원전 프로그램이 도입되기도 했다. 예컨대, 미국과 독일의 주 정부는 원전시설의 인·허가에 직접 개입할 수 있다. 따라서 미국과 독일에서는 반핵운동이 확산되면서 원전 및 방사성폐기물처분장의 건설을 놓고 연방정부와 주 정부 간의 마찰이 빚어졌다. 또한 반핵운동진영이 법원을 통해 소송을 제기하면서 추진 일정이 지연되는 일도 자주 벌어졌다. 안전 규제 기관의 독립성도 상대적으로 높았고, 찬핵 진영과 반핵 진영의 갈등이 의회 내부의 대립으로 확대되기도 했다. 따라서 규제는 다층적으로 이뤄졌고 규제 포획이 일어날 확률은 그만큼 낮아졌다.

둘째, 국가기구의 수직적·수평적 자율성이 제한되고 반핵운동이 정치적 대립 구도를 창출하지 못할 경우 '포섭적' 규제 양식이 발전한다. '포섭적' 규제 양식은 기술관료적 접근법에 기초하여 반핵운동을 포섭하기 위한 수단으로 참여적 접근법을 활용한다. 따라서 표면적으로 의사결정 과정이 개방되지만 규제 포획이 일어나 원전 추진에 심각한 차질이 빚어지진 않는다. 수단적 성격이 강하기 때문에 사안과 상황에 따라 기술관료적 접근과 참여적 접근이 혼용된다.

'포섭적' 규제 양식이 발달한 대표적인 국가는 프랑스와 일본이고, 한국도 여기에 포함된다. 프랑스의 정치·행정 제도는 중앙 집권화되어 있어 상대적으로 사회운동이 개입할 수 있는 제도적 통로가 제한되어 있고, 정치적 대결 구도는 원전 자체보다 원전산업의 사유화·국유화를 중심으로 형성되었다 (Nelkin and Pollak, 1982: 185~190; Jasper, 1990: 237~250). 반면 찬핵 진영은 강화된 산업경쟁력을 바탕으로 전력수요를 창출해내고 대중의 인식을 변화시키는 데 성공했다. 이로 인해 다른 서구 국가 못지않았던 프랑스의 반핵운동은 1980년대 이후 급속히 약화되었고 규제 기관의 독립도 지연되었다. 일본의 경우, 반핵운동의 부상 이후 경제적 보상을 통한 지역사회의 포섭이 한층 정교화된다. 일본 정부와 원전산업계는 경제적 보상을 늘리는 방식으로 지역사회의 원전 의존성을 높여 원전시설 입지 지역을 '원자력촌nuclear village'으로 만드는 데 성공했다(Bricker, 2014; Juraku, 2013: 48~51). 한국 또한 프랑스와 일본처럼 배제적·쟁투적 단계를 거쳐 포섭적 규제 양식이 정립되었다. 특히 경제적 보상과 정치적 참여를 결합시키고 지역 간 경쟁을 유도하는 방식이 반핵운동을 포섭하고 약화시키는 데 결정적인 역할을 했다. 일본과 한국의 보수적 정치 지형은 반핵운동이 기존의 정당 구조 속에서 정치적 균열을 만들어낼 수 있는 가능성을 지속적으로 제약했다.

3. 사회기술적 조정과 원전체제의 분화

1970년대 이후 원전 산업구조와 규제양식 간의 상호작용 속에서 원전체제의 분기가 가속화되었다. 원전을 지속적으로 추진하기 위해서는 산업과 규제 영역을 아우르는 사회기술적 조정이 이뤄져야 했다. 단적으로 산업구조가 안정화될수록 반핵운동에 대한 대응력이 높아졌고 규제 강화로 인한 원전의 경제성 하락을 최소화할 수 있었다. 반대로 규제양식의 쟁투적·독립적 성격이 강해질수록 원전 건설이 지연되고 규제가 강화되면서 원전의 경제성이 하락했다. 따라서 원전체제의 발전 경로를 이해하기 위해서는 원전 산업구조와 규제양식의 공진화를 살펴봐야 한다. 역사를 되짚어보면, 초기 단계에서 각국의 원전 추진 전략이 복합적인 성격을 지닌 것은 공통적인 현상에 가까웠다. 일정 시점이 지난 뒤 반핵운동이 확산된 것도 유사했다. 그러나 추진 전략을 실행하는 세력과 반핵운동에 대응하는 방식은 각기 달랐다. 그리고 그 차이가 원전체제의 발전 경로를 분화시켰다.

이러한 맥락에서 국가별 원전체제의 발전 경로와 그 특징을 살펴볼 수 있다. 우선 미국과 독일, 영국은 원전체제의 통합성이 약화되는 경로를 밟았는데, 통합성을 약화시키는 차별적 요인을 중심으로 발전 경로의 특징을 구분할 수 있다.

첫째, 미국은 시장 실패로 인한 '시장적 교착'의 상황에 처해 있다. 미국은 선발국의 이점을 살려 세계 원전시장을 지배했으나 시장형 원전 산업구조로 인해 표준화가 지연되었다(Campbell, 1988; Cowan, 1990; Finon and Staropoli, 2001; Thomas, 1988; 박진희, 2012). 설비제작사들은 원자로 노형을 단일화하고 모델을 표준화하는 데 적극적으로 나서지 않았다. 여기에 전력회사가 요구하는 원전모델마저 제각각이어서 원전의 표준화는 한층 더 지연되었다. 표준화가 지연되면서 원전의 건설 비용은 증가하기 시작했고, 설상가상으로 안전 규제까지 강화되었다. 반핵운동이 확산되면서 주 정부와 사법기관을 통한 개입이 확대되었고 인·허가를 포함한 원전의 건설 기간이 늘어났다. 나아가 원전을 둘러싼 사회적 논란은 핵비확산 정책과 맞물려 의회로까지 확대되었다. 특히 1977년 원자력공동위원회가 해체되고 관련 기능이 상하원의 여러 위원회로 분산된 이후 찬반 진영 간의 적대적 대립이 지속되면서 관련 정책은 교착 상태에 빠졌다(임성호, 1996).

1970년대 원전의 경제성은 하락했고 전력수요 증가율까지 정체되면서 전력회사들은 원전 건설을 기피하기 시작했다. 그리고 1979년 스리마일 사고를 전후로 미국 내 신규 원전 건설은 사실상 중단되었다. 1980년대 원전산업은 침체되었고 미국의 원전 설비제작사들의 경영난도 가중되었다. 국내외를 통틀어 신규 원전 수요가 제한적이었을 뿐만 아니라 프랑스와 일본 등 신규 수요가 있는 일부 국가도 더 이상 미국 기업에 의존하지 않고 자체적으로 원전을 건설했다. 원전산업의 장기 침체는 해소되지 않았고 미국의 원전 설비제작사는 인수합병의 물결을 피할 수 없었다. 단적으로 한국표준형원전의 원천기술을 제공한 컴버스천엔지니어링은 1990년 스웨덴 ASEA와 스위스 BBC의 합병으로 설립된 ABB에 인수되었다. 1999년에는 전 세계적으로 가압경수로 건설을 주도해온 웨스팅하우스의 원전 부문마저 영국 핵연료공사로 인수되었다.

둘째, 독일은 반핵운동의 확산에 따른 '해체적 전환'의 길을 밟고 있다. 민간산업형 원전 산업구조를 가진 독일은 미국과 달리 시장 경쟁으로 인한 침체를 겪지는 않았다. 독일의 설비제작사인 지멘스와 AEG는 1960년대 말

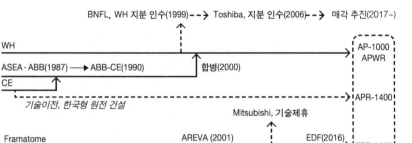

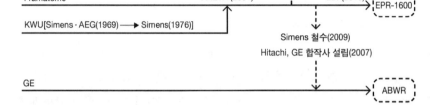

그림 6-1 주요 원전 설비제작사의 변동

합작사(KWU^{Kraftwerk Union})를 설립하여 경쟁 관계를 청산했다. 독일 전력회사들은 컨소시엄을 구성하고 있을 뿐만 아니라 발전 이외의 분야에도 투자하고 있었고, 독일 주 정부는 주식 보유를 통해 주요 기업에 영향력을 행사했다(Thomas, 1988: 132~136). 사안에 따라 입장이 엇갈리는 경우가 없지 않았으나 조정적 관계를 통해 해결할 수 있는 여지가 미국보다 더 컸다.

그러나 독일의 반핵운동은 미국보다 장기간 격렬하게 진행되었다. 독일은 조합주의의 폐쇄성으로 인해 반핵운동이 공식적으로 의사를 표출할 통로가 제한되었고, 국가가 반핵운동을 강하게 억압하면서 국가와 반핵운동 간의 전면적인 대립이 일어났다(Joppke, 1993: 191~194; Nelkin and Pollak, 1982). 1970년대 반핵운동이 급진파와 온건파로 나뉜 것은 미국이나 독일이나 큰 차이가 없었다. 하지만 미국에서는 의회나 주 정부, 지방정부가 반핵운동과 보조를 같이하는 일이 잦아지면서 급진파인 직접행동그룹^{direct action group}은 약화되고 온건파라 할 수 있는 공익운동^{public interest movement}진영이 주도권을 쥐었다. 반면 독일의 경우 반핵운동에 대한 억압이 지속되었고 기존 정당들은 반핵운동을 외면했다. 이로 인해 신좌파운동에 뿌리를 둔 반핵운동 내 급진파와 시민 조직local citizen initiative의 연대 속에서 반핵운동이 발전했다. 1980년대 초반 반핵 운동은 평화운동과의 연계를 강화했고 녹색당 창당에 힘을 보탰다.

지속적인 반핵운동이 있었기에 체르노빌 사고 이후 탈원전은 독일 의회 안 에서도 정치적 의제로 부상할 수 있었다. 정치적 저항이 유지되면서 주 정부 와 사법부 등 다원화된 규제 기구는 원전 추진의 제도적 걸림돌로 작동했다. 또한 제도 안팎의 저항이 계속되면서 원전의 경제성이 크게 하락했고 원전산 업의 침체도 지속되었다. 그리고 마침내 1998년 녹색당과 사민당이 원전 폐 쇄를 조건으로 연정 구성에 합의하면서 원전체제는 해체의 단계로 넘어가기 시작했다. 이후 몇 차례 굴곡이 있었으나 독일은 원전을 폐쇄하고 재생에너 지를 확대하는 에너지 전환의 길을 밟고 있다.

셋째, 영국은 독자적인 기술 경로를 유지한 탓에 '경로이탈적 침체'를 겪는 방향으로 나아갔다. 병행 개발을 추진한 영국은 원자력기구형 산업구조 위에 서 상업용 원전을 건설했다. 그리고 원자력청의 영향력은 1970년대까지 유 지되었다. 프랑스와 달리 영국에서는 원자력청에 도전할 만한 세력이 미약했 다. 프랑스에서는 전력회사가 세계 시장에서 지배적인 원자로 노형의 자리를 차지하기 시작한 가압경수로로 기술 경로를 전환할 것을 요구했고 연구개발 부문과의 갈등 끝에 자신들의 요구를 관철시켰다. 영국의 국영전력회사 (CEGBCentral Electricity Generating Board) 역시 가압경수로로의 전환을 주장하기도 했으 나 독자적인 기술 경로를 주창하는 세력과 대립하기보다는 타협했다(Hecht, 2009; Rüdig, 1987). 영국의 설비제작산업도 1970년대 두 곳(GEC, NEI)으로 집 중화되었으나 독일, 일본의 설비제작사만큼 영향력을 행사하지 못했다. 점차 가스냉각로가 경수로와의 경쟁에서 뒤처진다는 점이 분명해졌지만 세력 관 계는 쉽게 바뀌지 않았다. 이로 인해 영국은 원자력청의 주도 아래 1970년대 말까지 가스냉각로 중심의 기술 경로를 유지할 수 있었으나 그 결과 세계 시 장으로부터 고립되었다(Cowan, 1990; Finon and Staropoli, 2001; Rüdig, 1987).

표 6-4 원자로 노형별 가동 현황

원자로 노형	기	용량(GW)	참고		
			연료	냉각재	감속재
가압경수로	299	283.1	농축우라늄	H_2O	H_2O
비등경수로	74	72.3	농축우라늄	H_2O	H_2O
가압중수로	49	24.6	천연우라늄	D_2O	D_2O
가스냉각로	14	7.7	천연, 농축우라늄	CO_2	흑연(C)
흑연감속비등경수로	15	10.2	천연, 농축우라늄	H_2O	흑연(C)
고속증식로	3	1.4	MOX	Na	
합계	454	399.3			

주: 2018년 9월 25일 기준.
자료: IAEA PRIS(https://www.iaea.org/pris/).

표 6-4에서 확인할 수 있듯이, 영국이 개발한 상업용 가스냉각로는 세계 시장에서 차지하는 비중이 대단히 낮았고 대부분 자국 내에 설치되었다.

이처럼 비지배적인 기술 경로를 유지한 탓에 원전 건설 기회는 제한되었고 기술학습의 속도는 갈수록 뒤처졌다(Thomas, 1988: 243~251). 1979년 뒤늦게 경수로로 경로 전환을 추진했지만 때는 이미 늦었다. 평화운동과 결합한 반핵운동은 1980년대에도 계속되었다. 더 큰 문제는 1980년대 말 전력산업이 사유화되면서 원전 산업구조의 시장적 성격이 강화된 것으로 원전은 다른 발전원에 비해 경제성이 낮아 시장으로부터 외면받았다(Winskel, 2002). 반면 CoRWM[Committee on Radioactive Waste Management]의 사례에서 단적으로 드러나듯이 참여적 규제가 확대되면서 원전 추진은 더 어려워졌다(이영희, 2010b). 1999년 영국 핵연료공사가 웨스팅하우스의 원전 부문을 인수하는 등 재기를 위한 노력이 계속되었지만 큰 성과를 거두지는 못했고 영국의 원전산업은 핵연료 분야를 중심으로 명맥을 유지했다.

프랑스와 일본, 그리고 한국은 반핵운동을 약화시키고 산업적 조정에 성공하면서 원전체제의 통합성을 유지했다. 그러나 산업구조와 규제양식의 구체적인 형태까지 동일한 것은 아닌데, 여기에는 발전 경로의 차이가 반영되어 있다.

우선 프랑스의 원전체제는 '군산 통합적' 성격이 강하다. 영국과 달리 프랑스에서는 기술 경로를 둘러싼 원자력위원회와 전력회사 간의 경쟁이 전력회사의 승리로 끝났다(Hecht, 2009; Rüdig, 1987). 덕분에 프랑스는 지배적인 모델인 가압경수로로 기술 경로를 전환할 수 있었다. 여기에 전력회사와 설비제작사 간의 연계가 강화되면서 표준화를 신속하게 추진할 수 있었다. 그러나 핵무기 개발과 연동된 탓에 원자력기구형 산업구조가 부분적으로 유지되었다. 즉, 프랑스의 원자력위원회와 연구개발부문은 핵연료 분야를 중심으로 원전산업에서 일정 수준의 지분과 영향력을 유지했다. 단적으로 2001년 프라마톰과 KWU가 합병하여 아레바^{Areva}를 설립할 당시 연구개발부문이 주도하는 핵연료 기업 코제마^{Cogema} 역시 참여하여 아레바 NC$^{Areva NC}$를 만들었다. 그러나 전력회사의 우위가 확고해진 만큼 전력공급부문과 연구개발부문의 관계는 경합보다는 기술연쇄상의 역할 분담에 가까워졌다.

한편, 원자력기구형에서 공기업집단형으로의 성공적 전환은 프랑스가 반핵운동의 도전을 무마시킬 수 있는 원동력이 되었다. 영국과 달리 프랑스는 반핵운동이 확산되기 전에 표준화 계획을 수립, 실행에 나설 수 있었다. 독점 전력공기업이 원전산업을 주도하며 전력시장을 지배한 덕분에 시장을 매개로 한 대응도 가능했다. 예컨대 1980년대 초반 경제성장이 둔화되고 에너지 이용효율성이 높아지면서 원전 설비 과잉 문제가 제기되자 프랑스 정부와 EDF는 노후된 석유·석탄 화력발전소를 퇴출하고 전기 난방과 전력 수출을 확대하는 방식으로 대응했다(Jasper, 1990: 250~251). 이후 전 세계적으로 전력산업의 사유화가 진행되는 상황에서도 전력공기업의 독점적 지위는 크게 위협받지 않았고 전력공기업은 원전체제를 뒷받침해주는 버팀목이 되었다. 후쿠시마 사고 이후 아레바가 경영위기에 처하자 해결사로 나선 것도 EDF였다. 2016년 EDF는 아레바의 지분을 인수했고, 아레바는 오라노^{Orano}로 명칭을 변경한 뒤 핵연료 부문에 집중하고 있다.

다음으로 일본은 '민관연합적' 성격이 강하다. 일본의 민간산업형 원전산업은 공기업집단형에 비해 수평적·수직적 통합 수준이 낮고 정부로부터의 자율성은 상대적으로 높다. 앞서 살펴본 대로, 일본의 설비제작산업은 3개의 민간기업으로 분할되어 있고, 전력산업도 10개의 민간기업에 의한 지역독점을 근간으로 하고 있다. 하지만 미국과 달리 전력회사와 설비제작사, 건설사, 금융사 등이 상호 주식 보유를 통해 기업집단을 형성했다. 또한 관산복합체, 국책민영이라 평가될 만큼 중앙정부가 적극적으로 개입했으며 전력사업자연합이나 일본경제단체연합회經團連을 통한 경쟁의 조율도 활발하게 이루어졌다(Bricker, 2014; 김은혜·박배균, 2016; 전진호, 2001). 일본의 반핵운동은 전력회사와 재계, 정치권 간의 긴밀한 연계를 끊어낼 만한 힘을 축적하지 못했다. 일본 내에서 몬쥬 고속증식로 사고, 도카이무라 JCO 우라늄 가공 공장 임계사고 등 원전사고가 수차례 발생했지만 반핵운동은 크게 확산되지 않았다. 오히려 보수적인 정치 지형 속에서 경제적 보상을 앞세운 원자력계의 공세가 계속되면서 지역사회마저 서서히 포섭되었다.

한편 원전산업계는 일본 내 신규 건설이 축소되면서 해외 수출에서 활로를 찾기 시작했다. 세계 원전시장이 장기적으로 침체된 상황을 반전시키기에는 한계가 있었지만 적어도 미국이나 독일과 같이 원전산업이 몰락의 길을 걷는 일은 일어나지 않았다. 오히려 도시바가 영국 핵연료공사로부터 웨스팅하우스의 원전 부문을 인수한 것처럼 세계 원전시장을 재편하는 데 앞장섰다.[7] 원전산업 내부의 긴밀한 연계가 유지된 만큼 일본 특유의 이원화된 원자력 행정·안전 규제도 균열 지점이 아니라 '이원체제적 이익 연합'으로 작동할 수

---

7) 도시바의 야심찬 계획은 실패했다. 2016년 웨스팅하우스는 7조 원에 달하는 영업 손실을 기록했고, 이는 도시바 경영위기의 신호탄이 되었다. 이후 도시바는 웨스팅하우스의 지분 매각을 추진했으나 계속 난관에 부딪쳤다. 최근 캐나다 투자펀드가 인수 의사를 밝혔으나 2018년 말까지 매각 협상이 완료되지 않았다. 웨스팅하우스와 도시바의 원전사업은 미래가 대단히 불투명하다.

있었다(전진호, 2001). 이처럼 원전체제가 공고하게 구축된 탓에 일본은 사상 최악의 후쿠시마 원전 사고를 겪었음에도 불구하고 독일과 같은 탈핵의 길이 아닌 원전 재가동의 길을 밟고 있다.

마지막으로 한국은 '공적 보조'를 통해 원전체제의 통합성을 강화해왔다. 후발추격에 나선 한국에게는 일본과 같은 민간자본의 역량도 없고 프랑스처럼 병행 개발을 추진할 수 있는 자율성도 없었다. 1970년대 후반 야심차게 원전산업육성계획을 수립했지만 민간 설비제작사는 자생력을 상실했고 연구개발기관은 존폐위기로 내몰렸다. 이와 같은 상황은 전력공기업을 통해 설비제작사의 부실을 흡수하고 전력공기업이 연구개발기관의 기술 개발을 지원하는 형태로 매듭지어졌다. 좌초될 위기에 처했던 원전산업은 공기업을 매개로 한 '공적 보조'를 통해 본궤도에 오를 수 있었다. 이후 '공적 보조'는 값싼 전기소비사회로의 전환에서 한층 더 가시화되었다. 정부는 전력공기업을 통해 전기가격의 인상을 최대한 억제함으로써 기업과 소비자를 간접적으로 보조했다. 가격 통제로 인한 재정적 압박은 전력수요를 창출하는 형태로 상쇄되었다.

이와 같은 과정을 거치며 공기업이 값싼 가격으로 전기를 공급하고 사회적으로는 가격 인상이나 외부화된 비용의 내부화에 강하게 반발하는 발전주의적 에너지 공공성이 사회에 뿌리를 내렸다. 발전주의적 에너지 공공성이 제공하는 즉자적 편의성은 원전체제의 사회적 지지 기반을 확충하는 데 기여했을 뿐만 아니라 전력공기업집단의 해체를 막았다. 발전주의적 에너지 공공성에 대한 광범위한 사회적 지지는 반핵운동이 넘을 수 없는 장벽에 가까웠다. 이로 인해 1980년대 말 민주화운동과 결합해서 확산되었던 반핵운동은 서서히 지역적으로 고립되었다. 다만 반핵운동은 방사성폐기물처분장 건설 반대운동을 중심으로 간헐적이지만 폭발적인 형태로 전개되었다. 정부와 원전산업계의 입장에서는 원전 확대를 위해 반핵운동과의 관계를 재편해야 했다. 이와 같은 맥락에서 2000년대 이후 정부와 찬핵 진영은 부지 선정 과정을 개방하되 반핵운동을 분할 포섭하는 전략을 발전시켰다. 이를 계기로 지역사회는 경제적 보상을 앞세운 위험거래에 동조하게 되었고, 반핵운동은 급속하게 약화되었다.

한편, 반핵운동이 지역화된 방사선폐기물처분장 건설 반대운동 위주로 전개되면서 기술 개발과 원전 건설은 사회적인 감시와 저항을 상당 부분 피할 수 있었다. 이로 인해 세계 원전시장이 침체된 기회를 이용해서 신속한 기술 추격에 나섰던 한국은 1990년대 중후반부터 표준화된 원전모델을 반복 건설할 수 있었다. 그리고 그 덕분에 2000년대 들어서면서 한국의 원전산업은 원전 건설 분야에서 국제적인 경쟁력을 확보해가기 시작했다. 이처럼 포섭적 규제 양식과 공기업집단형 원전 산업구조의 근간이 유지되면서 한국의 원전은 경제성을 확보할 수 있었고, 이것은 다시 원전체제를 안정화하는 데 기여했다.

4. 원전산업의 쇠퇴

'미래의 에너지'를 둘러싼 경로 경합이 치열하다. 하지만 원전에 대한 기대는 예전 같지 않다. 원자력계는 '원자력 르네상스'의 도래를 외쳤지만 현실은 냉정했다. 단적으로 2018년 국제에너지기구International Energy Agency(IEA, 2018)가 발간한 "세계에너지 투자 2018"을 보면 태양광과 풍력 등 재생에너지 분야의 투자가 원전산업에 대한 투자를 압도하고 있을 뿐만 아니라 화력발전 분야의 투자도 크게 앞지르고 있다. 원전 분야에 대한 투자는 170억 달러에 그친 데 반해 재생에너지 분야 투자는 3000억 달러에 달했다. 국제에너지기구 이외에 다른 기관에서 펴낸 보고서를 봐도 추세는 비슷하다.

쇠락하고 있는 원전산업의 모습을 잘 보여주는 사례는 영국이다. 원자력 르네상스가 회자되던 2010년, 영국 정부는 탄소 배출량 감축을 위해 석탄발전을 축소하는 대신 노후 원전을 대체할 신규 원전 건설 계획을 발표했다. 영국의 신규 원전 건설 소식에 전 세계 원전기업의 눈길이 영국으로 쏠렸다. 영국 내 원전 건설이 근 30년 만이니 그럴 만도 했다. 더구나 영국은 자국의 가스냉각로를 고집하지 않고 해외 업체를 통해 경수로를 건설하는 길을 선택했다. 이듬해 후쿠시마 사고가 일어났지만 영국 정부는 강행 의사를 밝혔고 원전산업계는 환호했다.

가장 신속하게 사업이 추진된 것은 힝클리포인트C 원전이었다. 3.2GW 규모의 원전 건설에 팔을 걷어붙인 기업은 프랑스 EDF와 중국 CGN^{China General Nuclear Power Co.}이었다. 2013년 영국 정부가 이들에게 1Mwh당 92.5파운드의 가격을 보장하는 계약을 체결할 때만 해도 신규 원전 건설은 순조롭게 진행되는 듯했다(≪한겨레≫, 2018). 그러나 힝클리포인트C 원전의 건설 비용이 계속 증가하고 재생에너지 발전단가가 빠르게 하락하면서 장밋빛 전망은 사라졌다. 급기야 2017년 영국 의회는 힝클리포인트C 원전으로부터의 전력구매단가가 지나치게 높게 책정되었다고 비판하며 영국 정부에 재협상을 요청했다(연합뉴스, 2017b).

무어사이드 원전의 상황은 훨씬 더 극적이다. 무어사이드 원전 건설을 수주한 업체는 일본의 도시바와 프랑스의 엔지^{Engie}가 공동으로 설립한 뉴젠^{NuGen}이다. 하지만 2017년 도시바가 경영위기에 처하자 엔지는 매수청구권을 행사하여 자신의 지분을 모두 도시바에 넘겼다(≪한겨레≫, 2018). 이후 도시바는 뉴젠의 매각을 추진했지만 상황은 여의치 않았다. 여기서 눈여겨볼 것은 도시바의 경영위기가 웨스팅하우스의 영업 손실에서 시작되었다는 점이다. 그리고 웨스팅하우스가 위기에 처한 결정적인 이유는 미국 내 원전 건설이 좌초되었기 때문이다. 2000년대 들어서면서 미국 정부는 미국 내 신규 원전 건설을 지원했다. 정부의 지원 덕분에 조지아 주와 사우스캐롤라이나 주 등에서 신규 원전 건설이 추진되었고 웨스팅하우스가 뛰어들었다. 그러나 안전 규제 강화와 공기 지연으로 원전 건설비가 급증하면서 웨스팅하우스는 흔들리기 시작했다. 사우스캐롤라이나의 VC 서머 원전의 경우 2008년 51억 달러로 예상되었던 건설비가 2017년 114억 달러로 치솟았다(≪경향신문≫, 2017). 반면, 같은 기간 재생에너지와 천연가스의 경제성이 크게 향상되었다. 전력수요의 정체까지 예상되는 만큼 끝까지 원전을 짓느니 차라리 공사를 중단하는 게 더 나은 상황이 된 것이다. 결국 투자 비용은 고스란히 웨스팅하우스의 손실로 돌아왔다. 그 여파로 도시바까지 경영위기에 휩싸이면서 도시바는 원전 부문 매각에 나섰고, 뉴젠도 여기에 포함되었다.

한전이 무어사이드 원전 사업에 뛰어든 것은 도시바가 손을 든 뒤의 일이다. 2017년 12월 한전은 무어사이드 원전 사업의 우선협상대상자로 선정되었다. 하지만 영국 정부가 내민 조건은 냉정했다. 영국은 사업자가 자체적으로 원전 건설비를 조달한 뒤 향후 전력 판매를 통해 건설비를 회수하는 발전차액정산제도(CfD Contract for Difference)를 조건으로 내걸었다. 이는 발주자가 원전 건설비를 부담하는 통상적인 계약 방식과 달리 사실상 원전 건설비를 선투자하는 방식이다. 한전과 한국 정부도 발전차액정산제도의 불리함을 모르는 바 아니었다. 결국 난항을 겪던 협상이 결렬되었고, 2018년 7월 한전은 우선협상대상자의 지위를 상실했다. 최근 원전 건설비와 전력 판매 수입을 양측이 분담하는 규제자산기반(RAB Regulated Asset Base) 방식이 대안으로 논의되고 있지만 계약 여부는 불투명하다(연합뉴스, 2018b).

원자력 르네상스는 없었다. 2000년대 이후 미국과 영국에서 신규 원전 건설이 추진되었지만 좌초위기로 내몰렸다. 재생에너지 산업의 발전과 천연가스의 가격 하락으로 인해 원전은 선진국의 전력시장에서 점차 자리를 잃었다. 프랑스와 일본은 원전 수출에서 활로를 찾고자 했으나 실패를 맛보고 있다. 도시바와 아레바의 몰락은 원전산업의 쇠퇴를 보여주는 상징적 사례이다. 앞으로 선진국의 원전시장이 부활할 가능성은 극히 낮다. 선진국의 전력시장은 독일이 선택한 탈핵에너지전환의 길을 선택했다.

다만 전력수요 증가가 예상되고 핵기술 습득을 기대하는 국가에서의 원전 틈새시장까지 사라진 것은 아니다. 최근 터키, 사우디아라비아, 체코 등에서 원전기업들 간의 경쟁이 치열해진 까닭도 여기에 있다. 자국 내 신규 원전 건설이 사실상 중단된 프랑스, 일본, 미국의 업체는 원전 수출에 목을 매고 있다. 그러나 틈새시장에서 힘을 발휘하고 있는 것은 옛 소련의 기술을 이어받은 러시아의 로사톰Rosatom이다. 로사톰은 러시아의 외교관계와 자금 동원력을 앞세워 원전 틈새시장을 주도하고 있다. 대규모 국내 시장을 가진 중국 원전산업체의 부상도 무시할 수 없다. 이처럼 경쟁이 치열한 틈새시장에 한국의 원전기업이 뛰어드는 것을 정책적으로 지원하는 게 과연 올바른 선택일까?

후쿠시마 사고 이후 탈핵운동이 확산되고 탈핵에너지전환을 기치로 내건 정부가 집권했지만 한국 사회에서 원전 수출에 대한 환상은 깨지지 않고 있다. 오히려 문재인 정부의 탈원전 정책 때문에 원전 수출의 기회를 잃고 있다는 비난이 무성하다. 유례없는 원전사고를 목격했음에도 불구하고, 탈핵에너지전환 정책이 추진되고 있음에도 불구하고, 원전 수출이 추진되고 있는 이유는 무엇인가? 이제 그 이야기를 할 차례다.

제7장

갈림길 위에 선 원전체제

2011년 3월, 사상 최악의 원전사고가 일본을 강타했다. 후쿠시마 사고의 여파는 곧장 한국으로 밀려들었다. 유례없는 원전사고로 인해 반핵운동은 활기를 되찾았고 '원자력 르네상스'를 꿈꾸던 원자력계는 중대한 도전에 직면했다. 제7장에서는 후쿠시마 사고 이후 한국 원전체제의 변화를 간단히 살펴보고 문재인 정부의 탈원전[1] 정책이 서 있는 정치사회적 지반을 분석한다. 그리고 이를 바탕으로 탈핵에너지전환을 가속화할 수 있는 길을 모색해보고자 한다.[2]

---

[1] 용어 사용에 있어 핵발전은 거의 원전으로 교체된 데 반해 탈핵은 탈원전으로 대체되지 않고 아직 폭넓게 쓰이고 있다. 특히 탈핵에너지전환, 탈핵운동, 탈핵선언 등은 탈원전으로 쓰는 것이 다소 어색할 정도다. 지금까지 핵발전 대신 원전으로 표기해온 만큼 이 장에서도 탈원전으로 표기하는 것을 원칙으로 삼았지만 어색하다고 판단될 경우 탈핵으로 표기했다. 맥락에 따라 탈핵운동과 함께 반핵운동이란 표현도 사용했다.

[2] 이 장의 일부 내용은 에너지기후정책연구소에서 프레시안에 연재하고 있는 「초록발광」에 필자가 쓴 글을 수정한 것이다. 출처를 분명히 해야 할 자료가 아니라 문장만 수정한 경우 별도로 출처 표기를 하지 않았다.

1. 후쿠시마 사고 이후 원전체제의 변화

후쿠시마 사고는 한국의 반핵운동이 부활한 결정적 계기였다. 무엇보다 새로운 주체가 형성되면서 반핵운동이 활력을 되찾았다. 또한 원전의 위험성에 대한 인식이 높아지면서 위험거래 전략이 통용될 수 있는 사회적 토대가 약해졌다. 원전 부품 납품 비리 등으로 안전 규제의 허술함이 고스란히 노출되었고, 원전 밀집화와 같은 안전 규제의 잠재적 균열점이 가시화되었다. 그러나 결과적으로 원전 산업구조는 크게 흔들리지 않았고, 시간이 흐르면서 후쿠시마 사고의 충격도 옅어졌다. 그렇게 원전체제는 재안정화되는 것처럼 보였다. 하지만 2016년 9월, 경주 지진이 발생하면서 원전체제는 다시 한 번 논쟁의 소용돌이에 휘말린다.

1) 탈핵운동의 확산

후쿠시마 사고가 반핵운동에 미친 영향은 크게 세 가지로 정리할 수 있다. 첫째, 반핵운동의 주체와 운동 방식이 다양해졌다(윤순진, 2015). 이전까지 반핵운동은 지역주민과 환경운동단체를 중심으로 간헐적인 저항의 형태로 전개되었다. 그러나 후쿠시마 사고 이후 종교계, 여성·교육·소비자 단체 등 다양한 곳에서 탈핵운동이 싹텄고, 탈핵에너지교수모임, 탈핵법률가모임 해바라기, 탈핵의사회 등 교수·변호사·의사 중심의 전문가 단체, 탈핵에너지전환 국회의원 모임과 아이들에게 핵 없는 세상을 위한 국회의원 모임이 새롭게 결성되었다. 탈핵을 기치로 내건 녹색당이 창당한 것도 후쿠시마 사고 이후다. 탈핵운동은 더 이상 지역주민과 환경운동단체만의 운동이 아니게 되었다.

탈핵운동의 이슈와 레퍼토리도 다양해졌다. 원전 건설이나 방폐장 건설 이외에 노후 원전 수명연장과 생활 방사능 감시가 탈핵운동의 주요 이슈로 부상했다. 또한 고압송전탑 건설 반대운동과 해수담수화시설 반대운동이 탈핵운동과 연결되었고, 에너지자립마을, 에너지협동조합 등 탈핵운동을 뒷받침해줄 에너지전환운동이 확산되었다. 핵재처리실험저지 30km 연대가 결성되면서 그동안 성역처럼 남아 있던 원자력 연구 개발이 쟁점화된 것도 빼놓을 수 없다. 한편 탈핵신문, 탈핵학교, 탈핵저술 등 탈핵운동의 목소리를 확산시킬 수 있는 통로가 늘었다. 탈핵운동으로의 전환과 함께 반핵운동의 전국화·대중화의 물꼬가 트였다.

둘째, 지역반핵운동이 저항을 통한 거부권을 재확립하면서 위험거래 전략의 한계가 노출되었다. 삼척과 영덕의 신규 원전 건설 반대운동은 후쿠시마 사고 이후 지역반핵운동의 재활성화를 보여주는 대표적 사례다.[3] 후쿠시마 사고 이전부터 정부와 한수원은 2011년을 목표로 신규 원전 부지 선정을 추진하고 있었다. 이와 같은 맥락에서 2010년 말 한수원은 삼척·영덕·해남·고흥 4개 지역에 신규 원전 건설 유치 사업을 통보했다. 그러나 후쿠시마 사고가 일어나면서 비교적 순조롭게 진행되던 신규 원전 부지 지정은 난관에 부딪쳤다. 먼저 2011년 11월 고흥군과 해남군이 군의회 반대로 유치 신청을 포기했다. 결국 한수원 부지선정위원회는 2011년 12월 삼척과 영덕 두 곳만 후보 부지로 선정했다.

삼척시의 경우, 2010년 10월 삼척시장이 지역경제 활성화를 명분으로 원전 유치 선언을 한 뒤 유치 신청에 열을 올리고 있었다. 하지만 후쿠시마 사고 이후 상당수의 지역주민들이 원전 후보 부지 지정을 반대하며 지역반핵운동의 편에 서기 시작했다. 그리고 2012년 1월 삼척여고 총동문회의 유치 반대 기자회견을 기점으로 지역반핵운동에 불이 붙었다. 삼척시민들은 삼척핵발전소 반대투쟁위원회를 중심으로 삼척시장 주민소환 청구 운동을 펼쳤다. 비록 삼척시장 주민소환을 이끌어내진 못했지만 2012년 말 보궐선거를 통해

---

3) 후쿠시마 사고 이후 삼척 및 영덕 반핵운동에 대해서는 노진철(2017), 이상헌(2016), 한상진(2013) 등을 참고할 것.

삼척핵발전소 반대투쟁위원회 기획홍보실장이 시의원에 당선되는 성과를 남겼다. 잠시 소강 상태를 겪은 삼척 반핵운동은 2014년 반핵 후보가 삼척시장으로 당선되면서 다시 활성화된다. 삼척 반핵운동은 유치 신청 철회 주민투표운동을 추진하여 2014년 10월 9일 투표율 67.9%, 유치 신청 반대 84.9%의 결과를 얻어냈다. 산자부는 원전정책은 국가사무이기 때문에 원전 부지 지정은 주민투표 사안이 아니라고 맞섰다. 법적 효력이 없는 만큼 주민투표 결과를 반영해서 전원개발 예정구역 지정을 취소하는 일은 없다는 뜻이었다. 하지만 삼척시민들의 지속적인 반대 의사가 확인된 만큼 원전 건설을 강행할 수 없게 되었다.

삼척에서 신규 원전 건설이 사실상 무산되면서 영덕으로 시선이 집중되었다. 하지만 영덕에서도 원전 건설은 쉽지 않았다. 무엇보다 원전의 위험성에 대한 인식이 높아지면서 경제적 보상과 원전시설을 교환하는 위험거래 전략의 효과가 감소했다. 영덕군수는 원전 유치 신청의 조건으로 중앙정부에 지역경제 활성화 방안, 시설 수용에 따른 경제적 보상, 기술적 안전 보장 등을 요구했다. 중앙정부는 첨단 열복합단지 조성, 지역 농수산물의 수요 확보와 판로 지원, 원자력연수원 건립, 주민개방형 한수원 사택단지 건설, 지역 특화병원 건립, 종합복지센터 신축, 농수산물 친환경 인증 시스템 구축 등 10대 지역개발사업을 제시하며 화답했다. 이를 토대로 영덕군과 한수원은 경제적 보상을 내세워 지역주민을 설득했다. 영덕 반핵운동은 주민투표운동으로 맞섰다. 공방과 논란 끝에 2015년 11월 지역반핵운동 주도로 주민투표가 실시되었고, 상당수의 영덕 군민들이 원전 건설 반대 의사를 분명히 했다. 그렇게 영덕에서의 신규 원전 건설도 교착 상태에 빠져들었다.

후쿠시마 사고 이후 위험거래 전략이 한계에 부딪친 징후는 노후 원전 수명연장에서도 나타났다. 특히 2012년 고리 원전 교류전원 완전상실 사고, 2013년 신고리 3·4호기 부품 납품 비리를 계기로 원전 안전성과 원전 밀집화에 대한 부산시민들의 우려가 높아졌다. 그 덕분에 부산 탈핵운동이 추진한 고리 1호기 2차 수명연장 반대운동이 탄력을 받았다. 이전처럼 한수원과 인근 지역주민 간의 합의를 통해 한 번 더 고리 1호기의 수명을 연장하는 것은 쉽지 않았다. 후쿠시마 사고, 고리 원전 정전 사고, 기장군 해수담수화시설 논란을 거치며 원전의 위험성에 대한 인식이 높아지고 탈원전을 지향하는 지역공동체의 범위가 확대되고 있는 상황이었기 때문이다(양기용·김창수, 2018). 이처럼 원전을 거래할 수 없는 위험으로 받아들이는 이들이 늘어날수록 위험 거래를 통해 지역을 관리하는 것은 어려워졌다. 결국 2014년 지방선거에 출마한 모든 부산시장 후보가 고리 1호기의 폐로를 공약한다.

셋째, 탈핵운동의 확산과 지역반핵운동의 재급진화는 탈핵운동의 정치적 기회 구조를 확대시켰다. 그 결과 2012년경부터 정당 간의 탈원전 정책 경쟁이 부분적으로 일어나기 시작했다. 예컨대, 2012년 대선 기간 민주통합당 문재인 후보는 신고리 5~8호기와 신울진 3~4호기 등 신규 원전 건설 중단, 고리 1호기 및 월성 1호기의 수명연장 중단을 공약으로 내걸었다. 그리고 수명연장이 도래하는 원전을 순차적으로 폐쇄하는 방식을 근간으로 한 '2060년' 탈핵비전을 제시했다. 통합진보당과 녹색당은 신규 건설 중단과 노후 원전 폐쇄에서 한걸음 더 나아가 설계수명에 관계없이 원전의 가동 연한을 30년으로 제한하는 방안을 제시했다. 이를 바탕으로 통합진보당은 '2040년' 탈핵을 공약했고, 녹색당은 여기에 '2030년' 탈핵 국민투표를 통한 조기 탈핵 방안을 보탰다. 탈원전을 지지하는 국회의원이 늘어난 것과 함께 원전 하나 줄이기 정책을 펴는 서울시, 탈핵에너지전환 지자체 도시 선언에 동참한 지방자치단체 등 탈원전 정책을 표방하는 지방정부가 등장한 것도 주목할 만한 변화였다.

지역반핵운동의 부활은 탈원전 정책을 지역정치의 주요 쟁점으로 부상시켰다. 대표적으로 부산에서는 진보와 보수를 아우르는 고리 1호기 폐로 동맹이 결성되었다. 2011년 부산 시의원 및 구·군의원 60명이 고리 1호기 폐쇄와 핵단지화 중단 요구 선언에 동참한 것이 출발이었다(윤순진, 2011). 2014년 지방선거에서는 여야를 떠나 부산시장 후보 모두 고리 1호기의 폐로를 공약했다. 당시 정부와 여당은 원전 확대 정책을 고수했지만 여당 당 대표마저 지역 정치 기반이 흔들릴 것을 우려하여 고리 1호기 폐로를 지지했다. 이로 인해 지방선거가 끝난 뒤에도 진보와 보수를 망라한 고리 1호기 폐쇄를 위한 범시민운동본부가 고리 1호기 폐로운동을 이끌어갈 수 있었다(민은주, 2017).

하지만 탈핵운동의 역량이 국가적 차원에서 원전정책을 변화시킬 만큼 성장한 것은 아니었다(윤순진, 2011, 2015). 탈핵운동의 지지 기반이 확대되었지만 보수적인 정부와 집권 여당은 기존의 원전정책을 고수했다. 정치적 기회구조가 열린 것은 사실이었지만 보수적인 정부와 집권 여당의 문은 여전히 닫혀 있었다. 부산을 중심으로 노후 원전 수명연장 중단 요구가 분출했지만 원전정책 전반에 대한 저항으로 확대된 것은 아니었다. 삼척과 영덕 주민들이 신규 원전 건설을 반대했지만 여론 지형은 여전히 원전에 우호적이었다. 즉, 후쿠시마로부터 불어온 바람은 강했지만 원전체제를 뒤흔들 정도는 아니었다. 이 사실은 원전 산업구조를 보면 더 분명해진다.

2) 공고한 원전산업

후쿠시마 사고 이후 원전의 안전성은 대중적 관심사가 되었다. 정부와 원전산업계는 보강 조치를 통해 원전의 안전성을 강화했지만 시민들의 불안감은 쉽게 해소되지 않았다. 설상가상으로 원전 비리 사건이 잇달아 언론의 조명을 받으면서 '원전 마피아'에 대한 비판이 거세졌다(김성환·이승준, 2014). 최초의 APR-1400 모델인 신고리 3·4호기가 부품 시험 성적서 조작 사건에 휘말린 것은 허술한 안전 규제의 민낯을 보여주는 상징적 사건이었다. 이는 정부와 원전산업계가 원전의 안전성을 강조했을 뿐 안전 규제 제도의 정비를 뒷전으로 미뤄온 결과였다. 자연스럽게 규제 기관인 원자력안전위원회의 독립성이 약한 탓에 위험이 과소 평가되고 때때로 은폐되었다는 비판이 이어졌다.

전력산업은 우회적 시장화와 에너지 신산업 육성의 대상이 되었다.[4] 하지만 원전 산업구조를 지탱해온 전력공기업집단의 지배력은 유지되었고 시장에서의 에너지 전환 압력은 제한적이었다. 2004년 배전 부문의 분할매각이 중단된 이후 분할매각 방식의 전력산업 구조개편은 추진력을 잃었다. 이명박 정부 역시 2008년 촛불시위를 거치며 '전기 민영화' 중단을 선언했다. 하지만 전력산업 구조개편이 완전히 중단된 것은 아니었다. 이명박 정부는 '에너지 산업 선진화 방안'을 통해 민간 위탁 확대 및 내부 경쟁 강화, 인력 축소, 부분적인 주식 매각 등 우회적인 시장화를 추진했다(송유나, 2010).

눈여겨볼 것은 우회적 시장화가 진행되는 가운데 다소 돌출적으로 발전자회사 간 경쟁의 비효율성 문제가 제기된 것이다. 2008~2010년 발전자회사 간 유연탄 구매 경쟁에 따른 비효율성 문제가 제기되고 원전 수출이 가시화되면서 한전을 중심으로 한전과 발전자회사의 재통합안이 검토되었다(김영수, 2010: 143~145). 그러나 정부 내부에서조차 일관된 방침이 없었고 이해당사자 간의 입장도 엇갈리면서 재통합은 추진 동력을 잃었다(송유나, 2015: 267~270). 일례로, 당시 한전은 'One-KEPCO'를 기치로 수직적 재통합을 주창한 반면 한수원은 아레바처럼 원전산업을 수직 통합하는 '원자력 One-Body' 방안을 제시했다. 결국 재통합을 둘러싼 논의는 2011년 양수발전을 한수원으로 이전하고 발전자회사를 시장형 공기업으로 지정하는 것으로 일단락되었다.

우회적 시장화로 비가시화되었던 전력산업 구조개편은 2016년 '공공기관 기능조정 방안'을 통해 다시 수면 위로 떠올랐다. 기본 방향은 기존에 제시되었던 전력산업 구조개편과 크게 다르지 않았다. 다시 독과점적 산업구조가 에너지·전력 분야의 핵심 쟁점으로 부상했다(관계부처 합동, 2016). 정부가 제시한 전력산업 기능조정 방안은 전력시장 판매 개방과 발전자회사의 주식 상장이었다.

---

4) 전력산업의 변화는 홍덕화(2017a)의 내용을 축약했다.

이와 같은 정부의 공공기관 기능조정 방안은 전력산업 구조개편 초기부터 제시된 발전-송전-판매의 분할과 시장개방(매각)의 연장선상에 있었다. 다른 점이 있다면 상대적으로 전력판매시장 개방이 부각된 것이다. 이것은 전력판매시장 개방이 에너지 신산업 육성을 위한 핵심적인 수단으로 부상했기 때문이다. 2014년경부터 체계화되기 시작한 정부의 계획은 2015년 '2030 에너지 신산업 확산 전략'을 통해 한층 구체화되었다.[5] 정부가 제시한 핵심 전략은 에너지 프로슈머 전력시장 창출, 에너지 저장 장치Energy Storage System 활성화, 저탄소 에너지원 중심의 전력산업 확대(신재생에너지 활성화, 초고압직류송전, $CCS^{CO_2\ Capture\ and\ Storage}$), 전기차 확산 등이었다. 정부는 에너지 신산업을 활성화하기 위해 정부·공기업의 전략적 역할과 더불어 민간자본과 민간기업의 참여를 확대하기로 한다. 이때 민간 참여를 이끌어내는 핵심적인 매개가 다름 아닌 전력판매시장의 개방이었다. 하지만 전력판매시장 개방은 민영화 논란을 촉발하고 강한 저항을 불러일으킬 가능성이 높기에 적극적으로 추진되진 못했다. 결국 전력산업 구조개편은 다시 유예되었고, 전력공기업집단의 지배력도 유지되었다.

원전 수출동맹은 한층 견고해졌다. 후쿠시마 사고 이후 전 세계적으로 원자력 르네상스에 대한 환상이 깨지는 대신 재생에너지의 신속한 확산에 관심이 쏠렸다. 이로 인해 원전산업계는 틈새시장을 놓고 한층 더 치열한 각축을 벌여야 했다. 이 과정에서 도시바·웨스팅하우스, 아레바 등 주요 원전기업들이 경영위기로 내몰렸다. 하지만 한국의 원전산업계는 선두 주자의 몰락을 한국의 원전기업이 세계 원전시장에서 도약할 수 있는 기회로 받아들였다. UAE 원전 수출을 통해 원전산업계의 공급능력이 늘어난 만큼 추가적인 원전 수출에 실패하면 설비와 인력을 유지하기 어려운 현실적 문제도 있었다. 국

---

5) 에너지 신산업 육성 정책의 경과는 *Monthly Electrical Journal*(2016)을 참고.

내에서 신규 원전 건설이 장벽에 부딪치면서 원전 수출 압력이 더 높아진 상황이었다.

하지만 원전 수출은 쉽지 않았다. 원전산업계는 한국이 세계 최고 수준의 기술을 보유하고 있다고 자랑했지만 원천기술을 가진 것은 아니었다. 미국 정부의 승인이 없으면 원전 수출은 불가능했고, 수주를 한다 해도 미국 기업에 상당액의 기술 로열티를 지불해야 하는 처지였다. 다만 자국의 원전기업이 몰락한 미국도 선택지가 많지 않았다. 한국의 원전 수출동맹은 원천기술을 의존하되 원전 건설을 주도하는 형태로 국제 분업을 재조직하는 전략을 선택했다. UAE 원전 수출을 통해 이미 한차례 입증된 전략이었다. 원전산업계는 틈새시장에서의 성공을 위해 전폭적인 지원을 해줄 것을 요청했고 정부는 원전 수출산업 육성으로 화답했다. 탈핵운동진영이 때때로 UAE 원전 수출을 쟁점화했지만 원전 수출정책 자체를 흔들지는 못했다. 그 결과 세계 원전시장은 침체기에 접어들었지만 역설적으로 한국의 원전 수출동맹은 강화될 수 있었다.

연구개발부문의 영향력도 유지되었다. 원자력연구원에 대한 탈핵운동의 감시가 시작되었지만 연구개발부문의 변화를 이끌어내기에는 역부족이었다. 연구개발부문은 제도화된 지원을 바탕으로 파이로프로세싱과 고속로 등 자신의 연구 개발 프로그램을 유지·확장하는 데 힘을 쏟았다. 북핵위기가 지속되면서 핵주권 담론이 확산된 것은 연구개발부문에 호재였다. 이와 같은 상황에서 연구개발부문은 한미 원자력협정 개정을 통해 핵주기 연구를 확대할 수 있는 기회를 찾으려 했다. 노후 원전 수명연장이 논란이 되는 것과 함께 폐로를 새로운 연구 개발 및 산업 육성의 대상으로 보는 시각도 등장했다. 1~2기 수준의 부분적인 폐로는 언젠가 도래하게 될 폐로를 대비한다는 점에서 원전산업계의 장기적 이해관계와 심각하게 충돌하는 것이 아니었다.

정리하면, 한국의 원전산업은 후쿠시마 사고의 여파로 심대한 타격을 입지 않았다. 원전정책의 기본 방향은 유지되었고 원전 산업구조는 크게 바뀌지 않았다. 세계 원전시장의 침체에도 불구하고 한국의 원전 수출동맹은 흔들리지 않았다. 연구개발부문의 영향력도 유지되었다. 따라서 탈핵운동의 확산으로 인한 사회적 저항을 적절히 관리하면서 틈새시장 공략에 성공한다면 후쿠시마 사고의 충격은 사라질 것처럼 보였다.

3) 경주 지진과 탈원전 공약의 부상

고리 1호기 폐로가 지역반핵운동의 성공 사례라면 월성 1호기 수명연장은 혼종적 위험 거버넌스의 대표 사례다.[6] 2012년 대선 시기 박근혜 후보는 월성 1호기 스트레스테스트 실시를 공약으로 내걸었다. 월성 1호기의 수명연장 중단을 대신한 선택이었다. 원전 안전성에 대한 우려가 높았던 만큼 박근혜 정부는 월성 1호기 스트레스테스트 실시를 없던 일로 할 수 없었다. 2013년 7월 원자력안전위원회는 한수원이 제출한 스트레스테스트 평가서를 검증하기 위해 민관 전문가 검증단을 구성했다. 환경단체는 형식적 절차에 그칠 가능성을 우려했으나 숙고 끝에 참여를 결정했다. 이후 민간 검증단은 1년 6개월가량 활동하며 32개 개선 사항을 제시했을 뿐만 아니라 주민수용성, 경제성 등 다양한 평가 항목을 검증 내용에 반영했다. 그러나 원자력안전위원회 산하 안전전문위원회는 민간 검증단의 평가 보고서를 수용하지 않았다. 민간 검증단이 제시한 내용을 최종 보고서에 포함시킬지 말지를 결정하는 권한은 원자력계를 대변하는 기술관료의 몫으로 남았고, 불평등한 권력 행사를 제어할 수 있는 방안은 없었다(민은주, 2016). 결국 2015년 2월 야당 추천 원자력안전위원회 위원 2인이 퇴장한 가운데 월성 1호기의 수명연장이 결정되었다. 단, 주민수용성을 확보해야 한다는 단서가 붙었다. 한수원은 경주시, 동경주

---

6) 월성 1호기 수명연장과 관련해서는 민은주(2016, 2017)를 참고.

대책위와 협의체를 구성한 뒤 경제적 보상을 통해 문제를 풀고자 했다. 하지만 동경주대책위의 양남면 주민들이 반대하면서 다시 난관에 부딪쳤다. 결국 한수원과 경주시는 양남면을 제외한 감포읍과 양북면을 내세워 월성 1호기 수명연장을 강행했다.[7] 부산과 달리 경주 반핵운동은 지역정치에 큰 영향을 끼치지 못했다. 탈핵운동진영은 민간 전문가를 통해 탈핵운동의 의사를 표출할 수 있는 통로를 찾았으나 결정 권한을 확보하지는 못했다. 따라서 위험 거버넌스의 개방은 언제든 원전정책을 정당화하는 수단으로 쓰일 위험을 안고 있었다.

박근혜 정부 시기 사용후핵연료 공론화는 원전 거버넌스가 도구적으로 활용된 또 다른 사례다.[8] 2013년 박근혜 정부는 사용후핵연료 관리를 위한 공론화위원회의 구성을 100대 국정과제 중 하나로 제시한다. 이에 따라 같은 해 10월 중간저장시설 부지 선정을 목표로 한 공론화위원회가 출범해서 2015년 6월까지 활동했다. 그러나 사용후핵연료 공론화위원회는 출발부터 환경단체와 지역주민단체의 참여를 놓고 공방을 벌였다. 결국 환경단체가 공론화위원회 위원으로 참여하는 것을 거부하여 처음부터 반쪽짜리 사용후핵연료 공론화위원회라는 비판을 받았다. 공론화위원회의 활동 기간 중에도 공론화의 의제 설정을 놓고 다툼이 계속 일어났고, 공론화 과정에서 제시된 의견이 최종 공고안 작성 과정에서 배제되는 일이 발생했다. 결국 사용후핵연료 공론화위원회는 정치적 수사로서 시민 참여를 강조하나 실질적인 참여와 거리를 둔 의사 거버넌스pseudo-governance로 작동했다(이영희, 2017).

---

7) 월성 1호기 수명연장이 결정된 이후에도 탈핵운동진영은 지속적으로 월성 1호기 수명연장의 문제점을 지적했다. 탈핵운동은 2015년 '만인소' 운동을 펼쳤고, 2016년 들어서면서 월성 1호기 수명연장 무효 소송을 제기했다. 무효 소송의 1심 재판 결과는 2017년 2월에 나왔는데, 서울행정법원은 월성 1호기 수명연장의 문제점을 인정하여 무효 판결을 내렸다. 원자력안전위원회가 항소하여 2심이 진행되는 가운데 2018년 6월 정부가 월성 1호기의 폐로를 결정했다.

8) 박근혜 정부 시기 사용후핵연료 공론화위원회에 대한 평가는 이영희(2017)를 참고.

종합해보면, 박근혜 정부 시기 원전 거버넌스는 (지역)반핵운동의 역량에 따라 상이한 효과를 발휘했다. 박근혜 정부는 원전 거버넌스의 부분적 개방을 통해 저항의 확산과 탈핵운동의 급진화를 억제하고자 했다. 즉, 정부와 원자력계는 탈핵운동의 주장을 합리적인 문제제기로 바라보지 않았지만 원전에 대한 사회적 관심이 높아진 상황에서 탈핵운동을 무시하고 일방적으로 정책을 펼 수 없다고 판단했다.[9] 탈핵운동의 경우 제도 밖에서의 저항만으로 현안에 대응하고 원전정책의 방향을 바꾸는 데 어려움을 겪었다. 결국 정부, 원자력계와 탈핵운동은 위험 거버넌스의 참여와 운영을 놓고 자주 공방을 벌였다. 즉, 관리된 시민 참여를 통해 정당성을 확보하려는 정부·원자력계와 시민 참여를 계기로 원전정책에 제동을 걸려는 탈핵운동 간의 힘겨루기가 이어졌다. 이로 인해 원전 거버넌스는 문제 해결의 장이 아닌 대변을 통한 미시적 대결의 장이 될 때가 많았다. 그리고 사안과 지역반핵운동의 역량에 따라 원전 거버넌스의 효과는 상당히 유동적이었다.

이처럼 탈핵정치가 위험 거버넌스에서의 미시적 대결로 국지화되면서 규제양식의 전환은 제한되었다. 원자력안전위원회의 인적 구성과 위상, 권한 등이 지속적으로 논란이 되었지만 규제 기관의 제도적 독립성은 확보되지 않았다. 원자력안전위원회의 독립성은 탈핵운동의 입장을 대변할 수 있는 소수의 전문가가 위원으로 참여하는 수준을 넘지 못했다. 따라서 규제 제도 개혁도 최소화되었다. 일례로 방사능 방재 계획의 경우, 법 개정이 이뤄졌지만 원전 밀집화의 문제를 해소하기보다 회피했다.[10]

---

9) 당시 원자력계의 인식을 잘 보여주는 사례는 한수원이 펴낸 「원자력정책의 포퓰리즘화 가능성과 대응 방안」이다(≪미디어오늘≫, 2016).

10) 2014년 방사능방재법 개정을 통해 방사선비상계획구역은 예방적보호조치구역Precautionary Action Zone과 긴급보호조치계획구역Urgent Protective action planning Zone으로 세분화되고, 그 범위가 원전 반경 8~10km에서 20~30km 선으로 확대되었다. 하지만 방사선비상계획구역은 동일한 원전이라고 해도 지자체별로 그 범위가 달랐다. 예컨대, 고리 원전의 방사선비상계획구역은 부산

교착 상태로 빠져들던 탈핵정치에 파열음을 낸 것은 지진이었다. 2016년 9월 12일, 진도 5.8과 5.1 규모의 지진이 월성 원전 인근에서 일어났다. 지진 관측 이래 한반도에서 일어난 가장 강한 지진이었을 뿐만 아니라 여진이 수백 차례 이어졌다. 경주 지진을 계기로 잠잠해졌던 원전 안전성 논란이 다시 불거졌다. 오랜 기간 탈핵운동이 문제를 제기해온 월성 원전과 고리 원전 주변의 활성단층 존재 여부가 대중적 관심사로 떠오른 것이다. 더불어 원전 밀집화에 대한 우려가 높아지면서 방사능 방재 대책, 신고리 5·6호기 건설에 대한 비판의 목소리가 힘을 얻었다. 지진 발생 및 원전 중대사고 가능성에 대한 우려는 '불안해서 못살겠다'는 실존적 불안감을 불러일으켰고, 탈핵운동의 사회적 지지 기반이 확대되는 데 크게 기여했다. 또한 경주 지진은 흩어졌던 탈핵운동이 다시 결집하는 계기가 되었다. 단적으로 경주 지진 이후 '신고리 5·6호기 백지화 부산시민운동본부'가 결성되었고 전국의 탈핵운동진영이 참여하는 '잘가라 핵발전소 100만인 서명 운동'이 펼쳐졌다. 원전 안전성에 대한 우려는 2016년 말 영화 〈판도라〉가 개봉되면서 대중적 서사까지 획득했다. 영화 관람객 수가 증가하는 것에 맞춰 한수원과 원자력계가 영화와 현실은 다르다는 해명을 전문가와 기자의 입을 빌려 내놓았지만 원자력계에 대한 누적된 불신을 해소하기에는 역부족이었다. 급기야 유력한 대선 후보였던 문재인 후보가 영화를 관람한 뒤 판도라의 상자 자체를 없애는 노력이 필요하다며 '탈핵, 탈원전 국가'로 나가겠다는 뜻을 밝히기에 이르렀다.

경주 지진 이후 탈핵운동이 힘을 받으면서 탈원전은 제도정치 안에서 다시 정치적 쟁점으로 부상했다. 2012년 탈핵 공약이 제시된 바 있지만 사실 2016

시의 경우 반경 20~22km로 설정되어 있는 데 반해 경상남도와 울산시는 각각 20~24km, 24~30km로 되어 있다. 부산시의 경우 방사선비상계획구역을 30km로 확대할 경우 부산시 전체 인구의 70%가량인 240만 명 이상이 대피 대상에 포함된다. 실효성 있는 대책을 마련하는 것이 거의 불가능하기 때문에 20~22km 안팎으로 방사선비상계획구역의 범위를 정한 것이다. 방사능 방재 계획의 문제점에 대해서는 홍덕화(2017b)를 참고.

년 총선까지 탈원전 정책은 별다른 진전이 없었다. 2016년 총선 시기 더불어민주당의 경우 별도의 탈핵 공약을 제시하지 않았다. 정의당은 기본적으로 통합진보당의 탈핵 구상을 이어갔으나 재생에너지나 전력수요관리 정책은 오히려 명시적인 목표를 제시하지 않고 에둘러 표현하는 데 그쳤다. 녹색당이 제시한 원전가동률을 80% 이하로 낮추는 안은 거의 주목을 받지 못했다. 2012~2016년 사이 신고리 3·4호기와 신울진 1·2호기 건설공사가 진행되고 신고리 5·6호기의 건설 허가 승인이 이뤄졌지만 원내 교섭단체를 구성한 정당은 크게 관심을 두지 않았다. 그러다 경주 지진 이후 입장을 선회해 적극적인 탈원전 공약을 내놓기 시작했다.

박근혜 대통령 탄핵에서 조기 대선으로 이어진 2016~2017년의 정치적 상황은 탈원전 공약 경쟁을 부추겼다. 2016년 총선을 통해 민주당은 부산, 경남 등 영남권으로 정치적 지지 기반을 확장할 수 있는 가능성을 확인했다. 이와 같은 상황에서 조기 대선이 눈앞으로 다가오자 민주당은 최대한의 지지를 이끌어내기 위해 탈핵운동의 주장을 전보다 적극적으로 받아들였다. 특히 문재인 후보의 정치적 지지 기반이자 2014년경부터 폐로와 탈원전 공약에 대한 지지가 확인된 부산의 민심이 중요한 역할을 했다.[11] 지진을 직접 체험한 부산, 울산, 경남 주민들에게 월성 원전과 고리 원전은 더 이상 먼 곳의 일이 아니었기에 탈원전 공약을 제시하는 데 따른 정치적 부담은 크지 않았다. 나아가 영남지역이 정치적 격전지로 떠오르면서 주요 대선 후보들은 탈핵운동과의 협약 체결도 마다하지 않았다. 이처럼 탈원전 공약이 조기 대선의 주요 관

---

11) 2016년 총선을 앞두고 그린피스는 새누리당, 더불어민주당, 국민의당, 정의당의 부산지역 총선 후보 46명을 대상으로 원전정책에 대한 입장을 물었다. 응답한 31명의 후보 중 28명이 신고리 5·6호기 건설을 반대했다. 더불어민주당과 정의당 후보는 모두 반대 의사를 밝혔고, 새누리당과 국민의당 후보 중에도 반대 의견을 표명한 후보가 있었다. 일반 시민을 대상으로 한 설문조사 결과를 보면, 신규 원전 추가 건설에 반대한다는 응답이 과반을 넘겼고, 원전 문제를 후보 선택의 주요 기준으로 고려한다는 응답도 40%를 넘겼다. 그린피스(2016)를 참고.

표 7-1 19대 대선 후보자별 탈원전 공약

구분	더불어민주당	자유한국당	국민의당	바른정당	정의당
	문재인	홍준표	안철수	유승민	심상정
신규	• 신규 원전 건설 백지화(신고리 5·6호기, 신한울 3·4호기, 영덕, 삼척) • 신울진 1·2호기, 신고리 4호기는 건설 잠정 중단 후 사회적 합의를 통해 운영 여부 결정	• 지질조사 등 안전성 검토 후 신고리 5·6호기 건설 결정	• 신규 원전 건설 백지화(신고리 5·6호기, 신한울 3·4호기, 영덕, 삼척)	• 신고리 5·6 호기 재검토 • 미착공 신규 원전 계획 전면 중단	• 신고리 4호기 운영허가 중단 • 신규 원전 건설 백지화(신고리 5·6호기, 신한울 1~4호기, 영덕, 삼척)
노후	• 원전 수명연장 금지 • 월성 1호기 폐쇄	• 장기적으로 노후 원전 폐쇄 • 단기적으로 안전성, 수용성 종합 검토 후 수명연장 결정	• 원전 수명연장 금지 • 월성 1호기 폐쇄	• 중수로 등 노후 원전 수명연장 불허 • 원전 밀집도 단계적으로 낮춤	• 원전 수명연장 금지 • 월성 1호기 폐쇄 • 월성 2~4호기 조기 폐로 계획 수립
탈핵	• 40년 후 원전 제로 국가로의 탈원전 로드맵 마련		• 탈핵에너지전환 계획 수립 및 관련법 제정	• 점진적인 에너지 전환 계획 수립	• 탈핵에너지전환특별법 제정, 2040년까지 모든 원전 단계적 폐쇄 • 2040년 탈핵 목표 시기 국민투표 실시
안전	• 원자력안전위원회의 독립성 및 권한 강화 • 지자체와 지역주민이 참여하는 원자력안전 협의회의 법적 기구화 • 원전 안전성 자료 공개 의무화	• 원전 비상시 골든타임 내 긴급 구호 및 대피 가능한 방재도로 구축	• 원자력안전 위원회 체계 개편 • 모든 원전의 안전성 자료 공개 의무화	• 원자력안전 위원회 독립성 제고 • 모든 원전의 안전성 자료 공개 의무화	• 원자력안전위원회를 대통령 소속 원자력규제위원회로 격상하고, 경제성과 수용성도 심의 의결 • 핵발전소 주변 지역 원자력규제위원회 설립 • 방사능안전공공급식법 제정 • 모든 원전의 안전성 자료 공개 의무화
사용 후핵 연료	• 고준위핵폐기물 관리 계획 재검토 및 공론화 재실시 • 파이로프로세싱 연구와 제2원자력 연구원 건설 계획 재검토		• 고준위핵폐기물 관리 계획 재검토 및 공론화 재실시		• 고준위핵폐기물 처분 방안은 사회적 공론화 실시 • 사용후핵연료 재처리 금지, 직접 영구처분 원칙 수립 • 사용후핵연료 파이로프로 세싱 연구·실험 중단, 고속로 개발 중단, 제2원자력연구원 추진 계획 중단

자료: 환경운동연합(2017).

심사로 떠오르면서 자유한국당 홍준표 후보를 제외한 주요 정당의 대선 후보들이 탈원전 정책을 내놓았다. **표 7-1**에서 볼 수 있듯이, 온도 차이는 있었지만 1년 전과 비교해보면 급격한 변화였다.

다만 탈원전 공약의 실행 여부와 그 범위는 예측하기 어려웠다. 탈원전 정책이 대중적 쟁점을 떠오른 적이 없었던 만큼 세부 방안에 대한 시민들의 지지 수준은 가늠하기 어려웠다. 조기 대선이 진행된 만큼 실행 과정에서 풀어야 할 문제들에 대한 논의도 부족했다. 정치사회적 기반이 단단하게 다져지지 않은 상태에서 탈핵에너지전환 정책을 추진해야 하는 상황이 도래한 것이다.

2. 탈핵시대의 개막?

1) 탈핵에너지전환의 공식화와 원자력계의 저항

문재인 정부의 탈원전 정책은 고리 1호기 영구정지 선포식을 기점으로 공식화된다. 2017년 6월 19일 문재인 대통령은 "고리 1호기의 가동 영구정지는 탈핵국가로 가는 출발"이라 말하며 탈원전 정책의 방향을 제시했다(연합뉴스, 2017a). 주요 내용을 보면, 신규 원전 건설 백지화, 월성 1호기 폐로, 원자력안전위원회의 독립성 강화, 원전 운영의 투명성 강화, 탈핵 로드맵 수립 등 대선 공약으로 내건 것들이 대다수 포함되었다. 문재인 대통령은 탈원전 정책의 배경으로 경주 지진, 원전 중대사고 가능성, 원전 밀집화 등을 제시하며 국민의 생명과 안전, 환경을 우선한 에너지 정책을 수립하겠다고 약속했다. 에너지 고소비 산업구조 개편과 산업용 전기요금 개편도 탈핵선언에 포함되었다. 원전 가동 40년 만에 탈원전으로 방향을 선회하고 값싼 전기소비 패러다임에서 벗어나겠다는 의지가 표명된 순간이었다.

하지만 문재인 정부는 시급한 현안에서 한발 물러섰다. 탈핵선언에서 언급된 신규 원전 건설 백지화에 신고리 5·6호기는 포함되지 않았다. 대신 신고리 5·6호기는 "안전성과 함께 공정률과 투입 비용, 보상 비용, 전력설비예비율 등을 종합 고려하여 빠른 시일 내에 사회적 합의를 도출"하기로 한다. 신고리 5·6호기보다 공사가 더 진척된 신고리 4호기, 신울진 1·2호기는 아예논의 대상에서 제외되었다. 사회적 합의 도출을 위해 정부가 꺼낸 카드는 3개월 시한의 신고리 5·6호기 공론화위원회였다.

공약 후퇴라는 비판을 감수하며 문재인 정부가 물러선 이유는 1차적으로 원자력계의 반발이 강했기 때문이다. 탈핵선언이 가시화되면서 원자력계가 저항하기 시작했고 여기에 보수언론이 동조했다. 맨 앞에서 총대를 멘 이들은 원자력 연구개발부문에 종사하는 대학 교수와 연구자들이었다. 2017년 6월 1일 서울대와 한국과학기술원 등의 원자력·에너지 전공 교수 230명은 탈원전 정책을 비판하는 성명서를 발표했다(책임성 있는 에너지 정책 수립을 촉구하는 교수 일동, 2017). 이들은 원전정책의 방향을 바꾸기 전에 "저탄소, 준국산 에너지의 90% 이상을 생산하며 국가 경제발전, 고급 일자리 창출과 에너지 복지에 기여하는 원자력산업에서 국가를 위하여 매진하는 다수의 의견을 경청"할 것을 요구했다. 한 달 뒤인 2017년 7월 5일, 이들은 탈원전 정책의 즉각 중단을 다시 한 번 요구했다(≪원자력신문≫, 2017). 선언 참가자는 전국 60개 대학 417명으로 늘었다. 선언 참가자들은 탈원전 정책이 "민생 부담 증가, 전력수급 불안정, 산업경쟁력 약화, 에너지 국부 유출, 에너지 안보 위기 등을 야기"한다고 비판했다. 더불어 "값싼 전기를 통해 국민에게 보편적 전력 복지를 제공해온 원자력산업을 말살시킬 탈원전 정책의 졸속 추진을 즉각 중단"할 것을 요구했다. 이들의 주장과 요구는 분명했다. 탈원전 정책을 포기하고 기존의 정책으로 돌아갈 것!

신고리 5·6호기 공론화가 진행되자 원자력계의 공세는 한층 거세졌다. 원자력계는 보수언론의 지원을 받으며 전방위적으로 탈원전 정책 흔들기에 나섰다. 그리고 발등의 불로 떨어졌던 신고리 5·6호기 건설 중단을 막아내는 데 성공했다.

하지만 문재인 정부가 신고리 5·6호기 공론화 이후 탈핵에너지전환 정책의 기본 방향을 바꾼 것은 아니었다. 신고리 5·6호기 공론화에 참여한 시민들 중 신고리 5·6호기 건설 재개를 지지한 이들이 19% 더 많았지만 동시에 53.2%의 시민 참여단이 원전 축소를 지지했다. 정부는 신울진 3·4호기 이후 신규 원전 건설을 중단하는 방안에 입각해서 2017년 10월 24일 2038년까지 원전 수를 14기로 줄이는 에너지 전환 계획을 발표했다. 비록 시작 시점이 늦춰졌지만 신규 원전 건설 계획을 철회하고 노후 원전의 수명연장을 중단하는 방식의 탈핵비전이 재확인된 것이다. 이와 같은 방침은 제8차 전력수급기본계획에도 적용되어 원전 6기가 계획에서 제외되었다. 단계적인 탈원전 계획은 2018년 5월 집권 1년차 보고서에서도 유지되었다. 상당수의 국민들은 문재인 정부의 탈핵에너지전환 정책을 계속 지지했다. 한 예로 고리 1호기 폐로 1주년을 맞아 현대경제연구원이 실시한 여론조사에서 탈원전과 탈석탄을 추구하는 에너지 전환 정책을 지지한다는 응답자는 84.6%에 달했다(≪머니투데이≫, 2018).

하지만 원자력계와 보수언론, 보수정당의 저항은 집요했다. 이들은 틈이 날 때마다 전기요금 인상 공포를 조장하고 전력공급이 불안정한 상황인 양 사실을 호도했다. 또한 원전 수출에 대한 환상을 조장하면서 원전산업의 축소·전환에 따른 손실을 과장했다. 보수언론과 보수정당은 문재인 정부를 공격하기 위한 수단으로 탈원전 논란을 부추겼다. 이로 인해 산적한 전력 및 에너지 정책 현안이 탈원전 공방으로 수렴되거나 별다른 관심을 받지 못하는 일이 일어났다.

사실 문재인 정부의 탈핵에너지전환 정책은 약한 고리를 가지고 있다. 문재인 정부의 탈원전 정책은 산업화 및 산업보조화 전략의 측면에서 기존의 원전정책과 크게 다르지 않다. 먼저 문재인 정부는 전기요금 인상 없는 탈핵에너지전환을 추구했다. 사회적·환경적 비용을 고려할 때 값싼 전기소비가 한계에 도달했으나 정부와 여당은 산업계와 상당수 시민들의 반발을 우려하여 전기요금 현실화를 회피했다. 지난 몇 년간 산업용 전기요금의 상대적 인상 폭이 컸던 만큼 가시적인 효과를 낼 수 있는 수단은 많지 않았다. 전력 및 에너지 소비의 왜곡을 막기 위해 적극적인 대응이 필요했지만 정부와 여당은 원가회수율이 현저히 떨어지는 산업용 경부하 요금제조차 건드리지 않았다. 가격 현실화를 주저한 만큼 수요관리로의 전환은 선언에 그칠 공산이 컸다. 원자력계와 보수진영은 이 지점을 파고들며 값싼 전기소비사회로의 회귀를 주장했다.

한편, 원전산업 육성에 대한 미련은 탈원전 정책과 원전 수출의 병행이라는 논쟁적 상황을 초래했다. 문재인 정부는 탈원전 정책과 원전 수출정책의 분리를 꾀했다. 2018년 3월 26일 문재인 대통령은 UAE 바라카 원전 1호기 건설 완공식에 참석해서 바라카 원전은 "공사 기간 준수, 안전성, 경제성 모든 면에서 모범"이라고 평가하며 "바라카 원전 건설 성공에 힘입어 사우디아라비아의 원전 수주를 위해서도 노력"하겠다고 밝혔다(연합뉴스, 2018a). 원자력계는 탈원전 정책을 추진하는 국가의 원전을 누가 믿고 사겠냐며 원전 수출을 위해 탈원전 정책을 철회해야 한다고 압박했다. 탈원전 정책으로 인해 국내 원전 산업 생태계가 붕괴되고 기술이 사장될 것이라는 주장도 폈다. 이들에게 원전 수출은 탈원전 정책을 흔들 수 있는 좋은 소재였다.

탈핵에너지전환의 약한 고리는 정부가 원자력계의 저항에 적극적으로 대응하는 것을 제약했다. 전면적으로 반박하기 어려운 만큼 논란이 확산되는 것을 꺼리며 뒤늦게 대응하는 경우도 많았다. 탈핵에너지전환을 기치로 내걸었지만 탈원전이 정책 규범으로 정립되지 못한 탓에 하위 정책들이 충돌할 가능성이 높았던 것이다(김수진, 2018). 하지만 정부와 여당은 이 문제를 적극적으로 풀기보다는 방치했다. 이로 인해 전기요금을 현실화하거나 원전산업을 대체할 새로운 산업 정책을 제시하지 않는 이상 탈원전 공방이 같은 자리를 맴돌 공산이 커졌다.

탈핵에너지전환 정책의 약한 고리가 계속 원자력계의 표적이 될 것이라는 사실은 월성 1호기 수명연장 중단에 대한 원자력계의 비판에서 재차 확인할 수 있다. 2018년 6월 15일 한수원 이사회는 월성 1호기의 폐로를 결정했다. 원자력계는 즉각 반발했다. 이들은 탈원전 정책을 위해 원전가동률을 인위적으로 낮췄고 이로 인해 한전의 영업 손실이 커졌다고 비판했다. 안전 점검이 강화된 배경과 유연탄 가격 인상 등 한전 적자의 주요 요인에 대해서는 침묵한 채 탈원전 정책으로 전기요금이 오르게 생겼다고 목소리를 높였다.[12] 또한 원자력계와 보수언론, 보수정당은 수요관리 수단을 사용하지 않은 상황에서 전력예비율이 일시적으로 10% 아래로 떨어지자 일제히 탈원전 정책을 철회할 것을 요구했다. 최대 전력 수요 관리의 필요성을 외면한 채 오직 값싼 전기소비를 외치고 있는 것이다. 다른 한편으로 원자력계는 정부의 탈원전 정책 때문에 원전 수출 기회를 스스로 차버리고 있다는 주장을 반복했다. 탈원전 정책을 신속하게 폐기하지 않는다면 세계 최고 수준의 기술이 사장되고 원전 산업 생태계가 붕괴될 것이라는 협박 아닌 협박도 계속하고 있다.

탈핵운동은 이와 같은 상황에 그리 효과적으로 대응하지 못했다. 신고리 5·6호기 공론화에서 시민 참여단은 대체로 탈원전의 필요성에 수긍하면서도 전력수급과 전기요금, 재생에너지 확충 상황을 고려한 점진적인 탈원전 방안을 지지했다(신고리 5·6호기 공론화위원회, 2017). 시민 참여단은 '안정적 에너지 공급'과 '전력공급 경제성'을 인정하면서 원전의 '지역 및 국가 산업 측면'까지 고려하는 모습을 보였다. 매몰 비용, 원전 수출 및 산업 생태계 붕괴 등의 논리가 탈원전 추진에 제동을 걸 수 있다는 점이 확인되었지만 탈핵운동의 대응은 미흡했다. 탈핵운동은 다수 호기의 위험성, 지진 가능성과 같은 문제를 지적하고, 재생에너지의 산업적 가능성, 일자리 창출 등 경제적 요소를

---

12) 보수언론은 한수원의 사전 투자 관행은 외면한 채 월성 1호기, 신울진 3·4호기, 영덕 및 삼척 원전에 투입된 비용만 문제 삼았다.

강조했지만, 판단 기준으로서 경제주의의 장벽을 넘을 수 있는 전략을 만들어내지 못했다. 문재인 정부에 대한 탈핵운동의 낙관적 기대도 효과적인 대응을 방해했다. 탈핵운동과 가까운 거리에 있던 인사들이 정부 곳곳으로 진출하면서 협력적 관계에 대한 기대가 커졌다. 갈등적 '협력'이 강화되는 만큼 정부 정책에 대한 탈핵운동의 비판은 유예되었고 내부의 입장도 엇갈렸다. 갈등적 협력을 둘러싼 혼란은 신고리 5·6호기 공론화에서 고스란히 드러났다.

2) 공론화의 정치: 신고리 5·6호기 공론화를 중심으로[13]

탈핵에너지전환을 내세운 문재인 정부의 등장으로 탈핵운동은 정부와의 관계 설정에 어려움을 겪고 있다. 무엇보다 정치적 기회 구조의 개방성이 상대적으로 높아진 상황에서 시민 동원을 넘어선 숙의모델의 등장(이영희, 2018)은 갈등적 협력의 딜레마를 심화시키고 있다. 원전 규제 제도와 원전 산업구조의 기본 틀이 유지된 상태에서 도입된 공론화 모델은 시민 참여의 통로를 넓히는 길인 동시에 정치적 책임 회피의 수단으로 활용되는 이중성을 내포하고 있기 때문이다. 그만큼 현실 속의 참여적 위험 거버넌스를 이해하기 위해 위험 거버넌스의 맥락성을 면밀하게 따져볼 필요성이 높아졌다.

사실 신고리 5·6호기 공론화는 (숙의) 민주주의, 공공정책 결정과 갈등 관리, 공론조사 방법 등 다양한 각도에서 논의할 수 있다. 신고리 5·6호기 공론화에 대한 탈핵운동 내부의 평가도 제각각이다. 시민 참여와 숙의에 주목하는 이들과 탈핵 정책·운동의 후퇴를 우려하는 사람, 나아가 시민 참여를 명분으로 한 새로운 통치 방식의 등장을 예의 주시하는 시선 간에는 거대한 장벽이 존재한다. 공론화 방식으로서 공론조사의 타당성, 공론화위원회 평가 등

---

13) 신고리 5·6호기 공론화와 관련된 내용은 시민환경연구소가 주최한 토론회에서 발표한 글을 수정·보완한 것이다. 홍덕화(2017c)를 참고.

세부적인 쟁점으로 넘어오면 평가는 각인각색이다. 탈핵에너지전환 정책과 관련된 공론화가 신고리 5·6호기 공론화 방식을 그대로 따르는 것도 아니다. 다만 공론화의 원형이 된 만큼 신고리 5·6호기 공론화는 문재인 정부에서 탈핵정치가 전개되는 양상을 이해하기 위해 꼭 거쳐야 할 관문이 되었다. 또한 공론화의 정치는 탈핵운동과 정부의 갈등적 협력, 나아가 원전 규제양식의 변화에 적지 않은 영향을 미치고 있다. 여기서는 신고리 5·6호기 공론화가 탈핵운동에 제기한 문제를 중심으로 공론화의 맥락과 쟁점을 살펴보려 한다.[14] 우선적으로 논의해야 할 사항은 크게 네 가지이다.

먼저 신고리 5·6호기 공론화를 이해하고 평가하기 위해서는 공론화가 도입된 맥락부터 따져봐야 한다. 앞서 살펴본 대로, 대선 기간 문재인 후보는 신고리 4호기 및 신울진 1·2호기 재검토, 신고리 5·6호기 건설 백지화, 신규 원전 건설 계획 철회, 노후 원전 수명연장 중단을 약속했다. 그러나 원자력계의 반발이 확산되면서 탈원전 정책은 흔들리기 시작했다. 결국 문재인 대통령은 고리 1호기 폐로에 맞춰 탈핵선언을 하면서 신고리 5·6호기 건설 여부를 공론화하기로 한다.

여기서 눈여겨볼 점은 정부와 탈핵운동진영이 (비)공식적인 사전 협의를 거쳐 공론화를 결정한 것은 아니라는 점이다. 탈핵운동은 공론화를 선택했다기보다는 선택을 강요받았다. 선택지는 사실상 두 가지, '공론화 거부 후 대선 공약 이행 촉구', '공론화 수용 후 대응·전략적 활용'뿐이었다. 이와 같은 강요된 공론화는 의제 설정권의 문제를 제기했다. 신고리 5·6호기 공론화는 1차

---

14) 탈핵운동진영의 신고리 5·6호기 공론화에 대한 평가는 각종 토론회 및 발표, 청중 토론, 성명서, 개별적 토론 등을 통해 확인한 것이다. 반복적으로 제기되는 문제들에 대해서는 별도의 인용 표기를 생략했다. 주요 참고자료는 녹색당·녹색연합 집담회(2017.7.20), 시민환경연구소 토론회(2017.11.2), 공론화위원회 토론회(2017.9.7), 녹색당, 환경운동연합, 안전한 세상을 위한 신고리 5·6호기 백지화 시민행동의 성명서, 탈핵신문(58, 59호) 등이다. 신고리 5·6호기 공론화에 대한 학계의 평가는 김민정(2018), 김현우(2018), 윤순진(2018), 이영희(2018) 등을 볼 것.

적으로 탈원전 정책의 기준을 정하는 계기였다. 즉, 탈원전 공약은 신고리 4호기 및 신울진 1·2호기의 비의제화, 신고리 5·6호기의 공론화, 기타 공약의 유지 형태로 조정되었다. 신고리 5·6호기로 공론화 의제를 한정하는 것이 적절한지 논란의 소지가 많았지만 결정은 전적으로 정부의 몫이었다.[15] 또한 탈핵운동은 공론화 모델로 3개월 시한의 공론조사가 선택되는 과정에 참여하지 못했다. 결코 유리하지 않은 의제, 그러나 거부할 경우 적지 않은 비판을 감수해야만 하는 상황, 탈핵운동이 가진 권한은 그 장에 참여할 것인지 말 것인지를 선택하는 것뿐이었다.[16]

따라서 탈핵운동은 현실적 역량을 감안한 전략적 선택을 해야 했다. 정치적 조건은 그리 좋지 않았다. 이미 후퇴를 결정한 정부와 여당, 탈원전에 우회적이지 않은 의회, 원자력계의 저항과 언론 지형을 고려할 때, 신고리 5·6호기의 건설 중단을 관철시키는 것은 쉽지 않았다. 공론화를 거부하고 대결 구도를 유지할 수도 있었으나 건설공사가 진행되는 만큼 시간이 흐를수록 불리한 상황이었다. 반면 공론화 수용은 탈원전 공약의 후퇴를 인정하는 것이자 결론의 불확실성을 감수해야 하는 위험을 내포하고 있었다. 다만 공론화는 탈원전 의제를 대중화하고 탈원전의 사회적 기반을 확장하는 기회가 될 수도 있었다. 위험을 감수해야 했지만 현실적인 판단은 공론화 '대응'이었고, 탈핵운동진영의 대다수 단체들이 공론화에 뛰어들었다.

이와 같은 상황에서, 초기 논란이 있었으나, 정부는 시민 참여단의 공론화 결과를 '무조건 수용'하기로 한다. 통상적으로 공론화의 결과가 권고적 효력

---

15) 공론화 의제의 적절성에 대한 논의는 김현우(2018), 윤순진(2018), 이영희(2018)를 참고.

16) 신고리 5·6호기 공론화 결과가 발표된 이후 탈핵운동이 지나치게 낙관적이었다는 고백이 이어졌다. 정부가 공론화를 전략적으로 선택한 것만큼 탈핵운동이 공론화를 낙관적으로 사고했기 때문에 공론화 게임이 시작될 수 있었던 것이다(한재각, 2017). 공론화 참여가 불가피했다면 조기 폐로 등 다른 조건과 결합시키는 방안을 모색했어야 한다는 지적도 나왔다(장재연, 2017).

에 불과한 것을 감안하면 '무조건 수용'은 촛불시민과 탈핵운동의 재확산을 조건으로 한 것이었다. 촛불시위에서 분출한 국민주권의 요구가 없었다면, 그리고 탈핵운동이 뒷받침되지 않았다면, '무조건 수용'은 불가능했다. 다만 앞서 지적했듯이 '원탁 시민주권'(이영희, 2017, 2018)이 행사될 수 있는 범위는 사전에 제한되어 있었다.

한편, 공론화 결과의 '무조건 수용'은 정치적 책임을 최소화할 수 있는 전략이기도 했다. 정부와 여당은 탈원전 공약에 대한 정치적 의지를 보여주는 대신 선제적인 갈등 회피를 모색했다. 이로 인해 공론화 기간 동안 정부와 여당의 정치적 책임 의지는 불투명했다. 정부는 중립성 위반 논란을 극도로 꺼렸고 민주당 역시 정치적 입장을 표명하지 않는 것으로 일관했다. 공론화 기간 동안 건설 중단 측이 신고리 5·6호기 건설 중단에 따른 지원 대책 마련을 촉구했지만 중립을 표방한 정부는 물론 논란에서 비교적 자유로운 민주당마저 최소한의 입장을 내놓지 않았다. 정부와 여당은 시민 참여단의 공론화 결과를 '무조건 수용'한다는 선을 넘지 않았다.

이러한 점에서 신고리 5·6호기 공론화는 숙의 민주주의 실험과 정치적 책임 회피의 경계 위에 위태롭게 서 있다. 즉, 정부와 여당은 시민들이 강하게, 수적으로 다수가 지지하면 탈원전 정책을 추진하지만, 사회적으로 논쟁이 일고 이해관계가 격렬하게 충돌하는 상황을 주도적으로 해결할 의사가 없다는 점을 보여주었다. 그래서 선택이 아닌 초대에 의한 공론화가 야기하는 이중성은 탈핵운동에 논쟁적인 정치적 결단의 문제를 제기했다. 대의 민주주의 아래에서 숙의 민주주의를 도입할 때 발생할 수 있는 정치적 책임의 문제도 불거졌다.

둘째, 신고리 5·6호기 공론화는 의사결정의 주체와 그 범위를 설정하는 문제를 제기했다. 신고리 5·6호기 공론화는 전국 단위의 공론조사 형태로 진행되었다. 선출 방식을 보면, 시민 참여단으로 선출되는 데 성인 유권자 이외의 특정한 자격을 부여하지 않았다는 점에서 형식적 측면의 정치적 평등을 보장했다. 전문가, 관료, 넓게는 소수의 전문가적 활동가로 제한되었던 에너지 정책 결정 과정이 정치적으로 평등한 시민들에게 개방되었다는 점에서 신고리 5·6호기 공론화는 에너지 민주주의의 진전으로 평가받을 수 있다.

그런데 왜 하필 전국 단위의 공론조사였을까? 정확한 내막을 알 수 없지만 인구통계학적 대표성을 높인 전국 단위 공론조사가 '무조건 수용'에 따른 정치적 논란을 줄일 수 있다는 점은 분명하다. 상대적으로 주관적 해석의 여지가 적은 정량화된 수치로 결과가 도출된다면 그만큼 정치적 의지를 표출할 일이 줄기 때문이다. 사실 신고리 5·6호기 공론화위원회는 공론조사의 통계적 대표성을 확보하는 데 사활을 걸었다. 그 결과 통상적인 공론조사가 모집단의 대표성을 확보하지 못해서 의견 변화의 추이만 분석할 수 있는 데 반해 신고리 5·6호기는 대규모 표집을 통해 통계적 대표성의 문제를 해결할 수 있었다.

그러나 통계적 대표성은 역설적으로 사회적 대표성, 이해관계의 대표성을 충분히 반영하지 못할 수 있다(이영희, 2017, 2018). 이로 인해 탈핵운동은 전국 단위 공론조사가 실시되는 과정에서 일반 시민(국민)과 지역주민 사이에서 동요했다. 신고리 5·6호기 건설 중단은 국가적 차원의 탈핵·에너지 정책이자 특정 지역에 시설을 추가 건설하는 문제였다. 이와 같은 이중성은 부산, 울산, 경남으로 대표되는 인접 지역과 다른 지역 간의 이해관계의 동등성에 대한 판단을 요구했다. 탈핵운동진영이 환경정의, 지역에너지, 에너지 분권과 자치 등을 강조해온 것에 비춰보면, 이해관계의 등가성은 다소 논쟁적인 사안이었다. 대표성에 초점이 맞춰진 전국 단위 공론조사는 적어도 결정권에 있어서 지역 간 차이를 인정하지 않기 때문이다.[17] 이로 인해 '지역 가중치'

---

17) 지역주민과 이해관계자는 전문가와 함께 공론화 과정에서 시민들의 숙의를 돕는 형태로 참여한다. 이로써 탈핵운동과 피해 주민, 원전 마피아의 대립 구도는 숙의를 위한 논리 대결로 전환된다.

부여가 논의되기도 했는데, 역설적으로 건설 재개 측의 요구 사항이기도 했다. 구체적인 가중치 설정이 어렵다는 점을 차치하고 영남지역의 건설 재개 비율이 높았던 것을 고려할 때 탈핵운동이 (잠정적) 피해 지역에 우선권을 부여할 것을 강하게 주장하기는 쉽지 않았다. 청소년(미래세대) 의사 반영도 비슷한 문제를 제기했다. 현재의 정치 시스템을 토대로 한 대표성 강화에 초점이 맞춰지면서 청소년(미래세대)의 의사는 공론장에서의 설득 논리로 치환되었다.[18] 결국 지역주민의 범위 설정과 대표성, 이해관계의 등가성, 미래세대의 의사 반영 방법 등 여러 논쟁거리를 남긴 채 신고리 5·6호기 공론화는 성인 유권자 중심의 전국 단위 공론조사로 진행되었다. 즉, 시민참여방안에 대한 다각적인 토론과 사회적 합의는 없었다. 이로 인해 신고리 5·6호기 공론화는 시민 참여의 표준 모델이 안착되는 계기가 아니라 시민 참여를 둘러싼 각축을 활성화하는 사건으로 남게 되었다.

셋째, 구조적 불평등의 문제가 공론화 진행 과정에서 수면 위로 떠올랐다. 공론화위원회의 역할은 처음부터 공론조사의 구체적인 설계와 진행으로 한정되었다. "설계와 시공이 동시에 이뤄지는 한국식 공론화"(이헌석, 2017)에서 공론화위원회의 구성과 운영에 대한 사전 합의는 없었다. 중단 및 재개 측이 부분적으로나마 의사결정에 참여할 수 있었던 것은 공론화위원회의 위원을 선정하는 시점부터였다. 찬반 양측은 제척을 통해 중립적 인사로 공론화위원회를 구성했다. 이로 인해 공론화위원회에 정작 공론화 전문가가 없다는 비판이 제기되었고, 초기에 여러 논란을 야기했다. 쌍방 제척을 통해 구성된 공

---

18) 문제는 미래세대의 이익을 부각시키는 것이 단기적인 설득 논리로 힘을 발휘하기 어렵다는 점이다. 미래세대가 중요하게 다뤄지기 위해서는 사회윤리적 쟁점이 탈핵 논의에서 비중 있게 다뤄져야 하는데, 신고리 5·6호기 공론화는 건설 중단 여부로 초점이 좁혀졌다. 초기부터 매몰 비용, 경제적 피해 보상 등 기술경제적인 사안으로 논의의 범위가 축소될 가능성이 높다는 우려가 제기되었지만 공론화 게임의 의제, 프레임을 전체적으로 재구성하기는 쉽지 않았다.

론화위원회는 중립적 입장에서 공론조사를 관리하는 데 상당한 노력을 기울였다. 관리형 모델과 이해관계자 협의 모델 사이 다양한 선택지가 있었지만 공론화위원회는 중립적 관리를 표방했다.

그러나 공론화위원회의 기계적 중립성이 역설적으로 공정성을 위협하며 공론화를 활성화하는 데 방해가 되기도 했다. 실무 기구에 찬반 양측의 적극적인 참여가 제한되면서 건설 재개 측 인사가 전문위원으로 자료집, 동영상 검증에 관여하는 것을 사전에 막지 못한 것이 대표적인 사례이다. 또 다른 사례로 부산에는 재개 측 단체가 없어서 중립성의 원칙에 따라 중단 측 단체도 면담에서 제외되는 일이 있었다. 공론화 보이콧으로까지 번진 자료집 구성을 둘러싼 논란은, 의도했든 의도하지 않았든, 공론화위원회의 중립성이 위원 구성으로 끝나지 않는다는 점을 잘 보여준다. 형식적 중립성을 강조한 탓에 공론화위원회에 이해관계자가 참여한다면, 누가, 어떤 방식으로 참여하여, 어떤 역할을 할 것인지에 대해서는 거의 논의가 이뤄지지 못했다.[19]

공론화를 시민 참여단의 공론조사로 한정하지 않고 사회적 공론화로 바라보면 문제는 더 까다롭다. 이른바 '구조적으로 기울어진 운동장'은 공론화위원회의 구성과 운영보다 더 해결하기 어렵기 때문이다(이영희, 2017).[20] 작은 공중mini public인 시민 참여단은 여론이나 역사적으로 구조화된 의견의 영향으로부터 자유롭지 않다. 공론화의 본래 취지에 비춰보면 공론화는 더 폭넓게,

---

19) 한국원자력산업회의, 한국원자력학회, 한수원, 안전한 세상을 위한 신고리 5·6호기 백지화 시민행동이 이해관계자 소통협의회를 통해 신고리 5·6호기 공론화 과정에 참여했다. 하지만 주요 결정에는 참여하지 못했는데, 단적으로 이들은 의사결정의 핵심 도구가 된 설문 문항의 내용, 개수 등에 대해 사실상 아무런 의견도 제시할 수 없었다.

20) 숙의는 정보의 균형, 다양한 참가자들의 능동적 참여와 학습, 토론을 전제로 한다. 따라서 절차의 공정성은 숙의의 출발점이자 근간이다. 하지만 공정성은 하나의 이상이다. 구조적 불평등을 감안하면 '기울어지지 않은 운동장'은 허구에 가깝다. 그러나 이것이 숙의에 기초한 공론화를 전면적으로 부정하는 논거가 되기는 어렵다. 오히려 숙의는 상대적 약자에게 비교적 대등한 기회를 줄 수도 있기 때문이다.

다양한 형태로 진행하는 것이 맞다. 그러나 공론화의 범위를 확장할수록 단기간에 구조적 불평등을 개선하는 것은 사실상 불가능해진다. 언론 보도의 편향성, 한수원과 정부출연연구기관의 관여가 논란을 야기한 이유도 여기에 있다. 예컨대 신고리 5·6호기 공론화가 이슈로 부상하면서 주요 국면마다 관련 기사들이 대거 쏟아졌다. 새로운 정보는 사회적 공론화에 기여하는 효과가 있었지만 건설 재개 측의 논리를 옹호하는 기사가 훨씬 더 많았다. 한국경제신문이 미배포 자료집을 입수해서 건설 중단 측의 입장을 왜곡했다는 논란이 제기된 것처럼 경우에 따라서는 정확하지 않은 정보가 기사화되기도 했다. 이로 인해 공론화위원회가 선관위 수준으로 왜곡·편파 보도에 대응해야 한다는 주장이 제기되었다. 이와 같은 사례들은 역사적으로 구조화된 불평등에 대한 고려가 없다면 숙의는 항상 불공정 게임의 시비에 휘말릴 수밖에 없다는 점을 다시 한 번 확인시켜주었다.

넷째, 신고리 5·6호기 공론화는 결과적으로 탈핵운동의 내부 균열을 확대시켰다. 탈핵운동은 하나가 아니다. 그리고 권력은 탈핵운동 내부에서도 작동한다. 문재인 대통령이 신고리 5·6호기의 사회적 합의를 언급할 때부터 탈핵운동진영의 입장은 '환영'에서 '강력 규탄'까지 크게 엇갈렸다(이헌석, 2017). 공동 성명서조차 작성하기 어려운 수준이었다. 이로 인해 공론화 기간 동안 탈핵운동은 이곳저곳에서 삐걱댔다. 급박한 상황 대응과 제한된 역량으로 인해 탈핵운동의 내부 민주주의는 원활하게 작동하지 못했다. 단적으로 서울지역 단체와 타 지역 단체 간의 의견 조율이 원활하지 않았다. 탈핵운동진영의 대응 전략에 관한 기본적인 의사소통도 원활하지 않았는데, 공론화 보이콧 결정 논란이 대표적인 사례다. 결국 신고리 5·6호기 공론화에 대한 평가가 진행되면서 부산, 울산 등의 지역단체를 중심으로 서울의 단체들이 지역단체와 상의하지 않고 주요 사안에 대해 결정을 내렸다는 비판이 제기되었다.

내부 갈등은 쉽게 해소되지 않았다. 구조적 불평등이 존재하는 상황이라도 탈핵 진지전을 포기할 것이 아니라면 공론화 게임을 선택할 수 있다. 이 경우 공론화 결과를 가지고 사후적으로 공론화 참여를 비판하는 것은 적절치 않다. 하지만 초대받은(혹은 강요받은) 공론화가 진행될 경우 제한된 시간 내에 정치적 결단을 내려야 하는 만큼 어려움이 뒤따랐다. 시민 참여의 대의와 시민 참여의 실제 효과를 놓고 의견이 엇갈리는 것은 불가피했고, 탈핵운동은 신고리 5·6호기 공론화 이후에도 이 문제를 제대로 풀지 못했다. 결국 탈핵운동의 전국 단위의 연대 조직은 신고리 5·6호기 공론화를 계기로 해체되었다. 핵없는사회를위한공동행동이 해체된 이후 고준위핵폐기물전국회의, 핵폐기를위한전국네트워크(준)이 결성되었지만 상당수의 단체들이 연대 조직에서 이탈했다. 시민 참여를 지향한 신고리 5·6호기 공론화가 탈핵운동에 남긴 결과는 역설적으로 탈핵운동의 분화와 외연의 축소였다. 따라서 신고리 5·6호기 공론화 이후 탈핵운동은 공론화 만능주의를 경계하면서 공론화 무용론으로 빠지지 않는, 좁은 길 앞에 서게 되었다. 그만큼 공론화 이면에서 작동하는 지배권력과 대항권력의 경합을 보다 냉철하게 직시할 필요성도 높아졌다.

한편, 탈핵운동 내부의 전문가주의도 성찰의 대상으로 떠올랐다. 전문가주의에 맞서 시민 참여를 강조했지만 정작 탈핵운동 내부에서도 현장 활동가보다 전문가의 의견이 중시되는 경향이 나타났다. 이로 인해 탈핵의 논리가 전문가의 언어로 번역되는 과정에서 숫자와 그래프로 상징되는 전문성으로 환원된다는 비판이 제기되었다(이영희, 2017). 숫자나 그래프를 앞세운 설득 전략이 고통, 불안, 소외 등 계산될 수 없는 피해를 쉽게 누락시킬 수 있다는 우려 섞인 목소리가 나온 것이다.

3. 탈핵에너지전환을 위한 과제

탈핵에너지전환을 지향하는 정치적 동맹이 견고하지 않다면 탈핵에너지

전환 정책은 언제든 후퇴할 수 있다. 또한 신규 원전 건설 중단, 노후 원전 수명연장 중단 등의 정책을 뒷받침해줄 제도 개혁이 없다면 탈핵에너지전환 정책은 쉽게 뒷걸음질칠 것이다. 나아가 탈핵에너지전환은 궁극적으로 원전체제의 해체와 원전산업의 축소를 요구한다. 이 과정을 모두 예측하기는 어렵지만 곧바로 시작해야 할 것은 비교적 분명하다.

1) 독립적 규제 양식으로의 전환[21]

독립적 규제 양식으로의 전환은 탈원전을 위한 제도 개혁의 출발점이다. 다양한 조치가 필요하지만 우선적으로 검토할 것만 몇 가지 살펴보자. 첫째, 규제 기관의 독립성을 강화해야 한다. 원자력안전위원회의 독립성 강화는 그간 소홀히 해온 안전 규제를 정상화하기 위한 1차 과제이다. 문재인 정부 들어서 탈핵운동진영과 가까운 전문가가 원자력안전위원회 위원장으로 임명되었다. 그러나 규제 기관의 독립성은 단순히 기관장을 바꾸는 문제가 아니다. 원자력안전위원회의 조직적 위상과 권한을 강화하고 원자력 안전 규제와 원자력 진흥을 제도적으로 분리시켜야 한다. 예를 들어, 원자력안전위원회를 원자력규제위원회로 개편한 뒤 원자력 진흥 기관과 동등한 수준으로 위상을 높이고 상임위원을 늘리는 것이 하나의 방안이 될 수 있다.

둘째, 규제 권한의 분권화가 필요하다. 현재 원전시설이 위치한 지방자치단체는 시설 운영과 관련한 규제 권한을 거의 가지고 있지 않다. 지역주민들의 요구를 반영할 수 있는 통로도 비좁다. 그동안 규제 포획으로 인해 위험이 과소 평가되는 일도 많았다. 한 예로 한수원은 경주 지진이 발생한 뒤 한 시간이 채 지나지 않은 상태에서 원전 가동에 영향이 없다고 발표했다가 세 시

---

21) 규제 제도 개혁을 위한 기본적인 아이디어는 탈핵에너지전환시민사회로드맵 연구팀(2017)의 내용을 참고했다. 필자는 시민사회로드맵 작성에 공동연구진으로 참여한 바 있다.

간가량 지난 뒤 월성 원전을 수동 정지한 바 있다. 따라서 원전사고의 가능성을 줄이고 재난 상황에 효율적으로 대응하기 위해 지자체와 지역주민에게 일정 수준의 규제 권한을 부여하는 것을 적극적으로 검토할 필요가 있다. 긴급 정지 결정에 참여하거나 사용 정지 신청권을 보장하는 등 규제 권한의 분권화 방안은 많다.

셋째, 정보 공개를 확대하고 시민의 지식 생산 권리를 보장해야 한다. 1992년 일본 연구자가 양산단층의 활성단층 가능성을 제기한 이래 간헐적으로 활성단층 논란이 일었지만 정부와 한수원은 애써 무시했다. 때로는 관련 정보를 감추기도 했다. 단적으로 2012년 한국지질자원연구원이 '활성단층지도 및 지진위험지도 제작' 연구를 수행했으나 사회적 파장을 이유로 연구 결과를 발표하지 않았던 것이 국정감사 기간에 확인되었다. 심지어 2000년에 같은 기관에서 유사한 연구를 수행했다는 사실도 뒤늦게 밝혀졌다. 만약 정보 공개가 확대되고 논쟁적 사안에 대한 적극적인 검증 요구권이 보장되었다면 활성단층 주변으로 대규모 원전단지가 건설될 수 있었을까? 탈원전의 제도화 과정에서 지식정치가 활성화되는 만큼 사회적 수요가 있으나 수행되지 못했던 연구와 지식 생산을 위한 공적 지원도 필요하다. 누적된 지식 생산의 불평등성이 교정되지 않는다면 탈원전 공방은 지루하게 반복될 공산이 크다.[22]

넷째, 폐로시대를 대비한 지역사회 전환 모델을 만들어야 한다. 원전 가동 중단은 지역사회에 적지 않은 충격을 준다. 당장 지방정부의 재정 수입이 감소하고 원전 의존적인 지역경제가 침체된다. 지역사회의 충격을 완화할 수 있는 장치가 없다면 지역사회는 탈원전의 과정에서 다시 한 번 격랑에 휩싸일 가능성이 크다. 따라서 국가 차원의 탈핵 로드맵과 함께 지역사회의 전환

---

22) 지식 생산은 참여적 위험 거버넌스의 원활한 작동을 위해서도 필요하다. 한 예로 2018년 초 파이로프로세싱 및 고속로 사업 재검토위원회가 꾸려졌지만 인적, 물적 불균등성을 고려하지 않고 반대 측에 단기간에 방대한 양의 자료를 검토할 것을 요구해서 논란이 된 바 있다.

모델을 마련해야 한다. 에너지전환지역기금 신설, 한수원 사업자지원금의 기금화, 사용후핵연료 과세 등 세수 축소의 충격을 줄일 수 있는 수단은 많다. 다만 전환을 위한 지원과 보상이 풀뿌리 찬핵집단의 주머니로 들어가는 것을 막을 장치를 함께 고민해야 한다.

마지막으로 탈핵운동의 강화는 독립적 규제 양식으로의 전환을 위한 전제조건이다. 탈핵운동이 뒷받침되지 않는다면 탈핵에너지전환 정책은 언제든 후퇴할 수 있다. 신고리 5·6호기 공론화에서 확인했듯이, 탈원전을 추진할 수 있는 정치사회적 기반은 취약하다. 시민 참여가 정부의 책임 회피 수단으로 활용되는 것을 막고 탈핵에너지전환을 공고히 하는 계기가 되려면 탈핵운동이 더 강하게 뒷받침되어야 한다. 그래야 탈핵에너지전환 정치 동맹도 뿌리를 내릴 수 있다.

2) 원전산업의 축소와 에너지 공공성의 재구성

원전산업의 축소는 탈원전으로 가기 위해 반드시 거쳐야 할 관문이지만 동시에 격렬한 저항이 예상되는 문제다. 갈 길이 멀지만, 원전 수출정책의 폐기와 원자력 연구 개발의 방향 전환을 출발점으로 삼을 수 있다. 에너지 시장의 급격한 변화를 고려할 때 원전산업의 전망은 대단히 어둡다. 따라서 원전 수출에 대한 기대를 버리고 원전산업 축소에 나서는 것이 장기적으로 더 이익이다. 원전 산업 생태계 유지, 원전 기술 유지 등을 이유로 원전산업에 대한 미련을 버리지 못한다면 그만큼 탈원전은 지연되고 새로운 에너지 산업에서도 뒤처진다. 원전산업에 특화된 기업은 많지 않으며 규모도 제한적이다. 장기적인 비전을 가지고 접근한다면 원전산업 내의 설비제작사, 부품업체, 건설업체 중 상당수는 다른 길을 찾을 수 있다. 그러므로 지금 필요한 것은 원전 수출정책이 아니라 에너지 전환 산업 정책이다.

원전산업을 대체하고 노후 원전의 폐로·해체를 앞당기는 원전산업 축소

정책에 맞춰 원자력 연구 개발의 방향도 전면적으로 수정해야 한다. 사실 탈원전 정책을 가장 강하게 반대하는 집단은 다름 아닌 연구개발부문이다. 연구개발부문이 보수정당 및 보수언론과 연계하여 지속적으로 탈원전 정책을 흔들고 있다. 이해가 안 되는 것은 아니다. 탈원전 정책이 계속되면 원자력 진흥에 초점이 맞춰진 연구개발부문의 구조조정과 연구개발비의 축소가 불가피하기 때문이다. 그동안 연간 수천억 원 규모의 원자력연구개발비가 법으로 보장되었고, 이에 대한 감시는 거의 이뤄지지 않았다. 탈원전 정책은 원자력 분야에 대한 제도화된 지원을 축소·폐지하고 연구개발사업을 감시의 영역으로 편입시키는 것인 만큼 연구개발부문은 끝까지 격렬하게 저항할 공산이 크다. 그만큼 연구개발부문의 저항을 이겨내고 원자력 연구 개발의 축소 및 방향 전환을 이끌어내는 것이 탈핵에너지전환의 중요한 과제로 부상할 것이다.

시야를 조금 더 넓히면 원전산업의 축소를 위해 전력산업의 구조개편과 발전주의적 에너지 공공성의 재구성이 필요하다. 우선 최대 전력수요를 기준으로 대규모 발전소를 늘려온 관행으로부터 벗어나야 한다. 지속가능성은 차치하고 전력수요가 정점에 도달하는 며칠, 그리고 몇 시간을 위해 원전과 같은 대규모 발전시설을 늘리는 것은 그리 합리적인 선택이 아니다. 당장 최대 전력수요 기록을 갱신한 날도 수요가 정점에 도달한 몇 시간을 제외하면 전력 예비율은 30%를 훌쩍 넘긴다. 그동안 우리는 이와 같은 낭비적 상황을 전력수요를 새롭게 창출하는 방식으로 풀어왔다. 일단 짓고, 낭비적 소비를 조장하고, 이를 근거로 더 짓는, 공급 위주의 전력 정책이 환경적으로나 경제적으로 많은 문제를 야기해왔음은 물론이다. 이제 일단 아끼고, 효율성을 극대화하고, 그래도 문제가 되면 재생에너지 중심으로 설비를 확충하는 순서로 가야 한다. 이처럼 수요관리로 방향을 전환하기 위해서는 에너지 가격의 현실화가 불가피하다. 산업용 경부하 요금제, 전기요금의 연료비 연동제, 미세먼지 및 핵 위험의 사회환경적 비용 반영 등 에너지 가격의 현실화와 관련해서 그동안 제기되어온 문제들부터 풀면서 장기적인 수요 축소의 방향을 모색해야 할 것이다.

한편, 에너지 가격의 현실화는 에너지 공공성에 대한 생각의 변화를 요구한다. 그리고 이 문제는 전력산업 구조개편과 맞물려 있다. 사유화 논란을 피할 수 없는 전력산업 구조개편은 휘발성이 대단히 강한 사안이다. 이로 인해 전력산업 구조개편과 에너지 공공성의 재편 방향은 탈핵 진영 내에서도 충분히 논의되지 않았다. 하지만 더 이상 우회할 수 없게 되면서 탈핵에너지전환을 위한 전력산업 구조개편 논의도 활발해지고 있다. 전 세계적으로 에너지 전환의 경로 경쟁이 펼쳐지고 있는 만큼 하루빨리 탈원전 공방에서 벗어나

표 7-2 전력산업 구조개편 방안 비교

구분	현재 상태		정부 계획	시장활용론	에너지 사회공공성론	지역화·공유화론
발전	원자력	한수원	혼합 소유	공기업 매각 포함 민영화, 사기업 중심 체제로 전환	권역별 재통합 후 원자력·석탄화력 상한제 도입, 대기업 주도 민자발전 축소	한수원
	석탄화력	발전자회사, 민간사업자	혼합 소유 발전자회사, 민간사업자			발전자회사
	LNG	발전자회사, 민간사업자	혼합 소유 발전자회사, 민간사업자			지역에너지공사 확대(발전자회사의 가스 복합화력 이관 가능), 민간사업자 축소
	재생에너지	발전자회사, 민간사업자	혼합 소유 발전자회사, 민간사업자			지역에너지공사 및 에너지협동조합 확대, 민간사업자
송전	한전		한전	한전	판매시장 개방 반대, 발전-송전-배전·판매 의 권역별 재통합	한전
배전	한전		한전			지역에너지공사
판매	한전		개방(발전-판매 겸업 허용, 발전-가스-통신 통합)	개방(발전-판매 겸업 허용, 발전-가스-통신 통합)		지역에너지공사 및 에너지협동조합 주도(일부 개방 가능)

자료: 석광훈(2016), 송유나 외(2017), 김현우·한재각·이정필(2016)을 토대로 작성.

에너지 공공성의 재구성을 포함한 에너지 전환 전략을 논의하는 것이 훨씬 생산적이다. 최근 전력산업 구조개편의 방향으로 제시되고 있는 것을 정리하면 **표 7-2**와 같다.[23]

전력산업 구조개편 방안의 차이를 에너지 전환 전략, 나아가 에너지 공공성의 시각에서 평가하기 위해서는 기존의 '발전주의적 에너지 공공성'부터 이해할 필요가 있다. 수직 통합된 전력공기업집단이 값싼 전기를 안정적으로 공급함으로써 필수재가 된 전기를 보편적으로 소비할 수 있게 만든 것은 전통적 의미의 공공성 개념에 부합한다. 다만 공론장과 시민성, 생태적 지속가능성 등에 대한 문제의식을 내포하고 있지 않기 때문에 공공성의 성격은 '발전주의적'이다. 외환위기를 전후로 전력산업에서 정부 주도의 공공재 공급에 초점이 맞춰진 발전주의적 에너지 공공성은 이중의 공격을 받게 된다. 한편에서는 신자유주의가 확산되면서 공적 소유를 사적 소유로 전환하고 정부의 역할을 축소하려는 시도가 이어졌다. 동시에 발전주의적 공공성에서 배제되었던 민주적 절차, 공개적 의사소통, 시민 참여 및 시민성 계발, 생태적 지속성 등이 공공성의 재구조화를 압박하기 시작했다.

이에 비춰 최근 제시되고 있는 에너지 전환 전략을 에너지 공공성의 시각에서 구분하면 시장활용론, 에너지 사회공공성론, 지역화·공유화론으로 나

표 7-3 에너지 전환 전략의 차이와 에너지 공공성의 성격

구분	시장활용론	에너지 사회공공성론	지역화·공유화론
전력산업 구조	사기업 경쟁	(권역별) 수직통합 공기업	사회적 경제 중심 혼합 모델
스케일	유동적	국가·광역 중심	지역 중심
규제양식	공정경쟁	참여경영	참여경영
핵심 주체	기업	노동자	에너지시민
에너지 공공성 성격	탈공공화(시장화)	민주적 공익성	전환적 공공성

---

23) 전력산업 구조개편 방안 및 에너지 전환 전략에 대한 자세한 논의는 홍덕화(2017a)를 참고.

눌 수 있다. 각 전략은 발전주의적 에너지 공공성에 대한 평가가 상이할 뿐만 아니라 전력산업의 특성, 공기업의 전략적 활용 가능성, 전환의 스케일, 전환의 주체 측면에서 각기 다른 전환 전략을 추구하고 있다.[24]

시장활용론은 발전주의적 에너지 공공성을 부정하는 방향으로 나아간다. 시장활용론은 공기업 독점의 해체를 1차적인 목표로 삼는다. 그리고 전환의 핵심 주체를 시장 또는 기업으로 설정한다. 에너지 전환의 주체, 조직 형식의 측면에서 공공성은 크게 고려되지 않는다. 정보 공개를 통한 투명성의 강화가 요구되지만 1차적인 목적은 공정한 시장 경쟁이다. 시민의 역할이나 분권화된 공적 소유가 부정되는 것은 아니지만 부차적인 위치를 차지한다. 따라서 시장활용론은 에너지 전환 전략을 구성하는 데 있어 공공성의 문제의식을 사실상 폐기한다고 볼 수 있다. 에너지 복지 정책을 포함하기 때문에 최소한의 공익성을 유지한다고 볼 수 있지만 잔여적 차원에서 이뤄지는 것이지 적극적으로 공공성을 구성하는 전략은 아니다. 결과적으로 에너지 전환을 촉진함으로써 생태적 차원을 포괄한 공익성이 증진된다는 반론이 제기될 수도 있다. 그러나 에너지 사회공공성론과 지역화·공유화론 역시 생태적 차원의 공익성 강화를 표방하기 때문에 시장활용론만의 특징으로 보기 어렵다.

반면, 에너지 사회공공성론은 사회공공성을 강화함으로써 발전주의적 에너지 공공성을 보완하는 데 집중한다. 에너지 사회공공성론은 국가가 전력공기업을 통해 필수재인 전기를 안정적으로 공급하는 것을 공공성의 핵심으로 바라본다. 전력산업의 공적 소유와 수직적 통합을 강조하는 것도 이 때문이다. 다만 에너지 사회공공성론은 그 과정을 민주적으로 통제하고자 한다. 즉, 민주적 절차가 보완된다면 발전주의적 공공성의 한계는 극복될 수 있다고 판

---

24) 아주 엄밀하게 구분되는 것은 아니지만, 전력산업의 소유 구조와 스케일은 1차적으로 경제적 측면에서 에너지 공공성을 판단하는 잣대가 된다. 반면, 핵심 주체와 규제양식은 공공성의 정치적 측면을 이해하는 출발점이 될 수 있다. 커먼즈commons나 생태민주주의의 문제의식은 전환 전략이 가정하는 산업구조와 스케일, 주체에서 엿볼 수 있다.

단한다. 나아가 수직 통합된 전력공기업은 에너지 전환을 위한 효율적인 수단으로 활용될 수 있다. 하지만 민주적 통제가 적극적인 에너지시민 형성을 위한 실천으로까지 이어지고 있지는 않다. 시민 참여의 필요성을 부정하지는 않지만 기본적으로 노동자들의 경영 참여 확대에 초점이 맞춰져 있다. 에너지 사회공공성론이 추구하는 새로운 에너지 공공성은 '민주적 공익성'이 중심축을 이룬다.

지역화·공유화론은 발전주의적 에너지 공공성의 해체적 변형을 모색한다. 공적 소유는 국가 소유에서 공동체 소유로, 공공재는 물질적 재화에서 공유적 실천으로, 공론장은 의사소통의 절차에서 시민성의 재구성을 위한 공통의 공간으로 재개념화된다. 따라서 산업 전환의 모델은 지역에너지공사를 늘리고 에너지협동조합과 같은 사회적 경제 영역을 넓혀서 거대 공기업을 대체하는 것으로 이동한다. 또한 수동적인 소비자에 머물렀던 시민이 에너지의 생산과 소비 과정에 적극적으로 참여하는 성찰적인 시민, 즉 에너지시민으로 거듭날 수 있는 방안을 모색한다. 그리고 지역은 에너지시민이 전환을 추진할 수 있는 적절한 스케일이기 때문에 전환적 실험의 공간으로 계속 호명된다. 지역화·공유화론이 추구하는 에너지 공공성은 발전주의적 에너지 공공성을 포괄적으로 재구성하려고 한다는 점에서 '전환적 공공성'이라 부를 수 있다.

에너지 공공성의 재구성 시도와 에너지 전환의 현실적 추동력 사이에 간극이 존재하기 때문에 규범적 정당성에 의해 에너지 전환 전략을 둘러싼 논쟁이 종결되지는 않는다. 즉, 시장활용론은 부족한 규범적 정당성을 현실성에 대한 호소로 대체한다. 또한 실현 가능성에 대한 고려는 에너지 사회공공성론과 지역화·공유화론 간의 혼합, 결합을 검토하게 만들 수 있다. 정치사회적 세력 관계를 고려할 때, 전력산업의 구조는 당분간 혼합 모델적 성격이 강화될 것으로 보인다. 따라서 에너지 전환 전략은 혼합 모델에서 제기될 수 있는 다양한 문제를 검토하고 개선하기 위한 방안을 모색해야 할 것이다. 에너지 전환과 공공성의 다차원성을 감안할 때, 실재하는 에너지 공공성은 공공성을 둘러싼 헤게모니 투쟁 속에서 계속 변형될 것인 만큼 혼합 모델을 시장으로 가는 과정이 아닌 전환을 위한 민주적 실험주의 속에 위치시킬 정치적 실천이 필요하다.

3) 압축적 전환을 위하여

고리 1호기와 월성 1호기 이외에 2029년까지 설계수명이 만료되는 원전이 10기가 더 있다. 압축적 에너지원 전환의 상징이었던 원자력발전소가 앞으로 10년간 줄줄이 문을 닫게 되는 것이다. 영광 원전과 울진 원전에서도 폐로가 시작되는 만큼 사실상 모든 지역에서 폐로가 진행된다. 이와 같은 압축적 노후화를 압축적 전환의 기회로 바꿀 수 있는 방안을 찾는 것이 2020년대를 앞두고 우리가 풀어야 할 숙제이다.

이쯤에서 원전 사회기술체제 분석의 함의를 다시 한 번 짚어보는 것이 좋겠다. 지금까지 살펴본 대로 사회기술체제 분석은 미시적인 전략적 틈새 연구와 거시적인 기술 체계 분석 사이에서 중범위 역사 연구를 지향한다. 그리고 사회기술체제로서 원자력발전의 역사는 정치적 경합과 조정을 통해 조직과 제도, 기술이 공동 구성되는 과정이었다. 원전의 경제성은 기술추격의 성과이자 그것을 가능케 한 산업구조의 산물이며 사회적 비용을 적절히 통제한 결과이다. 반대로 다른 발전원의 비경제성은 수행되지 않은 과학의 결과이자 다른 과학의 실행을 억제해온 정치사회적 구조의 산물이다. 이에 비춰보면, 에너지 전환은 현시점에서의 화폐적 가치 평가에 따른 에너지원 선택의 문제를 넘어선다. 또한 에너지 전환은 기술적 요인으로 국한되는 것도 아니고, 에너지 산업의 시장화나 사유화, 분권화 등 제도적 변화로 한정되는 것도 아니다. 에너지 전환은 사회기술체제의 전환을 함축하고 있으며, 이것은 에너지 권력을 바꾸는 에너지 민주주의의 문제이자 다양한 정치적·경제적·사회적·

기술적 조합을 실험하고 선택하는 과정이다.

이렇게 탈핵에너지전환을 사회기술체제의 변화로 바라보면 탈핵에너지전환은 훨씬 더 복잡하고 어려워진다. 원전과 석탄화력발전을 줄이고 태양광 및 풍력 발전을 늘리는 것만으로도 벅찬데, 어떻게 에너지원 및 에너지 기술의 대체를 넘어서서 에너지 생산·소비 공간의 변화, 에너지 시설의 소유·통제 변화, 에너지 시티즌십의 변화를 동시에 추진한다는 말인가!25) 하지만 지금 이 순간에도 에너지원 및 에너지 기술의 대체가 에너지 생산 및 소비, 에너지 시티즌십의 변화와 맞물려 진행되고 있다는 사실을 기억해야 한다.

원자력계의 저항으로 탈원전 정책이 흔들리는 상황에서 너무 앞서 나간 이야기처럼 들릴지 모르겠다. 하지만 복잡한 퍼즐을 쉽게 풀기는 어렵다. 오히려 에너지 전환에 대한 파편적인 시각은 전환 과정에서 발생하는 사회갈등을 이해하는 데 방해가 될 수 있다. 나아가 탈원전이 진행되면서 점점 더 분명해질 거대한 장벽을 넘기 위해서는 탈핵에너지전환과 맞물린 문제들을 더 넓은 시각에서 바라볼 필요가 있다. 단적으로 탈핵에너지전환이 그리는 미래가 봄에는 미세먼지, 여름에는 폭염, 겨울에는 한파, 그리고 일 년 내내 원전 걱정을 하는 세상이 아니라면 탈원전과 탈석탄, 기후변화 대응을 종합한 대책을 마련해야 한다. 문제는 탈원전과 탈석탄, 기후변화 대응이 결합될수록 성장모델의 전환이 불가피해진다는 점이다. 한국의 에너지 산업이 자본주의적 혁신을 주도하면서 획기적인 탈동조화decoupling 기술을 개발하고 전 세계 에너지 시장을 지배한다면 모를까, 그게 아니라면 탈핵에너지전환이 수출경쟁력을 약화시킨다거나 경제성장의 발목을 잡는다는 비판이 끊이지 않을 것이다. 혹여 재생에너지 시장을 선도한다고 해도 경제성장을 최우선의 목표로 삼는다면 더 많은 상품을 팔기 위해 에너지와 자원을 효율적으로, 더 많이 쓰는 함

---

25) 에너지 전환의 다차원성과 관련해서는 에너지기후정책연구소(2016)를 참고.

정에 빠질 수 있다. 이른바 '성장 없는 번영'의 길을 찾지 못한다면, 탈핵에너지전환은 끊임없이 논란이 될 것이다. 과연 우리는 이 거대한 장벽을 넘어서 압축적 전환을 이룰 수 있을까?

다행히 우리에게 주어진 사회기술적 선택지는 하나가 아니다. 예컨대, 폭염으로 인한 전력수요의 증가는 휴가를 더 길게 가는 방법으로 해소할 수 있다. 한국의 경우 통상적으로 여름철 최대 전력수요는 7월 말에서 8월 초·중순 오후에 집중된다. 전력수급비상 관련 기사가 급증하는 것도 이 시기이다. 하지만 흥미롭게도 8월 첫 주에는 관련 기사가 일시적으로 자취를 감춘다. 이유는 간단하다. 8월 첫 주에 여름휴가가 몰려 있고, 여름휴가 기간 동안 최대 전력수요가 10% 이상 하락할 때가 많기 때문이다. 최대 전력수요가 하락하는 만큼 전력예비율이 높아지니 자연스럽게 전력공급을 걱정할 일이 사라진다. 최대 전력 수요 관리를 위해 휴가를 늘리는 대안이 있는 것이다. 생각을 바꾸면 지금처럼 탈핵에너지전환을 실험하기 좋은 때도 없다. 탈핵에너지전환 정책에도 불구하고, 앞으로 2022년까지 매년 원전 2기가량 발전설비가 늘어난다. 그만큼 전력설비 부족의 압박 없이 현실적인 수요관리 방안을 실험하고 정착시키는 데 집중할 수 있다.

탈핵에너지전환이 훨씬 더 다양한 형태로 변주되어 다양한 분야의 낯선 실험들과 만나야 하는 이유도 여기에 있다. 탈생산주의적·탈경제주의적 시각은 하루아침에 확산되지 않고, 탈핵에너지전환을 통해서만 이뤄지는 것도 아니다. 다른 생산 방식, 다른 생활 양식이 계속 에너지 전환의 우산 속에서 논의되고 실험될 때, 탈핵에너지전환을 이끌어갈 전환의 사회적 기반이 탄탄하게 구축될 수 있다. 탈핵에너지전환은 단순히 에너지원을 바꾸는 것이 아니라 정치, 경제, 사회, 기술, 문화의 변화와 연결되어 있다는 점은 아무리 강조해도 지나치지 않는다. 탈핵에너지전환은 사회 전환을 품고 있다.

참고문헌

1차 자료

강박광. 2011.11.28. "원자력연구소 폐쇄 조치 마침내 한국에너지연구소로 개칭." ≪원자력신문≫.
_____. 2012.1.9. "한필순 박사 애국심이 대한민국 원자력자립국 기틀 마련." ≪원자력신문≫.
경제기획원. 1980a. 발전설비 제작을 위한 창원공장 정상화 대책(1980.1.16).
_____. 1980b. 현대양행 정상화 방안(1980.4.21).
_____. 1980c. 현대양행 운영정상화 방안(1980.10.28).
_____. 1983a. 한국중공업 경영개선방안(안)(1983.2).
_____. 1983b. 한국중공업 경영개선방안 검토의견(1983.3.16).
_____. 1983c. 한국중공업 경영개선방안 보고(1983.3.18).
경제조정관실. 2003a. 양성자가속기사업추진관련 관계부처 실무국장 회의결과(2003.4.7).
_____. 2003b. 여론조사 결과(2003.9.24).
_____. 2003c. 제1차 부안 대화지원단 회의 결과(2003.10.23).
_____. 2003d. 부안지역 현안해결을 위한 공동협의회 제1차 회의결과(2003.10.24).
_____. 2003e. 제2차 부안 대화지원단 회의 결과(2003.10.29).
_____. 2003f. 제7차 부안 대화지원단 회의 결과(2003.11.21).
_____. 2004a. 원전수거물 Workshop 결과(2004.1.9).
_____. 2004b. 중·저준위 방사성폐기물 처분시설의 원전 내 분산 건설방안 검토(2004.11).
경주환경운동연합. 2005. 「월성원자력발전소 무엇이 문제인가?」. 경주시민 워크숍(2005.3.25).
경주핵폐기장반대공동운동본부·경주환경운동연합. 2009. 「방폐장 위험성 설명회 자료집」(2009.10.9).
경찰청. 2003. 부안 원전 수거물 관리시설 유치 관련 동향 및 대책(2003.7.23).
_____. 2005a. 원전센터 관련 지역움직임(2005.1.25).
_____. 2005b. 원전센터 유치신청 이후 환경단체 및 지역움직임(2005.9.13).
_____. 2005c. 원전센터, 환경단체 및 관심지역 움직임(2005.9.27).
공해추방운동연합. 1988. 「생존과 평화를 위한 핵발전소 반대운동(자료집3)」.
_____. 1989a. 「핵과 우리의 생존: 반핵발전소 운동(자료집4)」.
_____. 1989b. 「이 땅의 반핵운동(증보판)(자료집2)」.

_____. 1989c. 「생존과 평화 제4호」(1989.5.23).

_____. 1991. 「생존과 평화 제15호」(1991.10.9).

공해추방운동연합·서산 안면도 핵시설 서면 백지화 및 구속자 석방을 위한 서산시군 대책위. 1990. 「내릴 수 없는 반핵의 깃발, 안면도 항쟁이여!」(1990.11).

과학기술부. 1999. 원자력안전위원회(2기) 구성 계획(안).

_____. 2003a. 양성자기반공학기술개발사업 추진일정의 타당성(2003.4.7).

_____. 2003b. 원자력해외진출기반 조성에 관한 법률(안)(2003.5).

_____. 2004. 방사성폐기물처분시설 부지 내 영구저장 추진 검토(2004.11).

_____. 2007. 「70~90년대 주요 과학기술정책이 과학기술발전과 산업발전에 기여한 성과조사 분석」.

과학기술처. 1980a. 전문가 회의록(1980.4.3).

_____. 1980b. 원자력개발이용 장기계획(1980.12).

_____. 1988. 제1차 방사성폐기물관리 자문위원회 결과 요약(1988.11).

_____. 1989a. 공청회제도 도입에 관한 의견서(1989.5.26).

_____. 1989b. 영광원자력발전소 무뇌태아유산 및 주민방사능오염 보도 관련: 현황과 대책(1989.8).

_____. 1990a. 원자력 행정기능 조정에 대한 과기처 입장 보고(1990.3.24).

_____. 1990b. 계획수립 추진 협의회 개최 결과(1990.5.4).

_____. 1990c. 21세기 원자력선진국 도약을 위한 원자력 장기발전계획(1차 시안): 1990년~2020 년(1990.7).

_____. 1990d. 안면도 및 국정감사 관련 문서(1990.11).

_____. 1991a. '91년도 원전안전관리계획(1991.5).

_____. 1991b. 실무정책협의회 관련 문서(1991.12).

_____. 1992a. 방사성폐기물 부지확보 추진계획(1992.1.16).

_____. 1992b. 방사성폐기물처분장 건설 추진계획(1992.1.22).

_____. 1992c. 원자력연구개발 추진계획(1992.1).

_____. 1992d. 서울대 발표 후 PA 실적 및 향후 계획(1992.2).

_____. 1992e. 선갑도 답사보고(1992.2).

_____. 1992f. 도서 처분장 용역 추진 보고(1992.3).

_____. 1992g. 원자력 및 방사성폐기물 관련 교육협조(1992.7.22).

_____. 1992h. '92 원자력 바로알기 하계 캠페인 결과 보고(1992.8.11).

_____. 1993a. 방사성폐기물 부지관련 관계기관 협의 및 보고(1993.1).

_____. 1993b. 방사성폐기물 관리부지 선정 추진방향(1993.2).

_____. 1993c. 방사성폐기물 관련 협의결과 보고 (1993.6).

_____. 1993d. 방사성폐기물 관리부지 확보 추진방향(1993.6).

_____. 1993e. 원전사업체제 조정에 관한 대책방향(1993.8.6).

_____. 1993f. 원전사업체제 조정에 관한 과기처 의견(1993.8.10).

_____. 1993g. 방사성폐기물 부지확보 추진방안(1993.8).

_____. 1993h. 방사성폐기물 관리시설 부지확보 추진계획(1993.11.9).

_____. 1993i. 원전사업기능 조정방안에 대한 의견 회신(1993.12.21).

_____. 1994a. 원자력법령정비 필요성 및 제도개선 방안(1994.3).

_____. 1994b. 원자력부산물관리사업 시설유치지역 지원계획 공고(1994.4.13).

_____. 1994c. 한빛사업 추진경과 보고(1994.4).

_____. 1994d. 원전사업기능 조정방안에 대한 의견 회신(1994.5.17).

_____. 1994e. 원전사업체제 조정의 문제점 및 우리 처의 기본 입장(1994.6.22).

_____. 1994f. 원자력 행정체제 개선방안 검토(1994.11).

_____. 1995a. 공개토론회 회의록(1995.2).

_____. 1995b. 원자력사업기능 조정경위 검토보고(1995.4).

_____. 1995c. 홍보사례 연구발표: 방사성폐기물관리시설 부지선정(1995.9).

_____. 1995d. 굴업도 부지특성조사 중간현황 보고(1995.10).

_____. 1995e. 방사성폐기물관리사업의 추진현황과 향후 추진계획(안)(1995.11).

_____. 1995f. 동향보고: 원자력을 이해하는 여성모임(WIIN) 결성. 연계 문서로 경과보고(1995.12.9).

_____. 1995g. 원자력연구소 원전 설계사업 관련 협의 경위(1995).

_____. 1996a. 원자력추진체제 관련 국무총리실 보고 결과(1996.1.25).

_____. 1996b. 가칭 원자력연구개발기금의 신설: 운용 계획(안)(1996.3).

_____. 1996c. 원자력연구개발기금 설치 관련 기금의 요율 및 법정화 방안(1996.4).

_____. 1996d. 동향보고: 원자력을 이해하는 여성모임(WIIN) 창립 1주년 기념대회(1996.11.25).

과학기술처·동력자원부. 1989. 원자력행정체계 개편방안에 대한 합의(1989.4.29).

_____. 1990. 방사성폐기물 관리사업 및 중수로 핵연료 사업에 대한 합의(1990.7.20).

과학기술처·상공자원부. 1994a. 원전사업기능 조정에 대한 과기처·상공부 간 협의결과(1994.6.7).

_____. 1994b. 원전 기술이전에 관한 합의사항(1994.8.12).

관계부처합동. 2016. 공공기관 기능조정 방안: 에너지, 환경, 교육 분야(2016.6.14).

교육인적자원부. 2003. 부안학생 등교거부 등에 대한 대책(2003.10.2).

국가과학기술자문회의. 1991. 과학기술 진흥을 위한 정책건의(1991.11.1).

국가기록원. 2008. 「해외수집기록물 번역집 2: 1970년대 한미관계(하)」. 국가기록원.

국무총리실. 1996a. 방사성폐기물 관리사업 조정방안(1996.2.8).

_____. 1996b. 총리실 회의결과 보고(1996.6.14).

군산대책위. 2005. 「불법관권개입 부재자신고 전면무효 증거 자료집」(2005.10.10).

군산시청 국책사업추진단. 2005. 「3대 국책사업 바로알기」(2005.7).

군산핵폐기장유치반대범시민대책위원회. 2011. 「탈핵, 희망을 노래하라」.

김중원. 1995. 「원전의 입지확보 현황과 추진방향: 봉길리 신규입지 승인을 중심으로」. ≪원자력산업≫, 15권 9호, 4~11쪽.

김현우·한재각·이정필. 2016. "에너지 민주주의를 위한 과제들: 지역화·공유화론을 통한 모색의 제안". 「에너지산업 구조개편 쟁점과 에너지 민주주의의 대안들」. 에너지기후정책연구소 심포지움 자료집(2016.10.27).

김혜정. 1995. 「한국 반핵운동의 역사와 전망」.

그린피스. 2016. "원전 문제, 부산 지역 총선의 주요 현안으로 부상"(2016.4.4).

노사정위원회(공공부문구조조정 특별위원회). 2004. 전력산업 배전분할 관련 결의문(안)(2004.6.30).

노성기. 2015. 「사용후핵연료 시험: 핫셀시설 확보 보람」. ≪경제풍월≫, 189호(2015.5).

녹색당. 2012. 녹색당 탈핵에너지 전환 정책브리핑(2012.10.31).

녹색당 외. 2015. 「핵마피아 보고서」.

녹색연합. 2005. 11월 2일 주민투표 패배의 의미와 향후 전략(2005.11.14).

녹색전력연구회. 2003. 「한국의 전력정책 대안을 말한다: 2015 녹색전력정책」.

대구광역시의회. 2003. 양성자가속기사업의 대구유치 건의문(2003.3.23).

동력자원부. 1984a. 원자력발전 정책협의회 개최(1984.3.16).

_____. 1984b. 원자력발전기술자립계획(안)(1984.3).

_____. 1984c. 원자력발전기술자립추진계획(안)(1984.4).

_____. 1984d. 원자력발전기술자립계획(1984.4).

_____. 1988. 「동력자원행정10년사」. 동력자원부.

_____. 1990a. 원자력발전 사업체제 개편방안(1990.3).

_____. 1990b. 방사성폐기물사업 이관에 대한 회의 결과(1990.5.8).

_____. 1990c. 폐기물관리사업 및 핵연료사업체제에 관한 협의 결과(1990.5.25).

_____. 1990d. 원자력기술의 전략적 개발을 위한 심층조사연구에 대한 검토의견(1990.7.31).

_____. 1990e. 방사성폐기물관리사업 추진현황 평가회의 시 개진할 당부 의견(1990).

_____. 1991a. 원자력 현안 과제(1991.2).

_____. 1991b. 장기전력수급계획(안) 의견조회(1991.3.20).

_____. 1993a. 장기전력수급계획(안): 1993~2006(1993.8).

_____. 1993b. 장기전력수급계획(안) 토론회 결과보고(1993.9).

동력자원부·과학기술처. 1991. 장기 원자력 정책방향과 종합대책(안)(1991.11.8).

대한전기협회지. 1992. 전기요금제도와 전력부하관리(1992.8).

문화방송. 1999. 「이제는 말할 수 있다: 1999년 자료집 제1~13회」. 문화방송.

미상. 1980a. 메모(1980.10.20~21).

_____. 1980b. 통합 경위 및 정상화 방안(1980.12).

_____. 1982. 한국중공업 경영합리화 대책안 검토(1982.12).

_____. 1984. 원자력 11, 12호기 건설추진 방안에 대한 검토.

_____. 1985. 전원개발계획보고서 대통령 각하 지시사항(1985.3.6).

_____. 1989a. 에너지(硏)의 원전 11, 12호기 응찰서 평가(1989년 추정).

_____. 1989b. 언론보도 내용(WH 사 주장)에 대한 분석의견(1989년 추정).

_____. 1989c. 영광 3, 4호기 안전성 관련 문서(1989년 추정).

_____. 1990a. 한국원자력안전기술원 설립위원회 안건(1990.1.19).

_____. 1990b. 폐기물 관리 실무대책반 회의결과 보고(1990.3.16).

_____. 1990c. 메모: 청와대 과학기술담당 비서관 면담 결과(1990.6.19).

_____. 1990d. 방사성폐기물사업 추진현황 평가회의 결과보고(1990.7.13).

_____. 1991. 원자력연구개발과 관련 사업의 효율적 추진을 위한 제언(1991년 추정).

_____. 1996a. 대통령 지시사항(1.11) 이행 검토: 방폐사업관련 기관의 역할 및 기능 중심으로(1996.1.15).

_____. 1996b. 원자력연구개발기금 관련 실무회의 결과(1996.4.17).

_____. 1996c. 원자력사업이관 관련 쟁점사항별 관계 부처 의견(1996.4.25).

_____. 1996d. 원자력사업 추진체제 조정회의 결과(1996.5.11).

_____. 1999. 수력발전댐 관련 조정회의 결과(1999.11.10).

_____. 2003a. 부지선정위원회 1차 회의 결과(2003.7.15).

_____. 2003b. 원전센터 유치 혼선관련 정부의 적극 대응 필요 여론(2003.7.31).

_____. 2003c. 원전센터 유치 확정 이후 논란 동향 및 고려사항(2003.8.3).

_____. 2003d. 부안군 주민투표 실시 검토 관련(2003.8.4).

_____. 2003e. 부안사태 수습을 위한 국면 전환책 시급(2003.9.6).

_____. 2003f. '03.10.1. 국정현안조정책조정회의 시 논의된 부안 반대 측과의 대화 추진 관련 정부 입장과 앞으로 할 일 검토(2003.10.1).

_____. 2003g. 한수원 용역보고서 관련 경위(2003.10).

_____. 2003h. 대화기구 구성 실무대표단을 위한 정부 입장 정리(2003.10.6).

_____. 2003i. 부안 공동협의회 관련 정부 측 대응방안(2003.10.20).

_____. 2003j. 부안문제 관련 대통령 말씀 요지(2003.11.3).

_____. 2003k. 제3차 부안지역 현안해결을 위한 공동협의회 회의결과(2003.11.7).

_____. 2003l. 제4차 부안지역 현안해결을 위한 공동협의회 회의결과(2003.11.14).

_____. 2003m. 부안 주민투표 실시관련 대화의 필요성 강조(2003.11.19).

_____. 2003n. 부안 관련 관계 장관회의(2003.11.23).

_____. 2003o. 부안관련 대책회의 결과(2003.11.27).

_____. 2003p. 대통령님의 부안원전센터 문제 관련 당부내용(2003.12.12).

_____. 2004a. 부안군 대상 국내외 원전 관련 견학 실적.

_____. 2004b. 고위 당·정·청 회의 결과(2004.9.4).

_____. 2004c. 원전수거물 관련 총리님 말씀(2004.9.20).

_____. 2004d. 중저준위 원전센터 부지의 내륙추진 검토(2004.10).

____. 2004e. 원전수거물 부지선정 관련 전문가 면담 결과(2004.11).

____. 2004f. 대중국 원전 수출전략.

____. 2004g. 대중국 원준 수출 추진 현황.

____. 2004h. 부안군 대상 국내외 원전관련 견학 실적.

____. 2005a. 원전센터 부지선정 관련 훈포장 포상자 명단.

____. 2005b. 주요 지역의 여론 동향.

민정수석실. 2003a. 부안문제 현황과 정부의 대응기조(2003.12.1).

____. 2003b. 부안문제관련 비공식접촉 결과보고(2003.12.2).

박현수. 2015. 「국산 에너지 자원 사용후핵연료: 탠덤(Tandem)에서 파이로(Pyro)에 이르기까지」. ≪경제풍월≫, 189호(2015.5).

반핵국민행동. 2003a. '핵폐기장 철회와 핵발전 추방을 위한 전국반핵연대'를 반핵국민행동으로 출범식과 전국 규탄대회(2003.2.6).

____. 2003b. 노무현 정부의 핵폐기장 후보지 백지화 촉구하는 지역 집회 시작되다(2003.3.4).

____. 2003c. 해당 지역 도지부 점거 농성, 청와대 앞 1인 시위 반핵국민행동 4월 본격 활동 시작(2003.4.16).

____. 2003d. 산자부 핵폐기장 정책 규탄 기자회견(2003.7.3).

____. 2004a. 울진에서도 열전달 완충판 이탈사고 발생(2004.3.3).

____. 2004b. 17차 전국집행위원회 회의(2004.8.20).

____. 2004c. 대표단회의 및 회의록(2004.9.6).

____. 2004d. 대표자-집행위원 연석회의 회의록(2004.9.12).

____. 2004e. 19차 전국집행위원회 회의록(2004.10.25).

____. 2004f. 평가 및 전략회의 안건지, 회의록(2004.11.17).

____. 2005a. 20차 집행위원회 회의록(2005.1.11).

____. 2005b. 대표자 회의 회의록(2005.5.3).

____. 2005c. 정부의 핵폐기장 건설 강행에 따른 문제점(2005.6.20).

____. 2005d. 대표자-집행위 회의(2005.9.13).

____. 2005e. 부재자 투표 40%, 11.2 방폐장 부정선거 폭로 기자회견 개최(2005.10.9).

____. 2005f. 반핵국민행동 평가서 초안: 11.2 방폐장 주민투표를 중심으로(2005.12.7).

반핵국민행동·영덕군 핵폐기장 설치 반대 대책위원회. 2005. 영덕군 핵폐기장 설치 반대 대책위원회 방폐장 주민투표, 불법상황 폭로 기자회견(2005.10.25).

방사성폐기물관리사업기획단. 1995. 방사성폐기물 관리사업 추진현황 및 계획(1995.6).

____. 1996. 방사성폐기물관리사업 추진보고서: 굴업도 사업을 중심으로(1996.3).

방사성폐기물관리사업지원단. 1996. 굴업도 핵폐기장 건설관련 사법처리 내용(1996.1.26).

방폐장사업종합상황실. 2005. 주간 종합상황 보고(2005.9.11).

부안군. 2010a. 「부안 방폐장 관련 주민운동 백서」. 갈등조정아카데미.

_____. 2010b. 「부안 방폐장 관련 주민운동 백서: 부록」. 갈등조정아카데미.

부안군수. 2003. 원전수거물센터 대화창구 합의에 대한 부안군수 성명서(2003.10.4).

부안대책위(핵폐기장 백지화, 핵발전 추장 범부안군민대책위). 2003a. 대화에 나서는 부안대책위의 입장(2003.10.24).

_____. 2003b. 핵폐기장 부지 선정 과정의 문제와 그 해결방안(2003.10.31).

_____. 2003c. 부안문제 합리적 해결을 위한 부안대책위 제안서(2003.11.26).

사용후핵연료공론화 TF. 2008. 「사용후핵연료 공론화를 위한 권고 보고서」(2008.4).

사회공공연구소. 2012. 「전력산업 민영화의 이면: 대기업의 블루오션으로 변질된 전력산업」(2012. 6.12).

_____. 2013a. 「박근혜 정부의 친재벌 에너지(전력·가스) 정책」(2013.5.6).

_____. 2013b. 「원자력발전, 안전한 운영을 위한 교훈, 비판 그리고 과제」(2013.9).

산업심의관실. 2003. 부안지역 현안해결을 위한 비공식실무회의 결과보고(2003.12.5).

_____. 2004. 시민단체 에너지민관포럼 탈퇴 선언(2004.6.23).

산업자원부. 2000. 전력산업구조개편 관련 동향 및 대책.

_____. 2001a. 중국 등 해외원전시장 진출 적극추진: 해외원전시장진출 추진위원회 개최(2001. 1.16).

_____. 2001b. 한전분할안에 대한 종합점검 결과(2001.1.29).

_____. 2001c. 전력산업구조개편 실행계획(2001.2.16).

_____. 2001d. 대중국 원자력산업협력단 파견: 중국의 신규원전사업 수주 및 홍보활동 본격추진(2001.3.28).

_____. 2003a. 방사성폐기물 관리시설 부지선정 계획(2003.4.24).

_____. 2003b. 원전수거물 관리시설 부지선정 방안(2003.6.20).

_____. 2003c. 원전수거물 관련 관계장관회의 결과(2003.7.18).

_____. 2003d. 원전수거물 관리시설 부지선정 추진현황 및 향후 대책(2003.7.22).

_____. 2003e. 2대 국책사업관련 장관 부안군 방문 주요내용(2003.7.26).

_____. 2003f. 원전수거물 관리시설 동향 및 추진대책(2003.8.23).

_____. 2003g. 원전수거물 관리시설 동향 및 추진대책(2003.9.3).

_____. 2003h. 원전수거물 관리시설 동향 및 추진전략(2003.9.24).

_____. 2003i. 원전수거물 관리시설 추진대책(2003.11.15).

_____. 2003j. 원전수거물 관리시설 추진대책(2003.11.18).

_____. 2003k. 원전수거물 관리시설 추진방안 보완(2003.12.10).

_____. 2003l. 부안 유치과정의 문제점과 보완대책(2003.12.22).

_____. 2004a. 원전수거물 관리시설 신규 공고 및 향후 추진계획(2004.1.20).

_____. 2004b. 원전수거물 관리시설 향후 추진계획(2004.2.6).

_____. 2004c. 중국 신규원전시장 진출방안(2004.3).

_____. 2004d. 원전수거물 관리시설 유치청원 Action Program(2004.4.20).

_____. 2004e. 원전수거물 관리시설 최근 동향 및 향후 추진계획(2004.5.13).

_____. 2004f. 원전수거물 관리시설 부지선정 최근 동향 및 향후 추진계획(2004.6.17).

_____. 2004g. 향후 전력산업 구조개편 추진방향: "합리적인 전력망 산업 개혁방안" 연구결과에 대한 검토(2004.6).

_____. 2004h. 원전수거물 관리시설 부지선정 최근동향 및 추진방향(2004.7.5).

_____. 2004i. 원전수거물 관리시설 부지선정 추진현황 및 향후 추진계획(2004.9.8).

_____. 2004j. 원전수거물 관리시설 부지선정 공론화 논의동향 및 향후 추진계획(2004.9.13).

_____. 2004k. 원전수거물 관리시설 부지선정 신규대책 추진방안(2004.10.1).

_____. 2004l. 전력산업 구조개편 추진현황(2004.10).

_____. 2004m. 원전지역 방문결과 및 향후 추진방안(2004.11).

_____. 2005a. 방폐장 추진관련 주요현안(2005.2.24).

_____. 2005b. 중·저준위 방사성폐기물 처분시설 부지선정 추진계획 및 주요현안(2005.3.5).

_____. 2005c. 방폐장 추진관련 홍보대책(2005.3.9).

_____. 2005d. 방폐장 추진관련 주요현안(2005.3.16).

_____. 2005e. 중저준위 방사성폐기물 처분시설 부지선정 절차 관련 주요 현안 검토(2005.3.28).

_____. 2005f. 방폐장 추진현황 및 주요현안(2005.5.31).

_____. 2005g. 중저준위 방사성폐기물 처분시설 후보부지 선정 추진계획(2005.6.10).

_____. 2005h. 중저준위 방사성폐기물 처분시설 관련 동향 및 추진계획(2005.7.21).

_____. 2005i. 중저준위 방사성폐기물 처분시설 관련 동향 및 추진계획(2005.8.18).

_____. 2005j. 중저준위 방사성폐기물 처분시설 관련 동향 및 추진계획(2005.9.27).

_____. 2006a. 중저준위 방사성폐기물 처분시설 후속 조치 추진 현황(2006.2.22).

_____. 2006b. 중저준위 방폐장 건설사업 주요현안보고(2006.6.20).

_____. 2006c. 중저준위 방사성 폐기물 처분시설 부지선정 백서(2006.6).

_____. 2007. 사용후핵연료 관리정책 수립을 위한 추진현황 및 향후 계획(2007.5.16).

_____. 2008. 과기부 사용후핵연료 정책수립 동향 관련 산자부 입장 및 향후 추진계획(2008.1.2).

산업통상자원부·한국수력원자력. 2015. 「원자력발전백서」.

상공부. 1979a. 중화학투자조정조치에 따른 현대그룹 통합현황 보고(1979.7.20).

_____. 1979b. 발전설비분야 통합추진 상황 및 조공용선선박 매각 문제(1979.9).

_____. 1980. 한국중공업 운영 정상화 추진 관련 문서(1980.11 추정).

_____. 1981. 한국중공업 운영 현황 보고(1981.11).

상공자원부. 1993a. 장기전력수급계획(안)(1993.11).

_____. 1993b. 원자력발전 사업기능 조정방안(1993.4.24).

_____. 1993c. 원전사업 기능조정(안)(1993.11.20).

_____. 1994. 원자력발전 사업기능 조정계획(안)(1994.4.28).

서울대 인구 및 발전문제 연구소. 1991. 방사성폐기물처분 부지확보 및 지역협력방안 연구.

서인석. 2015. 「한국핵연료개발공단 시절: 핵연료주기기술 시설 연구개발의 시작」. ≪경제풍월≫, 189호, (2015.5).

석광훈. 2016. "한국의 에너지전환과 전력산업구조개편." 「에너지산업 구조개편 쟁점과 에너지 민주주의의 대안들」. 에너지기후정책연구소 심포지엄 자료집(2016.10.27).

성태경. 1988. 「국내유가 및 전력요금 인하의 산업별 영향분석」. ≪석유협회보≫, 1988년 12월 호, 71~77쪽.

송유나. 2015. 「한국 에너지 공공성 투쟁과 전략적 과제」. 에너지노동사회네트워크 주최 에너지 공공성과 전환의 대안을 위한 국제 심포지엄 자료집(2015.10.27).

송유나·박종식·구준모·이지언. 2017. 「한국의 석탄화력 정책분석과 지속가능한 에너지 대안」. 사회공공연구원.

송치성. 2015. 원전 부품 기기검증(EQ) 방법 및 경험 사례. 서울대학교 원자력고급과정 발표자료 (2015.3.24).

수산공무원교육원. 1992a. 원전 및 방사성폐기물시설의 안전교육 설문조사 종합분석 결과(1992.4).

_____. 1992b. 원전 및 방사성폐기물 시설의 안전교육 설문조사 종합분석 결과(1992.7).

신고리 5·6호기 공론화위원회. 2017. 「신고리 5·6호기 공론화 시민참여형조사 보고서」.

양이원영. 2014. "한국 탈핵과 에너지 거버넌스." 에너지기후정책연구소. 「전력정책시민합의회 의 10년, 한국 에너지 거버넌스의 현주소를 묻는다" 자료집」(2014.9.17).

에너지경제연구원. 1993. 기기효율개선에 의한 전력 절약잠재량 추정(1993.6.29).

오원철. 1994. 「박정희·카터 혈투와 핵개발 강행」. ≪신동아≫, 1994년 12월호.

외무부. 1976. 캐나다 차관 도입 관련 문서(1976.6).

_____. 1978a. 원자력발전소 건설에 관한 Barre 불란서 수상의 친서 관련 문서(1978.1).

_____. 1978b. 프랑스의 원전 7, 8호기 입찰 관련 서류(1978).

_____. 1978c. 원자력 발전소 건설 관련 문서(1978.11).

_____(경제협력 1과). 1978d. 아국의 원자력발전소 건설과 핵연료 확보 문제(1978.12.1).

_____. 1979a. 원자력발전소 7, 8호기 건설 관련 문서(1979.5).

_____. 1979b. 원자력발전소 7, 8호기 국제 입찰(1979.7).

운영분과위원회 등. 1980. 발전설비통합추진 보완대책회의결과보고(1980.8.28).

원자력발전과. 1994. 원전사업기능조정 추진현황(1994.3).

원자력산업. 1989. 재편성되고 있는 원자력산업(1989.8).

원자력연구소 노동조합. 1993. 국가원자력정책 및 원전사업 기능조정에 관한 공개질의(1993.8.11).

_____. 1994a. 국민을 위한 원자력정책 수립 투쟁위원회를 결성하면서(1994.6.1).

_____. 1994b. 상공부가 펼치는 전략과 전술에 대응하기 위한 방안(1994.6.3).

_____. 1994c. 전 조합원은 철야농성에 동참하자(1994.6.7).

_____. 1994d. 유무선을 처벌하고 원자력계를 일원화하라(1994.6.8).

_____. 1994e. 존경하옵는 김시중 과학기술처 장관님께(1994.6.20).

_____. 1994f. 원전사업체제 조정 반대서명(1994.6.20).

원자력을 이해하는 여성 모임. 1995. 1995년도 (11~12월) 사업계획 (안).

원자력산업체제조정대책협의회. 1994a. 한국원자력연구소 원대협 종합소식(1994.4.12).

_____. 1994b. 상공부와 과기처에 묻는다(1994.6.1).

_____. 1994c. 원전핵심기술의 국가관리를 호소합니다(1994.6.13).

_____. 1996. 사업 이관 반대 관련 문서(1996.7).

원자력위원회. 1973a. 원자력발전 장기추진계획(안)(1973.11).

_____. 1973b. 187차 원자력위원회 회의록(1973.11.29).

_____. 1974. 188차 원자력위원회 회의록(1974.2.5).

_____. 1975. 191차 원자력위원회(1975.4.29).

_____. 1976a. 제4차 5개년 계획을 중심으로 원자력산업의 국산화(1976.9).

_____. 1976b. 원자력발전소안전성 확보를 위한 기본방안(1976.9).

_____. 1976c. 원자력발전소 안전성 확보와 연관 기술의 토착화를 추진하기 위한 방안(1976.9).

_____. 1977a. '78 사업계획(1977.12).

_____. 1977b. 192차 원자력위원회 회의록(1977.12).

_____. 1978. 원자력법 개정방안(1978.4).

_____. 1979. 196차 원자력위원회 회의록(1979.11.29).

_____. 1984. 211차 원자력위원회: 심의자료, 의결사항(1984.10.13).

_____. 1985. 213차 원자력위원회: 의결사항(1985.6.29).

_____. 1988a. 방사성폐기물 관리 기본 방침(안)(1988.7.27).

_____. 1988b. 방사성폐기물 관리 사업계획(안): 1985~2000(1988.10).

_____. 1988c. 제220차 원자력위원회 회의 결과보고(1988.12).

_____. 1989. 1990년 방사성폐기물관리 기금운용계획(안)(1989.9).

_____. 1990. 제2원자력연구소 시설부지 선정(안)(1990.9.6).

_____. 1991a. 제226차 원자력위원회 회의결과 보고(1991.6.7).

_____. 1991b. 원자력 장기계획(1991~2010) 안: 정책목표와 추진방안을 중심으로(1991.7).

_____. 1992. 원자력연구개발 중장기계획(안): 1992~2001(1992.6.27).

_____. 1994. 원자력연구개발 중장기 계획(1992~2001)의 보완대책(안)(1994.9.9).

_____. 1996. 원자력사업 추진체제 조정방안(안)(1996.6.25).

_____. 2003. 방사성폐기물 관리시설 부지확보 추진계획(2002.2.3).

원전사업지원단. 2004. 중·저준위 방사성 폐기물 처분시설 분산건설방안 검토(2004.11).

이강준. 2014. 「우리나라 핵발전 산업의 현황과 쟁점, 포스트 후쿠시마 한일 핵발전 노동자의 삶」. 투명사회를 위한 정보공개센터.

이선. 1986. 「원자력발전의 투자정책방향」. 한국개발연구원.

이창훈 외. 2013. 「화석연료 대체에너지원의 환경·경제성 평가: 원자력을 중심으로」. 환경정책평가연구원.

이헌석. 2017. "신고리 5, 6호기 공론화 과정에서 못다 한 이야기: 절차와 제도". 「"신고리 5, 6호기 공론화의 진행과 결과, 어떻게 볼 것인가?" 시민환경연구소 제40회 시민환경포럼 자료집」 (2017.11.2.).

장재연. 2017. 신고리 5, 6호기 공론화 대응에 대한 평가. 환경운동 내부 평가 워크숍 발표문(2017. 11.10.).

재무부. 1979. 발전설비 통합검토 관련 문서(1979.12).

_____. 1980. 현대양행 정리방안 검토(1980.3).

_____. 1993. '93 장기전력 수급계획(안) 협의(1993.10.19).

전남대 총장 외. 1989. 우리는 영광핵발전소 11, 12호기 건설을 반대합니다(1989.4).

전라북도의회. 2003. 양성자가속기사업과 방사성폐기물시설 연계철회를 바라는 성명서(2003.4.17).

전라북도. 2005. 중저준위 방사성폐기물 처분시설 부지선정 관련 의견(2005.2.25).

전략상황실. 2004. 상황보고(2004.9.16).

전력거래소. 2011. 『전력거래소 10년사』. 전력거래소.

전력산업구조개혁단. 2001. 한전 발전부문 분할방안(2001.1).

전력산업 해외분할매각 반대 범국민 대책위원회. 1999. 대정부 질의서(1999.1).

전복현. 1998a. 미확인 용접부 관련사항에 대한 의견(1998.6.2).

_____. 1998b. 우리나라 원자력발전소의 숨겨진 사고요인들에 대하여(1998.6.8).

전풍일. 2015. 「미국과의 사용후핵연료 공동연구」. ≪경제풍월≫, 187호 (2015.3).

정문규. 1989. 「원자력기술자립의 의의」. ≪원자력산업≫, 9권 8호, 21~26쪽.

(부안지역 현안해결을 위한 공동협의회) 정부측 대표단. 2003. 부안지역 현안문제의 원인과 대책 (2003.10.31).

정책조정국. 1992. 원자력행정체계의 효율화 및 연구개발에 대한 투자재원 조달방안(1992.4).

제2차 에너지기본계획 원전 워킹그룹. 2013. 「제2차 에너지기본계획 수립을 위한 원전 분과 보고서」.

제2차 에너지기본계획 원전 WG 수용성 sub-WG. 2013. 국가별 원전 여론조사 사례 분석.

지속가능발전위원회. 2005a. 장기전원구성정책수립관련제안(2005.4).

_____. 2005b. 에너지정책 공론화 방안(2005.6).

_____. 2005c. 제3기 지속가능발전위원회 활동 및 평가 보고서.

_____. 2006. 제3차 전력수급기본계획 검토(2006.11).

책임성 있는 에너지 정책수립을 촉구하는 교수 일동. 2017. 국가 에너지 정책 수립은 충분한 전문가 논의와 국민 의견 수렴을 거쳐야 한다(2017.6.1).

천주교 정의구현전국사제단. 1998. 원전 관련 제보 사실 확인에 대한 협조 요청(1998.7.13).

체르노빌 핵참사 10주기 행사위원회. 1996. 「체르노빌 핵발전소 사고 10주기 보고서」.

총리비서실. 2004. 원전지역 방문 결과 및 향후 추진방안(2004.11).

코리아아토믹번즈앤드로. 1975. 사업계획서.

탈핵에너지전환시민사회로드맵 연구팀. 2017. 「탈핵에너지전환시민사회로드맵 최종발표회 보고서」.

통상산업부. 1996a. 원자력사업 추진체제의 문제점과 개선방안(1996.1).

_____. 1996b. 원자력사업체제 조정 관련 회의 결과(1996.5.2).

_____. 1996c. 담당 과장의 메일(1996.7.6).

폐기물관리 실무대책반. 1990. 회의결과 보고(1990.3.16).

한국공해문제연구소. 1985. '85 반공해선언.

_____. 1986. '86 반공해선언.

한국반핵운동연대. 1999a. 원자력안전기술원 김상택 연구원, 핵발전소 부실공사에 대한 양심선언(1999.10.13).

_____. 1999b. 정부의 원자력안전종합점검계획안에 대한 한국반핵운동연대의 입장과 요청사항(1999.10.25).

_____. 1999c. 정부의 핵발전소 주기적 안전성 평가제도 입법연기에 대한 규탄성명(1999.11.25).

_____. 1999d. 핵발전소 불법용접 및 안전문제에 대한 한국반핵운동연대 장관면담 건(1999.12.7).

_____. 2001. 핵폐기장 필요없다, 핵발전 정책 철회하라(2001.6.30).

_____. 2002. 한수원, 핵폐기장으로 영광군 내정하고 진행: 허울뿐인 '자율유치' 배후에 조직적인 한수원의 조정 음모(2002.10.8).

_____. 2003. 핵폐기장 추진 중단, 핵정책 전면 재검토를 요구합니다(2003.1.29).

한국수력원자력. 2003a. 원전수거물 관리사업 추진계획(2003.10).

_____. 2003b. 산자부/한수원 부안사무소 철수 시 문제점 검토(2003.11.13).

_____. 2004. 원전수거물 홍보비 사용내역(2004.10.28).

_____. 2005. 관심지역 주요 인사 성향(2005.3).

_____. 2006. 중·저준위 방사성폐기물처분시설 처분방식선정방안 보고(2006.6).

_____. 2008a. 『꿈꾸는 에너지, 아름다운 미래 1』. 한국수력원자력.

_____. 2008b. 『꿈꾸는 에너지, 아름다운 미래 2』. 한국수력원자력.

_____. 2013. 「원전 안전 현황과 대책에 대한 검토의견」.

한국수자원공사. 1994. 『한국수자원공사 25년사: 1967~1992』.

한국에너지연구소. 1984. 원전 후속기 도입에 관한 동력자원부 회의 자료 검토(1984.3).

한국원자력문화재단. 2008. 2008년도 초중등 교과서 원자력관련 수정 보완 내용 성과 분석: 원자력에너지 관련 교과서 개선 요구 내용과 관련하여.

_____. 2013. (2013년) 산업통상자원위원 요구자료, 제320회 국회(정기회) 국정감사 산업통상자원위원회.

한국원자력산업회의. 1992. 자치단체공무원에 대한 원자력교육실시 건의서.

한국원자력안전기술원. 1998a. 울진 1, 2호기 미확인 용접부 등 전복현의 주장에 대한 조사보고(1998.7.18).

_____. 1998b. 전복현 주장에 대한 조사보고서: 영광 3호기 배관 미확인용접부 관련

_____. 1999. 원전 안전 관련사항 검토의견: 반핵운동연대 질의 요청 사항(1999.12).

_____. 2010a. 『한국원자력안전기술원 20년사』. 한국원자력안전기술원.

_____. 2010b. 『한국원자력안전기술원 20년사: 남기고 싶은 이야기』. 한국원자력안전기술원.

한국원자력연구소. 1975. 원자력발전계통조사에 관한 연구

_____. 1977. 중수로 발전로 타당성 검토 보고(1977.10).

_____. 1979. 『한국원자력 20년사』. 한국원자력연구소.

_____. 1990. 『한국원자력연구소 30년사』. 한국원자력연구소.

_____. 1993a. 방사성폐기물 부지확보에 대한 원연의 의견(1993.6).

_____. 1993b. 국가원자력정책에 따른 원전사업이관 검토(1993.8.10).

_____. 1994a. 원자력발전 사업기능에 대한 의견 제출(1994.5.12).

_____. 1994b. 원전사업센터 직원 100여 명 집단 보직사퇴서 제출(1994.6.4).

_____. 1995. 가칭 한국원자력기술(주) 설립(안)(1995.8).

_____. 1996a. 원자력 추진체제 효율화 방안(안)에 대한 연구소 의견(1996.1).

_____. 1996b. 원자력환경관리센터 사업조정방안(1996.3.12).

한국원자력연구소 원자력환경관리센터. 1992. 방사성폐기물 관리사업 종합보고서

_____. 1994. 방폐장 부지확보 추진현황 및 실패원인 분석(1994.11.14).

한국원자력연구원. 2009. 『한국원자력연구원 50년사』. 한국원자력연구원.

한국전력공사. 1990. 장기원자력정책방향과 종합대책(안) 검토의견(1990 추정)

_____. 1996. 방폐물 사업 이관 관련 제3차 추진위원회 안건(1996.3.20).

_____. 1999a. 전력산업 구조개편 추진현황 및 계획(1999.7.27).

_____. 1999b. 경제정책조정회의 결과에 대한 한전의 대응방안 검토(1999.11.12).

_____. 2001. 『한국전력 40년사』. 한국전력공사.

한국전력공사·전국전력노동조합. 2000. 합의 사항(2000.12.3).

한국전력공사 외. 1994. 영광 원전 5, 6호기 계약 관련 합의사항(1994.11.28).

한국전력기술. 1994. 원자로계통 설계 업무 추진현황(1994.10.13).

_____. 1995. 『세계 속의 미래를 설계하며: 한국전력기술(주) 20년사』. 한국전력기술.

_____. 2005. 『한국전력기술 30년』. 한국전력기술

한국전력기술 직원. 1994. 정부의 원자력산업 정책은 제자리를 찾아야 합니다(1994.11.17).

한국전력주식회사. 1967. 전원개발계획(1967.8.3).

_____. 1971a. 제4차 5개년 전원개발계획(안) 검토서(1971.5).

_____. 1971b. 제4차 5개년 전원개발계획 수립(1971.6).

_____. 1971c. 원자력한계건설비 산출(1971.9.2).

_____. 1975. 전원개발계획조정(안)(1975.12.30).

_____. 1976. 제4차 5개년 전원개발계획(수정안)(1976.2.17).

_____. 1981. 『한국전력 20년사』. 한국전력주식회사.

한국중공업. 1995. 『한중발전사』. 한국중공업.

한국핵연료주식회사. 1992. 『한국핵연료 10년사』. 한국핵연료주식회사.

한재각. 2017. 「숙의 민주주의, 만능론과 독배론을 넘어」. ≪프레시안≫(2017.11.17).

한전원자력연료. 2002. 『한전원자력연료 20년사』. 한국원자력연료주식회사.

_____. 2012. 『한전원자력연료 30년사』. 한국원자력연료주식회사.

한필순. 2014a. 「지도자의 자주국방 의지」. ≪경제풍월≫, 180호(2014.8).

_____. 2014b. 「중국, 원자력강국의 꿈」. ≪경제풍월≫, 182 (2014.10).

_____. 2014c. 「미, 핵의혹 대상 지목으로 폐쇄 압력」. ≪경제풍월≫, 183호(2014.11).

_____. 2015. 「원자력 기술자립 주역들」. ≪경제풍월≫, 185호(2015.1).

핵발전소 실태 민간조사단. 1989. 「영광 핵발전소 무뇌아 사건 진상 조사 보고서」(1989.8.18).

핵폐기장반대 영광범군민비상대책위원회. 2004. 한수원과 과기부는 변명과 억측만 일삼지 말고 한국형 핵발전소 폐쇄하라(2004.1.6).

행정자치부. 2003a. 위도 원전수거물관리시설 관련 정부 특별지원대책(2003.8.29).

_____. 2003b. 원전수거물관리센터 설치 관련 주민투표 실시 방안 검토(2003.11.15).

_____. 2005. 원전에 대한 지역개발세 과세 관련(2005.10).

허가형. 2014. 「원자력 발전비용의 쟁점과 과제」. 국회예산정책처.

_____. 2015. 「전력수급기본계획의 사전평가」. 국회예산정책처.

현대건설. 1980. 각서(1980.2.20).

현대양행. 1980. 현대양행 정상화 방안에 대한 건의(1980.6).

현대양행·대우. 1980. 현대양행 경영정상화를 위한 건의(1980.9).

환경운동연합. 1995. 핵사고 은폐는 누출보다 문제가 더 크다: 고리 핵발전소 방사능 누출사고에 대한 환경운동연합 긴급조사단의 입장(1995.7.24).

_____. 1998a. 환경단체, 주민단체 원전 감시활동 조례(안) 작성(1998.4.10).

_____. 1998b. 고리 핵폐기물 저장고 붕괴 성명서(1998.7.4).

_____. 1998c. 9개 원전후보지 중 3개 지역 확정에 대한 입장(1998.8.18).

_____. 1998d. 울진 핵발전소 발전중단 검토 성명서(1998.11.11).

_____. 1998e. 해남 핵발전소 저지 위한 군민상경 투쟁(1998.12.4).

_____. 1999a. 영광핵발전소 운전정지와 핵발전소 안전성에 대한 입장(1999.3.23).

_____. 1999b. 월성 핵발전소 중수 누출 및 방사능 피폭 사고에 대한 현장조사결과과 대한 긴급 성명서(1999.10.8).

_____. 2000. 기초 자치단체 핵폐기장 반대(2000.9.6).

_____. 2001. 영광군주민들의 핵폐기장 유치건의서, 허위 서명의 의혹을 철저히 조사하라(2001.6.13).

_____. 2003. 부안 핵폐기장 문제해결과 국가 장기에너지 정책수립을 위한 제안서(2003.10.3).

_____. 2004. 정부의 핵관련 연구개발사업에서 비롯된 우라늄 농축 논란(2004.9.3).

_____. 2017. 19대 대선 후보자별 에너지-기후변화 공약 비교(2017.5.1).

CIA. 1978. South Korea: Nuclear Developments and Strategic Decision Making(June, 1978).
IEA. 2018. "World Energy Investment 2018." https://www.iea.org/wei2018/(검색일: 2018.9.25).
Monthly Electrical Journal. 2016. 「에너지신산업 정책방향 및 전망」. 2016년 8월호.
SNIE(Special National Intelligence Estimate). 1974. Prospects for Further Proliferation of Nuclear Weapons(August, 1974).

신문기사 및 방송보도

≪경향신문≫. 1978a. 1호기의 문제점과 앞으로의 대책(1978.6.5).
_____. 1978b. 제3의 불과 원자력시대 진입(1978.7.20).
_____. 1978c. 핵에너지 시대의 개막(1978.7.20).
_____. 1979. 전문가들, 안전성 재검토 주장 원자력발전소 설계 지진에 대비를(1979.2.22).
_____. 1983. 값싼 전력, 원전 시대 본격화(1983.9.9).
_____. 1987a. 전기 100년, 에너토피아 시대가 다가온다(1987.2.28).
_____. 1987b. (광고) Enertopia(1987.10.6).
_____. 1988a. 심야전기 홍보 상설전시관 개설(1988.6.14).
_____. 1988b. 심야전기 새로운 생활에너지원으로 각광(1988.11.10).
_____. 1991. 전기료 올릴 때가 아니다(1991.12.13).
_____. 1992. 문제는 공장설비에 있다(1992.5.2).
_____. 1995. 건설사 전문인력 확보 경쟁(1995.3.14).
_____. 2016a. 한전 10조 이익에도 전기료 인하 어려운 이유(2016.4.9).
_____. 2016b. 박주민, 정부, 삼성 등 대기업에 3년간 3조 5000억 원 전기요금 깎아줘(2016.5.18).
_____. 2017. 미국 원전 2기, 건설 중단. 비용만 늘고 전망은 암울(2017.8.1).
≪군산신문≫. 2003a. 방폐장 주민설명회 가져(2003.7.2).
_____. 2003b. 방폐장 유치 시민 서명운동 돌입(2003.7.5).
≪뉴데일리≫. 2011. 한국핵무장, 6개월이면 충분하다(2011.5.29).
≪뉴스타파≫. 2014a. 핵발전소 폭발위험 무시하고 수년째 무감압 수소충전(2014.10.23).
_____. 2014b. 1조 7천억 원자력 R&D 예산 누가 받았을까?(2014.12.3).
≪동아일보≫. 1974. 원자력공사 설립방침(1974.5.23).
_____. 1976a. 연내 원자력발전공사 설립(1976.6.8).
_____. 1976b. 원자력발전공사 내년에 설립키로(1976.9.27).
_____. 1977. 동력자원부5국 17과로 정원 270여명(1977.12.15).
_____. 1978a. 제3의 불 원자력발전시대를 연다: 인류와 에너지(1978.3.29).

____. 1978b. 원자력발전소의 가동을 보고(1978.7.21).

____. 1978c. 원자력발전 7·8호기 건설 막바지 값 인하 경쟁, 미·불 업체 등 4파전(1978.12.5).

____. 1981. 한국 전기료 세계 최고 수준(1981.12.1).

____. 1986. 국제경쟁력 위한 정지작업(1986.7.7).

____. 1991a. 전기료 인상 번복 소동(1991.4.26)

____. 1991b. 전기료 인상이 능사 아니다(1991.42.9).

≪매일경제≫. 1978. 현대그룹 원자력발전 민간주도형 일괄계약 추진(1978.10.19).

____. 1980. 동자부 조사 전력료 대만보다 훨씬 비싸(1980.10.30).

____. 1984. 기름, 전기 등 국내 에너지價, 臺보다 20% 비싸(1980.10.31).

____. 1985. 에너지 더 줄일 수 있다(1985.11.8).

____. 1986a. 산업용 전력료 적용을, 슈퍼마키트 협회 건의(1986.5.20).

____. 1986b. 어민용 제빙 전기료 내달부터 34% 내려(1986.6.10).

____. 1986c. 전국 공고 전기료 산업용으로 인하(1986.6.19).

____. 1987. 전기요금 인하내용 문답풀이(1987.11.12).

____. 1989. (광고) 최근 잇달아 전기요금이 인하되고 있습니다(1989.5.27).

____. 1991. 전기료 인상안 민자 철회 촉구(1991.5.14).

____. 1994a. 건설업계 원전 수주 경쟁 치열(1994.11.17).

____. 1994b. 업계 앞다퉈 참여 채비(1994.12.14).

____. 1997a. 광고(1997.12.30).

____. 1997b. 민자발전소 300만kw 건설(1997.9.25).

≪머니투데이≫. 2018. 현대硏, 국민 84.6%, 文정부 탈원전·신재생 에너지정책 지지(2018.6.18).

≪미디어오늘≫. 2016. 한수원 여론장악 매뉴얼에 원전 반대는 포퓰리즘(2016.10.2).

≪부산일보≫. 2016. 원전 10기 밀집, 부울경이 위험하다: 다수 호기 무엇이 문제(2016.7.3).

≪서울경제≫. 1978. 원자력 7·8호 수주 싸고 미·불이 외교전 벌여(1978.11.30).

____. 1999. 한전 원전 분리매각 보류(1999.7.28).

≪서울신문≫. 1990. 물가비상과 시급한 정책 결단(1990.3.2).

____. 1994. 전기료인상 거론할 때인가(1994.7.20).

≪세계일보≫. 1991. 믿음 주어야 할 유가정책(1991.1.20).

____. 1992. 말뿐인 에너지절약대책(1992.5.11).

≪신동아≫. 1980. 「중화학공업투자조정의 내막」. 1980년 12월호.

≪에너지경제≫. 2012. 원자력 홍보 20년, 문화로 꽃피다(2012.4.4).

연합뉴스. 2015. IISS 미국사무소장, 한국·일본·대만은 잠재적 핵보유국(2015.5.4).

____. 2017a. 문 대통령 고리 1호기 영구정지 선포식 기념사(2017.6.19).

____. 2017b. 영 의회, 원전 건설서 전략적 실수. 한전 원전수출 영향 주목(2017.11.22).

____. 2018a. 文대통령 사우디 원전수주 노력 … UAE, 아부다비 개발권 약속(2018.3.26).

_____. 2018b. 영국 원전협상에 새로 등장한 RAB 모델, 한전에 유리할까(2018.8.4).

≪영광21≫. 2004. 개인욕심 버리고 정다운 이웃으로 돌아오라(2004.9.16).

≪원자력신문≫. 2017. 에너지공학자 417명, 탈원전 정책, 제왕적 조치다(2017.7.6).

≪조선일보≫. 1979. 미·불의 불꽃 튀는 외교싸움, 원전 7·8호기 작전(1979.7.5).

≪한겨레≫. 1991. 전기료 해마다 5%씩 올릴 방침(1991.7.26).

_____. 1996. 민간기업 원전 핵폐기장 터 확보 땐 한전, 원전 수의계약 추진(1996.1.26).

_____. 1997. 통산부, 민자원전 허용 검토(1997.9.25).

_____. 1998. 광고(1998.1.7).

_____. 2018. 영국에 원전 수출, 22조 버는 사업? 22조 쓰는 사업!(2018.8.5).

≪한국일보≫. 1990a. 에너지도 과소비 아닌가(1990.7.13).

_____. 1990b. 에너지대책의 반성(1090.8.19).

홍덕화. 2014. 핵발전소는 주민들에게 어떻게 받아들여졌는가? 위험한 동거: 강요된 핵발전과 위험경관의 탄생. ≪미디어스≫(2014.9.20).

SBS. 2016. 軍 숙원사업 한국형 원자력잠수함 첫발 뗐다(2016.1.4).

2차 문헌

강윤재. 2011. 「원전사고와 민주적 위험 거버넌스의 필요성」. ≪경제와 사회≫, 91호, 12~39쪽.

강진연. 2015. 「한국의 토건국가 형성과정과 성장연합의 역사적 구성」. ≪사회와 역사≫, 105호, 319~355쪽.

고대승. 1992. 「한국의 원자력기구 설립과정과 그 배경」. ≪한국과학사학회지≫, 14권 1호, 62~87쪽.

구도완. 1996. 『한국 환경운동의 사회학』. 서울: 문학과지성사.

_____. 2004. 「개발동맹과 녹색연대: 담론구성체 연구」. ≪ECO≫, 7호, 43~77쪽.

_____. 2011. 「생태민주주의 관점에서 본 환경운동 사례연구」. ≪기억과 전망≫, 25호, 8~33쪽.

_____. 2012. 「생태민주주의 관점에서 본 한국 반핵운동」. ≪통일과 평화≫, 4권 2호, 57~84쪽.

_____. 2013. 「한국 환경사회학의 쟁점」. ≪경제와 사회≫, 100호, 273~291쪽.

구도완·홍덕화. 2013. 「한국 환경운동의 성장과 분화: 제도화 논의를 중심으로」. ≪ECO≫, 17권 1호, 79~120쪽.

기미야 다다시. 2008. 『박정희 정부의 선택: 1960년대 수출지향형 공업화와 냉전체제』. 서울: 후마니타스.

김경신·윤순진. 2014. 「중저준위 방사성폐기물처분장 입지선정과정에 나타난 위험·이익인식과 입지수용성 분석: 부안과 경주의 설치·유치지역을 중심으로」. ≪한국정책학회보≫, 23권 1호, 313~342쪽.

김길수. 1997. 「핵폐기물 처분장의 입지선정에 있어서 주민저항의 원인: 경북 청하지역 사례를 중심으로」. ≪한국정책학회보≫, 6권 1호, 174~203쪽.

_____. 2004. 「정책집행과정에서 주민저항 사례연구: 부안 방폐장 부지선정을 중심으로」. ≪한국
정책학회보≫, 13권 5호, 159~183쪽.

김대환·조희연 엮음. 2003. 『동아시아 경제변화와 국가의 역할 전환』. 서울: 한울아카데미.

김도희. 2006. 「방폐장입지정책에서 나타난 주민투표제의 문제점과 개선방안: 울산시와 경주시
의 정책갈등을 중심으로」. ≪지방정부연구≫, 10권 4호, 91~111쪽.

김민정. 2018. 「신고리 5·6호기 공론화에 대한 비판적 검토와 탈핵 운동의 과제」. ≪진보평론≫,
74호, 181~205쪽.

김병국. 1994. 『분단과 혁명의 동학』. 서울: 문학과지성사.

김상곤·김균·김윤자 공편. 2004. 『21세기 한국의 전력산업: 바람직한 발전방향과 정책제안』. 서
울: 한모임.

김성준. 2012. 「한국 원자력 기술체제 형성과 변화: 1953~1980」. 서울대학교 대학원 박사학위논문.

김성환·이승준. 2014. 『한국 원전 잔혹사』. 서울: 철수와영희.

김수진. 2011. 「원자력 정책에 대한 몇 가지 가설」. 김수진 외. 『기후변화의 유혹, 원자력: 원자력
르네상스의 실체와 에너지 정책의 미래』. 서울: 도요새.

_____. 2018. 「원자력정치의 부재와 탈원전의 정책규범에 관한 고찰」. ≪ECO≫, 22권 1호, 139~
170쪽.

김순양 외. 2017. 『발전국가: 과거, 현재, 미래』. 파주: 한울아카데미.

김승국. 1991. 『한국에서의 핵문제·핵인식론』. 서울: 일빛.

김연희. 2011. 「농촌 전기공급사업과 새마을운동」. ≪역사비평≫, 97호, 397~425쪽.

김영수. 2010. 「전력산업의 수직적 통합과 대안적 공공성」. 강남훈 외. 2010. 『전력산업 구조개
편과 수직통합의 경제학』. 서울: 사회평론.

김영종. 2005. 「방폐장입지선정과정의 정책네트워크 분석: 경주지역 유치활동을 중심으로」. ≪한
국정책과학회보≫, 9권 4호, 287~316쪽.

_____. 2006. 「정책결정제도의 변화가 정책네트워크 형성에 미치는 영향에 관한 연구: 울진사례
를 중심으로」. ≪한국정책과학회보≫, 10권 1호, 1~25쪽.

김윤태. 2012. 『한국의 재벌과 발전국가』. 파주: 한울.

김은미·장덕진·Granovetter, M. 2005. 『경제위기의 사회학: 개발국가의 전환과 기업집단 연결망』.
서울: 서울대학교 출판부.

김은주. 2011. 「경주 방폐장과 지역주민들의 삶: 담론의 각축과 로컬리티의 변화」. ≪지역사회연
구≫, 19권 3호, 21~46쪽.

김은혜·박배균. 2016. 「일본 원자력복합체와 토건국가」. ≪ECO≫, 20권 2호, 97~130쪽.

김의영. 2014. 『거버넌스의 정치학: 한국 정치의 새로운 패러다임 모색』. 서울: 명인문화사.

김정렴. 2006. 『최빈국에서 선진국 문턱까지: 한국 경제정책 30년사』. 서울: 랜덤하우스중앙.

김창민. 2007. 「국가의 정책결정에 대한 지역주민의 대응: 부안군 위도의 방폐장 논쟁을 중심으로」.

≪비교문화연구≫, 13권 1호, 35~64쪽.

김철규. 2007. 「87년 체제의 해체와 개발주의의 부활」. ≪한국사회≫, 8권 2호, 33~54쪽.

김철규·조성익. 2004. 「핵폐기장 갈등의 구조와 동학: 부안 사례를 중심으로」. ≪경제와 사회≫, 63호, 12~39쪽.

김현우. 2018. 「더 큰 체제 전환을 위한 탈핵: 에너지전환의 그림을 그릴 때」. ≪진보평론≫, 75호, 81~98쪽.

김현우·이정필. 2017. 「한국 핵발전 레짐의 구성과 동학: 핵마피아와 성장연합을 중심으로」. 이상헌 외 엮음. 2017. 『위험도시를 살다: 동아시아 발전주의 도시화와 핵 위험경관』. 서울: 알트.

김형아. 2005. 『유신과 중화학공업, 박정희의 양날의 선택』. 신명주 옮김. 서울: 일조각.

김혜정. 2011. 「후쿠시마 이후의 한국 반핵운동과 시민사회의 역할」. ≪시민과세계≫, 19호, 136~150쪽.

노진철. 2004. 「위험시설 입지 정책결정과 위험갈등: 부안 방사성폐기물처분장 입지 선정을 중심으로」. ≪ECO≫, 6호, 188~219쪽.

_____. 2006. 「방사성 폐기물 처분장 입지선정을 둘러싼 위험소통과 자기 결정」. ≪경제와 사회≫, 71호, 102~125쪽.

_____. 2017. 「중심에 대한 주변의 항의로서의 민간주도형 주민투표: 삼척·영덕·기장의 원전 관련 주민투표를 중심으로」. ≪ECO≫, 21권 2호, 109~139쪽.

니시노 준야. 2011. 「일본 모델에서 한국적 혁신으로: 1970년대 중화학공업화를 둘러싼 정책과정」. ≪세계정치≫, 14호, 167~207쪽.

류상영. 2011. 「박정희의 중화학공업과 방위산업정책: 구조-행위자 모델에서 본 제약된 선택」. ≪세계정치≫, 14호, 135~167쪽.

리스트, 질베르(Rist, G.). 2013. 『발전은 영원할 것이라는 환상』. 신해경 옮김. 서울: 봄날의책.

맥마이클, 필립(Philip McMichael). 2013. 『거대한 역설: 왜 개발할수록 불평등해지는가』. 조효제 옮김. 서울: 교양인.

무페, 샹탈(Chantal Mouffe). 2006. 『민주주의의 역설』. 이행 옮김. 서울: 인간사랑.

_____. 2007. 『정치적인 것의 귀환』. 이보경 옮김. 서울: 후마니타스.

문만용. 2007. 「박정희 시대의 과학기술정책」. 정성화·강규형 엮음. 『박정희 시대와 한국 현대사: 연구자와 체험자의 대화』. 서울: 선인.

문순홍 편. 2006. 『녹색국가의 탐색』. 서울: 아르케.

문영세. 1998. 「공공요금의 개념 및 범주에 관한 연구」. ≪한국행정논집≫, 10권 2호, 325~338쪽.

문재인. 2011. 『문재인의 운명』. 서울: 가교.

민병원. 2004. 「1970년대 후반 한국의 안보위기와 핵개발: 이중적 핵정책에 관한 반(反)사실적 분석」. ≪한국정치외교사논집≫, 26권 1호, 127~165쪽.

민은주. 2016. 「원전위험의 관리체계로서의 거버넌스 탐색: 경주 월성 1호기 원전관리를 중심으로」. ≪ECO≫, 20권 2호, 7~49쪽.

_____. 2017. 「원전위험을 둘러싼 지역정치 연구: 고리1호기와 월성1호기의 사례 비교를 중심으로」. ≪ECO≫, 21권 1호, 189~227쪽.

바람과 물 연구소 편. 2002. 『한국에서의 녹색정치, 녹색국가』. 서울: 당대.

박배균. 2009. 「한국에서 토건국가 출현의 배경: 정치적 영역화가 토건지향성에 미친 영향에 대한 시론적 연구」. ≪공간과사회≫, 31호, 49~87쪽.

박영구. 2012. 『한국의 중화학공업화: 과정과 내용』. 서울: 해남.

박익수. 1999. 『한국원자력창업비사』. 서울: 과학문화사.

_____. 2002. 『한국원자력창업사: 1955~1980』. 서울: 경림.

박정기. 2014. 『에너토피아(Enertopia)』. 서울: 지혜의가람.

박재묵. 1995. 「지역반핵운동과 주민참여: 4개지역 원자력시설 반대운동의 비교」. 서울대학교 대학원 박사학위논문

_____. 1998. 「한국 반원전 주민운동의 전개과정」. ≪사회과학논집≫, 9호, 1~20쪽.

박재묵. 2014. 「환경과 사회 연구의 동향과 전망」. ≪한국사회≫, 15권 1호, 55~85쪽.

박진희. 2012. 「원자로의 정치경제학과 안전」. ≪공학교육연구≫, 15권 1호, 45~52쪽.

박진희·문지영·이관수·이은경. 2016. 「경수로 기술 발달의 역사적 전개: 영국, 미국, 프랑스, 독일에서의 발달을 중심으로」. ≪서양사연구≫, 55호, 47~81쪽.

박희제·김은성·김종영. 2014. 「한국의 과학기술정치와 거버넌스」. ≪과학기술연구≫, 14권 2호, 1~47쪽.

부아예, 로버트(Robert Boyer). 2013. 『조절이론 1: 기초』. 서울: 뿌리와 이파리.

서이종. 2005. 『과학사회논쟁과 한국사회』. 파주: 집문당.

서익진. 2003. 「한국 산업화의 발전양식」. 이병천 엮음. 『개발독재와 박정희시대: 우리시대의 정치경제적 기원』. 파주: 창비.

석광훈. 2005. 「한전과 토건국가」. 홍성태 엮음. 『개발공사와 토건국가』. 파주: 한울.

_____. 2006. 「원자력기술체제와 민주주의」. ≪민주사회와 정책연구≫, 10호, 35~78쪽.

석조은. 2013. 「갈등프레임을 통해서 본 정부-공기업 관계: 한전의 전기요금인상안을 중심으로」. 한국행정학회 춘계학술회의 발표논문.

손정원. 2006. 「개발국가의 공간적 차원에 관한 연구: 1970년대 한국의 경험을 사례로」. ≪공간과 사회≫, 25호, 41~79쪽.

송성수. 2002. 「사회구성주의의 재검토: 기술사와의 논쟁을 중심으로」. ≪과학기술학연구≫ 2권 2호, 55~89쪽.

송유나. 2010. 「노동, 환경 측면에서 바라본 전력산업 수직통합의 의미와 과제」. 강남훈 외. 『전력산업 구조개편과 수직통합의 경제학』. 서울: 사회평론.

송위진. 2002. 「혁신체제론의 과학기술정책: 기본 관점과 주요 과제」. ≪기술혁신학회지≫, 5권 1호, 1~15쪽.

_____. 2006. 『기술혁신과 과학기술정책』. 서울: 르네상스.

신상숙. 2008. 「제도화 과정과 갈등적 협력의 동학: 한국의 반(反)성폭력운동과 국가정책」. ≪한국여성학≫, 24권 1호, 83~117쪽.

신장섭. 2014. 『김우중과의 대화: 아직도 세계는 넓고 할 일은 많다』. 서울: 북스코프.

신진욱. 2004. 「사회운동, 정치적 기회구조, 그리고 폭력: 1960~1986년 한국 노동자 집단행동의 레퍼토리와 저항의 사이클」. ≪한국사회학≫, 38권 6호, 219~250쪽.

_____. 2007. 「공공성과 한국사회」. ≪시민과 세계≫, 11호, 18~39쪽.

신정완. 2007. 「사회공공성 강화를 위한 담론전략」. ≪시민과 세계≫, 11호, 40~53쪽.

쎌렌, 캐쓸린(Kathlenn Thelen). 2011. 『제도는 어떻게 진화하는가: 독일, 영국, 미국, 일본에서의 숙련의 정치경제』. 신원철 옮김. 서울: 모티브북.

안병영·정무권·한상일. 2007. 『한국의 공공부문: 이론, 규모와 성격, 개혁방향』. 춘천: 한림대학교 출판부.

암스덴, 앨리스(Alice Amsden). 1990. 『아시아의 다음 거인: 한국의 후발공업화』. 이근달 옮김. 서울: 시사영어사.

양기용·김창수. 2018. 「원전지역공동체 재구조화에 대한 시론적 연구: 고리원전지역공동체 확장 과정에 대한 개념적 접근」. ≪지방정부연구≫, 21권 4호, 181~207쪽.

양라윤. 2016. 「원전 주변 지역 주민들의 위험 인식과 대응: 영광 원전 주변 지역 사례를 중심으로」. ≪동향과 전망≫, 99호, 122~163쪽.

에너지기후정책연구소. 2016. 『에너지전환과 에너지시민을 위한 에너지민주주의 강의』. 서울: 이매진.

오버도퍼, 돈(Don Oberdorfer). 2002. 『두 개의 한국』. 이종길 옮김. 고양: 길산.

오선실. 2008. 「1920~30년대, 식민지 조선의 전력시스템 전환: 기업용 대형 수력발전소의 등장과 전력망 체계의 구축」. ≪한국과학사학회지≫, 30권 1호, 1~40쪽.

오원철. 1996. 『한국형 경제건설 3』. 서울: 기아경제연구소.

오은정. 2013. 「한국 원폭피해자의 일본 히바쿠샤 되기: 피폭자 범주의 경계 설정과 통제에서 과학, 정치, 관료제의 상호작용」. 서울대학교 대학원 박사학위논문.

위스, 린다(Linda Weiss). 2002. 『국가 몰락의 신화: 세계화시대의 경제운용』. 박형준·김남줄 옮김. 서울: 일신사.

원병출. 2007. 「한국의 원자력 개발과정에서의 정책네트워크 변화 분석」. 고려대학교 대학원 박사학위논문.

유훈·배용수·이원희. 2010. 『공기업론』. 파주: 법문사.

윤상우. 2005. 『동아시아 발전의 사회학』. 파주: 나남출판.

_____. 2009. 「외환위기 이후 한국의 발전주의적 신자유주의화: 국가의 성격 변화와 정책대응을 중심으로」. ≪경제와 사회≫, 83호, 40~68쪽.

_____. 2010. 「자본주의의 다양성과 비교자본주의론의 전망」. ≪한국사회≫, 11권 2호, 3~36쪽.

윤순진. 2006a. 「2005년 중저준위 방사성 폐기물 처분시설 추진과정과 반핵운동: 반핵운동의 환경변화와 반핵담론의 협소화」. ≪시민사회와 NGO≫, 4권 1호, 277~311쪽.

_____. 2006b. 「사회정의와 환경의 연계, 환경정의: 원자력 발전소의 입지와 운용을 중심으로 들여다보기」. ≪한국사회≫, 7권 1호, 93~143쪽.

_____. 2006c. 「환경정의 관점에서 본 중저준위 방사성 폐기물 처분장 입지선정과정」. ≪ECO≫, 10권 1호, 7~42쪽.

_____. 2007. 「생태민주주의의 전망과 과제: 중저준위 방사성 폐기물 처분장 입지선정과정에 대한 평가를 바탕으로」. ≪ECO≫, 11권 2호, 207~245쪽.

_____. 2008. 「한국의 에너지체제와 지속 가능성: 지속 불가능성의 지속에 대한 분석을 중심으로」. ≪경제와 사회≫, 78호, 12~56쪽.

_____. 2009. 「저탄소 녹색성장의 이념적 기초와 실재」. ≪ECO≫, 13권 1호, 219~266쪽.

_____. 2011. 「핵발전 위험사회와 시민사회의 대응」. ≪NGO연구≫, 7권 1호, 109~153쪽.

_____. 2015. 「반핵운동에서 탈핵운동으로: 후쿠시마 핵발전사고 이후 한국 탈핵운동의 변화와 과제」. ≪시민사회와 NGO≫, 13권 1호, 77~124쪽.

_____. 2018. 「원자력발전정책을 둘러싼 사회갈등 해결을 위한 쟁점과 과제: 신고리 5·6호기 공론화에 대한 평가를 중심으로」. ≪경제와 사회≫, 118호, 49~98쪽.

윤순진·김소연·정민지. 2011. 「한국과 일본의 원자력 사회기술체계 발전경로의 유사성과 상이성: 관성과 역돌출부에 대한 대응을 중심으로」. ≪ECO≫, 15권 2호, 147~195쪽.

윤순진·오은정. 2006. 「한국 원자력 발전정책의 사회적 구성: 원자력기술의 도입 초기(1954~1965년)을 중심으로」. ≪환경정책≫, 14권 1호, 37~74쪽.

이관수·이내주·문지영·박진희. 2016. 「원전 체제의 형성, 1940~1970: 미·영·프·독의 경우를 중심으로」. ≪서양사연구≫, 55호, 5~46쪽.

이근. 2014. 『경제추격론의 재창조: 기업·산업·국가 차원의 이론과 실증』. 서울: 오래.

이명박. 1995. 『신화는 없다』. 서울: 김영사.

이병령. 1996. 『한국형 경수로, 미국 승인 필요없다』. 서울: 사계절.

이병천. 2003. 「개발독재의 정치경제학과 한국의 경험: 극단의 시대를 넘어서」. 이병천 엮음. 『개발독재와 박정희시대: 우리 시대의 정치경제적 기원』. 파주: 창비.

_____. 2014. 「공공성 담론과 한국 진보의 기획, 논의의 성과와 과제」. 김균 엮음. 『반성된 미래』. 서울: 후마니타스.

이상철. 2003. 「박정희 시대의 산업정책」. 이병천 엮음. 『개발독재와 박정희 시대: 우리 시대의 정치경제적 기원』. 파주: 창비.

이상헌. 2009. 「MB정부 '저탄소 녹색성장 전략'에 대한 정치경제학적 고찰」. ≪ECO≫, 13권 2호, 7~41쪽.

_____. 2016. 「위험경관의 생산과 민주주의의 진화: 삼척시 주민투표 사례를 중심으로」. ≪동향과 전망≫, 96호, 113~152쪽.

이상헌·이보아·이정필·박배균. 2014. 『위험한 동거: 강요된 핵발전과 위험경관의 탄생』. 서울: 알트.

이선우 외. 2013. 「원자력안전체계의 실질적 강화를 위한 원자력안전위원회 조직 발전방안: 최종 보고서」. 한국조직학회.

이성로. 2001. 「한국의 원자력발전 정책과 참여민주주의의 딜레마」. ≪한국공공관리학보≫, 15권 2호, 125~144쪽.

이성우. 2014. 「발전국가의 물가정책의 다양성: 한국, 일본, 대만 비교연구」. ≪OUGHTOPIA≫, 29권 1호, 105~147쪽.

이승훈. 2010. 「계급과 공공성: 공공성 주체로서 노동계급의 가능성과 한계」. ≪경제와 사회≫, 88호, 12~34쪽.

이시재. 2005. 「지배시스템과 대안 사회의 기획: 부안 핵폐기물 처분장 건설 반대운동 사례의 연구」. ≪ECO≫, 9호, 103~134쪽.

이영희. 2000. 『과학기술의 사회학: 과학기술과 현대사회에 대한 성찰』. 서울: 한울아카데미.

_____. 2007. 「고위험 기술의 민주적 관리방안 연구: 고준위 핵폐기물을 중심으로」. ≪동향과 전망≫, 71호, 51~80쪽.

_____. 2010a. 「참여적 위험 거버넌스의 논리와 실천」. ≪동향과 전망≫, 79호, 281~314쪽.

_____. 2010b. 「핵폐기물 관리체제의 국제비교: 기술관료적 패러다임 대 과학기술사회론적 패러다임」. ≪경제와 사회≫, 85호, 67~92쪽.

_____. 2013. 「고준위 핵폐기물 관리를 위한 사회적 의사결정과 전문성의 정치: 한국과 스웨덴의 비교」. ≪동향과 전망≫, 88호, 249~289쪽.

_____. 2017. 「위험기술의 사회적 관리를 향하여?: '사용후핵연료공론화위원회' 활동의 평가」. ≪시민사회와 NGO≫, 15권 1호, 1~32쪽.

_____. 2018. 「신고리 5·6호기 원전 공론화와 민주주의」. ≪동향과 전망≫, 102호, 186~216쪽.

이장규. 1991. 『경제는 당신이 대통령이야: 전두환 시대의 경제비사』. 서울: 중앙일보사.

이재승. 2014. 「동아시아 에너지 안보 위험 요인의 유형화: 에너지 안보의 개념적 분석을 중심으로」. ≪국제관계연구≫, 19권 1호, 207~237쪽.

이재열. 2013. 「경제민주화와 기업구조의 변화」. 한국사회학회 엮음. 『상생을 위한 경제민주화』. 파주: 나남.

이재열·송호근. 2007. 「네트워크 사회의 가능성과 도전」. 이재열·안정옥·송호근. 『네트워크 사회의 구조와 쟁점』. 서울: 서울대학교출판부.

이정동. 2015. 『축적의 시간: 서울공대 26명의 석학이 던지는 한국 산업의 미래를 위한 제언』. 서울: 지식노마드.

이정훈. 2013. 『한국의 핵주권: 이야기로 쉽게 풀어 쓴 원자력』. 서울: 글마당.

이종열. 1995. 「핵폐기물처리장 입지선정과 주민갈등: 울진사례를 중심으로」. ≪한국행정학보≫, 29권 2호, 379~396쪽.

이종훈. 2012. 『한국은 어떻게 원자력강국이 되었나: 엔지니어 CEO의 경영수기』. 파주: 나남.

이필렬. 1999. 『에너지 대안을 찾아서』. 서울: 창작과비평사.

_____. 2002. 『석유시대 언제까지 갈 것인가』. 서울: 녹색평론사.

임성호. 1996. 「미국에서의 반핵운동과 의회정치」. ≪한국과 국제정치≫, 12권 2호, 59~83쪽.

임의영. 2010. 「공공성의 유형화」. ≪한국행정학보≫, 44: 1~21.

임휘철. 1995. 「한국 민영화정책에 대한 비판적 고찰」. ≪동향과 전망≫, 28호, 97~124쪽.

장임숙·이원일. 2007. 「방사성 폐기물 처분장의 입지정책의 변화와 보상 메커니즘」. ≪사회과학
연구≫, 24권 1호, 63~88쪽.

전재진. 1993. 『핵 그리고 안면도 항쟁: 안면도 주민 반핵운동 백서』. 천안: 충남저널사.

전진호. 2001. 「일본의 원자력정책 결정과정: 원자력의 국제환경에 대한 국내체제의 대응을 중심
으로」. ≪국제정치논총≫, 41권 4호, 171~193쪽.

정규호. 2006. 「생태민주주의: 특성과 쟁점 그리고 과제」. 주성수·정상호 편저. 『민주주의 대 민
주주의』. 서울: 아르케.

_____. 2010. 「생태민주주의」. 민주화운동기념사업회 연구소 편. 『민주주의 강의 4: 현대적 흐름』.
서울: 민주화운동기념사업회.

정수희. 2011. 「핵산업과 지역주민운동: 고리지역을 중심으로(1967~2008)」. 부산대학교 대학원 석
사학위논문.

정주영. 1998. 『이 땅에 태어나서: 나의 살아온 이야기』. 서울: 솔.

정주용. 2008. 「정책수용성 급반전현상에 관한 연구: 방사성폐기물처리장 입지정책을 중심으로」.
고려대학교 대학원 박사학위논문.

정태석. 2012. 「방폐장 입지선정에서 전문성의 정치와 과학기술적 안전성 담론의 균열」. ≪경제
와 사회≫, 93호, 72~103쪽.

_____. 2013. 「녹색국가와 녹색정치」. 한국환경사회학회. 『환경사회학이론과 환경문제』. 파주: 한울
아카데미.

_____. 2016. 「과학기술사회에서 시민자격과 '공공선 거버넌스'의 전망」. ≪경제와 사회≫, 112호,
232~259쪽.

조명래. 2006. 『개발정치와 녹색진보』. 서울: 환경과생명.

조명래 외. 2005. 『신개발주의를 멈춰라』. 서울: 환경과생명.

조아라·강윤재. 2014. 「불확실성을 통해 본 위험거버넌스의 한계와 개선점: 2010년 구제역 사태
를 중심으로」. ≪ECO≫, 18권 1호, 187~234쪽.

조한상. 2009. 『공공성이란 무엇인가』. 서울: 책세상.

조철호. 2000. 「1970년대 초반 박정희의 독자적 핵무기 개발과 한미관계」. ≪평화연구≫, 9호,
189~207쪽.

_____. 2002. 「이중적 핵력개발정책과 한미갈등」. ≪아세아연구≫, 45권 4호, 277~309쪽.

주성돈. 2011. 「원자력발전정책의 변동과정 연구: 역사적 제도주의 관점에서」. ≪한국사회와 행

정연구≫, 22권 3호, 153~182쪽.

주성수. 2007. 「주민투표는 환경갈등 해결의 대안인가?: 방사성폐기물처리장 주민투표 평가」. ≪경제와 사회≫, 75호, 229~250쪽.

주재원. 2018. 「사회기술적 상상체로서의 원자력과 미디어담론: 광복 이후 민주화에 이르기까지의 언론보도를 중심으로」. ≪한국언론정보학보≫, 89호, 81~118쪽.

지주형. 2011. 『한국 신자유주의의 기원과 형성』. 서울: 책세상.

_____. 2015. 「신자유주의 국가: 전략관계론적 형태 분석」. ≪경제와 사회≫, 106호, 360~406쪽.

진상현. 2008. 「참여정부의 환경갈등 해결방식에서 절차적 합리성의 한계」. ≪ECO≫, 12권 1호, 251~281쪽.

_____. 2009. 「한국 원자력 정책의 경로의존성에 관한 연구」. ≪한국정책학회보≫, 18권 4호, 123~144쪽.

차성수·민은주. 2006. 「방폐장 부지선정을 둘러싼 갈등과 민주주의」. ≪ECO≫, 10권 1호, 43~70쪽.

차종희. 1994. 『영광과 탁마의 세월: 원자력과 함께 30년』. 서울: 신우사.

최현·김지영. 2007. 「구조, 의미틀과 정치적 기회: 1980년대 한국의 민주화운동」. ≪경제와 사회≫, 75호, 251~281쪽.

최형섭. 1995. 『불이 꺼지지 않는 연구소: 한국 과학기술 여명기 30년』. 서울: 조선일보사.

피에르·페터스(Jon Pierre and Guy Peters). 2003. 『거버넌스, 정치 그리고 국가』. 정용덕 외 옮김. 서울: 법문사.

키에르, 안네 메테(Anne Mette Kjaer). 2007. 『거버넌스』. 이유진 옮김. 서울: 오름.

톰프슨, 에드워드. P.(Edward P. Thompson) 외. 1985. 『반핵의 논리』. 전종덕 옮김. 서울: 일월서각.

하승수. 2015. 『착한 전기는 가능하다』. 대구: 한티재.

하연섭. 2011. 『제도분석: 이론과 쟁점』. 서울: 다산.

하영선. 1991. 『한반도의 핵무기와 세계질서』. 서울: 나남.

한상진. 2012. 「핵 발전소 입지를 둘러싼 지방 레짐의 형성과 시민사회 거버넌스의 대응: 울산광역시 울주군 신고리 원전의 유치 사례」. ≪ECO≫, 16권 1호, 45~68쪽.

_____. 2013. 「삼척시 원전 유치 도시 레짐을 둘러싼 반핵운동의 대응과 환경정의: 스케일의 관점에서 본 원전 레짐과 탈핵」. ≪경제와 사회≫, 98호, 77~105쪽.

한승연. 2004. 「물가 행정지도에 관한 역사적 연구」. ≪한국사회와 행정연구≫, 15권 3호, 443~469쪽.

한장희·고영희. 2012. 「한국수력원자력의 지역공동체 경영을 통한 원전 지역수용성 제고 전략: 시련의 극복과 새로운 도전」. ≪KBR≫, 16권 5호, 1~28쪽.

한재각. 2015. 「한국 에너지정책과 전문성의 정치: 에너지 모델링의 사회학」. 국민대학교 대학원 박사학위논문.

함한희. 2002. 「부엌의 현대화과정에서 나타나는 문화적 선택들」. ≪정신문화연구≫, 25권 1호,

65~84쪽.

해거드, 스테판(Stephan Haggard). 1994. 『주변부로부터의 오솔길: 신흥 공업국의 정치경제학』. 박건영·강문구·양길현 옮김. 서울: 문학과지성사.

헤이스, 피터(Peter Hayes) 외. 1988. 『핵무기는 가라: 미국 핵전략과 한반도 평화』. 한국기독교 사회문제연구원 편역. 민중사.

홍덕화. 2017a. 「에너지 전환 전략의 분화와 에너지 공공성의 재구성: 전력산업 구조개편을 중심 으로」. ≪ECO≫, 21권 1호, 147~187쪽.

_____. 2017b. 「방사능방재계획의 쟁점과 개선방향: 재난 취약자 보호조치를 중심으로」. ≪Crisisonomy≫, 13권 5호, 107~122쪽.

_____. 2017c. 신고리 5, 6호기 공론화 이후의 에너지 민주주의: 공론화 평가 및 향후 과제. "신고 리 5, 6호기 공론화의 진행과 결과, 어떻게 볼 것인가?" 시민환경연구소 제40회 시민환경포 럼(2017.11.2).

홍덕화·구도완. 2014. 「민주화 이후 한국 환경운동의 제도화와 안정화: 저항사건분석(protest event analysis)을 중심으로」. ≪ECO≫, 18권 1호, 151~186쪽.

홍덕화·이영희. 2014. 「한국의 에너지 운동과 에너지 시티즌십: 유형과 특징」. ≪ECO≫, 18권 1 호, 7~44쪽.

홍성걸. 2005. 「박정희의 핵개발과 한미관계」. 정성화 편. 『박정희시대 연구의 쟁점과 과제』. 서 울: 선인.

홍성태. 2004. 「부안항쟁과 생태민주주의」. ≪ECO≫, 6호, 220~240쪽.

_____. 2006. 『개발주의를 비판한다』. 서울: 당대.

_____. 2007. 「원자력문화재단의 활동과 문제: 생태민주적 전환의 관점에서」. ≪시민과 세계≫, 11호, 300~322쪽.

홍성태 엮음. 2005. 『개발공사와 토건국가: 개발공사의 생태민주적 개혁과 생태사회의 전망』. 파 주: 한울.

홍장표. 2007. 「전력산업정책의 평가와 과제」. 김상곤·김윤자·홍장표 편저. 『전력산업의 공공성 과 통합적 에너지 관리』. 서울: 전국교수공공부문연구회·노기연.

황보명·윤순진. 2014. 「원전 입지와 온배수로 인한 사회 갈등과 공동체 변화: 한빛원전을 중심으 로」. ≪공간과 사회≫, 24권 1호, 46~83쪽.

Aldrich, H., and C. Fiol. 1994. "Fools Rush in? The Institutional Context of Industry Creation." *Academy of Management Review*, Vol.19, No.4, pp.645~670.

Berkhout, F. 1991. *Radioactive Waste: Politics and Technology*. New York: Routledge.

Bijker, W. E. 1987. "The Social Construction of Balkelite: Toward a Theory of Invention." in W. E. Bijker, T. P. Hughes, and T. J. Pinch(eds.). *The Social Construction of Technological Systems: New Directions in the Sociology and History of Technology*. Cambridge, MA: MIT Press.

Bricker, M. K.(ed.). 2014. *The Fukushima Daiichi Nuclear Power Station Disaster: Investigating the Myth and Reality.* New York: Routledge.

Bupp, I. C., and J. C. Derian. 1981. *Light Water: How the Nuclear Dream Dissolved.* New York: Basic Books.

Campbell, J. L. 1988. *Collapse of an Industry: Nuclear Power and the Contradictions of U.S. Policy.* Ithaca, NY: Cornell University Press.

Choi, S., Jun, E., Hwang, I., Starz, A., Mazour, T., Chang, S., and A. R. Burkart. 2009. "Fourteen Lessons Learned from the Successful Nuclear Power Program of the Republic of Korea." *Energy Policy*, Vol.37, No.12, pp.5494~5508.

Constant II, E. W. 1987. "The Social Locus of Technological Practice: Community, System, or Organization?" in W. E. Bijker, T. P. Hughes, and T. J. Pinch(eds.). *The Social Construction of Technological Systems: New Directions in the Sociology and History of Technology.* Cambridge, MA: MIT Press.

Coutard, O. 1999. *The Governance of Large Technical Systems.* New York: Routledge.

Cowan, R. 1990. "Nuclear Power Reactors: A Study in Technological Lock-in." *The Journal of Economic History*, Vol.50, No.3, pp.541~567.

Damian, M. 1992. "Nuclear Power the Ambiguous Lessons of History." *Energy Policy*, Vol.20, No.7, pp.596~607.

DeLeon, P. 1980. "Comparative Technology and Public Policy: The Development of the Nuclear Power Reactor in Six Nations." *Policy Sciences*, Vol.11, No.3, pp.285~307.

de Vries, G., Verhoeven, I., and M. Boeckhout. 2011. "Taming Uncertainty: the WRR Approach to Risk Governance." *Journal of Risk Research*, Vol.14, No.4, pp.485~499.

DiMoia, J. 2009. "Atoms for Power?: The Atomic Energy Research Institute (AERI) and South Korean Electrification, 1948~1965." *Historia Scientiarum*, Vol.19, No.2, pp.170~183.

_____. 2010. "Atoms for Sale?: Cold War Institution-Building and the South Korean Atomic Energy Project, 1945~1965." *Technology and Culture*, Vol.51, No.3, pp.589~618.

Dosi, G. 1982. "Technological Paradigms and Technological Trajectories." *Research Policy*, Vol.11, No.3, pp.147~162.

Durant, D. 2009. "Radwaste in Canada: a Political Economy of Uncertainty." *Journal of Risk Research*, Vol.12, No.7~8, pp.897~919.

Elzen, B., Geels, F. and K. Green. 2004. *System Innovation and the Transition to Sustainability: Theory, Evidence and Policy.* Northhampton, MA: Edward Elgar.

Evans, P. 1995. *Embedded Autonomy: States and Industrial Transformation.* Princeton, NJ: Princeton University Press.

Finon, D., and C. Staropoli. 2001. "Institutional and Technological Co-Evolution in the French Electronuclear Industry." *Industry & Innovation*, Vol.8, No.2, pp.179~199.

Fligstein, N., and R. Freeland. 1995. "Theoretical and Comparative Perspectives on Corporate Organization." *Annual Review of Sociology*, Vol.21, pp.21~43.

Fox, W. 1995. "Sociotechnical System Principles and Guidelines: Past and Present." *The Journal of Applied Behavioral Science*, Vol.31, No.1, pp.91~105.

Geels, F. 2004. "From Sectoral Systems of Innovation to Socio-technical Systems." *Research Policy*, Vol.33, No.6-7, pp.897~920.

Geels, F., and J. Schot. 2007. "Typology of Sociotechnical Transition Pathways." *Research Policy*, Vol.36, No.3, pp.399~417.

Genus, A., and A. Coles. 2008. "Rethinking the Multi-level Perspective of Technological Transitions." *Research Policy*, Vol.37, No.9, pp.1436~1445.

George, A. L. and A. Bennett. 2005. *Case Studies and Theory Development in the Social Sciences*. Cambridge, MA: MIT Press.

Giuni, M. G., and F. Passy. 1998. "Contentious Politics in Complex Societies: New Social Movements between Conflict and Cooperation." in M. G. Giugni, D. McAdam, and C. Tilly(eds.). *From Contention to Democracy*. Boston: Rowman & Littlefield Publishers.

Goodwin, J., and J. Jasper. 2004. "Caught in a Winding, Snarling Vine: The Structural Bias of Political Process Theory." in J. Goodwin and J. M. Jasper(eds.). *Rethinking Social Movements. Structure, Meaning, and Emotion*. Boston: Rowman & Littlefield Publishers.

Granovetter, M. 2005. "Business Groups and Social Organization." in N. J. Smelser and R. Swedberg(eds.). *The Handbook of Economic Sociology*. Princeton, NJ: Princeton University Press.

Granovetter, M., and P. McGuire. 1998. "The Making of an Industry: Electricity in the United States." *The Sociological Review*, Vol.46, No.1, pp.147~173.

Hagendijk, R., and A. Irwin. 2006. "Public Deliberation and Governance: Engaging with Science and Technology in Contemporary Europe." *Minerva*, Vol.44, pp.167~184.

Hall, P. 2003. "Aligning Ontology and Methodology in Comparative Politics." in J. Mahoney and D. Rueschemeyer(eds.). *Comparative Historical Analysis in the Social Science*. New York: Cambridge University Press.

Hall, P., and D. Soskice(eds.). 2001. *Varieties of Capitalism: the Institutional Foundations of Comparative Advantage*. Oxford: Oxford University Press.

Hecht, G. 2001. "Authority, Political Machines, and Technology's History." in M. T. Allen and G. Hecht(eds.). *Technologies of Power: Essays in Honor of Thomas Parke Hughes and Agatha Chipley Hughes*. Cambridge, MA: MIT Press.

_____. 2009. *The Radiance of France: Nuclear Power and National Identity after World War 2*. The MIT Press.

Hirsch, P., and J. Gillespie. 2001. "Unpacking Path Dependence: differential valuations accorded history across disciplines." In R. Garud and P. Karnoe(eds.). *Path Dependence and Creation*. New York: Psychology Press.

Ho, Ming-sho. 2011. "Environmental Movement in Democratizing Taiwan(1980-2004): A Political Opportunity Structure Perspective." J. Broadbent and V. Brockman(eds.). *East Asian Social Movements: Power, Protest, and Change in a Dynamic Region*. New York: Springer.

Hollingsworth, R., and R. Boyer. 1997. "Coordination of Economic Actions and Social Systems of Production." In J. R. Hollingsworth and R. Boyer(eds.). *Contemporary Capitalism: The Embeddedness of Institutions*. New York:　Cambridge University Press.

Hounshell, D. 1995. "Hughesian history of technology and Chandlerian business history: Parallels, Departures, and Critics." *History and Technology*, Vol.12, No.3, pp.205~224.

Hughes, T. P. 1983. *Networks of Power: Electrification in Western Society, 1880~1930*. Baltimore: Johns Hopkins University Press.

_____. 1986. "The Seamless Web: Technology, Science, Etcetera, Etcetera." *Social Studies of Science*, Vol.16, No.2, pp.281~292.

_____. 1987. "The Evolution of Large Technological Systems." in W. E. Bijker, T. P. Hughes, and T. J. Pinch(eds.). *The Social Construction of Technological Systems: New Directions in the Sociology and History of Technology*. Cambridge, MA: MIT Press.

_____. 1994. "Technological Momentum." in M. R. Smith and L. Marx(eds.). *Does Technology Drive History?: The Dilemma of Technological Determinism*. Cambridge, MA: MIT Press.

_____. 1996. "Fifteen Years of Social and Historical Research on Large Technical Systems. An Interview with Thomas Hughes." *Flux*, Vol.25, pp.40~47.

Irwin, A. 2006. "The Politics of Talk: Coming to Terms with the New Scientific Governance." *Social Studies of Science*, Vol.36, No.2, pp.299~320.

Jasanoff, S., and S.-H. Kim. 2009. "Containing the Atom: Sociotechnical Imaginaries and Nuclear Power in the United States and South Korea." *Minerva*, Vol.47, pp.119~146.

Jasper, J. M. 1990. *Nuclear Politics: Energy and the State in the United States, Sweden, and France*. Princeton, NJ: Princeton University Press.

Johnson, C. 1982. *MITI and the Japanese Miracle: The Growth of Industrial Policy, 1925~1975*. Stanford: Stanford University Press.

Joppke, C. 1993. *Mobilizing against Nuclear Energy: A Comparison of Germany and the United States*. Berkeley: University of California Press.

Juraku, K. 2013. "Social Structure and Nuclear Power Siting Problems Revealed." in R. Hindramash(ed.). *Nuclear Disaster at Fukushima Daiichi: Social, Political and Environmental Issues.* New York: Routledge.

Kemp, R. 1992. *The Politics of Radioactive Waste Disposal.* Manchester: Manchester University Press.

Kern, F. 2012. "An International Perspective on the Energy Transition Project." in G. Verbong and D. Loorbach(eds.). *Governing the Energy Transition: Reality, Illusion or Necessity?* New York: Routledge.

Kim, J.-d., and J. Byrne. 1990. "Centralization, Technicization and Development On the Semi-Periphery: A Study of South Korea's Commitment to Nuclear Power." *Bulletin of Science, Technology & Society*, Vol.10, No.4, pp.212~222.

Kim, S. 2001. "Security, Nationalism and the Pursuit of Nuclear Weapons and Missiles: The South Korean Case, 1970~82." *Diplomacy & Statecraft*, Vol.12, No.4, pp.53~80.

Kitschelt, H. P. 1986. "Political Opportunity Structures and Political Protest: Anti-Nuclear Movements in Four Democracies." *British Journal of Political Science*, Vol.16, pp.57~85.

Koopmans, R. 2004. "Protest in Time and Space: The Evolution of Waves of Contention." in D. A. Snow, S. A. Soule and H. Kriesi(eds.). *The Blackwell Companion to Social Movements.* Maldel, MA: Blackwell.

Kriesi, H. 2004. "Political Context and Opportunity." in D. A. Snow, S. A. Soule and H. Kriesi(eds.). *The Blackwell Companion to Social Movements.* Maldel, MA: Blackwell.

Lee, Yok-shiu, and A. So(eds.). 1999. *Asia's Environmental Movements: Comparative Perspectives.* New York: Routledge.

MacKerron, G., and F. Berkhout. 2009. "Learning to Listen: Institutional Change and Legitimation in UK Radioactive Waste Policy." *Journal of Risk Research*, Vol.12, No.7~8, pp.37~41.

Mahoney, J., and K. Thelen. 2010. *Explaining Institutional Change: Ambiguity, Agency, and Power.* New York: Cambridge University Press.

Meyer, D., and S. Tarrow. 1998. "A Movement Society: Contentious Politics for a New Century." in Meyer, D. and S. Tarrow(eds.). *The Social Movement Society.* Boston: Rowman & Littlefield Publishers.

Millward, R. 2005. *Private and Public Enterprise in Europe: Energy, Telecommunications and Transport, 1830~1990.* New York: Cambridge University Press.

_____. 2011. "Public Enterprise in the Modern Western World: An Historical Analysis." *Annals of Public and Cooperative Economics*, Vol.82, No.4, pp.375~398.

Misa, T. J. 1994. "Retrieving Sociotechnical Change from Technological Determinism." in M. R. Smith & L. Marx (eds.), *Does Technology Drive History?: The Dilemma of Technological*

Determinism. Cambridge, MA: MIT Press.

Morone, G., and E. Woodhouse. 1989. *The Demise of Nuclear Energy?: Lessons for Democratic Control of Technology*. New Haven: Yale University Press.

Nelkin, D., and M. Pollak. 1982. *The Atom Besieged: Extraparliamentary Dissent in France and Germany*. Cambridge, MA: MIT Press.

Nye, D. 1990. *Electrifying America: Social Meaning of a New Technology, 1880~1940*. Cambridge, MA: MIT Press

Park, C.-T. 1992. "The Experience of Nuclear Power Development in the Republic of Korea Growth and Future Challenge." *Energy Policy*, Vol.20, No.8, pp.721~734.

Pierson, P. 2000. "Increasing Returns, Path Dependence, and the Study of Politics." *American Political Science Review*, Vol.94, No.2, pp.251~267.

_____. 2004. *Politics in Time: History, Institutions, and Social Analysis*. Princeton, NJ: Princeton University Press.

Renn, O., Klinke, A., and M. van Asselt. 2011. "Coping with Complexity, Uncertainty and Ambiguity in Risk Governance: A Synthesis." *Ambio*, Vol.40, No.2, pp.231~246.

Rippon, S. 1984. "History of the PWR and its Worldwide Development." *Energy Policy*, Vol.2, No.3, pp.259~265.

Rhodes, R. A. 2003. *Understanding Governance: Policy Networks, Governance, Reflexivity and Accountability*. Philadelphia: Open University Press.

Rucht, D. 1990. "Campaigns, Skirmishes and Battles: Anti-nuclear Movements in the USA, France and West Germany." *Industrial Crisis Quarterly*, Vol.4, pp.193~222.

Rüdig, W. 1987. "Outcomes of Nuclear Technology Policy: Do Varying Political Styles Make a Difference?" *Journal of Public Policy*, Vol.7, No.4, pp.389~430.

Stirling, A. 2008. "Opening Up and Closing Down: Power, Participation, and Pluralism in the Social Appraisal of Technology." *Science, Technology & Human Values*, Vol.33, No.2, pp.262~294.

_____. 2014. "From Sustainability to Transformation: Dynamics and Diversity in Reflexive Governance of Vulnerability." in A. Hommels, J. Mesman, and W. E. Bijker(eds.). *Vulnerability in Technological Cultures: New Directions in Research and Governance*. Cambridge, MA: MIT Press.

Sung, C. S., and S. K. Hong. 1999. "Development Process of Nuclear Power Industry in a Developing Country: Korean Experience and Implications." *Technovation*, Vol.19, No.5, pp.305~316.

Swyngedouw, E. 2005. "Governance Innovation and the Citizen: The Janus Face of Governance-beyond-the-state." *Urban Studies*, Vol.42, No.11, pp.1991~2006.

Thomas, S. D. 1988. *The Realities of Nuclear Power: International Economic and Regulatory Experience*. New York: Cambridge University Press.

Toninelli, P. A.(ed.). 2000. *The Rise and Fall of State-Owned Enterprise in the Western World*. New York: Cambridge University Press

Trist, E. 1981. "The Evolution of Socio-technical Systems: a Conceptual Framework and an Action Research Program." Occasional paper no.2. Ontario Ministry of Labour.

Valentine, S. V., and B. K. Sovacool. 2010. "The Socio-political Economy of Nuclear Power Development in Japan and South Korea." *Energy Policy*, Vol.38, pp.7971~7979.

van de Ven, and T. J. Hargrave. 2004. "Social, Technical, and Institutional Change: A Literature Review and Synthesis." in M. S. Poole and van de Ven(eds.). *Handbook of Organizational Change and Innovation*. Oxford: Oxford University Press.

Verbong, G., and D. Loorbach(eds.). 2012. *Governing the Energy Transiton: Reality, Illusion or Necessity?* New York: Routledge.

Wade, R. 1990. *Governing the Market*. Princeton, NJ: Princeton University Press.

Williams, J. H., and N. K. Dubash. 2004. "Asian Electricity Reform in Historical Perspective." *Pacific Affairs*, Vol.77, No.3, pp.411~436.

Winner, L. 1982. "Energy Regimes and The Ideology of Efficiency." in G. H. Daniels and M. H. Rose(eds.). *Energy and Transport: Historical Perspectives on Policy Issues*. Beverly Hills: SAGE.

Winskel, M. 2002. "Autonomy's End: Nuclear Power and the Privatization of the British Electricity Supply Industry." *Social Studies of Science*, vol.32, No.4, pp.439~467.

Woo-Cummings, M.(ed.). 1999. *The Developmental State*. Ithaca, NY: Cornell University Press.

Yin, R. 2003. *Case Study Research: Design and Methods*(3rd). Thousand Oaks, CA: SAGE.

Yiu, D. W., Lu, Y., Bruton, G. D., and R. E. Hoskisson. 2007. "Business Groups: An Integrated Model to Focus Future Research." *Journal of Management Studies*, Vol.44, pp.1551~1579.

찾아보기

지은이 _ 홍덕화

서울대학교에서 생물학을 전공했고 같은 대학에서 사회학 석사학위와 박사학위를 받았다. 현재 충북대학교 사회학과 조교수로 재직하면서 에너지기후정책연구소 연구기획위원 등으로 활동하고 있다. 최근 관심사는 사회기술체제의 시각에서 한국사회의 발전과정을 분석하고 지속가능한 사회로의 전환을 모색하는 것이다. 주요 논문으로 「수출주의 축적체제에서의 생태위기에 관한 시론적 연구」, 「에너지 전환 전략의 분화와 에너지 공공성의 재구성」 등이 있다.

한울아카데미 2136

한국 원자력발전 사회기술체제
기술, 제도, 사회운동의 공동구성

ⓒ 홍덕화, 2019

지은이 ǀ 홍덕화
펴낸이 ǀ 김종수
펴낸곳 ǀ 한울엠플러스(주)
편집책임 ǀ 배유진

초판 1쇄 인쇄 ǀ 2019년 3월 5일
초판 1쇄 발행 ǀ 2019년 3월 15일

주소 ǀ 10881 경기도 파주시 광인사길 153 한울시소빌딩 3층
전화 ǀ 031-955-0655
팩스 ǀ 031-955-0656
홈페이지 ǀ www.hanulmplus.kr
등록번호 ǀ 제406-2015-000143호

Printed in Korea.
ISBN 978-89-460-7136-0 93530 (양장)
      978-89-460-6599-4 93530 (반양장)

* 책값은 겉표지에 표시되어 있습니다.